B I B L I O T H E C A

SCRIPTORVM GRAECORVM ET ROMANORVM

T E V B N E R I A N A

CLAVDII PTOLEMAEI

OPERA QVAE EXSTANT OMNIA

VOLVMEN III 1

ΑΠΟΤΕΛΕΣΜΑΤΙΚΑ

POST F. BOLL ET Æ. BOER
SECVNDIS CVRIS

EDIDIT

WOLFGANG HÜBNER

STVTGARDIAE ET LIPSIAE
IN AEDIBVS B. G. TEVBNERI MCMXCVIII

Gedruckt mit Unterstützung der Förderungs-
und Beihilfefonds Wissenschaft der VG WORT GmbH,
Goethestraße 49, 80336 München

Die Deutsche Bibliothek — CIP-Einheitsaufnahme

Ptolemaeus, Claudius:
[Opera quae exstant omnia]
Claudii Ptolemaei Opera quae exstant omnia. —
Stutgardiae ; Lipsiae : Teubner
(Bibliotheca scriptorum Graecorum et Romanorum Teubneriana)

Vol. 3.
1. Apotelesmatika / post F. Boll et Ae. Boer secundis curis
ed. Wolfgang Hübner 1998
ISBN 3-519-01746-6

Printed in Germany
Satz: Satzpunkt Leipzig — ein Betrieb der INTERDRUCK Graphischer Großbetrieb GmbH
Druck und Buchbinderei: Druckhaus „Thomas Müntzer" GmbH, Bad Langensalza

IN HOC VOLVMINE CONTINENTVR

PRAEFATIO VII

I. De Teubnerianae editionis origine et sorte . VII

II. De codicibus XI
1. De codice Vaticano gr. 1038 XVIII
2. De stirpe α. XIX
3. De stirpe β. XXI
4. De stirpe γ. XXII

III. De textu retractando XXVI
1. De codicum collatione XXVI
2. De orthographia XXXII
3. De lectura expedienda XXXIII
4. De capitum paragraphorum distinctione XXXIV
5. De titulo XXXVI
6. De operis conclusione XXXIX

IV. De tribus apparatibus XL
1. De apparatu critico XL
2. De testimoniis XLII
3. De locis similibus XLVII

V. De indice redintegrato XLIX

VI. De dedicatione anni 1940 XLIX

CONSPECTVS LII
I. Editiones Quadripartiti quod dicitur LII
1. Textus graecus LII
2. Commentarii, paraphrasis LII
3. Interpretationes LIII
a) latinae LIII
b) francogallicae LIV
c) germanicae LIV
d) anglicae LIV
e) italicae LIV
II. Editiones ceterorum Ptolemaei operum . . LV
III. Compendia operum antiquorum, maxime astrologicorum LVI
IV. Conspectus librorum LXVIII
V. Sigla LXXIV
TEXTVS CVM APPARATIBVS 1
INDICES
I. INDEX VERBORVM 361
II. CONSPECTVS TABELLARVM ET FIGVRARVM 439

PRAEFATIO

I. DE TEVBNERIANAE EDITIONIS ORIGINE ET SORTE

Claudii Ptolemaei *Apotelesmatica* graece primum edidit Ioachimus Camerarius Norimbergae anno 1535 (**c**) e codice Norimbergensi (**Σ**), iterum una cum Philippo Melanchthone Basileae 1553 (**m**) variis lectionibus alterius codicis (forsitan **C**) fultus. Ornabant primam editionem versio ipsius Camerarii librorum I II (accedentibus ceterorum frustulis), secundam versio etiam librorum III IV Philippi Melanchthonis curis absoluta. Lingua latina opus lectitabatur iam inde ab anno 1484 quinque editionibus.

Franciscus Iunius anno 1581 operi ingenti, quod *Speculum astrologiae* inscribitur, textum editionis prioris (**c**) immutatum inseruit. Ita factum est, ut per quadringentos fere annos nova editio apparuerit nulla.

Editionem criticam primus incohavit Franciscus Boll, tum astrologiae antiquae investigandae facile princeps, qui iam anno 1894 promisit se apotelesmaticorum opus editurum.[1] Specimen capitis I 9 publici iuris fecit anno 1916.[2] Qua in editione usus est multis codicibus, ut apparatus criticus eveniret copiosior quam apparatus posterioris editionis integralis. Totam vitam impendit Ptole-

1 F. Boll, Studien (1894), 125.
2 F. Boll, Antike Beobachtungen (1916), 7–12.

maeo edendo, sed anno 1924 praematura morte a labore est abreptus.

Successit auditrix et adiutrix Aemilia (Emilie) Boer,[3] quae libros I II fere invenit absolutos,[4] libros III IV suis curis absolvit, praefationem et indicem addidit. Etiam in prima librorum dyade difficile est diiudicatu, quaenam F. Boll praeparaverit, quanta contribuerit E. Boer. Omnia F. Boll tribuere, quod quidam, ne essent longiores, fecerunt, nolui. Licet E. Boer fuerit eximiae modestiae, eius operam et coniecturas dignas existimavi quae indicarentur. Itaque in apparatu quantum potui inter F. Boll et E. Boer distinxi, illi attribuens correcturas dyadis primae, huic secundae. Sed ubi auctor totius editionis nominandus est, simpliciter F. Boll nuncupari liceat.

Absolvit pietatis munus E. Boer anno 1927,[5] sed temporibus illis infaustis liber impeditus est, quominus in lucem mitteretur. Prodiit tandem initio secundi Belli Maximi Idibus Aprilibus anni 1940. Temporum angustias perspexeris in summa spatii parsimonia: praefatio abbreviata est et lineae tantopere compressae, ut stemma codicum vix sit legibile, conspectus siglorum et librorum importune est confertus, coartatus apparatus criticus compendiis diminutus, index denique miserrime abscissus, ut secundo fasciculo voluminis (III 2) importune suffixus sit. Qui fasciculus anno 1942 absolutus post bellum demum apparuit (anno 1952).[6] Sed licet superatum esset

3 De E. Boer F. Boll pedisequa v. Gnomona 52 (1980), 601–604.

4 E. Boer in praefatione editionis (1940) p. XV.

5 E. Boer ibidem.

6 Vol. III 2 (1952) p. 70–120, dimidium fere fasciculi explens.

bellum, Ptolemaei editio etiam miserius neglecta est: plane suppressus est index in editione correctiore secunda (1961) neque additus est, ut rogaverat E. Boer, suo loco, fasciculo primo, qui prodiit in editione "stereotypa" anno 1954 neque in editione "correctiore" anno 1957. Itaque index raro invenitur, rarius adhibetur.

Additum est editioni anni 1940 folium XIII corrigenda notans, praebuit fasciculus secundus in calce XXVIII "Addenda et corrigenda ad apotelesmatica pertinentia", quorum plurima recepta sunt in editione "stereotypa" anni 1954, cum editio "correctior" nuncupata anni 1957 praeterea emendationem exhibeat nullam.

Eodem anno 1940 tot saeculis interpositis lucem vidit altera *Apotelesmaticorum* editio in Loeb q. d. seriem recepta et versione anglica praedita, quam curavit F. E. Robbins, Papyri Michigan astrologicae (Mich. Pap.) editor. Neutra editio ab altera pendet.

Post duas *Apotelesmaticorum* editiones eodem tempore natas alia opera ad astrologiam pertinentia primum vel denuo sunt edita, quae ad textum Ptolemaei edendum sunt idonea. Eodem anno 1940 St. Weinstock adiuvante E. Boer publici iuris fecit *Introductionem* Porphyrii, cuius manuscriptum adhibere et in ipsa praefatione laudare potuit E. Boer.[7] Apparuit in *Catalogi codicum astrologorum Graecorum* (*CCAG*) fasciculo V 4. Idem St. Weinstock descripsit codices Britannorum in bibliothecis asservatos in duobus fasciculis *CCAG* XI 1–2 (1951 et 1953), qui opus magnum multas inter nationes divisum anno 1898 incohatum concludunt. Nescio an animadvertere liceat casu factum esse, ut non solum Institutum illud praeclarum ab A. Warburg Hamburgi inauguratum cum collec-

7 E. Boer in praefatione editionis (1940) p. XIV[5] et XV.

tione codicum mythologicorum coloribus depictorum, quam incohavit F. Saxl ("Verzeichnis ..."), continuaverunt H. Bober et P. McGurk ("Catalogue ..."), Londinium emigraret, sed etiam *Catalogus codicum astrologorum Graecorum* iisdem fere temporibus in Anglia conquiesceret.

Perseveravit E. Boer ipsa in scriptis astrologicis edendis, quorum primum fuit opus Ptolemaeo suppositum quod *Centiloquium* vel *Fructus* nuncupatur, quod etiam in versionibus latinis renascentium litterarum haud raro in eodem volumine sequitur *Apotelesmatica.* Secuta sunt scripta Pauli Alexandrini (1958) eiusque commentatoris (1962), quem Heliodorum nominandum esse opinabatur, Olympiodorum fuisse nunc inter viros doctos constat.

Auxerunt rerum astrologicarum notitiam editiones a D. Pingree factae: Albumasaris *De revolutionibus nativitatum* (1968), Hephaestionis Thebani *Apotelesmaticorum* duo volumina (1973–1974). Hephaestio partem recepit non solum Ptolemaei *Apotelesmaticorum,* sed etiam carminis Dorothei, cuius editionem a V. Stegemann incohatam post illius mortem absolvit D. Pingree praesertim paraphrasi arabica usus. Ultimae sunt ad hos dies *Anthologiae* Vettii Valentis (1986), expectamus fragmenta Antiochi et Rhetorii, quae satis diu promisit.[8]

Apparuit etiam nova *Apotelesmaticorum* editio versione Italica et notis praedita (1985), quae, licet brevi tempore viderit secundam impressionem (1989), in recensendis codicum testimoniis nullum contribuisse profectum extemplo demonstrabimus. Sed antea de ipsis codicibus est disputandum.

8 D. Pingree, Antiochus (1977), 203–223.

II. DE CODICIBVS

Codices *Apotelesmaticorum* adhuc superstites admodum sunt recentes. Qua in re alia Ptolemaei opera differunt. Codicem Vaticanum gr. 1291, qui opus *Πρόχειροι κανόνες* inscriptum continet, iam annis 813–820 exaratum esse docuit F. Boll.[9] Etiam operis antiquioris maximi, *Τὴν μεγάλην σύνταξιν* dico, codices antiquiores sunt. Exstant *Syntaxeos* quattuor codices *Apotelesmaticorum* codice vetustissimo (**V** saeculi tertii decimi) antiquiores: duo saeculo nono scripti, quorum alter, codex Vaticanus gr. 1594 pulcherrimus[10], ex eodem archetypo descriptus esse videtur atque **V** noster, tertius saeculo decimo, quartus saeculo duodecimo scriptus.

De singulis codicibus repetam quae diligenter conscripsit E. Boer[11] pauca corrigens nonnihil addens, quae virorum doctorum indagationibus per decem lustra inde ab anno 1940 praeterlapsa factis debemus. Codicum, quos vidit et examinavit E. Boer, quoad totum opus continent aut certe olim continuerunt, sunt XXXIII:

A = cod. Angelicus gr. 29 chart. anno 1388 ab Eleutherio Eleo exaratus. fol. 152: *ἐγράφη ἐν Μιτυλήνῃ ἔτους ‘ϛωϙϛ’* [= 1388] *ἰνδ. ια′ μηνὶ ἰουλλ(ίῳ) κδ′ η′ Χειρὶ Ἐλευθερίου Ἠλείου*; cf. CCAG V 1 (1904), 4–57 nr. 2. D. Pingree, The Astrological School (1971), 202: foll. 279^{v}–326^{r} *Apotelesmatica* continet, cf. etiam foll. 174^{v}–176^{r}.

9 F. Boll, Beiträge (1899), 110–135.

10 J. L. Heiberg, Syntaxis I 1 (1888) p. IV “quo nullum pulchriorem elegantioremque unquam vidi.” Forsitan foliis 285–315 etiam *Apotelesmatica* continuerit: F. Boll, Beiträge (1899), 82.

11 E. Boer in praefatione editionis (1940) p. V–XIV.

B = cod. Vaticanus gr. 208 chart. saec. XIV; continet fol. 5 observationes anno 1368 ab Isaac Argyro factas, itaque codicem inter annos 1370–1390 scriptum esse opinatur F. Boll; cf. CCAG V 1 (1904), 63–64 nr. 6; P. Canart – V. Peri, Sussidi (1970), 391; M. Buonocuore, Bibliografia (1986), 811; M. Ceresa, Bibliografia (1991), 234; scriptura codicis umiditate pessumdati partim quasi evanuit: foll. 133^{r}–186^{r} continet *Apotelesmatica.*

C = cod. Laurentianus gr. 28,16 chart. a Ioanne Abramio anno 1382 scriptus; cf. CCAG I (1898), 38–39 nr. 10; G. Mercati, Scritti (1926), 97–98. D. Pingree, The Astrological School (1971), 191–194: foll. 297–346 continet *Apotelesmatica.*

D = cod. Laurentianus gr. 28,20 chart. saec. XIV; 'olim Laurentii de Medicis, repertus inter libros comitis Ioannis Mirandulani'; cf. CCAG I (1898), 3–4 nr. 3: foll. 37^{r}–114^{r} continet *Apotelesmatica.*

E = cod. Laurentianus gr. 28,43 chart. saec. XV; cf. CCAG IV (1903), 73 nr. 28; pendet e codice **A**: foll. 1^{r}–40^{r} continet *Apotelesmatica.*

F = cod. Bergomas gr. Δ 5,13 chart. saec. XVI; cf. CCAG IV (1903), 19 nr. 6; pendet e codice **A**: foll. 1^{r}–109^{r} continet *Apotelesmatica.* corrector quidam varias lectiones codicis **O** in margine adscripsit.

G = cod. Oxoniensis Laudianus gr. 50 chart. saec. XVI ineuntis; fol. 1 Liber Guilelmi Laud. Archiepī Cantuar̄: et cancellarii universitatis Oxoñ. 1633; cf. CCAG IX 1 (1951), 55 nr. 19; descriptus ab eodem librario atque **Φ** e codice Ξ: foll. 1^{r}–78^{v} continet quadripartiti I 3–IV 10.

H = cod. Vaticanus Ottobonianus gr. 231 chart. saec. XVI; 'ex codicibus Ioannis Angeli Ducis ab Altaemps ex Graeco manuscripto', descriptus est e **V**; cf. CCAG V 4 (1940), 65–66 nr. 86; J. L. Heiberg, Prolegomena p. CLI; P. Canart–V. Peri, Sussidi (1970), 204: foll. 1^{r}–81^{v} continet quadripartiti I 1–IV 5.

I = cod. Vaticanus Reginensis gr. 127 chart. saec. XVI; fol. 327^{v} 'exscripsit Andr. Dudits Cracoviae manu sua [sc. anno 1568 ex **c**]'; cf. CCAG V 4 (1940), 104–105 nr. 105; P. Canart – V. Peri, Sussidi (1970), 314: foll. 6^{v}–327^{v} continet *Apotelesmatica.*

K = cod. Oxoniensis Savilianus gr. 12 chart. saec. XIII/XIV; cf. CCAG IX 1 (1951), 61 nr. 24: foll. 10–61 continet quadripartiti I 12–III 4.

L transtuli ante **l**.

M = cod. Venetus Marcianus gr. 314 membran. saec. XV ineuntis, olim Bessarionis ⟨249⟩; cf. CCAG II (1900), 2 nr. 3; J. L. Heiberg, Praefatio p. XI; F. Boll, Beiträge (1899), 84; E. Mioni, Bibliothecae Divi Marci Venetiarum codices graeci manuscripti II, Romae 1985, 26–28: foll. 1^r–76^v continet *Apotelesmatica.*

N = cod. Venetus Marcianus gr. 324 chart. saec. XIV exeuntis/XV ineuntis, olim Bessarionis ⟨251⟩ variis manibus scriptus; cf. CCAG II (1900), 4–16 nr. 5; J. L. Heiberg, Praefatio p. VI; E. Mioni, l. c., II 44–48; pendet e codice **A**: foll. 156^v–190^r continet *Apotelesmatica.*

O = cod. Venetus Marcianus gr. 594 chart. saec. XV/XVI medii; cf. CCAG II (1900), 73 nr. 10; E. Mioni, l. c. II 514–515; pendet e codice **M**: foll. 1^r–108^r continet *Apotelesmatica.*

P = cod. Venetus Marcianus gr. 323 chart. saec. XIV exeuntis/XV ineuntis, olim Bessarionis (230); cf. CCAG II (1900), 2–4 nr. 4; J. L. Heiberg, Praefatio p. VI; E. Mioni, l. c., II 38–44; item pendet e codice **A**: foll. 403^r–461^r (saec. XIV exeuntis) continet *Apotelesmatica.*

Q = cod. Vaticanus Barberinianus gr. 274 chart. saec. XVI, a Bartholomeo Barbadorio post annum 1553 scriptus libris **mCZ** collatis; cf. CCAG V 4 (1940), 60 nr. 81; P. Canart–V. Peri, Sussidi (1970), 138; foll. 1^r–174^v continet *Apotelesmatica.*

R = cod. Mutinensis gr. 132 (= III D 13) chart. saec. XV; cf. CCAG IV (1903), 33–34 nr. 12: foll. 30^r–126^r continet *Apotelesmatica.*

S = cod. Monacensis gr. 419 chart. saec. XIV fol. *ργ'*^{v} *Νηκολαῶς Παρπάτζας ὔχε* [i. *εἶχε*] *τούτον τὸ βηβελυῶ* [*βιβλίον*]; cf. CCAG VII (1908), 26 nr. 10: foll. *νη'*^{r} (= 39^r) – *ργ'*^{v} (= 84^v) continet *Apotelesmatica* usque ad c. I 9 scholiis uberioribus, postea rarioribus instructa.

T = cod. Matritensis Bibl. Universitatis nr. 29 (E 1 N 70) chart. saec. XVI exeuntis; cf. CCAG XI 2 (1934), 98 nr. 44; pendet e codice **B**: foll. 1^{r}–78^{r} continet *Apotelesmatica.*

U = cod. Oxoniensis misc. gr. 266 (Auct. T. V. 4) membran. saec. XIV; cf. CCAG IX 1 (1951), 77 nr. 32: foll. 1^{r}–140^{r} continet *Apotelesmatica.*

V = cod. Vaticanus gr. 1038 membran. saec. XIII; cf. CCAG V 1 (1904), 73 nr. 9; J. L. Heiberg, Prolegomena p. XXIV, XLVI; F. Boll, Beiträge (1899), 81–84; Id., Beobachtungen (1916), 7; P. Canart–V. Peri, Sussidi (1970), 528. M. Buonocuore, Bibliografia (1986), 867; W. Hübner, Varianten (1993), 258–262: foll. 352^{r}–384^{v} continet quadripartiti I 1–IV 10; abrumpitur post 4,795 *πρὸς τα* [...].

W = cod. Oxoniensis Collegii Novi gr. 299. chart. saec. XV; cf. CCAG IX 1 (1951), 96–97 nr. 36; I. Düring, ed. Ptol. Harmon. XXVII, nr. 40: foll. 71^{r}–85^{v} continet *Apotelesmatica.*

X = cod. Oxoniensis Cromwellianus gr. 12 chart. saec. XV et XVI variis manibus, partim in Italia inferiore scriptus; cf. CCAG IX 1 (1951), 33–51 nr. 16. J. L. Heiberg, Prolegomena p. CLI, CCII: foll. 497^{r}–616^{r} continet *Apotelesmatica.*

Y = cod. Parisinus gr. 2425 chart. saec. XV; e bibliotheca Catharinae de Medicis; cf. CCAG VIII 4 (1921), 22–42 nr. 82: foll. 4^{r}–76^{r} continet *Apotelesmatica.* inest praeterea fol. 222^{v} *Ἡ τῆς Τετραβίβλου Πτολεμαίου συγκεφαλαίωσις,* ed. F. Cumont, CCAG VIII 3 (1912), 93–95. inversa sunt foll. 33 et 34.

Z = cod. Vaticanus Barberinianus gr. 127 chart. saec. XV, ab Isidoro Monacho anno 1382 e codice **C** exaratus. 'ex libris Caroli Strozzae, Thomae fili'; cf. CCAG V 4 (1940), 36–58 nr. 75; P. Canart–V. Peri, Sussidi (1970), 126–127; M. Buonocuore, Bibliografia (1986), 93; M. Ceresa, Bibliografia (1991), 21–22: foll. 7^{r}–55^{v} continet *Apotelesmatica.*

Γ = cod. Parisinus gr. 2509 chart. saec. XV; fol. 14: *ἡ βίβλος αὕτη ἐδωρήθη ἐμοὶ παρὰ τοῦ θεοεικέλου πατριάρχου Κωνσταντινοπόλεως κυρίου Μαξίμου.* postea fuit Antonii Eparchi, qui codicem regi Galliae dono dedit, apographum est codicis **V**; cf. CCAG VIII 4 (1921), 65–68 nr. 87: foll. 14^{r}–82^{r} continet *Apotelesmatica.*

Δ = cod. Parisinus Coislinianus gr. 338 bombycinus saec. XV; cf. CCAG VIII 2 (1911), 26–29 nr. 24. J. L. Heiberg, Prolegomena p. CCI; pendet e codice **B**: foll. 262ʳ–324ʳ continet *Apotelesmatica.*

Θ = cod. Neapolitanus gr. III C 20 saec. XIV/XV; cf. CCAG IV (1903), 65–66 nr. 24; pendet e codice **M**: foll. 1ʳ–76ʳ continet *Apotelesmatica.*

Λ = cod. Oxoniensis Baroccianus gr. 70 chart. saec. XV; cf. CCAG IX 1 (1951), 3–4 nr. 3; e codice **S** exscriptus est: foll. 328ʳ–375ʳ continet quadripartiti I 1–III 11.

Ξ = cod. Oxoniensis Collegii Corpus Christi gr. 100 membran. saec. XV; fol. 1: 'Hic liber emptus fuit ab haeredibus Guilelmi Grocini anno Dom. 1501 pro Collegio Corpus Christi, Clairmondo praeside'; pendet a codice **Y**; cf. CCAG IX 1 (1951), 94–95 nr. 34: foll. 1ʳ–56ʳ continet quadripartiti I 3–IV 10.

Σ = cod. Norimbergensis gr. Cent. V app. 8 chart. saec. XIV; cf. Ch. G. Murr, Memorabilia I (1786), 46–49; fol. 106ᵛ ›*ἐμοῦ Βεσσαρίωνος καρδινάλεως τοῦ τῶν τούσκλων.* nunc Joannis de Regiomonte‹; cf. CCAG VII (1908), 83 nr. 42: foll. 1ʳ–59ᵛ (= 54ᵛ novae paginationis) continet quadripartiti nunc mutili I 1–IV 5 usque ad l. 328 *διατεθῆναι*, excidit 1,235 *τίνα*–509 *ἰδίως.*

Φ = cod. Parisinus suppl. gr. 597 chart. saec. XVI; ab eodem librario atque cod. **G** scriptus e codice Ξ; cf. CCAG VIII 2 (1911), 29–30 nr. 25: foll. 1ʳ–75ᵛ continet quadripartiti I 3–IV 10.

Ψ = cod. Parisinus gr. 2363 chart. saec. XV; cf. CCAG VIII 2 (1911), 3–5 nr. 14; pendet e codice **M**: foll. 149ᵛ–191ᵛ continet *Apotelesmatica.*

Ω = cod. Scorialensis gr. I Ω 1 chart. saec. XVI a Donato Bonturellio scriptus (f. 118ᵛ); cf. CCAG XI 2 (1934), 37–41 nr. 26; J. L. Heiberg, Prolegomena p. XXVI; P. Schnabel, Text (1939), 32, Nr. 41: foll. 182ᵛ–207ʳ continet *Apotelesmatica.*

accedunt codices singula capita continentes, quibus adiunxi etiam **L**, ne siglum mutarem cavens. Sunt codices XIV:

a = cod. Monacensis gr. 287 chart. saec. XIV; cf. CCAG VII (1908), 8–24 nr. 7; F. Boll, Studien (1894), 53; Id., Beobachtungen (1916), 7: foll. 77^{r}–99^{r} continet vitam Ptolemaei et capitula e quadripartito excerpta I 1–9.19. II 3.9.10.12. III 13.12. IV 6 (contaminata); I 12.14.15.20. IV 10. III 13–15.

b = cod. Mutinensis gr. 85 (= III C 6) chart. saec. XV; fol. 96 … *πόνος Μιχαήλου Σουλιάρδου.* fol. 100^{v} *Γεωργίου τοῦ Βάλλα ἐστὶ τὸ βιβλίον* (deletum). fol. 4^{v} *Ἀλβέρτου Πίου Καρπαίων ἄρχοντος κτῆμα*, cf. CCAG IV (1903), 28–33 nr. 11: foll. 5^{r}–30^{v} eadem capp. e quadripartito excerpta atque **a** continet.

g = cod. Vaticanus gr. 1066 chart. saec. XV; cf. CCAG V 1 (1904), 74–79 nr. 11; P. Canart–V. Peri, Sussidi (1970), 531; M. Buonocuore, Bibliografia (1986), 869; M. Ceresa, Bibliografia (1991), 365: foll. 134^{v}–162^{r} quadripartiti librum I continet.

i = cod. Oxoniensis Seldenianus gr. 6 (7 supra) chart. saec. XV; cf. CCAG IX 1 (1951), 61–62 nr. 25; pendet e codice **Δ**: foll. 48^{r}–76^{r} quadripartiti I 1–II 3 continet.

L = cod. Laurentianus gr. 28,34 membran. saec. XI; cf. CCAG I (1898), 60–72 nr. 12; F. Boll, Beiträge (1899), 85.90–97; W. Kroll, Astrologisches (1898), 123–131: foll. 103^{r}–106^{r}, 148^{v} continet capitula e quadripartito excerpta I 3 (fin.).4.9.10.11 (partim).12–21.

l = cod. Parisinus suppl. gr. 651 bombyc. et chart. saec. XIV–XIX variis manibus scriptus; cf. CCAG VIII 2 (1911), 30–31 nr. 26: foll. 26^{r}–31^{r} quadripartiti I 1–2 usque ad l. 201 *περιέχοντος* continet, quae pars saec. XVI attribuitur.

p = cod. Vaticanus Palatinus gr. 226 chart. saec. XV variis manibus scriptus; cf. CCAG V 4 (1940), 69–70 nr. 94; P. Canart–V. Peri, Sussidi (1970), 260; M. Buonocuore, Bibliografia (1986), 491; pendet e codice **A**: foll. 186^{r}–193^{v} continet quadripartiti I 9,11 (l. 584) *τῷ τοῦ Κρόνου* – I 21,26 (l. 1166) *ἐν αὐτῷ τῷ ζῳδίῳ.*

s = cod. Parisinus gr. 2419 chart. saec. XV, magna ex parte manu Georgii Midiatae; cf. CCAG VIII 1 (1929), 20–63 nr. 4: fol. 11^{r} quadripartiti I 19 continet.

t = cod. Taurinensis gr. CVII 15; cf. CCAG IV (1903), 15–16 nr. 5: partem, quae quadripartiti I 2–II 3 continebat, anno 1904 flammis deletam esse Vitellius affirmavit.

u = cod. Parisinus gr. 2381 chart. saec. XV/XVI; cf. CCAG VIII 3 (1912), 43–59 nr. 45: fol. 69^{v} tabulas quadripartiti cap. I 18 illustrantes continet.

v = cod. Parisinus gr. 2180 chart. partim saec. XV; cf. CCAG VIII 3 (1912), 14–16 nr. 38: foll. 93^{r}–98^{r} continet quadripartiti capp. I 18.20.14.10/11. II 3/4 (partim).8.

w = cod. Vindobonensis phil. gr. 179 chart. saec. XIV/XV; cf. CCAG VI (1903), 28–35 nr. 3. H. Hunger, Katalog I (1961), 286–288: foll. 13^{r}–28^{v} vitam Ptolemaei et excerpta excerptis codicis **a** similia continet.

x = cod. Vaticanus gr. 1290 chart. saec. XV/XVI; ex libris Fulvii Ursinii; cf. CCAG V 1 (1904), 79–81 nr. 12; P. Canart–V. Peri, Sussidi (1970), 566: foll. 57^{r}–75^{v} vitam Ptolemaei et eadem excerpta atque codex **a** continet.

y = cod. Vindobonensis phil. gr. 115 chart. saec. XIII; cf. CCAG VI (1903), 16–28 nr. 2. H. Hunger, Katalog I (1961), 226–227; F. Boll, Beiträge (1899), 84: foll. 10^{r}–16^{r} capp. II 10.11.12/13.14 imperfectum e quadripartito excerpta continet.

Omnes codices ad unum archetypum esse redigendos demonstrant errores communes e.g. 1,172 *μὲν* [*γὰρ*], 1,214 *ἀνθρωπίνως καὶ ἐστοχασμένως* transponendum, 1,334 ⟨*τοῦ*⟩, 1,1055 *ἐγγιζούσῃ*, 2,268 *καθιεροῦ*[*ν*]*ται*. al. Attamen astrologi saeculorum IV–VI, qui Ptolemaei verba haud raro afferunt, fontem illis iam temporibus in rivulos diversos defluxisse testantur, ut vestigia classium, quae nunc observamus, perspicue agnoscantur.[12] Praesertim

12 E. Boer in praefatione editionis (1940) p. XV de auctoribus traditionis secundariae: "cum de classibus codicum saeculis IV–VI iam diversis certiores nos faciant". D. Pingree in praefatione Hephaestionis vol. I (1973) praemissa, p. VI: "textum codicum *Apotelesmaticorum* in classes a Boll–Boer cognitas post fere annum 415 diremptum esse concludendum est."

Hephaestionis Thebani codices saepius eundum in modum discedunt atque *Apotelesmaticorum* libri manuscripti. Classes distingui possunt quattuor.

1. De codice Vaticano gr. 1038

Inter omnes libros manuscriptos non solum aetate praestat codex **V**, cui codices **HLRUWXΓΩgy** aggregare possumus. Hunc codicem et aetate et qualitate praestantissimum a librario admodum indocto fideliter ex archetypo codicis Vaticani gr. 1594 litteris uncialibus exarato descriptum esse F. Boll docuit, pauca illa capita quae **L** nobis conservat tamquam obrussam adhibens.[13] Cum **VL** consentiunt etiam pauca capita, quae conservat codex **y**.

H et **Γ** apographa esse codicis **V** consensus lacunarum e.g. 2,1110 *φορᾶς*, 2,1128 *καθόλου*, 2,1129 sq. *ὑπὸ – κα(τὰ)*, 3,1311 *(κε)κινημένους*, 3,1332 *ἡδυβίους* et mendorum minimorum ut e.g. 1,345 *προγνωστικῇ*, 1,360 *φυ⟨λα⟩κτήρια* plane demonstrant. Codicis **Γ** librarius ipse lacunas plurimas et omnia, quae in fine inde a 4,795 desiderantur, alio e codice classis **β**, ut videtur, atramento pallidiore supplevit, quo e codice ita expleto et **X** derivandus est et **g**, qui nil nisi librum primum continet misere pessumdatum.

Necessitudine quadam cum codice **V** coniuncti sunt etiam codices **UWRΩ**, quamquam lectiones varias nonnullas classis **β** in priores libros, plures in libros III IV receperunt. Dubium non est, quin e codice Oxoniensi (**U**), qui primus opus illo modo redactum tradit, non solum **W** ortus sit, sed etiam **R**, quo librarium codicis **Ω**, Bonturellium, usum esse verisimile est, cum Ps. Ptolemaei *Fructum*

13 F. Boll, Beiträge (1899), 81–85.

illum e Mutinensi **R**, non e codice Mutinensi II F 9, cui *Syntaxin* se debere ipse confitetur,[14] descripsisse constet.

Qui omnes codices titulo totius operis omisso indicem capitum libro primo praemittunt scribentes: *τάδε ἔνεστιν ἐν τῷ α' βιβλίῳ κεφάλαια Κλαυδίου Πτολεμαίου τῶν πρὸς Σύρον ἀποτελεσματικῶν.*

2. *De stirpe* **α**

In stirpe **α** numerandi sunt codices **GIQYΞΣΦablv wx**, qui licet sint haud alieni a codice **V**, discrimina tamen perspicua exhibent.

Longe optimus huius classis est codex Parisinus (**Y**) 'pretiosissimus liber' a F. Cumont existimatus,[15] cuius textus, quamvis scripturis barbaricis, iotacismis, erroribus orthographicis horrens, codicem **V** partim confirmat, partim supplet, nonnumquam immo corrigit. Ab hoc codice pendet Ξ, e quo rursus idem librarius et **G** et **Φ** descripsit.

Qui codices omnes **Y** secuti indices quattuor librorum verbis *'πίναξ σὺν θεῷ τῆς βίβλου Πτολεμαίου'* inscriptos primo libro praemittunt.

Neque codex **Σ**, quo usus est Ioachimus Camerarius in editione principe (**c**) constituenda,[16] ab hac classe **α** secludi potest, quamquam singulis locis etiam cum classe **γ** concinit. Irrepserunt etiam lectiones ex Hephaestionis

14 J. L. Heiberg, Prolegomena (1907) p. XXVI. *Δωνᾶτος ὁ Βοντουρέλλιος ἐξέγραψεν ἀπὸ ἀντιγράφου, ὃ πρὶν μὲν κτῆμα ὑπάρχον τοῦ Γεωργίου τοῦ Βάλλα* [...] *ὕστερον τοῦ ἐπιφανεστάτου ἄρχοντος Ἀλβέρτου Πίου τοῦ Καρπαίου ἐγένετο.* G. Mercati, Codici latini (1938), 60 ann. 4, cf. 206. E. Boer in praefatione *Centiloquio* praemissa (1952) p. XXV. XVIII.

15 F. Cumont, CCAG VIII 4 (1921), 23[1].

16 Ch. G. Murr, Memorabilia I (1786), 46.

excerptis.[17] Titulo a ceteris differt, qui est *'Κλ. Πτολεμαίου μαθηματικῆς τετραβίβλου συντάξεως βιβλίον α'.* Cum mutilus nunc capitulo I 4 careat, diiudicari non potest, utrum codici an Camerario mutatus ille planetarum ordo attribuendus sit, quem codices classis **β** et libri impressi praebent. Horum librorum rursus apographa possidemus, primum **I**, quem A. Dudits anno 1568 ex editione priore (**c**) descripsit, et **Q**, quem Bartholomaeus Barbadorius[18] curavit, qui exemplari editionis alterius (**m**) adhuc superstite[19], praeterea codicibus **CZ**, quorum lectiones varias partim in textum recepit, partim marginibus adscripsit, ad perficiendum codicem usus est. His addendus est **l**, qui primum tantum caput et partem secundi e libro impresso negligenter descripsit.

Accedunt ad stirpem **α** codices, qui capitibus quibusdam ex *Apotelesmaticis* excerptis vitam brevem Ptolemaei praemittunt. Sunt enim omnes codici **Y** propinqui, cui vitam similibus verbis conceptam debemus.[20] Ab **a** pendent **bx**, cum **w**, qui rectum capitum ordinem conservat, a ceteris distet. Pauca capita, quae **v** multis erroribus et lectionibus undique petitis vel mutatis obscurata praebet, nihili sunt.

17 D. Pingree in praefatione Hephaestionis editioni praemissa, vol. I (1973) p. VI.

18 G. Mazzuchelli, Gli Scrittori d'Italia II 1 (1758), 238–239. M. Vogel–V. Gardthausen, Die griechischen Schreiber (1909), 48.

19 Bibliotheca Vaticana, Stamp. Barberin. J II 72, cf. J II 73; J VIII 14.

20 Ed. F. Cumont, CCAG VIII 3 (1912), 95, descripsit codicem Id., CCAG VIII 4 (1921), 38: fol. 224^r. Antiquiora quaeras apud F. Boll, Studien (1894), 53–54.

3. *De stirpe β*

Stirpi **β** adhaerent codices **DKMOSΘΛΨ(F²)**, quorum e numero recensioni utiles **DMS** sunt electi, quos tamen nonnumquam discedere ex apparatu critico librorum I II, clarius librorum III IV apparebit. Omnibus his codicibus est commune, quod uno animo opus inscribunt *'Κλ. Πτολεμαίου τῶν πρὸς Σύρον ἀποτελεσματικῶν τὸ α' '*, praeterea quod ordinem planetarum in cap. I 4 a Ptolemaeo mutatum solitum in ordinem restituerunt. Quo tempore illa licentia, quam etiam in ceteris codicum classibus nunc invenimus, irrepserit, haud satis constat, praesertim cum **K**, huius classis aetate maximus, nunc mutilus non ante cap. I 12 oriatur, ceteri, quamvis magna necessitudine cum eo connexi, tamen ab eo plane non pendeant, quod ex prooemio libri secundi in **K** omisso, a ceteris non ita, sed suo loco posito facile intellegitur. Codicem **D**, qui saepius cum **V** congruit, ex archetypo litteris uncialibus exarato descriptum esse e certis vestigiis concludi potest, scripsit enim 1,597 *αἴνου* pro *λίνου*, 3,671 *αὐτὰς* pro *αὐγὰς* ut MS, 1,806 *γε* pro *τε* et alia similia.

Codicem **S** et codici **D** et codici **M** affinem neque tamen ab uno vel altero pendere probant praeter lacunam 3,594–599 patentem et tituli haud scio an rubricatori omissi et aetate recentiore ratione arbitraria margini appositi. Quibus indiciis errorumque minimorum consensu **Λ** apographum esse codicis **S** dinoscitur.

Codex **M** saepius cum **D** concinit. Ad textum constituendum non tanti est momenti quanti ad codices disponendos, pendent enim ab eo et **Θ** necnon **O**, cuius scripturas corrector codicis Bergomas (**F²**) in margine adnotavit, necnon codex **Ψ**, cuius librarius alterum quendam codicem inspexisse videtur, cum non solum 3,1454 capiti III 15 titulum rectum ab **M** confusum restituat, sed etiam difficultatem, quae ab ordine planetarum in cap. I 4 mutato orta est, a quodam viro docto emendatum reddat. Codices stirpis **β** haud raro commentarium anonymum (**Co**), Ps. Ptolemaei *Fructum*, Porphyrii *Introductionem* continent,[21] quam partim una cum *Apotelesmaticis* praeter codicem **L** etiam codices **WRΩ** a codice **V** descendentes tradunt, quos varias lectiones etiam e stirpe **β** hausisse perspici potest.

4. De stirpe γ

Cum stirpis **β** codices nonnumquam inter se differant, codices stirpis **γ** omnes simillimi discriminibus perspicuis a ceteris facile segregantur. Imprimis omnes uno animo Ptolemaei opus titulo *'Κλ. Πτολεμαίου τῆς πρὸς Σύρον συμπερασματικῆς τετραβίβλου τὸ α''* inscribunt. Sunt autem codices hi: **ABCEFNPZΔip**, quibus accedunt variae lectiones e codicibus **CZ** codici **Q** inditae, quarum supra mentionem fecimus. Quorum codicum vetustiores et ceterorum fontes **ABC** omnibus praeferendi esse videntur. Quod iam E. Boer suspicata est, textum a viris doctis et astrologiae peritis emendatum et transformatum esse, confirmavit D. Pingree[22] demonstrans hyparchetypum stirpis **γ** esse saeculi XIV retractationem, quae facta esset ab astronomis Byzantinis, Ioanne Abramio eiusque discipulis vel sodalibus Eleutherio Elio et Isaac Argyro. Partim scholia in Ptolemaei verba recipiunt ut 3,591–593 et 3,871, partim verba ambigua omittunt ut 3,560 et 4,320–323, numeris partium numeros minuta-

21 Usus est St. Weinstock in editione codicibus **DMS** quorum sigla feliciter non immutavit. Inde a capite 47 (p. 220,4) accedit etiam **L** ex stirpe codicis **V**.

22 D. Pingree, The Astrological School (1971), 202. Id., Antiochus (1977), 203.

rum partium addunt ut in capite inextricabili III 11 *περὶ χρόνων ζωῆς* 3,756–829.[23] Haec redactio, licet sit nullius pretii ad textum Ptolemaei constituendum, tamen qualem sortem nactus sit textus temporibus renascentium litterarum uberrime illustrat, praesertim cum haud raro alii viri docti denuo argumenta minora mutarent aut corrigerent.

A codice **A** pendent codices **EFNPp**. Codicem **E** ab **A** descendere et lacunae communes 3,537 sq. et 3,1326 sq. necnon marginales notae ut 3,701, imprimis vero additamenta ab **A** post finem libri tertii ad paginam (fol. 314^{v}) explendam inserta,[24] a librario codicis **E** mediam in paginam recepta comprobant.

A codice **A** etiam **PN** derivandi sunt, licet ex parte e codice **C** suppleti esse videantur, idemque **p** fragmentum pusillum nunc codici Vaticano Palatino gr. 226 insertum. Eodem codice **A** etiam librarium codicis **F** usum esse apparet.

A codice **B** pendent **ΔTi**. Quanta necessitudine **Δ** cum **B** coniungatur, et communis lacuna 1,1193 et emendatio 3,1329 *εὐσχήμονας* plane demonstrant, quamquam aliam lacunam codicis **B** 3,574 sq. hiantem recte supplet **Δ**, ex quo rursus pendet **i** pauca capita erroribus horrentia exhibens. E codice **B** etiam codicis **T** librarius opus altero interdum codice adhibito deprompsisse videtur.

E codice **c** ab Ioanne Abramio anno 1382 optime exarato Isidorus Monachus codicem **Z** descripsit aliquot scholia addens. Qui vir doctissimus non solum a codice

23 Minus quod re vera accuratius computent, quam quod astronomiae peritissimi existimari desiderant, quam vanitatem F. Boll suspicatus est, A. Rome postea confirmavit.

24 Quod notare supersederunt F. Cumont et F. Boll in codice describendo CCAG V 1 (1904) p. 55.

C, sed a tota classe **γ** ideo distat, quod planetarum in cap. I 4 ordinem mutatum emendare conatus est, quae emendatio in codice **Ψ** in textum est recepta, in codice **Q** margini adscripta. Barbadorium enim, illius codicis scriptorem, **CZ** (siglis l m designatos) contulisse ex exemplari superstite intellegimus. Sed iam Camerarium codice **C** usum esse in altera editione (**m**) verisimile est.

Cum neque F. E. Robbins neque S. Feraboli ullum stemma praebeant, illud ab E. Boer inventum principales tantum codicum necessitudines demonstrat. Quamquam **Vγ** vel **Σγ** vel **VΣγ** saepius concinunt, solis lineis divergentibus usa est. Ego vero lineas convergentes addidi, ut etiam codicum contaminationes adumbrarem. In omnibus codicum necessitudinibus respiciendum est *Apotelesmaticorum* traditionem tripartitam (tres classes praeter **γ** dico) iam quinto saeculo exstitisse, quia iam in Hephaestione, Ptolemaei excerptore, dinoscitur.[25]

Sed non solum in antiquitate tardiore Ptolemaei et Hephaestionis traditiones coniunctae sunt, sed etiam temporibus renascentium litterarum denuo rivuli in unum confluxerunt. Ubi enim **VΣ** vel **Vγ** vel **VΣγ** consentiunt, fieri potest, ut codices recentiores **Σγ** ab Hephaestionis textu pendeant.[26] Itaque etiam Hephaestionem in Ptolemaei stemma inserui, sed admodum platice, ne etiam Hephaestionem secundum codices digerens in linearum turba plus fieret obscuritatis quam perspicuitatis. *Μεσότης* ergo quae dicitur erat servanda inter Scyllam nimiae simplicitatis et Charybdin differentiarum voraginis. Ergo hunc fere in modum stemma depingatur:

25 Cf. D. Pingree in praefatione Hephaestionis editioni praemissa, vol. I (1973) p. VI–VII.

26 Cf. D. Pingree ibidem.

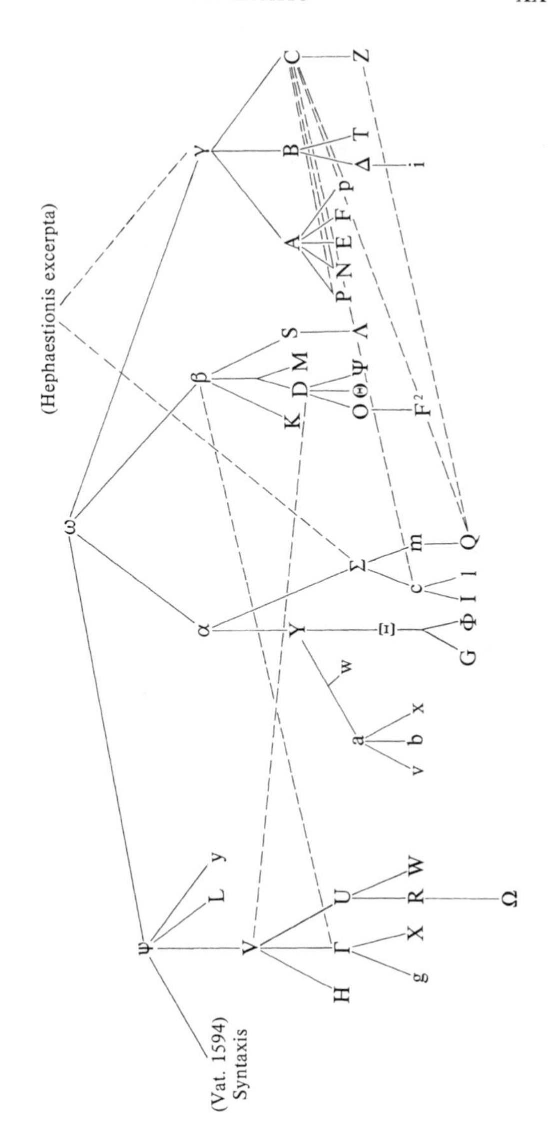

Stemma codicum

III. DE TEXTV RETRACTANDO

1. De codicum collatione

Tribus rationibus usus meliorem textum constituere conatus sum. Primum praesto mihi erant adnotationes ipsius E. Boer. Possidebat enim duo exemplaria, quae notis ornare solebat, quorum alterum ab editore Teubneriano mihi est suppeditatum, alterum ab amico Paulo Kunitzsch Monacensi liberaliter in promptum praebitum, quod obtinuerat post E. Boer mortem a sorore Elisabeth Dresdensi mense Decembri anni 1980. Indice vero et illo adnotationibus conferto me donavit ipsa editrix circa annum 1975 Berolini in regione olim orientali, ut clam mecum limitem illum funestum transcenderet.

Ex illis exemplaribus adnotatis apparet E. Boer voces *σύγκρασις* et *σύγκρισις* melius discerni desideravisse, qua in re ei sum morigeratus 1,135.143.185.243 (non ita 1,340). Eodem modo omnibus quattuor locis vocem *ἰδιοσυγκρασία* in *ἰδιοσυγκρισία* commutari voluit a textu Hephaestionis inducta, quippe qui unico loco (1,335 = Heph. pr. 6 p. 2,25) in omnibus codicibus formam tradit secundam.

Ultimum exemplum aptum est quod demonstret, quanti fuerint pretii in Ptolemaei textu retractando Hephaestionis *Apotelesmatica* a D. Pingree edita.[27] Iam adumbravi alterum altero contaminatum esse. Sed non semper eosdem Ptolemaei codices cum isdem Hephąestionis codicibus congruere haec specimina doceant:

27 Cf. D. Pingree in praefatione voluminis prioris (1973), p. VII sq.

Ptolemaei et Hephaestionis variae lectiones

locus	lectio altera	Ptol.	Heph.	lectio altera	Ptol.	Heph.
1,598	*ὁ*	V	A	*οἱ*	Yβγ	U
639	*τοῦ ζῳδιακοῦ*	VD	A	om.	αMS	U
2,612	*συμμεσουρανοῦντα*	α	A	*συμμεσουρανήσαντα*	ΣMS	L
656	*ἐθισμῶν*	βγ	A	*ἐθήμων*	Y	L
663	*βασιλεῖς*	V	A	*βασιλέας*	αβγ	L
666	*ποσὸν*	(V)	A	*πόστον δὲ*	βγ	L
765	*συμβαίνοντος*	VαβAB	A	*συμπτώματος*	C	L
808	*ἀπόρου*	Σ	AP	*ἀπείρου*	Vβγ	L
1084	*παρόδους*	SA	AP	*παρόδοις*	VαBC	L
1089	*ποιῆται*	VβAB	A	*ποιεῖται*	αC	L
1100	*ἅλως*	Σβγ	A	*ἄλλως*	VY	LP
1118	*τοσοῦτο(ν)*	α	A	*τοσούτῳ*	VDMγ	LP
1126	*χειμώνων*	Vα	AL	*χειμῶνος*	βγ	P
3,234	*τύπος*	VYDγ	A	*τόπος*	ΣMS	P
242	*τὰ*	Σ	AP	*τὰς*	MS	C
247	*διασημαίνει*	VY	AP	*διασημαίνουσι*	Σβγ	C
255	*εἰσι*	VDγ	A	*ἐστι*	αMS	P
272	*συσχηματισμὸν*	Y	AP	*σχηματισμὸν*	VΣβγ	C
291	*σχηματισθεὶς*	VΣβγ	A	*συσχηματισθεὶς*	Y	CP
300	*ἐπανενεχθεὶς*	ΣβB	AP	*ἐπανεχθεὶς*	VYC	C
303	*περικυλίουσι*	Vαβ	P	*περικλείουσι*	γ	C

Abhinc Hephaestionis textus codice unico (**P**) tantum traditur.

Variat etiam Hephaestionis epitoma IV (quae interdum propius accedit ad codicem **L**) cum textu voluminis primi eodem modo atque Ptolemaei codices, v. p. XXIX. In tanta congruentiarum variatione difficillimum est quicquam de necessitudinibus statuere, quod indagatoribus futuris perscrutandum relinquam.

Tam fidelis Hephaestio Ptolemaei est sectator, ut sit idoneus, qui diiudicationem inter duas lectiones expediat. Itaque iam E. Boer in fine vitae 1,335 secundum Hephaestionem lectionem *ἰδιοσυγκρισίας* et 3,1292 *νυκτιρέμβους* praetulit. Eadem ratione contra sententias F. Boll vel E. Boer ego cum Hephaestione legi 1,353 *καὶ εἰ μή*, 3,381 *μὲν*, 3,388 *ἔτι πολυπραγμονεύῃ*, 3,440 *μόνον*, 3,521 *καὶ δύο*, 3,634 [*τοῦ*] *τοῦ Ἑρμοῦ*, 3,652 *ἀναιρεῖ* 3,653 *καὶ αὗται*, 3,711 *ἕκαστον*, 3,1034 [*ὄντες*], 3,1108 *φάρυγγα καὶ στόμαχον*, 3,1161 [*τὸν*], 4,199 *δὲ*, 4,662 *τετράποσι*.

Etiam contra omnes Ptolemaei varias lectiones textus Hephaestionis editori persuadet coniecturas. Sicut iam F. Boll 2,505 *καθ' ὧν* recepit e solo Hephaestione, ita Hephaestionis (cod. **L**) textum 2,1095 *ὡς ἐκρηγνύμεναι* agnovit D. Pingree. Ipse Hephaestionem secutus sum 3,421 *οἰκοδεσποτοῦντες* (formam inauditam quam **V** praebet ut *ἅπαξ λεγόμενον* respuens), 4,361 *Κρόνου*, 4,377 *ἐπὶ τέγους*.

Praeter emendationes secundum Hephaestionem propositas paucas contribui Marte meo: 1,1164 ⟨*Παρθένου καὶ*⟩ (propter siglorum similitudinem, v. infra), 2,22 *τῆς τῶν*, 3,943 *παθεινούς*, 4,415 *ἐὰν*, 4,782 [*καὶ*] *ταχείαις*.

Si rerum argumenta corrigenda sunt, difficillime est diiudicatu, erraveritne Ptolemaeus ipse an librarius quidam. Si est peccatum auctoris, corrigi non debet. In dubio pro reo iudicavi probans dubitanter correctionem ab

Ptolemaei et Hephaestionis Epitomae IV variae lectiones

locus	lectio altera	Ptol.	Heph. vol. I	lectio altera	Ptol.	Heph. Ep. IV
1,599	*λαμπρὸς*	VΣ	AU	*λαμπροὶ*	Υβγ	1,199
2,687	*ἀδρανίας*	*αγ*	L	*ἀδρανείας*	*β*	17,12
3,535	*ἐκτεχθὲν*	Υ	P	*ἐκτεθὲν*	VΣβγ	24,20
646	*ἀπὸ*	Σβ	P	*ἐπὶ*	Υγ	25,82
649	*πολυχρονούντων*	VΥ	P	*πολυχρονιούντων*	Σβγ	25,87

E. Boer in adnotatione factam 2,353 *τριγώνου*. At contra non tetigi 4,639 *Ἀφροδίτης ... προσγενομένης* contra auctoris nostri intentionem, qui in scribendo *τοῦ τῆς Ἀφροδίτης ...* perseverare solet.

Tertium fuit editoris officium duas editiones a F. Boll et F. E. Robbins, quae eodem anno suis legibus prodierunt, comparare, cui muneri se subtraxisse S. Feraboli quantum ad codicem **V** attinet, alio loco breviter illustravi.[28] In tanta codicum ubertate, qui ex parte etiam difficiliores sunt lectu (ut **Y**), fieri non potuit quin verba sigla compendia hic illic male legerentur vel intellegerentur. Ita factum est, ut non solum textus duarum editionum, sed etiam variarum lectionum indicationes discrepent. Pauca exempla afferam. Ubi 2,666 F. Boll variis lectionibus non datis scripsit *περὶ*, F. E. Robbins etiam ille tacite *καὶ περὶ*, S. Feraboli F. Boll secuta est, quamquam in codicibus **αβγ** legitur *καὶ περὶ*. Ubi 3,417 E. Boer variis lectionibus non datis imprimi curavit *τάδε*, F. E. Robbins idemque sine variis lectionibus *τά τε*, S. Feraboli textum F. Boll secuta est, quamquam in codice invenitur nullo. Legit maxima eorum pars *τά τε* (quod F. E. Robbins recepit), aberrat solus **Φ** legens *τὰ δὲ*, cum Hephaestio *τὰ* nudum praebeat. Simili ratione ubi 3,1227 E. Boer tacite scripsit *τοῦ τῆς σελήνης*, F. E. Robbins idemque tacitus simpliciter *τῆς σελήνης*, S. Feraboli iterum textum “F. Boll” secuta est, quamquam codicibus **VYDSγ** et Hephaestione inspectis intellegere potuit F. E. Robbins textum esse rectum, alterum quem praebent soli codices **ΨMc** (nisi est lapsus calami) ex nimia analogia ortum esse, quia solos quinque planetas veros per genetivum designare solet Ptolemaeus, luminaria non ita.

28 W. Hübner, Varianten (1993), 259–262. Illam editionem acerrime censuerunt F. A. Illiceramius et G. Bezza (1986).

A textu ad apparatum criticum transeamus. Ubi ad 1,445 F. Boll indicat Vaticanum scripsisse *παραγένωνται*, F. E. Robbins *προσγένωνται*, S. Feraboli desperans de vera lectione tacet nihil de codice optimo monens. Codice **V** inspecto facile invenire potuit F. E. Robbins veram praebuisse lectionem. Sed plerumque errat F. E. Robbins, maiore fiducia digni sunt F. Boll atque E. Boer: legit **V** re vera, quod F. Boll indicat, contra F. E. Robbins 1,946 *αὐτῷ* (scilicet iota subscripto addito, quod **V** neglegere solet), 2,229 *τὰ πρὸς*, 2,1129 *ἰδιόχρω* (nisi mavis diligentius *ἰδιόχρ̊*), 3,1335 *ἐπιβώμους*, quod exemplum docet litteras minusculas *β* et *μ* in hoc codice esse similes, ut facile confundantur (quantum ad Ptolemaei textum, varia lectio quam F. E. Robbins perperam supponit codici **V**, *ἐπιμώμους*, genuina est). Etiam 4,580 **V** re vera scripsit, ut indicat E. Boer, *ἐπικρατῆρος*.

Quamquam merito F. Boll editori plus tribuit fiduciae S. Feraboli,[29] ubi discedunt editiones eiusdem anni 1940, tamen interdum textum a F. Boll constitutum tam credula est secuta, ut contra verum a F. E. Robbins editum describeret etiam errores maxime typographicos ut 1,67 *μεταβλητήν* recte Robbins, 1,574 app. *ἐφαπτίσι* recte Robbins, 2,289 *ἁβροδίαιτοι* recte non solum Robbins, sed etiam F. Boll in indice, 3,314 *προσδρομῶν* recte Robbins, 3,885 *μελίχροας* recte Robbins, 3,943 app. *παθηνοὺς* **V** recte Robbins. Addas 3,1047 sq., ubi rectam interpunctionem concluseris ex Hephaestione II 13,11–12 a D. Pingree edito. Alia menda irrepta notare supersedeo; coniecturarum quas invenit recepi nullam.[30]

29 At textum F. E. Robbins recte praetulit e.g. 2,444 *ἑσπερίου*.
30 E.g. 2,804 *ἐναλλαιώσεις*, 2,999 *προγινομένας*, 2,1001 *ὥραν*, 3,1376 *εὐεκπτώτους*.

In universum codici **V** ceteris antiquiori palmam tribuit F. Boll, cum F. E. Robbins potius codicem **Y** eiusque filios secutus sit. Quia neuter semper verum praebet, unoquoque loco pensandae sunt utriusque lectiones. Praesertim illis locis, ubi **Y** cum Hephaestione contra **V** consentit, dignus est qui respiciatur.

2. De orthographia

In verborum distinctione variant apud editores locutiones maxime adverbiales. In unum contraxi 1,130. al. *ἐπίπαν*, 1,319 *δήποτε*, 1,998 *ὡσπερανεὶ*, 1,1238. al. *καθόλου*, 2,869 *ἐπιπολὺ*, 3,645 *ὁθενδήποτε*, 3,703 *οὐκέτι*, at divisi 1,177 *μηδ' ὅλως*, 1,226 *ἐξ ἀρχῆς*, 1,331 *οὐδὲ εἷς* et 3,476 *μηδὲ εἷς*,[31] 3,528 *μέντοι γε*. Contra utrumque editorem una cum D. Pingree et S. Feraboli adverbiis addidi iota subscriptum velut 1,305. al. *πάντῃ*, 1,332 *οὐδαμῇ*, 1,358. al. *πανταχῇ*, 3,127 *πολλαχῇ*. Contra F. E. Robbins vocalium elisiones defendi F. Boll et E. Boer textum 2,677 *δέ ἐστιν* (similiter 3,764; 2,782 etiam Robbins), 3,84 *ὥστε εὐλόγως*, 3,1048 *ἀπὸ ἀνατολῆς*, 3,1474 *παρὰ ὅλην*.

Cum E. Boer[32] scripsi *οὕτως* (non *οὕτω*), *οἰκοδεσποτεία* (non *οἰκοδεσποτία*), *ἀπηλιωτικός* (non *ἀφηλιωτικός*). Item elegi formas *θεοπροσπλόκος* (non *θεοπροσπόλος*), *λιβυκός* et *βορρολιβυκός* cum parte codicum contra F. Boll usum, qui praetulit *λιβικός* (v. app. ad 1,464), formas variantes *κυρεία* et *κυρία* in secundam formam redegi, contra utrumque editorem cum D. Pingree non ita (in capite III 11) formas *πολυπλασιάζω* et *πολλαπλασιάζω*, quae eadem ratione variant etiam in *Syntaxi*, *Προχείρων Κανόνων*

31 Cf. F. Boll, Beiträge (1899), 82–83.

32 Cf. ea quae profiteatur in praefatione editioni (1940) praemissa, p. XV.

diataxi necnon apud Hephaestionem et Paulum Alexandrinum, neque formam unicam non assimilatam 3,1525 ἀρσενικοῖς, quia Manethone III (II) 384/388 collato redolet carmen aliquod poeticum.

Variant denique editores in litteris maiusculis adhibendis, praesertim in vocibus *ἥλιος* et *σελήνη*. Litteris maiusculis usus est F. Boll in editionis promulside (1916), sed ad minuscula conversus est in editione integrali, quibus ante eum usus erat etiam J. L. Heiberg in *Syntaxi* edenda, eodem tempore F. E. Robbins in *Apotelesmaticis*, item S. Feraboli sicut E. Boer in *Fructu* (1952). At convenientius in Paulo Alexandrino edendo maiusculas adhibuit quod etiam D. Pingree fecit in Albumasare Hephaestione Dorotheo edendis, quia hi eodem modo dicunt *ὁ Ἥλιος* atque *ὁ Κρόνος*, ille autem *ὁ ἥλιος* ab *ὁ τοῦ Κρόνου* distinguere solet, quae genetivi differentia editorem invitat, immo cogit ad distinctionem inter maiusculas et minusculas faciendam.

3. *De lectura expedienda*

Ut textum admodum durum sententiis haud raro in longum extentis redderem magis perspicuum, variis rationibus distinctionis usus sum: virgulis separavi etiam constructiones participiales (et coniunctas et absolutas), ubi sunt longiores, linearum plures incisiones faciendas curavi, quas partim desideravit iam E. Boer, auxit D. Pingree in Hephaestionis editione.

Pullulant apud Ptolemaeum sententiae interpositae, quas interpunctione signare coepit iam editor princeps I. Camerarius in secunda editione (**m**) 1,321–333, 1,371–373 (recepit F. E. Robbins). al., auxerunt F. Boll 1,225–232, 1,1021 sq., D. Pingree in Hephaestionis excerptis 3,121 sq., 3,144 sq. et saepius, etiam S. Feraboli 1,449 sq. De meo addidi e.g. 1,125, 1,132 sq. et alia.

Ubi textus digestus est secundum ordinem planetarum aliarumve rerum, rationem E. Boer, quae singula nomina vel verba litteris spatiosis imprimenda curavit, ita secutus sum, ut etiam augerem.

Hic illic Ptolemaeus ad capita aut praecedentia aut sequentia alludit. Lectori gratum fore ducens capitum numeros praesto habere, addidi uncis inclusos aut capitum praecedentium numeros ut 1,782. 2,138.397 et saepius, aut capitum sequentium ut 1,742. 3,322, quo spectat etiam illa capitum (III 5–IV 9) turba, quam indicis vice annuntiat Ptolemaeus 3,169–189 initio capitis III 4. Semel (2,609) etiam *Syntaxeos mathematicae* locus erat indicandus.

Planetarum fines secundum Aegyptios (I 21,9–10) et secundum Ptolemaeum (I 21,28–29) et terras secundum duodecim signa digestas (II 4,2–4) codices forma tabellaria exhibere solent, quos iure secuti sunt editores. Sed hic illic etiam alia diagrammata inveniuntur in libris manuscriptis. Itaque figuras rarius iam in manuscriptis repertas, saepius meo iure inventas in textum inserui, quae argumenta oculis proponerent clariora. Quorum index in fine libri invenietur. Inauguravit hunc modum illustrandi ipsa E. Boer in Paulo Alexandrino anno 1958 edito.

4. *De capitum paragraphorum distinctione*

In capitum divisione variant numeri non solum in codicibus, sed etiam in Procli Rhetorii aliorum citationibus,[33] quo factum est, ut in libris I II III discederent etiam editores F. Boll et F. E. Robbins. Illius numeros servandos iudicavi, qua in re me praecessit S. Feraboli. Quos capi-

33 Cf. F. Boll, Beiträge (1899), 86 necnon eundem, CCAG VIII 3 (1912), 93[1] et 94[1].

tum numeros ut singulis paginis praemitterentur E. Boer desideravit in adnotationibus, cui morigerati sumus, ut litteras graecas vel numeros adscriberemus.

Paragraphorum numeros nequaquam ratione esse mutandos summo iure monent lexicographi.[34] Tamen exceptiones faciendae sunt, ubi paragraphorum distinctio mendis horret: In huius editionis retractandae capite II 3 § 7 bis ponitur (scilicet et in calce paginae praecedentis et in capite subsequentis), in capite III 13 deest § 7, iteratur § 13, post § 14 sequuntur § 6–10, in capite IV 5 desunt § 8–9, in capite ultimo IV 10 deest § 14. Haec peccata certe erant corrigenda.

Etiam positiones numerorum, qui marginibus adscripti sunt, non semper sententiarum initiis correspondent, quod ex parte quidem factum est, ne linearum numeri numeros paragraphorum colliderent. Itaque etiam his occasionibus pauca mutavi numeros aut lineae praecedenti affigens velut 1,333.1041. 2,268. 3,1264.1273. 4,70 (duas lineas transilui 1,722) aut sequenti velut 2,106.864. 3,60.1221. 1232. 4,46.674. Bis in fine capitis paragraphum addidi (1,1015. 3,441), quo facto me plus emolumenti quam damni allaturum maxime spero.

Avocare me a regula potuisset etiam caput I 9, ut constellationum tripartitionem (secundum signiferum septentrionalia meridionalia factam) etiam capitum distinctione sequerer – quod D. Pingree in Hephaestione primum edendo feliciter licuit – item caput I 21 tripartitum de planetarum finibus (secundum Aegyptios Chaldaeos Ptolemaeum ipsum digestis) necnon caput II 12, ut

34 Anonymus quidam [D. Krömer], Zitierfähigkeit der Ausgabe eines antiken Autors, Gnomon 57 (1985), 495 sq., cf. etiam M. D. Reeve, rec. Anthologia Latina I 1, ed. D. R. Shackleton Bailey [1982], Phoenix 39 (1985), 174–180, praesertim 175.

unicuique signiferi signo tribuerem paragraphum suam, sed quominus id auderem, obstabant severa illa monita supra allata.

5. *De titulo*

Ptolemaeus ipse 3,407 et 3,926 opus titulo nudo designat *σύνταξις*, sed eodem titulo generali etiam opus astronomicum denominat 2,608: *ἐν τῇ πρώτῃ συντάξει.*[35]

Divulgatus est titulus librorum numerum indicans, scilicet *Τετράβιβλος*, latine *Quadripartitus* (sc. liber) vel *Quadripartitum*, quem praebent codices **αSγ**, primum legitur apud Tzetzem.[36] Alicuius momenti fuisse apud astrologos librorum numeros, praesertim numerum quaternarium et quinarium, e compluribus testimoniis concludi potest. Etiam scripta Hermetica astrologica quattuor libris divulgabantur.[37] Si secundum numerum planetarum scripti sunt libri quinque, quem numerum absol-

35 De graeco Almagesti titulo egit J. L. Heiberg in *Prolegomenis* (1907) p. CXL. Aegyptorum opera hac voce designat Ptolemaeus Ap. I 3,19 *τῶν καλουμένων παρ' αὐτοῖς ἰατρομαθηματικῶν συντάξεων.*

36 Tzetz. Chil. II 165. Cf. etiam Apom. Myst. 3,14, CCAG V 1 (1904) p. 154,7.

37 Clem. Alex. Strom. VI 4,35 *τὰ ἀστρολογούμενα τῶν Ἑρμοῦ βιβλίων τέσσαρα ὄντα.* Liber Hermetis *De XV stellis*, ed. L. Delatte, continetur in: Textes latins et vieux français relatifs aux Cyranides, Liège–Paris 1942 (Bibliothèque de la Faculté de Philosophie et Lettres de l'Université de Liège. 93), p. 241,7–9 (cf. 277,1–4): *librum hunc edidit divisitque eum in quattuor partes eo quod principaliter quattuor rerum virtutes, videlicet stellarum herbarum lapidum atque figurarum, in eo continentur.* De Hermete quadrato sim. cf. W. Hübner, Die geometrische Theologie (1980), 31.

verunt uno animo Manilius[38] et Dorotheus Sidonius poetae,[39] ultimus liber abundare videtur sicut codex **Y** auget Ptolemaei Quadripartitum ex Antiochi operibus scribens *Τετράβιβλον καὶ ἕτερον βιβλίον τοῦ Ἀντιόχου Θησαυρῶν.* Rursus qui quattuor libris se contentaverunt, rigorem quendam rationis praeferre videntur.[40]

Titulum *Τετράβιβλος*, quem Th. Birt cognomen quoddam fuisse opinatur,[41] recepit e Σ I. Camerarius (**cm**), conservaverunt F. Boll,[42] F. E. Robbins, S. Feraboli.[43] Etiam E. Boer initio hoc titulo usa est inde a primo praefationis verbo,[44] quod est "Quadripartitum", postea etiam "Tetrab." compendium invenit.[45]

Sed plagulas Porphyrii *Introductionis*, quae eodem anno

38 De Manilii libro quinto qui Teucri *παρανατέλλοντα* refert, W. Hübner, Manilius (1984), 254–268, de Mercurio quinario ibid. 263 sq. De librorum numero operis ab Antiocho conscripti W. et H. G. Gundel, Astrologumena (1966), 115.

39 De Dorothei Pentabiblo V. Stegemann, Astrologie und Universalgeschichte (1930), 12 sq. Librum quintum *περὶ καταρχῶν* eximium putatum esse ex Dor. A V 1,2 scimus. Qui liber apud Hephaestionem tertium explet, scilicet primo Ptolemaei primam, secundo secundam dyada contrahente.

40 Cf. G. Aujac, Ptolémée (1993), 22: "Le non-dit ne manque pas non plus d'intérêt dans l'œuvre de Ptolémée."

41 Th. Birt, Das antike Buchwesen (1882), 44 "Rufname", cf. V. Stegemann, RhM 91 (1942), 332 "eine bequeme vulgäre Abkürzung."

42 Inde a primis operibus: Studien (1894), 179 sq., Beiträge (1899), 80–88.

43 Illa quidem in editione (1985) p. 361 titulum accepit quasi sit generis masculini.

44 E. Boer in praefatione editionis (1940), p. V, quod repetivit in altero fasciculo (1952) praefationem *Fructui* praemissam incipiens p. XIX "Quadripartiti ...".

45 E. Boer in praefatione editionis (1940), p. XVI.

1940 in lucem prodiit, corrigens philosophum antiquum alium titulum testari perspexit. Inscripsit enim Porphyrius opus suum *Εἰσαγωγὴ εἰς τὴν Ἀποτελεσματικὴν τοῦ Πτολεμαίου*,[46] quem titulum genetivo plurali expressum tradunt etiam codices **DM**. Praeterea Hephaestionem hoc titulo usum esse monent codices Epitomarum III et IV.[47] Etiam Dorothei *Pentabiblos* hoc titulo designabatur,[48] et inter Dorothei excerpta etiam Ptolemaei opus eodem titulo nuncupatur.[49] Non modo vox quae est *σύνταξις*, verum etiam voces quae sunt *ἀποτελέσματα* vel *ἀποτελεσματικά* titulo variorum operum astrologicorum functae esse videntur. In extremis etiam E. Boer hunc denique titulum agnovit Ptolemaeum librum *ἀποτελεσματικά* inscripsisse iudicans.[50] In *Fructu* edendo (1952) mediam quandam invenit viam compendium "Quadripartitus" vel "Tetrab." solvens "Ptolemaei Tetrabiblos, gr. [!] *Ἀποτελεσματικά*,"[51] tandem in Pauli Alexandrini editione (1958)

46 Porph. Introd. CCAG V 4 (1940) p. 190,2, cf. etiam CCAG V 1 (1904) p. 57 necnon CCAG I (1898) p. 62 *εἰς τὰ Πτολεμαίου ἀποτελέσματα.*

47 V. Hephaestionis vol. II (1974), p. 126,2 et p. 135,2, cf. CCAG I (1898), p. 7 et F. Boll, Beiträge (1899), 91 necnon Hephaestionis vol. I (1973), praef. 9 *ἀρξώμεθα δὲ τῆς εἰς ἡμᾶς ἐλθούσης πείρας τῶν παρὰ τοῖς ἀρχαίοις ἀποτελεσματικῶν συνταγμάτων*, quae scripsit fortasse cum respectu Ptolemaei.

48 Firm. math. II 29,2 *Dorotheus* [...], *qui apotelesmata verissimis et disertissimis verbis scripsit.* CCAG V 1 (1904) p. 240,13 = Dorotheos p. 385,1 Pingree: *ἐκ τῶν Δωροθέου ἀποτελεσματικῶν.* Cf. V. Stegemann, Astrologie und Universalgeschichte (1930), 12 sq.

49 CCAG II (1900) p. 198,23 = Dorotheos p. 383,5 Pingree: *τὸν μέγαν Πτολεμαῖον ἐν τῷ β′ καὶ γ′ καὶ δ′ βιβλίῳ τῶν Ἀποτελεσματικῶν.*

50 E. Boer in praefatione editionis (1940), p. XIV.

51 E. Boer in *Fructus* editione (1952), p. XXXIV.

opus simpliciter compendio "Ap." designavit, qua in re perseveravit in Realium Encyclopaediae lemmate "Klaudios Ptolemaios" (1959).[52] Quem titulum longam post haesitationem constitutum etiam nos recepimus.

6. De operis conclusione

Ultimum caput IV 10 non enumeratur in capitum indice Ap. III 4,3. Quo in capitulo non agitur, uti solitum, de quinque, sed de septem planetis (scilicet luminaribus inclusis), qui hoc solo loco ordine ascendente percurruntur. Quibus de rebus hoc caput spurium esse iudicabant viri docti saeculi praeteriti, at contra F. Boll probavit re vera ipsi Ptolemaeo esse adiudicandum, tamquam additamentum posteriore tempore subiunctum.

Eadem de causa etiam duas conclusiones capitis traditas esse arbitror, quarum alteram tradunt codex **Y** eiusque filii, alteram praebent codices **DM**^{2}**γ** (deficientibus **VΣSM**^{1}). Hanc secundam versionem, quam etiam Proclus interpretatus est, solam recepit Camerarius, videlicet codicis **Y** inscius, iure in textum recepit E. Boer alteram ad apparatum criticum relegans: genuina enim esse videtur, quia similibus verbis Ptolemaeus usus est initio tertii libri (Ap. III 2,6).

At contra F. E. Robbins, qui magis codice **Y** nititur, utramque versionem in textum recepit, primum codicis **Y** verba, deinde codicum **Dγ**, ita ut etiam hoc modo illa versio opus concluderet, quam genuinam esse iudicamus.

52 E. Boer apud K. Ziegler, al., Klaudios Ptolemaios (1959), c. 1832,16–21.

Nos versionem codicis **Y** denuo in apparatu praebebimus, ita tamen, ut evitantes editionem q. d. diplomatica ab E. Boer exhibitam etiam emendationes in apographis codicis **Y** factas recipiamus, quo facilius legatur atque intellegatur.

IV. DE TRIBVS APPARATIBVS

1. De apparatu critico

In apparatu critico plura erant corrigenda quam in ipso Ptolemaei textu. Iam demonstravi varias lectiones a F. Boll et F. E. Robbins indicatas haud raro discrepare. Itaque codices denuo contuli praesertim illis locis, ubi discedunt verba ab editoribus indicata, nonnumquam etiam latius, imprimis codicem **V**, e stirpe α codices **ΥΣ** (hic illic etiam codices **ΓΦ**), praeterea editiones **cm**, ex stirpe β codices **DMS**, ex stirpe γ codices **ABC**. Cuius laboris fructus minus sunt perspicui, quia haud raro nil nisi singula littera vel accentus erat mutandus, nisi totum lemma ut alienum supprimendum.

Codicum sigla a F. Boll aut F. E. Robbins inventa partim congruunt, partim divergunt. S. Feraboli, quamquam textum F. Boll exscripsisse iam demonstravimus, tamen sigla a F. E. Robbins recepit. Quae licet plus contineant significationis (e.g. **P** Parisinum designante, qui nobis est **Y**, **N** Norimbergensem, qui nobis est **Σ**), tamen commodius esse duxi F. Boll sigla conservare, ne apud lectores editionum Teubnerianarum nimia nasceretur confusio. Addidi vero in codicum tabula (p. LXXIV) sigla a F. E. Robbins adhibita uncis inclusa. Ubicumque Vettii Valentis, Ioannis Lydi, maxime Hephaestionis codices erant discernendi, siglis praemisi "cod.", ne cum ipsius Ptolemaei codicum siglis confunderentur.

Quia nostris temporibus egestate chartarum superata plus spatii est concessum, lectionum compendia solvi. Insuper paucas lectiones aberrantes addidi, quoad mihi alicuius momenti esse visae sunt.

Iotacismos et consonantes geminatas et alias scripturas peculiares F. Boll et E. Boer partim litteratim rettulerunt, partim ad nostrum usum reduxerunt. Ego saepius formam litteralem praetuli, quia haud raro est idonea quae errores sequentes explicet. Exempli gratia non ignorandum est librarium codicis **V** iota subscriptum omnino neglexisse, quod etiam scriptorem exemplaris, ex quo descriptus est, fecisse iure concludi potest.

Deinde non alienum esse a proposito putavi indicare, quas voces vel formas saepius confuderint librarii velut *ἀπό/ἐπί, ἐπί/ὑπό, παρά/περί/πρός, τήν/τῶν, τόπος/τρόπος* et similia.

Mentione dignae sunt praeterea confusiones e siglorum similitudine ortae.[53] Confunduntur enim sigla Veneris (♀) et Mercurii (☿), quod iam demonstravit F. Boll,[54] Virginis (♍) et Capricorni (♑),[55] Martis (♂) et Sagittarii (♐).[56] Praeter stellarum vel signorum sigla confunduntur

53 Librarius codicis **V** siglum Tauri non perspexit, unde variae confusiones ortae sunt, cf. 1,912 app.

54 Vide 1,556, quo spectat F. Boll, Beiträge (1899), 83, cf. e.g. Dorotheum p. 379,19 Pingree. Confusiones Iovis et Martis (2,766) non e siglis similibus natae esse videntur, cf. tamen Rhet. C p. 161,24 app. cr. – Scriptum est 2,774 per liquidarum metathesin siglum *Ἄρεως* (♂) pro *ἀέρος*.

55 Vide 1,948, quo spectat W. Hübner, Eigenschaften (1982), 421–429.

56 Singulariter 2,222.

etiam 2,5.120 compendia *ἑξάγωνα* et *ἀστέρες* (⁎⁎) et 3,427 *ἀριθμός* (☿) et *Ἑρμῆς* (☿).

Ubi lectiones a F. Boll E. Boer F. E. Robbins receptae consideratione dignae esse videntur, in apparatu indicavi “recepit Boll” sim., ut lector moneretur textum huius editionis minime esse fixum neque absolutum, immo ut invitaretur ad verba identidem ruminanda.

2. De testimoniis

Ptolemaei opus, ut fuit celeberrimum, iam in antiquitate saepe laudatur. Plus minus verbatim affertur ab Antiocho, quocum iuncta est traditio Ptolemaei,[57] a Porphyrio, Hephaestione, Iohanne Lydo, Rhetorio (cuius fragmenta in codice **Y** sequuntur ut *Apotelesmaticorum* liber quintus et sextus), a Stephano q.d. philosopho, Apomasare (i.e. Abū Ma'šar in linguam graecam verso), Ioanne Abramio.

Inter quos auctores excellit Hephaestio, qui Ptolemaei textum partim contrahit, partim mutat, saepius ad verbum exscribit. In tabula locorum congruentium, quam exhibet D. Pingree,[58] qui nihil adumbrare voluit nisi generalia quaedam, singularia explicare conatus sum. Comparandi sunt hi fere loci:

57 Cf. D. Pingree, Antiochus (1977), 210.

58 D. Pingree in praefatione Hephaestionis editioni praemissa, vol. I (1973) p. VII.

Ptol. Ap.	Heph.
I 3, 4– 8	I pr. 3– 5
I 3,13–15	I pr. 6
I 3,17–19	I pr. 7– 8
I 4, 1– 7	I 2, 2– 8
I 5, 1– 2	I 2, 9
I 6, 1– 2	I 2,10–11
I 7, 1– 2	I 2,12
I 9, 1–13	I 3, 1–13
I 9,14–19	I 4, 1
I 9,20–24	I 5, 1
I 15, 1– 2	I 9, 1
I 16, 1	I 10, 1
I 17, 1– 2	I 11, 1
I 21,28–29	I 1 passim
I 23, 1– 2	I 19, 1– 2
II 3, 3–50	I 1 passim
II 4, 2– 4	I 1 passim
II 4, 5	I 5, 3
II 4, 6 fin.	I 20, 5 fin.
II 5, 1– 3	I 20, 1– 4
II 6, 1 fin.–2	I 20, 5 in. + 6
II 7, 1– 4	I 20, 7– 9
II 8, 5–13	I 20,10–22
II 9, 1 in.	I 20,23
II 9, 2 in.	I 20,25
II 9, 3– 4	I 20,24
II 9, 5–23	I 20,27–37
II 10, 1– 4	I 24,1 – 4
II 12, 2– 8	I 1 passim
II 14, 1– 6 in.	I 25, 1– 7
II 14, 7– 9	I 25, 9–11

Ptol. Ap.	Heph.
II 14,10–11 in.	I 25,13–14
II 14,12	I 25,25
III 2, 1– 3	II 1,35–37
III 2, 6 fin.–7	II 1,38
III 3, 1– 5	II 2, 2– 6
III 4, 1– 3	II 3, 1
III 4, 5– 8	II 3, 2– 4
III 5, 1–10	II 4, 1–17
III 5,12 fin.	II 4,18
III 6, 1– 4	II 6, 1– 6
III 7, 1– 2	II 7, 1– 5
III 8, 1– 3 in.	II 8, 1– 5
III 9, 1– 4	II 9, 1– 5
III 10, 1– 7	II 10, 1– 7
III 10, 4 in.	II 10,17
III 10, 6 in.	II 10,28
III 10, 7	II 10,32+35
III 11, 1– 3 in.	II 11, 1– 3
III 11, 3 fin.–4	II 11,18–19
III 11, 5– 6 in.	II 11,24–25
III 11, 7	II 11,20–23
III 11, 8–11	II 11,31–34
III 11,12 in.	II 11,52
III 11,12 fin.–15 in.	II 11,66–69
III 11,15 fin.	II 11,74 in.
III 11,16–17	II 11,77–78
III 11,18 fin.–19	II 11,81–82
III 11,20 partim	II 11, 88
III 11,20 fin.	II 11, 91– 93
III 11,21–22	II 11, 96– 98
III 11,23–27	II 11,100–113

Ptol. Ap.	Heph.
III 11,29–31 in.	II 11,115–118
III 11,32–34	II 11,120–121
III 12, 1 fin.–14	II 12, 2– 16
III 13, 1 in.	II 13, 1
III 13, 1 fin.–18	II 13, 3– 23
III 13, 6 fin.	II 13, 2
III 14, 1 fin.–28 in.	II 15, 3– 17
III 14,37–38 in.	II 15, 19– 20
III 15, 2–12	II 16, 2– 12
IV 1, 1 fin.	II 17, 1
IV 2, 1– 4	II 17, 2– 6
IV 3, 1– 4	II 18, 2– 7
IV 4, 1– 2	II 19, 1– 4
IV 4, 3–12 in.	II 19, 11– 21
IV 5, 1–20	II 21, 2– 25
IV 6, 1– 7	II 22, 1– 7
IV 7, 1– 4 in.	II 23, 1– 3
IV 7, 5–10	II 23, 5– 9
IV 8, 1– 6	II 24, 1– 9
IV 9, 1–15	II 25, 2– 14
IV 10, 1–26	II 26, 1– 22

Quanti momenti essent Hephaestionis excerpta, in verbis de textu edendo factis iam demonstravi. Tamen prudenter sunt adeunda, semper inspiciendus apparatus criticus, quia solae codicum lectiones dignae sunt quae conferantur. Fallitur e.g. S. Feraboli 3,1078 *ἀπὸ κρηνῶν* Hephaestioni adiudicans, cum sit D. Pingree emendatio; at codex **P** unicus tradit *ἀποκριμνῶς*. Qui codex **P** solus testis superest (praeter epitomas) inde ab Heph. II 10,3 = Ptol. Ap. III 10,3. Ubi deficit etiam **P** (excidit enim folium

Heph. II 12,2–12 = Ptol. Ap. III 12,1–10: 3,866 σχεδὸν – 935 πάλιν), quia tacent etiam epitomae, D. Pingree textum e Ptolemaeo supplevit. Attamen S. Feraboli 3,885 μελάγχρους ab Hephaestione traditum esse contendit, cum omnes Hephaestionis codices taceant, D. Pingree secundum E. Boer expleat μελιχρόας, quod debuit esse accentu mutato μελίχροας (recte F. E. Robbins). Forma a S. Feraboli prolata in Hephaestionis textu neque tradita est neque ab ullo viro docto inventa.

Hactenus de Hephaestione. Quantum ad auctores posteriores attinet, duorum locos tabulis congerere utile existimavi, quos D. Pingree annis 1971 et 1973 edidit. Quorum alter est inventor horoscopi Constantini VII Porphyrogeniti (anni 905):[59]

Ptol. Ap.	Horosc. Const.
III 5,1–12	1,1–2
6,1–4	2,1–5
10,2	3,1
11,7	(cf. 4,1)
12	5,1
13,5	6,1
14,3	7,1–2
14,18	7,3
14,37	7,4
IV 2,1–2	8,1–2
3	9,1
4,2	10,1
5,1–5	11,1

59 Horosc. Const., ed. D. Pingree, Dumbarton Oaks Papers 27 (1973), 222–229.

Ptol. Ap.	Horosc. Const.
6,1	12,1
7,1–2	14,1
8,1.3	15,1
9,8–9	17,2
9,3.5	17,3

Alter vel recentior est Ioannes Abramius,[60] auctor stirpis γ, qui his locis cum Ptolemaeo congruit:

Ptol. Ap.	Abram.
III 11	p. 207
I 9,8	
IV 2	
III 12,4.6	p. 207 sq.
III 14,3.5	p. 208
IV 4,2.3	
IV 4	p. 209

3. De locis similibus

Coepit F. Boll in prima librorum dyade et locos auctorum antiquorum et scripta virorum doctorum temporis nostri conferre, qua via ire perrexit E. Boer in secunda librorum dyade, praecipue cum variis stellarum effectibus comparans locorum copiam quam collegit F. Cumont in libro, qui minus feliciter inscriptus est "L'Égypte des astro-

60 Abram., ed. D. Pingree, ibid. 25 (1971), 206–209.

logues" (1937). Materiam auxit S. Feraboli iure, ut mihi quidem videtur, nihil afferens nisi auctorum antiquorum locos, qua in re eam sum secutus. Reliqua enim commentarii erunt, cuius ne incunabula quidem incipere volui. Itaque omnes hodiernorum auctorum libros et libellos omittendos putavi.

Omnia similia ab editoribus adhuc congesta perlustravi menda corrigens, haud pertinentia supprimens, non nihil addens. Limitem definire difficillimum est. Monet Ptolemaeus ipse[61] extremam effectuum differentiam ad summam *ποικιλίαν*, immo ad infinitum ducere interpretem. Deinde quaerendum est, quid sit comparandum. Utrum lector scire desiderabit, qualem effectuum varietatem procreet constellatio quaedam, an cognoscere praeferet, qualibus condicionibus efficiatur idem effectus, an rigidius quaeret duorum tantum coincidentiam, scilicet quo in loco idem effectus iisdem condicionibus praedicetur? Auream quae dicitur mediocritatem tenere temptavi semper animo explorans, quid locorum F. Boll quidve E. Boer attulisset.

Restat ut rationem locorum afferendorum reddam. Priores editores lineas solas indicaverunt, quo quaeque spectant comparanda. Si res variae eiusdem lineae erant illustrandae, quod in secunda librorum dyade saepius accidit, E. Boer minus feliciter litterulis exponentialibus usa est. Ego maiores particulas definivi initium et finem loci indicans (fine addito compendium "ss." omnino respuens), minorum autem vocem singularem lemmatis vice repetivi, quo essem clarior, non nesciens hoc modo tamen nasci primordia commentarii.

61 Ptol. Ap. II 9,19 sq.

V. DE INDICE REDINTEGRATO

Apotelesmaticorum index rarus reperitur a viris doctis, rarius consultatur, quia a fasciculo suo miserrime avulsus suffixus est alteri voluminis tertii fasciculo, secunda editione – horribile dictu – plane expulsus. Infaustis illis temporibus tandem superatis licet exulem domum reducere suoque loco recondere, quod frustra desideravit editrix.[62]

Iure non omnes voces recepit E. Boer, quae his temporibus etiam machinulis computatoriis facile inveniantur. Easdem fere voces elegi atque E. Boer, quae interdum etiam varias lectiones in apparatu critico indicatas respexit, uncis scilicet inclusas. Quarum numerum ego parce augere conatus sum, hic illic etiam vocem supplevi velut *ἀρχή* quae dicitur.

Interdum lemmata aliter digessi, e.g. distinguens inter verbum quod est *ὁρίζω* et participium pro substantivo positum (*ὁ*) *ὁρίζων* vel inter *θεός* i. q. deus et nonum dodecatropi locum. Qua ratione lectores commodius quae conquirant inventuros esse spero.

VI. DE DEDICATIONE ANNI 1940

Dedicavit E. Boer editionem operosissimam – etiam F. Boll praeceptoris nomine – Francisco Cumont (1868–1947), quem his diebus ante quinquaginta annos mor-

62 Cf. quae lamentata est in praefatione editionis (1940), p. XV. Prodiit index, ut supra diximus, fasciculo III 2 (1952), 70–120.

tuum esse commemoramus, summum in culmen vel fastigium perducens seriem devotionum, quae viro docto Belgae dicatae sunt, ab E. Honigmann anno 1929 incohatam, a W. Kroll anno 1930, a V. Stegemann anno 1935, a W. Gundel anno 1936 continuatam. Inauguraverat F. Cumont una cum W. Kroll et F. Boll opus laboriosum inter nationes divisum *Catalogi codicum astrologorum Graecorum* (1898–1953), quorum complura volumina aut tractanda aut edenda suscepit ipse. Amicitia *συναστρίας* nomine inter viros doctos instituta perdurabat etiam tumultuante toto mundo bello maximo primo, quo Petrus Boudreaux, codicum Parisinorum assiduus descriptor, occidit, usque ad F. Boll mortem praematuram (1924). Perseverabat vir doctus Belga E. Boer adiutor et consiliator benignus usque ad *Centiloquii* vel *Fructus* editionem,[63] quam licet esset anno 1942 maxima in parte absoluta, tamen quinto post mortem anno denique prelis est sublata (1952). Quo factum est, ut fasciculum impressum, qui etiam *Apotelesmaticorum* indicem continebat, non iam viderit.

Restat, ut moneam, ne forte arbitrentur lectores hanc editionem esse perfectam atque absolutam. Saepius inter duas lectiones, quae sit genuina, diiudicare non licet. Praeterea perscrutandae remanent commentarii et versiones arabicae vel ex arabica aut graeca lingua latine factae.[64] Quod munus absolvere labor fuisset Herculeus,

63 Cf. E. Boer in praefatione *Fructui* praemissa (1952), p. XXXIII.

64 Cf. L. Thorndike, A History I (1923), 110. E. Boer apud K. Ziegler, al., Klaudios Ptolemaios (1959), 1832,34, praecipue P. Kunitzsch, Der Almagest (1974), 129.188.290. al.

praesertim cum ne catalogis quidem recensita sint manuscripta, quorum unumquodque inserendum fuisset in uberrimam traditionis historiam non solum *Apotelesmaticorum*, sed etiam totius doctrinae astrologicae inde a tarda antiquitate medium per aevum usque ad renascentium litterarum tempora. Quod munus singulis tantum passibus perpetrari posse mihi quidem persuasum est.

Scripsi Guestfalorum Monasterii, cuius in universitate annis 1906–1913 W. Kroll, diligens rerum astrologicarum investigator, Firmici Materni, Vettii Valentis, Catalogi codicum astrologorum Graecorum voluminis sexti editor, munere est functus, aliquot libros ad astrologiam pertinentes relinquens, quibus grato animo usus sum.

Dabam Idibus Decembris MCMXCVI W. Hübner

CONSPECTVS

I. EDITIONES QVADRIPARTITI QVOD DICITVR

1. Textus graecus

Κλαυδίου Πτολεμαίου Πηλουσιέως τετράβιβλος σύνταξις, πρὸς Σύρον ἀδελφὸν [...]. Claudii Ptolemaei Pelusiensis libri quatuor compositi Syro fratri [...]. Traductio in linguam latinam librorum Ptolemaei duum priorum [... *nec non tertii et quarti frustulorum*] Joachimi **Camerarii**. [...] Aphorismi astrologici Ludovici de Rigiis [*in apotel.* 3–4] [...], Norimbergae 1535.

Claudii Ptolemaei de Praedictionibus astronomicis, cui titulum fecerunt Quadripartitum, graece et latine, libri IV, Philippo **Melanchthone** interprete [...] *Κλαυδίου Πτολεμαίου Τετράβιβλος σύνταξις, πρὸς Σύρον ἀδελφόν.* [...], Basileae 1553.

Claudii Ptolemaei opera quae exstant omnia [v. infra] III.1: *Ἀποτελεσματικά*, ed. F[ranciscus] **Boll** et Ae[milia] **Boer**, Lipsiae 1940; editio correctior 1954 = 1957.

Ptolemy, Tetrabiblos, ed., trad. F[rank] E[gleston] **Robbins**, London, al. 1940 (The Loeb Classical Library; [5]1980).

Claudio Tolomeo, Le previsioni astrologiche (Tetrabiblos), a cura di Simonetta **Feraboli**, Vicenza 1985 ([2]1989).

2. Commentarii, paraphrasis

Porphyrii philosophi introductio in tetrabiblum Ptolemaei, ed. Ae[milia] Boer – St[ephanus] Weinstock, CCAG V 4 (1940) p. 185–228 [= Porph.].

Εἰς τὴν τετράβιβλον τοῦ Πτολεμαίου ἐξήγησις ***ἀνώνυμος*** / In Claudii Ptolemaei quadripartitum enarrator ignoti nominis, quem tamen **Proclum** fuisse quidam existimant [...], Basileae 1559, 1–180 [= Co].

Procli Diadochi paraphrasis in Ptolemaei libros IV de siderum effectionibus a Leone Allatio è Graeco [cod. Vat. gr. 1453, saec. X, cf. CCAG V 1 (1904) p. 82 nr. 14] in Latinum conversa, Lugduni Batavorum 1635 [= Procl.].

Hieronymi Cardani [...] in Cl. Ptolemaei Pelusiensis IIII de Astrorum Iudiciis, aut, ut vulgo vocant, Quadripartitae Constructionis, libros commentaria, quae non solum Astronomis et Astrologis, sed etiam omnibus philosophiae studiosis plurimum adiumenti adferre potuerunt [...], Basileae 1554.

Tucker, W[illiam] J[oseph]: Ptolemaic Astrology. A complete Commentary on the Tetrabiblos of Claudius Ptolemy, Sidcup 1961 (Pythagorean Publications) [vix dignus qui afferatur; versio francogallica 1981].

Feraboli, Simonetta: v. supra.

Bezza, Giuseppe: Commento al primo libro della Tetrabiblos di Claudio Tolomeo, Milano 1990.

3. Interpretationes

a) latinae:

Plato Tiburtinus (a. 1138), impressa in: Iulii Firmici Materni [...] Astronomicῶn Lib. VIII per Nic. Prucknerum Astrologum nuper ab innumeris mendis vindicati. His accesserunt Claudii Ptolemaei Pheludiensis Alexandrini ἀποτελεσμάτων, quod Quadripartitum vocant, Lib. IIII [...], Basileae 1551.

Anon., cod. Guelferbytanus lat. 147 (a. 1206), cf. P. Kunitzsch, Der Almagest (1974), 94 sq.

Aegidius de Thebaldis (saec. XIII), impressa in: Liber Ptholemaei quattuor tractatuum cum Centiloquio eiusdem Ptholomei: et commento Haly, Venetiis 1484. Liber Quadripartiti Ptholemei [...], Venetiis 1493. al.

J. Camerarius (1535: liber 1–2): v. supra.

Philippus Melanchthon (1553): v. supra.

Cl. Ptolemaei [...] Operis quadripartiti, in latinum sermonem traductio [...] Antonio Gogava [...] interprete [...], Lovanii 1548.

Claudii Ptolemaei de Praedictionibus astronomicis, cui titulum fecerunt Quadripartitum, libri IIII [...], Pragae 1610.

b) francogallicae:

L'Uranie de Messire Nicolas Bourdin […] ou la Traduction des quatre livres de jugemens des astres de Claude Ptolémée […], Paris 1640 (denuo ed. A. Barbault, v. infra).

Guillaume Oresme: Bibliothèque Nationale ms. fr. 1348 (secundum textum latinum): cf. M. Lejbowicz infra allatum.

Ptolémée: Tétrabiblos, dans la traduction de Nicolas Bourdin de Villennes, revue et présentée par André Barbault, s. l. [Paris] 1986.

G. Aujac (v. infra), 265–303: c. I 1–3. II 1–4.

c) germanicae:

Claudius Ptolemaeus, Astrologisches System. Aus dem Griechischen mit Anmerkungen von Julius Wilhelm Pfaff, Erlangen 1822–1823 [in: Astrologisches Taschenbuch für das Jahr 1822–1823]. Neuer Abdruck hrsg. von Hubert Korsch, Düsseldorf 1938.

Claudius Ptolemaeus, Tetrabiblos. Die Hundert Aphorismen, nach der von Philipp Melanchthon besorgten […] Ausgabe […] ins Deutsche übertragen von M. Erich Winkel, Berlin 1923.

d) anglicae:

Ptolemy's Tetrabiblos or Quadripartite, being the four books of the influence of stars, newly transl. from the paraphrasis of Proclus with notes by J. M. Ashmand, London 1822 ([2]Chicago 1936).

The Tetrabiblos or Quadripartite of Ptolemy […], trad. J[ames] Wilson, London s. d. [1828].

Ptolemy, Tetrabiblos, ed., trad. F[rank] E[gleston] Robbins, London 1940, v. supra.

e) italicae:

Claudio Tolomeo, Tetrabiblos o i quattro libri delle predizioni astrologiche, a cura di Massimo Candellero, Carmagnola 1979 ["finito di stampare … gennaio 1982"] (Collane di studi esoterici).

Claudio Tolomeo, Le previsioni astrologiche, ed., trad. Simonetta Feraboli (1985), v. supra.

II. EDITIONES CETERORVM PTOLEMAEI OPERVM

1. Claudii Ptolemaei opera quae exstant omnia

I. Syntaxis mathematica, ed. J[ohann] L[udvig] Heiberg, Lipsiae 1898–1903 [= Synt.]. Correctiones invenientur in: Ptolemy's Almagest, translated and annotated by G[erald] J[ames] Toomer, London 1984, 661–667.
Claudius Ptolemaeus, Der Sternkatalog des Almagest. Die arabisch-mittelalterliche Tradition, ed. Paul Kunitzsch, Wiesbaden 1986–1991.

II. Opera minora, ed. J[ohann] L[udvig] Heiberg, Lipsiae 1907 (insunt *Φάσεις ἀπλανῶν ἀστέρων* [= Phas.], *Ὑπόθεσις τῶν πλανωμένων* [Hypoth.], Inscriptio Canobi, *Προχείρων κανόνων διάταξις καὶ ψηφοφορία* [= Pr. Kan.], *Περὶ ἀναλήμματος* [Anal.], Planisphaerium [Plan.], Fragmenta). De Planisphaerio cf. P. Kunitzsch, Fragments of Ptolemy's *Planisphaerium* in an Early Latin Translation, Centaurus 36 (1993), 97–101.

III. 1. *Ἀποτελεσματικά*: v. supra [= Ap.].
2. *Περὶ κριτηρίου καὶ ἡγεμονικοῦ* / De iudicandi facultate et animi principatu, ed. F[ridericus] Lammert [= Krit. Heg.]; *Καρπός* / Pseudo-Ptolemaei Fructus sive Centiloquium, ed. Ae[milia] Boer [= Karp.], Lipsiae 1952; editio correctior 1961.

2. addenda sunt haec (potiora; specialia memorant K. Ziegler, al.):

Procheiroi Kanones, Fragmenta, ed. [Nicolaus] Halma, in: *Πτολεμαίου καὶ Θέωνος Πρόχειροι Κάνονες* III, Parisiis 1825, 1–58.

Die Harmonielehre des Klaudios Ptolemaios, ed. Ingmar Düring, Göteborg 1930 (Göteborgs Högskolas Årrskrift. 36) [= Harm.].

L'Optique de Claude Ptolémée dans la version latine d'après l'arabe de l'émir Eugène de Sicile, ed. A[lbert] Lejeune, Louvain 1956 (Université de Louvain, Recueil de travaux d'histoire et de philologie. IV 8).

Claudii Ptolemaei Geographia, ed. C[arl] F[riedrich] A[ugust] Nobbe, Lipsiae 1843–1845, denuo ed. introductione addita A[ubrey] Diller, Hildesiae 1966.

III. COMPENDIA OPERVM ANTIQVORVM, MAXIME ASTROLOGICORVM

Abram.	Ioannes Abramius, ed. D. Pingree, The astrological school of John Abramius, Dumbarton Oaks Papers 25 (1971), 189–215.
Abū M.	Abū Ma'šar, Introductorium maius in astronomiam [Kitāb al-mudḫal al-kabīr], partim ed., trad. K. Dyroff apud F. Boll, Sphaera, 482–539, et P. Kunitzsch apud W. Hübner, Eigenschaften, 348–361; cf. Apom.
Abū M. Abbrev.	Abū Ma'šar, The Abbreviation of the Introduction to Astrology together with the Medieval Latin Translation of Adelard of Bath, ed. and transl. by Ch. Burnett, K. Yamamoto, M. Yano, Leiden, al. 1994 (Islamic Philosophy, Theology and Science. 15).
Achill. Isag.	Achilles, Isagoga bis excerpta, ed. E. Maass, in: Commentariorum in Aratum reliquiae, Berolini 1898, 25–75.
Achmes	Achmetis fragmenta, ed. F. Cumont, CCAG II (1900) p. 122–123, F. Boll, ibid. p. 152–157.
Alex. Ephes.	Alexander Ephesius, qui affertur a → Theone Smyrn.
Ammon	→ Maximus.
Anal.	Ptolemaei *Περὶ ἀναλήμματος*, v. supra.

Anecd. Oxon.	Anecdota Graeca e codicibus manuscriptis bibliothecarum Oxoniensium, descripsit J. A. Cramer, Oxford 1835–1837.
Anon. a. 379	Anonymus anni 379 p. Chr. n., ed. F. Cumont, CCAG V 1 (1904) p. 194–211.
Anon. De stellis fixis	Anonymus, De stellis fixis, in quibus gradibus oriuntur signorum, ed. W. Hübner, Grade und Gradbezirke der Tierkreiszeichen. Der anonyme Traktat *De stellis fixis, in quibus oriuntur signorum.* Quellenkritische Edition mit Kommentar, Stuttgart–Leipzig 1995 (Sammlung Wissenschaftlicher Commentare).
Anon. C	Anonymus, ed. F. Cumont, CCAG I (1898) p. 164–166.
Anon. H	Anonymus, ed. E. Maass, in: Analecta Eratosthenica, Berlin 1883, 141–149.
Anon. L	Anonymus, ed. A. Ludwich (→ Maximus), p. 105–125.
Anon. M	Anonymus, *Φύσις τῶν ζῳδίων*, ed. W. Hübner, Eigenschaften, 366–368.
Anon. R	Anonymus, ed. J. Camerarius, Astrologica, Nürnberg 1535, varias lectiones add. W. Hübner, Eigenschaften, 418.
Anon. S	Anonymus, *Διαφορὰ τῶν ζῳδίων*, ed. W. Hübner, Eigenschaften, 381–386.
Anon. t	Anonymus latine scriptus, ed. W. Hübner, Eigenschaften, 392–394.
Anon. Z	Anonymus de signis, ed. W. Hübner, Eigenschaften, 371–372.
Ant.	Antiochi Atheniensis excerpta, ed. F. Boll, CCAG I (1898) p. 140–164, VII (1908) p. 107–128, v. D. Pingree, Antiochus p. 203–223.

Ps. Ant.	Pseudo-Antiochos, ed. F. Boll, Sphaera, 57–58.
Anub.	Anubion → Maneth., cf. Dor. G p. 344–367.
Ap.	Ptolemaei Apotelesmatica (vulgo Quadripartitum), v. supra.
Apom. Myst.	*Ἀπομάσαρ* [= Abū Maʿšar, versio graeca] editus in CCAG variis voluminibus, cf. W. Hübner, Eigenschaften, 361–366.
Apom. Rev. nat.	Albumasaris De revolutionibus nativitatum, ed. D. Pingree, Leipzig 1968 [App. = Appendices p. 240–278].
Arat.	Arati Phaenomena, rec. Ernestus Maass, Berolini 1893.
Callicrat.	Callicrates, ed. F. Cumont, CCAG VIII 3 (1912) p. 102–103.
CCAG	Catalogus codicum astrologorum Graecorum vol. I–XII, Brüssel 1898–1953.
Ps. Cens. epit.	Censorini De die natali liber ad Caerellium, accedit Anonymi cuiusdam epitoma disciplinarum (Fragmentum Censorini), ed. N. Sallmann, Leipzig 1983, 61–86.
Cic. Arat.	Cicéron, Les Aratea, ed. V. Buescu, Bukarest 1941, cf. Cicéron, Aratea, fragments poétiques, ed. J. Soubiran, Paris 1972.
Cleom.	Cleomedis caelestia (*Μετέωρα*), ed. R. Todd, Leipzig 1990.
Co	In Claudii Ptolemaei quadripartitum enarrator ignoti nominis, v. supra.
Co le	Lemma illius commentarii.
Comment. Arat.	Commentariorum in Aratum Reliquiae, ed. E. Maass, Berolini 1898.
Critod. Ap.	Critodemus, *Ἀποτελέσματα ὁρίων*, ed. W. Hübner, in: Anon., De stellis fixis, c. V.; cf. F. Cumont, CCAG VIII 1

	(1929) p. 257–261. Critodemo abdicat D. Pingree, Yavanajātaka II 425.
Dor.	Dorotheus Sidonius, Carmen astrologicum, ed. D. Pingree, Lipsiae 1976.
Dor. A	Dorothei paraphrasis arabica p. 3–158 sive interpretatio anglica p. 161–322.
Dor. App.	Dorothei Appendix I–III, p. 427–437 Pingree.
Dor. G	Dorothei paraphrasis graeca apud Hephaestionem et alios, p. 323–427 Pingree.
Dor. O	Dor. *περὶ ζῳδίων κράσεως*, ed. W. Hübner, Eigenschaften, 341–345.
Ps. Eratosth. Catast.	Eratosthenis Catasterismorum reliquiae, rec. C. Robert, Berlin 1878.
Ps. Eudox. Ars	Eudoxi (Cnidii) ars astronomica qualis in charta Aegyptiaca superest denuo edita a Friderico Blass, Progr. Kiel 1887, 12–15.
Euseb. praep. evang.	Eusebii Caesariensis opera I: praeparationes evangelicae libri I–X, Lipsiae 1867 [laudantur huius editionis paragraphi].
Exc. Paris.	Excerptum Parisinum, ed. F. Boll–F. Cumont, CCAG V 1 (1904) p. 217–226.
Firm. math.	Firmicus Maternus, Matheseos libri, edd. W. Kroll – F. Skutsch – K. Ziegler, Lipsiae 1897–1913. Libros I–V ed. P. Monat, Paris 1992–1994.
Gem.	Géminos, Introduction aux Phénomènes, ed. G. Aujac, Paris 1975.
Germ.	Germanicus, Les phénomènes d'Aratos, ed. A. Le Bœuffle, Paris 1975.
Harm.	Ptolemaeus, Die Harmonielehre: v. supra.
Heliodorus	→ Olympiodorus.
Heph.	Hephaestionis Thebani Apotelesma-

	ticorum libri tres, ed. D. Pingree, Lipsiae 1973–1974 [App. = Appendix p. 330–333; Ep. I–Ep. IV. = epitomae, vol. II].
Herm.	Hermes Trismegistus, ed. A. D. Nock, trad. A.-J. Festugière, Paris 1945–1954 (partim etiam in CCAG editus), cf. Lib. Herm.
Herm. Decub.	*Ἑρμοῦ τοῦ τρισμεγίστου περὶ κατακλίσεως* […], ed. I. L. Ideler, Physici et Medici Graeci minores I, Berolini 1841, 430–440.
Herm. Exc.	Corpus Hermeticum III (Excerpta ex Stobaeo facta), ed. A.-J. Festugière, Paris 1954.
Herm. Iatr.	*Ἰατρομαθηματικὰ Ἑρμοῦ*, ed. I. L. Ideler [v. supra], 387–396.
Herm. Myst.	Hermetis Trismegisti methodus mystica, ed. F. Cumont, CCAG VIII 1 (1929) p. 172–177.
Hermipp.	Anonymi Christiani De astrologia dialogus, ed. W. Kroll – P. Viereck, Lipsiae 1895.
Hipp.	Hipparchi in Arati et Eudoxi Phaenomena commentariorum libri tres, ed. C. Manitius, Lipsiae 1894.
Horosc. Const.	= Horosc. L 905, ed. D. Pingree, The Horoscope of Constantine VII Porphyrogenitus, Dumbarton Oaks Papers 27 (1973), 217–231, cf. CCAG VIII 3 (1912) p. 128–131.
Horosc. L (sequente anno)	Horoscopus in astrologorum libris conservatus apud O. Neugebauer – H. B. van Hoesen, Greek Horoscopes, Philadelphia 1959 (Memoirs of the American Philosophical Society. 48).
Horosc. 81	Pap. London 130, ed. O. Neugebauer – H. B. van Hoesen (v. supra), 21–28.

Hyg. astr.	Hyginus, De astronomia, ed. Gh. Viré, Stutgardiae et Lipsiae 1992.
Hypoth.	Ptolemaei *Ὑπόθεσις τῶν πλανωμένων*, v. supra.
Hypsicl. Anaph.	Hypsikles, Die Aufgangszeiten der Gestirne, hrsg. u. übers. von V. de Falco – M. Krause mit einer Einführung von O. Neugebauer, Göttingen 1966 (Abh. d. Akad. d. Wiss. in Göttingen, phil.-hist. Kl. III 62).
Iulian. Laodic.	Iulianus Laodicensis: editus in CCAG variis voluminibus.
Kam.	Johannes Kamateros, *Εἰσαγωγὴ ἀστρονομίας*, ed. L. Weigl, Progr. Frankenthal 1907–1908 (cf. F. Boll, Sphaera 21–30).
Kam. M	Johannes Kamateros, *Περὶ ζῳδιακοῦ κύκλου καὶ τῶν ἄλλων ἁπάντων*, ed. E. Miller, Notices et extraits de la bibliothèque nationale et autres bibliothèques 23,2, Paris 1972, 53–111.
Krit. Heg.	Ptolemaei *Περὶ κριτηρίου καὶ ἡγεμονικοῦ*, v. supra.
Leo philos.	Leo philosophus, ed. F. Cumont, CCAG I (1898) p. 139.
Lib. Herm.	Hermetis Trismegisti *De triginta sex decanis,* cura et studio Simonetta Feraboli, Turnholti 1994 (Hermes Latinus IV 1 = Corpus Christianorum, Continuatio Mediaevalis. 144). c. 25 → Anon. De stellis fixis.
Lun.	Lunaria et Zodiologia Latina, ed. E. Svenberg, Göteborg 1963.
Lun. a. 354	Chronicon a. 354, ed. Th. Mommsen, MGH AA IX (1892), 47.
Lyd. Mens.	Ioannis Laurentii Lydi Liber de mensibus, ed. R. Wuensch, Lipsiae 1898.
Lyd. Ost.	Ioannis Laurentii Lydi Liber de

	ostentis et calendaria Graeca omnia, ed. C. Wachsmuth, ^{2}Lipsiae 1897.
Maneth.	Manethonis apotelesmaticorum qui feruntur libri VI, accedunt Dorothei et Annubionis fragmenta astrologica, relegit A. Koechly, Lipsiae 1858 [libri afferuntur secundum duplicem illius editionis ordinem].
Manil.	M. Manilii Astronomica, ed. G. P. Goold, Leipzig 1985.
Max.	Maximi et Ammonis carminum de actionum auspiciis reliquiae, accedunt anecdota astrologica, ed. A. Ludwich, Lipsiae 1877.
Mich. Pap.	Papyri in the University of Michigan collection III: Miscellaneous Papyri, ed. J. G. Winter, Michigan 1936; Nr. 149 ed. F. E. Robbins.
Nech. et Petos.	Nechepsonis et Petosiridis fragmenta magica, ed. E. Riess [Diss. Bonnae 1890], Lipsiae 1891–1893 (Philologus suppl. 6), 325–394.
Olymp.	Heliodori, ut dicitur, [immo Olympiodori[1]] in Paulum Alexandrinum commentarium, ed. Ae. Boer, Lipsiae 1962, interpretationes astronomicas addiderunt O. Neugebauer et D. Pingree.
"Pal."	Palchus qui dicitur, i.e. astrologus Balḵ natus sive (Ps.)Abū Maʿšar, cuius fragmenta in CCAG variis voluminibus edita sunt.
Pap. It.	Papiri greci e latini III, Firenze 1914 (Pubblicazioni della Società Italiana

1 cf. J. Warnon, RPhL 1 (1967), 197–217; L. G. Westerink, ByzZ 64 (1971), 6–21.

	per la ricerca dei Papiri greci e latini in Egitto); Nr. 158 ed. F. Boll.
Pap. Ryl.	J. de M. Johnson, V. Martin, A. S. Hunt, Catalogue of the Greek Papyri in the John Rylands Library Manchester, Manchester, al. 1915.
Pap. Tebt.	The Tebtunis Papyri II, ed. B. P. Greenfell – A. S. Hunt – E. J. Goodspeed, London 1907.
Paul. Alex.	*Παύλου Ἀλεξάνδρεως εἰσαγωγικά* / Pauli Alexandrini Elementa apotelesmatica, ed. Ae. Boer, interpretationes astronomicas addidit O. Neugebauer, Lipsiae 1958.
Phas.	Ptolemaei *Φάσεις*, v. supra.
Philol.	Philolaus Pythagoreus, ed. H. Diels – W. Kranz, Die Fragmente der Vorsokratiker I, ⁶Berlin 1951, 398–419.
Plan.	Ptolemaei Planisphaerium, v. supra.
Poim.	Poimandres, ed. R. Reitzenstein, Poimandres. Studien zur griechisch-ägyptischen und frühchristlichen Literatur, Leipzig 1904, 328–338.
Porph.	Porphyrii philosophi introductio in tetrabiblum Ptolemaei, ed. Ae. Boer – St. Weinstock, v. supra.
Porph. Antr. Nymph.	Porfirio, L'antro delle ninfe, ed. L. Simonini, Milano 1986.
Pr. Kan.	Ptolemaei *Πρόχειροι Κάνονες*, v. supra.
Procl.	Procli Diadochi paraphrasis in Ptolemaei libros IV de siderum effectibus, v. supra.
Ps. Ptol. De XXX stellis	Ps. Ptolemaeus, De XXX stellis, ed. F. Boll, Abh. 77–82.
Ps. Ptol. Karp.	Ps. Ptolemaeus, *Καρπός* (Fructus), v. supra.
Rhet. A	Rhetorios, ed. F. Boll, CCAG I (1898) p. 140–164.

Rhet. B	"Rhetorios", ed. F. Boll, CCAG VII (1908) p. 194–213 (cf. Eund., Sphaera 16–21; Anon. De stellis fixis c. VII); varias lectiones exhibuit St. Weinstock, CCAG V 4 (1940) p. 122–123 [= Rhet. W]: non Rhetorii esse videtur.
Rhet. C	Rhetorios, ed. F. Cumont, CCAG VIII 4 (1921) p. 115–225.
Rhet. D	Rhetorios, ed. F. Cumont, CCAG VIII 1 (1929) p. 220–248.
Rhet. M	Rhetorios adhuc ineditus, Cod. Marcianus gr. Z 335 (CCAG II [1900], cod. 7), fol. 392^{v}–393^{r}.
Rhet. W	"Rhetorii" (Rhet. B) variae lectiones, ed. St. Weinstock, v. supra.
Schol. Arat.	Scholia in Aratum vetera, ed. J. Martin, Stutgardiae 1974.
Schol. Germ. Bas.	A. Dell'Era, Gli *Scholia Basileensia* a Germanico, Roma 1979 (Atti della Accademia Nazionale dei Lincei. 376: Memorie, Classe di Scienze morali, storiche e filologiche. VIII 23), 301–379.
Schol. Germ. Strozz.	A. Dell'Era, Una miscellanea astronomica medievale: Gli *Scholia Strozziana* a Germanico, ibid. 147–267.
Schol. Paul. Alex.	Scholia in Paulum Alexandrinum, ed. Ae. Boer, Paul. Alex. (v. supra), 102–134.
Sent. fund.	*Θεμέλιος τῆς ἀστρονομικῆς τέχνης κατὰ τοὺς Χαλδαίους δόξα* [i. Sententia fundamentalis], ed. F. Cumont, CCAG V 2 (1906) p. 131–140, cf. J. B. Pitra, in: Analecta sacra et classica spicilegio solesmensi parata V 2, Paris–Rom 1888, 300–301.
Serap.	Serapionis fragmenta varia in CCAG edita.

Sext. Emp.	Sexti Empirici opera III: adversus mathematicos libros I–VI continens, iterum ed. J. Mau, Lipsiae 1961.
Sphaera schol. Arat.	Carmen de sphaera, ed. E. Maass, in: Commentariorum in Aratum Reliquiae, Berolini 1898, 154–169.
Sphuj.	The Yavanajātaka of Sphujidhvaja, ed. D. Pingree, Cambridge/Mass.–London 1978 (Harvard Oriental Series. 48).
Steph. philos.	Stephanus philosophus, ed. (sub nomine Stephani Alexandrini) H. Usener, De Stephano Alexandrino [...] commentatio, Bonnae 1879, laudantur paginae et lineae impressionis alterae in: Kleine Schriften III, Leipzig–Berlin 1914, 247–322 (inest Horosc. L 621).
	Stephanus philosophus, ed. F. Cumont, CCAG II (1900) p. 180–186.
Sudines	Sudines (Pap. Gen. inv. 203), ed. F. Lasserre, in: F. Adorno, al., Protagora, Antifonte, Posidonio, Aristotele. Saggi su frammenti inediti e nuove testimonianze da papiri, Firenze 1986 (Accademia Toscana di Scienze e Lettere "La Colombaria", Stud. 83), 71–127.
Synt.	Ptolemaei Syntaxis mathematica, v. supra.
Teucr. I	Teucri Babylonii doctrina quae continetur in "Rhetorio", v. Rhet. B.
Teucr. II	Teucri Babylonii secundi q. d. textus fragmenta, ed. W. Hübner apud → Anon. De stellis fixis c. I, cf. F. Boll, Sphaera 41–52. respicitur aut textus abbreviatus graecus aut versio latina vel utrumque.
Teucr. III	Excerpta ex Teucro Babylonio de si-

	deribus consurgentibus ed. St. Weinstock, CCAG IX 2 (1953), p. 180–186.
Theo Smyrn.	Theonis Smyrnaei philosophi Platonici Expositio rerum mathematicarum ad legendum Platonem utilium, ed. E. Hiller, Lipsiae 1878.
Theod. Pr.	*Στίχοι συντεθέντες παρὰ* [...] *Θεοδώρου τοῦ Προδρόμου* [...], ed. E. Miller, in: Poèmes astronomiques de Theodore Prodrome [immo Constantini Manasses] et de Jean Camatère, Paris 1872 (Notices et extraits de la bibliothèque nationale et autres bibliothèques. 23,2), 5–39.
Theod. Pr. Mang.	Theodori Prodromi De Manganis, ed. S. Bernardinello, Padova 1972 (Studi Bizantini e Neogreci. 4).
Theoph. Edess.	Theophilus Edessenus, ed. W. Kroll, CCAG I (1898) p. 129–131. al.
Theophr. Sign.	Theophrastus *περὶ σημείων ὑδάτων καὶ πνευμάτων καὶ χειμώνων καὶ εὐδιῶν*, ed. trad. A. Hort, in: Theophrastus. Enquiry into plants and minor works on odours and weather signs, London – Cambridge/Mass. 1916, II p. 390–433.
Thras.	Thrasylli fragmenta in CCAG edita.
Val.	Vettii Valentis Antiocheni Anthologiarum libri novem, ed. D. Pingree, Lipsiae 1986; cf. J.-F. Bara, Vettius Valens d'Antioche, Livre I, Lugduni Batavorum 1989 (Etudes préliminaires aux religions orientales dans l'Empire Romain. 111).
Val. Add.	Valenti Additamenta antiqua 1–7, p. 349–367 Pingree.
Val. App.	Valentis Appendices I–XXIII, p. 369–455 Pingree.

Zahel	Excerpta ex secundo/tertio libro Zahelis Iudaei, ed. I. Heeg, CCAG V 3 (1910) p. 98–107.
Zanates	Zanates, cf. CCAG VII (1908) p. 49.

IV. CONSPECTVS LIBRORVM

Alexanderson, B.: Textual Remarks on Ptolemy's Harmonica and Porphyry's Commentary, Göteborg 1969 (Studia Graeca et Latina Gothoburgensia. 27).

Aujac, G.: Claude Ptolémée, astronome, astrologue, géographe. Connaissance et représentation du monde habité, Paris 1993.

Bezza, G.: → Illiceramius.

Bidez, J. – Cumont, F.: Les mages hellénisés. Zoroastre, Ostanès et Hystaspe d'après la tradition grecque, Paris 1938 [= Les mages].

Birt, Th.: Das antike Buchwesen in seinem Verhältnis zur Litteratur, Berlin 1882.

Boll, F.: Studien über Claudius Ptolemäus. Ein Beitrag zur Geschichte der griechischen Philosophie und Astrologie, Leipzig 1894 (Jahrbücher für classische Philologie, suppl. 21), 49–243 [= Studien].

– Beiträge zur Überlieferungsgeschichte der griechischen Astrologie und Astronomie, München 1899 (SBAW 1899/1), 77–140.

– Sphaera. Neue griechische Texte und Untersuchungen zur Geschichte der Sternbilder, Leipzig 1903 [= Sphaera].

– Die Erforschung der antiken Astrologie, Neue Jahrbücher für das klassische Altertum 21 (1908), 103–126, in: Kleine Schriften (v. infra), 1–28.

– RE VI (1909), 2407–2431 s. v. Fixsterne.

– RE VII 2 (1912), 2547–2578 s. v. Hebdomas [= Hebdomas].

– und Bezold, C.: Eine arabisch-byzantinische Quelle des Dialogs Hermippos, Heidelberg 1912 (SHAW 1912/18).

– Die Lebensalter. Ein Beitrag zur antiken Ethologie und zur Geschichte der Zahlen. Mit einem Anhang zur Schrift *περὶ ἑβδομάδων*, Neue Jahrbücher für das klassische Altertum 16 (1913), 89–145, in: Kleine Schriften (v. infra), 156–224.

– Neues zur babylonischen Planetenordnung, Zeitschrift für Assyriologie 28 (1913/4), 340–351.
– Aus der Offenbarung Johannis. Hellenistische Studien zum Weltbild der Apokalypse, Leipzig 1914.
– Antike Beobachtungen farbiger Sterne (mit einem Beitrag von C. Bezold), München 1916 (ABAW 30/1) [= Abh.].
– Sternenfreundschaft. Ein Horatianum, Sokrates 5 (1917), 1–10, in: Kleine Schriften (v. infra), 115–124.
– Kronos – Helios, ARW 19 (1918/9), 342–346.
– Kleine Schriften zur Sternkunde des Altertums, ed. V. Stegemann [necnon E. Boer], Leipzig 1950.

Bouché-Leclercq, A.: L'astrologie grecque, Paris 1899.

Buonocuore, M.: Bibliografia dei fondi manoscritti della Biblioteca Vaticana (1968–1980), Città del Vaticano 1986 (Studi e Testi. 318).

Canart, P. – Peri, V.: Sussidi bibliografici per i manoscritti greci della Biblioteca Vaticana, Città del Vaticano 1970 (Studi e Testi. 261).

Carmody, F. J.: Arabic astronomical and astrological sciences in latin translation. A critical bibliography, Berkeley – Los Angeles 1956.

Ceresa, M.: Bibliografia dei fondi manoscritti della Biblioteca Vaticana (1981–1985), Città del Vaticano 1991 (Studi e Testi. 342).

Cumont, F.: Isis Latina, Rev. Phil. 40 (1916), 133–134.
– Les noms des planètes et l'astrolatrie chez les Grecs, AC 4 (1935), 5–43.
– Textes et monuments figurés relatifs aux mystères de Mithra, Brüssel 1896–1899 [= Mon. Mithra].
– L'Egypte des Astrologues, Brüssel 1937.

Diels, H.: Doxographi Graeci, Berlin 1879.

Fazzo, F.: Un'arte inconfutabile: la difesa dell'astrologia nella Tetrabiblos di Tolomeo, RSF 46 (1991), 213–244.

Feraboli, S.: Un'insolita rappresentazione della terra, Maia 37 (1985), 13–15.

Fischer, J.: Claudii Ptolemaei Geographiae codex Urbinas Graecus 82, Leipzig 1932, Tomus prodromus: De Cl. Ptolemaei vita, operibus, geographia, praesertim eiusque fatis.

Furiani, P. L.: La donna nella "Tetrabiblos" di Claudio Tolomeo, GIF 30 (1978), 310–321.

Grilli, A.: Biaeothanatus/Biothanatus, Paideia 37 (1982), 41–44.

Gundel, W.: Neue astrologische Texte des Hermes Trismegistos. Funde und Forschungen auf dem Gebiet der antiken Astronomie und Astrologie, München 1936 (ABAW, phil.-hist. Abt. NF 12; Ndr. mit Berichtigungen und Ergänzungen, ed. H. G. Gundel, Hildesheim 1978).

– und Gundel, H. G.: RE XX 2 (1950), 2017–2185, s. v. Planeten.

– und Gundel, H. G.: Astrologumena. Die astrologische Literatur in der Antike und ihre Geschichte, Wiesbaden 1966 (Sudhoffs Archiv, Beiheft 6).

Heeger, M.: De Theophrasti qui fertur *περὶ σημείων* libro, Diss. Leipzig 1889.

Heiberg, J. L.: Les premiers manuscrits grecs de la bibliothèque papale, Bulletin de l'Académie Royale Danoise des sciences et des lettres pour l'année 1891, Kopenhagen 1892, 305–318.

– Prolegomena [ad Syntaxeos editionem, vol. II p. XVII–CCII], v. supra.

Honigmann, E.: Die sieben Klimata und die *Πόλεις ἐπίσημοι*. Eine Untersuchung zur Geschichte der Geographie und Astrologie im Altertum und Mittelalter, Heidelberg 1929.

Hübner, W.: Emilie Boer †, Gnomon 52 (1980), 601–604.

– Die geometrische Theologie des Philolaos, Philologus 124 (1980), 18–32.

– Die Eigenschaften der Tierkreiszeichen in der Antike. Ihre Darstellung und Verwendung unter besonderer Berücksichtigung des Manilius, Wiesbaden 1982 (Sudhoffs Archiv, Beiheft 22) [= Eigenschaften].

– Manilius als Astrologe und Dichter, ANRW II 32.1 (1984), 126–320 [= Manilius].

– Zur neuplatonischen Deutung und astrologischen Verwendung der Dodekaoros, in: Philophronema (FS M. Sicherl), Paderborn 1990 (Studien zur Geschichte und Kultur des Altertums N.F. 1,4), 73–103.

– Himmel und Erdvermessung, in: Die römische Feldmeßkunst. Interdisziplinäre Beiträge zu ihrer Bedeutung für die

Zivilisationsgeschichte, hrsg. O. Behrends – L. Capogrossi-Colognesi, Göttingen 1992 (Abh. d. Akad. d. Wissenschaften in Göttingen. III 193), 140–171.
– Über einige verschieden gelesene Varianten der *Apotelesmatika* des Ptolemaeus im codex Vaticanus gr. 1038, Editio 7 (1993), 258–262 [= Varianten].
– Ptolemaeus Apotelesmatika 1,9: Naturwissenschaft und Mythologie, ANRW II 37.
– Astrologie et mythologie dans la Tétrabible de Ptolémée d'Alexandrie, in: Sciences exactes et sciences appliquées à Alexandrie (IIIème s. av. J.-C. – Ier s. ap. J.-C.), Actes du colloque International de Saint-Etienne, ed. G. Argoud – J. Y. Guillaumin, Saint-Etienne 1998, 325–345.
Hunger, H.: Katalog der griechischen Handschriften der Österreichischen Nationalbibliothek I, Wien 1961.

Illiceramius, F. A. – Bezza, G.: Il problema di un recupero dell'*Astrologia* classica nella lettura di una nuova edizione di Tolomeo, Paideia 41 (1986), 215–236.

Kroll, W.: Astrologisches, Philologus NF 11 (1898), 123–133.
– Kulturhistorisches aus astrologischen Texten, Klio 18 (1923), 213–225.
– Die Kosmologie des Plinius, Breslau 1930 (Abhandlungen der Schlesischen Gesellschaft für vaterländische Kultur, geisteswiss. Reihe. 3).
– Plinius und die Chaldäer, Hermes 65 (1930), 1–13.
Kunitzsch, P.: Der Almagest. Die Syntaxis Mathematica in arabisch-lateinischer Überlieferung, Wiesbaden 1974.

Lejbowicz, M.: Guillaume Oresme, traducteur de la *Tétrabible* de Claude Ptolémée, Pallas 30 (1983), 107–133.

Mazzuchelli, G.: Gli Scrittori d'Italia, cioè notizie storiche, e critiche intorno alle vite, e agli Scritti dei Letterati italiani, II 1, Brescia 1758.
Mercati, G.: Scritti d'Isidoro, il cardinale Ruteno e codici a lui appartenuti, Roma 1926 (Studi e Testi. 46) [= Scritti].
– Codici latini Pico Grimani Pio [...] e codici greci Pio di Modena, Roma 1938 (Studi e testi. 75) [= Codici latini].
Merkelbach, R.: Mithras, Königstein 1984.

Murr, Ch. G.: Memorabilia bibliothecarum publicarum Norimbergensium et Universitatis Altdorfinae, Nürnberg 1786–1791.

Neugebauer, O.: A History of Ancient Mathematical Astronomy, Berlin 1975.
– und van Hoesen, H. B.: Greek Horoscopes, Philadelphia 1959 (Memoirs of the American Philosophical Society. 48).

Olivieri, A.: Melotesia planetaria greca, in: Memorie della reale Accademia di archeologia, lettere ed arti. 15/4, Neapel 1936, 19–58.

Peters, Ch. H. F.–Knobel, E. B.: Ptolemy's Catalogue of Stars. A Revision of the Almagest, Washington 1915 (Carnegie Institution. Publication 86).
Pingree, D.: The Astrological School of John Abramius, Dumbarton Oaks Papers 25 (1971), 189–215.
– The Horoscope of Constantine VII Porphyrogenitus, Dumbarton Oaks Papers 27 (1973), 217–231.
– Political Horoscopes from the Reign of Zeno, Dumbarton Oaks Papers 30 (1976), 133–150.
– Antiochus and Rhetorius, Classical Philology 72 (1977), 203–223.
– The *Yavanajātaka* of Sphujidhvaja, Cambridge/Mass.–London 1978 (Harvard Oriental Series. 48).
Polara, G.: Biothanatus, Koinonia 4 (1980), 93–99.

Reinhardt, K.: RE XXII (1953), 558–826 s. v. Poseidonios.
Reitzenstein, R.: Die hellenistischen Mysterienreligionen nach ihren Grundgedanken und Wirkungen, [3]Leipzig–Berlin 1927.
Riley, M.: Theoretical and practical astrology: Ptolemy and his colleagues, TAPhA 117 (1987), 235–256.
– Science and tradition in the Tetrabiblos, PAPhS 132 (1988), 67–84.
Robert, L.: Etudes épigraphiques et philologiques, Paris 1938 (Bibliothèque de l'Ecole des Hautes études. 272).
Ruelle, Ch.-E.: Deux identifications. L'exégèse dite anonyme de la Tétrabible de Claude Ptolémée [...], Comptes rendus de l'Académie des Inscriptions et Belles-Lettres, Paris 1900, 32–39.

Scherer, A.: Gestirnnamen bei den indogermanischen Völkern, Heidelberg 1953 (Indogermanische Bibliothek. III: Untersuchungen zum Wortschatz der indogermanischen Sprachen. 9).

Schnabel, P.: Text und Karten des Ptolemäus, Leipzig 1939 (Quellen und Forschungen zur Geschichte der Geographie und Völkerkunde. 2).

Stegemann, V.: Beiträge zur Geschichte der Astrologie. Der griechische Astrologe Dorotheos von Sidon und der arabische Astrologe Abū 'l-Ḥasan 'Ali ibn abi 'r-Riǧāl, genannt Albohazen, Heidelberg 1935 (Quellen und Studien zur Geschichte und Kultur des Altertums und des Mittelalters).

Stern, H.: Le calendrier de 354. Étude sur son texte et ses illustrations, Paris 1953 (Institut français d'archéologie de Beyrouth. Bibliothèque archéologique et historique. 55).

Thorndike, L.: A history of magic and experimental science during the first thirteen centuries of our era, I, New York 1923.

Toomer, G. J.: Dictionary of Scientific Biography XI (1975), 186–206 s. v. Ptolemy.

Treder, H.-J.: Ptolemaios in seiner Bedeutung für die heutige Naturforschung, Das Altertum 23 (1977), 49–56.

Trüdinger, K.: Studien zur Geschichte der griechisch-römischen Ethnographie, Basel 1918.

Tucker, W. J.: L'astrologie de Ptolémée, Paris 1981.

Uhden, R.: Das Erdbild in der Tetrabiblos des Ptolemaios [apotel. 2,3], Philologus 88 (1933), 302–325.

Vogel, M. – Gardthausen, V.: Die griechischen Schreiber des Mittelalters und der Renaissance, Leipzig 1909 (Zentralblatt für Bibliothekswesen. Beiheft 33).

Zeller, E.: Die Philosophie der Griechen, 3 5 Leipzig 1879–1909.

Ziegler, K. – Boer, E. – Lammert, F. – van der Waerden, B. L.: RE XXIII 2 (1959), 1788–1859 s. v. Klaudios Ptolemaios.

V. SIGLA

(uncis includuntur sigla a Robbins inventa;
auctorum compendia v. supra)

V(V)	Vaticanus gr. 1038 saec. XIII
	raro citantur cognati:
L(-)	Laurentianus gr. 28,34 saec. XI
Γ(D)	Parisinus gr. 2509 saec. XV
y(G)	Vindobonensis gr. phil. 115 saec. XIII
	stirpis α:
Y(P)	Parisinus gr. 2425 saec. XV
Σ(N)	Norimbergensis gr. Cent. V app. 8 saec. XVI
	raro citantur:
G(L)	Oxoniensis Laudianus gr. 50 saec. XVI in.
Φ(-)	Parisinus suppl. gr. 597 saec. XVI
	stirpis β
D(-)	Laurentianus gr. 28,20 saec. XIV
M(M)	Marcianus gr. 314 saec. XV in.
S(E)	Monacensis gr. 419 saec. XIV
	raro citatur:
Ψ(-)	Parisinus gr. 2363 saec. XV
	stirpis γ:
A(-)	Angelicus gr. 29 a. 1388
B(A)	Vaticanus gr. 208 saec. XIV ex.
C(-)	Laurentianus gr. 28,16 a. 1382
ω	consensus codicum

editiones, commentarii (v. supra)

c	editio Camerarii prior a. 1535
m	editio Camerarii altera (Melanchthone adiutore) a. 1553
Co	commentarius anonymus a. 1559 editus
Co le	lemma huius commentarii
Procl.	Procli quae dicitur paraphrasis

ΚΛΑΥΔΙΟΥ ΠΤΟΛΕΜΑΙΟΥ

ΤΩΝ ΠΡΟΣ ΣΥΡΟΝ ΑΠΟΤΕΛΕΣΜΑΤΙΚΩΝ
ΒΙΒΛΙΟΝ Α′

Τάδε ἔνεστιν ἐν τῷ α′ βιβλίῳ κεφάλαια Κλαυδίου
5 *Πτολεμαίου τῶν πρὸς Σύρον ἀποτελεσματικῶν*

α′. προοίμιον
β′. ὅτι καταληπτὴ ἡ δι' ἀστρονομίας γνῶσις καὶ μέχρι τίνος
γ′. ὅτι καὶ ὠφέλιμος
δ′. περὶ τῆς τῶν πλανωμένων ἀστέρων δυνάμεως

T 6–30 CCAG VIII 3 (1912) p. 93,16–94,5

1 *κλαυδίου πτολεμαίου* **Σβγ** om. **VY** ‖ **2** titulus: *τῶν πρὸς σύρον ἀποτελεσματικῶν* **DM** *τῆς πρὸς σύρον συμπερασματικῆς τετραβίλου* **γ** *μαθηματικῆς τετραβίβλου συντάξεως* **Σ** *τετράβιβλος* **S** *τετράβιβλον καὶ ἕτερον βιβλίον τοῦ Ἀντιώχου θυσαυρῶν/τετράβηβλον καὶ ἕτερον βηβλήον τοῦ Ἀντιόχου* **Y** om. **V** ‖ **3** *βιβλίον α′* **ΣD** *βιβλίων α′* **M** *τὸ πρῶτον* **γ** om. **VYS** ‖ **4** *τάδε* – **5** *ἀποτελεσματικῶν* **VS** *ὁ πίναξ σὺν θεῷ τῆς βίβλου πτολεμαίου* **Y** *τάδε ἔνεστιν ἐν τῷ πρώτῳ βιβλίῳ τῶν πρὸς Σύρον συμπερασματικῶν* **γ** indice capitum inscriptioni praemisso; indicem omnino om. **ΣM** ‖ **6–30** de numeris vide CCAG VIII 3 (1912) p. 93,16–94,5, numeris caret index in **S** ‖ **6** *α′* **V** om. **αβγ** | *προοίμιον* **VS** om. **αDγ** ‖ **7** *β′* **V** *α′* **Dγ** ‖ **8** *γ′* **V** *β′* **Dγ** *α′* **Y** et sic deinceps *ὅτι καὶ ὠφέλιμος ἡ δι' ἀστρονομίας πρόγνωσις* **Y**, cf. 1,221 ‖ **9** *πλανωμένων ἀστέρων*] *πλανήτων* **Y** ut 1,385

ε'. περὶ ἀγαθοποιῶν καὶ κακοποιῶν 10
ς'. περὶ ἀρρενικῶν καὶ θηλυκῶν
ζ'. περὶ ἡμερινῶν καὶ νυκτερινῶν
η'. περὶ τῆς δυνάμεως τῶν πρὸς τὸν ἥλιον σχηματισμῶν
θ'. περὶ τῆς τῶν ἀπλανῶν ἀστέρων δυνάμεως
ι'. περὶ τῶν ὡρῶν τοῦ ἔτους 15
ια'. περὶ τῆς τῶν τεσσάρων γωνιῶν δυνάμεως
ιβ'. περὶ τροπικῶν καὶ ἰσημερινῶν καὶ στερεῶν καὶ δισώμων ζῳδίων
ιγ'. περὶ ἀρρενικῶν καὶ θηλυκῶν ζῳδίων
ιδ'. περὶ τῶν συσχηματιζομένων δωδεκατημορίων 20
ιε'. περὶ τῶν προστασσόντων καὶ ὑπακουόντων ὁμοίως ζῳδίων
ις'. περὶ τῶν βλεπόντων καὶ ἰσοδυναμούντων ἀλλήλοις
ιζ'. περὶ τῶν ἀσυνδέτων
ιη'. περὶ οἴκων ἑκάστου ἀστέρος
ιθ'. περὶ τριγώνων 25
κ'. περὶ ὑψωμάτων
κα'. περὶ ὁρίων διαθέσεως

10 *ἀγαθῶν* **V** | *καὶ* om. **Y** | *κακοποιῶν ἀστέρων* **D** ut 1,431 ‖ **11** post *θηλυκῶν*: *ἀστέρων* add. **Y**, cf. 1,446 ‖ **12** *ἡμερινῶν καὶ νυκτερινῶν* **Y** Procl. CCAG VIII 3 (1912) p. 93,20 | *νυκτερινῶν καὶ ἡμερινῶν* cett. Boll, fort. recte, quia antiquis nox diem praecedebat (cf. 3,589), sed v. 1,465 ‖ **13** *σχημάτων* **γ**, cf. 1,487 ‖ **15** *περὶ τῶν ὡρῶν καὶ τεσσάρων γωνιῶν δυνάμεως* contraxit **Y** ‖ **16** *περὶ … δυνάμεως* om. **Y**, v. supra ‖ **17** *τῶν τροπικῶν* **γ** ‖ **20** *συσχατιζομένων* **V** *σχηματιζομένων* **Y** ‖ **21** *τῶν* om. **Y**, cf. 1,840 | *προτασσόντων* **V** *προττασόντων* CCAG VIII 3 (1912) p. 93,29 | *ἀκουόντων* **Y** CCAG VIII 3 (1912) p. 93,30 fort. recte, cf. 1,840 necnon Hübner, Eigenschaften 67 sq. | *ὁμοίων ζῳδίων* om. **D** | *ὁμοίως* Boll (coll. 1,841 necnon CCAG VIII 3 (1912) p. 94,2) *ὁμοίων* **ω** (vix quia sunt aequidistantia ab aequinoctiis) ‖ **22** *ἀλλήλοις* om. **YD** CCAG VIII 3 (1912) p. 93,30, cf. 1,852 ‖ **23** *τῶν* om. **Y** ut 1,861 ‖ **26** *ὑψωμάτων*] *ἰδιωμάτων* **V**, cf. 1,983 ‖ **27** *διαθέσεως* om. **Y**, cf. 1,1019

κβ′. περὶ τόπων καὶ μοιρῶν ἑκάστου
κγ′. περὶ προσώπων καὶ λαμπηνῶν καὶ τῶν τοιούτων
30 κδ′. περὶ συναφῶν καὶ ἀπορροιῶν καὶ τῶν ἄλλων δυνάμεων

α′. Προοίμιον

c 1 m 1 Τῶν τὸ δι᾽ ἀστρονομίας προγνωστικὸν τέλος παρασκευαζόντων, ὦ Σύρε, δύο τῶν μεγίστων καὶ κυριωτάτων ὑπαρχόντων, ἑνὸς μὲν τοῦ πρώτου καὶ τάξει καὶ δυνάμει, καθ᾽ ὃ 35 τοὺς γινομένους ἑκάστοτε σχηματισμοὺς τῶν κινήσεων ἡλίου τε καὶ σελήνης καὶ ἀστέρων πρὸς ἀλλήλους τε καὶ τὴν γῆν καταλαμβανόμεθα, δευτέρου δέ, καθ᾽ ὃ διὰ τῆς φυσικῆς τῶν σχηματισμῶν αὐτῶν ἰδιοτροπίας τὰς ἀποτελουμένας μεταβολὰς τῶν ἐμπεριεχομένων ἐπισκεπτόμεθα, 40 τὸ μὲν πρῶτον ἰδίαν ἔχον καὶ δι᾽ ἑαυτὴν αἱρετὴν θεωρίαν, κἂν μὴ τὸ ἐκ τῆς ἐπιζεύξεως τοῦ δευτέρου τέλος συμπεραίνηται, κατ᾽ ἰδίαν σύνταξιν ὡς μάλιστα ἐνῆν ἀποδεικτι- **1**

S 32–39 (§ 1 in.) Achmes CCAG II (1900) p. 122,15–123,6. Zanates CCAG VII (1908) p. 49 fol. 52 ‖ **33** *Σύρε* Synt. I 1 p. 4,7. Hypoth. I 1 p. 70,3. Anal. 1 p. 189,1. Plan. 1 p. 227,1. Ps.Ptol. Karp. pr. ‖ **36** *ἡλίου … ἀλλήλους* Phas. p. 5,9–11 ‖ **39** *ἐμπεριεχομένων* Cleomed. I 1 l. 6 Todd

28 *ἑκάστου* om. **Y** cf. 1,1189 ‖ **29** *καὶ τῶν τοιούτων* om. **YD** CCAG VIII 3 (1912) p. 94,3, cf. 1,1211 ‖ **30** *συναφιῶν* **Y** | *ἀποριῶν* **Y** | *ἄλλων*] *λοιπῶν* **D** ‖ **31** *α′* **V** om. **αβγ** | *προοίμιον* **Vβγ** om. **α** ‖ **32** *κατασκευαζόντων* **Y** ‖ **35** post *γινομένους*: *τὸ μὲν ἀναγκαίως, τὸ δὲ ἐνδεχομένως* add. **Y** ‖ **36** *τε* om. **α** | *τῶν ἀστέρων* **Σ** Procl. | *πρὸς τὴν* **β** ‖ **37** *καταλαμβάνομεν* **γ** ‖ **38** *τῶν σχηματισμῶν* om. **Y** ‖ **39** *περιεχομένων* **Y** ‖ **41** *τέλους* **V** ‖ **42** *καὶ ὡς* **Y**

2 *κῶς σοι περιώδευται. περὶ δὲ τοῦ δευτέρου καὶ μὴ ὡσαύτως αὐτοτελοῦς ἡμεῖς ἐν τῷ παρόντι ποιησόμεθα λόγον κατὰ τὸν ἁρμόζοντα φιλοσοφίᾳ τρόπον καὶ ὡς ἄν τις φιλαλήθει μάλιστα χρώμενος σκοπῷ μήτε τὴν κατάληψιν αὐτοῦ παραβάλλοι τῇ τοῦ πρώτου καὶ ἀεὶ ὡσαύτως ἔχοντος βεβαιότητι, τὸ ἐν πολλοῖς ἀσθενὲς καὶ δυσείκαστον τῆς ὑλικῆς ποιότητος μὴ προσποιούμενος, μήτε πρὸς τὴν κατὰ τὸ ἐνδεχόμενον ἐπίσκεψιν ἀποκνοίη, τῶν γε πλείστων καὶ ὁλοσχερεστέρων συμπτωμάτων ἐναργῶς οὕτως τὴν* 45 m 2 50

3 *ἀπὸ τοῦ περιέχοντος αἰτίαν ἐμφανιζόντων. ἐπεὶ δὲ πᾶν μὲν τὸ δυσέφικτον παρὰ τοῖς πολλοῖς εὐδιάβλητον ἔχει φύσιν, ἐπὶ δὲ τῶν προκειμένων δύο καταλήψεων αἱ μὲν τῆς προτέρας διαβολαὶ τυφλῶν ἂν εἶεν παντελῶς, αἱ δὲ τῆς δευτέρας εὐπροφασίστους ἔχουσι τὰς ἀφορμὰς (ἢ γὰρ τὸ ἐπ' ἐνίων δυσθεώρητον ἀκαταληψίας τελείας δόξαν παρέσχεν ἢ τὸ τῶν γνωσθέντων δυσφύλακτον καὶ τὸ τέλος ὡς ἄχρηστον διέσυρε), πειρασόμεθα διὰ βραχέων πρὸ τῆς κατὰ μέρος ὑφηγήσεως τὸ μέτρον ἑκατέρου τοῦ τε δυνα-* 55 60

S 47 *ἀεὶ ὡσαύτως ἔχοντος* Synt. I 1 p. 6,24–25, inde CCAG V 3 (1910) p. 139,35 ‖ 49 *ὑλικῆς ποιότητος* Synt. I 1 p. 5,19–20. Lucian. Icaromenipp. 4 ‖ 55 *τυφλῶν* Hermipp. I 18 p. 5,4 ‖ 59 *πειρασόμεθα διὰ βραχέων* Synt. I 1 p. 8,7–8. III 1 p. 194,6

43 *σοι*] *ἐν τῇ συντάξει* **Y** ‖ **44** *ποιησώμεθα* **V** ‖ **46** *χρώμενος σκοπῷ μάλιστα* **Σ** ‖ **49** *μὴ* om. **α** | *προσποιούμενος*] *ἐπίπροσθεν ποιούμενος* **Y** ‖ **51** *ὁλοσχερεστέρων* **Y** (cf. Heph. Procl.) *ὁλοσχερῶν* cett. ‖ **52** post *ἐμφανιζόντων*: *ὅτι καταληπτὴ ἡ δι' ἀστρονομίας πρόγνωσις καὶ μέχρι τίνος* ex tit. cap. I 2 anticipavit **Y** ‖ 55 post *προτέρας*: *τάξει καὶ δυνάμει* add. **Σ**, cf. 1,34 ‖ **56** *εὐπροφασίστους* **αDMBC** *ἀπροφασίστους* **VSA** | *ἢ*] *καὶ* **Y** (et saepius) ‖ **57** *δόξαν* om. **Σ** ‖ **59** *ὡς* om. **MS** | *πρὸς* **V** ‖ **60** *ἑκατέρου*] *ἐκ κέντρου* **V**

τοῦ καὶ τοῦ χρησίμου τῆς τοιαύτης προγνώσεως ἐπισκέψασθαι, καὶ πρῶτον τοῦ δυνατοῦ.

β′. Ὅτι καταληπτὴ ἡ δι' ἀστρονομίας γνῶσις καὶ μέχρι τίνος

65 *Ὅτι μὲν τοίνυν διαδίδοται καὶ διικνεῖταί τις δύναμις ἀπὸ* **1**
c 1v *τῆς αἰθερώδους καὶ ἀϊδίου φύσεως ἐπὶ πᾶσαν τὴν περίγειον καὶ δι' ὅλων μεταβλητήν, τῶν ὑπὸ τὴν σελήνην πρώτων στοιχείων πυρὸς καὶ ἀέρος περιεχομένων μὲν καὶ τρεπομένων ὑπὸ τῶν κατὰ τὸν αἰθέρα κινήσεων, περιεχόντων*
70 *δὲ καὶ συντρεπόντων τὰ λοιπὰ πάντα, γῆν καὶ ὕδωρ καὶ*
m 3 *τὰ ἐν αὐτοῖς φυτὰ καὶ ζῷα, πᾶσιν ἂν ἐναργέστατον καὶ δι' ὀλίγων φανείη. ὅ τε γὰρ ἥλιος διατίθησί πως ἀεὶ* **2** *μετὰ τοῦ περιέχοντος πάντα τὰ περὶ τὴν γῆν, οὐ μόνον διὰ τῶν κατὰ τὰς ἐτησίους ὥρας μεταβολῶν πρὸς γονὰς*
75 *ζῴων καὶ φυτῶν καρποφορίας καὶ ῥύσεις ὑδάτων καὶ σωμάτων μετατροπάς, ἀλλὰ καὶ διὰ τῶν καθ' ἑκάστην ἡμέραν περιόδων θερμαίνων τε καὶ ὑγραίνων καὶ ξηραίνων καὶ ψύχων τεταγμένως τε καὶ ἀκολούθως τοῖς πρὸς τὸν*

S 66 *αἰθερώδους καὶ ἀϊδίου φύσεως* Synt. I 3 p. 14,13–16 ‖ **66–67** *περίγειον* Ap. I 2,3. 4,2.7. Val. II 1,6. IV 4,2. Iulian. Laodic. CCAG I (1898) p. 137,1 ‖ **72–80** (§ 2) Cleomed. II 1 l. 362–367 Todd. Porph. 2 p. 190,25–191,27. Steph. philos. 19 p. 18 (p. 267,19–22)

63 tit. hic omissum 1,52 anticipavit **Y** | *β′* **V** *α′* **Dγ** om. **αMS** | *καταληπτικὴ* **A** ‖ **67** *ὅλων* **VΣ** *ὅλου* **Yβγ** ‖ **69** *τῶν*] *τὸν* **V** ‖ **71** *ἐναργέστατον* **VΣDA** *ἐναργέστατα* **Y** *ἐνεργέστατον* **MSBC** ‖ **74** *ἐτησίας* **β**, cf. 1,115 ‖ **77** *ὑγραίνων τε καὶ θερμαίνων* **Y** ‖ **78** *τὸν* (scilicet *τόπον*) **VS** *τῶν* **M** *τῷ* **α** *τὸ* **γ** *τῆς* **D**

κατὰ κορυφὴν ἡμῶν γινομένοις ὁμοιοτρόποις σχηματισ-
3 *μοῖς. ἥ τε σελήνη πλείστην ὡς περιγειοτάτη διαδίδωσιν* 80
ἡμῖν ἐπὶ τὴν γῆν τὴν ἀπόρροιαν, συμπαθούντων αὐτῇ καὶ
συντρεπομένων τῶν πλείστων καὶ ἀψύχων καὶ ἐμψύχων
καὶ ποταμῶν μὲν συναυξόντων καὶ συμμειούντων τοῖς φω-
σὶν αὐτῆς τὰ ῥεύματα, θαλασσῶν δὲ συντρεπουσῶν ταῖς
ἀνατολαῖς καὶ ταῖς δύσεσι τὰς ἰδίας ὁρμάς, φυτῶν δὲ καὶ 85
ζῴων ἢ ὅλων ἢ κατά τινα μέρη συμπληρουμένων τε αὐτῇ
4 *καὶ συμμειουμένων. αἵ τε τῶν ἀστέρων τῶν τε ἀπλανῶν*
καὶ τῶν πλανωμένων πάροδοι πλείστας ποιοῦσιν ἐπισημα-
σίας τοῦ περιέχοντος καυματώδεις καὶ πνευματώδεις καὶ
νιφετώδεις, ὑφ' ὧν καὶ τὰ ἐπὶ τῆς γῆς οἰκείως διατίθεται. 90
5 *ἤδη δὲ καὶ οἱ πρὸς ἀλλήλους αὐτῶν συσχηματισμοί, συν-*
ερχομένων πως καὶ συγκιρναμένων τῶν διαδόσεων, πλεί-
στας καὶ ποικίλας μεταβολὰς ἀπεργάζονται, κατακρατού-
σης μὲν τῆς τοῦ ἡλίου δυνάμεως πρὸς τὸ καθόλου τῆς
ποιότητος τεταγμένης, συνεργούντων δὲ ἢ ἀποσυνεργούν- 95
των κατά τι τῶν λοιπῶν, καὶ τῆς μὲν σελήνης ἐκφανέστε- m 4
ρον καὶ συνεχέστερον ὡς ἐν ταῖς συνόδοις καὶ διχοτόμοις

S **80–87** (§ 3) Cic. nat. deor. II 50 (cf. 119). div. II 33. Manil. II 90–104. al. ‖ **80** *περιγειοτάτη* Ap. I 2,1 (ubi plura) ‖ **87** *τῶν ἀστέρων* Theophr. Sign. 1

80 *πλεῖστα* **Y** om. **Σ** | *δίδωσι* **Σ** ‖ **81** *ἡμῖν* om. **α** | *ἐπὶ τὴν γῆν* **Vβγ** *ὑπὸ τὴν γῆν* **Y** (cf. 3,787.1420) *τοῖς πρὸς τῇ γῇ* **Σ** | *τὴν* ante *ἀπόρροιαν* om. **D** ‖ **82** *καὶ ἐμψύχων καὶ ἀψύχων* **Σ** ‖ **83** *καὶ συμμειούντων* om. **Y** ‖ **84** *αὐτῆς* **αSγ** *αὐτοῖς* **VDM** | *δὲ* om. **V** ‖ **86–87** *συγκληρουμένων τε αὐτῇ καὶ σημειουμένων* **Y** ‖ **87** *τε* alterum om. **γ** | *πλανωμένων καὶ τῶν ἀπλανῶν* **Y** ‖ **88** *περίοδοι* **Y** ‖ **89** *πνευματώδεις καὶ καυματώδεις* **Y** ‖ **91** *συσχηματισμοί* **Vβ** Procl. *σχηματισμοί* **αγ** ‖ **92** *πως*] *τε* **Σ** | *συγκρινομένων* **A** *συγκιρνωμένων* **BC** Procl., cf. 1,169 ‖ **94** post *μὲν*: *μετὰ* add. **Σ** ‖ **97** *καὶ διχοτόμοις* om. **βγ**

καὶ πανσελήνοις, τῶν δὲ ἀστέρων περιοδικώτερον καὶ ἀσημότερον, ὡς ἐν ταῖς φάσεσι καὶ κρύψεσι καὶ προσνεύσεσιν.
100 ὅτι δὲ τούτων οὕτως θεωρουμένων οὐ μόνον τὰ ἤδη συγκραθέντα διατίθεσθαί πως ὑπὸ τῆς τούτων κινήσεως **6** ἀναγκαῖον, ἀλλὰ καὶ τῶν σπερμάτων τὰς ἀρχὰς καὶ τὰς πληροφορήσεις διαπλάττεσθαι καὶ διαμορφοῦσθαι πρὸς τὴν οἰκείαν τοῦ τότε περιέχοντος ποιότητα, πᾶσιν ἂν δό-
105 ξειεν ἀκόλουθον εἶναι. οἱ γοῦν παρατηρητικώτεροι τῶν **7** γεωργῶν καὶ τῶν νομέων ἀπὸ τῶν κατὰ τὰς ὀχείας καὶ τὰς τῶν σπερμάτων καταθέσεις συμβαινόντων πνευμάτων στοχάζονται τῆς ποιότητος τῶν ἀποβησομένων· καὶ ὅλως τὰ μὲν ὁλοσχερέστερα καὶ διὰ τῶν ἐπιφανεστέρων συσχη-
110 ματισμῶν ἡλίου καὶ σελήνης καὶ ἀστέρων ἐπισημαινόμενα
c 2 καὶ παρὰ τοῖς μὴ φυσικῶς, μόνον δὲ παρατηρητικῶς σκεπτομένοις ὡς ἐπίπαν προγινωσκόμενα θεωροῦμεν, τὰ **8** μὲν ἐκ μείζονός τε δυνάμεως καὶ ἁπλουστέρας τάξεως καὶ παρὰ τοῖς πάνυ ἰδιώταις, μᾶλλον δὲ καὶ παρ᾽ ἐνίοις τῶν
115 ἀλόγων ζῴων, ὡς τῶν ὡρῶν καὶ τῶν πνευμάτων τὰς ἐτησίους διαφοράς (τούτων γὰρ ὡς ἐπίπαν ὁ ἥλιος αἴτιος), τὰ δὲ ἧττον οὕτως ἔχοντα παρὰ τοῖς ἤδη κατὰ τὸ ἀναγκαῖον

S 99 *φάσεσι καὶ κρύψεσι* Theophr. Sign. 1 ‖ **106** *γεωργῶν* Cic. div. I 112. Porph. 2 p. 191,17 ‖ **111** *μόνον δὲ παρατηρητικῶς* Gem. 17,23 ‖ **114** *πάνυ ἰδιώταις* Ap. II 11,6 ‖ **115** *ἀλόγων ζῴων* Theophr. Sign. 15–19. Arat. 913–923. al. Verg. georg. I 360–423. Manil. II 99–104. Porph. 2 p. 191,21–23.

98 *ἀσυμότερον* **V** ‖ **99** *ὡς* om. **γ** | *ταῖς πλαταῖς προσνεύσεσιν* **Y** ‖ **100** *ἤδη*] *εἴδη* **γ** postea *καὶ γινόμενα καὶ φθειρόμενα* add. **Y** ‖ **104** *πᾶσιν* **VY** *καὶ πᾶσιν* **Σβγ** ‖ **105–106** *τὸν δὲ γεωργὸν καὶ τὸν νομαῖον* **Y** ‖ **106** *καὶ τὰς* **α** *καὶ* **Vβγ** ‖ **109** *σχηματισμῶν* **Y** ‖ **110** *ἐπισημαινομένων* **Y** ‖ **112** *ἐπισκεπτομένοις* **Y** | *προσγινωσκόμενα* **V** ‖ **114–116** *μᾶλλον … αἴτιος* om. **γ** ‖ **115** *ἐτησίας* **DM**, cf. 1,74

ταῖς παρατηρήσεσιν ἐνειθισμένοις, ὡς τοῖς ναυτιλλομένοις m5
τὰς κατὰ μέρος τῶν χειμώνων καὶ τῶν πνευμάτων ἐπισημα-
σίας ὅσαι γίνονται κατὰ τὸ περιοδικώτερον ὑπὸ τῶν τῆς 120
σελήνης ἢ καὶ τῶν ἀπλανῶν ἀστέρων πρὸς τὸν ἥλιον συ-
9 *σχηματισμῶν. παρὰ μέντοι τὸ μήτε αὐτῶν τούτων τοὺς*
χρόνους καὶ τοὺς τόπους ὑπὸ ἀπειρίας ἀκριβῶς δύνασθαι
κατανοεῖν μήτε τὰς τῶν πλανωμένων ἀστέρων περιόδους
(πλεῖστον καὶ αὐτὰς συμβαλλομένας) τὸ πολλάκις αὐτοῖς 125
10 *σφάλλεσθαι συμβαίνει. τί δὴ οὖν κωλύει τὸν ἠκριβωκότα*
μὲν τάς τε πάντων τῶν ἀστέρων καὶ ἡλίου καὶ σελήνης κι-
νήσεις, ὅπως αὐτὸν μηδενὸς τῶν σχηματισμῶν μήτε ὁ τό-
πος μήτε ὁ χρόνος λανθάνῃ, διειληφότα δὲ ἐκ τῆς ἔτι ἄνω-
θεν συνεχοῦς ἱστορίας ὡς ἐπίπαν αὐτῶν τὰς φύσεις, κἂν 130
μὴ τὰς κατ' αὐτὸ τὸ ὑποκείμενον, ἀλλὰ τάς γε δυνάμει
ποιητικάς (οἷον ὡς τὴν τοῦ ἡλίου ὅτι θερμαίνει καὶ τὴν τῆς
σελήνης ὅτι ὑγραίνει, καὶ ἐπὶ τῶν λοιπῶν ὁμοίως), ἱκανὸν
δὲ πρὸς τοιαῦτα ὄντα φυσικῶς ἅμα καὶ εὐστόχως ἐκ τῆς

S **118** *ναυτιλλομένοις* Porph. 2 p. 191,17–19 ‖ **132–135** Ap. IV 10,27

121 *σχηματισμῶν* **Y** Procl. ‖ **122–123** *παρὰ …χρόνους*] *παρὰ μήτε τὸ τοὺς αὐτῶν τούτων χρόνους* **Y** ‖ **124** *τῶν* om. **A** ‖ **125** *αὐτοῖς*] *αὐτοὺς* **Bc** ‖ **126** *τὸν*] *τῶν* **V** ‖ **128** *σχηματισμῶν* **VΣSA** *συσχηματισμῶν* **YDMBC** Procl. ‖ **129** *λανθάνῃ* **YSγ** *λανθάνει* **V** *λανθάνοι* **ΣDM** | post *δὲ*: *ὡς ἐπίπαν αὐτὰ φύσει* anticipavit **Σ** ‖ **130** *ἱστορίας* om. **Y** | *ὡς ἐπίπαν … φύσει⟨ς⟩* hic om. **Σ** | *αὐτῶν τὰς* **β** *αὐτῶν* **Y** *αὐτὰς τὰς* **γ** *αὐτὰ* **VΣ** | *τὰς φύσεις* **βγ** Procl. *φύσει* **VΣ** (cf. l. 130) *φήση* (abbr.) **Y** ‖ **131** *κατ' αὐτὸ τὸ*] *κατὰ τὴν οὐσίαν τῶν ἀστέρων κατ' αὐτὸν* **Y** ‖ **132** *ποιητικάς*] *ποιότητας* **Bm** ‖ **133** *ὑγραίνει*] *ψυχραίνῃ ἢ ὅτι ὑγραίνῃ* **Y** ‖ **134** *δὲ*] *εἶναι* **γ**

135 *συγκρίσεως πάντων τὸ ἴδιον τῆς ποιότητος διαλαβεῖν, ὡς*
δύνασθαι μὲν ἐφ᾽ ἑκάστου τῶν διδομένων καιρῶν ἐκ τῆς
τότε τῶν φαινομένων σχέσεως τὰς τοῦ περιέχοντος ἰδιο-
τροπίας εἰπεῖν (οἷον ὅτι θερμότερον ἢ ὑγρότερον ἔσται),
δύνασθαι δὲ καὶ καθ᾽ ἕνα ἕκαστον τῶν ἀνθρώπων τήν **11**
6 140 *τε καθόλου ποιότητα τῆς ἰδιοσυγκρισίας ἀπὸ τοῦ κατὰ*
τὴν σύστασιν περιέχοντος συνιδεῖν (οἷον ὅτι τὸ μὲν σῶμα
τοιόσδε, τὴν δὲ ψυχὴν τοιόσδε), καὶ τὰ κατὰ καιροὺς συμ-
πτώματα, διὰ τὸ τὸ μὲν τοιόνδε περιέχον τῇ τοιᾷδε συγκρί-
σει σύμμετρον ἢ καὶ πρόσφορον γίνεσθαι πρὸς εὐεξίαν, τὸ
145 *δὲ τοιόνδε ἀσύμμετρον καὶ πρόσφορον πρὸς κάκωσιν;*
ἀλλὰ γὰρ τὸ μὲν δυνατὸν τῆς τοιαύτης καταλήψεως διὰ **12**
τούτων καὶ τῶν ὁμοίων ἔστι συνιδεῖν. ὅτι δὲ εὐπροφασί-
στως μέν, οὐ προσηκόντως δὲ τὴν πρὸς τὸ ἀδύνατον ἔσχε
διαβολήν, οὕτως ἂν κατανοήσαιμεν. πρῶτον μὲν γὰρ τὰ
150 *πταίσματα τῶν μὴ ἀκριβούντων τὸ ἔργον πολλὰ ὄντα ὡς*
ἐν μεγάλῃ καὶ πολυμερεῖ θεωρίᾳ καὶ τοῖς ἀληθευομένοις
τὴν τοῦ ἐκ τύχης παρέσχε δόξαν, οὐκ ὀρθῶς· τὸ γὰρ
τοιοῦτον οὐ τῆς ἐπιστήμης, ἀλλὰ τῶν μεταχειριζομένων
ἐστὶν ἀδυναμία. ἔπειτα καὶ οἱ πλεῖστοι τοῦ πορίζειν ἕνεκεν **13**

S 149–152 Cic. nat. deor. II 12. div. I 118.124. Gem. 17,23 extr. Firm. math. I 3,8

135 *συκρίσεως* **Ym** *συγκράσεως* **VΣβγc**, cf. Achmetem CCAG II (1900) p. 122,15 et 1,143.185.243.369. al. necnon 1,141.340. 3,93 | *τὸ* om. **VY** ‖ **140** *ἰδιοσυγκρισίας* **VD** *ἰδιο-συγκρησίας* **Y** *ἰδιοσυγκρασίας* **ΣMSγ**, cf. 1,275.335. 3,866 necnon supra l. 135 ‖ **143** *συγκρίσει* **Y** *συγκράσει* **VΣβγ**, cf. l. 135 ‖ **145** *πρὸς*] *εἰς* **Σ** ‖ **147** *τούτων*] *τοῦτο* **VD** ‖ **149** *κατανοή-σαμεν* **V** ‖ **152** *τοῦ* **Y** *τούτου* cett. (recepit Robbins) ‖ **154** *ἀδυ-νάμενα* **V**

ἑτέραν τέχνην τῷ ταύτης ὀνόματι καταξιοπιστευόμενοι 155
τοὺς μὲν ἰδιώτας ἐξαπατῶσι πολλὰ προλέγειν δοκοῦντες
καὶ τῶν μηδεμίαν φύσιν ἐχόντων προγινώσκεσθαι, τοῖς δὲ c 2v
ζητητικωτέροις διὰ τούτου παρέσχον ἀφορμὴν ἐν ἴσῳ καὶ
τῶν φύσιν ἐχόντων προλέγεσθαι καταγινώσκειν, οὐδὲ τοῦτο δεόντως· οὐδὲ γὰρ φιλοσοφίαν ἀναιρετέον, ἐπεί τινες 160
14 τῶν προσποιουμένων αὐτὴν πονηροὶ καταφαίνονται. ἀλλ'
ὅμως ἐναργές ἐστιν ὅτι κἂν διερευνητικῶς τις ὡς ἔνι μάλι- m 7
στα καὶ γνησίως τοῖς μαθήμασι προσέρχηται, πολλάκις
πταίειν αὐτὸν ἐνδέχεται, δι' οὐδὲν μὲν τῶν εἰρημένων, δι'
αὐτὴν δὲ τὴν τοῦ πράγματος φύσιν καὶ τὴν πρὸς τὸ μέγε- 165
15 θος τῆς ἐπαγγελίας ἀσθένειαν. καθόλου γάρ, πρὸς τῷ τὴν
περὶ τὸ ποιὸν τῆς ὕλης θεωρίαν πᾶσαν εἰκαστικὴν εἶναι
καὶ οὐ διαβεβαιωτικὴν καὶ μάλιστα τὴν ἐκ πολλῶν ἀνομοίων συγκιρναμένην, ἔτι καὶ τοῖς παλαιοῖς τῶν πλανωμένων συσχηματισμοῖς, ἀφ' ὧν ἐφαρμόζομεν τοῖς ὡσαύτως 170
ἔχουσι τῶν νῦν τὰς ὑπὸ τῶν προγενεστέρων ἐπ' ἐκείνων
παρατετηρημένας προτελέσεις, παρόμοιοι μὲν [γὰρ] δύνανται γίνεσθαι μᾶλλον ἢ ἧττον καὶ οὗτοι διὰ μακρῶν περι-

S 160–161 Plat. Gorg. 457A ‖ **167** *θεωρίαν πᾶσαν εἰκαστικὴν* Synt. I 1 p. 6,12–17

155 *καταξιοπιστευόμενοι*] *καὶ ἀξίᾳ προστησάμενοι καὶ πιστευόμενοι* **Σ** (cf. *διὰ τὴν ἀξιοπιστίαν* Procl.) ‖ **156** *διαπατῶσι* **Y** ‖ **158** *ἴσῳ* **VY** *ἑκάστῳ* **Σβγ** ‖ **159** *προλέγεσθαι*] *πως λέγεσθαι* (post *φύσιν*) **Y** *προγινώσκεσθαι* **Σ** ‖ **168** *τὴν*] *τῶν* **V** ut 1,832.838. 2,868. al., vice versa 3,572.671, cf. 3,883 ‖ **169** *συγκειμένην* **Y** *συγκιρνωμένων* **γ**, cf. 1,92 ‖ **170** *σχηματισμοῖς* **Y** ‖ **171** *γενεστέρων* **Y** ‖ **172** *παρατετηρημένας* **α** *παρατηρημένας* **V** *τετηρημένας* **βγ** | post *προτελέσεις*: *μὴ καθάπαξ τοὺς αὐτοὺς συμβεβηκέναι τοὺς νῦν* add. **Σ** | *γὰρ* **ω** (non ita Procl.) del. Boll Robbins

όδων, ἀπαράλλακτοι δὲ οὐδαμῶς, τῆς πάντων ἐν τῷ οὐ- **16**
175 *ρανῷ μετὰ τῆς γῆς κατὰ τὸ ἀκριβὲς συναποκαταστάσεως,*
εἰ μή τις κενοδοξοίη περὶ τὴν τῶν ἀκαταλήπτων κατάληψιν
καὶ γνῶσιν, ἢ μηδ' ὅλως ἢ μὴ κατά γε τὸν αἰσθητὸν
ἀνθρώπῳ χρόνον ἀπαρτιζομένης, ὡς διὰ τοῦτο καὶ τὰς
προρρήσεις ἀνομοίων ὄντων τῶν ὑποκειμένων παραδειγμά-
180 *των ἐνίοτε διαμαρτάνεσθαι.*

περὶ μὲν οὖν τὴν ἐπίσκεψιν τῶν κατὰ τὸ περιέχον γινο- **17**
μένων συμπτωμάτων τοῦτ' ἂν εἴη μόνον τὸ δυσχερές, μη-
δεμιᾶς ἐνταῦθα συμπαραλαμβανομένης αἰτίας τῇ κινήσει
m 8 *τῶν οὐρανίων. περὶ δὲ τὰς γενεθλιαλογίας καὶ ὅλως τὰ[ς]* **18**
185 *κατ' ἰδίαν τῆς ἑκάστου συγκρίσεως οὐ μικρὰ οὐδὲ τὰ τυ-*
χόντα ἔστιν ἰδεῖν συναίτια καὶ αὐτὰ γινόμενα τῆς τῶν
συνισταμένων ἰδιοτροπίας. αἵ τε γὰρ τῶν σπερμάτων δια-
φοραὶ πλεῖστον δύνανται πρὸς τὸ τοῦ γένους ἴδιον, ἐπειδή-
περ τοῦ περιέχοντος καὶ τοῦ ὁρίζοντος ὑποκειμένου τοῦ
190 *αὐτοῦ κατακρατεῖ[ν] τῶν σπερμάτων ἕκαστον εἰς τὴν καθ-*
όλου τοῦ οἰκείου μορφώματος διατύπωσιν (οἷον ἀνθρώ-

S 187 *σπερμάτων* Cic. div. II 94 ‖ **191–192** *ἀνθρώπου καὶ ἵπ-που* Plotin. Enn. II 3,12

177 *ἢ μηδ' ὅλως* om. **Y** | *τὸν … χρόνον*] *τῶν αἰσθητῶν ἀνθρώπων χρόνῳ* **Y** ‖ **178** *καταρτιζομένης* **D** ‖ **179** *προρρήσεις* **ω** (*πρω-* **Y**) c (asterisco notatum) *παρατηρήσεις* add. **Σ** (in margine) **m** ‖ **182** *συμπτωμάτων* **YMS** *συναπτωμάτων* **VDγ** om. **Σ** | *καὶ μηδεμιᾶς* **V** (recepit Boll) ‖ **183** *αἰτίας* om. **C** ‖ **184** *γενεθλιαλογικὰς* **V** *…κὰς* add. **Σ** in margine | *τὰ* Boll (dubitanter recepi) *τὰς* **ωc** *τὰς προρρήσεις* **m** ‖ **185** *κατ' ἰδίαν*] *κατὰ δι' αὐτὰς* **Y** | *ἑκάστης* **Y** | *συγκρίσεως* **VΣβ** *συγκρήσιως* **Y** *συγκράσεως* **γ**, cf. 1,135 ‖ **186** *ἐστὶν* Boll ‖ **187** *ἐνισταμένων* **Y** ‖ **190** *κατακρατεῖ* Boll Robbins tacite *κατακρατεῖν* **ω** (*κρατε* **Y**)

που καὶ ἵππου καὶ τῶν ἄλλων)· οἵ τε τόποι τῆς γενέσεως οὐ μικρὰς ποιοῦνται τὰς περὶ τὰ συνιστάμενα παραλλαγάς.
19 *καὶ τῶν σπερμάτων γὰρ κατὰ γένος ὑποκειμένων τῶν αὐτῶν (οἷον ἀνθρωπίνων) καὶ τῆς τοῦ περιέχοντος κατα-* 195 *στάσεως τῆς αὐτῆς, παρὰ τὸ τῶν χωρῶν διάφορον πολὺ καὶ τοῖς σώμασι καὶ ταῖς ψυχαῖς οἱ γεννώμενοι διήνεγκαν· πρὸς δὲ τούτοις αἵ τε τροφαὶ καὶ τὰ ἔθη πάντων τῶν προκειμένων ἀδιαφόρων ὑποτιθεμένων συμβάλλονταί τι πρὸς τὰς κατὰ μέρος τῶν βίων διαγωγάς. ὧν ἕκαστον ἐὰν μὴ* 200 *συνδιαλαμβάνηται ταῖς ἀπὸ τοῦ περιέχοντος αἰτίαις, εἰ* c 3 *καὶ ὅτι μάλιστα τὴν πλείστην ἔχει τοῦτο δύναμιν (τῷ τὸ μὲν περιέχον κἀκείνοις αὐτοῖς εἰς τὸ τοιοῖσδε εἶναι συναίτιον γίνεσθαι, τούτῳ δὲ ἐκεῖνα μηδαμῶς), πολλὴν ἀπορίαν δύνανται παρέχειν τοῖς ἐπὶ τῶν τοιούτων οἰομένοις ἀπὸ* 205 *μόνης τῆς τῶν μετεώρων κινήσεως πάντα (καὶ τὰ μὴ τέ-* m 9 *λεον ἐπ' αὐτῇ) δύνασθαι διαγινώσκειν.*

S **192** *τόποι τῆς γενέσεως* Cic. div. II 93. Hermipp. II 49

193 *τὰς περὶ τὰ* **Σ** Robbins *τὰς περὶ τὰς* **Y** *περὶ τὰ* **Vβγ** ‖ **194** *γὰρ* om. **βγ** | *ὑποκειμένων κατὰ γένος* **γ** | *τῶν* om. **α** ‖ **195** *αὐτῶν* om. **Y** | post *ἀνθρωπίνων*: *καὶ τῶν τοιούτων ἐμψύχων* add. **Y** | *καὶ τῆς* – l. **248** *συμφέροντος* hic om. post 1,302 transtulit **Y** ‖ **197** *γεννώμενοι* **βγ** *γενόμενοι* **VΣ** (recepit Robbins) *γενάμενοι* **Y** ‖ **198** *αἵ τε*] *ἔτι* **Y** ut 3,997 | *προκειμένων ἀδιαφόρων* **VΣDγ** *προκειμένων διαφόρων* **MS** *κειμένων διαφόρων* **Y** ‖ **200** *βίων*] *νέων* **V** ‖ **201** *συνδιαλαμβάνηται* **VΣS** *συμπαραλαμβάνηται* **Y** *συλλαμβάνηται* **DM** *συλλαμβάνεται* **γ** | *ταῖς … αἰτίαις*] *τῆς … αἰτίας* **β** ‖ **204** *δὲ* om. **β** ‖ **205** *δύνανται* ad sensum] *δύναται* **S** (recepit Boll) | *οἰομένους* **V** ‖ **206** *τῆς* om. **V** | *καὶ* (*πάντα* **C**) … *αὐτῇ* om. **γ** (**BC** lacuna relicta) | *τὰ* om. **Y** ‖ **207** *ἐπ'* om. **β** | *αὐτῇ* **VΣ** *αὐτὴν* **YMSA**[2] *αὐτὰ* **D**

τούτων δὲ οὕτως ἐχόντων προσῆκον ἂν εἴη μήτε, ἐπειδὴ **20**
διαμαρτάνεσθαί ποτε τὴν τοιαύτην πρόγνωσιν ἐνδέχεται,
210 *καὶ τὸ πᾶν αὐτῆς ἀναιρεῖν, ὥσπερ οὐδὲ τὴν κυβερνητικὴν*
διὰ τὸ πολλάκις πταίειν ἀποδοκιμάζομεν, ἀλλ' ὡς ἐν με-
γάλοις οὕτως καὶ θείοις ἐπαγγέλμασιν ἀσπάζεσθαι καὶ
ἀγαπητὸν ἡγεῖσθαι τὸ δυνατόν, μήτ' αὖ πάλιν πάντα ἡμῖν
ἀνθρωπίνως καὶ ἐστοχασμένως αἰτεῖν παρ' αὐτῆς, ἀλλὰ
215 *συμφιλοκαλεῖν καὶ ἐν οἷς οὐκ ἦν ἐπ' αὐτῇ τὸ πᾶν ἐφοδιά-*
ζειν· καὶ ὥσπερ τοῖς ἰατροῖς ὅταν ἐπιζητῶσί τινα, καὶ περὶ
αὐτῆς τῆς νόσου καὶ περὶ τῆς τοῦ κάμνοντος ἰδιοτροπίας
οὐ μεμψόμεθα λέγουσιν, οὕτως καὶ ἐνταῦθα τὰ γένη καὶ
τὰς χώρας καὶ τὰς τροφὰς ἢ καί τινα τῶν ἤδη συμβεβη-
220 *κότων μὴ ἀγανακτεῖν ὑποτιθεμένοις.*

S 210 *κυβερνητικὴν* Cic. div. I 24, cf. Lucian. Astrol. 2 || **212** *θείοις ... ἀσπάζεσθαι* Plat. Tim. 29 || **214** *ἀνθρωπίνως* Iambl. Myst. 9,1 extr. || **214–216** *ἐστοχασμένως ... ὥσπερ τοῖς ἰατροῖς* Ap. III 2,6. al. Steph. philos. CCAG II (1900) p. 186,3–6, cf. Hippocr. De victu acutorum 8 (VI [2] 39,17 Joly)

208 *προσῆκον*] *πρὸς οἶκον* **V** || **209** *ποτε* **Vα** *ποτε κατὰ* **β** *ποτε μὲν κατὰ* **γ** || **210** *ἀναιρεῖν* **Vα** *ἀθετεῖν* **βγ** | *τὴν κυβερνητικὴν*] *κυβερνητικοὺς* **ΣΒ** || **213** *πάντα*] *μὴ πάντα* **VYD** || **213** *πάντα ἡμῖν ἀνθρωπίνως*] *πάντα ἀνθρωπίνως* **M** *ἀν(θρωπ)ίνως πάντα* **S** || **214** *ἀλλὰ* om. **D** || **215** *ἀνθρωπίνως καὶ ἐστοχασμένως* ante *συμφιλοκαλεῖν* transposuit Boll haud scio an recte | *οὐκ ἦν ἐπ' αὐτῇ* om. **γ** lacunam relinquens | *ἐπ' αὐτῇ* Boll Robbins (nihil monens) *ἐπ' αὐτὴν* **Vα** *ἐν αὐτῇ* **βA**[2] || **216** *καὶ ὥσπερ* **Vα** *ὥσπερ καὶ* **βγ** || **217** *αὐτῆς*] *αὐτοῦ* **V** || **218** *μεμψόμεθα* **VΣ** *μεμφόμεθα* **Yβγ** | *λέγουσιν* **Σ** (recepit Robbins) *λέγοντες* **VYβγ** (praetulit Boll) || **220** *ὑποτιθεμένους* c Boll

γ'. Ὅτι καὶ ὠφέλιμος

1 *Τίνα μὲν οὖν τρόπον δυνατὸν γίνεται τὸ δι' ἀστρονομίας προγνωστικὸν καὶ ὅτι μέχρι μόνων ἂν φθάνοι τῶν τε κατ' αὐτὸ τὸ περιέχον συμπτωμάτων καὶ τῶν ἀπὸ τῆς τοιαύτης αἰτίας τοῖς ἀνθρώποις παρακολουθούντων (ταῦτα δ' ἂν εἴη* 225 *περί τε τὰς ἐξ ἀρχῆς ἐπιτηδειότητας δυνάμεων καὶ πράξεων σώματος καὶ ψυχῆς καὶ τὰ κατὰ καιροὺς αὐτῶν* m 10 *πάθη πολυχρονιότητάς τε καὶ ὀλιγοχρονιότητας, ἔτι δὲ καὶ ὅσα τῶν ἔξωθεν κυρίαν τε καὶ φυσικὴν ἔχει πρὸς τὰ πρῶτα συμπλοκὴν ὡς πρὸς τὸ σῶμα μὲν ἡ κτῆσις καὶ ἡ* 230 *συμβίωσις, πρὸς δὲ τὴν ψυχὴν ἥ τε τιμὴ καὶ τὸ ἀξίωμα, καὶ τὰς τούτων κατὰ καιροὺς τύχας), σχεδὸν ὡς ἐν κεφα-*
2 *λαίοις γέγονεν ἡμῖν δῆλον. λοιπὸν δ' ἂν εἴη τῶν προκειμένων τὴν κατὰ τὸ χρήσιμον ἐπίσκεψιν διὰ βραχέων ποιήσασθαι πρότερον διαλαβοῦσι, τίνα τρόπον καὶ πρὸς τί τέ-* 235 *λος ἀφορῶντες τὴν αὐτοῦ τοῦ χρησίμου δύναμιν ἐκδεξόμεθα. εἰ μὲν γὰρ πρὸς τὰ τῆς ψυχῆς ἀγαθά, τί ἂν εἴη συμφορώτερον πρὸς εὐπραγίαν καὶ χαρὰν καὶ ὅλως εὐαρέστησιν τῆς τοιαύτης προγνώσεως, καθ' ἣν τῶν τε ἀνθρωπί-*

S 222–233 (§ 1) Iambl. Protr. 6 p. 37,22 P. ‖ **239–240** *ἀνθρωπίνων καὶ τῶν θείων* Plat. Phaedr. 259[D]

221 *γ'* **V** *β'* **Dγ** *ι'* **Y** om. **ΣMS** | tit. **VΣDSγ** *ὅτι καὶ ὠφέλιμος ὁ* [i. *ἡ*] *δι' ἀστρονομίας πρόγνωσις* **Y** (cf. 1,8) om. **M** ‖ **222** *δυνατὸν* om. **Dγ** ‖ **223** *μόνον* **α** ‖ **224** *τοιαύτης* **VΣ** *αὐτῆς* **Yβγ** ‖ **225** *εἶεν* **βγ** ‖ **226** *ἐξαρχῆς* contraxerunt **c** Boll, sed cf. e.g. 1,261 ‖ **228** *δὲ* om. **V** ‖ **230** *κτίσις* **VDM** (corr. D^2), cf. 4,48.570.795 necnon e.g. Ant. CCAG VIII 3 (1912) p. 117,8 | *ἡ*] *εἰ* **VYD** ‖ **231** *τιμὴ*] *γονὴ* **Y** ‖ **232** *τὰς*] *ταῖς* **V** | *κεφαλαίῳ* **c** ‖ **235–509** *τίνα … ἰδίως* **excidit in Σ**: desunt quattuor folia ‖ **236** *ἐκδεξόμεθα* **VY** *ἐκδεξαίμεθα* **βγ** ‖ **238** *συμφορώτερον* **VY** *σπουδαιότερον* **MSγ** (omnes post **239** *προγνώσεως* posuerunt) om. **D** ‖ **239** *γνώσεως* **MS**

240 νων καὶ τῶν θείων γινόμεθα συνορατικοί; εἰ δὲ πρὸς τὰ 3
τοῦ σώματος, πάντων ἂν μᾶλλον ἡ τοιαύτη κατάληψις ἐπι-
c 3v γινώσκοι τὸ οἰκεῖόν τε καὶ πρόσφορον τῇ καθ᾽ ἑκάστην
σύγκρισιν ἐπιτηδειότητι. εἰ δὲ μὴ πρὸς πλοῦτον ἢ δόξαν ἢ
τὰ τοιαῦτα συνεργεῖ, προχωρήσει καὶ περὶ πάσης φιλοσο-
245 φίας τὸ αὐτὸ τοῦτο φάσκειν· οὐδενὸς γὰρ τῶν τοιούτων
ἐστὶν ὅσον τὸ ἐφ᾽ ἑαυτῇ περιποιητική. ἀλλ᾽ οὔτ᾽ ἐκείνης
διὰ τοῦτ᾽ ἂν οὔτε ταύτης καταγινώσκοιμεν δικαίως, ἀφέ-
μενοι τοῦ πρὸς τὰ μείζω συμφέροντος.

m 11 ὅλως δ᾽ ἂν ἐξετάζουσι φανεῖεν ἂν οἱ τὸ ἄχρηστον τῆς 4
250 καταλήψεως ἐπιμεμφόμενοι πρὸς οὐδὲν τῶν κυριωτάτων
ἀφορῶντες, ἀλλὰ πρὸς αὐτὸ τοῦτο μόνον, ὅτι τῶν πάντῃ
πάντως ἐσομένων ἡ πρόγνωσις περισσή, καὶ τοῦτο δὲ
ἁπλῶς πάνυ καὶ οὐκ εὖ διειλημμένως. πρῶτον μὲν γὰρ δεῖ 5
σκοπεῖν, ὅτι καὶ ἐπὶ τῶν ἐξ ἀνάγκης ἀποβησομένων τὸ μὲν
255 ἀπροσδόκητον τούς τε θορύβους ἐκστατικοὺς καὶ τὰς χα-
ρὰς ἐξοιστικὰς μάλιστα πέφυκε ποιεῖν, τὸ δὲ προγινώσκειν
ἐθίζει καὶ ῥυθμίζει τὴν ψυχὴν τῇ μελέτῃ τῶν ἀπόντων ὡς
παρόντων καὶ παρασκευάζει μετ᾽ εἰρήνης καὶ εὐσταθείας
ἕκαστα τῶν ἐπερχομένων ἀποδέχεσθαι. ἔπειθ᾽ ὅτι μηδ᾽ οὔ- 6

T 249–285 (§ 4–8) Heph. I pr. 3–5

S 251–252 *τῶν πάντῃ πάντως ἐσομένων* Hermipp. I 56 ‖ 257 *ῥυθμίζει τὴν ψυχὴν* Synt. I 1 p. 5,2

242 *τε* **VY** om. **βγ** | *τῇ … ἐπιτηδειότητι* **VY** *τῆς … ἐπιτηδειότητος* **βγ** ‖ 243 *σύγκρισιν* **VYβ** *σύγκρασιν* **γ**, cf. 1,135 ‖ 244 *συνεργεῖ* **VY** om. **βγ** ‖ 248 *τὰ μείζω* **VY** (cf. *τὰ μείζων* Procl.) *τὸ μεῖζον* **βγ** ‖ 249 *ἄχρηστον* **VY** Heph. *εὔχρηστον* **βγ** ‖ 254 *ἐπὶ*] *ἀπὸ* **Y**, cf. 2,887. 3,646.649. 4,531 ‖ 256 *δὲ* **VYS** Heph. *γὰρ* **DMγ**

τως ἅπαντα χρὴ νομίζειν τοῖς ἀνθρώποις ἀπὸ τῆς ἄνωθεν 260
αἰτίας παρακολουθεῖν ὥσπερ ἐξ ἀρχῆς ἀπό τινος ἀλύτου
καὶ θείου προστάγματος καθ' ἕνα ἕκαστον νενομοθετημένα
καὶ ἐξ ἀνάγκης ἀποβησόμενα, μηδεμιᾶς ἄλλης ἁπλῶς αἰ-
τίας ἀντιπρᾶξαι δυναμένης, ἀλλ' ὡς τῆς μὲν τῶν οὐρανίων
κινήσεως καθ' εἱμαρμένην θείαν καὶ ἀμετάπτωτον ἐξ 265
αἰῶνος ἀποτελουμένης, τῆς δὲ τῶν ἐπιγείων ἀλλοιώσεως
καθ' εἱμαρμένην φυσικὴν καὶ μεταπτωτήν, τὰς πρώτας αἰ-
τίας ἄνωθεν λαμβανούσης κατὰ συμβεβηκὸς καὶ κατ'
7 *ἐπακολούθησιν, καὶ ὡς τῶν μὲν διὰ καθολικωτέρας περι-*
στάσεις τοῖς ἀνθρώποις συμβαινόντων, οὐχὶ δὲ ἐκ τῆς 270
ἰδίας ἑκάστου φυσικῆς ἐπιτηδειότητος (ὡς ὅταν κατὰ με- m 12
γάλας καὶ δυσφυλάκτους τοῦ περιέχοντος τροπὰς ἐκ πυρώ-
σεων ἢ λοιμῶν ἢ κατακλυσμῶν κατὰ πλήθη διαφθαρῶσιν),
ὑποπιπτούσης ἀεὶ τῆς βραχυτέρας αἰτίας τῇ μείζονι καὶ
ἰσχυροτέρᾳ, τῶν δὲ κατὰ τὴν ἑνὸς ἑκάστου φυσικὴν ἰδιο- 275
συγκρισίαν διὰ μικρὰς καὶ τὰς τυχούσας τοῦ περιέχοντος
ἀντιπαθείας.

8 *τούτων γὰρ οὕτως διαληφθέντων φανερὸν ὅτι καὶ καθ-*
όλου καὶ κατὰ μέρος ὅσων μὲν συμπτωμάτων τὸ πρῶτον

S 267–268 *τὰς πρώτας αἰτίας ἄνωθεν* Serv. Aen. XI 51 ‖ **269–273** (§ 7 in.) Stob. Ecl. I 21,9 p. 191,19–23 W.-H. (= Herm. Exc. VI 8)

260 *ἅπαντα* **βγ** Heph. (post *νομίζειν*) *ἕκατα* **V** *ἕκαστα* **Y** (recepit Robbins) ‖ **262** *ἕνα* **VYγ** *ἓν* **β** ‖ **266** *ἐπιγείων* **VDγ** *περιγείων* **YMS** ‖ **267** *πρώτας* **VY** om. **βγ** ‖ **271** *ἰδίας* om. **Y** ‖ **272** *πυρώσεων* **VY** *πυρώσεως* **βγ** (*ἐπὶ* ...) *ἐκπυρώσεων* Heph. ‖ **275** *ἑνὸς* **VY** om. **MSγ** *ἰδιοσυγκρισίαν* **VY** *ἰδιοσυγκρασίαν* **βγ**, cf. 1,140 ‖ **278** *καὶ καθόλου* iteravit **V** ‖ **279** *ὅσων μὲν* **V** *ὅσον μὲν* **Y** *ὧν* **β** *ἐφ' ὧν* **γ**

280 αἴτιον ἄμαχόν τέ ἐστι καὶ μεῖζον παντὸς τοῦ ἀντιπράττοντος, ταῦτα καὶ πάντῃ πάντως ἀποβαίνειν ἀνάγκη, ὅσα δὲ μὴ οὕτως ἔχει, τούτων τὰ μὲν ἐπιτυχόντα τῶν ἀντιπαθησόντων εὐανάτρεπτα γίνεται, τὰ δὲ μὴ εὐπορήσαντα καὶ αὐτὰ ταῖς πρώταις φύσεσιν ἀκολουθεῖ, δι᾽ ἄγνοιαν μέν-
285 τοι καὶ οὐκ ἔτι διὰ τὴν τῆς ἰσχύος ἀνάγκην. τὸ δ᾽ αὐτὸ ἄν **9** τις ἴδοι συμβεβηκὸς καὶ ἐπὶ πάντων ἁπλῶς τῶν φυσικὰς ἐχόντων τὰς ἀρχάς· καὶ γὰρ καὶ λίθων καὶ φυτῶν καὶ ζῴων, ἔτι δὲ καὶ τραυμάτων καὶ παθῶν καὶ νοσημάτων τὰ
c 4 μὲν ἐξ ἀνάγκης τι ποιεῖν πέφυκε, τὰ δ᾽ ἂν μηδὲν τῶν
290 ἐναντίων ἀντιπράξῃ. οὕτως οὖν χρὴ νομίζειν καὶ τὰ τοῖς **10** ἀνθρώποις συμβησόμενα προλέγειν τοὺς φυσικοὺς τῇ τοιαύτῃ προγνώσει καὶ μὴ κατὰ κενὰς δόξας προσερχομένους, ὡς τῶν μὲν διὰ τὸ πολλὰ καὶ μεγάλα τὰ ποιητικὰ τυγχά-
m 13 νειν ἀφυλάκτων ὄντων, τῶν δὲ διὰ τοὐναντίον μετατροπὰς
295 ἐπιδεχομένων, καθάπερ καὶ τῶν ἰατρῶν, ὅσοι δυνατοὶ σημειοῦσθαι τὰ παθήματα, προγινώσκουσι τά τε πάντως ἀνελοῦντα καὶ τὰ χωροῦντα βοήθειαν. ἐπὶ δὲ τῶν μεταπε- **11**

S **280** *ἄμαχον* Hermipp. I 44 p. 10,43

280 post *αἴτιον*: *ὃ* add. **c** | *ἀντιπράξοντος* **βγ** ‖ **281** *ταῦτα* om. **β** | *ἀποβαίνειν ἀνάγκη* **VY** *ἀποβαίνει ἀναγκαίως* **βγ** | *ὅσα* **VY** *ἃ* **βγ**, cf. 1,279 ‖ **282** post *ἔχει*: *συμπτώματα* add. **β** *ἐπιτυγχάνοντα* **V** (recepit Robbins) | *ἀντιπαθησόντων* **Vγ** *ἀντιπαθησάντων* **Yβ** ‖ **283** *μὴ* om. **V** | *εὐπορήσαντα* **YβC** (cf. Heph.) *εὐπορήσοντα* **VABc** (recepit Robbins) ‖ **284** *φύσεσιν ἀκολουθεῖ* **Vβγ** *σχέσεσιν κατακολουθεῖ* **Y** | *μέντοι*] *μένειν* **Y** ‖ **285** *τὴν τῆς* **Y** *τῆς τῆς* **V** *τὴν ἐκ τῆς* **βγ** | *ἴδοι τις ἂν* **γ** ‖ **286** *ἴδοι* **βγ** *ἴδη* **V** *εἴδη* **Y** ‖ **288** *δὲ* **V** *τε* **β** om. **Yγ**, cf. 1,866. 3,1095 ‖ **289** *τι* **VYγ** *τινὸς* **β** | *ποιεῖν πέφυκε* **VYDγ** *πέφυκε γίγνεσθαι* **MS** ‖ **290** *ἀντιπράξῃ* **MSγ** *ἀντιπράξοι* **VD** *ἀντιπράξῃς* **Y** (*εἰ* …) *ἀντιπράξει* Robbins tacite ‖ **295** *ὅσοι δυνατοὶ σημειοῦσθαι* **VY** Procl. *οἱ δυνατοὶ σήμερον* **βγ**

σεῖν δυναμένων οὕτως ἀκουστέον τοῦ γενεθλιαλόγου φέρ' εἰπεῖν ὅτι τῇ τοιᾷδε συγκράσει κατὰ τὴν τοιάνδε τοῦ περιέχοντος ἰδιοτροπίαν, τραπεισῶν ἐπὶ τὸ πλεῖον ἢ ἔλασσον 300 *τῶν ὑποκειμένων συμμετριῶν τὸ τοιόνδε παρακολουθήσει πάθος, ὡς καὶ τοῦ μὲν ἰατροῦ, ὅτι τόδε τὸ ἕλκος νομὴν ἢ σῆψιν ἐμποιεῖ, τοῦ δὲ μεταλλικοῦ λόγου ἕνεκεν, ὅτι τὸν*

12 *σίδηρον ἡ λίθος ἡ μαγνῆτις ἕλκει· ὥσπερ γὰρ τούτων ἑκάτερον, ἐαθὲν μὲν δι' ἀγνωσίαν τῶν ἀντιπαθησόντων, πάντῃ* 305 *πάντως παρακολουθήσει τῇ τῆς πρώτης φύσεως δυνάμει, οὔτε δὲ τὸ ἕλκος τὴν νομὴν ἢ τὴν σῆψιν κατεργάσεται τῆς ἀντικειμένης θεραπείας τυχὸν οὔτε τὸν σίδηρον ἡ μαγνῆτις ἑλκύσει παρατριβέντος αὐτῇ σκορόδου, καὶ αὐτὰ δὲ ταῦτα τὰ κωλύοντα φυσικῶς καὶ καθ' εἱμαρμένην ἀντεπάθησεν·* 310 *οὕτως καὶ ἐπ' ἐκείνων ἀγνοούμενα μὲν τὰ συμβησόμενα τοῖς ἀνθρώποις ἢ ἐγνωσμένα μέν, μὴ τυχόντα δὲ τῶν ἀντιπαθούντων πάντῃ πάντως ἀκολουθήσει τῷ τῆς πρώτης φύσεως εἱρμῷ, προγνωσθέντα δὲ καὶ εὐπορήσαντα τῶν θεραπευόντων φυσικῶς πάλιν καθ' εἱμαρμένην ἢ ἀγένητα τέ-* 315 *λεον ἢ μετριώτερα καθίσταται.* m 14

13 *ὅλως δὲ τῆς τοιαύτης δυνάμεως τῆς αὐτῆς οὔσης ἐπί τε τῶν ὁλοσχερῶς θεωρουμένων καὶ ἐπὶ τῶν κατὰ μέρος θαυ-*

T 317–339 (§ 13–15 *καυσούμεθα*) Heph. I pr. 6

S 308–309 *ἡ μαγνῆτις … σκορόδου* Plut. quaest. conv. II 7,1 p. 641[C]. Lyd. Mens. IV 13 p. 77,3–7. Tzetz. Chil. IV 406–407

pro **300–316** *ἐπὶ … καθίσταται* **huc transposuit** 1,194–248 **Y** ‖ **301** post *τοιόνδε*: *ἂν* add. **YMS** ‖ **302** *διότι* **β** ‖ **303** *λόγου ἕνεκεν* **V** *ἕνεκεν* **β** om. **γ** ‖ **305** *ἀντιπαθησόντων* **VAB** *ἀντιπαθησάντων* **βC** ‖ **306** *ἀκολουθήσει* **βγ** ‖ **310** *τὰ* om. **βγ** | *κωλύσοντα* **βγ** | *ἀντεπάθησεν* **V** *ἀντεπάθησαν* **β** *ἀντεπάθησιν* **γ** ‖ **313** *ἀκολουθεῖ* **βγ** ‖ **314** *θεραπευσόντων* **βγ** ‖ **315** *ἀγέννητα* **YM** ‖ **317** *ὅλως*] *ὅμως* **Y** ‖ **318** *ὁλοσχερέστερον* **MS**

μάσειεν ἄν τις, διὰ τίνα δήποτε αἰτίαν ἐπὶ μὲν τῶν καθ-
320 *όλου πιστεύουσι πάντες καὶ τῷ δυνατῷ τῆς προγνώσεως καὶ*
τῷ πρὸς τὸ προφυλάσσεσθαι χρησίμῳ – τάς τε γὰρ ὥρας **14**
καὶ τὰς τῶν ἀπλανῶν ἐπισημασίας καὶ τοὺς τῆς σελήνης
σχηματισμοὺς οἱ πλεῖστοι προγινώσκειν ὁμολογοῦσι καὶ
πολλὴν πρόνοιαν ποιοῦνται τῆς φυλακῆς αὐτῶν, πεφροντι-
325 *κότες ἀεὶ πρὸς μὲν τὸ θέρος τῶν ψύχειν δυναμένων, πρὸς*
δὲ τὸν χειμῶνα τῶν θερμαινόντων καὶ ὅλως προπαρα-
σκευάζοντες αὐτῶν τὰς φύσεις ἐπὶ τὸ εὔκρατον· καὶ ἔτι
πρὸς μὲν τὸ ἀσφαλὲς τῶν τε ὡρῶν καὶ τῶν ἀναγωγῶν πα-
ραφυλάσσοντες τὰς τῶν ἀπλανῶν ἀστέρων ἐπισημασίας,
330 *πρὸς δὲ τὰς καταρχὰς τῶν ὀχειῶν καὶ φυτειῶν τοὺς κατὰ*
πλήρωσιν τῶν φώτων τῆς σελήνης σχηματισμούς, καὶ οὐδὲ
εἷς οὐδαμῇ τῶν τοιούτων κατέγνωκεν οὔθ' ὡς ἀδυνάτων
c 4v *οὔθ' ὡς ἀχρήστων –, ἐπὶ δὲ τῶν κατὰ μέρος ἐκ τῆς τῶν* **15**
λοιπῶν ἰδιωμάτων συγκράσεως (οἷον ⟨τοῦ⟩ μᾶλλον καὶ
335 *ἧττον χειμώνων ἢ καυμάτων) καὶ τῆς καθ' ἕκαστον ἰδιο-*
συγκρισίας οὔτε τὸ προγινώσκειν ἔτι δυνατὸν ἡγοῦνταί τι-
νες οὔτε τὸ πολλὰ ἐγχωρεῖν φυλάξασθαι· καίτοι προδήλου

319 *δήποτ' οὖν* **Y** | *μὲν* om. **V** ‖ **321** *τὸ προφυλάσσεσθαι* scripsi coll. 1,375 *τῷ προφυλάσσεσθαι* **VDγ** *τῷ φυλάξασθαι* **YMS** *τὸ φυλάξασθαι* Heph. *τὸ φυλάσσεσθαι* Boll *τὸ φυλάττεσθαι* Robbins | *χρήσιμα* Heph. ‖ **324** *πολλὴν*] *πάλιν* **Y** ‖ **325** *δυνησομένων* **γ** ‖ **326** *τῶν θερμαινόντων* **V** *τῶν θερμαινούντων* **βγ** *τοῦ θερμαίνειν* **Y** ‖ **328** *τῶν τε ὡρῶν καὶ* om. **Y** ‖ **330** *καταρχὰς* **Yβγ** (astrologorum t.t.) *ἀρχὰς* **V** (recepit Robbins sine var. l.) | *ὀχειῶν*] *χετῶν* **Y** ‖ **331** *τὴν πλήρωσιν* **γ** | *συσχηματισμοὺς* **V** | *οὐδὲ εἷς* **Vβ** (cf. Krit. Heg. 15,1) *οὐδεὶς* **Yγ** (recepit Robbins) ‖ **333** *καὶ ἐκ τῆς* **V** (quem secutus est Robbins) ‖ **334** *ἰδιωμάτων συγκράσεως* Boll *συγκράσεως ἰδιωμάτων* **ω** | ⟨*τοῦ*⟩ suppl. Boll coll. 2,44 ‖ **335** *ἰδιοσυγκρισίας* **VY** Heph. *ἰδιοσυγκρασίας* **βγ**, cf. 1,140

τυγχάνοντος, ὅτι πρὸς τὰ καθόλου καύματα εἰ τύχοιμεν m 15
προκαταψύξαντες ἑαυτούς, ἧττον καυσούμεθα, δύναται τὸ
ὅμοιον ἐνεργεῖν καὶ πρὸς τὰ ἰδίως τήνδε τὴν σύγκρασιν εἰς 340
16 *ἀμετρίαν αὔξοντα τοῦ θερμοῦ. ἀλλὰ γὰρ αἴτιον τῆς τοιαύ-*
της ἁμαρτίας τό τε δύσκολον καὶ ἄηθες τῆς τῶν κατὰ μέ-
ρος προγνώσεως, ὅπερ καὶ ἐπὶ τῶν ἄλλων σχεδὸν ἁπάντων
ἀπιστίαν ἐμποιεῖ, καὶ τὸ (μὴ συναπτομένης ὡς ἐπίπαν τῆς
ἀντιπαθούσης δυνάμεως τῇ προγνωστικῇ διὰ τὸ σπάνιον 345
τῆς οὕτως τελείας διαθέσεως καὶ περὶ τὰς πρώτας φύσεις
ἀνεμποδίστως ἀποτελουμένης) δόξαν ὡς περὶ ἀτρέπτων
καὶ ἀφυλάκτων παρέσχε καὶ πάντων ἁπλῶς τῶν ἀποβησο-
μένων.

17 *ὥσπερ δὲ οἶμαι καὶ ἐπ' αὐτοῦ τοῦ προγνωστικοῦ, καὶ εἰ* 350
μὴ διὰ παντὸς ἦν ἄπταιστον, τό γε δυνατὸν αὐτοῦ μεγί-
στης ἄξιον σπουδῆς κατεφαίνετο, τὸν αὐτὸν τρόπον καὶ
ἐπὶ τοῦ φυλακτικοῦ, καὶ εἰ μὴ πάντων ἐστὶ θεραπευτικόν,
ἀλλὰ τό γ' ἐπ' ἐνίων, κἂν ὀλίγα κἂν μικρὰ ᾖ, ἀγαπᾶν καὶ
ἀσπάζεσθαι καὶ κέρδος οὐ τὸ τυχὸν ἡγεῖσθαι προσήκει. 355

T 350–377 (§ 17–19) Heph. I pr. 7–8

S 347–349 *ἀτρέπτων ... ἀποβησομένων* Phas. 7 p. 10,20–21

338 *ὅτι πρὸς* **Vβγ** *ὅτι εἰ πρὸς* **Y** (Boll tacite) | *τὰ*] *τὰς* **V** | *εἰ* hic om. **Y** ‖ **339** *καὶ ὅτι δύναται* **γ** ‖ **340** *ἰδίως*] *ἴδια* **D** | *σύγκρασιν* **V** (correctum) **βγ** *σύγκρισιν* **Y** (maluit Boer), cf. 1,135 ‖ **341** *ἀμετρίαν* **YMSγ** *μετρίαν* **VD** | *αὔξαντα* **Y** ‖ **342** *ἄηθες*] *ἀληθὲς* **V** ‖ **345** *γνωστικῇ* (α supra γ) **V** ‖ **346** *καὶ περὶ τὰς* **V** *τὰς* **Yβγ** ‖ **347** *ἀποτελουμένης* **V** *ἀποτελουμένας* **Yβγ** ‖ **348** *παρέσχε* **V** (quem secutus est Robbins) *παρέχει* **Y** *παρέχειν* **βγ** (praetulit Boll) | *τῶν* del. Boll perperam | *ἐπιβησομένων* **Y** ‖ **350** *καὶ εἰ μὴ* **βγ** Heph. *κἂν μὴ* **V** (praetulit Boll, postea: *ᾖ* nescio quo teste fultus) *καὶ ἡ μὴ* **Y** *καὶ εἰ μὲν* **G** ‖ **354** *κἂν ὀλίγα* **VY** *ὀλίγα* **βγ** *κἂν* [*καὶ* var. l.] *ὀλιγάκις* Heph.

τούτοις δὲ ὡς ἔοικε συνεγνωκότες οὕτως ἔχουσι καὶ οἱ **18**
μάλιστα τὴν τοιαύτην δύναμιν τῆς τέχνης προαγαγόντες
Αἰγύπτιοι συνῆψαν πανταχῇ τῷ δι' ἀστρονομίας προγνω-
m 16 *στικῷ τὴν ἰατρικήν. οὐ γὰρ ἄν ποτε ἀποτροπιασμούς τινας*
360 *καὶ φυλακτήρια καὶ θεραπείας συνίσταντο πρὸς τὰς ἐκ*
τοῦ περιέχοντος ἐπιούσας ἢ παρούσας περιστάσεις καθολι-
κάς τε καὶ μερικάς, εἴ τις αὐτοῖς ἀκινησίας καὶ ἀμετατρε-
ψίας τῶν ἐσομένων ὑπῆρχε δόξα. νῦν δὲ καὶ τὸ κατὰ τὰς **19**
ἐφεξῆς φύσεις ἀντιπρᾶξαι δυνάμενον ἐν δευτέρᾳ χώρᾳ τοῦ
365 *καθ' εἱμαρμένην λόγου τιθέμενοι συνέζευξαν τῇ τῆς προ-*
γνώσεως δυνάμει τὴν κατὰ τὸ χρήσιμον καὶ ὠφέλιμον διὰ
τῶν καλουμένων παρ' αὐτοῖς ἰατρομαθηματικῶν συντά-
ξεων, ὅπως διὰ μὲν ⟨τῆς⟩ ἀστρονομίας τάς τε τῶν ὑποκει-
μένων συγκρίσεων ποιότητας εἰδέναι συμβαίνῃ καὶ τὰ διὰ
370 *τὸ περιέχον ἐσόμενα συμπτώματα καὶ τὰς ἰδίας αὐτῶν αἰ-*
τίας (ὡς ἄνευ τῆς τούτων γνώσεως καὶ τῶν βοηθημάτων
κατὰ τὸ πλεῖστον διαπίπτειν ὀφειλόντων, ἅτε μὴ πᾶσι σώ-
μασιν ἢ πάθεσι τῶν αὐτῶν συμμέτρων ὄντων), διὰ δὲ τῆς
ἰατρικῆς ἀπὸ τῶν ἑκάστοις οἰκείως συμπαθούντων ἢ ἀντι-
375 *παθούντων τάς τε τῶν μελλόντων παθῶν προφυλακὰς καὶ*
τὰς τῶν ἐνεστώτων θεραπείας ἀδιαπτώτους, ὡς ἔνι μάλι-
στα, ποιούμενοι διατελῶσιν.

357 *τῆς τὲχνης* **VYγ** *τῆς τέχνης ψυχῆς* **D** *τῆς ψυχῆς* **SM** (in margine) ‖ **360** *φυκτήρια* **V** | *συνίσταντο* **VY** *συνίστανον* **βγ** ‖ **364** *ἀντιπαρατάξαι* **Y** ‖ **365** *λόγου* **Vβγ** *λόγον* **Y** om. **c** ‖ **368** *τῆς* suppl. Boll ‖ **369** *συγκρίσεων* **β** *συγκρίσεως* **V** *συγκράσεων* **Yγ**, cf. 1,135 | *ποιότητας*] *ἰδιότητας* **c** | *συμβαίνει* **V** | *διὰ* om. **Y** ‖ **370** *ἐσόμενα* om. **γm** | *ἰδίας αὐτῶν αἰτίας* **V** *αἰτίας αὐτῶν* **Yβγ** ‖ **371** *προγνώσεως* **Y** | *βοημάτων* **V** ‖ **376** *ἐνεστώτων* **V** *ἐνστάντων* **Yβγ** | *ἀδιαπτώτως* **β** ‖ **377** *ποιούμενοι* **VY** *ποιοῦντες* **βγ**

20 *ἀλλὰ ταῦτα μὲν μέχρι τοσούτων ἡμῖν κατὰ τὸ κεφα-* c 5
λαιῶδες προτετυπώσθω. ποιησόμεθα δὲ ἤδη τὸν λόγον
κατὰ τὸν εἰσαγωγικὸν τρόπον, ἀρξάμενοι ἀπὸ τῆς ἑκάστου 380
τῶν οὐρανίων περὶ αὐτὸ τὸ ποιητικὸν ἰδιοτροπίας, ἀκολού- m 17
θως ταῖς ὑπὸ τῶν παλαιῶν κατὰ τὸν φυσικὸν τρόπον
ἐφηρμοσμέναις παρατηρήσεσι καὶ πρώταις ταῖς τῶν πλα-
νωμένων ἀστέρων δυνάμεσιν ἡλίου τε καὶ σελήνης.

δ'. Περὶ τῆς τῶν πλανωμένων ἀστέρων δυνάμεως 385

1 *Ὁ ἥλιος κατείληπται τὸ ποιητικὸν ἔχων τῆς οὐσίας ἐν τῷ*
θερμαίνειν καὶ ἠρέμα ξηραίνειν· ταῦτα δὲ μάλιστα τῶν
ἄλλων ἡμῖν εὐαισθητότερα γίνεται διά τε τὸ μέγεθος αὐ-
τοῦ καὶ τὸ τῶν κατὰ τὰς ὥρας μεταβολῶν ἐναργές, ἐπει- 390

T 385–430 (§ 1–7) Heph. I 2,2–8. Apom. Myst. III 14, CCAG V 1 (1904) p. 154,8–22 ‖ **387–388** Ps.Ant. CCAG VII (1908) p. 118,22–23

S 387–430 (§ 1–7) Ant. CCAG XI 2 (1934) p. 109,2–111,5. Iulian. Laodic. CCAG I (1898) p. 134,2–137,14 ‖ **387–388** *ποιητικὸν … ξηραίνειν* Ps.Ant. CCAG VII (1908) p. 118,22–23

379 *προτετυπώσθω* **VY** *προυποτετυπώσθω* **βγ** | *ποιησόμεθα* Co le p. 16,–19 Robbins (nihil monens) *ποιησώμεθα* **ω** (quos secutus est Boll) | *ἤδη* om. **βγ** ‖ **380** *ἀρξάμενοι* **incipit L** ‖ **383** *πρώταις ταῖς* **V** (recepit Robbins) *πρώτης τῆς* **βγ** *πρώτης ἀψάμενοι τῆς* **L** *πρὸ τῆς* **Y** *πρῶτον περὶ τῆς* Procl. *πρώτως ταῖς* **c** *πρώτως τῆς* Boll ‖ **384** *ἀστέρων* om. **L** | *δυνάμεσιν* **VA** *δυνάμεως* **LY** om. **βBC** | *ἡλίου τε καὶ σελήνης* om. **L** ‖ **385** *δ'* **V** *γ'* **Dγ** *β'* **Y** om. **MS** | *πλανωμένων ἀστέρων* **VDSγ** Procl. *πλανωμένων* **M** *πλανήτων* **Y** ut 1,9 ‖ **389** *αὐτοῦ* **VY** *αὐτό* **βγ** ‖ **390** *τῶν ὡρῶν μεταβολὰς* **L**

δήπερ, ὅσῳ ἂν μάλιστα ἐγγίζῃ τοῦ κατὰ κορυφὴν ἡμῶν τόπου, τοσούτῳ μᾶλλον ἡμᾶς οὕτως διατίθησιν.

ἡ δὲ σελήνη τὸ μὲν πλεῖστον ἔχει τῆς δυνάμεως ἐν τῷ ὑγραίνειν διὰ τὴν περιγειότητα δηλονότι καὶ τὴν τῶν **2**
395 *ὑγρῶν ἀναθυμίασιν, καὶ διατίθησιν οὕτως ἄντικρυς τὰ σώματα πεπαίνουσα καὶ διασήπουσα τὰ πλεῖστα· κεκοινώνηκε δὲ ἠρέμα καὶ τοῦ θερμαίνειν διὰ τοὺς ἀπὸ τοῦ ἡλίου φωτισμούς.*

ὁ δὲ τοῦ Κρόνου ἀστὴρ τὸ πλεῖον ἔχει τῆς ποιότητος **3**
400 *ἔν τε τῷ ψύχειν καὶ τῷ κατὰ ψῦξιν ἠρέμα ξηραίνειν, διὰ τὸ πλεῖστον ὡς ἔοικεν ἀπέχειν ἅμα τῆς τε τοῦ ἡλίου θερ-*

T 399–402 Ps.Ant. CCAG VII (1908) p. 120,9–12

S 393–398 (§ 2) Lyd. Mens. II 7 p. 23,19–21 ‖ **394** *ὑγραίνειν* Ap. IV 10,6. Apom. Rev. nat. App. 2 p. 269,2 ‖ **394** *περιγειότητα* Ap. II 2,1 (ubi plura) ‖ **395** *ἀναθυμίασιν* Ap. I 4,3.6. II 2,4. III 11,4. Chrysipp. SVF 593 apud Cic. nat. deor. II 118. Vitruv. VI 1,3 (cf. 1,9). Porph. Schol. Hom. Il. A 20,67 p. 242,10 Schrader. Hermipp. I 91 p. 20,4 ‖ **399–430** (§ 3–7) eundem planetarum ordinem exhibent Callicrat. CCAG VIII 3 (1912) p. 103,5–7. Lucan. 10,201–209 necnon pronaos templi Denderae, v. F. Boll, Hebdomas 2564,43 ‖ **400** *ψύχειν* Cic. nat. deor. II 119. Plin. nat. II 34. Hermipp. II 24. al. | *ψῦξιν … ξηραίνειν* Lyd. Mens. II 12 p. 33,4–5. Ps.Ant. CCAG VII (1908) p. 120, 9–12, aliter p. 127,8–9

391 *τοῦ … τόπου* **VLY** *τῷ … τόπῳ* **βγ** ‖ **392** *τοσούτῳ* temptavi *τότε* **VL** om. cett. ‖ **393** *πλεῖστον* **VLDγ** *πλέον* **YMS** (recepit Robbins, cf. 1,399) ‖ **395** *ἀθυμίασιν* **V** | *διατίθησιν* **VLY** *διατιθέναι* **βγ** ‖ **396** *δισήπουσα* **V** ‖ **397** *τοῦ* ante *θερμαίνειν*] *τῷ* **V** *τὸ* **L** | *τοῦ* ante *ἡλίου* om. **VY** ‖ **400** *ἔν τε τῷ ψύχειν καὶ τῷ* [*τὸ* **L**] *κατὰ ψῦξιν* **VL** *ἐν τῷ ψύχειν καὶ τὸ* [om. **βγ**, *τῷ* Robbins] **Yβγ** ‖ **401** *ἀπέχειν* om. **Yc** (qui add. post *ἀναθυμιάσεως*: *ἀφεστᾶναι*)

μασίας καὶ τῆς τῶν περὶ τὴν γῆν ὑγρῶν ἀναθυμιάσεως. συνίστανται δὲ δυνάμεις ἐπί τε τούτου καὶ τῶν λοιπῶν καὶ διὰ τῶν ἐν τοῖς πρὸς ἥλιον καὶ σελήνην σχηματισμοῖς παρατηρήσεων, ἐπειδήπερ οἱ μὲν οὕτως, οἱ δὲ οὕτως τὴν τοῦ 405 *περιέχοντος κατάστασιν ἐπὶ τὸ μᾶλλον ἢ ἧττον συντρέποντες φαίνονται.*

4 *ὁ δὲ τοῦ Ἄρεως ξηραίνειν τε μάλιστα καὶ καυσοῦν ἔχει φύσιν τῷ τε πυρώδει τοῦ χρώματος οἰκείως καὶ τῇ πρὸς τὸν ἥλιον ἐγγύτητι, ὑποκειμένης αὐτῷ τῆς ἡλιακῆς σφαί-* 410 *ρας.*

5 *ὁ δὲ τοῦ Διὸς εὔκρατον ἔχει τὸ ποιητικὸν τῆς δυνάμεως, μεταξὺ γινομένης τῆς κινήσεως αὐτοῦ τοῦ τε κατὰ τὸν Κρόνον ψυκτικοῦ καὶ τοῦ κατὰ τὸν Ἄρεα καυστικοῦ· θερμαίνει τε γὰρ ἅμα καὶ ὑγραίνει, καὶ (διὰ τὸ μᾶλλον* 415 *εἶναι θερμαντικὸς ὑπὸ τῶν ὑποκειμένων σφαιρῶν) γονίμων πνευμάτων γίνεται ποιητικός.*

T **412–417** Ps.Ant. CCAG VII (1908) p. 120, 26–30

S **402** *ἀναθυμιάσεως* Ap. I 4,2 (ubi plura) ‖ **408–411** (§ 4) Ps.Ant. CCAG VII (1908) p. 121,8–10 ‖ **412–417** (§ 5) Ps.Ant. CCAG VII (1908) p. 120,26–30 ‖ **412** *εὔκρατον* Heph. I 20,28. Theoph. Edess. CCAG V 1 (1904) p. 236,29. Theod. Pr. 140. Anon. (Heliod.?) CCAG VIII 4 (1921) p. 240,8

402 *περὶ τὴν γῆν* **VLY** *περιττῶν* **βγ** ‖ **403** *δυνάμεις* **βγ** *αἱ δυνάμεις* **VL** *καὶ αἱ δυνάμεις* **Y** | *ἐπὶ τῶν* **Yβγ** ‖ **408** *Ἄρεως*] *πυρόεντος* **MS**, cf. l. 414, praeterea 1,482.518. 3,287 | hic Iovem codices classis **βγ** inserunt, ut solitum planetarum ordinem restituant, sed praecedunt extrema *μεσότην* etiam apud Heph. Procl. Co, cf. praef. p. XIX sq. ‖ **412** *δυνάμεως ... γινομένης τῆς* om. **Y** ‖ **414** *Ἄρεα*] *πυρόεντα* **β**, cf. l. 408 ‖ **416** *ὑπὸ ... σφαιρῶν* om. **γ**

καὶ ὁ τῆς Ἀφροδίτης δὲ τῶν μὲν αὐτῶν ἐστι κατὰ τὸ **6**
εὔκρατον ποιητικός, ἀλλὰ κατὰ τὸ ἐναντίον· θερμαίνει μὲν
420 *γὰρ ἠρέμα διὰ τὴν ἐγγύτητα τὴν πρὸς τὸν ἥλιον, μάλιστα*
δὲ ὑγραίνει καθάπερ ἡ σελήνη καὶ αὐτός, διὰ τὸ μέγεθος
τῶν ἰδίων φώτων νοσφιζόμενος τὴν ἀπὸ τῶν περιεχόντων
τὴν γῆν ὑγρῶν ἀναθυμίασιν.

ὁ δὲ τοῦ Ἑρμοῦ ὡς ἐπίπαν ἐξ ἴσου ποτὲ μὲν ξηραντι- **7**
425 *κὸς καταλαμβάνεται καὶ τῶν ὑγρῶν ἀναπωτικὸς διὰ τὸ μη-*
δέποτε πολὺ τῆς τοῦ ἡλίου θερμασίας κατὰ μῆκος ἀφ-
ίστασθαι, ποτὲ δ' αὖ ὑγραντικὸς διὰ τὸ τῇ περιγειοτάτῃ
σφαίρᾳ τῆς σελήνης ἐπικεῖσθαι· ταχείας δὲ ποιεῖται τὰς
m 19 *ἐν ἀμφοτέροις μεταβολάς, πνευματούμενος ὥσπερ ὑπὸ τῆς*
430 *περὶ αὐτὸν τὸν ἥλιον ὀξυκινησίας.*

T 419–423 Ps.Ant. CCAG VII (1908) p. 121,27–30

S 418–423 (§ 6) Ps.Ant. CCAG VII (1908) p. 121,27–30. Lyd. Mens. II 11 p. 31,20–21 ‖ **421** *διὰ τὸ μέγεθος* Plin. nat. II 37. Hyg. astr. II 42 l. 1338 Viré ‖ **423** *ἀναθυμίασιν* Ap. I 4,2 (ubi plura) ‖ **424–428** (§ 7 in.) Lyd. Mens. II 9 p. 28,19 ‖ **427** *περιγειοτάτῃ* Ap. II 2,1 (ubi plura) ‖ **430** *ὀξυκινησίας* Ap. II 3,35. 9,18. III 14,31. Amm. 16,5,5. Kam. 2778

419 *ποιητικὸς ... ἐναντίον*] *τῷ Διί* **D** (cf. *τῷ Ζηνὶ κατὰ μέντοι τὸ ἀντικείμενον ποιητικός* Procl.) | *ἀλλὰ*] *καὶ* **MS** ‖ **421** *καθάπερ ἡ σελήνη καὶ αὐτός* **VYβ** *καὶ αὐτὸς καθάπερ ἡ σελήνη* **γ** | postea interpunxit Boll, post *φώτων* Robbins ‖ **425** *ἀναπωτικὸς* **βγ** *ἀναπατικὸς* **Y** (ut vid.) *ἀεὶ ποτικὸς* **V** ‖ **429** *ἐπ' ἀμφοτέροις* **Vβγ** *ἀμφοτερ* **Y** *ἀμφοτέρας* **G** *ἐπ' ἀμφότερα* Procl. *ἐπαμφότερα* **c**

ε'. Περὶ ἀγαθοποιῶν καὶ κακοποιῶν

1 *Τούτων οὕτως ἐχόντων ἐπειδὴ τῶν τεσσάρων χυμάτων δύο μέν ἐστι τὰ γόνιμα καὶ ποιητικά (τό τε τοῦ θερμοῦ καὶ τὸ τοῦ ὑγροῦ, διὰ τούτων γὰρ πάντα συγκρίνεταί τε καὶ αὔξεται), δύο δὲ τὰ φθαρτικὰ καὶ παθητικά (τό τε τοῦ* 435 *ψυχροῦ καὶ τὸ τοῦ ξηροῦ, δι' ὧν πάντα πάλιν διακρίνεται καὶ φθίνει), τοὺς μὲν δύο τῶν πλανητῶν (τόν τε τοῦ Διὸς καὶ τὸν τῆς Ἀφροδίτης καὶ ἔτι τὴν σελήνην) ὡς ἀγαθοποιοὺς οἱ παλαιοὶ παρειλήφασι, διὰ τὸ εὔκρατον καὶ τὸ* 2 *πλεῖον ἔχειν ἐν τῷ θερμῷ καὶ τῷ ὑγρῷ· τὸν δὲ τοῦ Κρό-* 440 *νου καὶ τὸν τοῦ Ἄρεως ὡς τῆς ἐναντίας φύσεως ποιητικούς, τὸν μὲν τῆς ἄγαν ψύξεως ἕνεκεν, τὸν δὲ τῆς ἄγαν ξηρότητος· τὸν δὲ ἥλιον καὶ τὸν τοῦ Ἑρμοῦ διὰ τὸ κοινὸν τῶν φύσεων ὡς ἀμφότερα δυναμένους καὶ μᾶλλον συντρεπομένους, οἷς ἂν τῶν ἄλλων προσγένωνται.* 445

T 431–445 (§ 1–2) Heph. I 2,9. Cod. Neapolitanus II C 33 (olim 34: CCAG IV [1903] p. 57) fol. 386[v]

S 432–437 (§ 1 in.) Aristot. Meteor. IV 1 p. 378[b] 10–13 || **437–445** (§ 1 fin. – 2) Sext. Emp. V 29. Paul. Alex. 6 p. 19,10–14 || **443** *κοινὸν* Ap. I 6,1. Paul. Alex. 6 p. 19,5

431 *ε'* V *δ'* **Dγ** *γ'* Y om. **MS** et sic deinceps | titulum neglexit **c** | *κακοποιῶν ἀστέρων* **D** ut 1,10 || **432** *χυμάτων*] *σωμάτων* **Y** || **433** *ποιητικὰ καὶ γόνιμα* **βγ** || **434** *καὶ* ante *αὔξεται* om. **V** || **435** *καὶ* (ante *παθητικά*) **YM** *τε* **V** *τε καὶ* **LSDγ** || **436** *ψυχροῦ … ξηροῦ* **YMSγ** *ξηροῦ … ψυχροῦ* **VLD** (recepit Robbins) | *πάλιν* **YDγ** om. **VLMS** || **437** *φθίνει* **Vβγ** *διαφθείρῃ* **Y** *διαφθείρεται* **Gc** *φθείρεται* Procl. || **441** *Ἄρεως* **VLY** *Ἄρεως κακοποιοὺς* **βγ** || **443** *ἥλιον*] *τοῦ ἡλίου* **β** || **444** *ὡς* om. **VL** || **445** *τῶν ἄλλων* om. **D** | *προσγένωνται* **Vβγ** *προσγένονται* **L** *παραγίγνωνται* **Y** *παραγίνονται* **Gc** | postea *μέσους* add. **c**, *ὡς μέσους* add. **m**

ϛ′. *Περὶ ἀρρενικῶν καὶ θηλυκῶν*

Πάλιν ἐπειδὴ τὰ πρῶτα γένη τῶν φύσεων δύο ἐστί (τό τε 1
ἄρρεν καὶ τὸ θῆλυ), τῶν δὲ προκειμένων δυνάμεων ἡ τῆς
ὑγρᾶς οὐσίας μάλιστα θηλυκὴ τυγχάνει (πλεῖον γὰρ ἐγγίνε-
450 *ται καθόλου τοῦτο τὸ μέρος πᾶσι τοῖς θήλεσι), τὰ δ' ἄλλα*
m 20 *μᾶλλον τοῖς ἄρρεσιν, εἰκότως τὴν μὲν σελήνην καὶ τὸν*
τῆς Ἀφροδίτης ἀστέρα θηλυκοὺς ἡμῖν παραδεδώκασι διὰ
τὸ πλεῖον ἔχειν ἐν τῷ ὑγρῷ, τὸν δὲ ἥλιον καὶ τὸν τοῦ
Κρόνου καὶ τὸν τοῦ Διὸς καὶ τὸν τοῦ Ἄρεως ἀρρενικούς, τὸν
455 *δὲ τοῦ Ἑρμοῦ κοινὸν ἀμφοτέρων τῶν γενῶν, καθὸ ἐξ ἴσου*
καὶ τῆς ὑγρᾶς οὐσίας καὶ τῆς ξηρᾶς ἐστι ποιητικός. ἀρ- 2
ρενοῦσθαι δέ φασι τοὺς ἀστέρας καὶ θηλύνεσθαι παρά τε
τοὺς πρὸς τὸν ἥλιον σχηματισμούς (ἑῴους μὲν γὰρ ὄντας
καὶ προηγουμένους ἀρρενοῦσθαι, ἑσπερίους δὲ καὶ ἑπομέ-
460 *νους θηλύνεσθαι), καὶ ἔτι παρὰ τοὺς πρὸς τὸν ὁρίζοντα·*
ἐν μὲν γὰρ τοῖς ἀπὸ ἀνατολῆς μέχρι μεσουρανήσεως ἢ καὶ
c 6 *ἀπὸ δύσεως μέχρι τῆς ὑπὸ γῆν ἀντιμεσουρανήσεως σχημα-*

T 446–464 (§ 1–2) Heph. I 2,10–11

S 447–464 (§ 1–2) Ant. CCAG I (1898) p. 144,30–145,6. Porph. 53 p. 227,2–6. 54 p. 228,7–9 ‖ **455** *κοινὸν* Ap. I 5,2 (ubi plura) ‖ **456–464** (§ 2) Ap. I 13,4

446 post *θηλυκῶν*: *ἀστέρων* add. **YDMc** Procl., cf. 1,11 ‖ **448** *τῶν*] *τούτων δὲ τῶν* **γ** ‖ **449** *ὑγρᾶς*] *εὐπόρας* **Y** ‖ **453** *ἔχειν*] *σχεῖν* **V** ‖ **456** *καὶ τῆς ὑγρᾶς οὐσίας καὶ τῆς ξηρᾶς* **VDγ** *τῆς τε ξηρᾶς καὶ τῆς ὑγρᾶς οὐσίας* **YMS** ‖ **457** *τε* om. **βγ** ‖ **458** *τοὺς*] *τοῦ* **V** ‖ **461** *ἀνατολῆς*] *ἀνατολικοῦ* **V** ‖ **462** *μέχρι τῆς ὑπὸ γῆν ἀντιμεσουρανήσεως*] *μέχρι πάλιν τοῦ ἀντικειμένου μεσουρανήματος* **c** om. **Y**

τισμοῖς ὡς ἀπηλιωτικοῖς ἀρρενοῦσθαι, ἐν δὲ τοῖς λοιποῖς τεταρτημορίοις δυσὶν ὡς λιβυκοῖς θηλύνεσθαι.

ζ'. Περὶ ἡμερινῶν καὶ νυκτερινῶν 465

1 *Ὁμοίως δὲ ἐπειδὴ τῶν ποιούντων τὸν χρόνον τὰ ἐκφανέστατα διαστήματα δύο ταῦτα τυγχάνει τό τε τῆς ἡμέρας ἠρρενωμένον μᾶλλον (διὰ τὸ ἐν αὐτῇ θερμὸν καὶ δραστικόν) καὶ τὸ τῆς νυκτὸς τεθηλυσμένον μᾶλλον (διὰ τὸ ἐν αὐτῇ δίυγρον καὶ ἀναπαυστικόν), νυκτερινοὺς μὲν ἀκο-* 470 *λούθως παραδεδώκασι τήν τε σελήνην καὶ τὸν τῆς Ἀφροδίτης, ἡμερινοὺς δὲ τόν τε ἥλιον καὶ τὸν τοῦ Διός, ἐπίκοινον δὲ κατὰ ταὐτὰ τὸν τοῦ Ἑρμοῦ καὶ ἐν μὲν τῷ ἑῴῳ* m 21

T 465–485 (§ 1–2) Heph. I 2,12

S 470–485 (§ 1 fin.–2) Val. III 5,1–2. Mich. Pap. III 149 col. VIII 16–19. Ant. CCAG I (1898) p. 146,1–7 et CCAG VIII 3 (1912) p. 112,9–13. Porph. 4. Firm. math. II 7,2. Paul. Alex. 6. Ps.Serap. CCAG VIII 4 (1921) p. 231,16–23 ‖ **472–473** *ἐπίκοινον* Ap. I 12,25. IV 6,1. Ant. CCAG I (1898) p. 146,3–7. VIII 3 (1912) p. 105,19. Paul. Alex. 6 p. 19,5. Anon. CCAG IX 1 (1953) p. 173,6

464 *δυσὶν* om. **γ** | *λιβυκοῖς* **VYβ** *λιβυκοὺς* **γ** *δυσικοῖς* **Φ** (cf. conclusionis alterae app. l. 2 necnon Porph. 53 p. 227,6 app.) *δυτικοὺς* **c** *λιβι-* scripsit Boll cum **VYDSBC** (*λυβι-* **Γ**) et hic et semper, quae scriptura occurrit in papyris inde a primo a. Chr. n. saeculo ‖ **465** *νυκτερινῶν καὶ ἡμερινῶν* **Sγ** haud incongrue, cf. 1,12 | post *νυκτερινῶν*: *ἀστέρων* add. **M**, *ἄστρων* **D** ‖ **466** *τῶν ποιούντων*] *ποιοῦντα* **V** ‖ **468** *δραστικόν*] *καυστικόν* **M** ‖ **469** *μᾶλλον* om. **VMS** ‖ **470** *ἐν αὐτῇ* **V** (cf. l. 468) *κατ' αὐτὴν* **αβγ** (maluit Robbins) | *ἀκολούθως* **VYγ** *εἰκότως* **MS** ‖ **473** *ταὐτὰ* Robbins *ταῦτα* Boll

σχήματι ἡμερινόν, ἐν δὲ τῷ ἑσπερίῳ νυκτερινόν. προσένει- 2
475 μαν δὲ ἑκατέρᾳ τῶν αἱρέσεων καὶ τοὺς δύο τοὺς τῆς φθαρτικῆς οὐσίας – οὐκ ἔτι μέντοι κατὰ τὰς αὐτὰς τῆς φύσεως αἰτίας, ἀλλὰ κατὰ τὰς ἐναντίας· τοῖς μὲν γὰρ τῆς ἀγαθῆς κράσεως οἰκειούμενα τὰ ὅμοια μεῖζον αὐτῶν τὸ ὠφέλιμον ποιεῖ, τοῖς δὲ φθαρτικοῖς τὰ ἀνοίκεια μιγνύμενα
480 παραλύει τὸ πολὺ τῆς κακώσεως αὐτῶν. ἔνθεν τὸν μὲν τοῦ Κρόνου ψυκτικὸν ὄντα τῷ θερμῷ τῷ τῆς ἡμέρας ἀπένειμαν, τὸν δὲ τοῦ Ἄρεως ξηρὸν ὄντα τῷ ὑγρῷ τῷ τῆς νυκτός· οὕτως γὰρ ἑκάτερος ὑπὸ τῆς κράσεως συμμετρίας τυχὼν οἰκεῖος γίνεται τῆς τὸ εὔκρατον παρεχούσης αἱρέ-
485 σεως.

η′. Περὶ τῆς δυνάμεως τῶν πρὸς τὸν ἥλιον σχηματισμῶν

Ἤδη μέντοι καὶ παρὰ τοὺς πρὸς τὸν ἥλιον συσχηματισ- 1
μοὺς ἥ τε σελήνη καὶ οἱ τρεῖς τῶν πλανωμένων τὸ μᾶλλον
490 καὶ ἧττον λαμβάνουσιν ἐν ταῖς οἰκείαις αὐτῶν δυνάμεσιν. ἥ τε γὰρ σελήνη κατὰ μὲν τὴν ἀπὸ ἀνατολῆς μέχρι τῆς

S 481–482 *Κρόνου … Ἄρεως* cf. Ap. III 15,3 ‖ **491–496** (§ 1 fin.) Porph. 2 p. 192,7–10 (v. app. cr.), cf. Hermipp. II 71

477 *ἀλλὰ κατὰ τὰς ἐναντίας* om. **Y** ‖ **479** *μιγνύμενα* **VDSγ** *σμιγόμενα* **YM** ‖ **480** *πολὺ*] *κακὸ* **Y** *σφοδρὸν* **c** ‖ **482** *Ἄρεως*] *πυρόεντος* **MS**, cf. 1,408 ‖ **483** ante *κράσεως*: *ἐναντίας* add. **c** | *συμμετρίας*] *τῆς ἀερίας* **Y** *τῆς συμμετρίας* **c** Robbins nihil monens ‖ **484** *παρεχούσης* **Vγ** *παρασχούσης* **Y** (recepit Robbins) *περιεχούσης* **β** ‖ **487** *σχημάτων* **γ**, cf. 1,13 ‖ **489** post *πλανωμένων*: *ὅ τε του Κρόνου καὶ ὁ τοῦ Διὸς ὁ τοῦ Ἄρεως* add. **γ** (*καὶ* om. **AC**) ‖ **491** *ἀνατολῆς* **VYβ** *ἀνατολῶν* **L** *συνόδου* **γ** Co p. 24,18

πρώτης διχοτόμου αὔξησιν ὑγρότητος μᾶλλόν ἐστι ποιητική, κατὰ δὲ τὴν ἀπὸ πρώτης διχοτόμου μέχρι πανσελήνου θερμότητος, κατὰ δὲ τὴν ἀπὸ πανσελήνου μέχρι δευτέρας διχοτόμου ξηρότητος, κατὰ δὲ τὴν ἀπὸ δευτέρας διχο- 495
2 *τόμου μέχρι κρύψεως ψυχρότητος. οἵ τε πλανώμενοι καὶ ἑῷοι μόνον ἀπὸ μὲν τῆς ἀνατολῆς μέχρι τοῦ πρώτου στηριγμοῦ μᾶλλόν εἰσιν ὑγραντικοί, ἀπὸ δὲ τοῦ πρώτου στηριγμοῦ μέχρι τῆς ἀκρονύκτου μᾶλλον θερμαντικοί, ἀπὸ δὲ τῆς ἀκρονύκτου μέχρι τοῦ δευτέρου στηριγμοῦ μᾶλλον ξη-* 500 *ραντικοί, ἀπὸ δὲ τοῦ δευτέρου στηριγμοῦ μέχρι δύσεως*
3 *μᾶλλον ψυκτικοί. δῆλον δέ ἐστιν ὅτι καὶ ἀλλήλοις συγκιρνάμενοι παμπληθεῖς διαφορὰς ποιοτήτων εἰς τὸ περιέχον ἡμᾶς ἀπεργάζονται, κατακρατούσης μὲν ὡς ἐπίπαν τῆς ἰδίας ἑκάστου δυνάμεως, τρεπομένης δὲ κατὰ τὸ ποσὸν ὑπὸ* 505 *τῆς τῶν συσχηματιζομένων.*

θ'. Περὶ τῆς τῶν ἀπλανῶν ἀστέρων δυνάμεως

1 *Ἑξῆς δέοντος καὶ τὰς τῶν ἀπλανῶν ἀστέρων φύσεις κατὰ τὸ ἰδίως αὐτῶν ποιητικὸν ἐπιδραμεῖν, ἐκθησόμεθα καὶ τὰς*

T 507–599 (§ 1–13) Heph. I 3,1–13

S 508–671 (§ 1–24) Anon. a. 379 CCAG V 1 (1904) p. 197,12–204,8. Heph. Ep. IV 1 passim. Iulian. (?) CCAG V 1 (1904) p. 209,1–225,2. Rhet. B passim et Rhet. C p. 174, 18–180,9. Anon. De stellis fixis c. VII ‖ **508–511** (§ 1 in.) Porph. 2 p. 195,6–8

493 *κατὰ … θερμότητος* om. **V** ‖ **495** post *διχοτόμου*: *μείωσιν* add. **m** ‖ **496** *κρύψεως* **Vβ** Procl. *τρήψεως* **Y** *τρέψεως* **G** *συνόδου* **γ** | *πλανώμενοι* "superi scil." Boll, cf. 1,489 ‖ **497** *ἑῷοι μόνον* **βγ** *ἑῷοι* **VL** *ἕω μένω* **Y** ‖ **499** *ἀκρονύχου*

510 ἐπ' αὐτῶν τετηρημένας ἰδιοτροπίας κατὰ τὸ ὅμοιον ταῖς τῶν πλανωμένων φύσεσι τὸν ἐμφανισμὸν ποιούμενοι· καὶ πρῶτον τῶν περὶ αὐτὸν τὸν διὰ μέσων κύκλον ἐχόντων τὰς μορφώσεις.

2 Τοῦ Κριοῦ τοίνυν οἱ μὲν ἐν τῇ κεφαλῇ τὸ ποιητικὸν 515 ὁμοίως ἔχουσι κεκραμένον τῇ τε τοῦ Ἄρεως καὶ τῇ τοῦ Κρόνου δυνάμει, οἱ δὲ ἐν τῷ στόματι τῇ τε τοῦ Ἑρμοῦ καὶ ἠρέμα τῇ τοῦ Κρόνου, οἱ δὲ ἐν τῷ ὀπισθίῳ ποδὶ τῇ m 23 τοῦ Ἄρεως, οἱ δὲ ἐπὶ τῆς οὐρᾶς τῇ τῆς Ἀφροδίτης.

3 Τῶν δὲ ἐν τῷ Ταύρῳ ἀστέρων οἱ μὲν ἐπὶ τῆς ἀποτο- 520 μῆς ὁμοίαν ἔχουσι κρᾶσιν τῷ τε τῆς Ἀφροδίτης καὶ ἠρέμα τῷ τοῦ Κρόνου, οἱ δὲ ἐν τῇ Πλειάδι τῇ τε σελήνῃ καὶ τῷ

T **514–518** (§ 2) Heph. Ep. IV 1,5 ‖ **519–525** (§ 3) Heph. Ep. IV 1,23

βγ ut l. 500 | *μᾶλλον ... ἀκρονύκτου* om. **V** ‖ **500** *τοῦ δευτέρου*] *κέντρου* **V** ‖ **501** *δύσεως* om. **V** lacunam indicans ‖ **502** *συγκιρνάμενοι* **V** *συγκαρνάμενοι* **Y** *συγκιρνώμενοι* **βγ**, cf. 1,92 ‖ **503** *παμπληθεῖς* **VY** *παμπόλλους* **βγ** ‖ **506** *συσχηματιζομένων*] *σχηματιζομένων ἐναντιώσεως* **c** ‖ **507 – 671** (c. 9) cum apparatu uberiore edidit Boll, Antike Beobachtungen (1916), 8–12 ‖ **507** *τῆς* om. **V** ‖ **508** *δέοντος* Kroll (cf. 2,927 *ὀφειλόντων*) *δὲ ὄντος* **VLY** (recepit Robbins) *ὄντος ἀκολούθου* **βγ** (maluit Boll) | *καὶ*] *καὶ τοῦ* **γ** | *ἀστέρων* **VLγ** Heph. om. **Yβ** ‖ **509** *ποιητικὴν* **V** *ἐνεργητικὸν* **L** ‖

512 *διὰ μέσων κύκλον*] *ζῳδιακὸν* **Σc** ‖ **515** *Ἄρεως καὶ* om. **Y** ‖ **518** *Ἄρεως*] *πυρόεντος* **MS** et hic et saepius, cf. 1,408 ‖ **519** *τῶν ... ἀστέρων*] *τοῦ δὲ Ταύρου* **Σc** | *ἀστέρων* **VLYγ** Heph. Procl. om. praeter **Σc** etiam **β** ‖ **520** *τῷ* (sc. *ἀστέρι*)] *τῇ* (sc. *δυνάμει*) Heph., sim. al.

τοῦ Ἄρεως, τῶν δὲ ἐν τῇ κεφαλῇ ὁ μὲν λαμπρὸς τῆς Ὑάδος καὶ ὑπόκιρρος (καλούμενος δὲ Λαμπαύρας) τῷ τοῦ Ἄρεως, οἱ δὲ λοιποὶ τῷ τοῦ Κρόνου καὶ ἠρέμα τῷ τοῦ Ἑρμοῦ, οἱ δὲ ἐν ἄκροις τοῖς κέρασι τῷ τοῦ Ἄρεως. 525

4 *Τῶν δὲ ἐν τοῖς Διδύμοις ἀστέρων οἱ μὲν ἐπὶ τῶν ποδῶν τῆς ὁμοίας κεκοινωνήκασι ποιότητος τῷ τε τοῦ Ἑρμοῦ καὶ ἠρέμα τῷ τῆς Ἀφροδίτης, οἱ δὲ περὶ τοὺς μηροὺς λαμπροὶ τῷ τοῦ Κρόνου, τῶν δὲ ἐν ταῖς κεφαλαῖς δύο λαμπρῶν ὁ μὲν ἐν τῇ προηγουμένῃ τῷ τοῦ Ἑρμοῦ (καλεῖ-* 530 *ται δὲ καὶ Ἀπόλλωνος), ὁ δὲ ἐν τῇ ἑπομένῃ τῷ τοῦ Ἄρεως (καλεῖται δὲ καὶ Ἡρακλέους).*

T 526–532 (§ 4) Heph. Ep. IV 1,40

S 523 *ὑπόκιρρος* Synt. VII 5 p. 88,1 ‖ **531–532** *Ἀπόλλωνος … Ἡρακλέους* Plin. nat. II 39 (cf. 34). Ps.Aristot. Mund. 2 p. 292[a] 25 (inde Apul. mund. 2 p. 138,23 Thomas). Hyg. astr. II 22 l. 942 Viré. Achill. Isag. 17 p. 43,20–25. Iulian. Laodic. CCAG V 1 (1904) p. 188,10. Anon. ibid. p. 225,25–26 et 29–30 ‖ **532** *Ἡρακλέους* Theo Smyrn. p. 130,24, cf. Macr. Sat. III 12,5–6

522 *Ἄρεως* **VY** Heph. Procl. *Διὸς* **βγ** Heph. Ep. IV 1,23 (cf. 1,596) *τοῦ τῆς* ♀ **Σ** in margine | *τῆς Ὑάδος* **Yβγ** Heph. (item Ep. IV 1,23) *ὁ τῆς Ὑάδος* **V** Procl. (recepit Robbins) *τῶν Ὑάδων* **Σc**, de nominibus cf. comm. ad Anon. De stellis fixis I 2,1 *Pliades* ‖ **523** *ἀπόκιρρος* **Σc** | *καλούμενος δὲ λαμπαύρας* om. **Y** Heph. (non ita Ep. IV 1,23) | *λαμπαύρας* **V** Procl. (cf. Pr. Kan.) *λαμπαίρας* **L** *λαμπαδίας* **βγ** Heph. Ep. IV 1,23 “nescio an genuina forma fuerit *λάμπουρος* i.e., ‘vulpecula’” Boll *λάμπουρα* Scherer, Gestirnnamen 121, nisi est scribendum *λαμπάρης* ‖ **524** *οἱ δὲ λοιποὶ … Ἄρεως* om. **Σγc** | post *λοιποὶ*: *ἐκεῖ ὄντες* add. **m**

Τῶν δὲ ἐν τῷ Καρκίνῳ ἀστέρων οἱ μὲν ἐπὶ τῶν ποδῶν 5
δύο τῆς αὐτῆς ἐνεργείας εἰσὶ ποιητικοὶ τῷ τε τοῦ Ἑρμοῦ
535 *καὶ ἠρέμα τῷ τοῦ Ἄρεως, οἱ δὲ ἐν ταῖς χηλαῖς τῷ τε τοῦ*
Κρόνου καὶ τῷ τοῦ Ἑρμοῦ, ἡ δὲ ἐν τῷ στήθει νεφελοειδὴς
συστροφή (καλουμένη δὲ Φάτνη) τῷ τε τοῦ Ἄρεως καὶ τῇ
σελήνῃ, οἱ δὲ ἑκατέρωθεν αὐτῆς δύο (καλούμενοι δὲ Ὄνοι)
τῷ τοῦ Ἄρεως καὶ τῷ ἡλίῳ.
540 *Τῶν δὲ περὶ τὸν Λέοντα οἱ μὲν ἐπὶ τῆς κεφαλῆς δύο* 6
τὸ ὅμοιον ποιοῦσι τῷ τε τοῦ Κρόνου καὶ ἠρέμα τῷ τοῦ
Ἄρεως, οἱ δὲ ἐν τῷ τραχήλῳ τρεῖς τῷ τοῦ Κρόνου καὶ
m 24 *ἠρέμα τῷ τοῦ Ἑρμοῦ, ὁ δὲ ἐπὶ τῆς καρδίας λαμπρός (κα-*
λούμενος δὲ Βασιλίσκος) τῷ τοῦ Ἄρεως καὶ τῷ τοῦ Διός,
545 *οἱ δὲ ἐν τῇ ὀσφύι καὶ ὁ ἐπὶ τῆς οὐρᾶς λαμπρὸς τῷ τε τοῦ*

T 533–539 (§ 5) Heph. Ep. IV 1,57 ‖ **540–547** (§ 6) Heph. Ep. IV 1,75

S 536–537 *νεφελοειδὴς συστροφὴ … Φάτνη* Ap. II 14,9, cf. Manil. IV 530–532 ‖ **537** *Φάτνη* Arat. 892–893 (et Schol. ad l. p. 435,2). Ps.Eratosth. Catast. 11 p. 92,12. 94,7. Gem. 3,4. Plin. nat. XVIII 353 ‖ **538** *Ὄνοι* Ps.Eratosth. Catast. 11 p. 90,6. 94,4. Gem. 3,4 (v. app. cr.). Schol. Arat. ibid. ‖ **544** *Βασιλίσκος* Gem. 3,5. Rhet. B p. 201,23

533 *ποδῶν* **βγ** Heph. (item Ep. IV 1,57, cf. initium Geminorum 1,526. Synt. VII 5 p. 96,7–8. Odapsus apud Heph. I 1,65. Eratosth. Catast. 11 p. 94 R. et Boll, Abh. 33 n. 3 necnon Hübner, Eigenschaften 455–460 ad Manil. II 199) *ὀφθαλμῶν* **VLD¹α** Procl. (cf. Schol. Arat. 893) ‖ **537** *τῇ σελήνῃ* **Y** Heph. Ep. IV 1,57 *τῆς σελήνης* **VLβγ**, cf. l. 571 ‖ **540** *περὶ*] *παρὰ* **Y**, cf. 3,49.130.187. al. necnon CCAG VIII 3 (1912) p. 93,3 ‖ **542** *Ἄρεως*] *Διὸς* **V**, cf. l. 522 ‖ **545** *ἐν τῇ ὀσφύι* **Y** *ἐν τῷ ὀσφύι* **V** *ἐπὶ τῆς ὀσφύος* **βγ** Heph. (item Ep. IV 1,75) fort. recte

Κρόνου καὶ τῷ τῆς Ἀφροδίτης, οἱ δὲ ἐν τοῖς μηροῖς τῷ τε τῆς Ἀφροδίτης καὶ ἠρέμα τῷ τοῦ Ἑρμοῦ.

7 *Τῶν δὲ κατὰ τὴν Παρθένον οἱ μὲν ἐν τῇ κεφαλῇ καὶ ὁ ἐπ' ἄκρας τῆς νοτίου πτέρυγος ὅμοιον ἔχουσι τὸ ποιητικὸν τῷ τε τοῦ Ἑρμοῦ καὶ ἠρέμα τῷ τοῦ Ἄρεως, οἱ δὲ λοιποὶ τῆς πτέρυγος λαμπροὶ καὶ οἱ κατὰ τὰ περιζώματα τῷ τε τοῦ Ἑρμοῦ καὶ ἠρέμα τῷ τῆς Ἀφροδίτης, ὁ δὲ ἐν τῇ βορείῳ πτέρυγι λαμπρός (καλούμενος δὲ Προτρυγητήρ) τῷ τοῦ Κρόνου καὶ τῷ τοῦ Ἑρμοῦ, ὁ δὲ καλούμενος Στάχυς τῷ τε τῆς Ἀφροδίτης καὶ ἠρέμα τῷ τοῦ Ἄρεως, οἱ δὲ ἐν ἄκροις τοῖς ποσὶ καὶ τῷ σύρματι τῷ τοῦ Ἑρμοῦ καὶ ἠρέμα τῷ τοῦ Ἄρεως.* 550 c 7 555

8 *Τῶν δὲ Χηλῶν τοῦ Σκορπίου οἱ μὲν ἐν ἄκραις αὐταῖς*

T 548–557 (§ 7) Heph. Ep. IV 1,92 ‖ **558–560** (§ 8) Heph. Ep. IV 1,111 ‖ **559–560** Abram. p. 207

S 549.551 *πτέρυγος* Ap. II 8,8. Val. I 2,49. Heph. I 1,100. Horosc. L 479 CCAG I (1898) p. 104,17 (corr. Neugebauer). Rhet. B p. 202,16. Rhet. C p. 216,13. Kam. M 374. Anon. C p. 166,31. Anon. L p. 108,8. Anon. S l. 24, cf. Manil. II 414 sq. ‖ **554** *Στάχυς* Arat. 97. Ps.Eratosth. Catast. 9 p. 84,12.26. Manil. V 271. Gem. 3,6 ‖ **556** *σύρματι* Synt. VII 5 p. 104,7, cf. Heph. I 1,104 ‖ **558** *Χηλῶν* Ps.Eratosth. Catast. 7 p. 72,3–4. Verg. georg. I 33

546 *τε τῆς Ἀφροδίτης*] *τοῦ Κρόνου* **MS** (om. Heph. cod. **A**) ‖ **548** *ἐπὶ τῆς κεφαλῆς* **MS** ‖ **549** *νοτίας* **M** ‖ **553** *προτρυγητὴς* **S** ‖ **556** *σύρματι* [*ἅρματι* **Σ**[1]] *τοῦ ἱματίου* **LΣc** Procl. om. Heph. (non ita Ep. IV 1,92, cf. Heph. I 1,104) | *τοῦ Ἑρμοῦ*] *τοῦ Ἀφροδίτης* **MΣc** propter siglorum similitudinem, cf. 1,566.630.641 et saepius ‖ **558** *Σκορπίου* **VLY** Heph. Procl. *ζυγοῦ* **Σc** om. **βγ** Heph. Ep. IV 1,111 | *ἄκραις αὐταῖς* **Vα** *ἄκροις αὐτοῖς* **Lβγ**

ὡσαύτως διατιθέασι τῷ τε τοῦ Διὸς καὶ τῷ τοῦ Ἑρμοῦ, οἱ
560 *δὲ ἐν μέσαις τῷ τε τοῦ Κρόνου καὶ ἠρέμα τῷ τοῦ Ἄρεως.*
Τῶν δὲ ἐν τῷ σώματι τοῦ Σκορπίου οἱ μὲν ἐν τῷ μετ- **9**
ώπῳ λαμπροὶ τὸ αὐτὸ ποιοῦσι τῷ τε τοῦ Ἄρεως καὶ
ἠρέμα τῷ τοῦ Κρόνου, οἱ δὲ ἐν τῷ σώματι τρεῖς, ὧν ὁ μέ-
σος ὑπόκιρρος καὶ λαμπρότερος (καλεῖται δὲ Ἀντάρης), τῷ
565 *τοῦ Ἄρεως καὶ ἠρέμα τῷ τοῦ Διός, οἱ δὲ ἐν τοῖς σπονδύ-*
λοις τῷ τε τοῦ Κρόνου καὶ ἠρέμα τῷ τῆς Ἀφροδίτης, οἱ δὲ
m 25 *ἐπὶ τοῦ κέντρου τῷ τε τοῦ Ἑρμοῦ καὶ τῷ τοῦ Ἄρεως, ἡ δὲ*
ἑπομένη νεφελοειδὴς συστροφὴ τῷ τε τοῦ Ἄρεως καὶ τῇ
σελήνῃ.
570 *Τῶν δὲ περὶ τὸν Τοξότην ὁ μὲν ἐπὶ τῆς ἀκίδος τοῦ βέ-* **10**
λους ὅμοιον ἔχει τὸ ποιητικὸν τῷ τε τοῦ Ἄρεως καὶ τῇ σε-
λήνῃ, οἱ δὲ περὶ τὸ τόξον καὶ τὴν λαβὴν τῆς χειρὸς τῷ τε
τοῦ Διὸς καὶ τῷ τοῦ Ἄρεως, ἡ δὲ ἐν τῷ προσώπῳ συ-

T 561–569 (§ 9) Heph. Ep. IV 1,130 ‖ **570–578** (§ 10) Heph. Ep. IV 1,147

S 564 *ὑπόκιρρος* Synt. VIII 1 p. 110,7 ‖ **565–566** *σπονδύλοις* Synt. VIII 1 p. 110,11 ‖ **568** *νεφελοειδὴς συστροφὴ* Synt. VIII 1 p. 112,5

560 *ἐν μέσαις*] *ἐν τῷ μέσῳ τῶν Χηλῶν* **L** ‖ **563** *σώματι*] *στόματι* **L**, cf. 1,593 ‖ **565** *σπονδύλοις* **γ** Heph. (item Ep. IV 1,130) Procl. *σφονδύλοις* **VLYβ** ‖ **566** *τῆς Ἀφροδίτης* **α** Heph. *τῆς Ἑρμῆς* **V** *τοῦ Ἑρμοῦ* **βγ** Heph. Ep. IV 1,130, cf. l. 556 ‖ **567** *καὶ … Ἄρεως* om. **D** ‖ **568** *ἑπομένη* **LMSγ** Heph. Ep. IV 1,130 *ἐπιμένη* **V** *λεγομένη* **α** Heph. om. **D** ‖ **570** *περὶ*] *ἐπὶ* **VL** Procl. (cf. 1,651. 663. al.) *κατὰ* Heph. | *ὁ … ἔχει* **βγ** Heph. (item Ep. IV 1,147, cf. Synt. VIII 1 p. 112,10) *οἱ … ἔχουσι* **V** (maluit Boll) *ἐν … ἔχει* **Y** ‖ **571** *τε* om. **Y** | *τῇ σελήνῃ* **VDSγ** Heph. (item Ep. IV 1,147) *τῆς σελήνης* **αM**, cf. l. 537

στροφὴ τῷ τε ἡλίῳ καὶ τῷ τοῦ Ἄρεως, οἱ δὲ ἐν ταῖς ἐφαπτίσι καὶ τῷ νώτῳ τῷ τοῦ Διὸς καὶ ἠρέμα τῷ τοῦ Ἑρμοῦ, 575 *οἱ δὲ ἐν τοῖς ποσὶ τῷ τοῦ Διὸς καὶ τῷ τοῦ Κρόνου, τὸ δὲ ἐπὶ τῆς οὐρᾶς τετράπλευρον τῷ τῆς Ἀφροδίτης καὶ ἠρέμα τῷ τοῦ Κρόνου.*

11 *Τῶν δὲ κατὰ τὸν Αἰγόκερων ἀστέρων οἱ μὲν ἐπὶ τῶν κεράτων ὡσαύτως ἐνεργοῦσι τῷ τε τῆς Ἀφροδίτης καὶ* 580 *ἠρέμα τῷ τοῦ Ἄρεως, οἱ δὲ ἐν τῷ στόματι τῷ τε τοῦ Κρόνου καὶ ἠρέμα τῷ τῆς Ἀφροδίτης, οἱ δὲ ἐν τοῖς ποσὶ καὶ τῇ κοιλίᾳ τῷ τε τοῦ Ἄρεως καὶ τῷ τοῦ Ἑρμοῦ, οἱ δὲ ἐπὶ τῆς οὐρᾶς τῷ τοῦ Κρόνου καὶ τῷ τοῦ Διός.*

12 *Τῶν δὲ περὶ τὸν Ὑδροχόον οἱ μὲν ἐν τοῖς ὤμοις* 585 *ὁμοίως διατιθέασι τῷ τε τοῦ Κρόνου καὶ τῷ τοῦ Ἑρμοῦ*

T 579–584 (§ 11) Heph. Ep. IV 1,165 || **585–590** (§ 12) Heph. Ep. IV 1,182

S 574–575 *ἐφαπτίσι* (*πτέρυξι*) Ap. II 8,8. Val. I 2,55. Heph. I 1,158. Horosc. L 479 CCAG I (1898) p. 104,17. Rhet. B p. 206,23 (cod. R, cf. Rhet. M et Rhet. W p. 130,31). Rhet. C p. 216,13–14. Anon. C p. 166,31–32. Anon. L p. 108,8. Anon. S l. 38

574 *ἐφαπτίσι* **VLβγ** Heph. Ep. IV 1,147 Procl. (irrepsit fort. e Synt. VIII 1 p. 114,3.7, sed cf. Manil. IV 560 *veste*) *πτέρυξι* **GΣ** (patente lacuna septem fere litterarum) **c** (recepit Boll, cf. 2,633 sq. necnon Val. I 2,55. Heph. I 1,158. Rhet. B p. 206,23 [cod. R]. al. Boll, Sphaera 182. Id. Abh. 13. Stern, Calendrier 198 ad tab. XII 2) *πτέρηξιν* **Y** *πτέρυξι ἤτοι ἐφαπτίσι* Heph. || **575** *Διὸς*] *Ἄρεως* Heph. Ep. IV 1,147 || **585** *περὶ*] *κατὰ* **L** | *Ὑδροχοόν*] *ὑδρη-* repetit **V** in margine, cf. 1,764 | post *Ὑδροχόον*: *ἀστέρων* add. **L**

σὺν τοῖς ἐν τῇ ἀριστερᾷ χειρὶ καὶ τῷ ἱματίῳ, οἱ δὲ ἐπὶ τῶν μηρῶν μᾶλλον μὲν τῷ τοῦ Ἑρμοῦ, ἧττον δὲ τῷ τοῦ Κρόνου, οἱ δὲ ἐν τῇ ῥύσει τοῦ ὕδατος τῷ τε τοῦ Κρόνου 590 *καὶ ἠρέμα τῷ τοῦ Διός.*

13 *Τῶν δὲ περὶ τοὺς Ἰχθύας οἱ μὲν ἐν τῇ κεφαλῇ τοῦ νοτιωτέρου ἰχθύος τὸ αὐτὸ ποιοῦσι τῷ τε τοῦ Ἑρμοῦ καὶ ἠρέμα τῷ τοῦ Κρόνου, οἱ δὲ ἐν τῷ σώματι τῷ τοῦ Διὸς* m 26 *καὶ τῷ τοῦ Ἑρμοῦ, οἱ δὲ ἐπὶ τῆς οὐρᾶς καὶ ἐπὶ τοῦ νοτίου* 595 *λίνου τῷ τοῦ Κρόνου καὶ ἠρέμα τῷ τοῦ Ἑρμοῦ, οἱ δὲ ἐν τῷ σώματι καὶ τῇ ἀκάνθῃ τοῦ βορείου ἰχθύος τῷ τοῦ Διὸς καὶ ἠρέμα τῷ τῆς Ἀφροδίτης, οἱ δὲ ἐν τῷ βορείῳ τοῦ λίνου τῷ τοῦ Κρόνου καὶ τῷ τοῦ Διός, ὁ δὲ ἐπὶ τοῦ συνδέσμου λαμπρὸς τῷ τε τοῦ Ἄρεως καὶ ἠρέμα τῷ τοῦ Ἑρμοῦ.*

T 591–599 (§ 13) Heph. Ep. IV 1,199

587 *ἱματίῳ* **Yβγ** Heph. (item Ep. IV 1,182) *μετώπῳ* **VL** Procl. *χύματι* **Σ** (*ἱματίῳ* in margine) ‖ **591** *περὶ τοὺς Ἰχθύας* **VDγ** *περὶ τοῦ Ἰχθύος* **Y** *περὶ τοὺς ἰχθῦς* **Σ** (quem sequitur Robbins nihil monens) *ἐπὶ τοῖς Ἰχθύσιν* **M** *περὶ τοῖς ἰχθύσι* **S** ‖ **592** *τῷ τε τοῦ Κρόνου ἠρέμα καὶ τῷ τοῦ Ἑρμοῦ* **SC** ‖ **593** *σώματι*] *στόματι* Heph. (non ita Ep. IV 1,199), cf. 1,563 | *Διὸς* **VLDMγ** Heph. (item Ep. IV 1,199) Procl. *Ἄρεως* **α** (cf. 1,522) *Ἑρμοῦ* **S** (♃ in margine) ‖ **595** *τοῦ λίνου* **L** (recepit Robbins) *τοῦ αἴνου* **VD** *λίνῳ* **α** Heph. (item Ep. IV 1,199), praetulit Boll ‖ **596** *Διὸς*] *Ἄρεως* Heph. (om. cod. A; non ita Ep. IV 1,199) ‖ **598** *ὁ … λαμπρὸς* **VΣ** Heph. (cod. A, *οἱ … λαμπρὸς* cod. **U**) *οἱ … λαμπροὶ* **Yβγ** Heph. Ep. IV 1,199 | *τῶν συνδεσμῶν* **MS** ‖ **599** *Ἑρμοῦ*] *Κρόνου* **L**

Περὶ τῶν βορειοτέρων τοῦ ζῳδιακοῦ 600

14 *Τῶν δὲ ἐν ταῖς βορειοτέραις τοῦ ζῳδιακοῦ μορφώσεσι οἱ μὲν περὶ τὴν Μικρὰν ἄρκτον λαμπροὶ τὴν ὁμοίαν ἔχουσι ποιότητα τῷ τε τοῦ Κρόνου καὶ ἠρέμα τῷ τῆς Ἀφροδίτης.*

Οἱ δὲ περὶ τὴν Μεγάλην ἄρκτον τῷ τοῦ Ἄρεως, οἱ δὲ ὑπὸ τὴν οὐρὰν αὐτῆς ἐν τῇ τοῦ Πλοκάμου συστροφῇ τῇ 605 *σελήνῃ καὶ τῷ τῆς Ἀφροδίτης.*

15 *Οἱ δὲ ἐν τῷ Δράκοντι λαμπροὶ τῷ τε τοῦ Κρόνου καὶ τῷ τοῦ Ἄρεως.*

Οἱ δὲ τοῦ Κηφέως τῷ τε τοῦ Κρόνου καὶ τῷ τοῦ Διός. c 7ᵛ

Οἱ δὲ περὶ τὸν Βοώτην τῷ τοῦ Ἑρμοῦ καὶ τῷ τοῦ Κρό- 610 *νου, ὁ δὲ λαμπρὸς καὶ ὑπόκιρρος καλούμενος Ἀρκτοῦρος τῷ τε τοῦ Ἄρεως καὶ τῷ τοῦ Διός.*

16 *Οἱ δὲ ἐν τῷ Βορείῳ στεφάνῳ τῷ τε τῆς Ἀφροδίτης καὶ τῷ τοῦ Ἑρμοῦ.*

Οἱ δὲ κατὰ τὸν Ἐν γόνασι τῷ τοῦ Ἑρμοῦ. 615

Οἱ δὲ ἐν τῇ Λύρᾳ τῷ τῆς Ἀφροδίτης καὶ τῷ τοῦ Ἑρμοῦ. Καὶ οἱ ἐν τῷ Ὄρνιθι ὡσαύτως.

T **600–637** (§ 14–19) Heph. I 4,1

S **611** *ὑπόκιρρος* Synt. VII 5 p. 50,17

600 *περὶ … ζῳδιακοῦ* **VD** (in margine) Heph. (sed v. app. cr.) *περὶ τῶν κατὰ τὸ βόρειον ἡμισφαίριον μορφώσεων* **γ** om. **αMS** ‖ **601** *τοῖς βορειωτέροις* **Y** ‖ **604** *οἱ … ἐν τῇ … συστροφῇ* **Dγ** *ἢ … ἐν τῇ … συστροφῇ* **VY** *ἢ … συστροφὴ* **MS** Heph. (recepit Robbins) ‖ **607** *οἱ δὲ … Ἄρεως* om. **Dγ** | *καὶ … Ἄρεως* om. **L** ‖ **608** post *Ἄρεως*: *καὶ τῷ τοῦ Διός* add. **α** ‖ **611** *καλούμενος … Διός* **Vβγ** (cf. Heph.) *τῷ τοῦ Διὸς ὁ καὶ ἀρκτοῦρος καλούμενος* **α** ‖ **611** *καλούμενος*] *λεγόμενος* **L**, cf. 2,1075

Οἱ δὲ κατὰ τὴν Κασσιέπειαν τῷ τε τοῦ Κρόνου καὶ τῷ τῆς Ἀφροδίτης.

620 *Οἱ δὲ κατὰ τὸν Περσέα τῷ τε τοῦ Διὸς καὶ τῷ τοῦ Κρόνου, ἡ δὲ ἐν τῇ λαβῇ τῆς μαχαίρας συστροφὴ τῷ τοῦ Ἄρεως καὶ τῷ τοῦ Ἑρμοῦ.* **17**

Οἱ δὲ ἐν τῷ Ἡνιόχῳ λαμπροὶ τῷ τε τοῦ Ἄρεως καὶ τῷ τοῦ Ἑρμοῦ.

625 *Οἱ δὲ κατὰ τὸν Ὀφιοῦχον τῷ τοῦ Κρόνου καὶ ἠρέμα τῷ τῆς Ἀφροδίτης.*

Οἱ δὲ περὶ τὸν Ὄφιν αὐτοῦ τῷ τε τοῦ Κρόνου καὶ τῷ τοῦ Ἄρεως. **18**

m 27 *Οἱ δὲ κατὰ τὸν Ὀϊστὸν τῷ τε τοῦ Ἄρεως καὶ ἠρέμα τῷ* 630 *τῆς Ἀφροδίτης.*

Οἱ δὲ περὶ τὸν Ἀετὸν τῷ τοῦ Ἄρεως καὶ τῷ τοῦ Διός.

Οἱ δὲ ἐν τῷ Δελφῖνι τῷ τε τοῦ Κρόνου καὶ τῷ τοῦ Ἄρεως.

Οἱ δὲ κατὰ τὸν Ἵππον λαμπροὶ τῷ τε τοῦ Ἄρεως καὶ 635 *τῷ τοῦ Ἑρμοῦ.* **19**

Οἱ δὲ ἐν τῇ Ἀνδρομέδᾳ τῷ τῆς Ἀφροδίτης.

Οἱ δὲ τοῦ Τριγώνου τῷ τοῦ Ἑρμοῦ.

S **631** *Ἄρεως* Eratosth. catast. 43

622 *καὶ τῷ τοῦ Ἑρμοῦ* om. **MS** Heph. ‖ **623** *οἱ δὲ … Ἑρμοῦ* om. **LY** ‖ **625** *ἐν τῷ Ὀφιούχῳ* **M** ‖ **627** *τὸν ὄφιν αὐτοῦ* **Vα** *τὸν ὄφιν αὐτὸν* **βγ** *τὸν αὐτὸν ὄφιν* Heph. *τὴν ὄφιν* **cm** ‖ **630** *τῆς Ἀφροδίτης*] *τῆς Ἑρμῆς* V, cf. 1,556 ‖ **632–633** *οἱ δὲ … Ἄρεως* om. **MS** ‖ **632** *τῷ περὶ τοῦ Κρόνου* **V** ‖ **634** *οἱ δὲ … Ἄρεως* om. **L** ‖ **637** *τοῦ τριγώνου* **V** (in rasura) **Lβγ** *τοῦ δέλτω* **Y** *τοῦ δτ′* **L** *ἐν τῷ δέλτα* **Σc** *ἐν τῷ τριγώνῳ τῷ περὶ τὸν Κριὸν* Heph.

Περὶ τῶν νοτιωτέρων τοῦ ζῳδιακοῦ

20 *Τῶν δὲ ἐν τοῖς νοτιωτέροις τοῦ ζῳδιακοῦ μορφώμασιν ὁ μὲν ἐν τῷ στόματι τοῦ Νοτίου ἰχθύος λαμπρὸς ὁμοίαν ἔχει* 640 *τὴν ἐνέργειαν τῷ τε τῆς Ἀφροδίτης καὶ τῷ τοῦ Ἑρμοῦ.*

Οἱ δὲ περὶ τὸ Κῆτος τῷ τοῦ Κρόνου.

Τῶν δὲ περὶ τὸν Ὠρίωνα οἱ μὲν ἐπὶ τῶν ὤμων τῷ τε τοῦ Ἄρεως καὶ τῷ τοῦ Ἑρμοῦ, οἱ δὲ λοιποὶ λαμπροὶ τῷ τε τοῦ Διὸς καὶ τῷ τοῦ Κρόνου. 645

21 *Τῶν δὲ ἐν τῷ Ποταμῷ ὁ μὲν ἔσχατος καὶ λαμπρὸς τῷ τοῦ Διός, οἱ δὲ λοιποὶ τῷ τοῦ Κρόνου.*

Οἱ δὲ ἐν τῷ Λαγωῷ τῷ τε τοῦ Κρόνου καὶ τῷ τοῦ Ἑρμοῦ.

Τῶν δὲ περὶ τὸν Κύνα οἱ μὲν ἄλλοι τῷ τῆς Ἀφροδίτης, 650 *ὁ δὲ περὶ τὸ στόμα λαμπρὸς τῷ τοῦ Διὸς καὶ ἠρέμα τῷ τοῦ Ἄρεως.*

22 *Ὁ δὲ ἐν τῷ Πρόκυνι λαμπρὸς τῷ τε τοῦ Ἑρμοῦ καὶ ἠρέμα τῷ τοῦ Ἄρεως.*

Οἱ δὲ κατὰ τὸν Ὕδρον λαμπροὶ τῷ τε τοῦ Κρόνου καὶ 655 *τῷ τῆς Ἀφροδίτης.*

T 638–671 (§ 20–24) Heph. I 5,1

S 645 *Κρόνου* Hyg. astr. 4,18 ‖ **651–652** *ἠρέμα τῷ τοῦ Ἄρεως* Sen. nat. 1,1,6

638 *περὶ … ζῳδιακοῦ* om. **αMS** Heph. (cod. **U**) | *τοῦ ζῳδιακοῦ* **VD** Heph. (cod. **A**) *μορφώσεων* **γ** ‖ **639** *μορφώσεων* **γ** ‖ **641** *τῆς Ἑρμῆς* **V**, cf. 1,556 ‖ **643** *τῶν* (ante *δὲ*) **Vβγ** *οἱ* **α** | *οἱ* **Vα** *ὁ* **βγ** ‖ **644** *λοιποὶ* **Vα** om. **βγ** ‖ **647** *Διός*] *Ἄρεως* Heph. | *Κρόνου*] *Κριὸς* **V**, quocum conferas errorem A. Olivieri, CCAG I (1898) p. 132,23 *Κρόνον*, sed *Κριὸν* codd., adde Ant. CCAG VII (1908) p. 112,10 ‖ **651** *ὁ δὲ*] *οἱ δὲ* **Y** | *περὶ τὸ στόμα* **Vγ** *ἐπὶ τοῦ στόματος* **αβ** Heph., cf. 1,570 ‖ **653** *ὁ δὲ … Ἄρεως* om. **α**

Οἱ δὲ ἐν τῷ Κρατῆρι τῷ τε τῆς Ἀφροδίτης καὶ ἠρέμα τῷ τοῦ Ἑρμοῦ.

Οἱ δὲ περὶ τὸν Κόρακα τῷ τε τοῦ Ἄρεως καὶ τῷ τοῦ **23**
660 *Κρόνου.*

Οἱ δὲ τῆς Ἀργοῦς λαμπροὶ τῷ τε τοῦ Κρόνου καὶ τῷ τοῦ Διός.

Τῶν δὲ περὶ τὸν Κένταυρον οἱ μὲν ἐπὶ τῷ ἀνθρωπείῳ σώματι τῷ τε τῆς Ἀφροδίτης καὶ τῷ τοῦ Ἑρμοῦ, οἱ δὲ ἐν
665 *τῷ ἵππῳ λαμπροὶ τῷ τε τῆς Ἀφροδίτης καὶ τῷ τοῦ Διός.*

m 28 *Οἱ δὲ περὶ τὸ Θηρίον λαμπροὶ τῷ τε τοῦ Κρόνου καὶ* **24** *ἠρέμα τῷ τοῦ Ἄρεως.*

Οἱ δὲ ἐν τῷ Θυμιατηρίῳ τῷ τε τῆς Ἀφροδίτης καὶ ἠρέμα τῷ τοῦ Ἑρμοῦ.

670 *Οἱ δὲ ἐν τῷ Νοτίῳ στεφάνῳ λαμπροὶ τῷ τε τοῦ Κρόνου καὶ τῷ τοῦ Ἑρμοῦ.*

ι′. Περὶ τῶν ὡρῶν τοῦ ἔτους

Αἱ μὲν οὖν τῶν ἀστέρων καθ’ ἑαυτοὺς δυνάμεις τοιαύτης **1** *ἔτυχον ὑπὸ τῶν παλαιοτέρων παρατηρήσεως. καὶ τῶν*
675 *ὡρῶν δὲ τοῦ ἔτους τεσσάρων οὐσῶν (ἔαρός τε καὶ θέρους*
c 8 *καὶ μετοπώρου καὶ χειμῶνος) τὸ μὲν ἔαρ ἔχει τὸ μᾶλλον ἐν τῷ ὑγρῷ διὰ τὴν κατὰ τὸ παρῳχημένον ψῦχος ἀρχομέ-*

663 *ἐπὶ* **Vγ** *ἐν* **α** Heph. (recepit Robbins) *περὶ* **β**, cf. 1,570 ‖ **664** *Ἑρμοῦ* **Vα** ♂ **βγ** *Ἄρεως* Heph. ‖ **665** *ἵππῳ* **VLYDγ** Procl. *ἱππείῳ* **MS** Heph. | *Διός*] *Ἄρεως* Heph. ‖ **669** *Ἑρμοῦ*] *Κρόνου* **Σc** Heph. ‖ **670** *οἱ … λαμπροὶ* **α** Heph. Procl. *ὁ … λαμπρὸς* **Vβγ** ‖ **672** titulum post l. 674 *παρατηρήσεως* **VLDγ** | *τοῦ ἔτους* om. **αM** | postea *καὶ* [*τῶν* **D**] *τεσσάρων γωνίων δυνάμεως* add. **αβ** ‖ **677** *διὰ τὴν … διάχυσιν*] *τῆς κατὰ τὸ παρῳχημένον ψῦχος συστάσεως, ἀρχομένης δὲ τῆς θερμασίας διαχεῖσθαι* **Σ** (sim. Co le p. 25,–7)

νης τῆς θερμασίας διάχυσιν· τὸ δὲ θέρος τὸ πλεῖον ἔχει ἐν τῷ θερμῷ διὰ τὴν τοῦ ἡλίου πρὸς τὸν κατὰ κορυφὴν ἡμῶν τόπον ἐγγύτητα· τὸ δὲ μετόπωρον τὸ μᾶλλον ἐν τῷ ξηρῷ 680 *διὰ τὴν κατὰ τὸ παρῳχημένον καῦμα τῶν ὑγρῶν ἀνάποσιν· ὁ δὲ χειμὼν τὸ πλεῖον ἔχει ἐν τῷ ψυχρῷ διὰ τὸ τὸν ἥλιον πλεῖον ἀφίστασθαι τοῦ κατὰ κορυφὴν ἡμῶν τόπου.*

2 *διόπερ καὶ τοῦ ζῳδιακοῦ κύκλου μηδεμιᾶς οὔσης φύσει ἀρχῆς ὡς κύκλου τὸ ἀπὸ τῆς ἐαρινῆς ἰσημερίας ἀρχόμενον* 685 *δωδεκατημόριον τὸ τοῦ Κριοῦ καὶ τῶν ὅλων ἀρχὴν ὑποτίθενται, καθάπερ ἐμψύχου ζῴου τοῦ ζῳδιακοῦ τὴν ὑγρὰν τοῦ ἔαρος ὑπερβολὴν προκαταρκτικὴν ποιούμενοι καὶ ἐφεξῆς τὰς λοιπὰς ὥρας· διὰ τὸ καὶ πάντων ζῴων τὰς μὲν* m 29

S 684–685 *μηδεμιᾶς … ἀρχῆς* Harm. III 8 p. 101,5 ‖ **685** *ἐαρινῆς ἰσημερίας* Synt. II 7 p. 117,22, Euseb. in Const. VI 8 p. 208,26 Heikel ‖ **686–697** (§ 2 fin.) Ant. CCAG I (1898) p. 143,7–10. Porph. 2 p. 192,7–12. Hermipp. II 95. al. ‖ **686** *Κριοῦ … ἀρχὴν* Synt. VII 1 p. 8,20. Paul. Alex. 2 p. 2,10

678 *ἔχει* om. **α** ‖ **680** *τόπον* om. **Σ** | *τὸ μᾶλλον* **βγ** *μᾶλλον* **VL** *τῶν ἄλλων* **Y** ‖ **681** *ἀνάποσιν* **Vγ** *ἀνάπωσιν* **β** *ἀνείπωσιν* **L** *ἀνίπωσιν* **Y** *ἀνάπαυσιν* **Σc** *ἀνάπωτιν* Robbins nihil monens, cf. 1,713 ‖ **682** *ἔχει* om. **αMS** | *τὸ* **VΣ** Procl. *τε* **Y** *τότε* **A** *τὸ τότε* **βBC** | *πλεῖον* **VLDγ** *πλεῖστον* **α** *τὸ πλεῖστον* **MS**, cf. 1,690 ‖ **684** *κύκλου* prius om. **α**, neglexerunt uno animo Boll Robbins, cf. 2,505 ‖ **685** *τὸ* om. **VL** Procl. ‖ **687** *ἐμψύχου* **VαS** *ἔμψυχον* **DMγ** | *ζῴου* om. **βγ** | *τοῦ ζῳδιακοῦ*] *διὰ* **γ** | *τὴν* om. **VD** ‖ **688** *ἔαρος* **MS** Co p. 26,16 *ἀέρος* **VLYDγ**, cf. Paul. Alex. 2 p. 4,15 | *προκαταρκτικὴν* **αMS** *προκαταρτικὴν* **V** *προκαταρκτικὸν* **γ** *προκαταρτικῶς* **D** | *ποιούμενοι* **VYDγ** *ποιούμενος* **MS** | postea *τοῦ ζῳδιακοῦ* add. **γ** ‖ **689** *διὰ τὸ*] *διατάττουσι* **V**

690 *πρώτας ἡλικίας τὸ πλεῖον ἔχειν τῆς ὑγρασίας παραπλησίως τῷ ἔαρι, ἁπαλὰς οὔσας ἔτι καὶ τρυφεράς, τὰς δὲ δευτέρας τὰς μέχρι τῆς ἀκμαιότητος τὸ πλεῖον ἔχειν ἐν τῷ θερμῷ παραπλησίως τῷ θέρει, τὰς δὲ τρίτας καὶ ἤδη ἐν παρακμῇ καὶ ἀρχῇ φθίσεως τὸ πλεῖον ἤδη καὶ αὐτὰς*
695 *ἔχειν ἐν τῷ ξηρῷ παραπλησίως τῷ μετοπώρῳ, τὰς δὲ ἐσχάτας καὶ πρὸς τῇ διαλύσει τὸ πλεῖον ἔχειν ἐν τῷ ψυχρῷ, καθάπερ καὶ ὁ χειμών.*

ια′. Περὶ τῆς τῶν τεσσάρων γωνιῶν δυνάμεως

Ὁμοίως δὲ καὶ τῶν τεσσάρων τοῦ ὁρίζοντος τόπων καὶ γω- **1**
700 *νιῶν, ἀφ' ὧν καὶ οἱ καθ' ὅλα μέρη πνέοντες ἄνεμοι τὰς ἀρχὰς ἔχουσιν, ὁ μὲν πρὸς ταῖς ἀνατολαῖς αὐτός τε τὸ πλεῖον ἔχει ἐν τῷ ξηρῷ (διὰ τὸ κατ' αὐτὸν γινομένου τοῦ ἡλίου τὰ ἀπὸ τῆς νυκτὸς ὑγρανθέντα τότε πρῶτον ἄρχεσθαι ξηραίνεσθαι) οἵ τε ἀπ' αὐτοῦ πνέοντες ἄνεμοι, οὓς*
705 *κοινότερον ἀπηλιώτας καλοῦμεν, ἄνικμοί τέ εἰσιν καὶ ξηραντικοί. ὁ δὲ πρὸς μεσημβρίᾳ τόπος αὐτός τέ ἐστι θερμό-* **2**

S 690 *ὑγρασίας* Ap. IV 10,6 ‖ **699–721** (§ 1–4) Hermipp. II 68–70

690 *πλεῖον* **Vα** *πλεῖστον* **βγ**, cf. l. 682 | *ὑγρασίας* **VDγ** *ὑγρᾶς οὐσίας* **LαMS** Procl. (praetulit Robbins) ‖ **691** *ἁπαλὰς οὔσας*] *ἀπολαβούσας* **Y** ‖ **692** *ἀκμαιότητος* **Vβγ** *ἀκμαιοτάτης* **α** ‖ **693** *θερμῷ* **VLβγ** *θερμαίνειν* **α** ‖ **698** *περὶ … δυνάμεως* **VDSγ** Procl. *περὶ μερῶν τοῦ ὁρίζοντος* **L** om. **αM**, cf. apparatum ad l. 672 | post *δυνάμεως*: *ἤτοι τῆς φύσεως τῶν ἀνέμων* add. **D** ‖ **699** *καὶ γωνιῶν ἀφ' ὧν*] *τῆς γῆς* **MS** ‖ **700** *καθόλα μέρη* **VLα** *καθόλα* **γ** *καθόλου* **V**[1] **β**, cf. *οἱ καθολικοὶ ἄνεμοι* Procl. ‖ **701** *ταῖς ἀνατολαῖς* **VLS** *ἀνατολαῖς* **M** *τὰς ἀνατολὰς* **α** *ἀνατολὰς* **Dγ** | *τε* **α** om. **VLβγ**, sed cf. l. 712 ‖ **705** *καλοῦσι* **Σ**

τατος διά τε τὸ πυρῶδες τῶν τοῦ ἡλίου μεσουρανήσεων καὶ διὰ τὸ ταύτας κατὰ τὴν τῆς ἡμετέρας οἰκουμένης ἔγκλισιν πρὸς μεσημβρίαν μᾶλλον ἀποκλίνειν· οἵ τε ἀπ' αὐτοῦ πνέοντες ἄνεμοι, οὓς κοινῶς νότους καλοῦμεν, θερμοί 710
3 *τέ εἰσι καὶ πληρωτικοί. ὁ δὲ πρὸς ταῖς δυσμαῖς τόπος αὐτός τέ ἐστιν ὑγρὸς διὰ τὸ κατ' αὐτὸν γινομένου τοῦ ἡλίου τὰ ἀπὸ τῆς ἡμέρας ἀναποθέντα τότε πρῶτον ἄρχεσθαι* m 30 *ὑγραίνεσθαι· οἵ τε ἀπ' αὐτοῦ φερόμενοι ἄνεμοι, οὓς κοινότερον*
4 *ζεφύρους καλοῦμεν, νεαροί τέ εἰσι καὶ ὑγραντικοί. ὁ* 715 *δὲ πρὸς ταῖς ἄρκτοις τόπος αὐτός τέ ἐστι ψυχρότατος διὰ τὸ κατὰ τὴν τῆς ἡμετέρας οἰκουμένης ἔγκλισιν τὰς τῆς θερμότητος αἰτίας τοῦ ἡλίου μεσουρανήσεις πλεῖον αὐτοῦ διεστάναι ὥσπερ ἀντιμεσουρανοῦντος· οἵ τε ἀπ' αὐτοῦ* c 8v *πνέοντες ἄνεμοι (καλούμενοι δὲ κοινῶς βορέαι) ψυχροί τε* 720 *ὑπάρχουσι καὶ πυκνωτικοί.*

5 *χρησίμη δὲ καὶ ἡ τούτων διάληψις πρὸς τὸ τὰς συγκράσεις πάντα τρόπον ἑκάστοτε δύνασθαι διακρίνειν. εὐκατανόητον γάρ, διότι καὶ παρὰ τὰς τοιαύτας καταστάσεις ἤτοι τῶν ὡρῶν ἢ τῶν ἡλικιῶν ἢ τῶν γωνιῶν τρέπεταί πως* 725 *τὸ ποιητικὸν τῆς τῶν ἀστέρων δυνάμεως καὶ ἐν μὲν ταῖς οἰκείαις καταστάσεσιν ἀκρατοτέραν τε ἴσχουσι τὴν ποιότητα καὶ τὴν ἐνέργειαν ἰσχυροτέραν (οἷον ἐν ταῖς θερμαῖς*

711 *πληρωτικοί* **VLβγ** *μανωτικοί* **α** (recepit Robbins) ‖ 712 *ὑγρὸς* **Vα** *ὑγρότατος* **MSγ** *ἐνυγρότατος* **D** ‖ **713** *ἀναποθέντα* **VΣc** *ἀναπωθέντα* **βγ** *ἀνειπωθέντα* **L** *ἀνυποθέντα* **Y**, cf. 1,681 ‖ **714** *ὑγραίνεσθαι* **VL** Procl. *διυγραίνεσθαι* **αβγ** (praetulit Robbins) ‖ **718** *αἰτίας* pro adiectivo | *τοῦ ἡλίου μεσουρανήσεις* **Vβ** *τῶν τοῦ ☉ μεσουρανήσεων* **α** (recepit Robbins) *τοῦ ☉ μεσουρανοῦντος* **γΣ**[2] (in margine) ‖ **719** post *ὥσπερ*: *τοῦ ☉* (= *ἡλίου*) add. **c** ‖ **720** *καλούμενοι δὲ*] *οἱ καλούμενοι* **Σ** ‖ **722** *κατάληψις* **γ** ‖ **723** *δύνασθαι* om. **Σ** ‖ **728** *θερμαῖς*] *θερμασίαις* **V**

οἱ θερμαντικοὶ τὴν φύσιν καὶ ἐν ταῖς ὑγραῖς οἱ ὑγραντι-
730 κοί), ἐν δὲ ταῖς ἐναντίαις κεκραμένην καὶ ἀσθενεστέραν,
ὡς ἐν ταῖς ψυχραῖς οἱ θερμαντικοὶ καὶ ἐν ταῖς ξηραῖς οἱ
ὑγραντικοί, καὶ ἐν ταῖς ἄλλαις δὲ ὡσαύτως κατὰ τὸ ἀνάλογον τῆς διὰ τῆς μίξεως συγκιρναμένης ποιότητος.

m 31 ## ιβ′. Περὶ τροπικῶν καὶ ἰσημερινῶν καὶ στερεῶν
735 καὶ δισώμων ζῳδίων

Τούτων δὲ οὕτως προεκτεθέντων ἀκόλουθον ἂν εἴη συν- 1
άψαι καὶ τὰς αὐτῶν τῶν τοῦ ζῳδιακοῦ δωδεκατημορίων
παραδεδομένας φυσικὰς ἰδιοτροπίας. αἱ μὲν γὰρ ὁλοσχερέ-
στεραι καθ' ἕκαστον αὐτῶν κράσεις ἀναλόγως ἔχουσι ταῖς
740 κατ' αὐτὰ γινομέναις ὥραις. συνίστανται δέ τινες αὐτῶν
ἰδιότητες καὶ ἀπὸ τῆς πρός τε τὸν ἥλιον καὶ τὴν σελήνην
καὶ τοὺς ἀστέρας οἰκειώσεως, ἃς ἐν τοῖς ἐφεξῆς [I 14]
διελευσόμεθα, προτάξαντες τὰς κατὰ τὸ ἀμιγὲς αὐτῶν μόνων τῶν δωδεκατημορίων καθ' αὐτά τε καὶ πρὸς ἄλληλα
745 θεωρουμένας δυνάμεις.

730 *ἐν δὲ … ὑγραντικοί* om. **γ** ‖ **732** *τὸ ἀνάλογον* **VαDγ** *ἀναλογίαν* **MS** ‖ **733** *τῆς δία … ποιότητος*] *καὶ τῇ διὰ τῆς μίξεως συγκιρναμένῃ ποιότητι* **Σ** ‖ **734** titulum hic praebent **αDγ**, post l. 745 *δυνάμεις* **V** Procl. Co p. 28,–17 om. **L** | *καὶ ἰσημερινῶν*] *μεσεμβρινῶν* **D** om. Co | *καὶ στερεῶν* om. **Σc** ‖ **737** *τὰς* **VLY** ante **738** *παραδεδομένας* **Σγ** om. **β** ‖ **738** *δεδομένας* **Y** ‖ **739** *ἀναλόγως* **Lαβγc** *ἀνάλογον* **V** (praetulerunt Boll Robbins) ‖ **740** *κατ' αὐτὰ* **LΣβγ** *κατ' αὐτὸ* **V** *καθ' ἑαυτὸν* **Y**, cf. l. 744 ‖ **743** *μόνων* **αβγ** *μόνον* **VL** ‖ **744** *καθ' αὐτά* **LΣ** *κατ' αὐτάς* **V** *καθ' ἑαυτά* **βγ** (maluit Boll) om. **Y**, cf. 1,924. 3,1022. 4,714.738 necnon 2,1101. 3,527. 4,651 ‖ **745** *δυνάμεις* **deficit L**

fig. 1. tria quadrata

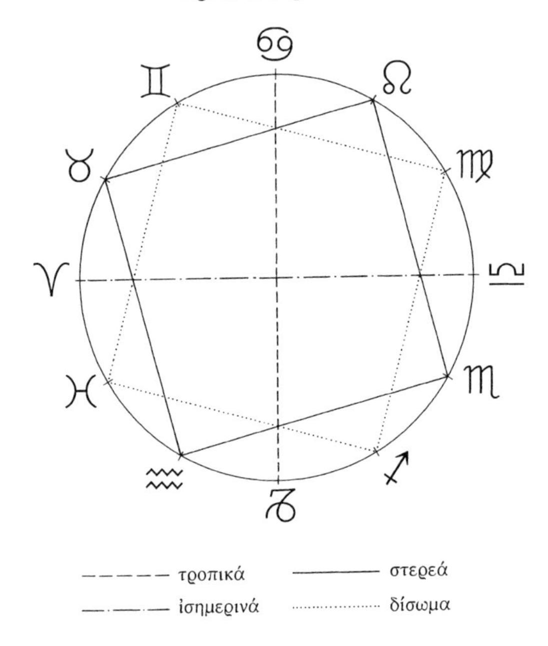

2 *πρῶται μὲν τοίνυν εἰσὶ διαφοραὶ τῶν καλουμένων τροπικῶν καὶ ἰσημερινῶν καὶ στερεῶν καὶ δισώμων. δύο μὲν γάρ ἐστι τροπικά· τό τε πρῶτον ἀπὸ τῆς θερινῆς τροπῆς*

S 746–775 (§ 2–5) Manil. II 159–196.658–667. Dor. A I 27,13. Val. I 2 passim. Sphuj. 1,45. Sext. Emp. V 6.10–11. Paul. Alex. 2 passim et p. 8,13–9,2. Lun. a. 354 p. 44. Ps.Cens. epit. 2,6. Heph. I 1 passim. Rhet. A p. 143,10–144,20. Rhet. B passim. Anon. L p. 105,16–18. 110,13–17. al. ‖ **746–747** *τροπικῶν καὶ ἰσημερινῶν* Synt. I 8 p. 29,7–16, aliter Manil. III 618–666

748–750 *θερινῆς … τῆς* om. **V** ‖ **748** *τροπῆς* om. **β**

τριακοντάμοιρον (τὸ τοῦ Καρκίνου) καὶ τὸ πρῶτον ἀπὸ
750 τῆς χειμερινῆς τροπῆς (τὸ κατὰ τὸν Αἰγόκερων). ταῦτα δὲ **3**
ἀπὸ τοῦ συμβεβηκότος εἴληφε τὴν ὀνομασίαν· τρέπεται
γὰρ ἐν ταῖς ἀρχαῖς αὐτῶν γινόμενος ὁ ἥλιος, ἐπιστρέφων
εἰς τὰ ἐναντία τῶν κατὰ πλάτος παρόδων, καὶ κατὰ μὲν
τὸν Καρκίνον θέρος ποιῶν, κατὰ δὲ τὸν Αἰγόκερων χει-
755 μῶνα. δύο δὲ καλεῖται ἰσημερινά· τό τε ἀπὸ τῆς ἐαρινῆς
ἰσημερίας πρῶτον δωδεκατημόριον (τὸ τοῦ Κριοῦ) καὶ τὸ
ἀπὸ τῆς μετοπωρινῆς (τὸ τῶν Χηλῶν). ὠνόμασται δὲ καὶ
m 32 ταῦτα πάλιν ἀπὸ τοῦ συμβεβηκότος, ἐπειδὴ κατὰ τὰς ἀρχὰς αὐτῶν γινόμενος ὁ ἥλιος ἴσας ποιεῖ πανταχῇ τὰς νύ-
760 κτας ταῖς ἡμέραις.

τῶν δὲ λοιπῶν ὀκτὼ δωδεκατημορίων τέσσαρα μὲν κα- **4**
λεῖται στερεά, τέσσαρα δὲ δίσωμα. καὶ στερεὰ μέν ἐστι τὰ
ἑπόμενα τοῖς τε τροπικοῖς καὶ τοῖς ἰσημερινοῖς (Ταῦρος,
Λέων, Σκορπίος, Ὑδροχόος), ἐπειδὴ τῶν ἐν ἐκείνοις ἀρχο-
c 9 765 μένων ὡρῶν αἵ τε ὑγρότητες καὶ θερμότητες καὶ ξηρότη-
τες καὶ ψυχρότητες ἐν τούτοις γινομένου τοῦ ἡλίου μᾶλλον
καὶ στερεώτερον ἡμῶν καθικνοῦνται, οὐ τῶν καταστημάτων φύσει γινομένων τότε ἀκρατοτέρων, ἀλλ' ἡμῶν ἐγκε-

S 751 τρέπεται Manil. II 191. III 666

749 τριακοντάμοιρον **VLαβ** ιβ′ μοιρον **γ** ‖ 753 τῶν … παρόδων **VL** τὴν … πάροδον **αβ** τῆς παρόδου **γ** | καὶ om. **S** neglexit Boll ‖ **754** καρκῖνον **V** (quod abhinc non notaverim) ‖ **763** post ἰσημερινοῖς: ὡς μέσοις τοῖς τε τροπικοῖς καὶ (sequente lacuna septem fere litterarum) add. **V**, ἤγουν τὸ τοῦ (siglo Tauri omisso) **γ**, cf. 1,771 ‖ **764** ὑδρηχόος **V** (cf. 1,585), quod abhinc monere supersedeo ‖ **766** ψυχρότητες καὶ ξηρότητες **α** | post ἡλίου: ἐπιτεταγμέναι **Σ**, inde καὶ ἐπιτετα⟨γ⟩μέναι **c** ‖ **768** εὐκρατότερον **β** | ἡμῶν δὲ **βγ** | postea μᾶλλον add. **γ**

χρονικότων αὐτοῖς ἤδη καὶ διὰ τοῦτο τῆς ἰσχύος αὐτῶν
5 *εὐαισθητότερον ἀντιλαμβανομένων. δίσωμα δέ ἐστι τὰ τοῖς* 770
στερεοῖς ἑπόμενα (Δίδυμοι, Παρθένος, Τοξότης, Ἰχθύες)
διὰ τὸ μεταξύ τε εἶναι τῶν στερεῶν καὶ τροπικῶν καὶ ἰση-
μερινῶν καὶ ὥσπερ κεκοινωνηκέναι κατά τε τὰ τέλη καὶ
κατὰ τὰς ἀρχὰς τῆς τῶν δύο καταστημάτων φυσικῆς
ἰδιοτροπίας. 775

ιγ'. Περὶ ἀρρενικῶν καὶ θηλυκῶν ζῳδίων

1 *Πάλιν δὲ ὡσαύτως ἓξ μὲν τῶν δωδεκατημορίων ἀπένειμαν*
τῇ φύσει τῇ ἀρρενικῇ καὶ ἡμερινῇ, ἓξ δὲ τῇ θηλυκῇ καὶ
νυκτερινῇ. καὶ ἡ μὲν τάξις αὐτοῖς ἐδόθη παρ' ἓν διὰ τὸ
συνεζεῦχθαι καὶ ἐγγὺς ἀεὶ τυγχάνειν τὴν ἡμέραν τῇ νυκτὶ 780 m
2 *καὶ τὸ θῆλυ τῷ ἄρρενι. τῆς δὲ ἀρχῆς ἀπὸ τοῦ Κριοῦ δι' ἃς*
εἴπομεν [I 10,2] *αἰτίας λαμβανομένης, ὡσαύτως δὲ καὶ τοῦ*
ἄρρενος ἄρχοντος καὶ πρωτεύοντος, ἐπειδὴ καὶ τὸ ποιητι-
κὸν ἀεὶ τοῦ παθητικοῦ πρῶτόν ἐστι τῇ δυνάμει, τὸ

S 770–775 (§ 5) Manil. II 175–193. Schol. Paul. Alex. 1 || **777–789** (§ 1–2) Manil. II 150–154.221–222. Dor. A I 28. Val. I 2 passim. Mich. Pap. III 149 col. XVI 4–20. Sphuj. 1,30. Sext. Emp. V 6–8 (inde Hippol. ref. haer. V 13,6). Porph. 40. Firm. math. II 1,3 (cf. II 2,3–5). Paul. Alex. 2 passim et p. 8,7 (inde Co p. 29). Ps.Cens. epit. 2,5. Heph. I 1 passim (plenius Ep. IV 1). Rhet. A p. 144,23–25. Rhet. B passim. al.

769 *ἤδη αὐτοῖς* **γ** | *ἰσχύος*] *ἰχθύος* **V** | *αὐτῶν* om. **VYM** || **771** post *ἑπόμενα*: *ἤγουν τὸ τῶν* (sequentibus siglis) **γ**, cf. l. 763 || **772** *τε* om. **VLDγ** | *εἶναι* om. **γ** | *καὶ ἰσημερινῶν* **αγ** om. **Vβ** Procl. "fort. recte, sed v. Co [p. 29,–19]" Boll || **773** *τε* **VLγ** om. **αβ** || **778** *ἓξ δὲ* **V** Procl. *τὰ δὲ ἴσα* **αβγ** || **781** *τὸ θῆλυ τῷ ἄρρενι* **VYDγ** *τὸ ἄρρεν τῇ θηλείᾳ* **MS** || **782** *εἶπον* **β** || **783** *πρωτεύον* **V** || **784** *πρῶτον* cf. Blass-Debrunner–Rehkopf § 62

fig. 2. duo sexangulae figurae

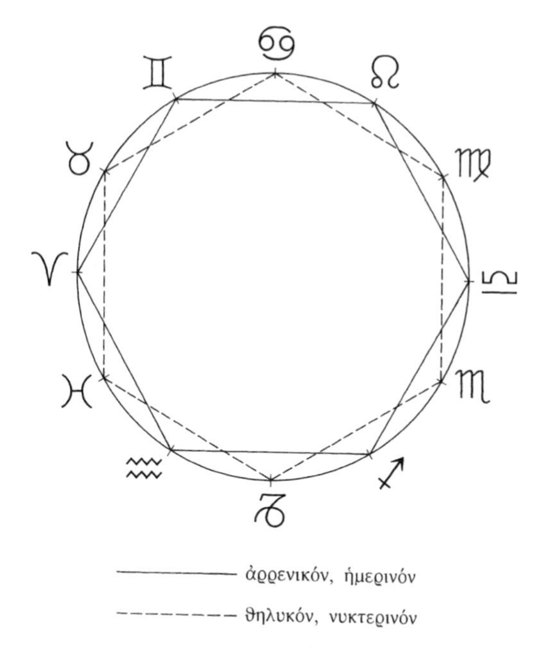

785 *μὲν τοῦ Κριοῦ δωδεκατημόριον καὶ ἔτι τὸ τῶν Χηλῶν ἀρρενικά τε ἔδοξε καὶ ἡμερινά, ἐπειδήπερ ὁ ἰσημερινὸς κύκλος δι' αὐτῶν γραφόμενος τὴν πρώτην καὶ ἰσχυροτάτην τῶν ὅλων φορὰν ἀποτελεῖ, τὰ δὲ ἐφεξῆς αὐτῶν ἀκολούθως τῇ παρ' ἓν ὡς ἔφαμεν τάξει.*

785 *δωδεκαμόριον* **V** | *ἔτι τὸ* om. **V** ‖ **786** post *ἡμερινά*: *καὶ ἅμα* add. **α** (recepit Robbins antea interpungens) *ἅμα* tantum **β** ‖ **788** *τῶν ὅλων* **αMS** Procl. om. **VDγ** | *ἀκολούθως* **VMS** Procl. *ἀκόλουθα* **α**

3 *χρῶνται δέ τινες τῇ τάξει τῶν ἀρρενικῶν καὶ θηλυκῶν* 790
καὶ ἀπὸ τοῦ ἀνατέλλοντος δωδεκατημορίου, ὃ δὴ καλοῦσιν
ὡροσκοποῦν, τὴν ἀρχὴν τοῦ ἄρρενος ποιούμενοι. ὥσπερ
γὰρ καὶ τὴν τῶν τροπικῶν ἀρχὴν ἀπὸ τοῦ σεληνιακοῦ ζῳ-
δίου λαμβάνουσιν ἔνιοι, διὰ τὸ ταύτην τῶν ἄλλων τάχιον
τρέπεσθαι, οὕτως καὶ τὴν τῶν ἀρρενικῶν ἀπὸ τοῦ ὡρο- 795
4 *σκοποῦντος διὰ τὸ ἀπηλιωτικώτερον· καὶ οἱ μὲν ὁμοίως*
παρ' ἓν πάλιν τῇ τάξει χρώμενοι, οἱ δὲ καθ' ὅλα τεταρτη-
μόρια διαιροῦντες καὶ ἑῷα μὲν ἡγούμενοι καὶ ἀρρενικὰ τό
τε ἀπὸ τοῦ ὡροσκόπου μέχρι τοῦ μεσουρανοῦντος καὶ τὸ
κατὰ ἀντίθεσιν ἀπὸ τοῦ δύνοντος μέχρι τοῦ ὑπὸ γῆν μεσ- 800
ουρανοῦντος, ἑσπέρια δὲ καὶ θηλυκὰ τὰ λοιπὰ δύο τε- m 34
ταρτημόρια.

5 *καὶ ἄλλας δέ τινας τοῖς δωδεκατημορίοις προσηγορίας*
ἐφήρμοσαν ἀπὸ τῶν περὶ αὐτὰ μορφώσεων (λέγω δὲ οἷον
τετράποδα καὶ χερσαῖα καὶ ἡγεμονικὰ καὶ πολύσπορα καὶ 805

S 796–802 (§ 4) Ap. I 6,2. Rhet. A p. 144,25–29 ‖ **803–806** (§ 5 in.) Manil. II 155–264. Serap. CCAG V 3 (1910) p. 96,24–97,25. Ant. CCAG VIII 3 (1912) p. 112,15–26 (cf. Thrasyll. ibid. p. 99,4–5). Val. I 2 passim. Iulian. Laodic. CCAG IV (1903) p. 152,6–23. Heph. I 1 passim. Rhet. B passim. Anon. CCAG I (1898) p. 164,8–166,37. Anon. L p. 105,1–110,2. Anon. M passim. Anon. S passim. Anon. CCAG V 1 (1904) p. 187,7–188,10

790 *καὶ θηλυκῶν* om. **Σ** ‖ **791** *καὶ* ante *ἀπὸ* om. **βγ** ‖ **792** *τοῦ ἄρρενος* om. **Σ** ‖ **793** *καὶ* om. **Σγ** | *ζῳδίου*] *κύκλου* **ΜΣ** ‖ **794** *τάχιον τῶν ἄλλων* **Σ** ‖ **796** *τὸ ἀπηλιωτικώτερον* **V** Procl. *τὸ ἀφηλιωτικώτερον* **Γ** *τὸν ἀπηλιώτην* **αβγ** ‖ **798** *ἡγούμενοι* om. **α** ‖ **800** *ὑπὸ γῆν μεσουρανοῦντος* **Vβγ** *ἀντιμεσουρανοῦντος* **α** ‖ **805** *πολύσπορα* **Vα** *πολύσπερμα* **βγ**, cf. Hübner, Eigenschaften 163 *τὰ τοιαῦτα), ἃς αὐτόθεν τό τε αἴτιον καὶ τὸ ἐμφανιστικὸν ἐχούσας περισσὸν ἡγούμεθα καταριθμεῖν, τῆς ἐκ τῶν τοιούτων διατυπώσεων ποιότητος, ἐν αἷς ἂν τῶν προτελέσεων χρησίμη φαίνηται, δυναμένης προεκτίθεσθαι.*

810 *ιδ′. Περὶ τῶν συσχηματιζομένων δωδεκατημορίων*

Οἰκειοῦται δὲ ἀλλήλοις τῶν μερῶν τοῦ ζῳδιακοῦ πρῶτον **1** *τὰ συσχηματιζόμενα. ταῦτα δ' ἐστὶν ὅσα διάμετρον ἔχει στάσιν περιέχοντα δύο ὀρθὰς γωνίας καὶ ἓξ δωδεκατημό-*
815 *ρια καὶ μοίρας ρπ′, καὶ ὅσα τρίγωνον ἔχει στάσιν περιέχοντα μίαν ὀρθὴν γωνίαν καὶ τρίτον καὶ τέσσαρα δωδεκατημόρια καὶ μοίρας ρκ′, καὶ ὅσα τετραγωνίζειν λέγεται, περιέχοντα μίαν ὀρθὴν καὶ τρία δωδεκατημόρια καὶ μοίρας ϙ′, καὶ ἔτι ὅσα ἑξάγωνον ποιεῖται στάσιν περιέχοντα*
820 *δίμοιρον μιᾶς ὀρθῆς καὶ δωδεκατημόρια β′ καὶ μοίρας ξ′.*

S 812–839 (§ 1–3) Sext. Emp. V 39–40. Porph. 8 (~ Rhet. A p. 152 sq.). Paul. Alex. 10 ‖ **812–820** (§ 1) Synt. VIII 4 p. 185,18–186,4

806 *τὰ τοιαῦτα* **Vγ** *τὰς τοιαύτας* **β** *τὰ τοιαῦτα καλέσαντες* **α** | *ἃς* **Vβ** *ὡς* **Σγ** om. **Y** | *τό τε* **VYD** *τό γε* **MS** *τὸ* **Σγ** | *τὸ* post *καὶ* om. **α** ‖ **807** *τῆς* **α** *τοῖς* **V** *καὶ ὡς ἡ* **MSγ** *ὡς καὶ ἡ* **D** ‖ **808** *ποιότης* **βγ** ‖ **809** *δυναμένης* **VΓΨ** *δυνάμης* **Y** *δύναμις* **ΣΦ** *δυναμένη* **βγ** (abbrev. **MB**) | *προεκτίθεσθαι* **Vβγ** *πρωεκτέθηστ(αι)* **Y** *προεκτίθης* **G** *προεκτεθείσης* **ΣΦ** (abbrev.) **c** ‖ **810** *περὶ σχηματισμοῦ τῶν ἀστέρων* **L** ‖ **814** *δύο ὀρθὰς γωνίας* **Lα** Procl. *ὀρθὰς δύο γωνίας* **DMγ** *ὀρθὰς ἴσας γωνίας* **V** *ὀρθὰς γωνίας* **S** | *δωδεκατημόρια* **VLβγ** *δωδεκατημορίων* **Y** *τῶν δωδεκατημορίων* **Σ** ‖ **816** *τρίτον* **LY** Procl. *τρίτην* **V** *τρίτον ὀρθῆς* **βγ** ‖ **818** *ὀρθὴν* **VLαD** *ὀρθὴν γωνίαν* **MSγ** ‖ **820** *μιᾶς* **αβγ** *γωνίας* **VL** (recepit Boll) | *ξ′*] *ζ′* **V**

2 *δι' ἣν δὲ αἰτίαν αὗται μόναι τῶν διαστάσεων παρελήφθησαν, ἐκ τούτων ἂν μάθοιμεν. τῆς μὲν γὰρ κατὰ τὸ διάμετρον αὐτόθεν ἐστὶν ὁ λόγος φανερός, ἐπειδήπερ ἐπὶ μιᾶς εὐθείας ποιεῖται τὰς συναντήσεις. λαμβανομένων δὲ τῶν* m 35 *δύο μεγίστων καὶ διὰ συμφωνίας μορίων τε καὶ ἐπιμορίων,* 825 *μορίων μὲν πρὸς τὴν τῶν β' ὀρθῶν διάμετρον (τοῦ τε ἡμίσους καὶ τοῦ τρίτου), τὸ μὲν εἰς δύο τὴν τοῦ τετραγώνου πεποίηκε, τὸ δὲ εἰς τρία τὴν τοῦ ἑξαγώνου καὶ τὴν τοῦ*
3 *τριγώνου· ἐπιμορίων δὲ πρὸς τὸ τῆς μιᾶς ὀρθῆς τετράγωνον μεταξὺ λαμβανομένων (τοῦ τε ἡμιολίου καὶ τοῦ ἐπιτρί-* 830 *του), τὸ μὲν ἡμιόλιον πάλιν ἐποίησε τὴν τοῦ τετραγώνου πρὸς τὴν τοῦ ἑξαγώνου, τὸ δὲ ἐπίτριτον τὴν τοῦ τριγώνου πρὸς τὴν τοῦ τετραγώνου.*

τούτων μέντοι τῶν συσχηματισμῶν οἱ μὲν τρίγωνοι καὶ ἑξάγωνοι σύμφωνοι καλοῦνται διὰ τὸ ἐξ ὁμογενῶν συγκεῖσ- 835 *θαι δωδεκατημορίων ἤτοι ἐκ πάντων θηλυκῶν ἢ ἐκ*

S 834–839 (§ 3 fin.) Hermipp. I 138–139

821 *παρελέχθησαν* **β** ‖ **822** *ἂν μάθοιμεν* **VαSγ** *ἀναμάθοιμεν* **L** *ἂν μάθοιεν* **DM** | *τὸ* post *κατὰ* om. **Σγ** ‖ **826** *τὴν τῶν β' ὀρθῶν διάμετρον* **α** *τὸ τῶν β' ὀρθῶν* **V** (recepit Boll) *τὸ τῶν β' ὀρθὸν διάμετρον* **L** *τὸ τῶν β' ὀρθῶν διάμετρον* **β** *τὸ τῶν β' ὀρθῶν τετράγωνον* **γ** ‖ **828** *τρία*] *ς'* **V** | post *τὴν*: *τε* add. **V** ‖ **829** *τριγώνου*] *τετραγώνου* **Σ**, cf. l. 837 ‖ **830** *λαμβανομένων* **β** (cf. l. 821) *λαμβανόμενον* **γ** *λαμβανομένου* **Σ** *λαμβάνομεν* **V** *λαμβάνωμεν* **Y** ‖ **831** *πάλιν* om. **α** ‖ **832** *τὴν*] *τῶν* **V** ut l. 838, cf. 1,168 ‖ **834** *συσχηματισμῶν* **VM**(ex correctura)**Sγ** *σχηματισμῶν* **LαD** ‖ **836** *ἤτοι* **VLα** *ἢ* **βγ** | *θηλυκῶν ἢ ἐκ πάντων ἀρρενικῶν* **VLβ** *θηλυκῶν ἢ ἀρρενικῶν* **α** *ἀρρενικῶν ἢ ἐκ πάντων θηλυκῶν* **γ** *ἀρρενικῶν ἢ θηλυκῶν* Boll πάντων ἀρρενικῶν, ἀσύμφωνοι δὲ οἵ τε τετράγωνοι καὶ οἱ κατὰ διάμετρον, διότι κατ' ἀντίθεσιν τῶν ὁμογενῶν τὴν στάσιν λαμβάνουσι.

840 ιε'. Περὶ τῶν προστασσόντων καὶ ὑπακουόντων ὁμοίως ζῳδίων

Ὡσαύτως δὲ προστάσσοντα καὶ ὑπακούοντα λέγεται τμή- **1** ματα τὰ κατ' ἴσην διάστασιν ἀπὸ τοῦ αὐτοῦ ἢ καὶ ὁποτέρου τῶν ἰσημερινῶν σημείων ἐσχηματισμένα, διὰ τὸ ἐν 845 τοῖς ἴσοις χρόνοις ἀναφέρεσθαί τε καὶ καταφέρεσθαι καὶ ἐπὶ τῶν ἴσων εἶναι παραλλήλων. τούτων δὲ τὰ μὲν ἐν τῷ **2**

T **840–850** (§ 1–2) Heph. I 9,1

S **842–860** (c. 15–16) Manil. II 485–519. Val. I 7. Mich. Pap. III 149 col. XII 11–44. Porph. 31.33 (cf. 43 p. 215,16–20). Paul. Alex. 8. Firm. math. VIII 3,1–4. Heph. I 1 passim (plenius Ep. IV 1). Rhet. A p. 155,11–14. Anon. L p. 106,10–11. "Pal." CCAG VIII 1 (1929) p. 257,18–20 ‖ **842–850** (§ 1–2) Rhet. B passim. Anon. R passim. Abū M. introd. VI 4 (~ Apom. Myst. III 19)

837 *τε* om. **α** | *τετράγωνοι* **α** *τρίγωνοι* **V** (cf. l. 829) *διάμετροι* **Lβγ** | *καὶ οἱ κατὰ διάμετρον* **Σ** *καὶ οἱ διάμετροι* **Y** *καὶ οἱ τετράγωνοι* **VDγ** *καὶ αἱ τετράγωνοι* **L** *καὶ τετράγωνοι* **MS** ‖ **838** *τὴν*] *τῶν* **V** ut l. 832 q. v. ‖ **839** *στάσιν* **VLβγ** *σύστασιν* **α** (recepit Robbins) ‖ **840** *τῶν* om. **αM** Heph. ut l. 851, cf. 1,21 | *ὑπακουόντων* **Vβγ** *ἀκουόντων* **α** Heph., cf. ibid. et 1,865 ‖ **841** *ὁμοίως* **V** (cf. 1,21) om. **αβγ** Heph. fort. recte | *ζῳδίων* om. **α** Heph. ‖ **842** *ὑπακούοντα* **Vβγ** *ἀκούοντα* **α** Heph. cf. l. 842. al. ‖ **843** *τὰ* om. **VD** Heph. ‖ **844** *ἐσχηματισμένα* **Vβγ** Heph. *σχηματισμένῳ* **Y** *σχηματιζόμενα* **Σ** Procl. ‖ **845** *τε καὶ καταφέρεσθαι* **Lβγ** Procl. (cf. Co p. 34,15 *ἀνανεχθήσονται, καὶ κατενεχθήσονται*) om. **Vα** ‖ **846** *τῶν* om. **α**

fig. 3. signa imperantia et oboedientia

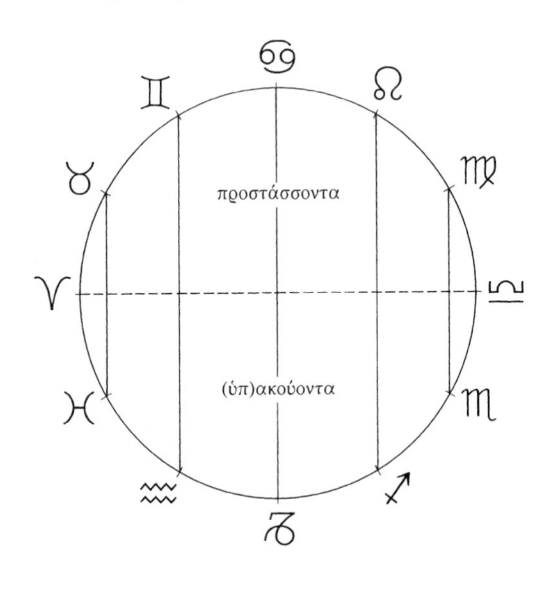

θερινῷ ἡμικυκλίῳ προστάσσοντα καλεῖται, τὰ δὲ ἐν τῷ χειμερινῷ ὑπακούοντα, διὰ τὸ κατ' ἐκείνων μὲν γινόμενον τὸν ἥλιον μείζονα ποιεῖν τῆς νυκτὸς τὴν ἡμέραν, κατὰ τούτων δὲ ἐλάττονα. 850

848 *ὑπακούοντα*] *ἀκούοντα* Heph. | *ἐκείνων* **βγ** *ἐκεῖνον* **VY** *ἐκεῖνο* **Σ** ‖ **850** *τούτων* **Vβγ** *τοῦτο* **α**

m 36 ## *ις′. Περὶ τῶν βλεπόντων καὶ ἰσοδυναμούντων ἀλλήλοις*

Πάλιν δὲ ἰσοδυναμεῖν φασιν ἀλλήλοις μέρη τὰ τοῦ αὐτοῦ **1**
c 10 *καὶ ὁποτέρου τῶν τροπικῶν σημείων τὸ ἴσον ἀφεστῶτα,*
855 *διὰ τὸ καθ' ἑκάτερον αὐτῶν τοῦ ἡλίου γινομένου τάς τε*

fig. 4. signa se invicem aspicientia

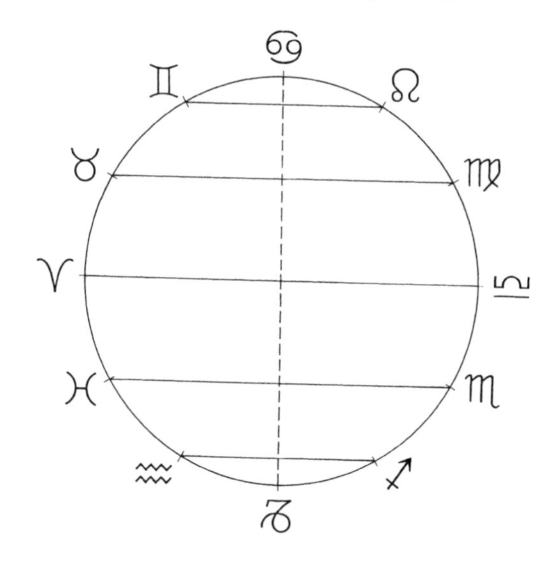

——— ἰσοδυναμοῦντα, βλέποντα ἄλληλα

T 851–860 (§ 1) Heph. I 10,1

S 853–860 (§ 1) Olymp. 1 p. 1,5–7

851 *τῶν* om. **αM** Heph. ut l. 840, cf. 1,21 ‖ **852** *ἀλλήλοις* om. **αM** Heph. Co p. 34,21, cf. 1,22 ‖ **853** *δὲ* om. **γ** | *φησὶν τά τινα* **V**

ἡμέρας ταῖς ἡμέραις καὶ τὰς νύκτας ταῖς νυξὶ καὶ τὰ διαστήματα τῶν οἰκείων ὡρῶν ἰσοχρόνως ἀποτελεῖσθαι. ταῦτα δὲ καὶ βλέπειν ἄλληλα λέγεται διά τε τὰ προειρημένα καὶ ἐπειδήπερ ἑκάτερον αὐτῶν ἔκ τε τῶν αὐτῶν μερῶν τοῦ ὁρίζοντος ἀνατέλλει καὶ εἰς τὰ αὐτὰ καταδύνει. 860

ιζ΄. Περὶ τῶν ἀσυνδέτων

1 *Ἀσύνδετα δὲ καὶ ἀπηλλοτριωμένα καλεῖται τμήματα, ὅσα μηδένα λόγον ἁπλῶς ἔχει πρὸς ἄλληλα τῶν προκατειλεγμένων οἰκειώσεων. ταῦτα δέ ἐστιν ἃ μήτε τῶν προστασσόντων ἢ ὑπακουόντων τυγχάνει μήτε τῶν βλεπόντων ἢ* 865 *ἰσοδυναμούντων, ἔτι τε καὶ τῶν ἐκκειμένων τεσσάρων συσχηματισμῶν (τοῦ τε διαμέτρου καὶ τοῦ τριγώνου καὶ τοῦ τετραγώνου καὶ τοῦ ἑξαγώνου) κατὰ τὸ παντελὲς ἀμέτοχα καταλαμβανόμενα καὶ ἤτοι δι' ἑνὸς ἢ διὰ πέντε γινόμενα*

T 861–874 (§ 1–2) Heph. I 11,1

S 860 *ἀνατέλλει ... καταδύνει* Gem. 2,27 ‖ **862–874** (§ 1–2) Porph. 34. Paul. Alex. 11 (quo spectat Olymp. 4). Rhet. A p. 153,21 et 28–32

857 *ἰσοχρόνως* **Vβγ** *ἰσοχρόνος* **Γ** *ἰσοχρόνων* **Y** *ἰσοχρόνια* **ΣGc** *ἰσόχρονα* Procl. *ἰσοχρονίως* Heph. | *ἀποτελεῖσθαι* **αc** Heph. *ἀποτελεῖν* **Vβγ** (recepit Boll) ‖ **859** *τῶν αὐτῶν* **VΣβγ** *τοῦ αὐτῶν* **Y** ‖ **860** *καταδύνει* **Vβγ** (cf. *καταδύνειν* Heph.) *καταδύη* **Y** *καταδύει* **Σ** ‖ **861** *περὶ τῶν ἀσυνδέτων*] *ἀσύνδετα* **Σ** | *τῶν* **VSγ** om. **YDM** Heph. Procl. Co p. 35,9 ‖ **863** *ἁπλῶς* om. **V** | *κατειλεγμένων* **α** ‖ **864** *ἃ* **VΣ** *τὰ μετὰ* **Y** *τὰ μετὰ τοῦ* **βγ** ‖ **865** *ὑπακουόντων* **VDγ** *ἀκουόντων* **αMS**, cf. l. 840.842 | *τυγχάνειν* **βγ** ‖ **866** *τε* **V** *δὲ* **Σ** om. cett., cf. 1,288 ‖ **867** *διαμέτρου* **VYβγ** *κατὰ διάμετρον* **Σ**, cf. l. 837 ‖ **869** *καταλαμβανόμενα* **Σ** *λαμβανόμενα* **βγ** *καταλαμβανόμεθα* **V** *καταλαμβάνομεν* **Y** | *καὶ*] *τὰ* **V** | *γινομένων* **β**

870 *δωδεκατημορίων, ἐπειδήπερ τὰ μὲν δι' ἑνὸς ἀπέστραπταί* 2
τε ὥσπερ ἀλλήλων καὶ δύο αὐτὰ ὄντα ἑνὸς περιέχει γω-
νίαν, τὰ δὲ διὰ πέντε εἰς ἄνισα διαιρεῖ τὸν ὅλον κύκλον,
m 37 *τῶν ἄλλων σχηματισμῶν εἰς ἴσα τὴν τῆς περιμέτρου διαί-*
ρεσιν ποιουμένων.

875 *ιη΄. Περὶ οἴκων ἑκάστου ἀστέρος*

Συνοικειοῦνται δὲ καὶ οἱ πλανῆται τοῖς τοῦ ζῳδιακοῦ μέ- 1
ρεσι κατά τε τοὺς καλουμένους οἴκους καὶ τρίγωνα καὶ
ὑψώματα καὶ ὅρια καὶ τὰ τοιαῦτα. καὶ τὸ μὲν τῶν οἴκων
τοιαύτην ἔχει φύσιν· ἐπειδὴ γὰρ τῶν ιβ΄ ζῳδίων τὰ βορειό- 2
880 *τατα καὶ συνεγγίζοντα μᾶλλον τῶν ἄλλων τοῦ κατὰ κορυ-*
φὴν ἡμῶν τόπου θερμασίας τε καὶ ἀλέας διὰ τοῦτο περι-

S 870–874 (§ 2) Manil. II 385–390. Rhet. A p. 153,20–29 ‖ **870** *ἀπέστραπται* Paul. Alex. 11 p. 25,11 (quo spectat Olymp. 4 p. 6,17). Sent. fund. p. 132,25 sq. ‖ **876–920** (§ 1–8) Dor. apud Heph. I 7,1 (cf. Ep. IV 2. Dor. A I 1,8–9). Val. I 2 passim. Mich. Pap. III 149 col. XVI 11–22. Sext. Emp. V 34. Porph. 5. Antr. Nymph. 21–22. Firm. math. II 2,3–5 (cf. III 1,1 et Paul. Alex. 37). Macr. somn. I 21,24–26. Paul. Alex. 2 p. 9,3–6. Heph. I 1 passim. Rhet. B passim. Sent. fund. p. 132,13–30 ‖ **879–882** *βορειότατα … Καρκίνος* Ap. I 20,4. Gem. 2,28. Schol. Arat. 545, cf. Manil. II 510. al. Max. 444.548. Avien. Arat. 1736. Kam. 2130.

875 *ἑκάστου ἀστέρος* **VDSγ** Procl. om. **αM** Co le p. 35,–19 ‖ **876** *πλανῆται* **V** Co le p. 35,–18 *πλάνητες* **αβγ** (recepit Robbins) ‖ **878** *τὸ* **VΣ** *ἡ* **γ** *ὁ* **Y** om. **β** ‖ **879** *φύσιν* **VLY** Procl. *φυσικὴν αἰτιλογίαν* **Σβγ** (cf. Co p. 36,–11 *ἔχει φύσικάν* [sic]· *τουτεστί, αἰτίαν*) | *γὰρ* om. **α** | *βορειότατα* **αS** *βορειότερα* **VLDMγ** ‖ **880** *τοῦ … τόπου* **VLY** *τῷ … τόπῳ* **ΣDγ** *τῷ* **MS** ‖ **881** *ἀλέας* **Vβγ** *ἀλαίας* **Lα**

ποιητικὰ τυγχάνοντα ὅ τε Καρκίνος καὶ ὁ Λέων ἐστί, τὰ δύο ταῦτα τοῖς μεγίστοις καὶ κυριωτάτοις, τουτέστι τοῖς
3 δύο φωσὶν ἀπένειμαν οἴκους, τὸ μὲν τοῦ Λέοντος ἀρρενικὸν ὂν τῷ ἡλίῳ, τὸ δὲ τοῦ Καρκίνου θηλυκὸν τῇ σε- 885 λήνῃ. καὶ ἀκολούθως τὸ μὲν ἀπὸ Λέοντος μέχρι Αἰγόκερω ἡμικύκλιον ἡλιακὸν ὑπέθεντο, τὸ δὲ ἀπὸ Ὑδροχόου μέχρι Καρκίνου σεληνιακόν, ὅπως ἐν ἑκατέρῳ τῶν ἡμικυκλίων ἓν ζῴδιον καθ' ἕκαστον τῶν πέντε ἀστέρων οἰκείως ἀπονεμηθῇ (τὸ μὲν πρὸς ἥλιον, τὸ δὲ πρὸς σελήνην ἐσχη- 890 ματισμένον) ἀκολούθως ταῖς τε τῶν κινήσεων αὐτῶν σφαίραις καὶ ταῖς τῶν φύσεων ἰδιοτροπίαις.

4 τῷ μὲν οὖν τοῦ Κρόνου ψυκτικῷ ὄντι μᾶλλον τὴν φύσιν κατ' ἐναντιότητα τοῦ θερμοῦ καὶ τὴν ἀνωτάτω καὶ μακρὰν τῶν φώτων ἔχοντι ζώνην ἐδόθη τὰ διάμετρα ζῴδια 895 τοῦ τε Καρκίνου καὶ τοῦ Λέοντος (ὅ τε Αἰγόκερως καὶ ὁ m 38 Ὑδροχόος), μετὰ τοῦ καὶ ταῦτα τὰ δωδεκατημόρια ψυχρὰ c 10v καὶ χειμερινὰ τυγχάνειν καὶ ἔτι τοῦ τὸν κατὰ διάμετρον
5 συσχηματισμὸν ἀσύμφωνον πρὸς ἀγαθοποιίαν εἶναι. τῷ δὲ

882 *ὅ τε Καρκίνος καὶ ὁ Λέων* **VLβγ** *τῷ τε* ♋ *ἐστὶ καὶ* ♌ **Y** *τό τε τοῦ* ♋ *ἐστὶ καὶ τὸ τοῦ* ♌ **Σ** || **883** *τοῖς δύο* **VLDγ** *τούτοις* **MS** *τοῖς* **α** || **885** *ὂν* om. **VL** || **887** *ἀπὸ Ὑδροχόου* **αβ** *τοῦ Διδύμου* **V** (de numero singulari cf. Cosmam Hierosolymitanum CCAG VIII 3 [1912], p. 121,17. 122,4 app. cr., al.) *ἀπὸ* ♋ **γ** || **889** *ἓν*] *ἐν τῷ* **V** | *πέντε* om. **α** || **891** *τε* **VLD** om. **αMSγ** || **893** *οὖν* **γ** *διὰ* **V** *δὴ* **L** *δὲ* **Y** *γὰρ* **Σ** (recepit Robbins) om. **β** || **894** *τὴν* om. **β** || **895** *ζώνην*] *ζωὴν* **V** | *τὰ διάμετρα* om. **V** || **896** *Αἰγόκερως καὶ ὁ Ὑδροχόος* **DSγ** *Αἰγόκερως καὶ Ὑδροχόος* **α** *Ὑδροχόος καὶ ὁ Αἰγόκερως* **LM** *Ζυγὸς καὶ ὁ Αἰγόκερως* **V** || **897** *τοῦ καὶ* om. **V** || **898** *τοῦ τὸν* Boll *τοῦτον* **V** *τῶν* **L** *τῶν τῶν* **Y** *τοῦ* **Σ** *τὸ τῶν* **β** *τὸ τοῦ* **γ** *τὸν* Robbins tacite | *κατὰ διάμετρον* **VΣγ** *διαμέτρων* **LY** om. **β** || **899** *συσχηματισμὸν* **V** *συσχηματισμῶν* **LYβ** *συσχηματισμοῦ* **γ**

900 *τοῦ Διὸς ὄντι εὐκράτῳ καὶ ὑπὸ τὴν τοῦ Κρόνου σφαῖραν*
ἐδόθη τὰ ἑχόμενα δύο τῶν προκειμένων πνευματικὰ ὄντα
καὶ γόνιμα (ὅ τε Τοξότης καὶ οἱ Ἰχθύες) κατὰ τριγωνικὴν
πρὸς τὰ φῶτα διάστασιν, ἥτις ἐστὶ συμφώνου καὶ ἀγαθο-
ποιοῦ συσχηματισμοῦ. ἐφεξῆς δὲ τῷ τοῦ Ἄρεως ξηραν- **6**
905 *τικῷ μᾶλλον ὄντι τὴν φύσιν καὶ ὑπὸ τὴν τοῦ Διὸς ἔχοντι*
τὴν σφαῖραν τὰ ἑχόμενα πάλιν ἐκείνων ἐδόθη δωδεκατη-
μόρια τὴν ὁμοίαν ἔχοντα φύσιν (ὅ τε Κριὸς καὶ ὁ Σκορ-
πίος) ἀκολούθως τῇ φθαρτικῇ καὶ ἀσυμφώνῳ ποιότητι τὴν
τοῦ τετραγώνου πρὸς τὰ φῶτα ποιοῦντα διάστασιν. τῷ δὲ **7**
910 *τῆς Ἀφροδίτης εὐκράτῳ τε ὄντι καὶ ὑπὸ τὴν τοῦ Ἄρεως*
τὰ ἑχόμενα ἐδόθη δύο ζῴδια γονιμώτατα ὄντα (αἵ τε Χη-
λαὶ καὶ ὁ Ταῦρος) τηροῦντα τὴν συμφωνίαν τῆς ἑξαγώνου
διαστάσεως, καὶ ἐπειδήπερ οὐ πλεῖον δύο δωδεκατημορίων
ὁ ἀστὴρ οὗτος ἐφ' ἑκάτερα τὸ πλεῖστον ἀφίσταται τοῦ

S 901 *πνευματικὰ* Ap. II 12,7–8 (cf. I 19,2)

901 *ἑχόμενα δύο* **VLDγ** *δύο ἑχόμενα* **YMS** *ἑχόμενα* **γ** qui add. post *προκειμένων*: *δύο ιβμορίων* ‖ **903** *ἀγαθοποιοῦ* **Vα** *ἀγαθοῦ* **βγ** ‖ **904** *συσχηματισμοῦ* **VDγ** *σχηματισμοῦ* **LαMS** (praetulit Robbins) ‖ **905** *ὄντι*] *ὅτι* **V** ‖ **906** *δωδεκατημορίων* **V** ‖ **907** *Κριὸς καὶ ὁ Σκορπίος* **VLDγ** *Σκορπίος καὶ ὁ Κριὸς* **αMSc** (quem ordinem mavult Robbins: praecedit domus diurna) ‖ **908** *ἀσυμφώνῳ* **VYβγ** *συμφώνῳ* **L** *ἀκολούθως* repetit **Σ** om. **c** lacunam indicans | *καυστικῇ ἢ ξηραντικῇ* **m** in margine ‖ **909** *τοῦ τετραγώνου* **VL** *τετράγωνον* cett. (recepit Robbins) ‖ **910** *τῆς Ἀφροδίτης* **YDMγ** *τῆς Ἑρμῆς* **V** *τοῦ Ἑρμοῦ* **S** (postea correctum), cf. 1,556 | *εὐκράτῳ* **VLα** (cf. 1,900) *εὐρκατοτέρῳ* **βγ** (praetulit Boll) | *τὴν* (sc. *ζωνὴν*) *τοῦ* **VLDSγ** *τὴν* **Y** *τὸν τοῦ* **ΣM** ‖ **911** *ἐδόθη* om. **α** ‖ **912** *καὶ ὁ* ♉] *εὖ* **V**, cf. 1,999.1099. 2,143.231 | *τοῦ ἑξαγώνου* **V** ‖ **914** *τὸ πλεῖστον* hic **αMS**, post *ἡλίου* **Dγ** om. **VL**

fig. 5. planetarum duplex septizonium

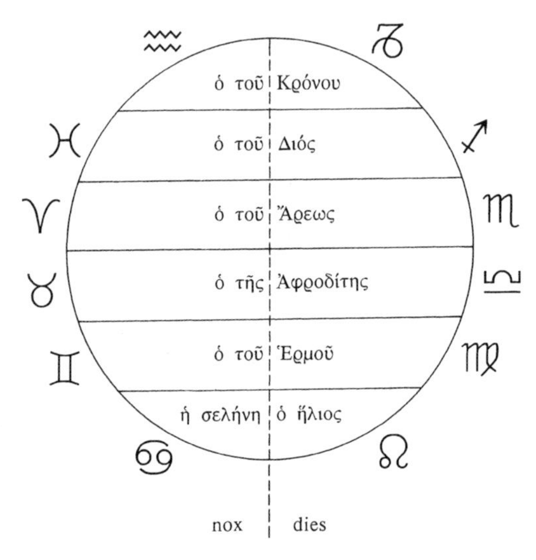

8 *ἡλίου. ἐπὶ τέλει δὲ τῷ τοῦ Ἑρμοῦ οὐδέποτε πλεῖον ἑνὸς δωδεκατημορίου τὴν ἀπὸ τοῦ ἡλίου διάστασιν ἐφ' ἑκάτερα ποιουμένῳ καὶ ὑπὸ μὲν τοὺς ἄλλους ὄντι, σύνεγγυς δὲ μᾶλλόν πως ἀμφοτέρων τῶν φώτων, τὰ λοιπὰ καὶ συνεχῆ τοῖς ἐκείνων οἴκοις ἐδόθη δύο δωδεκατημόρια· τό τε τῶν Διδύμων καὶ τὸ τῆς Παρθένου.* 915 920

915 *οὐδέποτε* **VLDγ** *μηδέποτε* **αMS** | *ἑνὸς* om. **α** ‖ **917** *ποιουμένου* **β** ‖ **918** *πως*] *πρὸς* **L** *ὄντι* repetit **γ** ‖ **919** *δωδεκατημορίοις* **VS** ‖ **920** *τὸ* **Σγ** om. **VYβ**

tab. 6. regiones triangulorum tabellatim

triangulum	planetae			regiones	
	generatim	diei	noctis	platice	secundum mixturam
♈ ♌ ♐	♃ ☉	☉	♃	*βόρειον*	*βορρολιβυκόν*
♉ ♍ ♑	☾ ♀	♀	☾	*νότιον*	*νοταπηλιωτικόν*
♊ ♎ ♒	♄ ☿	♄	☿	*ἀπηλιωτικόν*	*βορραπηλιωτικόν*
♋ ♏ ♓	♂	♀	☾	*λιβυκόν*	*νοτολιβυκόν*

ιθ΄. Περὶ τριγώνων

m 39

1 *Ἡ δὲ πρὸς τὰ τρίγωνα συνοικείωσις τοιαύτη τις οὖσα τυγχάνει. ἐπειδὴ γὰρ τὸ τρίγωνον καὶ ἰσόπλευρον σχῆμα συμφωνότατόν ἐστιν αὐτῷ καὶ ὁ ζῳδιακὸς ὑπὸ τριῶν κύκλων ὁρίζεται (τοῦ τε ἰσημερινοῦ καὶ τῶν δύο τροπικῶν), διαιρεῖται [δὲ] τὰ ιβ΄ αὐτοῦ μέρη εἰς τρίγωνα ἰσόπλευρα τέσσαρα· τὸ μὲν πρῶτον, ὅ ἐστι διά τε τοῦ Κριοῦ καὶ τοῦ Λέοντος καὶ τοῦ Τοξότου, ἐκ τριῶν ἀρρενικῶν ζῳδίων συγκείμενον καὶ οἴκους ἔχον ἡλίου τε καὶ Διὸς καὶ Ἄρεως, ἐδόθη τῷ Διὶ καὶ ἡλίῳ, παρὰ τὴν αἵρεσιν τὴν ἡλιακὴν ὄντος τοῦ Ἄρεως. λαμβάνει δὲ αὐτοῦ τὴν πρώτην οἰκοδεσποτείαν ἡμέρας μὲν ὁ ἥλιος, νυκτὸς δὲ ὁ τοῦ Διός. καὶ ἔστιν ὁ μὲν Κριὸς μᾶλλον πρὸς τῷ ἰσημερινῷ κύκλῳ, ὁ δὲ Λέων πρὸς τῷ θερινῷ, ὁ δὲ Τοξότης πρὸς τῷ χειμερινῷ.*

925 930

S 922–982 (§ 1–8) Ap. II 2,3–5. Manil. II 273–286. Dor. apud Heph. I 6,1–4 (cf. Dor. A I 1,2–3). Val. I 2 passim. II 1,1–9. Paul. Alex. 2 p. 9,12–17 (quo spectat Olymp. 17 p. 33,7–19. 34 p. 107,18–108,5). Rhet. A p. 149,10–24. Rhet. B passim ‖ **930** *αἵρεσιν … ἡλιακὴν* Ap. I 7,2 ‖ **931–932** *οἰκοδεσποτείαν* Ant. CCAG VIII 3 (1912) p. 113,14–19. Porph. 7

924 *αὑτῷ* scripsi *αὐτῷ* **VY** *ἑαυτῷ* **Σβγ**, cf. 1,744 | *ζῳδιακὸς* **Vα** *ζῳδιακὸς κύκλος* (vel ☉ *ος*) **βγ** Procl. Co p. 37,9, cf. 1,684 | *τριῶν* om. **V** ‖ **926** *δὲ* delevi ‖ **927** post *τέσσαρα*: *ὧν* add. **Σ** | *ὅ* **VLγ** om. **αβ** | *τοῦ Κριοῦ* geminavit **V** ‖ **928** post *ἐκ*: *γὰρ* add. **VL** ‖ **929** *τε* om. **M** | *ἡλίου τε καὶ Διὸς καὶ Ἄρεως* **Lβ** Procl. *ἡλίου τε καὶ Διὸς καὶ ἄρρεν* **V** *Ἄρεως καὶ Διὸς* **α** ♂ ☉ *καὶ* ♃ **γ** ‖ **930** *τῷ Διὶ καὶ ἡλίῳ* **LDγ** *δι* sequente lacuna **V** *καὶ ἡλίῳ* **YMS** *τῷ* ☉ *καὶ* ♃ **Σ** | *παρὰ* om. **V** ‖ **931** *ὄντος* **ωc** *ὑπάρχοντος* Procl. *ἐξωσθέντος* **m** | *Ἄρεως* om. **V** spatio relicto | *οἰκοδεσποτείαν* **αβγ** *συνοικοδεσποτείαν* **VL** (recepit Boll) ‖ **932** *ὁ τοῦ Διός* **VαDγ** *ὁ Ζεύς* **MS** ‖ **933** *τῷ ἰσημερινῷ … πρὸς* om. **Y**

935 γίνεται δὲ προηγουμένως μὲν τοῦτο τὸ τρίγωνον βόρειον 2
διὰ τὴν τοῦ Διὸς συνοικοδεσποτείαν, ἐπειδήπερ οὗτος
γόνιμός τέ ἐστι καὶ πνευματώδης, οἰκείως τοῖς ἀπὸ τῶν
ἄρκτων ἀνέμοις· διὰ δὲ τὸν τοῦ Ἄρεως οἶκον λαμβάνει
τινὰ μίξιν τοῦ λιβὸς καὶ συνίσταται βορρολιβυκόν, ἐπειδή-
940 περ ὁ τοῦ Ἄρεως τοιούτων ἐστὶ πνευμάτων ποιητικός, διά
τε τὴν τῆς σελήνης αἵρεσιν καὶ τὸ τῶν δυσμῶν τεθηλυσμένον.

c 11 τὸ δὲ δεύτερον τρίγωνον, ὅ ἐστι διά τε τοῦ Ταύρου 3
καὶ Παρθένου καὶ Αἰγόκερω, συγκείμενον ἐκ τριῶν θηλυ-
945 κῶν, ἀκολούθως ἐδόθη σελήνῃ τε καὶ Ἀφροδίτῃ, οἰκοδεσ-
m 40 ποτούσης αὐτοῦ νυκτὸς μὲν τῆς σελήνης, ἡμέρας δὲ τοῦ
τῆς Ἀφροδίτης. καὶ ἔστιν ὁ μὲν Ταῦρος πρὸς τῷ θερινῷ
μᾶλλον κύκλῳ, ἡ δὲ Παρθένος πρὸς τῷ ἰσημερινῷ, ὁ δὲ
Αἰγόκερως πρὸς τῷ χειμερινῷ. γίνεται δὲ καὶ τοῦτο τὸ τρί- 4
950 γωνον προηγουμένως μὲν νότιον διὰ τὴν τῆς Ἀφροδίτης οἰκοδεσποτείαν, ἐπειδήπερ ὁ ἀστὴρ οὗτος τῶν ὁμοίων ἐστὶ

S 935–982 (§ 2–8) *βόρειον* etc. Gem. 2,8–11. Firm. math. II 12. Paul. Alex. 2 p. 9,18–20. 18 p. 39,10–15 ‖ **937** *γόνιμος … πνευματώδης* Ap. I 18,5 ‖ **941** *τὴν τῆς σελήνης αἵρεσιν* Ap. I 7,2 ‖ **941–942** *τῶν δυσμῶν τεθηλυσμένον* Ap. I 6,2

935 *γίνεται δὲ* **Vγ** *γίνεται δὲ καὶ* **Lαβ** (recepit Robbins) | *μὲν* **αγ** om. **VLβ** ‖ **937** *τε* om. **VL** Procl. ‖ **939** *τινὰ* om. **α**, debuit scribere *μίξιν τινὰ* | *συνίσταται* **αβγ** *γίνεται* **VL** | *βορρολυβικόν* V, cf. *λυβικῷ* Heph. I 20,8 p. 44,9 (cod. **L**) necnon 1,464 ‖ **943** *ὅ* om. **MS** | *τοῦ* om. **MS** ‖ **944** *αἰγοκέρωτος* **S** ‖ **945** post *θηλυκῶν*: *ζῳδίων* add. **βγ** | ante *ἀκολούθως*: *ὅπερ* add. **β** | *σελήνῃ*] *σελητὲ* V *τῇ τε* ☾ **γ** | *τῷ τῆς* ♀ **γ** ‖ **946** *αὐτοῦ* **Yβγ** *αὐτῷ* **VL** *αὐτῶν* **Σ** ‖ **947** *τῆς Ἀφροδίτης*] *τῆς Ἑρμῆς* V, cf. 1,556 | *Ταῦρος*] *Κριὸς* **V** ‖ **948** *Παρθένος … ὁ δὲ* om. V sc. saltans ad siglum simile, cf. 1,1099.1164. 3,1484. 4,204.640 necnon Hübner, Eigenschaften 421–429, ubi addas Porph. 43 p. 215,16

fig. 7. regiones triangulorum figurate

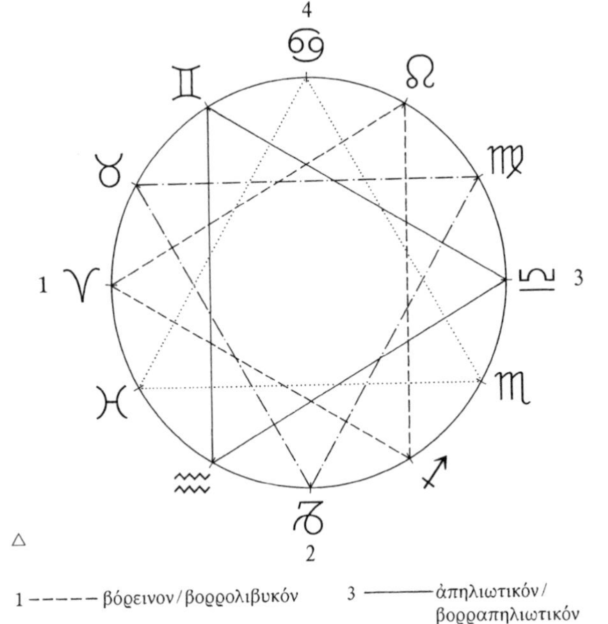

1 - - - - - βόρειον/βορρολιβυκόν

3 ——— ἀπηλιωτικόν/βορραπηλιωτικόν

2 —·——·— νότιον/νοταπηλιωτικόν

4 ·········· λιβυκόν/νοτολιβυκόν

πνευμάτων διὰ τὸ θερμὸν καὶ ἔνικμον τῆς δυνάμεως ποιητικός· προσλαβὸν δὲ μίξιν ἀπηλιώτου (διὰ τὸ τὸν τοῦ Κρόνου οἶκον ἐν αὐτῷ τυγχάνειν, τὸν Αἰγόκερων) συνίσταται καὶ αὐτὸ νοταπηλιωτικὸν κατ' ἀντίθεσιν τοῦ πρώτου, ἐπειδήπερ καὶ ὁ τοῦ Κρόνου τοιούτων ἐστὶ πνευμάτων ποιητικός, οἰκειούμενος καὶ αὐτὸς ταῖς ἀνατολαῖς διὰ τὴν πρὸς τὸν ἥλιον αἵρεσιν. 955

952 *διά τε* **βγ** ‖ 953 *τὸ* **VS** om. **LαDMγ** ‖ 955 *αὐτὸ νοταπηλιωτικὸν*] *αὐτὸν ὄντα ἀφηλιωτικὸν* **VL** ‖ 957 *ὠκειωμένος* **βγ**

τὸ δὲ τρίτον τρίγωνον, ὅ ἐστι διά τε Διδύμων καὶ Χη- 5
960 *λῶν καὶ Ὑδροχόου, ἐκ τριῶν ἀρρενικῶν ζῳδίων συγκείμε-*
νον καὶ πρὸς μὲν τὸν τοῦ Ἄρεως μηδένα λόγον ἔχον, πρὸς
δὲ τὸν τοῦ Κρόνου καὶ τὸν τοῦ Ἑρμοῦ διὰ τοὺς οἴκους,
τούτοις ἀπενεμήθη πάλιν, οἰκοδεσποτούντων ἡμέρας μὲν
τοῦ τοῦ Κρόνου διὰ τὴν αἵρεσιν, νυκτὸς δὲ τοῦ τοῦ
965 *Ἑρμοῦ. καὶ ἔστι τὸ μὲν τῶν Διδύμων δωδεκατημόριον* 6
πρὸς τῷ θερινῷ, τὸ δὲ τῶν Χηλῶν πρὸς τῷ ἰσημερινῷ, τὸ
δὲ τοῦ Ὑδροχόου πρὸς τῷ χειμερινῷ. συνίσταται δὲ καὶ
τοῦτο τὸ τρίγωνον προηγουμένως μὲν ἀπηλιωτικὸν διὰ τὸν
τοῦ Κρόνου, κατὰ δὲ τὴν μίξιν βορραπηλιωτικόν, διὰ τὸ
970 *τὴν τοῦ Διὸς αἵρεσιν τῇ τοῦ Κρόνου πρὸς τὸν ἡμερινὸν*
λόγον συνοικειοῦσθαι.

m 41 *τὸ δὲ τέταρτον τρίγωνον, ὅ ἐστι διά τε Καρκίνου καὶ* 7
Σκορπίου καὶ Ἰχθύων, κατελείφθη μόνῳ λοιπῷ ὄντι τῷ τοῦ
Ἄρεως καὶ λόγον ἔχοντι πρὸς αὐτὸ διὰ τὸν οἶκον τὸν
975 *Σκορπίον, συνοικοδεσποτοῦσι δὲ αὐτῷ διά τε τὴν αἵρεσιν*
καὶ τὸ θηλυκὸν τῶν ζῳδίων νυκτὸς μὲν ἡ σελήνη, ἡμέρας
δὲ ὁ τῆς Ἀφροδίτης. καὶ ἔστιν ὁ μὲν Καρκίνος πρὸς τῷ
θερινῷ κύκλῳ, ὁ δὲ Σκορπίος πρὸς τῷ χειμερινῷ μᾶλλον,

959 *τὸ δὲ τρίτον τρίγωνον ὅ ἐστι* **VDγ** *τὸ δὲ τρίτον τρίγωνόν ἐστι* **MS** *τρίτον δὲ τρίγωνόν ἐστι* **α** | *καὶ* om. V, item l. 960 ‖ **960** *Ὑδροχόου*] *Σκορπίου* **V** ut l. 967 *τοῦ* ♒ **γ** ‖ **961** *καὶ* om. **γ** | *οὐδένα* **Dγ** | *ἔχει* **γ** ‖ **963** *ἀπενεμήθη* **VYβγ** *ἀπονεμηθὲν* **Σ** om. **G** | *οἰκοδεσποτοῦντος* **α** ‖ **966** *τὸ*] *τῶ* **A** ‖ **967** *Ὑδροχόου*] *Σκορπίου* **V** ut l. 960 ‖ **970** *τῇ* **LYβγ** *τὴν* **V** *τῷ* **Σ** (sc. *ἀστέρι*, recepit Robbins) | *ἡμερινὸν*] *ἰσημερινὸν* **V** ‖ **972** *ὅ ἐστι* om. **α** ‖ **973** *μόνῳ*] *μὲν* **VL** (maluit Robbins) ‖ **974** *τὸν Σκορπίον* **VY** (recepit Robbins) *τοῦ Σκορπίου* **LDγ** (maluit Boll) *Σκορπίου* **ΣS** om. **M** ‖ **976** *ἡ σελήνη* **VLDγ** *ὁ τῆς* ☾ **MS** *ἄρης* **α**, cf. l. 981 ‖ **977** *τῆς Ἀφροδίτης*] *τῆς Ἑρμῆς* **V**, cf. 1,556

8 οἱ δὲ Ἰχθύες πρὸς τῷ ἰσημερινῷ. καὶ τοῦτο δὲ τὸ τρίγωνον συνίσταται προηγουμένως μὲν λιβυκὸν διὰ τὴν τοῦ Ἄρεως 980 καὶ τῆς σελήνης οἰκοδεσποτείαν, κατὰ μίξιν δὲ νοτολιβυκόν, διὰ τὴν τῆς Ἀφροδίτης συνοικοδεσποτείαν.

κʹ. Περὶ ὑψωμάτων

1 Τὰ δὲ καλούμενα τῶν πλανωμένων ὑψώματα λόγον ἔχει τοιόνδε. ἐπειδὴ γὰρ ὁ ἥλιος ἐν μὲν τῷ Κριῷ γενόμενος 985 τὴν εἰς τὸ ὑψηλὸν καὶ βόρειον ἡμικύκλιον μετάβασιν ποιεῖται, ἐν δὲ ταῖς Χηλαῖς τὴν εἰς τὸ ταπεινὸν καὶ νότιον, εἰκότως τὸν μὲν Κριὸν ὡς ὕψωμα ἀνατεθείκασιν αὐτῷ, καθ' ὃν ἄρχεται καὶ τὸ τῆς ἡμέρας μέγεθος καὶ τὸ τῆς φύσεως αὐτοῦ θερμαντικὸν αὔξεσθαι, τὰς δὲ Χηλὰς ὡς 990
2 ταπείνωμα διὰ τὰ ἐναντία. ὁ δὲ τοῦ Κρόνου πάλιν ἵνα πρὸς τὸν ἥλιον ἔχῃ διάμετρον στάσιν ὥσπερ καὶ ἐπὶ τῶν c 11v οἴκων, τὸν μὲν Ζυγὸν ἀντικειμένως ὡς ὕψωμα ἔλαβε, τὸν δὲ Κριὸν ὡς ταπείνωμα. ὅπου γὰρ τὸ θερμὸν αὔξεται,

S 984–1018 (§ 1–6) Dor. apud Heph. I 8,1–2 (cf. Dor. A I 2,1–2). Plin. nat. II 65. Val. III 4,2–3. Mich. Pap. III 149 col. XVI 23–35. Sext. Emp. V 35–36. Paul. Alex. 2 p. 9,7–11. Heph. I 1 passim. Rhet. A p. 147,21–148,15. Rhet. B passim. Apom. Myst. III 14, CCAG V 1 (1904) p. 154,30–155,12 ‖ **986–987** *ὑψηλὸν … ταπεινὸν* Theo Smyrn. p. 135,2–3 ‖ **993** *Ζυγὸν* Mart. Cap. VIII 886

979 *οἱ δὲ* iteravit **V** ‖ **981** *τῆς* **VLYS** *τὴν τῆς* **ΣDMγ**, cf. l. 976 ‖ **982** *συνοικοδεσποτείαν* **Lβγ** *οἰκοδεσποτείαν* **Vα** (recepit Robbins) ‖ **983** *ὑψωμάτων*] *ἰδιωμάτων* **S**, cf. **V** in indice 1,26 ‖ **987** *εἰκότως* **Vβγ** *εἰκότος* **L** *οἰκ(ε)ίως* **α** ‖ **992** *ἔχῃ διάμετρον στάσιν* **VLD** Procl. *διάμετρον στάσιν ἔχῃ* **α** *διάμετρον στάσιν σχῇ* **MS** *διάμετρον ἔχει στάσιν* **γ** ‖ **993** *Ζυγὸν* om. **V** lacuna relicta

995 *μειοῦται ἐκεῖ τὸ ψυχρόν, καὶ ὅπου τὸ ψυχρὸν αὔξεται,*
m 42 *ἐκεῖ μειοῦται τὸ θερμόν. πάλιν ἐπειδὴ ἐν τῷ ὑψώματι τοῦ* 3
ἡλίου (τῷ Κριῷ) συνοδεύσασα ἡ σελήνη πρώτην ποιεῖται
φάσιν καὶ ἀρχὴν τῆς τοῦ φωτὸς αὐξήσεως καὶ ὡσπερανεὶ
ὑψώσεως ἐν τῷ τοῦ ἰδίου τριγώνου πρώτῳ ζῳδίῳ (τῷ
1000 *Ταύρῳ), τοῦτο μὲν αὐτῆς ὕψωμα ἐκλήθη, τὸ δὲ διάμετρον*
(τὸ τοῦ Σκορπίου) ταπείνωμα.

μετὰ ταῦτα δὲ ὁ μὲν τοῦ Διός τῶν βορείων καὶ γονί- 4
μων πνευμάτων ἀποτελεστικὸς ὤν, ἐν τῷ Καρκίνῳ μάλιστα
βορειότατος γινόμενος αὔξεται πάλιν καὶ πληροῖ τὴν ἰδίαν
1005 *δύναμιν, ὅθεν τοῦτο μὲν τὸ δωδεκατημόριον ὕψωμα πεποι-*
ήκασιν αὐτοῦ, τὸν δὲ Αἰγόκερων ταπείνωμα. ὁ δὲ τοῦ 5
Ἄρεως φύσει καυσώδης ὢν καὶ μᾶλλον ἐν Αἰγόκερῳ διὰ

S 1003 *Καρκίνῳ* Mart. Cap. VIII 885 || **1004** *βορειότατος* Ap. I 18,2 (ubi plura) || **1007** *Αἰγόκερῳ* Mart. Cap. VIII 884

995 *μειοῦται ἐκεῖ τὸ ψυχρόν* **αMS** *ἐκμειοῦται ἐκεῖ τὸ ψυχρόν* **V** *ἐκεῖ μειοῦται τὸ ψυχρόν* **L** (maluit Boll) *μειοῦται τὸ ψυχρὸν ἐκεῖ* **Dγ** | *καὶ*] *πάλιν* **L** | *τὸ ψυχρὸν αὔξεται* **VL** Procl. *ἐκεῖνο μειοῦται* **αβγ** || **996** *ἐκμειοῦται ἐκεῖ τὸ θερμόν* **V** (cf. Procl. *ἐκεῖ τὸ θερμόν μειοῦται*) *μηοῦτε ἐκει* [sic] *τὸ θερμόν* **L** *τὸ θερμὸν αὔξεται* **Y** *τὸ ψυχρὸν αὐξάνει* **Σ** *τὸ ψυχρὸν αὔξεται* **β** *αὔξεται τὸ ψυχρόν* **γ** | *ἐπειδὴ* **Vβγ** *ἐπὶ δεῖ* **Y** *ἐπεὶ δὲ* **Σ** (interpungens post *πάλιν*, inde **cm**), cf. 1,1162. 3,121 || **997** *ἐν τῷ Κριῷ* **α** | *συνοδεύουσα* **Lα** (recepit Robbins) || **998** *ὡσπερανεὶ* Boll *ὥσπερ ἂν εἰ* **Y** *ὥσπερ ἂν εἴη* **V** *ὥσπερ ἂν ἤει* **L** *ὡσπερεὶ* **Σβγc** || **999** *τῷ Ταύρῳ* **Lα** *τῷ* sequente lacuna **V** ut 2,246.262 (cf. 1,912) *τῷ τοῦ Ταύρου* **βγ**, cf. l. 1010 necnon 4,202 || **1002** *μὲν τοῦ Διὸς*] *Ζεὺς* **M** | *τῶν … ἀποτελεστικὸς ὤν*] *διὰ τὸ … ἀποτελεστικὸν* **M** || **1003** *τῷ* om. **M** || **1005** *ὅθεν* om. **γ** | *δωδεκατημόριον* om. **V** spatio relicto

τὸ νοτιώτατος γίνεσθαι καυστικώτατος γινόμενος, καὶ αὐτὸς ὕψωμα μὲν ἔλαβεν εἰκότως κατ' ἀντίθεσιν τῷ τοῦ Διὸς τὸν Αἰγόκερων, ταπείνωμα δὲ τὸν Καρκίνον. 1010

6 *πάλιν ὁ μὲν τῆς Ἀφροδίτης ὑγραντικὸς ὢν φύσει καὶ μᾶλλον ἐν τοῖς Ἰχθύσιν, ἐν οἷς ἡ τοῦ ὑγροῦ ἔαρος ἀρχὴ προσημαίνεται, καὶ αὐτὸς αὐξάνων τὴν οἰκείαν δύναμιν, τὸ μὲν ὕψωμα ἔσχεν ἐν τοῖς Ἰχθύσι, τὸ δὲ ταπείνωμα ἐν τῇ* **7** *Παρθένῳ. ὁ δὲ τοῦ Ἑρμοῦ τὸ ἐναντίον μᾶλλον ὑπόξηρος* 1015 *ὢν εἰκότως κατὰ τὸ ἀντικείμενον ἐν μὲν τῇ Παρθένῳ, καθ' ἣν τὸ ξηρὸν μετόπωρον προσημαίνει, καὶ αὐτὸς ὥσπερ ὑψοῦται, κατὰ δὲ τοὺς Ἰχθύας ὥσπερ ταπεινοῦται.*

κα'. Περὶ ὁρίων διαθέσεως

m 43

1 *Περὶ δὲ τῶν ὁρίων δισσοὶ μάλιστα φέρονται τρόποι· καὶ ὁ* 1020 *μέν ἐστιν Αἰγυπτιακός (ὁ πρὸς τὰς τῶν οἴκων ὡς ἐπίπαν*

T 1019–1188 (§ 1–30) cod. L fol. 148[v]

S 1020–1188 (§ 1–30) Val. III 3,13–17. IV 26,1–5. Mich. Pap. III 149 col. VII 28 – VIII 15. Paul. Alex. 32 (quo spectat Olymp. 34). Cod. Vindobon. philos. gr. 262 (CCAG VI [1903] p. 41) fol. 77[r], cf. Iulian. Laodic. CCAG IV (1903)

1008 *τὸ*] *τὸν* **V** | *νοτιώτατον* **VΣ** (**Y** minus perspicue) Robbins tacite *νοτιώτατος* **βγ** (**C** minus perspicue) Boll | *γενίσθαι* **M** *γενέσθαι* **DS** | *καυστικώτατος* **VLDγ** *καυστικώτερος* **MS** *καὶ καυστικώτερος* **α** | *γενόμενος* **MS** ‖ **1010** *τὸν Αἰγόκερων* **Lα** *τῷ τοῦ Αἰγοκέρου* **V** om. **βγ** ‖ **1011** *μὲν* **YMS** *μέντοι* **Σ** om. **VDγ** ‖ **1012** *ἐν οἷς*] *ενιοις* **Y** | postea *μᾶλλον* iterant **VLβγ** ‖ **1013** *προσημαίνεται* **Σ** *προσημαίνει* **V**, cf. l. 1017 ‖ **1015** *μᾶλλον* **VDγ** *μᾶλον* **Y** *πάλιν* **ΣMS** *πάλιν ἢ μᾶλλον* **G** ‖ **1016** *κατὰ ... προσημαίνει* om. **D** ‖

κυρίας), ὁ δὲ Χαλδαϊκός (ὁ πρὸς τὰς τῶν τριγώνων οἰκοδεσποτείας). ὁ μὲν οὖν Αἰγυπτιακὸς ὁ τῶν κοινῶς φερομένων ὁρίων οὐ πάνυ τι σῴζει τὴν ἀκολουθίαν οὔτε τῆς
1025 *τάξεως οὔτε τῆς καθ' ἕκαστον ποσότητος. πρῶτον μὲν ἐπὶ* **2** *τῆς τάξεως πῇ μὲν τοῖς τῶν οἴκων κυρίοις τὰ πρωτεῖα δεδώκασιν, πῇ δὲ τοῖς τῶν τριγώνων, ἐνίοτε δὲ τοῖς τῶν ὑψωμάτων. ἐπεὶ παραδείγματος ἕνεκεν, εἴτε τοῖς οἴκοις ἠκολουθήκασι, διὰ τί τῷ τοῦ Κρόνου εἰ τύχοι πρώτῳ δε-*

(S) p. 106,16–109,4. || **1020** *δισσοὶ* cf. Sext. Emp. V 37 *διαφωνία* || **1021** *Αἰγυπτιακὸς* Ant. CCAG VIII 3 (1912) p. 105,38–39 (inde Porph. 49 p. 222,18. Rhet. A p. 151,32–152,8)
S 1025–1087 (§ 2–11) Dor. apud Heph. I 1 passim (= Dor. App. II B1). Critod. Ap. (= Anon. De stellis fixis c. 5). Val. I 3,1–60. Tabulae Grandinenses, ed. R. Billoret, Gallia 28 (1970), 306–308. Firm. math. II 6,1–13. Paul. Alex. 3 p. 11,4–12,15

1017 *προσημαίνει* **ω** (*-μένη* **Y**) *προσημαίνετεαι* **c**, cf. l. 1013 || **1018** *ὥσπερ* (post *Ἰχθύας*) om. **α** || **1019** *ὁρίων* **VYβγ** Procl. (cf. 1,27) *τῶν ὁρίων* **LΣ** | *διαθέσεως* **VDSγ** *τῶν πέντε ἀστέρων* **L** om. **αMc** Co p. 39,–5 (cf. 1,27) || **1020–1138** *περὶ* … (§ 1–21) **deficit L** || **1021** *ἐστιν* **VDγ** om. **YMS** | *ὁ πρὸς* … *κυρίας* **α** (cf. *ὡς ἐπίπαν κυρίας* Co le p. 42,–16) om. **Vβγ** Procl. **1022** *ὁ πρὸς* … *οἰκοδεσποτείας* **ω** om. Procl. || **1024** *τι* **Vα** *τοι* **βγ** || **1025** *ἕκαστον*] *ἑκάτερα* **V** | *μὲν γὰρ* **α** (recepit Robbins) || **1026** *ὅτι πῇ* **γ** | *τὰ πρωτεῖα δεδώκασιν* post l. 1027 *τριγώνων* transposuit **Σ** om. **Y** || **1027** *ἐνίοτε*] *ἔνιοι* **S** | *δὲ καὶ* **α** (recepit Robbins) || **1028** *ἐπεὶ παραδείγματος ἕνεκεν* **V** *ἐπὶ παραδείγματος δὲ ἕνεκεν* **Y** *παραδείγματος δὲ ἕνεκεν* **Σ** *ἐπὶ παραδείγματος τοῦ γε ἕνεκεν* **DM** *ἐπὶ παραδείγματος τό γε ἕνεκεν* **S** *ἐπὶ παραδείγματος δὲ ταῦτα εἰλήφθω* **γ** | *εἴτε* **V** *ὅτε* (vix *οἵ τε*) **Y** *ὅ τε* **Σ** *εἰ* **D** *εἴ γε* **MS** (elegit Robbins) *εἴπερ γὰρ* **γ** || **1029** *Κρόνου εἰ τύχοι* om. **V** spatio relicto, *εἰ τύχοι* solum om. **γ**

δώκασιν ἐν Ζυγῷ καὶ οὐ τῷ τῆς Ἀφροδίτης; καὶ διὰ τί ἐν 1030
3 *Κριῷ τῷ τοῦ Διὸς καὶ οὐ τῷ τοῦ Ἄρεως; εἴτε τοῖς τριγώνοις, διὰ τί τῷ τοῦ Ἑρμοῦ δεδώκασιν ἐν Αἰγόκερῳ καὶ οὐ τῷ τῆς Ἀφροδίτης; εἴτε καὶ τοῖς ὑψώμασι, διὰ τί τῷ τοῦ Ἄρεως ἐν Καρκίνῳ καὶ οὐ τῷ τοῦ Διός; εἴτε τοῖς τὰ πλεῖστα τούτων ἔχουσι διὰ τί ἐν Ὑδροχόῳ τῷ τοῦ Ἑρμοῦ δε-* 1035 *δώκασι, τρίγωνον ἔχοντι μόνον, καὶ οὐχὶ τῷ τοῦ Κρόνου;*
4 *τούτου γὰρ καὶ οἶκός ἐστι καὶ τρίγωνον. ἢ διὰ τί ὅλως ἐν Αἰγόκερῳ τῷ τοῦ Ἑρμοῦ πρώτῳ δεδώκασι, μηδένα λόγον ἔχοντι πρὸς τὸ ζῴδιον οἰκοδεσποτείας; καὶ ἐπὶ τῆς λοιπῆς διατάξεως τὴν αὐτὴν ἀναλογίαν ἄν τις εὕροι.* 1040

5 *δεύτερον δὲ καὶ ἡ ποσότης τῶν ὁρίων οὐδεμίαν ἀκολουθίαν ἔχουσα φαίνεται. ὅ τε γὰρ καθ' ἕνα ἕκαστον ἀστέρα* c 12 *ἐπισυναγόμενος ἐκ πάντων ἀριθμός, πρὸς ὅν φασιν αὐτῶν* m 44 *τὰ χρονικὰ ἐπιμερίζεσθαι, οὐδένα οἰκεῖον οὐδὲ εὐαπόδεικτον ἔχει λόγον. ἐὰν δὲ καὶ τούτῳ τῷ κατὰ συναγωγὴν* 1045 *ἀριθμῷ πιστεύσωμεν ὡς ἄντικρυς ὑπ' Αἰγυπτίων ὡμολογημένῳ, πολλαχῶς μὲν καὶ ἄλλως τῆς κατὰ τὸ ζῴδιον ποσότητος ἐναλλασσομένης ὁ αὐτὸς ἀριθμὸς ἂν συναγόμενος εὑρεθείη.*

1030 *οὐ* om. **V** spatio relicto | *τῷ τῆς Ἀφροδίτης*] *ὁ τῆς Ἑρμῆς* **V**, cf. 1,556 ‖ **1031** *οὐ*] *οὕτω* **V** Procl. | *εἴτε* **VY** *εἴτ' ἐν* **β** *εἰ δὲ* **Σγ** ‖ **1033** *εἴτε* **Vαβ** *εἰ δέ γε* **γ** ‖ **1034** *εἴτε* **Vα** *εἰ δὲ* **βγ** ‖ **1036** *ἔχουσι* **V** ‖ **1037** *ὅλως* **VΣβ** *ὅλο* **Y** *ὅλου* **G** *ὅλος* **γc** ‖ **1038** *πρώτῳ* **Vβγ** *πρῶτον* **α** ‖ **1040** *διατάξεως* **G** *διατάξαιως* **Y** *δὲ τάξεως* **VΣαβγ** (recepit Boll), cf. 2,192 | *ἀναλογίαν*] *ἀνακολουθίαν* **c** ‖ **1042** *τε* om. **α** | *ἕκαστον ἀστέρα* **Vβγ** *τῶν ἀστέρων* **α** ‖ **1044** *μερίζεσθαι* **α** ‖ **1045** *δὲ* **α** (quos secutus est Robbins) *τε* **Vβγ** (maluit Boll) | *τούτῳ τῷ*] *τούτῳ* **Y** *τῷ τούτου* **Σ** | *συναγωγὴν* **βγ** *συναγωγῆς* **V** *τὴν ἐπισυναγωγὴν* **α** (recepit Robbins) ‖ **1046** *ὑπ' Αἰγυπτίων* om. **Y** ‖ **1047** *τῆς*] *τοῖς* **Y** ‖ **1048** *ὁ αὐτὸς … εὑρεθείη* om. **γ** (lacuna duodetriginta fere litterarum **B**, add. **A**[2]) | *αὐτὸς* **α** om. **Vβγ** | *ἂν* **VS** *ἐὰν* **DM** om. **α**

1050 καὶ ὃ πιθανολογεῖν τε καὶ σοφίζεσθαί τινες ἐπιχειροῦσι **6**
περὶ αὐτῶν (ὅτι κατὰ παντὸς κλίματος ἀναφορικὸν λόγον
οἱ καθ' ἕκαστον ἀστέρα σχηματιζόμενοί πως χρόνοι τὴν
αὐτὴν ἐπισυνάγουσι ποσότητα) ψεῦδός ἐστι. πρῶτον μὲν **7**
γὰρ ἀκολουθοῦσι τῇ κοινῇ πραγματείᾳ καὶ πρὸς ὁμαλὰς
1055 ὑπεροχὰς τῶν ἀναφορῶν συνισταμένῃ (μὴ κατὰ μικρὸν ἐγ-
γιζούσης τῆς ἀληθείας), καθ' ἣν ἐπὶ τοῦ διὰ τῆς κάτω χώρας τῆς Αἰγύπτου παραλλήλου τὸ μὲν τῆς Παρθένου καὶ
τῶν Χηλῶν δωδεκατημόριον ἐν λη′ χρόνοις ἑκάτερον καὶ
ἔτι τρίτῳ θέλουσιν ἀναφέρεσθαι, τὸ δὲ τοῦ Λέοντος καὶ
1060 τοῦ Σκορπίου ἑκάτερον ἐν λε′, δεικνυμένου διὰ τῶν γραμ-
μῶν, ὅτι ταῦτα μὲν ἐν πλείοσι τῶν λε′ χρόνων ἀναφέρεται,
τὸ δὲ τῆς Παρθένου καὶ τὸ τῶν Χηλῶν ἐν ἐλάττοσι. ἔπειτα **8**
καὶ οἱ τὸ τοιοῦτον ἐπιχειρήσαντες κατασκευάζειν οὐκέτι
φαίνονται κατηκολουθηκότες οὐδὲ οὕτως τῇ παρὰ τοῖς
1065 πλείστοις φερομένῃ ποσότητι τῶν ὁρίων καὶ τὰ πολλὰ διη-
m 45 ναγκασμένοι καταψεύσασθαι καί που καὶ μορίοις μορίων

S **1056–1062** (§ 7 fin.) Synt. II 8 p. 136,17–28 ‖ **1066** *μορίοις μορίων* Schol. Paul. Alex. 5, cf. Ap. I 22,1

1050 *τε καὶ* scripsi *δὲ καὶ* **VY** *δὲ καὶ οὐ* **MS** *καὶ* **ΣDγ** (praetulit Boll) ‖ **1052** *συσχηματιζόμενοι* **α** ‖ **1053** *ψεῦδος* **Vβγ** Procl. *ψευδές* **α** (maluit Boll) ‖ **1054** *ἠκολουθήκασι* **Σ** ‖ **1055** *τῶν*] *τῷ* **V** | *συνιστάμενα* **V** | *μὴ* **VY** *μηδὲ* **Σβγ** | *ἐγγιζούσης* **VMSγ** *ἐγγὺς οὔσῃ* **α** (recepit Robbins) *ἐγγιζομένου* **D** *ἐγγυζούσῃ* Boll ‖ **1058** *ἐν* **Vα** om. **βγ** ‖ **1061** *ἐν*] *ἔτι* **V** ‖ **1062** *ἐν* **αγ** Procl. om. **Vβ** ‖ **1065** *καὶ τὰ* **Vβ** *κατὰ* **Y** *καίτοι* **Σγ** ‖ **1066** *καταψεύσασθαι* **Vβ** *μὴ διαψεύσασθαι* **γ** | *καί που … χρήσασθαι* om. **Y**

χρήσασθαι τοῦ σῶσαι τὸ προκείμενον αὐτοῖς ἕνεκεν, οὐδ' αὐτοῖς (ὡς ἔφαμεν) ἀληθοῦς ἐχομένοις σκοποῦ.

τὰ μέντοι φερόμενα παρὰ τοῖς πολλοῖς διὰ τὴν τῆς ἐπάνωθεν παραδόσεως ἀξιοπιστίαν τοῦτον ὑπόκειται τὸν 1070 *τρόπον·*

9 [tab. 8.] *ὅρια κατ' Αἰγυπτίους*

♈			♉			♊			♋			♌			♍			
♃	ς'	ς'	♀	η'	η'	☿	ς'	ς'	♂	ζ'	ζ'	♃	ς'	ς'	☿	ζ'	ζ'	
♀	ς'	ιβ'	☿	ς'	ιδ'	♃	ς'	ιβ'	♀	ς'	ιγ'	♀	ε'	ια'	♀	ι'	ιζ'	1075
☿	η'	κ'	♃	η'	κβ'	♀	ε'	ιζ'	☿	ς'	ιθ'	♄	ζ'	ιη'	♃	δ'	κα'	
♂	ε'	κε'	♄	ε'	κζ'	♂	ζ'	κδ'	♃	ζ'	κς'	☿	ς'	κδ'	♂	ζ'	κη'	
♄	ε'	λ'	♂	γ'	λ'	♄	ς'	λ'	♄	δ'	λ'	♂	ς'	λ'	♄	β'	λ'	

10

♎			♏			♐			♑			♒			♓			
♄	ς'	ς'	♂	ζ'	ζ'	♃	ιβ'	ιβ'	☿	ζ'	ζ'	☿	ζ'	ζ'	♀	ιβ'	ιβ'	1080
☿	η'	ιδ'	♀	δ'	ια'	♀	ε'	ιζ'	♃	ζ'	ιδ'	♀	ς'	ιγ'	♃	δ'	ις'	
♃	ζ'	κα'	☿	η'	ιθ'	☿	δ'	κα'	♀	η'	κβ'	♃	ζ'	κ'	☿	γ'	ιθ'	
♀	ζ'	κη'	♃	ε'	κδ'	♄	ε'	κς'	♄	δ'	κς'	♂	ε'	κε'	♂	θ'	κη'	
♂	β'	λ'	♄	ς'	λ'	♂	δ'	λ'	♂	δ'	λ'	♄	ε'	λ'	♄	β'	λ'	

S 1072–1084 (§ 9–10) Dor. App. II B1. Val. Add. 6 p. 358

1067 *χρήσασθαι* **MS** *ἐχρήσασθαι* **V** *ἐχρήσαντο* **ΣDγ** *χρῆσθαι* Co le p. 43,14 ‖ **1068** *αὐτοῖς* **Vβ** *αὐτὸ* **α** *αὐτῆς* **γ** | *ἐχομένοις* **VS** *ἐχομένης* **DMγ** *ἔχωμεν* **Y** *ἔχομεν* **G** *ἐχόμενον* **Σ** ‖ **1069** *ἐπάνωθεν* **αMS** *ἔτι ἄνωθεν* **VDγ** (recepit Boll) ‖ **1070** *ὑπόκεινται* **γ** ‖ **1072** *ὅρια κατ' Αἰγυπτίους* **VαDM** *ἔκθεσις Αἰγυπτιακῶν ὁρίων* **γ** om. **S** ‖ **1073–1084** tabulam om. **V** (spatio relicto) **S** (lineis tantum adumbratis ut 1,1174–1185) **Y** (manu posteriore addita, ut vid.) ‖ de Tauro: **1075** ☿ ς'] ☿

1085 *Συνάγεται δὲ ἑκάστου αὐτῶν ὁ ἀριθμὸς οὕτως· Κρόνου* **11**
μοῖραι νζ′, Διὸς οθ′, Ἄρεως ξς′, Ἀφροδίτης πβ′, Ἑρμοῦ
ος′· γίνεται ὁμοῦ τξ′.

tab. 9. Chaldaeorum fines: gradus

	△ 1 ♈ ♌ ♐	△ 2 ♉ ♍ ♑	△ 3 ♊ ♎ ♒	△ 4 ♋ ♏ ♓	fines
	die nocte	die nocte	die nocte	die nocte	
8	♃	♀	♄ ☿	♂	1– 8
7	♀	♄ ☿	☿ ♄	♃	9–15
6	♄ ☿	☿ ♄	♂	♀	16–21
5	☿ ♄	♂	♃	♄ ☿	22–26
4	♂	♃	♀	☿ ♄	27–30
30					

planetarum summae

♄	18 15	21 18	24 21	15 12	78 66
♃	24	12	15	21	72
♂	12	15	18	24	69
♀	21	24	12	18	75
☿	15 18	18 21	21 24	12 15	66 78
					360

η′ **α** ‖ de Cancro: **1075** ♀ *ς′*] ♀ *ζ′* **γ** falso, sed summa integra ‖ de Scorpione: **1083** ♃ *ε′ κδ′*] ♃ *ε′ κε′* **L** ‖ de Capricorno: **1082** ♀ *η′*] ♀ *ζ′* **α** ‖ **1084** ♂ *δ′*] ♂ *ε′* **α** (ita ut summa servetur)
1085–1087 *Συνάγεται … τξ′* om. **ΣS** ‖ **1085** *ὁ* **V** (suprascriptum) om. praeter **ΣS** etiam **YDMγ** ‖ **1086** *μοῖραι* **γ** *μὲν ἔτη* **VDM** *μὲν* **Y** ‖ **1087** *γίνεται … τξ′* om. praeter ceteros etiam **YM** | *γίνονται* **V**, cf. l. 1186 et l. 1113 *συνάγεται* | *ὁμοῦ* **γ** om. cett., cf. l. 1117.1188

12 *Ὁ δὲ Χαλδαϊκὸς τρόπος ἁπλῆν μέν τινα ἔχει καὶ μᾶλλον πιθανήν, οὐχ οὕτως δὲ αὐτάρκη πρός τε τὰς τῶν τριγώνων δεσποτείας τὴν ἀκολουθίαν καὶ τὴν τῆς ποσό-* 1090 *τητος τάξιν, ὥστε μέντοι καὶ χωρὶς ἀναγραφῆς δύνασθαι* **13** *ῥᾳδίως τινὰ διαβάλλειν αὐτούς. ἐν μὲν γὰρ τῷ πρώτῳ τριγώνῳ Κριοῦ καὶ Λέοντος καὶ Τοξότου τὴν αὐτὴν ἔχοντι* m 46 *παρ' αὐτοῖς κατὰ ζῴδιον διαίρεσιν πρῶτος μὲν λαμβάνει ὁ τοῦ τριγώνου κύριος (ὁ τοῦ Διός), εἶθ' ἑξῆς ὁ τοῦ ἐφεξῆς* 1095 *τριγώνου (λέγω δὴ τὸν τῆς Ἀφροδίτης), εἶθ' ἑξῆς ὁ τῶν Δι-* c 12ᵛ *δύμων (ὅ τε τοῦ Κρόνου καὶ ὁ τοῦ Ἑρμοῦ), τελευταῖος δὲ* **14** *ὁ τοῦ λοιποῦ τριγώνου κύριος (ὁ τοῦ Ἄρεως). ἐν δὲ τῷ δευτέρῳ τριγώνῳ Ταύρου καὶ Παρθένου καὶ Αἰγόκερω πά-λιν τὴν αὐτὴν κατὰ ζῴδιον ἔχοντι διαίρεσιν ὁ μὲν τῆς* 1100

1088 titulum inseruerunt: *κατὰ Χαλδαίους* **Σ** *κατὰ τὸν Χαλδαικὸν τρόπον* **S** | *ὁ δὲ*] *τὸ δὲ* **Y** ‖ **1089** post *αὐτάρκη*: *τὴν ἀκολουθίαν* ex l. 1090 anticipavit **γ** | *δὲ* om. **V** | *πρός τε* **Vβγ** *τήν τε πρὸς* **ΥΣ** *τῆς τε πρὸς* **G** | | *τῶν τεσσάρων τριγώνων* **S** *τῶν δ' τριγώνων* **Ψ** (cf. *τῶν* $\Delta^{\omega\nu}$**Σ**) ‖ **1090** *τὴν* ante *ἀκολουθίαν* om. **α** (de stirpe **γ** v. supra) | *ἀκολουθίαν*] *ἀκολούθως* **Φ** ‖ **1092** *ῥᾳδίως τινὰ* **VDγ** *τινα ῥᾳδίως* **MS** *ῥᾳδίως* **αc** | *δια-βάλλειν* **VDγ** *ἐπιβαλεῖν* **αc** *ἐπιβάλλειν* **MS** (cf. 3,817) *διεκβάλλειν* **Σ**² in margine | *αὐτούς* Boll tacite *αὐτοῖς* **Vβ** *αὐταῖς* **αc** *αὐτά* **ΑCΣ**² (in margine) *αὐτόν* **B** ‖ **1094** *πρῶτον* **V** ‖ **1095** *ὁ τοῦ ἐφεξῆς* om. **V** ‖ **1096** *δὴ*] *δὲ* **MS** | *τὸν τῆς Ἀφροδίτης* **Σβ** *ὁ τῆς Ἑρμῆς* **V** ut l. 1100 (cf. 1,556) *τὴν τῆς* ♀ **Y** *ὁ τῆς* ♀ **γ** | *εἶθ' ἑξῆς* **VDγ** *ἐφεξῆς* **α** *εἶθ' ἐφεξῆς* **M** *εἶτ' ἐφεξῆς* **S** *ἐφεξῆς δὲ* Robbins tacite | *ὁ τῶν Διδύμων* **VY** Procl. *οἱ τῶν Διδύμων* **β** *οἱ τοῦ τρίτου, λέγω δὲ* [*δὴ* **A**] **Σγ**, cf. Val. II 2,13 p. 56,22 ‖ **1097** *ὁ* ante *τοῦ Ἑρμοῦ* om. **V** ‖ **1099** *Ταύρου* om. **V**, cf. 1,912 | *καὶ* ante *Παρθένου* om. **γ** | *Αἰ-γόκερω*] *Παρθένῳ* iteravit **V**, cf. 1,948 ‖ **1100** *διαίρεσιν* **VYβ** *διαφορὰν* **Σ** (*διαίρεσιν* in margine) **γ**| *τῆς Ἀφροδίτης*] *τῆς Ἑρ-μῆς* **V** ut l. 1095 q. v.

fig. 10. Chaldaeorum fines: triangula

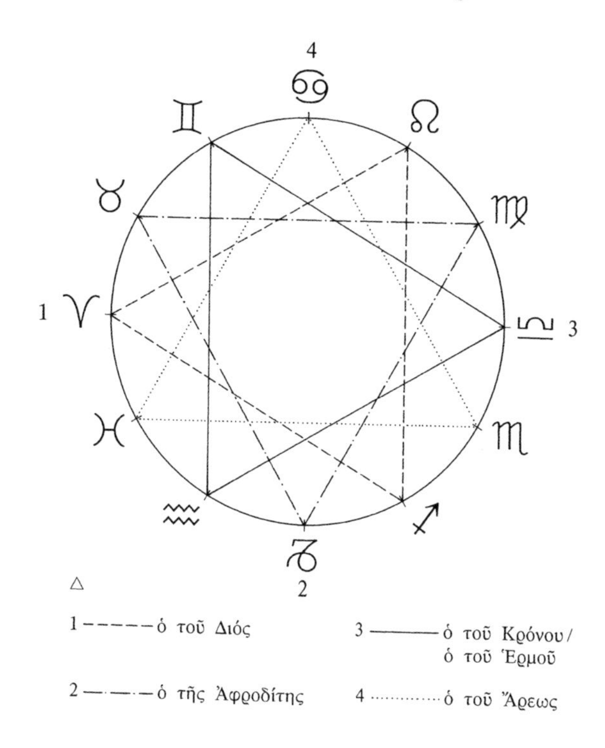

Ἀφροδίτης πρῶτος, εἶθ' ὁ τοῦ Κρόνου πάλιν καὶ ὁ τοῦ Ἑρμοῦ, μετὰ ταῦτα δὲ ὁ τοῦ Ἄρεως, τελευταῖος δὲ ὁ τοῦ Διός. σχεδὸν δὲ καὶ ἐπὶ τῶν λοιπῶν δύο τριγώνων ἡ τάξις ἥδε συνορᾶται. τῶν μέντοι τοῦ αὐτοῦ τριγώνου δύο κυρίων **15**

1102 *δὲ* **αγ** *δὲ καὶ* **Vβ** | *τελευταῖος δὲ*] *τελευταῖος δὲ καὶ* **V** ‖ **1103** *ἥδε* om. **V**

(λέγω δὲ τοῦ τοῦ Κρόνου καὶ τοῦ τοῦ Ἑρμοῦ) τὸ πρωτεῖον 1105
τῆς κατὰ τὸ οἰκεῖον τάξεως ἡμέρας μὲν ὁ τοῦ Κρόνου λαμ-
βάνει, νυκτὸς δὲ ὁ τοῦ Ἑρμοῦ. καὶ ἡ καθ' ἕκαστον δὲ πο-
16 *σότης ἁπλῆ τις οὖσα τυγχάνει. ἵνα γὰρ καθ' ὑπόβασιν τῆς*
τῶν πρωτείων τάξεως καὶ ἡ ποσότης τῶν ἑκάστου ὁρίων
μιᾷ μοίρᾳ λείπηται τῆς προτεταγμένης, τῷ μὲν πρώτῳ 1110
πάντοτε διδόασι μοίρας η', τῷ δὲ δευτέρῳ ζ', τῷ
δὲ τρίτῳ ς', τῷ δὲ τετάρτῳ ε', τῷ δὲ πέμπτῳ δ', συμ-
17 *πληρουμένων οὕτως τῶν κατὰ τὸ ζῴδιον λ' μοιρῶν. συν-*
άγεται δὲ καὶ ἐκ τούτου τοῦ μὲν τοῦ Κρόνου μοῖραι ἡμέ-
ρας μὲν οη', νυκτὸς δὲ ξς', τοῦ δὲ τοῦ Διὸς οβ', τοῦ δὲ 1115
τοῦ Ἄρεως ξθ', τοῦ δὲ τῆς Ἀφροδίτης οε', τοῦ δὲ τοῦ
Ἑρμοῦ ἡμέρας μὲν ξς', νυκτὸς δὲ οη'. γίνεται τὸ πᾶν τξ'.
18 *τούτων μὲν οὖν τῶν ὁρίων ἀξιοπιστότερα ὡς ἔφαμεν* m 47
τυγχάνει τὰ κατὰ τὸν Αἰγυπτιακὸν τρόπον καὶ διὰ τὸ τὴν
συναγωγὴν αὐτῶν παρὰ τοῖς Αἰγυπτίοις συγγραφεῦσιν ὡς 1120
χρησίμην ἀναγραφῆς ἠξιῶσθαι καὶ διὰ τὸ συμφωνεῖν αὐ-
τοῖς ὡς ἐπίπαν τὰς μοίρας τῶν ὁρίων ἐν ταῖς κατατεταγ-

S 1106 *ἡμέρας* Ap. I 7,2

1105 *πρῶτον* V Procl. ‖ **1107** *ἡ* om. **Y** ‖ **1112** *ε'*] *μοίρας πέντε* **V** | *πέμπτῳ* **VS** (*τρίτῳ* suprascriptum) *τελευταίῳ* **αDMγ** fort. recte | *δ'*] *μοίρας δ'* **V** ‖ **1113** *συμπληρουμένων … μοιρῶν* om. **V** Procl. | *συνάγεται* **VDγ** (cf. l. 1087.1186. al. *γίνεται*) *συνάγονται* **αMS** (maluit Robbins) ‖ **1114** *καὶ* om. **γ** | *τούτου* **Vβγ** *τούτων* **α** | *μοῖραι* **αβ** *μοῖρα* **V** (cf. l. 1113) om. **γ** ‖ **1116** *μοίρας οε'* **Vβ** ‖ **1117** *ξς'* **Yβγ** *ξε'* **V** *ξη'* **Σ** | *γίνεται τὸ πᾶν τξ'* **VDγ** *γίνεται μοῖραι τξ'* **Y** *γίνονται μοῖραι τξ'* **Σ** *ὁμοῦ τριάκοντα ἑξήκοντα* **MS**, cf. l. 1087.1113 ‖ **1118** *ὡς ἔφαμεν τυγχάνει* **VαDγ** *φαμεν τυγχάνειν* **MS** om. **c** ‖ **1120** *Αἰγυπτίων* **γ** ‖ **1121** *τὸ*] *τοῦτο* **β** ‖ **1122** *ἐν* om. **α** | *ταῖς κατατεταγμέναις*] *κατὰ τὰς τεταγμένας* **Y**

μέναις παρ' αὐτῶν παραδειγματικαῖς γενέσεσιν· αὐτῶν μέν- 19
τοι τούτων τῶν συγγραφέων μηδαμῇ τὴν σύνταξιν αὐτῶν
1125 μηδὲ τὸν ἀριθμὸν ἐμφανισάντων, ὕποπτον ἂν εἰκότως καὶ
εὐδιάβλητον αὐτῶν γίνοιτο τὸ περὶ τὴν τάξιν ἀνομόλογον.
ἤδη μέντοι περιτετυχήκαμεν ἡμεῖς ἀντιγράφῳ πα- 20
λαιῷ καὶ τὰ πολλὰ διεφθαρμένῳ, περιέχοντι φυσικὸν καὶ
σύμφωνον λόγον τῆς τε τάξεως καὶ τῆς ποσότητος αὐτῶν,
1130 μετὰ τοῦ τάς τε τῶν προειρημένων γενέσεων μοιρογραφίας
καὶ τὸν τῶν συναγωγῶν ἀριθμὸν σύμφωνον εὑρίσκεσθαι τῇ
τῶν παλαιῶν ἀναγραφῇ. τὸ δὲ κατὰ λέξιν τοῦ βιβλίου 21
πάνυ μὲν μακρὸν ἦν καὶ μετὰ περισσῆς τινος ἀποδείξεως,
ἀδιάγνωστον δὲ διὰ τὸ διεφθάρθαι καὶ μόλις ἡμῖν αὐτὴν
1135 τὴν καθόλου προαίρεσιν δυνάμενον ὑποτυπῶσαι καὶ ταῦτα
συνεφοδιαζούσης καὶ αὐτῆς τῆς τῶν ὁρίων ἀναγραφῆς μᾶλλόν πως διὰ τὸ πρὸς τῷ τέλει τοῦ βιβλίου κατατετάχθαι
διασεσωσμένης.

T **1130–1140** *τοῦτον* Procl. non vertit

S **1127–1128** *ἀντιγράφῳ παλαιῷ* Schol. Paul. Alex. 4

1123 *παρ'* **VDγ** *ὑπ'* **αMS** ‖ **1126** *ἀνομόλογον* **VY** *ἀνωμολόγητον* **Σ** *ἀνομολόγητον* **βγ** Co le p. 44,4 ‖ **1127** *ἡμεῖς* om. **β** ‖ **1128** *καὶ τὰ* **Vβγ** *κατὰ* **α** ‖ **1129** *τε* **V** om. cett. ‖ **1130** *προειρημένων γενέσεων* **β** *γενέσεων προειρημένας* **V** *πρωγενομένων γενέσεων* **Y** *προγενομένων γενέσεων* **Σc** *προγινομένων γενέσεων* **G** *γενέσεων* **γ** ‖ **1133** *περισσῆς τινος* **βγ** *περισσῆς* **α** *πολλῆς τινος* **V** (recepit Boll) ‖ **1134** *ἀδιάγνωστον* **βγ** *ἀδιάσωστον* **Vαc** | *διὰ τὸ διεφθάρθαι* **VDγ** *διὰ τὸ ἐφθάρθαι* **MS** *καὶ διεφθάρθαι* **Y** *καὶ διεφθαρμένον* **Σ** | *ἡμῖν* hic **VΣ** post 1135 *δυνάμενον* **Yβγ** ‖ **1135** *ὑποτυπῶσαι* **αβγ** (recepit Robbins tacite) *ὑποδεῖξαι καὶ τυπῶσαι* **V** (praetulit Boll) ‖ **1136** *αὐτῆς τῆς τῶν*] *τῆς αὐτῶν τῶν* **MS** ‖ **1138** *διασεσωσμένης* **V** *διασεσωσμένοις* **Y** *διασεσωσμένων* **Σ** *διασεσωσμένην* **βγ**

22 *ἔχει δὲ γοῦν ὁ τύπος τῆς ὅλης αὐτῶν ἐπιβολῆς τὸν τρόπον τοῦτον· ἐπὶ μὲν γὰρ τῆς τάξεως τῆς καθ' ἕκαστον δωδεκατημόριον παραλαμβάνεται τά τε ὑψώματα καὶ τὰ τρίγωνα καὶ οἱ οἶκοι. καθόλου μὲν γὰρ ὁ μὲν δύο τούτων ἔχων ἀστὴρ οἰκοδεσποτείας ἐν τῷ αὐτῷ ζῳδίῳ προτάσσεται, κἂν κακοποιὸς ᾖ.* m 48 1140

23 *ὅπου δὲ τοῦτο οὐ συμβαίνει, οἱ μὲν κακοποιοὶ πάντοτε ἔσχατοι τάσσονται, πρῶτοι δὲ οἱ τοῦ ὑψώματος κύριοι, εἶτα οἱ τοῦ τριγώνου, εἶτα οἱ τοῦ οἴκου ἀκολούθως τῇ ἐφεξῆς τάξει τῶν ζῳδίων, πάλιν τῶν ἑξῆς ἀνὰ δύο ἐχόντων οἰκοδεσποτείας προτασσομένου τοῦ μίαν ἔχοντος ἐν τῷ αὐτῷ ζῳδίῳ.* c 13 1145

24 *ὁ μέντοι Καρκίνος καὶ ὁ Λέων οἶκοι ὄντες ἡλίου καὶ σελήνης, ἐπεὶ οὐ δίδοται τοῖς φωσὶν ὅρια, ἀπονέμονται τοῖς κακοποιοῖς, διὰ τὸ ἐν τῇ τάξει πλεονεκτεῖσθαι, ὁ μὲν Καρκίνος τῷ τοῦ Ἄρεως, ὁ δὲ Λέων τῷ τοῦ Κρόνου, ἐν οἷς καὶ ἡ τάξις αὐτοῖς ἡ οἰκεία φυλάσσεται.* 1150

25 *ἐπὶ δὲ τῆς ποσότητος τῶν ὁρίων, ὡς μὲν μηδενὸς εὑρισκομένου κατὰ δύο τρόπους κυρίου ἤτοι ἐν αὐτῷ τῷ ζῳδίῳ ἢ καὶ ἐν τοῖς ἐφεξῆς μέχρι τεταρτημορίου, τοῖς μὲν ἀγα-* 1155

S 1150 *ἡλίου καὶ σελήνης* Ap. I 18,2–3 || **1153** *τάξις … οἰκεία* Ap. I 7,2

1139 *δὲ γοῦν* **Y** *δὲ οὖν* **Vβγ** (recepit Boll) *γοῦν* **Σ** || **1140** post *τοῦτον* titulum inseruerunt: *περὶ ὁρίων ὡς* [**V** *ὁ* **Dγ**] *Πτολεμαῖος* **VDγ** | *τῆς καθ' ἕκαστον δωδεκατημόριον* **Vα** *τῶν καθ' ἕκαστον δωδεκατημορίων* **βγ** || **1143** *οἰκοδεσποτ(ε)ίας* om. **α** || **1144** *κἂν*] *καὶ* **V** || **1147** *τῇ ἐφεξῆς* **VLβγ** *τὰ ἑξῆς* **α** | post *ζῳδίων* scholion interpolavit **L** | *τῶν ἑξῆς* **VLβγ** *δὲ ἐφεξῆς* **α** || **1148** *ἀνὰ δύο ἐχόντων* **VLβγ** *ἀνὰ δύο ἐχωντ(ον)* **Y** *οἱ ἀνὰ δύο ἔχοντες* **Σ** | *προτασσομένων* **Vβ** Procl. *προτασσομένου* **γ** (maluit Boll) *προτασσόμενοι* **α** (praetulit Robbins) *προτασσόμενος* **L** || **1150** *δίδονται* **αM**

θοποιοῖς (τουτέστι τῷ τε τοῦ Διὸς καὶ τῷ τῆς Ἀφροδίτης) ἑκάστῳ δίδονται μοῖραι ζ′, τοῖς δὲ κακοποιοῖς (τουτέστι
1160 *τῷ τε τοῦ Κρόνου καὶ τῷ τοῦ Ἄρεως) ἑκάστῳ μοῖραι ε′, τῷ δὲ τοῦ Ἑρμοῦ ἐπικοίνῳ ὄντι μοῖραι ς′ εἰς συμπλήρωσιν τῶν λ′. ἐπειδὴ δὲ ἔχουσί τινες ἀεὶ δύο λόγους (ὁ γὰρ τῆς* **26**
m 49 *Ἀφροδίτης μόνος γίνεται οἰκοδεσπότης τοῦ κατὰ τὸν Ταῦρον καὶ ⟨Παρθένον καὶ⟩ Αἰγόκερων τριγώνου, τῆς σελή-*
1165 *νης εἰς τὰ ὅρια μὴ παραλαμβανομένης), προσδίδοται μὲν ἑκάστῳ τῶν οὕτως ἐχόντων (ἐάν τε ἐν αὐτῷ τῷ ζῳδίῳ, ἐάν τε ἐν τοῖς ἑξῆς μέχρι τεταρτημορίου) μοῖρα μία, οἷς καὶ παρέκειντο στιγμαί. ἀφαιροῦνται δὲ αἱ προστιθέμεναι τοῖς* **27**
διπλοῖς ἀπὸ τῶν λοιπῶν καὶ μοναχῶν, ὡς ἐπὶ τὸ πολὺ δὲ
1170 *ἀπὸ τοῦ τοῦ Κρόνου, εἶτα καὶ τοῦ τοῦ Διὸς διὰ τὸ βραδύτερον αὐτῶν τῆς κινήσεως. ἔστι δὲ καὶ ἡ τούτων τῶν ὁρίων ἔκθεσις τοιαύτη·*

T 1159–1188 cod. Laurentianus XXVIII 14 (CCAG I [1898] 35) fol. 295v

S 1161 *ἐπικοίνῳ* Ap. I 7,1 (ubi plura)

1158 *τε* om. **VL** | *τῷ* ante *τῆς* om. **α** ‖ **1159** *δίδοται* **VLD** | *μοίρας* **V** ‖ **1160** *τῷ τε* **β** om. **VLαγ** | *μοίρας* **VL** ‖ **1162** *ἐπειδὴ δὲ* **VLY** (cf. 1,996) *ἐπεὶ δὲ* **Σc** *εἴγε μὴ* **DMγ** *εἴγε* **S** add. **Σ** in margine: *εἴ γε μὴ ἔχουσί τινες δύο λόγους*, quod in textum recepit **m** ‖ **1162** *τῆς Ἀφροδίτης* **Vα** *τοῦ Ἑρμοῦ* **βγ**, cf. 1,556 ‖ **1163** *οἰκοδεσπότης* **Vα** *συνοικοδεσπότης* **βγ** ‖ **1163** *Ταῦρον καὶ Αἰγόκερων* manus longe posterior in margine **V** (qui omisit sigla) *Καρκίνον καὶ Αἰγόκερων* **α** *Καρκίνον* **βγ** | *⟨Παρθένον καὶ⟩* supplevi propter siglorum similitudinem, cf. 1,1099 necnon 1,948. 4,204 ‖ **1165** *προσδίδοται* **αMS** *προσδίδοντες* **V** *προσδίδονται* **Dγ** ‖ **1166** *ἐὰν* utrobique **VL** *ἂν* **αβγ** ‖ **1167** *ἐν* ante *τοῖς* om. **β** | *ἑξῆς* **VL** *ἐφεξῆς* **αβγ**

28 [tab. 11. *ὅρια κατὰ Πτολεμαῖον*]

♈			♉			♊			♋			♌			♍			
♃	ϛ′	ϛ′	♀	η′	η′	☿	ζ′	ζ′	♂	ϛ′	ϛ′	♄	ϛ′	ϛ′	☿	ζ′	ζ′	1175
♀	η′	ιδ′	☿	ζ′	ιε′	♃	ϛ′	ιγ′	♃	ζ′	ιγ′	☿	ζ′	ιγ′	♀	ϛ′	ιγ′	
☿	ζ′	κα′	♃	ζ′	κβ′	♀	ζ′	κ′	☿	ζ′	κ′	♀	ϛ′	ιθ′	♃	ε′	ιη′	
♂	ε′	κϛ′	♄	δ′	κϛ′	♂	ϛ′	κϛ′	♀	ζ′	κζ′	♃	ϛ′	κε′	♄	ϛ′	κδ′	
♄	δ′	λ′	♂	δ′	λ′	♄	δ′	λ′	♄	γ′	λ′	♂	ε′	λ′	♂	ϛ′	λ′	

29

♎			♏			♐			♑			♒			♓			1180
♄	ϛ′	ϛ′	♂	ϛ′	ϛ′	♃	η′	η′	♀	ϛ′	ϛ′	♄	ϛ′	ϛ′	♀	η′	η′	
♀	ε′	ια′	♃	η′	ιδ′	♀	ϛ′	ιδ′	☿	ϛ′	ιβ′	☿	ϛ′	ιβ′	♃	ϛ′	ιδ′	
♃	η′	ιθ′	♀	ζ′	κα′	☿	ε′	ιθ′	♃	ζ′	ιθ′	♀	η′	κ′	☿	ϛ′	κ′	
☿	ε′	κδ′	☿	ϛ′	κζ′	♄	ϛ′	κε′	♂	ϛ′	κε′	♃	ε′	κε′	♂	ϛ′	κϛ′	
♂	ϛ′	λ′	♄	γ′	λ′	♂	ε′	λ′	♄	ε′	λ′	♂	ε′	λ′	♄	δ′	λ′	1185

T 1174–1179 de Ariete Heph. I 1,10 | de Tauro Heph. I 1,29 | de Geminis Heph. I 1,48 | de Cancro Heph. I 1,67 | de Leone Heph. I 1,87 | de Virgine Heph. I 1,106 ‖ **1180–1185** de Libra Heph. I 1,125 | de Scorpione Heph. I 1,145 | de Sagittario Heph. I 1,165 | de Capricorno Heph. I 1,184 | de Aquario Heph. I 1,203 | de Piscibus Heph. I 1,223

S 1173–1185 (§ 28–29) Cod. Angelicus gr. 74 (CCAG V 1 [1904] p. 57) fol. 108[r]. Cod. Berolinensis 149 (CCAG VII [1908] p. 39) fol. 151[v]

1173 hunc titulum praebent **VLαDM** *ἔκθεσις τῶν κατὰ Πτολεμαῖον ὁρίων* **γ** om. **S** del. Robbins ‖ **1174–1185** tabulam om. **V** (spatio relicto) **S** (lineis tantum adumbratis ut § 9–10), hic ex **L** cum Vat. gr. 1291 et Proclo semper congruente recepta ‖ de Tauro: **1178** ♄ *δ′*] ♄ *β′* **α** ‖ de Geminis: **1176** ♃ *ϛ′ ιγ′*] ♃ *ζ′ ιδ′* **D** ‖ **1177** ♀ *ζ′ κ′*] ♁ *ζ′ κα′* **D** ‖ **1178** ♂ *ϛ′ κϛ′*] ♄ *δ′*

γίνεται καὶ τούτων ἐκ τῆς ἐπισυνθέσεως Κρόνου μοῖραι 30
νζ′, Διὸς οθ′, Ἄρεως ξς′, Ἀφροδίτης πβ′, Ἑρμοῦ ος′·
ὁμοῦ τξ′.

κβ′. Περὶ τόπων καὶ μοιρῶν ἑκάστου

1190 *Διεῖλον δέ τινες καὶ εἰς ἔτι τούτων λεπτομερέστερα τμή-* 1
ματα τὰς οἰκοδεσποτείας, τόπους καὶ μοίρας ὀνομάσαντες·
καὶ τόπον μὲν ὑποτιθέμενοι τὸ τοῦ δωδεκατημορίου δωδε-
m 50 *κατημόριον (τουτέστι μοίρας β′ ἥμισυ) καὶ διδόντες αὐτοῦ*

T 1190–1194 Rhet. A p. 152,17–19 (nec non apud Dor. G p. 327,4–6 Pingree, qui numerat c. I 26)

S 1192–1193 *δωδεκατημορίου δωδεκατημόριον* Manil. II 740 sq. Dor. A I 8,7. Val. I 11. Sext. Emp. V 9 (inde Hippol. ref. haer. V 13,7). Heph. III 4,23–34, cf. Ap. I 21,8 ||

κε′ **D** || **1179** ♄ *δ′ λ′*] ♂ *ε′ λ′* **D** || de Leone: **1175** ♄] ♃ **α** || **1177** ♀] ♄ **α** || **1178** ♃] ♀ **α** || de Libra: **1183** ♃ *η′*] ☿ *η′* **γ** ☿ *ε′* **α** || **1184** ☿ *ε′*] ♃ *ε′* **γ** ♃ *η′* **α** || de Scorpio: **1182** ♃ *η′*] ♀ *ζ′* **α** || **1183** ♀ *ζ′*] ♃ *η′* **α** || de Sagittario: **1182** ♀ *ς′*] ♀ *ε′* **Y** || de Capricorno: **1184** ♂ *ς′*] ♂ *ε′* **α** || **1185** ♄ *ε′*] ♄ *ς′* **α** (ita ut summa servetur) || de Piscibus: **1184** ♂ *ς′*] ♂ *ε′* **α** || **1185** ♄ *δ′*] ♄ *ε′* **α** (item) ||

1186–1188 *γίνεται ... τξ′* (rubro scripsit V) om. **Lα** || **1186** *ἐπισυνθέσεως* **Vβ** *συνθέσεως* **γ** || **1187** *πβ′ Ἑρμοῦ* om. **V** propter siglorum similitudinem, cf. 1,556 || **1188** *ὁμοῦ* **DMγ** *γίνονται* **VS**, cf. 1,1087 || **1189** *κβ′*] *κς′* Rhet. A | *ἑκάστου* om. **Y** ut 1,28, totum titulum om. **Σ** || **1190** *τὰ τμήματα* **Σ** || **1193** *τουτέστι ... ἥμισυ* om. **γ** | *μοίρας*] *μόρια* **V** | post *ἥμισυ*: *ἀρχόμενοι ἀπὸ τοῦ δωδεκατημορίου* [*ζῳδίου* **AC**], *καθ' ὅ ἐστιν ὁ ἀστήρ* add. **ΣAC** *ἀρχόμενοι ἀπὸ τοῦ* sequente lacuna quinque fere litterarum add. **B** | *αὐτοῦ* **Vα** *αὐτῶν* **βγ** ||

τὴν κυρίαν τοῖς ἐφεξῆς ζῳδίοις, ἄλλοι δὲ καὶ κατ' ἄλλας τινὰς ἀλόγους τάξεις, μοῖραν δὲ ἑκάστην πάλιν ἀπ' ἀρχῆς 1195 *ἑκάστῳ διδόντες τῶν ἀστέρων ἀκολούθως τῇ τάξει τῶν*
2 *Χαλδαϊκῶν ὁρίων. ταῦτα μὲν οὐ πιθανὸν καὶ οὐ φυσικὸν ἀλλὰ κενόδοξον ἔχοντα λόγον παρήσομεν. ἐκεῖνο δὲ ἐπι-* c 13ᵛ *στάσεως ἄξιον τυγχάνον οὐ παραλείψομεν ὅτι καὶ τὰς τῶν δωδεκατημορίων καὶ τὰς τῶν ὁρίων ἀρχὰς ἀπὸ τῶν τροπι-* 1200 *κῶν καὶ τῶν ἰσημερινῶν σημείων εὔλογόν ἐστι ποιεῖσθαι, καὶ τῶν συγγραφέων τοῦτό πως ἐμφανισάντων, καὶ μάλιστα διότι τὰς φύσεις καὶ τὰς δυνάμεις καὶ τὰς συνοικειώσεις αὐτῶν ὁρῶμεν ἐκ τῶν προαποδεδειγμένων ἀπὸ τῶν τροπικῶν καὶ ἰσημερινῶν ἀρχῶν καὶ οὐκ ἀπ' ἄλλου τινὸς* 1205
3 *ἐχούσας τὴν αἰτίαν. ἄλλων γὰρ ἀρχῶν ὑποτιθεμένων ἢ μηκέτι συγχρῆσθαι ταῖς φύσεσιν αὐτῶν εἰς τὰς προτελέσεις ἀναγκασθησόμεθα ἢ συγχρώμενοι διαπίπτειν, παραβάντων καὶ ἀπαλλοτριωθέντων τῶν τὰς δυνάμεις αὐτοῖς ἐμπεριποιησάντων τοῦ ζῳδιακοῦ διαστημάτων.* 1210

S 1194 *ἄλλοι ... ἄλλας* v. ad 1,1020

1195 *ἑκάστην* **Vβγ** *ἑκάστῳ* **α** ‖ **1196** *ἑκάστῳ* **VYβγ** *ἑκάστου* **Σ** ‖ **1197** *ταῦτα μὲν οὐ* scripsi (coll. *οὔτε πιθανὸν οὔτε φυσικὸν* Co le p. 48,–17) *ταῦτα μὲν οὖν* **α** (receperunt Boll Robbins) *τοῦτο μὲν οὖν* **V** *τὰ μὲν* **β** *ἡμεῖς δὲ τὰ μὲν* **γ** | *πιθανὸν* ⟨*μόνον*⟩ suppl. Boll coll. 1,1050 *πιθανολογεῖν καὶ σοφίζεσθαι* ‖ **1198** *δὲ* **Vα** *δὲ τὸ* **βγ** ‖ **1199** *καὶ τὰς τῶν ὁρίων* om. **α** haud scio an recte ‖ **1206** *ἐχούσας*] *ἔχοντας* **Σ** | *γὰρ*] *μὲν γὰρ* **α** ‖ **1207** *συγχρῆσθαι* **Lα** *συγχωρῆσθαι* **V** *συγχρήσασθαι* **βγ** ‖ **1209** *ἀπαλλοτριωθέντων* **VY** *ἀλλοτριωθέντων* **Σβγ** | *ἐμπεριποιησάντων* **VLα** *περιποιησάντων* **β** *περιποιούντων* **γ** ‖ **1210** *τοῦ*] *τῶν τοῦ* **β**

κγ΄. Περὶ προσώπων καὶ λαμπηνῶν καὶ τῶν τοιούτων

Αἱ μὲν οὖν συνοικειώσεις τῶν τε ἀστέρων καὶ τῶν δωδεκατημορίων σχεδὸν ἂν εἶεν τοσαῦται. λέγονται δὲ καὶ ἰδιοπροσωπεῖν μὲν ὅταν ἕκαστος αὐτῶν τὸν αὐτὸν διασῴζῃ πρὸς ἥλιον ἢ σελήνην σχηματισμόν, ὅνπερ καὶ ὁ οἶκος αὐτοῦ πρὸς τοὺς ἐκείνων οἴκους· οἷον ὅταν ὁ τῆς Ἀφροδίτης λόγου ἕνεκεν ἑξάγωνον ποιήσῃ πρὸς τὰ φῶτα διάστασιν, ἀλλὰ πρὸς ἥλιον μὲν ἑσπέριος ὤν, πρὸς σελήνην δὲ ἑῷος ἀκολούθως τοῖς ἐξ ἀρχῆς οἴκοις. λαμπήναις δ' ἐν ἰδίαις λέγονται εἶναι καὶ θρόνοις καὶ τοῖς τοιούτοις, ὅταν κατὰ δύο ἢ καὶ πλείους τῶν προεκτεθειμένων τρόπων συνοικειούμενοι τυγχάνωσι τοῖς τόποις ἐν οἷς καταλαμβάνονται, τότε μάλιστα τῆς δυνάμεως αὐτῶν πρὸς ἐνέργειαν αὐξομέ-

(margin: 1 — line 1213; 1215; 1220; 2 — line 1220)

T **1211–1224** *καταλαμβάνονται* (§ 1–2) Heph. I 19,1–2

S **1221** *θρόνοις* Mich. Pap. III 149 col. XVI 24

1211 *προσώπων*] *ἰδιοπροσώπων* **Σ** Co p. 49,9 *ἰδιοπροσωπίας* Heph. | *καὶ τῶν τοιούτων* **Vβγ** *καὶ θρόνων* **Σ** Heph. om. **Y** || **1213** *τε*] *ε΄* **A** || **1214** *ἰδιοπροσωπεῖν* **Vβγ** Heph. *ἰδιοπρόσωποι* **α** || **1215** *ὅταν* om. **Σ** || **1216** *πρὸς τὸν ἥλιον* **βγ** | *συσχηματισμόν* **V** || **1218** *ποιῇ* **α** Heph. || **1220** *λαμπήναις δ(ὲ) ἐν ἰδίαις* **VYβγ** *ἐν ἰδίοις θρόνοις* **L** *καὶ ἐν λαμπήναις ἰδίαις* **Σ** || **1221** *λέγονται* **Σ** om. **VLYβγ** post *τοιούτοις* transposuit Heph. | *θρόνοις*] *λαμπήναις* **L**, v. supra | *τοιούτοις* **Vα** *τοιούτοις οἱ ἀστέρες λέγονται* **β** *τοιούτοις λέγονται οἱ ἀστέρες* **γ** || **1222** *καὶ* **Vα** *κατὰ* **βγ** || **1224** *τότε* **VY** *τότε γὰρ* **ΣMSγ** | *αὐξανομένης* **α**

νης διὰ τὸ ὅμοιον καὶ συμπρακτικὸν τῆς τῶν περιεχόντων 1225
δωδεκατημορίων ὁμοφύλου οἰκειότητος.

3 *χαίρειν δέ φασιν αὐτούς, ὅταν κἂν μὴ πρὸς αὐτοὺς ᾖ ἡ συνοικείωσις τῶν περιεχόντων ζῳδίων, ἀλλὰ μέντοι πρὸς τοὺς τῶν αὐτῶν αἱρέσεων, ἐκ μακροῦ μὲν μᾶλλον οὕτως γινομένης τῆς συμπαθείας, κοινωνούσης δὲ ὅμως καὶ κατὰ* 1230 *τὸν τοιοῦτον τρόπον τῆς ὁμοιότητος· ὥσπερ, ὅταν ἐν τοῖς ἠλλοτριωμένοις καὶ τῆς ἐναντίας αἱρέσεως τόποις καταλαμβάνωνται, πολὺ παραλύεται τῆς οἰκείας αὐτῶν δυνάμεως, ἄλλην τινὰ φύσιν μικτὴν ἀποτελούσης τῆς κατὰ τὸ ἀνόμοιον τῶν περιεχόντων ζῳδίων κράσεως.* 1235

κδʹ. Περὶ συναφῶν καὶ ἀπορροιῶν καὶ τῶν ἄλλων δυνάμεων

c 14
m 52

1 *Καθόλου συνάπτειν μὲν λέγονται τοῖς ἑπομένοις οἱ προηγούμενοι, ἀπερρυηκέναι δὲ οἱ ἑπόμενοι τῶν προηγουμένων,*

S 1227 *χαίρειν* Dor. A I 1,9 (aliter Dor. apud Heph. I 7). Ant. CCAG VIII 3 (1912) p. 107,35. Val. II 7,1. 9,6. 32,3.4 (ex Timaeo). III 5,1.2.4. Porph. 54. Firm. math. I 4,6. II 3,2. 7,1. al. Rhet. A p. 159,20–29. al. Apom. Myst. I 151 (ined.), aliter Manil. II 167. al. ‖ **1238–1249** (§ 1–2) Porph. 11.13 (~ Heph. I 14,1–2). Firm. math. IV 25,1–2. Paul. Alex. 17 p. 36–38 (quem interpretatur Olymp. 2 p. 3). Rhet. A p. 158,13–18. Ps.Serap. CCAG VIII 4 (1921) p. 228,34–229,10

1226 *ὁμοφύλου* **L** *ὁμοφίλου* **V** *ὁμοφυοῦς* **αβγ** *ὁμοφυλοῦς* Feraboli perperam | *οἰκειότητος*] *οἰκειώσεως* **Σ** | postea *ἰδιοθρονεῖν καὶ λάμπειν λέγονται* add. **Σβγ** ‖ **1227** *χαίρειν*] *φέρειν* **V** ‖ **1228** *συνοικειώσεις* **V** ‖ **1229** *μὲν* om. **α** ‖ **1230** *κοινωνούσης* **Vβγ** *κοινωνοῦσι* **α** | *ὅμως* **Vβγ** *ὁμοίως* **α** ‖ **1231** *τοιοῦτον* **Vβγ** *αὐτὸν* **α** ‖ **1233** *τῆς* **Vβγ** *τὸ τῆς* **α** ‖ **1238** *καθόλου* **Vβγ** *καὶ καθόλου δὲ* **α** ‖ **1239** *ἀπερρυηκέναι* **αγ** *ἀπερρευκέναι* **Vβ**

1240 ἐφ' ὅσον ἂν μὴ μακρὸν ᾖ τὸ μεταξὺ αὐτῶν διάστημα. παραλαμβάνεται δὲ τὸ τοιοῦτον ἐάν τε σωματικῶς ἐάν τε καὶ κατά τινα τῶν παραδεδομένων σχηματισμῶν συμβαίνῃ· πλὴν ὅτι γε πρὸς μὲν τὰς δι' αὐτῶν τῶν σωμάτων συν- 2 αφὰς καὶ ἀπορροίας καὶ τὰ πλάτη παρατηρεῖν αὐτῶν χρή-
1245 σιμον εἰς τὸ μόνας τὰς ἐπὶ τὰ αὐτὰ μέρη τοῦ διὰ μέσων εὑρισκομένας παρόδους παραδέχεσθαι. πρὸς δὲ τὰς διὰ τῶν συσχηματισμῶν περισσόν ἐστι τὸ τοιοῦτον, πασῶν ἀεὶ τῶν ἀκτίνων ἐπὶ τὰ αὐτά (τουτέστιν ἐπὶ τὸ κέντρον τῆς γῆς) φερομένων καὶ ὁμοίως πανταχόθεν συμβαλλουσῶν.

1250 ἐκ δὴ τούτων ἁπάντων εὐσύνοπτον ὅτι τὸ μὲν ποιὸν 3 ἑκάστου τῶν ἀστέρων ἐπισκεπτέον ἔκ τε τῆς ἰδίας αὐτῶν φυσικῆς ἰδιοτροπίας καὶ ἔτι τῆς τῶν περιεχόντων δωδεκατημορίων ἢ καὶ τῆς τῶν πρός τε τὸν ἥλιον καὶ τὰς γωνίας συσχηματισμῶν κατὰ τὸν ἐκτεθειμένον ἡμῖν περὶ αὐτῶν

S **1251–1252** *ἰδίας* ... *ἰδιοτροπίας* Rhet. A p. 159,11–14 ‖ **1252** *περιεχόντων* Ap. III 5,2. Ant. CCAG VIII 3 (1912) p. 114,23–27. Porph. 14 (~ Heph. I 15,1–2). Rhet. A p. 159,7–10 ‖ **1253–1259** (§ 3 fin.) Dor. A I 6,6. IV 1,5. Maneth. II(I) 403–409. Porph. 53 p. 227,2–6. Paul. Alex. 14 p. 28,19–29,16. Hermipp. II 57, aliter Porph. 54 p. 228,7–9. Plotin. Enn. II 3,3 l. 18–19. Rhet. A p. 159,20–29

1242 *κατά τινα* **Vαγ** Procl. Co p. 50,–14 *κατ' ἀκτῖνα* **β** ‖ **1246** *παρόδους* om. **YMS** | *τὰς διὰ τῶν συσχηματισμῶν*] *τὸν γινόμενον σχηματισμὸν* **Σc** ‖ **1247** *ἐστι* **αγ** Procl. *ἔτι* **Vβ** (cf. 2,189. 3,556) *ἔτη* **L** ‖ **1250** titulum inseruit **S**[2]: *περὶ τοῦ ἐκ τίνος δεῖ γινώσκειν τὴν ποιότητα τῶν ἀστέρων καὶ ἐκ τίνος τὴν τούτων δύναμιν* ‖ **1253** *τὰς γωνίας* **αMS** Procl. *τῶν γωνιῶν* **VDγ** ‖ **1254** *συσχηματισμῶν* **βγ** Procl. *συσχηματισμοὺς* **Y** *σχηματισμῶν* **VLΣ** | *αὐτῶν τούτων* **VLγ** *πάντων τούτων* **α** *αὐτῶν τούτων πάντων* **D** *αὐτῶν πάντων τούτων* **M** *αὐτῶν πάντων* **S**

τούτων τρόπον, τὴν δὲ δύναμιν πρῶτον μὲν ἐκ τοῦ ἤτοι 1255
ἀνατολικοὺς αὐτοὺς εἶναι καὶ προσθετικοὺς ταῖς ἰδίαις κι-
νήσεσι (τότε γὰρ μάλιστά εἰσιν ἰσχυροί) ἢ δυτικοὺς καὶ
ἀφαιρετικούς (τότε γὰρ ἀσθενεστέραν ἔχουσι τὴν ἐνέρ- m 53
4 *γειαν), ἔπειτα καὶ ἐκ τοῦ πως ἔχειν πρὸς τὸν ὁρίζοντα· μεσ-*
ουρανοῦντες μὲν γὰρ ἢ ἐπαναφερόμενοι τῷ μεσουρανήματι 1260
μάλιστά εἰσι δυναμικοί, δεύτερον δὲ ὅταν ἐπ' αὐτοῦ τοῦ
ὁρίζοντος ὦσι ἢ ἐπαναφέρωνται, καὶ μᾶλλον ὅταν ἐπὶ τοῦ
ἀνατολικοῦ, ἧττον δὲ ὅταν ὑπὸ γῆν μεσουρανῶσιν ἢ
ἄλλως συσχηματίζωνται τῷ ἀνατέλλοντι τόπῳ. μὴ οὕτως δὲ
ἔχοντες ἀδύναμοι παντελῶς τυγχάνουσιν. 1265

S 1259–1265 (§ 4) Val. II 2,3, cf. III 5,20

1255 *ἤτοι* om. **βγ** ‖ **1257** *δυτικοὺς καὶ ἀφαιρετικούς* **αβγ** *ἀφαιρετικοὺς καὶ δυτικούς* **VL** ‖ **1259** *πως ἔχειν*] an *πῶς ἔχουσι*? ‖ **1260** *ἐπιφερόμενοι* **α** ‖ **1261** *μάλιστά εἰσι δυναμικοί* om. **γ** ‖ **1264** *μὴ* om. **V** ‖ **1265** *ἀδύναμοι* **αS** Procl. *ἀδύνατοι* **VDMγ** (praetulit Boll) ‖ **subscriptiones:** *τέλος τοῦ α' βιβλίου Κλαυδίου Πτολεμαίου* **V** *τέλος τοῦ πρώτου βιβλίου τῶν ἀποτελεσματικῶν Πτολεμαίου* **S** *τέλος τοῦ α' βιβλίου* **Dγ** *τέλος Κλαυδίου Πτολεμαίου ἀποτελεσματικῶν πρῶτον* **M** om. **α**

c 14ᵛ

ΒΙΒΛΙΟΝ Β'

Τάδε ἔνεστιν ἐν τῷ β' βιβλίῳ

α'. διαίρεσις τῆς καθολικῆς ἐπισκέψεως
β'. περὶ τῶν καθ' ὅλα κλίματα ἰδιωμάτων
5 γ'. περὶ τῆς τῶν χωρῶν πρὸς τὰ τρίγωνα καὶ πρὸς τοὺς ἀστέρας συνοικειώσεως
δ'. ἔκθεσις τῶν ἀνηκουσῶν χωρῶν ἑκάστῳ τῶν ζῳδίων
ε'. ἔφοδος εἰς τὰς κατὰ μέρος προτελέσεις τῶν ἐκλείψεων
ς'. περὶ τῆς τῶν διατιθεμένων χωρῶν ἐπισκέψεως
10 ζ'. περὶ τοῦ χρόνου τῶν ἀποτελουμένων
η'. περὶ τοῦ γένους τῶν διατιθεμένων
θ'. περὶ τῆς αὐτοῦ τοῦ ἀποτελέσματος ποιότητος
ι'. περὶ χρωμάτων ἐκλείψεως καὶ κομητῶν καὶ τῶν τοιούτων
ια'. περὶ τῆς τοῦ ἔτους νεομηνίας
15 ιβ'. περὶ τῆς μερικῆς πρὸς τὰ καταστήματα φύσεως τῶν ζῳδίων
ιγ'. περὶ τῆς ἐπὶ μέρους τῶν καταστημάτων ἐπισκέψεως
ιδ'. περὶ τῆς τῶν μετεώρων σημειώσεως

T 2–17 CCAG VIII 3 (1912) p. 94,6–23

1 titulum *Κλαυδίου Πτολεμαίου ἀποτελεσματικὸν β'* add. **αM** om. cett. ‖ **2** *Τάδε ... βιβλίῳ* Boll   *τάδε ἔνεστιν ἐν τῷ β' βιβλίῳ τῶν πρὸς Σύρον συμπερασματικῶν* **γ**   *κεφάλαια τοῦ δευτέρου βιβλίου* **VDM** (qui add. *Κλαυδίου Πτολεμαίου*)   *Κλαυδίου Πτολεμαίου ἀποτελεσματικὸν δεύτερον* iteravit e l. 1 **Y** ‖ **3** *α'* etc.] capitum numeros praebent **VYDγ** om. **ΣMS** | *α' ... ἐπισκέψεως* om. **M**   *α' Τὰ μὲν δὴ κυριότερα τῶν πινακικῶς προεκτεθεμένων* **Y** e l. 19 ‖ **4** *καθ' ὅλα*] *καθόλου* **DM** | *κλιμάτων ἢ ἰδιωμάτων* **DM** ‖ **5** *πρὸς* alterum om. **YDγ** (non ita 2,120) | *τοὺς ἀστέρας*] *ἑξάγωνα* **D** propter siglorum similitudinem ut 2,120 ‖ **7** *ἔκθεσις ... ζῳδίων* om. **YM** | *ἑκάστῳ τῶν ζῳδίων* om. **D** ‖ **8** *ἔφοδος*] *περὶ ἐφόδου* **M** | *τῶν ἐκλείψεων* **VD** om. **YMγ**, cf. 2,512 ‖ **12** *τοῦ* om. **Y** ‖ **13** *ἐκλείψεων* **YM** ‖ **14** *νεομηνίας* **VYD**   *νουμηνίας* **Mγ** ‖ **16** *τῆς τῶν ἐπὶ* **M**

α'. Διαίρεσις τῆς καθολικῆς ἐπισκέψεως

1 *Τὰ μὲν δὴ κυριώτερα τῶν πινακικῶς προεκτεθειμένων εἰς τὴν τῶν κατὰ μέρος προρρήσεων ἐπίσκεψιν ὡς ἐν κεφα-* 20 *λαίοις μέχρι τοσούτων ἡμῖν ἐφοδευέσθω. συνάψομεν δὲ ἤδη κατὰ τὸ ἑξῆς τῆς ἀκολουθίας τὰ καθ' ἕκαστα τῆς τῶν εἰς τὸ δυνατὸν τῆς τοιαύτης προρρήσεως ἐμπιπτόντων πραγματείας, ἐχόμενοι πανταχῇ τῆς κατὰ τὸν φυσικὸν τρόπον ὑφηγήσεως.* 25

2 *εἰς δύο τοίνυν τὰ μέγιστα καὶ κυριώτατα μέρη διαιρουμένου τοῦ δι' ἀστρονομίας προγνωστικοῦ, καὶ πρώτου μὲν ὄντος καὶ γενικωτέρου τοῦ καθ' ὅλα ἔθνη καὶ χώρας ἢ* m 54 *πόλεις λαμβανομένου (ὃ καλεῖται καθολικόν), δευτέρου δὲ καὶ εἰδικωτέρου τοῦ καθ' ἕνα ἕκαστον τῶν ἀνθρώπων* 30 *(ὅπερ καλεῖται γενεθλιαλογικόν), προσήκειν ἡγούμεθα περὶ τοῦ καθολικοῦ πρῶτον ποιήσασθαι τὸν λόγον, ἐπειδήπερ ταῦτα μὲν κατὰ μείζους καὶ ἰσχυροτέρας αἰτίας τρέπεσθαι* **3** *πέφυκε μᾶλλον τῶν μερικῶς ἀποτελουμένων. ὑποπιπτου-*

S 19 *πινακικῶς* Rhet. C p. 118,1 ‖ **34–36** *ὑποπιπτουσῶν … καθόλου* Ap. I 3,7

18 *α'* **VYDγ** om. **ΣMS** et sic deinceps | *διαίρεσις … ἐπισκέψεως* **VDγ** om. **αMS** (**S** etiam reliquorum librorum titulos) ‖ **19** *δὴ* **α** Co le p. 53,4 (iteratum in **Y** l. 3) *οὖν* **β** om. **VLγ** | *κυριώτερα* **VYD** *κυριώτατα* **ΣMSγ** *κυριώτητα* Co le ibid. | post *προεκτεθειμένων*: *ἡμῖν* add. **VDγ**, *νῦν* add. c (quem secutus est Robbins) ‖ **21** *τοσοῦτον* **β** | *ἐφοδεύσθω* **V** | *συνάψωμεν* **α** ‖ **22** *τὰ* **V** *τὰς* (sc. *πραγματείας*) **Σβγ** (recepit Robbins) om. **Y** | *ἕκαστον* **βγ** | *τῆς τῶν* scripsi *τῆς πραγματείας τῶν* **V** (v. infra) *τῶν* **αMSγ** *τῆς* **D** ‖ **23** post *ἐμπιπτόντων*: *τῆς πραγματείας* **Y** *πραγματείας* **V** (iterans) **Σβγ** ‖ **31** *ὅπερ* **V** *ὃ καὶ αὐτὸ* **αβγ** *ὃ κατ' αὐτὸ* Feraboli ‖ **33** *μὲν* **Vα** om. **βγ**

35 *σῶν δὲ ἀεὶ τῶν ἀσθενεστέρων φύσεων ταῖς δυνατωτέραις*
καὶ τῶν κατὰ μέρος ταῖς καθόλου, παντάπασιν ἀναγκαῖον
ἂν εἴη τοῖς προαιρουμένοις περὶ ἑνὸς ἑκάστου σκοπεῖν
πολὺ πρότερον περὶ τῶν ὁλοσχερεστέρων προδιειληφέναι.
καὶ αὐτῆς δὲ τῆς καθολικῆς ἐπισκέψεως τὸ μὲν πάλιν **4**
40 *κατὰ χώρας ὅλας λαμβάνεται, τὸ δὲ κατὰ πόλεις, καὶ ἔτι*
τὸ μὲν κατὰ μείζους καὶ περιοδικωτέρας περιστάσεις, οἷον
πολέμων ἢ λιμῶν ἢ λοιμῶν ἢ σεισμῶν ἢ κατακλυσμῶν καὶ
τῶν τοιούτων, τὸ δὲ κατ' ἐλάττους καὶ καιρικωτέρας, οἷαί
εἰσιν αἱ τῶν ἐτησίων ὡρῶν κατὰ τὸ μᾶλλον καὶ ἧττον
45 *ἀλλοιώσεις περί τε ἀνέσεις ἢ ἐπιτάσεις χειμώνων καὶ*
καυμάτων καὶ πνευμάτων ἢ εὐφορίας τε καὶ ἀφορίας καὶ
τὰ τοιαῦτα. προηγεῖται δὲ καὶ τούτων εἰκότως ἑκατέρου **5**
τό τε κατὰ χώρας ὅλας καὶ τὸ κατὰ μείζους περιστάσεις
m 55 *διὰ τὴν αὐτὴν αἰτίαν τῇ προειρημένῃ. πρὸς δὲ τὴν τούτων*
50 *ἐπίσκεψιν μάλιστα παραλαμβανομένων δύο τούτων (τῆς τε*
τῶν δωδεκατημορίων τοῦ ζῳδιακοῦ καὶ ἔτι τῆς τῶν ἀστέ-

S 42 *λιμῶν ἢ λοιμῶν* Ap. I 3,7. Stob. Anth. I 21 (p. 191, 20–22 W.-H. = Herm. Exc. VI 8). Theoph. Edess. CCAG VIII 1 (1929) p. 268,20.24 sq. Hermipp. II 39

38 *προδιειληφέναι* **V** (cf. indicem) *περιδιειληφέναι* **α** *διειληφέναι* **βγ** ‖ **40** *ὅλαι* **V** | *κατὰ πόλεις*] *κατὰ χώρας καὶ κατὰ πόλεις* **Σ** Procl. (cf. l. 28) ‖ **41** *περιστάσεις* om. **MS** ‖ **42** *ἢ λιμῶν ἢ λοιμῶν* **VM** *ἢ λοιμῶν ἢ λειμῶν* **Sγ** *ἢ λιμῶν* **D** *ἢ λοιμῶν* **α** ‖ **43** *καιρικωτέρας* **VDγ** *καιριωτέρας* **MS** (cf. Procl.) *μικροτέρας* **α** ‖ **44** *ἐτησίων* **Vα** (cf. 1,115) *ἐνιαυσιαίων* **βγ** | *κατὰ* **αβγ** *καὶ ἡ κατὰ* **V** (quem secutus est Boll) *καὶ* **c** *καὶ κατὰ* Robbins tacite ‖ **45** *ἀλλοιώσεις* **αDγ** *ἀλλοίωσις* **V** *ἐναλλοιώσεις* **MS** ‖ **46** *πνευμάτων καὶ καυμάτων* **α** | *ἢ* **α** *καὶ* **βγ** om. **V** | *ἀφορίας καὶ εὐφορίας* **MS** | *τε* **Vα** om. **βγ** ‖ **47** *ἑκατέρων* **βγ** ‖ **48** *τό τε*] *τὸ σκοπεῖν ἢ τὸ λαμβάνεσθαι* **m** ‖ **51** *ἔτι* om. **βγ** | *τῆς* **βγ** *ταῖς* **V** om. **α**

ρων πρὸς ἕκαστα τῶν κλιμάτων συνοικειώσεως καὶ τῶν ἐν τοῖς οἰκείοις μέρεσι κατὰ καιροὺς γινομένων ἐπισημασιῶν,
6 *κατὰ μὲν τὰς συζυγίας ἡλίου καὶ σελήνης τῶν ἐκλειπτικῶν, κατὰ δὲ τὰς τῶν πλανωμένων παρόδους τῶν περὶ τὰς* 55 c 15
ἀνατολὰς καὶ τοὺς στηριγμούς) προεκθησόμεθα τὸν τῶν εἰρημένων συμπαθειῶν φυσικὸν λόγον ἅμα παριστάντες ἐξ ἐπιδρομῆς καὶ τὰς καθ' ὅλα ἔθνη θεωρουμένας ὡς ἐπίπαν σωματικάς τε καὶ ἠθικὰς ἰδιοτροπίας, οὐκ ἀλλοτρίας τυγχανούσας τῆς τῶν συνοικειουμένων ἀστέρων τε καὶ δωδε- 60 *κατημορίων φυσικῆς περιστάσεως.*

β'. Περὶ τῶν καθ' ὅλα κλίματα ἰδιωμάτων

1 *Τῶν τοίνυν ἐθνικῶν ἰδιωμάτων τὰ μὲν καθ' ὅλους παραλλήλους καὶ γωνίας ὅλας διαιρεῖσθαι συμβέβηκεν ὑπὸ τῆς πρὸς τὸν διὰ μέσων τῶν ζῳδίων κύκλον καὶ τὸν ἥλιον αὐ-* 65
2 *τῶν σχέσεως. τῆς γὰρ καθ' ἡμᾶς οἰκουμένης ἐν ἑνὶ τῶν βορείων τεταρτημορίων οὔσης οἱ μὲν ὑπὸ τοὺς νοτιωτέρους παραλλήλους (λέγω δὲ τοὺς ἀπὸ τοῦ ἰσημερινοῦ μέχρι τοῦ θερινοῦ τροπικοῦ) κατὰ κορυφὴν λαμβάνοντες τὸν ἥλιον*

S 63–118 (§ 1–10) Posidon. F 49,310–327 E.-K. (apud Strabonem II 3,7). Vitruv. VI 1,3–11. Manil. IV 711–743. Plin. nat. II 189–190 ‖ **69–75** (§ 2 fin.) Manil. IV 758–759. Gem. 16,26. Cleom. I 1 l. 177. al. Todd ‖ **69** *κατὰ κορυφὴν* Posidon. F 49,50 E.-K. apud Strabonem II 2,3

52 *τῶν* prius om. **γ** ‖ **53** *κατὰ*] *ἐπὶ* **V** ‖ **56** *ἀνατολὰς* om. **V** lacuna relicta ‖ **57** *παριστάντες* **Vαβ** *παριστῶντες* **γ** ‖ **58** *ἐπιδρομῆς* **VαS** *ὑποδρομῆς* **DMγ** *περιδρομῆς* **c** ‖ **62** *κλίματα* **VYβγ** *ἔθνη* **Σc**, cf. *καθ' ὅλα ἔθνη* Co p. 54,–5 ‖ **64** *ὑπὸ* **VYβ** *τὰ δὲ ὑπὸ* **Σγ** ‖ **65** *αὐτῶν* **VΣγ** *αὐτὸν* **Yβ** ‖ **69** *λαμβάνοντες* **VαMS** *λαβόντες* **D** *λαχόντες* **γ** (A^2 in margine *γρ. λαμβάνοντες*)

m 56 70 καὶ διακαιόμενοι, μέλανές τε τὰ σώματα καὶ τὰς τρίχας οὖλοί τε καὶ δασεῖς καὶ τὰς μορφὰς συνεσπασμένοι καὶ τὰ μεγέθη συντετηγμένοι καὶ τὰς φύσεις θερμοὶ καὶ τοῖς ἤθεσιν ὡς ἐπίπαν ἄγριοι τυγχάνουσι διὰ τὴν ὑπὸ τοῦ καύματος συνέχειαν τῶν οἰκήσεων· οὓς δὴ καλοῦμεν κοινῶς 75 Αἰθίοπας. καὶ οὐ μόνον αὐτοὺς οὕτως ὁρῶμεν ἔχοντας, **3** ἀλλὰ καὶ τὸ περιέχον αὐτοὺς τοῦ ἀέρος κατάστημα καὶ τὰ ἄλλα ζῷα καὶ τὰ φυτὰ παρ' αὐτοῖς ἐμφανίζοντα τὴν διαπύρωσιν.

οἱ δὲ ὑπὸ τοὺς βορειοτέρους παραλλήλους (λέγω δὲ τοὺς **4** 80 ὑπὸ τὰς ἄρκτους τὸν κατὰ κορυφὴν ἔχοντες τόπον) πολὺ τοῦ ζῳδιακοῦ καὶ τῆς τοῦ ἡλίου θερμότητος ἀφεστῶτες κατεψυγμένοι μέν εἰσι διὰ τοῦτο, δαψιλεστέρας δὲ μεταλαμβάνοντες τῆς ὑγρᾶς οὐσίας θρεπτικωτάτης οὔσης καὶ ὑπὸ μηδενὸς ἀναπινομένης θερμοῦ, λευκοί τε τὰ χρώματά

S 71 *οὖλοι … συνεσπασμένοι* Porph. Antr. Nymph. 28 p. 74,17 ‖ **73** *ἄγριοι* Aristot. Problem. 14,1 p. 909[a] ‖ **75** *Αἰθίοπας* cf. Manil. IV 758 ‖ **77** *ζῷα καὶ τὰ φυτὰ* Strab. II 3,7. Cleom. II 1 l. 380–381 Todd. Plotin. Enn. III 1,5 ‖ **84** *ὑπὸ μηδενὸς ἀναπινομένης θερμοῦ* Ap. I 4,2 (ubi plura)

70 *μέλανες … συνεσπασμένοι* om. **Y** | *τε* om. **V** ut l. 71 ‖ **71** *συνασπασμένοι* **V** | *καὶ … συντετηγμένοι* om. **S** ‖ **73** *τοῦ* om. **α** ‖ **74** *συνέχειαν* **Vα** *ἀεὶ συνέχειαν* **βγ** ut l. 87 | *δὴ καὶ* **βγ** | *κοινῶς* om. **α** ‖ **75** *οὕτως ὁρῶμεν* **VDγ** *ὁρῶμεν οὕτως* **αMS** ‖ **77** *ἐμφανίζοντα* **VYD** *ἐμφανίζονται* **MS** *τοιαύτην ἐμφανίζοντα* **Σγ** | *διαπύρωσιν* **V** *διαπίρωσιν* **Y** *διαπίονσιν* **G** *διάθεσιν* **Σβγ** *τὸ διάπυρον* Procl. (cf. *τῇ πυρώδει … κράσει* Co p. 55,32) ‖ **79** *ὑπὸ* om. **βγ** ‖ **80** *τὸν*] *τῶν* **VY** ‖ **81** *ἀφεστῶτες* **VD** *ἀφεστῶτα* **γ** *διεστηκῶτες* **Y** *διεστηκότες* **ΣGc** *διεστηκότα* **MS** ‖ **82** *δαψιλεστέρας* **VMS** *δαψιλεστέρως* **ΣGγ** *δαψηλεσταίρος* **Y** ‖ **84** *ἀναπινομένης* **Σ** *ἀναπουμένης* **V** *ἀνυπουμένης* **Y** *ἀνικμουμένου* **DM** *ἀνικνουμένης* **Sγ** *ἐξικμαζομένης* Procl.

εἰσι καὶ τετανοὶ τὰς τρίχας τά τε σώματα μεγάλοι καὶ εὐ- 85
τραφεῖς τοῖς μεγέθεσι καὶ ὑπόψυχροι τὰς φύσεις, ἄγριοι δὲ
καὶ αὐτοὶ τοῖς ἤθεσι διὰ τὴν ὑπὸ τοῦ κρύους συνέχειαν
5 *τῶν οἰκήσεων· ἀκολουθεῖ δὲ τούτοις καὶ ὁ τοῦ περιέχοντος*
αὐτοὺς ἀέρος χειμὼν καὶ τῶν φυτῶν τὰ μεγέθη καὶ τὸ
δυσήμερον τῶν ζῴων. καλοῦμεν δὲ τούτους ὡς ἐπίπαν 90
Σκύθας.

6 *οἱ δὲ μεταξὺ τοῦ θερινοῦ τροπικοῦ καὶ τῶν ἄρκτων,*
μήτε κατὰ κορυφὴν γινομένου παρ' αὐτοῖς τοῦ ἡλίου μήτε m 57
πολὺ κατὰ τὰς μεσημβρινὰς παρόδους ἀφισταμένου, τῆς
τῶν ἀέρων εὐκρασίας μετειλήφασι, καὶ αὐτῆς μὲν δια- 95
φερούσης, ἀλλ' οὐ σφόδρα μεγάλην τὴν παραλλαγὴν τῶν
7 *καυμάτων πρὸς τὰ ψύχη λαμβανούσης. ἔνθεν τοῖς χρώ-* c 15v
μασι μέσοι καὶ τοῖς μεγέθεσι μέτριοι καὶ ταῖς φύσεσιν εὔ-
κρατοι καὶ ταῖς οἰκήσεσι συνεχεῖς καὶ τοῖς ἤθεσιν ἥμεροι
8 *τυγχάνουσι. τούτων δὲ οἱ πρὸς νότον ὡς ἐπίπαν ἀγχινού-* 100
στεροι καὶ εὐμήχανοι μᾶλλον καὶ περὶ τὴν τῶν θείων ἱστο-
ρίαν ἱκανώτεροι διὰ τὸ συνεγγίζειν αὐτῶν τὸν κατὰ κορυ-
φὴν τόπον τοῦ ζῳδιακοῦ καὶ τῶν περὶ αὐτὸν πλανωμένων
ἀστέρων, οἷς οἰκείως καὶ αὐτοὶ τὰς ψυχικὰς κινήσεις εὐεπι-

85 *τά τε* **V** *καὶ τὰ* **αβγ** | *καὶ*] *τε καὶ* **α** | *εὐστραφεῖς* **V** ‖ **87** *συνέχειαν* **Vα** Co p. 56,24 *ἀεὶ συνέχειαν* **βγ** ut l. 74 | *αὐτοὺς* **VY** *αὐτὰς* **βγ** om. **Σ** ‖ **90** *δὲ* **MS** *δὲ καὶ* **VαDγ** ‖ **102** *αὐτῶν* **Vα** *αὐτοῖς* **βγ** ‖ **103** *τῷ ζῳδιακῷ καὶ τοῖς πλανωμένοις περὶ αὐτὸν ἀστράσιν* **Σc** | *περὶ αὐτὸν πλανωμένων*] *πλανωμένων περὶ αὐτὸν* **Y** ‖ **104** *οἷς οἰκείως καὶ* om. **V** lacuna decem fere litterarum patente | *εὐεπιβόλους* **ΣDγ** (cf. Pap. It. 158,10) *εὐεπιβούλους* **VY** *εὐεπηβόλους* **MS**, cf. 2,465. 3,1344.1408 necnon Val. I 19,18 p. 39,10 (*ἐπηβόλους* Pingree *ἐπιβόλους* cod. **M** Kroll *ἐπιβούλους* cod. **V**). II 38,27 (*εὐεπίβολοι* Kroll *εὐεπίβουλοι* cod. **V** *ἐπίβουλοι* cod. S), plura in indice

105 βόλους ἔχουσι καὶ διερευνητικὰς καὶ τῶν ἰδίως καλουμένων μαθημάτων περιοδευτικάς. καθόλου δὲ πάλιν οἱ μὲν **9** πρὸς ἕω μᾶλλόν εἰσιν ἠρρενωμένοι καὶ εὔτονοι τὰς ψυχὰς καὶ πάντα ἐκφαίνοντες, ἐπειδὴ τὰς ἀνατολὰς ἄν τις εἰκότως τῆς ἡλιακῆς φύσεως ὑπολάβοι καὶ τὸ μέρος ἐκεῖνο 110 ἡμερινόν τε καὶ ἀρρενικὸν καὶ δεξιόν, καθ' ὃ καὶ ἐν τοῖς ζῴοις ὁρῶμεν τὰ δεξιὰ μέρη μᾶλλον ἐπιτηδειότητα ἔχοντα πρὸς ἰσχὺν καὶ εὐτονίαν. οἱ δὲ πρὸς ἑσπέραν τεθηλυσμένοι **10** μᾶλλόν εἰσι καὶ τὰς ψυχὰς ἁπαλώτεροι καὶ τὰ πολλὰ m 58 κρύπτοντες, ἐπειδὴ πάλιν τοῦτο τὸ μέρος σεληνιακὸν τυγ- 115 χάνει, πάντοτε τῆς σελήνης τὰς πρώτας ἐπιτολὰς καὶ ἀπὸ συνόδου φαντασίας ἀπὸ λιβὸς ποιουμένης. διὰ δὴ τοῦτο νυκτερινὸν δοκεῖ καὶ θηλυκὸν καὶ εὐώνυμον, ἀντικείμενον τῷ ἀνατολικῷ.

S 110 *ἀρρενικὸν* Ap. I 6 | *δεξιόν* Hom. Il. XII 239 (et schol. A). Plat. Legg. VI p. 760[D]. Aristot. Cael. II 2 p. 285[b]16–19. Hyg. astr. I 6 l. 30 Viré. IV 8 l. 214. Comment. Arat. p. 102,6. 319,1

106 post *εὐεπιβόλους*: *τε* add. **MS** | *καθόλου* **Vβγ** *καὶ τούτων* **α** | *δὲ* om. **V** || **107** *ταῖς ψυχαῖς* **α** || **108** *ἐπειδὴ τὰς ἀνατολὰς* om. **V** parvo spatio relicto || **109** *τῆς ἡλιακῆς φύσεως ὑπολάβοι* **Vα** *τῆς ἡλιακῆς φύσεως τοιαύτας ὑπολάβοι* **β** *ὑπολάβοι τῆς ἡλιακῆς φύσεως εἶναι* **γ** | post *ὑπολάβοι*: *διὰ τοῦτο* add. **Σγ** || **110** *τε ἅμα καὶ* **γ** | *καὶ ἐν* **Yβγ** *κἂν* **Σm** (*κἂν* **c** *κἀν* Robbins) *ἐν* **V** || **111** *ζῳδίοις* **Mγ** || **113** *ἁπαλώτεροι μᾶλλον κατὰ τὰς ψυχὰς* **V** | *ἁπαλώτεροι* **VαS** *ἁπλούστεροι* **DMγ** || **115** *καὶ* om. **ΣSγ** || **116** *δὴ* **VD** *δὲ* **αMS** om. **γ** | *τοῦτο*] *τὸ* **MS** || **117** *καὶ θηλυκὸν* **αβγ** *κλίμα θηλυκὸν* **V** (recepit Robbins) *κλίμα καὶ θηλυκὸν* Boll om. **c** | postea *δοκεῖ* iteravit **Σ** *ἀντικειμένως* **α** || **118** *ἀνατολι* **V** spatio relicto

γ΄. Περὶ τῆς τῶν χωρῶν πρὸς τὰ τρίγωνα καὶ πρὸς τοὺς ἀστέρας συνοικειώσεως 120

1 *Ἤδη δέ τινες καὶ ἐν ἑκάστοις τούτοις τῶν ὅλων μερῶν ἰδιότροποι περιστάσεις ἠθῶν καὶ νομίμων φυσικῶς ἐξηκολούθησαν. ὥσπερ γὰρ ἐπὶ τῶν τοῦ περιέχοντος καταστημάτων καὶ ἐν τοῖς ὡς ἐπίπαν κατειλεγμένοις θερμοῖς ἢ ψυχροῖς ἢ εὐκράτοις καὶ κατὰ μέρος ἰδιάζουσι τόποι καὶ* 125 *χῶραί τινες ἐν τῷ μᾶλλον ἢ ἧττον ἤτοι διὰ θέσεως τάξιν ἢ διὰ ὕψος ἢ ταπεινότητα ἢ διὰ παράθεσιν, ἔτι δὲ ὡς ἱππικοί τινες μᾶλλον διὰ τὸ τῆς χώρας πεδινὸν καὶ ναυτικοὶ διὰ τὴν τῆς θαλάσσης ἐγγύτητα καὶ ἥμεροι διὰ τὴν*
2 *τῆς χώρας εὐθηνίαν, οὕτως καὶ ἐκ τῆς πρὸς τοὺς ἀστέρας* 130 *καὶ τὰ δωδεκατημόρια φυσικῆς τῶν κατὰ μέρος κλιμάτων συνοικειώσεως ἰδιοτρόπους ἄν τις εὕροι φύσεις παρ᾽ ἑκάστοις, καὶ αὐτὰς δὲ ὡς ἐπίπαν, οὐχ ὡς καὶ καθ᾽ ἕνα ἕκα-*

S **127–128** *ἱππικοί* Posidon. F 49,326–327 E.-K. apud Strabonem II 3,7

119 titulum hic praebet **α**, post l. 136 *ἐπελθεῖν* **Vβ** (spatium tantum tit. omisso **S**) **γ** Procl. Co p. 57,–11 (quos secutus est Robbins) | *καὶ*] *καὶ ἑξάγωνα καὶ* **D** *καὶ τὰ ἑξάγωνα καὶ* **M** Co le p. 57,–11 propter siglorum similitudinem, cf. 2,5 ‖ **120** *πρὸς* om. **αMSγ** Co le ibid. | *τοὺς ἀστέρας* om. **M** ‖ **121** *τούτοις* **VαD** *τούτων* **MSγ** (recepit Boll) | *ὅλων μερῶν* **Vβγ** *δώδεκα μερῶν* **Y** *ιβ̄μορίων* **Σ** *δωδεκατημορίων* **c** | post *μερῶν*: ⟨*μορίοις*⟩ suppl. Boll ‖ **122** *παραστάσεις* **V**, cf. 2,872 | *φυσικῶν* **α** ‖ **124** *τοῖς* **V** *αὐτοῖς* **YΣβγ** om. **G** | *κατειλημένοις* **V** *τοῖς κατειληγμένοις* **Σγ** ‖ **125** *τόποι* **Vα** *τόποις* **βγ** ‖ **126** *ἐν τῷ* **αMS** *ἐν τὸ* **V** *τὸ* **Dγ** ‖ **127** *ἢ διὰ ὕψος* **βγ** *ἢ ὕψος* **Vα** ‖ **130** *τοὺς* om. **V** ‖ **131** *καὶ τὰ* **Vβγ** *κατὰ τὰ* **α** | *κλιμάτων* **VGβγ** *λημ(μ)άτων* **YΣc**

στον πάντως ἐνυπαρχούσας. ἀναγκαῖον οὖν, ἐφ᾽ ὅσον ἂν
135 εἴη χρήσιμον, πρὸς τὰς κατὰ μέρος ἐπισκέψεις κεφαλαιωδῶς ἐπελθεῖν.

τεσσάρων δὴ τριγωνικῶν σχημάτων ἐν τῷ ζῳδιακῷ θεω- 3
c 16 ρουμένων – ὡς δέδεικται διὰ τῶν ἔμπροσθεν [I 19] ἡμῖν,
m 59 ὅτι τὸ μὲν κατὰ τὸν Κριὸν καὶ τὸν Λέοντα καὶ τὸν Τοξό-
140 την βορρολιβυκόν τέ ἐστι καὶ οἰκοδεσποτεῖται μὲν προηγουμένως ὑπὸ τοῦ τοῦ Διὸς διὰ τὸ βόρειον, συνοικοδεσποτεῖται δὲ καὶ ὑπὸ τοῦ τοῦ Ἄρεως διὰ τὸ λιβυκόν· τὸ δὲ 4
κατὰ τὸν Ταῦρον καὶ τὴν Παρθένον καὶ τὸν Αἰγόκερων
νοταπηλιωτικόν τέ ἐστι καὶ οἰκοδεσποτεῖται μὲν πάλιν
145 προηγουμένως ὑπὸ τοῦ τῆς Ἀφροδίτης διὰ τὸ νότιον,
συνοικοδεσποτεῖται δὲ ὑπὸ τοῦ Κρόνου διὰ τὸ ἀπηλιωτι-

T **137–458** (§ 3–50) Heph. I 1 passim (adde Ep. IV 1). Vicellius (?) apud Lyd. Ost. 23–26. 55–58. Lyd. Ost. 71 p. 158,16–160,6. Val. App. III 1–49. Anon. CCAG VII (1908) p. 59 fol. 156[v]

S **137–154** (§ 3–5) Ap. I 19,1–8. Dor. A I 28. Gem. 2,8–11. Ant. CCAG VIII 3 (1912) p. 112,20–26. Paul. Alex. 2 passim et p. 9,18–20 (cf. 18 p. 39,10–15). Rhet. B p. 212,18–22. al., cf. Firm. math. II 10,5

134 *ἀναγκαῖον* cum prioribus coniunxerunt **Vβγ**: *ἐνυπαρχούσας ἀναγκαῖον* **VDγ** *ἀναγκαῖον ἐνυπαρχούσας* **MS** | *οὖν* om. **α** | *ὅσον* **Vβγ** *ὧν* **α** ‖ **136** de titulo post *ἐπελθεῖν* posito cf. ad l. 119 ‖ **137** *τριγωνικῶν* **V**(in rasura)**Dγ** *τριγώνων* **αMS** ‖ **138** *ὡς* **VΣDγ** om. **YMS** (quos secutus est Boll) | *ἡμῖν* om. **V** ‖ **139** articulum ante signorum et stellarum nomina modo omittunt, modo ponunt codices, quae singula notare taeduit Bollium ‖ **143** *Ταῦρον*] *Ζυγὸν* **V** (correxit **V**^{2}) ut 2,231, cf. 1,912 ‖ **146** *καὶ ὑπὸ* **MSγ** (recepit Boll), cf. l. 151.154

*κόν· τὸ δὲ κατὰ τοὺς Διδύμους καὶ τὰς Χηλὰς καὶ τὸν
Ὑδροχόον βορραπηλιωτικόν τέ ἐστι καὶ οἰκοδεσποτεῖται
μὲν προηγουμένως ὑπὸ τοῦ Κρόνου διὰ τὸ ἀπηλιωτικόν,*
5 *συνοικοδεσποτεῖται δὲ καὶ ὑπὸ τοῦ Διὸς διὰ τὸ βόρειον· τὸ* 150
*δὲ κατὰ τὸν Καρκίνον καὶ τὸν Σκορπίον καὶ τοὺς Ἰχθύας
νοτολιβυκόν τέ ἐστι καὶ οἰκοδεσποτεῖται μὲν πάλιν προηγουμένως ὑπὸ τοῦ τοῦ Ἄρεως διὰ τὸ λιβυκόν, συνοικοδεσ-*
6 *ποτεῖται δὲ ὑπὸ τοῦ τῆς Ἀφροδίτης διὰ τὸ νότιον – τούτων δὴ οὕτως ἐχόντων, διαιρουμένης δὲ τῆς καθ' ἡμᾶς* 155
*οἰκουμένης εἰς τέσσαρα τεταρτημόρια τοῖς τριγώνοις ἰσά-
ριθμα (κατὰ μὲν πλάτος ὑπό τε τῆς καθ' ἡμᾶς θαλάσσης
ἀπὸ τοῦ Ἡρακλείου πορθμοῦ μέχρι τοῦ Ἰσσικοῦ κόλπου
καὶ τῆς ἐφεξῆς πρὸς ἀνατολὰς ὀρεινῆς ῥάχεως, ὑφ' ὧν χω-*
7 *ρίζεται τό τε νότιον καὶ τὸ βόρειον αὐτῆς μέρος, κατὰ δὲ* 160
*μῆκος ὑπὸ τοῦ Ἀραβικοῦ κόλπου καὶ Αἰγαίου πελάγους
καὶ Πόντου καὶ τῆς Μαιώτιδος λίμνης, ὑφ' ὧν χωρίζεται* m 60
*τό τε ἀπηλιωτικὸν καὶ τὸ λιβυκὸν μέρος), γίνεται τεταρτη-
μόρια τέσσαρα σύμφωνα τῇ θέσει τῶν τριγώνων· ἓν μὲν
τὸ πρὸς βορρόλιβα τῆς ὅλης οἰκουμένης κείμενον, τὸ κατὰ* 165
τὴν Κελτογαλατίαν, ὃ δὴ κοινῶς Εὐρώπην καλοῦμεν·
8 *τούτῳ δὲ ἀντικείμενον καὶ πρὸς νοταπηλιώτην τὸ κατὰ
τὴν ἑῴαν Αἰθιοπίαν, ὃ δὴ τῆς Μεγάλης Ἀσίας νότιον ἂν
μέρος καλοῖτο. καὶ πάλιν τὸ μὲν πρὸς βορραπηλιώτην τῆς*

147 *τὰς Χηλὰς*] *τὰ* (ex *τοῦ*) *Κριοῦ* **V** ‖ **149** *τοῦ* ⟨*τοῦ*⟩ *Κρόνου* supplere nolui respicens sequentia ‖ **150** *καὶ* **VDγ** om. **αMS**, cf. l. 146 ‖ **152** *μὲν πάλιν προηγουμένως* **Vβγ** *προηγουμένως μὲν* **α** ‖ **154** *δὲ καὶ* **γ**, cf. l. 146 ‖ **156** *εἰς τὰ* **V** ‖ **159** *ῥάχεως* **VMSγ** *ῥαχαίας* **Y** *ῥαχείας* **Σc** | *ὑφ' ὧν χωρίζεται* om. **V** ‖ **160** *νότιον καὶ τὸ βόρειον* **VYDS** *βόρειον καὶ τὸ νότιον* **ΣMγ** ‖ **164** *ἓν μὲν τὸ* **Vγ** *ἐν μὲν τῷ* **Σβ** *ἐν μὲν τῇ* **Y** ‖ **165** *βορρολίβα* **Vγ** *βορρὰ λλήβα* **Y** *βορρὰν καὶ λίβα* **Σc** *βορρολιβικῷ* **β** ‖ **169** post *πάλιν*: *μέρος* add. **γ**

170 ὅλης οἰκουμένης τὸ κατὰ τὴν Σκυθίαν, ὃ δὴ καὶ αὐτὸ βόρειον μέρος τῆς Μεγάλης Ἀσίας γίνεται· τὸ δὲ ἀντικείμενον τούτῳ καὶ πρὸς λιβόνοτον ἄνεμον, τὸ κατὰ τὴν ἑσπερίαν Αἰθιοπίαν, ὃ δὴ κοινῶς Λιβύην καλοῦμεν.

πάλιν δὲ καὶ ἑκάστου τῶν προκειμένων τεταρτημορίων **9**
175 τὰ μὲν πρὸς τῷ μέσῳ μᾶλλον ἐσχηματισμένα τῆς ὅλης οἰκουμένης τὴν ἐναντίαν λαμβάνει θέσιν πρὸς αὐτὸ τὸ περιέχον τεταρτημόριον ὥσπερ ἐκεῖνο πρὸς ὅλην τὴν οἰκουμένην· τοῦ γὰρ κατὰ τὴν Εὐρώπην πρὸς βορρόλιβα κειμέ- **10** νου τῆς ὅλης οἰκουμένης τὰ περὶ τὸ μέσον αὐτοῦ καὶ
180 ἀντιγώνια πρὸς νοταπηλιώτην αὐτοῦ τοῦ τεταρτημορίου τὴν θέσιν ἔχοντα φαίνεται, καὶ ἐπὶ τῶν ἄλλων ὁμοίως, ὡς ἐκ τούτων ἕκαστον τῶν τεταρτημορίων δυσὶ καὶ τοῖς ἀντικειμένοις τριγώνοις συνοικειοῦσθαι· τῶν μὲν ἄλλων μερῶν **11**
m 61 πρὸς τὴν καθόλου πρόσνευσιν ἐφαρμοζομένων, τῶν δὲ περὶ
185 τὸ μέσον πρὸς τὴν κατ' αὐτὸ τὸ μέρος ἀντικειμένην, συμπαραλαμβανομένων πρὸς τὴν οἰκείωσιν καὶ τῶν ἐν τοῖς οἰκείοις τριγώνοις τὴν οἰκοδεσποτείαν ἐχόντων ἀστέρων· ἐπὶ μὲν τῶν ἄλλων οἰκήσεων πάλιν αὐτῶν μόνων, ἐπὶ δὲ τῶν περὶ τὸ μέσον τῆς οἰκουμένης κἀκείνων καὶ ἔτι τοῦ τοῦ

170 *ὅλης … κατὰ* om. **V** spatio relicto ‖ **174** *τεταρτημορίου* **V** ‖ **175** *τὰ μὲν* **V** *τὰ* **αβγ** (quos secutus est Boll) | *τὸ μέσον* **α** ‖ **176** *θέσιν* **Vβγ** *φύσιν* **α** (om. **G**) ‖ **177** *ὥσπερ* **V** (recepit Robbins coll. Procl.) *ἥνπερ* **Υβγ** (quos secutus est Boll) *ἤπερ* **Σc** ‖ **178** *γὰρ* **Vβγ** *τε* **α** | *βορρολιβικὰ* **β** ‖ **180** *τεταρτημορίου*] *τεσσάρων μοιρῶν* **V** ut l. 182 ‖ **181** *ὡς* om. **V** ‖ **182** *τεταρτημορίων*] *τεσσάρων μοιρῶν* **V** ut l. 180 ‖ **183** *συνοικειοῦται* **V** ‖ **184** *πρόσνευσιν* **Vα** om. **βγ** ‖ **185** *κατ' αὐτὸ τὸ* **Vα** *κατὰ* **βγ** | *μέρος* **Σβγ** *μερικὸν* **VΥ** | post *ἀντικειμένην* interpunxit Boll, post 186 *οἰκείωσιν* Robbins ‖ **188** *οἰκειώσεων* **βγ** | *μόνων* **Vαβ** *μόνον* **Γγc**, cf. 4,685 ‖ **189** *κἀκεῖνον* **α** | *ἔτι*] *ἔστι* **V**, cf. 1,1247

Ἑρμοῦ διὰ τὸ μέσον καὶ κοινὸν αὐτὸν ὑπάρχειν τῶν αἱρέ- 190
σεων.

12 *ἐκ δὴ τῆς τοιαύτης διατάξεως τὰ μὲν ἄλλα μέρη τοῦ πρώτου τῶν τεταρτημορίων (λέγω δὲ τοῦ κατὰ τὴν Εὐρώπην) τὰ πρὸς βορρόλιβα κείμενα τῆς ὅλης οἰκουμένης συνοικειοῦται μὲν τῷ βορρολιβυκῷ τριγώνῳ τῷ κατὰ Κριὸν* 195 *καὶ Λέοντα καὶ Τοξότην, οἰκοδεσποτεῖται δὲ εἰκότως ὑπὸ* **13** *τῶν κυρίων τοῦ τριγώνου Διὸς καὶ Ἄρεως ἑσπερίων. ἔστι δὲ ταῦτα καθ᾽ ὅλα ἔθνη λαμβανόμενα Βρεττανία Γαλατία Γερμανία Βασταρνία Ἰταλία Γαλλία Ἀπουλία Σικελία Τυρρηνία Κελτικὴ Σπανία. εἰκότως δὲ τοῖς προκειμένοις ἔθνε-* 200 *σιν ὡς ἐπίπαν συνέπεσε (διά τε τὸ ἀρχικὸν τοῦ τριγώνου καὶ τοὺς συνοικοδεσποτήσαντας ἀστέρας) ἀνυποτάκτοις τε*

S 190 *κοινὸν* Ap. I 5,2 (ubi plura) ‖ **192–458** (§ 12–50) Manil. IV 744–817. Dor. apud Heph. I 1 passim (= Dor. App. II A). Val. I 2 passim (adde App. III = Anon. L p. 112,15–119,12). Heph. I 1 passim (cf. I 21–22). Paul. Alex. 2 p. 10,1–8. Horosc. L 621 apud Steph. philos. 22–23 (= p. 274, 16–275,9). Apom. Myst. 1,12 CCAG IV (1903) p. 126,3–127,7. Hermipp. II 92–94 ‖ **201** *ἀρχικὸν* Manil. II 523–529. Serap. CCAG V 3 (1910) p. 97,11. Val. I 2 passim. Rhet. B passim. Anon. L p. 107,7. Anon. R passim

190 *αὐτὸν* **Σβγ** *αὐτῶν* **V** om. **Y** ‖ **192** *ἐκ δὴ τῆς τοιαύτης διατάξεως* **VY** *(διατάξεων)* **βγ** Co le p. 59,–17 *ἐν δὲ τῇ τοιαύτῃ διατάξει* **Σc** ‖ **194** *ὅλης* om. **αc** ‖ **195** *μὲν* om. **V** | *τὸ βορρολιβικὸν τρίγωνον* **V** | *τῷ* alterum om. **V** ‖ **196** *εἰκότως* **V** om. **γ** ‖ **199** *Βασταρνία … Γαλλία* om. **V** Procl. ‖ **200** *Σπανία* **VYβ** Procl. (de forma cf. Diod. V 37,2) *ἰσπανία* **Σ** *ἱσπανία* **γ**, cf. l. 222 ‖ **201** *συνέπεσε* **Vβγ** *συνέπεται* **αc**, cf. l. 293 ‖ **202** *συνοικοδεσποτήσαντας* **αβ** *συνοικοδεσποτοῦντας* **γ** *οἰκοδεσποτοῦντας* **V** | *ἀνυποτάκτους* (et sic deinceps) **αc**

fig. 12. planetarum quadrantes

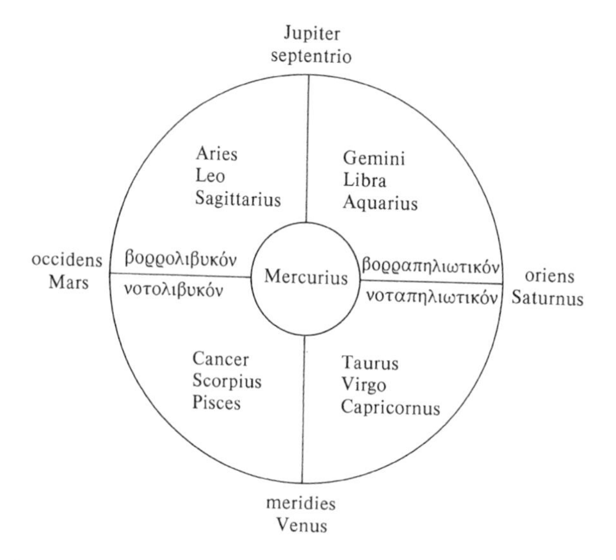

εἶναι καὶ φιλελευθέροις καὶ φιλόπλοις καὶ φιλοπόνοις καὶ πολεμικωτάτοις καὶ ἡγεμονικοῖς καὶ καθαρίοις καὶ μεγα-
205 *λοψύχοις. διὰ μέντοι τὸν ἑσπέριον συσχηματισμὸν Διὸς καὶ* **14**

S 203 *φιλόπλοις* Ap. III 14,28. IV 4,7 (cf. II 3,40). Val. I 3,43. al. Porph. 47 p. 220,15. Schol. Paul. Alex. 9 p. 104,25 || **204–205** *μεγαλοψύχοις* Ap. III 14,12.20.22. IV 5,5. Val. I 2,2.56. 3,8. al. Firm. math. V 2,5. Anon. De stellis fixis II 2,7

204 *καθαρίοις* **Vβγ** *καθαροὺς* **αc** (inde *καθαροῖς* Robbins), cf. l. 290. al. | postea *τε* add. **βγ** || **205** *τὸν … συσχηματισμὸν* **V** *τὸ τοῦ κατὰ ⸤τὸν⸥* (om. **D**) *σχηματισμὸν* **αβ** *κατὰ τὸν συσχηματισμὸν* **γ**

Ἄρεως καὶ ἔτι διὰ τὸ τοῦ προκειμένου τριγώνου τὰ μὲν ἐμπρόσθια ἠρρενῶσθαι, τὰ δὲ ὀπίσθια τεθηλῦσθαι πρὸς m 62 *μὲν τὰς γυναῖκας ἀζήλοις αὐτοῖς εἶναι συνέπεσε καὶ καταφρονητικοῖς τῶν ἀφροδισίων, πρὸς δὲ τὴν τῶν ἀρρένων συνουσίαν κατακορεστέροις τε καὶ μᾶλλον ζηλοτύποις αὐ-* 210 *τοῖς τε τοῖς διατιθεμένοις μήτε αἰσχρὸν ἡγεῖσθαι τὸ γινόμενον μήτε ὡς ἀληθῶς ἀνάνδροις διὰ τοῦτο καὶ μαλακοῖς ἀποβαίνειν ἕνεκεν τοῦ μὴ παθητικῶς διατίθεσθαι, συντηρεῖν δὲ τὰς ψυχὰς ἐπάνδρους καὶ κοινωνικὰς καὶ πιστὰς*
15 *καὶ φιλοικείους καὶ εὐεργετικάς. καὶ τούτων δὲ αὐτῶν τῶν* 215 *χωρῶν Βρεττανία μὲν καὶ Γαλατία καὶ Γερμανία καὶ Βασταρνία μᾶλλον τῷ Κριῷ συνοικειοῦνται καὶ τῷ τοῦ Ἄρεως, ὅθεν ὡς ἐπίπαν οἱ ἐν αὐταῖς ἀγριώτεροι καὶ αὐθα-*
16 *δέστεροι καὶ θηριώδεις τυγχάνουσιν· Ἰταλία δὲ καὶ Ἀπουλία καὶ Σικελία καὶ Γαλλία τῷ Λέοντι καὶ τῷ ἡλίῳ, διόπερ* 220 *ἡγεμονικοὶ μᾶλλον οὗτοι καὶ εὐεργετικοὶ καὶ κοινωνικοί·*

T 216–217 Heph. I 1,6. Rhet. B p. 195,18–19. Val. App. III 1 ‖ **219–220** Heph. I 1,84. Rhet. B p. 201,27–28. Val. App. III 21

S 207 *ὀπίσθια τεθηλῦσθαι* Ant. CCAG VII (1908) p. 113,15–16 et CCAG VIII 4 (1921) p. 195,22 (cf. VIII 3 [1912] p. 109,16) ‖ **208–211** Diod. V 32,7 de Gallis (cf. Strabonem IV 4,6 [ex Artemidoro] de Celtis ut Athen. XIII 79). Sext. Emp. Hypoth. III 24,199 de Germanis, cf. ad III 14,25 ‖ **221** *ἡγεμονικοὶ* Val. I 2,40. Heph. I 1,81. Rhet. B p. 201,8. Anon. L p. 107,6–8. al.

208 *μὲν*] *τε* **V** | *τὴν γυναῖκα* **Y** | *συνέπεσε* **Vβγ** *συνέπεται* **α** (cf. l. 201) om. **c** ‖ **216** *βαρσανία* **V** om. Heph. ‖ **217** *συνοικειοῦται* **V**, cf. l. 286.324. al. ‖ **218** *ὅθεν* **Vβγ** *ἔνθεν* **α** ‖ **220** *γαλλία καὶ ἀπουλία καὶ σικελία* **γ** (cf. *Γαλλία* [*γαλατία* var. l.], *Ἀπουλία* Heph.) *σικελία καὶ γαλλία* **VD** Procl. *γαλλία καὶ σικελία* **αMS**

Τυρρηνία δὲ καὶ Κελτικὴ καὶ Σπανία τῷ Τοξότῃ καὶ τῷ τοῦ Διός, ὅθεν τὸ φιλελεύθερον αὐτοῖς καὶ ἁπλοῦν καὶ φιλοκάθαρον.

225 *τὰ δὲ ἐν τούτῳ μὲν ὄντα τῷ τεταρτημορίῳ μέρη, περὶ δὲ* **17** *τὸ μέσον ἐσχηματισμένα τῆς οἰκουμένης, Θρᾴκη τε καὶ Μακεδονία καὶ Ἰλλυρία καὶ Ἑλλὰς καὶ Ἀχαΐα καὶ Κρήτη, ἔτι δὲ αἵ τε Κυκλάδες καὶ τὰ παράλια τῆς Μικρᾶς Ἀσίας καὶ Κύπρος (τὰ πρὸς νοταπηλιώτην κείμενα τοῦ ὅλου τε-*
230 *ταρτημορίου) προσλαμβάνει τὴν συνοικείωσιν τοῦ νοταπηλιωτικοῦ τριγώνου τοῦ κατὰ τὸν Ταῦρον καὶ τὴν Παρθένον καὶ τὸν Αἰγόκερων, ἔτι δὲ συνοικοδεσποτοῦντας τόν τε* **18**
c 17 *τῆς Ἀφροδίτης καὶ τὸν τοῦ Κρόνου καὶ ἔτι τὸν τοῦ Ἑρμοῦ, ὅθεν οἱ κατοικοῦντες τὰς χώρας ἐκείνας συγκατεσχηματισ-*
235 *μένοι μᾶλλον ἀπεφάνθησαν καὶ κεκραμένοι τοῖς τε σώμασι καὶ ταῖς ψυχαῖς, ἡγεμονικοὶ μὲν καὶ αὐτοὶ τυγχάνον-*

T **222–223** Heph. I 1,161. Rhet. B p. 207,20–21. Val. App. III 3

S **222** *Σπανία* Hipparch. apud Heph. I 1,162 ‖ **224** *φιλοκάθαρον* Abū M. introd. VI 15 (~ Apom. Myst. III 28)

222 *ἱσπανία* **Σγ**, cf. l. 200.493 | *Τοξότῃ*] *τοῦ Ἄρεως* **V** propter siglorum similitudinem ut 2,315. 4,38 ‖ **223** *αὐτοῖς* **V** *αὐτῶν* **αβγ** ‖ **224** *φιλοκαθάριον* **βγ** ‖ **225** *μὲν ὄντα*] *μένοντα* **V**, cf. 3,787 ‖ **227** *ἰλλυρὶς* **α** fort. recte, cf. l. 253 ‖ **228** *αἵ τε* **αMS** *καὶ* **γ** om. **VD** *καὶ αἱ* Boll | *κυκλάδες νῆσοι* **βγ**, cf. 2,475 ‖ **229** *Κύπρου* **V** Procl. | *τὰ* **V** om. **αβγ** (quos secuti sunt Boll Robbins) ‖ **231** *τοῦ κατὰ* **αβγ** *τοῦ τε καὶ κατὰ* **V** *τοῦ τε κατὰ* Boll | *Ταῦρον*] *Ζυγὸν* **V** ut l. 143 q. v. ‖ **232** *συνοικοδεσποτοῦντας* **V** *συνοικοδεσπότας* **αβγ** | *τε* om. **γ** ‖ **233** *Κρόνου* **VαDγ** *Ἑρμοῦ* **MS** | *καὶ … Ἑρμοῦ* om. **A** | *ἔτι* **V** om. **αβBC** | *Ἑρμοῦ* **VαDBC** *Κρόνου* **MS** ‖ **234** *ἐκείνας* om. **VY** cf. 2,295 ‖ **235** *ἀπεφάνθησαν* **V** *ἀπέβησαν* **αβγ**

τες καὶ γενναῖοι καὶ ἀνυπότακτοι διὰ τὸν τοῦ Ἄρεως,
19 *φιλελεύθεροι δὲ καὶ αὐτόνομοι καὶ δημοκρατικοὶ καὶ νομοθετικοὶ διὰ τὸν τοῦ Διός, φιλόμουσοι δὲ καὶ φιλομαθεῖς καὶ φιλαγωνισταὶ καὶ καθάριοι ταῖς διαίταις διὰ τὸν* 240 *τῆς Ἀφροδίτης, κοινωνικοί τε καὶ φιλόξενοι καὶ φιλοδίκαιοι καὶ φιλογράμματοι καὶ ἐν λόγοις πρακτικώτατοι διὰ τὸν τοῦ Ἑρμοῦ, μυστηρίων δὲ μάλιστα συντελεστικοὶ διὰ*
20 *τὸν τῆς Ἀφροδίτης ἑσπέριον σχηματισμόν. πάλιν δὲ κατὰ μέρος καὶ τούτων αὐτῶν οἱ μὲν περὶ τὰς Κυκλάδας καὶ τὰ* 245 *παράλια τῆς Μικρᾶς Ἀσίας καὶ Κύπρον τῷ τε Ταύρῳ καὶ*

T 245–246 Heph. I 1,26. Rhet. B p. 197,20–21. Val. App. III 6

S 239 *φιλόμουσοι* Ap. II 3,36. III 14,24.34. Firm. math. VII 26,7. Rhet. C p. 213,10, aliter Ap. III 14,3. Val. I 2,16.19. Rhet. C p. 218,4. Exc. Paris. p. 219,21. Anon. De stellis fixis VII 9,4 || **242** *ἐν λόγοις* Ap. II 3,21. III 13,5. 14,36. IV 2,2. 10,7. Teucr. III p. 181,6. Dor (?) apud Heph. III 20,7. Porph. 45. Heph. I 1, 100. II 27,10. 35,1.15. al. Rhet. A p. 148,23. Rhet. B p. 202,16. Apom. Myst. III 55 CCAG XI 1 (1932) p. 183,5 Kam. 2036. Theod. Pr. 316, cf. Iulian. Laodic. CCAG V 1 (1904) p. 187,21–22 necnon Plat. Crat. 407[E]–408[B]. Heracl. All. 28. Ps.Dion. Hal. Rhet. 7,2 p. 285,11. Varro ant. rer. div. 250 Cardauns || **246** *Κύπρον* Anon. apud Heph. I 1,27. Val. I 2,17. Dodecaeteris CCAG VIII 3 (1912) p. 189,14

237 *Ἄρεως* **Vα** *Κρόνου* **βγ** haud scio an recte, sed v. 3,1310.1353. 4,241.257 || **239** *διὰ τὸν ... φιλομαθεῖς* om. **Y** | *φιλόμουσοι ... φιλομαθεῖς* post 237 *Ἄρεως* inseruerunt **Σc** || **240** *καθάριοι* **Vβγ** *φιλοκαθάριοι* **α**, cf. l. 248 | *διαίταις* **Vβγ** *καρδίαις* **αc** *τὰς διαγωγὰς* Procl. | postea interpunxit Boll perperam || **242** *πρακτικώτατοι* **VDγ** Co le p. 61,11 *πρακτικώτεροι* **αMS** || **244** *ἑσπέριον τῆς* ♀ **Σ** || **245** *αὐτῶν* om. **α** || **246** *κύπρου* **VY** Procl. | *Ταύρῳ* om. **V** spatio relicto ut 1,999 q. v.

τῷ τῆς Ἀφροδίτης μᾶλλον συνοικειοῦνται, ὅθεν ὡς ἐπὶ τὸ πλεῖστον τρυφηταί εἰσι καὶ καθάριοι καὶ τοῦ σώματος ἐπιμέλειαν ποιούμενοι· οἱ δὲ περὶ τὴν Ἑλλάδα καὶ τὴν Ἀχαΐαν **21**
250 *καὶ τὴν Κρήτην τῇ τε Παρθένῳ καὶ τῷ τοῦ Ἑρμοῦ, διὸ μᾶλλον λογικοὶ τυγχάνουσι καὶ φιλομαθεῖς καὶ τὰ τῆς ψυχῆς ἀσκοῦντες πρὸ τῶν τοῦ σώματος· οἱ δὲ περὶ*
m 64 *τὴν Μακεδονίαν καὶ Θρᾴκην καὶ Ἰλλυρίδα τῷ τε Αἰγόκερῳ καὶ τῷ τοῦ Κρόνου, διὸ φιλοκτήματοι μέν, οὐχ ἥμεροι δὲ*
255 *οὕτως οὐδὲ κοινωνικοὶ τοῖς νομίμοις.*

τοῦ δὲ δευτέρου τεταρτημορίου τοῦ κατὰ τὸ νότιον **22** *μέρος τῆς Μεγάλης Ἀσίας τὰ μὲν ἄλλα μέρη τὰ περι-*

T 249–250 Heph. I 1,103. Rhet. B p. 203,12–13. Val. App. III 26 ‖ **252–254** Heph. I 1,181. Rhet. B p. 209,6. Val. App. III 43

S 248 *τρυφηταί* Ap. II 3,26. III 12,6. 14,25.33.34. Critod. Ap. 7,4. Val. II 41,29 (adde App. I 192, cf. I 2,49) ‖ **248–249** *τοῦ σώματος ἐπιμέλειαν* Manil. V 146–151. Val. I 2,14. Rhet. B p. 196,19. Kam. 384. Anon. L p. 108,13 ‖ **249** *Ἑλλάδα* Paul. Alex. 2 p. 10,4 ‖ **251** *λογικοὶ* Ap. II 3,19 (ubi plura) ‖ **253** *Θρᾴκην* Hermipp. II 92 ‖ **254** *οὐχ ἥμεροι* Serap. CCAG V 3 (1910) p. 97,12. Firm. math. VII 7,1. Iulian. Laodic. CCAG IV (1903) p. 152,13 sq. Olymp. 23 p. 68,20 (sim. Schol. Paul. Alex. 62 p. 122,15). Rhet. B p. 208,17

247 *ὅθεν* **Vβγ** *ὅθεν οὖν* **Y** *ὅθεν δὴ* **Σ** ‖ **248** *πλεῖστον* **VDγ** *πολὺ* **αMS** | *καθάριοι* **VDγ** *φιλοκαθάριοι* **YMS** (cf. 2,240) *φιλοκάθαροι* **Σ** ‖ **250** *Παρθένῳ* om. **V** ‖ **251** *Ἑρμοῦ*] ♀ **V**, cf. 1,556 ‖ **252** *πρὸ τῶν* scripsi *πρὸ τὰ* **D** *πρῶτα* **VYMS** *πρὸ* **Σγc** (receperunt Boll Robbins) | *περὶ*] *ἐπὶ* **V**, cf. 1,570 q. v. ‖ **253** *καὶ Ἰλλυρίδα … φιλοκτήματοι* om. **V** | *ἰλλυρίδα* **α** (cf. l. 497 necnon Heph. *Ἰλλυρίς*) *ἰλλυρία* **βγ** *Ἰλλυρίαν* Boll sec. l. 227 q. v. ‖ **255** *νομίμοις* **βγ** (cf. indicem) *νόμοις* **Vα**

fig. 13. triangulorum planetae (cf. fig. 5)

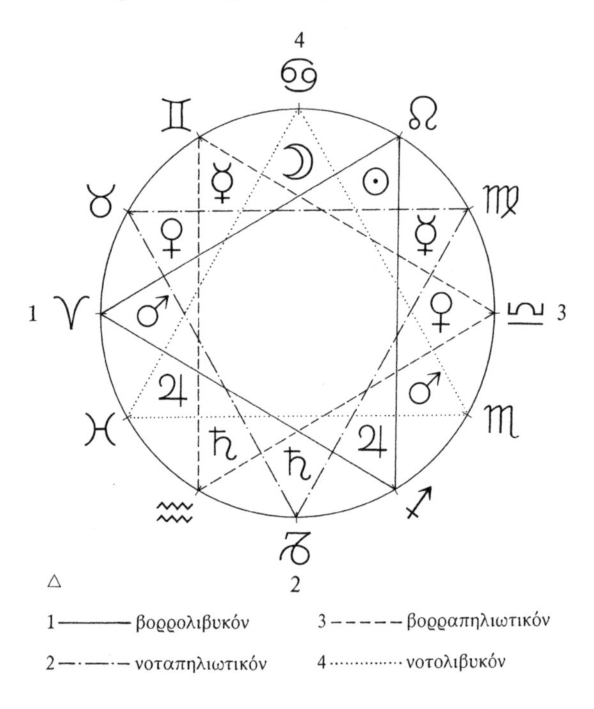

ἔχοντα Ἰνδικὴν Ἀριανὴν Γεδρουσίαν Παρθίαν Μηδίαν Περσίδα Βαβυλωνίαν Μεσοποταμίαν Ἀσσυρία καὶ τὴν θέσιν ἔχοντα πρὸς νοταπηλιώτην τῆς ὅλης οἰκουμένης εἰκότως 260 *καὶ αὐτὰ συνοικειοῦται μὲν τῷ νοταπηλιωτικῷ τρι-*

258 *γεδρουσίαν* **βγ** (cf. l. 295.493) *τε δρουσίαν* **V** *γεδρωσίαν* **α** (cf. Heph. Ptol. Geogr. VI 8,2. al.)

γώνῳ Ταύρου καὶ Παρθένου καὶ Αἰγόκερω· οἰκοδεσποτεῖ- 23
ται δὲ ὑπὸ τοῦ τῆς Ἀφροδίτης καὶ τοῦ τοῦ Κρόνου ἐπὶ
ἑῴων σχημάτων. διόπερ καὶ τὰς φύσεις τῶν ἐν αὐτοῖς ἀκο-
265 *λούθως ἄν τις εὕροι τοῖς ὑπὸ τῶν οὕτως οἰκοδεσποτησάν-*
των ἀποτελουμένας. σέβουσί τε γὰρ τὸν μὲν τῆς Ἀφροδίτης
Ἶσιν ὀνομάζοντες, τὸν δὲ τοῦ Κρόνου Μίθραν Ἥλιον, καὶ
προθεσπίζουσιν οἱ πολλοὶ τὰ μέλλοντα· καθιεροῦταί τε 24
παρ' αὐτοῖς τὰ γεννητικὰ μόρια διὰ τὸν τῶν προκειμένων
270 *ἀστέρων συσχηματισμὸν σπερματικὸν ὄντα φύσει. ἔτι δὲ*

S 267 *Ἶσιν* Plin. nat. II 37, excidit apud Achill. Isag. 17 p. 43,26 | *Μίθραν Ἥλιον* Strabo XV 3,13. Ps.Clem. Hom. VI 10,1 p. 110,10–12 Rehm. Pap. London 46 (saec. IV), 4 p. 65 Kenyon. Schol. Stat. Theb. I 718 p. 73 Jahnke. Hesych. 1335 p. 666 Latte, cf. Hier. in Am. I 3,9–10 (CCL 76,250). M. J. Vermaseren CIMRM I 347 sq. II 422 sq. | *Ἥλιον* Ap. II 3,34. Diod. II 30,3. Hyg. astr. II 42 l. 1323 Viré. IV 18 l. 628. Theo Smyrn. p. 130,23. Ps.Eudox. Ars col. V 20. Macr. Sat. I 22,8. Serv. Aen. I 729. Simplic. in Aristot. Cael. 222[a] p. 495,28–29 Heiberg

262 *Ταύρου* om. **V** spatio relicto ut 1,999 q. v. | *οἰκοδεσποτεῖται* **βγ** *οἰκοδεσποτοῦνται* **ΥΣ** *οἰκοδεσποτοῦντα* **G** *συνοικειοῦται* **V** (cf. l. 261) ‖ **263** *δὲ ὑπὸ τοῦ* **α** *δὲ ὑπό τε* **βγ** *δὲ τῷ* **V**, cf. Procl. ‖ **264** *σχημάτων* **Vβγ** *σχηματισμῶν* **α** (sed cf. l. 285) ‖ **266** *ἀποτελουμένας* **Σβγ** *ἀποτελουμένοις* **V** *ἀποτελούμενα* **Υ** ‖ **267** *Ἶσιν*] *Ἀναῖτιν* Cumont, Mon. Mithra I 362 inepte | *Μίθραν Ἥλιον* **VΥβ** *Μιθρανήλιον* Procl. *Μίθραν* **γ** *μίθραν δὲ τὸν ἥλιον* **Σ** (lacuna sex fere litterarum praemissa) *Μίθραν* ⟨*ἢ*⟩ *Ἥλιον* Boll, cf. Co p. 61,28: *τὸν Ἥλιον ὃν* †*μύθρον ἀποκαλοῦσιν* ‖ **268** *καθιεροῦται* Boll *καθιεροῦνται* **Vα** *καθιερῶται* **βγ** ‖ **270** *σχηματισμὸν* **α** | *ἔτι δὲ θερμοὶ* **V** Procl. *θερμοὶ δὲ ἔτι* **α** *θερμοὶ δὲ* **βγ**

θερμοὶ καὶ ὀχευτικοὶ καὶ καταφερεῖς πρὸς τὰ ἀφροδίσια τυγχάνουσιν, ὀρχηστικοί τε καὶ πηδηταὶ καὶ φιλόκοσμοι μὲν διὰ τὸν τῆς Ἀφροδίτης, ἁπλοδίαιτοι δὲ διὰ τὸν τοῦ
25 *Κρόνου. ἀναφανδὸν δὲ ποιοῦνται καὶ οὐ κρύβδην τὰς πρὸς τὰς γυναῖκας συνουσίας διὰ τὸ ἑῷον τοῦ σχηματισμοῦ, τὰς* 275
δὲ πρὸς τοὺς ἄρρενας ὑπερεχθαίρουσι. διὰ ταῦτα καὶ τοῖς m 65
πλείστοις αὐτῶν συνέπεσεν ἐκ τῶν μητέρων τεκνοῦν καὶ τὰς προσκυνήσεις τῷ στήθει ποιεῖσθαι διὰ τὰς ἑῴας ἀνατολὰς καὶ τὸ τῆς καρδίας ἡγεμονικὸν οἰκείως ἔχον πρὸς

S 271 *καταφερεῖς* Ap. II 2,43.48. III 14,17.25.30.33. 15,8.10. IV 5,5.13.16.19. Maneth. II (I) 380. VI (III) 584. Horosc. L 440 CCAG VIII 4 (1921) p. 223,23 (cf. Pingree, Horoscopes 446) ‖ **272** *ὀρχηστικοί* Ap. III 14,25. IV 4,6. Manil. IV 529. V 323. Maneth. II (I) 335. IV 186. Firm. math. IV 14,17 (~ Lib. Herm. 27,27). VI 30,9. 31,85. VIII 29,13. Schol. Paul. Alex. 76 p. 125,18. Rhet. C p. 214,16. Apom. Myst. III 54 CCAG XI 1 (1932) p. 182,13. Anon. De stellis fixis II 3,5. 10,2 | *φιλόκοσμοι* Ap. III 14,25.30. Val. App. I 172 (cf. 136) ‖ **277** *ἐκ τῶν μητέρων τεκνοῦν* Ctesias apud Tert. apol. 9,16. Strabo XV 3,20 extr. Min. Fel. 31,3. Athen. V 63 (ex Antisthene). Euseb. praep. evang. I 4,6. VI 10,16, cf. Val. II 38,20 ‖ **279** *τῆς καρδίας* Ap. III 13,5. Plut. De facie 15 p. 928B. Theo Smyrn. p. 138,17–18 (ex Pythagoreis). Porph. 45 p. 217,12. Macr. somn. I 20,6. Procl. Hymn. 1,5. in Tim. II 104,17. in Remp. II 220,11. Rhet. C p. 186,20. Kam. 2022. Hermipp. I 78

273 *ἁπλοδίαιτοι* **VY** (cf. *ἁπλῶς … διάγοντες* Procl.) *ἁβροδίαιτοι* **Σβγ** Co le p. 61,–19 (recepit Robbins), cf. l. 289.344 ‖ **274** *κατακρύβδην* **α** ‖ **275** *τὰς … τοὺς* om. **V** spatio relicto ‖ **276** *ὑπερεχθαίρουσι* **V** *ὑπεχθραίνουσι* **αβγ** | post *διὰ ταῦτα* interpunxit Robbins, antea Boll | *καὶ … αὐτῶν* om. **V** spatio relicto ‖ **277** *μητέρων* **α** *ἀμητέρων* **V** *μητέρων αὐτῶν* **βγ** | *τεκνοῦν* **Vβγ** *τέκνα* **α**, cf. *τεκνοποιοῦσι* Procl. ‖ **279** *πρὸς* **Vα** *κατὰ* **γ** om. **β**

17ᵛ 280 τὴν ἡλιακὴν δύναμιν. εἰσὶ δὲ ὡς ἐπίπαν καὶ τὰ μὲν ἄλλα **26**
περὶ τὰς στολὰς καὶ κόσμους καὶ ὅλως τὰς σωματικὰς
σχέσεις τρυφεροὶ καὶ τεθηλυσμένοι διὰ τὸν τῆς Ἀφροδίτης,
τὰς δὲ ψυχὰς καὶ τὰς προαιρέσεις μεγαλόφρονες καὶ γενναῖοι καὶ πολεμικοὶ διὰ τὸ οἰκείως ἔχειν τὸν τοῦ Κρόνου
285 πρὸς τὸ τῶν ἀνατολῶν σχῆμα. κατὰ μέρος δὲ πάλιν τῷ **27**
μὲν Ταύρῳ καὶ τῷ τῆς Ἀφροδίτης μᾶλλον συνοικειοῦται
ἥ τε Παρθία καὶ Μηδία καὶ Περσίς, ὅθεν οἱ ἐνταῦθα
στολαῖς τε ἀνθιναῖς χρῶνται κατακαλύπτοντες ἑαυτοὺς
ὅλους πλὴν τοῦ στήθους, καὶ ὅλως εἰσὶν ἁβροδίαιτοι καὶ
290 καθάριοι. τῇ δὲ Παρθένῳ καὶ τῷ τοῦ Ἑρμοῦ τὰ περὶ τὴν **28**
Βαβυλωνίαν καὶ Μεσοποταμίαν καὶ Ἀσσυρίαν, διὸ καὶ

T 286–287 Heph. I 1,26. Rhet. B p. 197,20. Val. App. III 6 ‖ **290–291** Heph. I 1,103. Rhet. B p. 203,12. Val. App. III 26

S 282 *τρυφεροὶ* Ap. II 3,20 (ubi plura) ‖ **283** *μεγαλόφρονες* Ap. II 3,34.48. III 14,20.34 (cf. III 14,4). Val. I 3,8.19. al. Rhet. C p. 218,6 ‖ **287** *Μηδία* Dor. apud Heph. I 1,25 (= App. IIA). Anon. apud eundem I 1,27. Val. I 2,17

280 *τὴν ἡλιακὴν* **Vα** *ἡλίου* **DM** *ἡλίῳ* **S** ♄ **A** *τοῦ* ♄ **BC** | *τὰ μὲν ἄλλα* **Yβγ** *τἄλλα μὲν τὰς* **V** *τὰ* **Σc** ‖ **281** *περὶ τὰς στολὰς* **VΣβ** *τὰ περὶ τὰς ἀνατολλὰς* **Y** *τὰ περὶ τὰς ἀνατολικὰς* **G** *τὰ περὶ στολὰς* **γ** (in **C** suprascr. ut vid.) | *καὶ κόσμους* **Vβγ** *κόσμου* **YG** *κατά τε τοὺς κόσμους* **Σ** *καὶ τοὺς κόσμους* Boll ‖ **282** post *τρυφεροὶ*: *τε* add. **βγ** | *τεθηλυμέναι* **Σ** ‖ **283** *καὶ* (prius)] *κατὰ* **V** ‖ **285** *ἀνατολῶν* om. **V** brevi spatio relicto ‖ **286** *συνοικειοῦται* **VDA** *συνοικειοῦνται* **αMSC**, cf. l. 217 ‖ **287** *περσίς* **VDγ** *ἡ περσίς* **YMS** *ἡ περσικὴ* **Σc** ‖ **288** *ἀνθηραῖς* **Σc** ‖ **290** *καθάριοι* **VDM¹γ** *καθαροί* **αM²S**, cf. l. 204 ‖ **291** *βαβυλωνίαν* **αβγ** (cf. l. 259.483) *βαβυλῶνα* **V** Procl. (recepit Robbins), cf. Dor. apud Heph. I 1,5

παρὰ τοῖς ἐνταῦθα τὸ μαθηματικὸν καὶ παρατηρητικὸν τῶν πέντε ἀστέρων ἐξαίρετον συνέπεσε, τῷ δὲ Αἰγόκερῳ καὶ τῷ τοῦ Κρόνου τὰ περὶ τὴν Ἰνδικὴν καὶ Ἀριανὴν καὶ Γεδρουσίαν, ὅθεν καὶ τὸ τῶν νεμομένων τὰς χώρας ἐκείνας 295 *ἄμορφον καὶ ἀκάθαρτον καὶ θηριῶδες.*

29 *τὰ δὲ λοιπὰ τοῦ τεταρτημορίου μέρη περὶ τὸ μέσον ἐσχηματισμένα τῆς ὅλης οἰκουμένης (Ἰδουμαία Κοίλη Συρία Ἰουδαία Φοινίκη Χαλδαϊκὴ Ὀρχηνία Ἀραβία εὐδαίμων), τὴν θέσιν ἔχοντα πρὸς βορρόλιβα τοῦ ὅλου τεταρ-* m 66 300 *τημορίου προσλαμβάνει πάλιν τὴν συνοικείωσιν τοῦ βορρολιβυκοῦ τριγώνου (Κριοῦ Λέοντος Τοξότου), ἔχει δὲ συνοικοδεσπότας τόν τε τοῦ Διὸς καὶ τὸν τοῦ Ἄρεως καὶ*

T 293–295 Heph. I 1,181. Rhet. B p. 209,6. Val. App. III 43

S 292 *τὸ μαθηματικὸν* Ap. III 14,26 (ubi plura). Nic. Damasc. frg. 3 p. 330,11–13 Jacoby ‖ **293** *πέντε ἀστέρων* Diod. II 30,3 ‖ **294** *Ἰνδικὴν* Hermipp. II 92 ‖ **296** *ἄμορφον* Zeno I 38,6 L. Anon. C p. 166,7–9 | *ἀκάθαρτον* Ap. IV 5,13 (ubi plura) | *θηριῶδες* Ap. II 8,7 (ubi plura), cf. II 3,21

292 *καὶ παρατηρητικὸν* om. **βγ** ‖ **293** *πέντε* **V** Procl. om. **αβγ** | *συνέπεσε* **Vβγ** *συνέπεστι* **Y** *συνετίεται* **G** *συνέπεται* **Σc**, cf. l. 201 ‖ **295** *γεδρουσίαν* **βγ** *γεδροσίαν* **V** *γεδρωσίαν* **α** (sim. Heph.), cf. l. 258 | *τὸ τῶν* **Vβγ** *κατὰ τὸν* **Y** *οἱ* **Σ** | *νεμομένων* **VS** *κατανεμομένων* **DM** *νόμων ἐνίων* **Y** *νεμόμενοι* **Σ** (ex coniectura) | *ἐκείνας* om. **VYβ**, cf. l. 234 ‖ **296** *ἄμορφον … θηριῶδες*] *ἄμορφοι καὶ ἀκάθαρτοι καὶ θηριώδεις* **Σ** ‖ **299** *ὀρχινία* **α** | *ἀρραβία* **β** ut l. 314.425, cf. Dor. apud Heph. I 1,5 ‖ **300** *τὴν* **αβγ** *καὶ κατὰ τὴν* **V** *καὶ τὴν* Boll ‖ **302** *ἔχει δὲ* **βγ** Procl. *ἔτι δὲ* **V** *ἔχη* **Y** *ἔχοντος* **Σ**

ἔτι τὸν τοῦ Ἑρμοῦ· διὸ μᾶλλον οὗτοι τῶν ἄλλων ἐμπορι- **30**
305 κώτεροι καὶ συναλλακτικώτεροι, πανουργότεροι δὲ καὶ
δειλοκαταφρόνητοι καὶ ἐπιβουλευτικοὶ καὶ δουλόψυχοι καὶ
ὅλως ἀλλοπρόσαλλοι διὰ τὸν τῶν προκειμένων ἀστέρων συ-
σχηματισμόν. καὶ τούτων δὲ πάλιν οἱ μὲν περὶ τὴν Κοίλην **31**
Συρίαν καὶ Ἰδουμαίαν καὶ Ἰουδαίαν τῷ τε Κριῷ καὶ τῷ
310 τοῦ Ἄρεως μᾶλλον συνοικειοῦνται, διόπερ ὡς ἐπίπαν θρα-
σεῖς τέ εἰσι καὶ ἄθεοι καὶ ἐπιβουλευτικοί· Φοίνικες δὲ καὶ

T 308–310 Heph. I 1,6. Rhet. B p. 195,18–19. Val. App. III 1 ‖ **311–312** Heph. I 1,84. Rhet. B p. 201,28. Val. App. III 21

S 304–305 *ἐμπορικώτεροι* Ap. IV 2,2. 4,3.9. 7,7. Maneth. I (V) 132–133. III (II) 321–322. Val. I 1,37. II 17,55. Pap. Tebt. 276,22. Firm. math. VIII 30,5. Rhet. C p. 157,19.25. Steph. philos. CCAG II (1900) p. 191,9. Horosc. L 1352 apud Abram. p. 207,⟨22⟩, cf. Ap. II 3,41.44. Manil. IV 166–174. al. ‖ **305** *πανουργότεροι* Ap. III 9,4. 14,31. Dor. apud Horosc. L 440 CCAG VIII 4 (1921) p. 223,15 (cf. Dor. G p. 368,5.11/18 et Dor. A IV 15,28). Val. I 20,5. al. ‖ **306** *δουλόψυχοι* Ap. II 3,38. Critod. apud Rhet. C p. 200,17. Firm. math. VI 32,57. Heph. II 20 (adde Ep. IV 20). Apom. Myst. III 65 CCAG XI 1 (1932) p. 190,32–191,4. Anon. CCAG VII (1908) p. 98,25 sq. necnon Plaut. Amph. 117 ‖ **307** *ἀλλοπρόσαλλοι* Ap. III 14,25. Maneth. V(VI) 68 ‖ **309** *Συρίαν* Hipparch. apud Heph. I 1,7. Val. I 2,7 ‖ **311** *ἄθεοι* Ap. III 15.28.32. Teucr. II apud Anon. De stellis fixis I 3,11 (cod. P). Val. I 2,67. al. Paul. Alex. 24 p. 67,15. Lib. Herm. 36,43 | *ἐπιβουλευτικοί* III 14,11.15.17.35. IV 6,6. 7,7. 8,5. 9,11. Val. I 2,58. al. Firm. math. III 6,25 (deest apud Rhet. C p. 130,17). al. | *Φοίνικες* Val. I 2,48

305 *συναλλακτιώτεροι* **V** *συναλλακτικοί* **αβγ** | *πανουργότεροι δὲ* **α** *πανοῦργοι τε (τὲ)* **βγ** *πανουργότεροί τε* Co le p. 62,4 om. **V** ‖ **306** *δειλοκαταφρόνητοι* **Vβγ** *δειλοκαταφρόνηται* **α** ‖ **308** *Κοίλην Συρίαν*] *κατὰ … κοιλίαν … Συρία* **V** (sed v. E. Honigmann, RE IVA, 1551,6) *Παλαιστίνην* Heph. ‖ **311** *τέ εἰσι* **VDγ** Procl. *τε* **S** om. **αM**

Χαλδαῖοι καὶ Ὀρχήνιοι τῷ Λέοντι καὶ τῷ ἡλίῳ, διόπερ ἁπλούστεροι καὶ φιλάνθρωποι καὶ φιλαστρόλογοι καὶ μάλι-
32 *στα πάντων σέβοντες τὸν ἥλιον· οἱ δὲ κατὰ τὴν Ἀραβίαν τὴν εὐδαίμονα τῷ Τοξότῃ καὶ τῷ τοῦ Διός, ὅθεν ἀκολού-* 315 *θως τῇ προσηγορίᾳ τό τε τῆς χώρας εὔφορον συνέπεσε καὶ τὸ τῶν ἀρωμάτων πλῆθος καὶ τὸ τῶν ἀνθρώπων εὐάρμοστον πρός τε διαγωγὰς ἐλευθέρας καὶ συναλλαγὰς καὶ πραγματείας.*

33 *τοῦ δὲ τρίτου τεταρτημορίου τοῦ κατὰ τὸ βόρειον μέρος* 320 *τῆς Μεγάλης Ἀσίας τὰ μὲν ἄλλα μέρη (τὰ περιέχοντα Ὑρκανίαν Ἀρμενίαν Ματιανὴν Βακτριανὴν Κασπειρίαν Σηρι-* m 67 *κὴν Σαυροματικὴν Ὠξιανὴν Σουγδιανὴν καὶ πρὸς βορραπηλιώτην κείμενα τῆς ὅλης οἰκουμένης) συνοικειοῦται μὲν τῷ βορραπηλιωτικῷ τριγώνῳ (Διδύμων καὶ Ζυγοῦ καὶ* 325

T **314–315** Heph. I 1,161. Rhet. B p. 207,21. Val. App. III 8

S **313** *ἁπλούστεροι* Manil. IV 189 ‖ **317** *ἀρωμάτων πλῆθος* Diod. II 49,1–5, aliter Ap. IV 4,4 q.v.

313 *φιλάνθρωποι* **V** Procl. *φιλανθρωπότεροι* **αβγ** | *φιλαστρόλογοι* **Vα** *φιλοστοργότεροι* **βBC** om. **A** ‖ **314** *τὴν εὐδαίμονα ἀραβίαν* **γ** ‖ **314** *ἀρραβίαν* **β** ut l. 299 q. v. ‖ **315** *Τοξότῃ*] *ἄρει* **V**, cf. 2,222 ‖ **318** *διαγωγὰς* **α** *τὰς διαγωγὰς* **DM** *τὸ διαγωγὰς* **S** *διὰ τὰς* **V** | *ἐλευθέρας* **VY** (Boer in adnotatione) *ἐλεύθερον* **Σβγ** edd. ‖ **319** *πραγματείας* **VΣβγ** *σατραπίας* **YΣ**[2] (in margine) ‖ **321** *ὑρκανίαν ἀρμενίαν* **Vβγ** *τὴν ἀρμενίαν ὑρκανίαν* **α** ‖ **322** *ματιανὴν* **Vα** *μαντειανὴν* **MS** Procl. *μαντιανὴν* **Dγ**, cf. l. 339 | *κασπειρίαν* **V** *κασπηρίαν* **Σβγ** *κασπιρίαν* Procl. om. **Y** | *συρικὴν* **V** ut l. 342.484 ‖ **323** *σουγδιανὴν* **Vβγ** Procl. *σογδιανὴν* **α** ut l. 345 ‖ **324** *συνοικειοῦται* **V** (cf. l. 217) *συνοικειοῦνται* **αβγ** | *μὲν* om. **βγ** ‖ **325** *καὶ* ante ♎ om. **γ**

Ὑδροχόου), οἰκοδεσποτεῖται δὲ εἰκότως ὑπό τε τοῦ ⟨τοῦ⟩
Κρόνου καὶ τοῦ τοῦ Διὸς ἐπὶ σχημάτων ἀνατολικῶν. διό- **34**
περ οἱ ταύτας ἔχοντες τὰς χώρας σέβουσι μὲν Δία καὶ
c 18 *Ἥλιον, πλουσιώτατοι δέ εἰσι καὶ πολύχρυσοι, περί τε τὰς*
330 *διαίτας καθάριοι καὶ εὐάγωγοι, σοφοὶ δὲ περὶ τὰ θεῖα καὶ*
μάγοι καὶ τὰ ἤθη δίκαιοι καὶ ἐλεύθεροι καὶ τὰς ψυχὰς
μεγάλοι καὶ γενναῖοι, μισοπόνηροί τε καὶ φιλοστοργότατοι
καὶ ὑπεραποθνήσκοντες ἑτοίμως τῶν οἰκείων ἕνεκεν τοῦ
καλοῦ καὶ ὁσίου, πρός τε τὰς ἀφροδισίους χρήσεις σεμνοὶ
335 *καὶ καθάριοι καὶ περὶ τὰς ἐσθῆτας πολυτελεῖς, χαριστικοί*
τε καὶ μεγαλόφρονες, ἅπερ ὡς ἐπίπαν ὁ τοῦ Κρόνου καὶ

S 329 *Ἥλιον* Ap. II 3,23 (ubi plura) | *πλουσιώτατοι* Ap. II 3,36. III 13,19. Teucr. CCAG IX 2 (1953) p. 183,14. Val. I 3,33.43.51. 19,10. al. Firm. math. II 19,9. III 3,1.15.21. 4,13 al. Abū M. Introd. VI 13 l. 89 || **331** *μάγοι* Ap. II 3,44.49. III 14,5.19.27.32 (cf. IV 4,10). Maneth. VI (III) 475. Val. II 17,57. Firm. math. III 2,18. 7,6.20 (~ Rhet. C p. 166,4). 10,3. 12,6.16. VIII 30,11. Rhet. C p. 145,5. 147,13. 148,17. 165,1. 166,4. Apom. Myst. III 56 CCAG XI 1 (1932) p. 183,34. Lib. Herm. 31,10

326 ⟨*τοῦ*⟩ suppl. Boll || **329** *Ἥλιον* **Vβγ** Procl. *Κρόνον* vel ♄ **αcm** (recepit Robbins, de hac confusione cf. Plat. Epinom. 987[c]. Rhet. B p. 203,9) | *πλουσιώτατοι* **Vα** *πλουσιώτεροι* **βγ** || **330** *καθαροὶ* **α** ut l. 335 cf. 2,204 | *εὐάγωγοι* **Vβγ** *εὐδιάγωγοι* **α** | *δὲ* **Vβγ** (recepit Boll) *τε* **α** (maluit Robbins), cf. l. 332 | *περὶ … μάγοι* **V** Procl. *καὶ μάγοι περὶ τὰ θεῖα* **αBC** *καὶ μάγοι καὶ περὶ τὰ θεῖα* **βA** || **331** *καὶ τὰ ἤθη* **Vα** *καὶ περὶ τὰ ἤθη* **βγ** || **332** *μισοπόνηροι* **αβγ** Procl. *καὶ πονηροὶ* **V** | *τε* **Vβγ** *δὲ* **α** (quem sequitur Boll), cf. l. 330 | *φιλόστοργοι* **α** Procl. || **333** *οἰκείων* **βγ** Procl. *οἰκειωτάτων* **Vα** fort. recte || **335** *καθάριοι* **V** *καθαροὶ* **αβγ**, cf. l. 330 || **336** *ὡς* om. **V**

35 [*ὁ*] *τοῦ Διὸς ἀνατολικῶν συσχηματισμὸς ἀπεργάζεται. καὶ τούτων δὲ πάλιν τῶν ἐθνῶν τὰ μὲν περὶ τὴν Ὑρκανίαν καὶ Ἀρμενίαν καὶ Ματιανὴν μᾶλλον συνοικειοῦται τοῖς τε Διδύμοις καὶ τῷ τοῦ Ἑρμοῦ, διόπερ εὐκινητότερα μᾶλλον* 340
36 *καὶ ὑποπόνηρα· τὰ δὲ περὶ τὴν Βακτριανὴν καὶ Κασπειρίαν καὶ Σηρικὴν τῷ τε Ζυγῷ καὶ τῷ τῆς Ἀφροδίτης, ὅθεν οἱ κατέχοντες τὰς χώρας πλουσιώτατοι καὶ φιλόμουσοι καὶ μᾶλλον ἁβροδίαιτοι· τὰ δὲ περὶ τὴν Σαυροματικὴν καὶ Ὠξιανὴν καὶ Σουγδιανὴν τῷ τε Ὑδροχόῳ καὶ τῷ τοῦ* 345
Κρόνου, διὸ καὶ ταῦτα τὰ ἔθνη μᾶλλον ἀνήμερα καὶ αὐ- m 68
στηρὰ καὶ θηριώδη.

T 338–340 Heph. I 1,45. Rhet. B p. 199,4–5. Val. App. III 11 ‖ **341–342** Heph. I 1,122. Rhet. B p. 204,28. Val. App. III 30 ‖ **344–345** Heph. I 1,200. Rhet. B p. 210,17–18. Val. App. III 47

S 340 *εὐκινητότερα* Ap. I 4,7 (ubi plura) ‖ **343** *πλουσιώτατοι* Ap. II 3,34 (ubi plura) | *φιλόμουσοι* Ap. II 3,19 (ubi plura) ‖ **344** *ἁβροδίαιτοι* Ant. CCAG VII (1908) p. 116,9. Euseb. praep. evang. VI 10,13. Rhet. A p. 147,13. Rhet. B p. 205,1–2. Horosc. L 621 apud Steph. philos. 22 (= p. 274,8–11). Kam. 899. al.

337 [*ὁ*] del. Boll | *ἀνατολιῶν συσχηματισμὸς ἀπεργάζεται* **V** (recepit Robbins) *ἀνατολικὸν σχηματισμὸν ἀπεργάζεται* **Y** *ἀνατολικὸς συσχηματισμὸς ἀπεργάζεται* **βγ** *κατὰ ἀνατολικὸν συσχηματισμὸν ἀπεργάζονται* **Σc** ‖ **339** *ματιανὴν* **α** *μαντιανὴν* **Vγ** Procl. (cf. Heph.) *μαντειανὴν* **β**, cf. l. 322 | *συνοικειοῦται* **VA** *συνοικειοῦνται* **αβBC**, cf. l. 217 ‖ **340** *εὐκινητότερα* (sc. *τὰ ἔθνη*) **αβγc** *εὐκινητότεροι* **V** (quem tacite sequitur Boll) ‖ **341** *καὶ ὑποπόνηρα* **αβγc** *εἰσι καὶ οἱ πόνηροι* **V** | *Κασπειρίαν* Boll coll. l. 322 *κασπιρίαν* **VD** *κασπηρίαν* **MSγ** *κασπίαν* **α** ut Rhet. B p. 204,28 ‖ **342** *συρικὴν* **V** (ut l. 322) **Y** | *τῷ τε Ζυγῷ*] *ταῖς* ♎ (sc. *χηλαῖς*) **γ** ‖ **345** *σογδιανὴν* **α** ut l. 323 ‖ **346** *μᾶλλον* om. **V**

τὰ δὲ λοιπὰ τούτου τοῦ τεταρτημορίου καὶ περὶ τὸ μέ- 37
σον κείμενα τῆς ὅλης οἰκουμένης (Βιθυνία Φρυγία Κολ-
350 χικὴ Συρία Κομμαγηνὴ Καππαδοκία Λυδία Κιλικία Παμφυλία) τὴν θέσιν ἔχοντα πρὸς λιβόνοτον αὐτοῦ τοῦ τεταρτημορίου, προσλαμβάνει τὴν συνοικείωσιν τοῦ νοτολιβυ-
κοῦ τριγώνου (Καρκίνου Σκορπίου Ἰχθύων) καὶ συνοικοδεσπότας τόν τε τοῦ Ἄρεως καὶ τὸν τῆς Ἀφροδίτης καὶ ἔτι
355 τὸν τοῦ Ἑρμοῦ. διόπερ οἱ περὶ τὰς χώρας ταύτας σέβουσι 38
μὲν ὡς ἐπίπαν τὸν τῆς Ἀφροδίτης ὡς μητέρα θεῶν ποικίλοις καὶ ἐγχωρίοις ὀνόμασι προσαγορεύοντες καὶ τὸν τοῦ
Ἄρεως ὡς Ἄδωνιν ἢ ἄλλως πως πάλιν ὀνομάζοντες καὶ μυ-
στήριά τινα μετὰ θρήνων ἀποδιδόντες αὐτοῖς. περίκακοι
360 δέ εἰσι καὶ δουλόψυχοι καὶ πονικοὶ καὶ ὑποπόνηροι καὶ ἐν
μισθοφόροις στρατείαις καὶ ἁρπαγαῖς καὶ αἰχμαλωσίαις

T **350–351** *Λυδία – Παμφυλία* Abram. p. 195

S **356** *μητέρα θεῶν* Plin. nat. II 37 ‖ **360** *δουλόψυχοι* Ap. II 3,30 (ubi plura) ‖ **361** *στρατείαις* Ap. III 14,22.31. IV 2,1. 3,6. 4,5 Teucr. III p. 181,5. Manil. IV 220–222. Dor. A II 29,2. 30,2. Dor. App. IID apud Heph. II 19,22–26. Maneth. II(I) 211–212. III(II) 296. Val. I 1,23. 19,22. al. Pap. It. 258,77–78. Porph. 45 p. 218,15–16. Firm. math. III 11,18. Paul. Alex. 24 p. 57,2. 59,3 (adde Schol. 76,2 p. 126,22). Rhet. C p. 145,8.

349 *Κολχικὴ ... Καππαδοκία* om. **V** ‖ **349** *κολχικὴ* **α** *κολχὶς* **βγ** ‖ **350** post *λυδία*: *λυκία* add. **V** Procl., cf. l. 495 ‖ **353** *τριγώνου* Boer in adnotatione coll. 2,195 al. *τεταρτημορίου* **ω** edd. | *καὶ σκορπίου καὶ ἰχθύων* **α** ♏ *καὶ* ♓ **B** | postea *καὶ* om. **α** ‖ **356** *ὡς ἐπίπαν* om. **DMγ** | *τὸν τῆς* ♀ **DMγ** *τὴν* ♀ **VαS** fort. rectius, sed cf. 2,266 ‖ **357** *τὸν τοῦ Ἄρεως* (vel ♂) **ωc** vix *τὸν Ἄρεα* ‖ **358** *πως* om. **βγ** ‖ **360** *ὑποπόνηροι* **Vβγ** Procl. *πονηροὶ* **α** | *ἐν* om. **Vγ** ‖ **361** *μισθοφόροις* **αβ** *μισθόφοροι* **γ** *μισθοφορικαῖς* **V** | *στρατείαις* **αβ** *στρατιαῖς* **V** *ἐν στρατείαις* **γ**

γινόμενοι καταδουλούμενοί τε ἑαυτοὺς καὶ πολεμικαῖς
39 *ἀπωλείαις περιπίπτοντες. διὰ δὲ τὸν τοῦ Ἄρεως καὶ τὸν*
τῆς Ἀφροδίτης κατὰ ἀνατολικὴν συναρμογήν (ὅτι ἐν μὲν
τῷ τῆς Ἀφροδίτης τριγωνικῷ ζῳδίῳ τῷ Αἰγόκερῳ ὁ τοῦ 365
Ἄρεως ὑψοῦται, ἐν δὲ τῷ τοῦ Ἄρεως τριγωνικῷ ζῳδίῳ τοῖς
Ἰχθύσι ὁ τῆς Ἀφροδίτης ὑψοῦται) – διὰ τοῦτο τὰς γυναῖ-
κας συνέβη πᾶσαν εὔνοιαν πρὸς τοὺς ἄνδρας ἐνδείκνυ-
σθαι, φιλοστόργους τε οὔσας καὶ οἰκουροὺς καὶ ἐργατικὰς
40 *καὶ ὑπηρετικὰς καὶ ὅλως πονικὰς καὶ ὑποτεταγμένας. καὶ* 370
τούτων δὲ πάλιν οἱ μὲν περὶ τὴν Βιθυνίαν καὶ Φρυγίαν
καὶ Κολχικὴν συνοικειοῦνται μᾶλλον τῷ τε Καρκίνῳ καὶ
τῇ σελήνῃ, διόπερ οἱ μὲν ἄνδρες ὡς ἐπίπαν εἰσὶν εὐλαβεῖς
καὶ ὑποτακτικοί, τῶν δὲ γυναικῶν αἱ πλεῖσται διὰ τὸ τῆς
σελήνης ἀνατολικὸν καὶ ἠρρενωμένον σχῆμα ἔπανδροι καὶ 375

T 370–372 Heph. I 1,64. Rhet. B p. 200,14–15. Val. App. III 16

(**S**) Steph. philos. CCAG II (1900) p. 190,36. Apom. Myst. III 52 CCAG XI 1 (1932) p. 180,29 ‖ **361** *ἁρπαγαῖς* Ap. III 14,15 (ubi plura) | *αἰχμαλωσίαις* Ap. II 9,11. Ant. CCAG VII (1908) p. 108,6. Val. II 17,79 (adde App. II 15). Firm. math. III 5,21. Apom. Myst. III 52 CCAG XI 1 (1932) p. 181,6
S 365 *Αἰγόκερῳ* Ap. I 20,5 ‖ **367** *Ἰχθύσι* Ap. I 20,6 ‖ **374** *ὑποτακτικοί* Anon. C p. 165,12–13 (cf. Iulian. Laodic. CCAG V 1 [1904] p. 187,21) ‖ **375** *ἔπανδροι* Ap. III 15,8. Dor. A II 7,6.12.16. 26,15. Maneth. I(V) 29–33. III(II) 383–391. IV 357–358. V(VI) 214–216. Val. II 17,68

363 *περιπίπτοντες* **Vαβ** *περιβάλλοντες* **γ** ‖ **366** *ὑψοῦται* om. **α** | post *τριγωνικῷ*: *ὁμοίως* add. **γ** ‖ **367** *διὰ τοῦτο* **α** *διὸ* **V** om. **βγ** ‖ **369** *οὔσας*] *εἶναι* **γ** ‖ **372** *συνοικειοῦται* **V** ‖ **375** *ἠρ(ρ)ενωμένον* **Yβ** *ἠρρηνωμένων* **Σ** *ἠρρωμένον* **Vγc** *ἀρσενικὸν* Procl.

ἀρχικαὶ καὶ πολεμικαὶ καθάπερ αἱ Ἀμαζόνες, φεύγουσαι
μὲν τὰς τῶν ἀνδρῶν συνουσίας, φίλοπλοι δὲ οὖσαι καὶ ἀρ-
c 18v ρενοποιοῦσαι τὰ θηλυκὰ πάντα ἀπὸ βρέφους ἀποκοπῇ
τῶν δεξιῶν μαστῶν χάριν τῶν στρατιωτικῶν χρειῶν καὶ
380 ἀπογυμνοῦσαι ταῦτα τὰ μέρη κατὰ τὰς παρατάξεις πρὸς
ἐπίδειξιν τοῦ ἀθηλύντου τῆς φύσεως· οἱ δὲ περὶ τὴν Συ- **41**
ρίαν καὶ Κομμαγηνὴν καὶ Καππαδοκίαν τῷ τε Σκορπίῳ
καὶ τῷ τοῦ Ἄρεως, διὸ πολὺ παρ' αὐτοῖς συνέπεσε τὸ
θρασὺ καὶ πονηρὸν καὶ ἐπιβουλευτικὸν καὶ ἐπίπονον· οἱ
385 δὲ περὶ τὴν Λυδίαν καὶ Κιλικίαν καὶ Παμφυλίαν τοῖς τε

T **381–383** Heph. I 1,142. Rhet. B p. 206,6. Val. App. III 34 ‖ **384–386** Heph. I 1,219. Rhet. B p. 211,25. Val. App. III 49 ‖ **385** Abram. p. 195

S **376** *πολεμικαὶ* Diod. II 45,1–3. Strabo XI 5,1. Euseb. praep. evang. VI 10,29. Horosc. L 621 apud Steph. philos. 22 (p. 274,15–16) ‖ **377** *φίλοπλοι* Ap. II 3,13 (ubi plura) ‖ **382** *Καππαδοκίαν* Horosc. L 621 apud Steph. philos. 22 (= p. 274,21) ‖ **384** *ἐπιβουλευτικὸν* Manil. II 635. Iulian. Laodic. CCAG IV (1903) p. 152,9. Hippol. ref. haer. IV 22,2. Rhet. B p. 205,17. al.

376 *καὶ* om. V | *φεύγουσαι* Σ Procl. *φύγουσαι* V *φεύγουσιν* **Yβ** *φεύγουσι* **γ** ‖ **377** *μὲν γὰρ* **γ** | *ἀρρενωποὶ* **βγ** fort. recte ‖ **378** *τὰ θηλυκὰ πάντα* V *τὸ θῆλυ* (vel *δύλη*) **α** *τὸ θῆλυ πᾶν* **β** *τοῦ θήλεος παντὸς* **γ** | *ἀποκοπῇ τῶν δεξιῶν μαστῶν* **Vα** *ἀποκοπῇ τοῦ δεξιοῦ μαστοῦ* **D** *ἀποκόπτουσι τὸν δεξιὸν μαστὸν* **MSγ** *ἀποκόπτουσαι μαστοὺς* Procl. ‖ **379** *χρειῶν* **VYβγ** *χρήσεων* **ΣΓc** ‖ **380** *ἀπογυμνοῦσαι* **α** *ἀπογυμνώσει* V *ἀπογυμνοῦσι δὲ* **MSγ** *ἀποτέμνουσι δὲ* **D** | *ταῦτα τὰ μέρη* **αβγ** *τούτων τῶν μερῶν* V | *κατὰ* **Vβγ** *διὰ* **α** | *παρατάξεις* **Vβγ** *παρατάξης* **Y** *παρατάξεως* **G** *πράξεις* Σ, cf. *ἐν ταῖς παρατάξεσιν* Procl. | *πρὸς ἐπίδειξιν* V *εἰς ἐπίδειξιν* **βγ** *ὡς ἐπίδεξην* **Y** *ὡς ἐπίδειξιν* **G** *ὡς ἐπιδείκνυσθαι* Σ ‖ **383** *διὸ* **VDγ** *διόπερ* **αMS**

Ἰχθύσι καὶ τῷ τοῦ Διός, ὅθεν οὗτοι μᾶλλον πολυκτήμονές τε καὶ ἐμπορικοὶ καὶ κοινωνικοὶ καὶ ἐλεύθεροι καὶ πιστοὶ περὶ τὰς συναλλαγάς.

42 *τοῦ δὲ λοιποῦ τεταρτημορίου τοῦ κατὰ τὴν κοινῶς καλουμένην Λιβύην τὰ μὲν ἄλλα τὰ περιέχοντα (Νουμιδίαν* 390 *Καρχηδονίαν Ἀφρικὴν Φαζανίαν Νασαμονῖτιν Γαραμαντικὴν Μαυριτανίαν Γαιτουλίαν Μεταγωνῖτιν) καὶ τὴν θέσιν* m 70 *ἔχοντα πρὸς λιβόνοτον τῆς ὅλης οἰκουμένης συνοικειοῦται μὲν τῷ νοτολιβυκῷ τριγώνῳ (Καρκίνου Σκορπίου Ἰχθύων), οἰκοδεσποτεῖται δὲ εἰκότως ὑπό τε τοῦ τοῦ Ἄρεως καὶ τοῦ* 395 **43** *τῆς Ἀφροδίτης ἐπὶ σχήματος ἑσπερίου, διόπερ συνέπεσε τοῖς πλείστοις αὐτῶν ἕνεκεν τῆς εἰρημένης* [II 3,39] *τῶν ἀστέρων συναρμογῆς ὑπὸ ἀνδρὸς καὶ γυναικὸς δυεῖν ὁμομητρίων ἀδελφῶν βασιλεύεσθαι, τοῦ μὲν ἀνδρὸς τῶν ἀνδρῶν ἄρχοντος, τῆς δὲ γυναικὸς τῶν γυναικῶν, συντηρου-* 400 *μένης τῆς τοιαύτης διαδοχῆς. θερμοί τέ εἰσι σφόδρα καὶ καταφερεῖς πρὸς τὰς γυναικῶν συνουσίας, ὡς καὶ τοὺς γά-*

T 391–392 *Φαζανίαν – Γαραμαντικὴν* Abram. p. 195

S 387 *ἐμπορικοὶ* cf. Ap. II 3,30 (ubi plura) ‖ **390–395** *Λιβύην … Ἄρεως* Horosc. L 621 apud Steph. philos. 22 (= p. 274, 17–18) ‖ **398–399** *ὁμομητρίων ἀδελφῶν* Diod. I 27,1 ‖ **402** *καταφερεῖς* Ap. II 3,24 (ubi plura)

386 *πολυκτήμονες* **VDγ** Procl. *πολυκτήματοι* **αMS** ‖ **389** *δὲ*] *τε* **M** | *καλουμένην* om. **Σc** ‖ **390** *Νουμιδίαν* **Bc** *Νουματίαν* **Φ** *Νουμηδίαν* **VαβAC** ‖ **391** *Φυζανίαν* **Σc** | *Γαραμαντικὴν … Μεταγωνῖτιν* om. **β** ‖ **393** *συνοικειοῦται* **VD** *συνοικειοῦνται* **αMSγ**, cf. l. 217 ‖ **394** *Καρκίνου* **α** *Κρώνου* **V** *Καρκίνῳ* **β** om. **γ** | *Σκορπίου* **Vαγ** *Σκορπίῳ* **β** | postea *καὶ* add. **αγ** | *Ἰχθύων* **αγ** *ἰχθύιν* **V** *ἰχθύσιν* **β** ‖ **398** *γυναικὸς ἢ* **α** ‖ **401** *σφόδρα* om. **γ**, cf. l. 416 ‖ **402** *ὡς* **α** *ὥστε* **βγ** om. **V**

μους δι' ἁρπαγῶν γίνεσθαι καὶ πολλαχῇ ταῖς γαμουμέναις τοὺς βασιλεῖς πρώτους συνέρχεσθαι, παρ' ἐνίοις δὲ καὶ
405 *κοινὰς εἶναι τὰς γυναῖκας πάντων. φιλοκαλλωπισταὶ δὲ* **44**
τυγχάνουσι καὶ κόσμους γυναικείους περιζώννυνται διὰ τὸν τῆς Ἀφροδίτης, ἔπανδροι μέντοι ταῖς ψυχαῖς καὶ ὑποπόνηροι καὶ μαγευτικοί, νοθευταὶ δὲ καὶ παράβολοι καὶ ῥιψοκίνδυνοι διὰ τὸν τοῦ Ἄρεως. τούτων δὲ πάλιν οἱ
410 *μὲν περὶ τὴν Νουμιδίαν καὶ Καρχηδονίαν καὶ Ἀφρικὴν συνοικειοῦνται μᾶλλον τῷ τε Καρκίνῳ καὶ τῇ σελήνῃ, διόπερ οὗτοι κοινωνικοί τε καὶ ἐμπορικοὶ τυγχάνουσι καὶ ἐν εὐθηνίᾳ πάσῃ διατελοῦντες· οἱ δὲ περὶ τὴν Μεταγωνῖτιν* **45**
m 71 *καὶ Μαυριτανίαν καὶ Γαιτουλίαν τῷ τε Σκορπίῳ καὶ τῷ*
415 *τοῦ Ἄρεως, ὅθεν οὗτοι θηριωδέστεροί τέ εἰσι καὶ μαχιμώ-*

T 409–411 Heph. I 1,64. Rhet. B p. 200,14. Val. App. III 16 ‖ **413–414** Heph. I 1,142. Rhet. B p. 206,5–6. Val. App. III 34

S 408 *μαγευτικοί* Ap. II 3,34 (ubi plura) ‖ **409** *ῥιψοκίνδυνοι* Ap. II 3,45. III 14,14.28. IV 4,8. Apom. Myst. III 52 CCAG XI 1 (1932) p. 180,5. 181,4 ‖ **410** *Ἀφρικὴν* Hermipp. II 92 ‖ **411** *Καρκίνῳ* Sen. Herc. O. 67 sq. ‖ **412** *ἐμπορικοὶ* Manil. IV 166–174, cf. Ap. II 3,30 (ubi plura) ‖ **415** *θηριωδέστεροι* Arat. 84. Serap. CCAG V 3 (1910) p. 97,12. Firm. math. VII 7,1. Iulian. Laodic. CCAG IV (1903) p. 152,13. Olymp. 23 p. 68,20–21. Anon. C p. 166,30. Anon. L p. 108,4

403 *γίνεσθαι* **VDγ** *ποιεῖσθαι* **αMS** | *γαμημέναις* **Φ** ‖ **404** *πρώτους* **VMS** *πρῶτα* **αγ** ‖ **406** *τυγχάνουσι* **Vβγ** *ὑπάρχουσι* **α** ‖ **407** *τὰς ψυχὰς* **α** ‖ **408** *μαγευτικοί* **αMSγ**, cf. l. 450 *γαμευτικοί* **VD** *μαγεύοντες* Procl. ‖ **410** *Νουμηδίαν* **D** | *καρχηδονίαν* **GΣβγ** *καρχηδωνίαν* **Y** *καρχηδόνα* **V** Procl. (recepit Robbins) ‖ **413** *εὐθηνίᾳ* **Vα** Procl. *ἐλευθερίᾳ* **βγ** | *πάσῃ* **Vβγ** *πάμπαν* **α** | *περὶ*] *ἐπὶ* **V** ut 1,570, q. v. | *Μεταγωνῖτιν* hic omissum post 414 *Γαιτουλίαν* posuit **γ** ‖ **415** *θηριωδέστεροι* **Vα** *θηριωδέστατοι* **βγ**

τατοι καὶ κρεωφάγοι καὶ σφόδρα ῥιψοκίνδυνοι καὶ καταφρονητικοὶ τοῦ ζῆν, ὡς μηδὲ ἀλλήλων ἀπέχεσθαι· οἱ δὲ περὶ τὴν Φαζανίαν καὶ Νασαμωνῖτιν καὶ Γαραμαντικὴν τοῖς τε Ἰχθύσι καὶ τῷ τοῦ Διός, διόπερ ἐλεύθεροί τε καὶ ἁπλοῖ τοῖς ἤθεσι καὶ φιλεργοὶ καὶ εὐγνώμονες, καθάριοί 420 *τε καὶ ἀνυπότακτοί εἰσιν ὡς ἐπίπαν καὶ τὸν τοῦ Διὸς ὡς Ἄμμωνα θρησκεύοντες.*

46 *τὰ δὲ λοιπὰ τοῦ τεταρτημορίου μέρη καὶ πρὸς τὸ μέσον ἐσχηματισμένα τῆς ὅλης οἰκουμένης (Κυρηναϊκὴ Μαρμαρικὴ Αἴγυπτος Θηβαΐς Ὄασις Τρωγλοδυτικὴ Ἀραβία* 425 *Ἀζανία μέση Αἰθιοπία) πρὸς βορραπηλιώτην τετραμμένα* c 19 *τοῦ ὅλου τεταρτημορίου προσλαμβάνει τὴν συνοικείωσιν τοῦ βορραπηλιωτικοῦ τριγώνου (Διδύμων Ζυγοῦ Ὑδροχόου) καὶ συνοικοδεσπότας διὰ τοῦτο τόν τε τοῦ Κρόνου καὶ τὸν* **47** *τοῦ Διὸς καὶ ἔτι τὸν τοῦ Ἑρμοῦ, ὅθεν οἱ κατὰ ταύτας τὰς* 430 *χώρας κεκοινωνηκότες σχεδὸν τῆς τῶν πέντε πλανήτων οἰκοδεσποτείας ἑσπερίου φιλόθεοι μὲν γεγόνασι καὶ δεισι-*

T 417–419 Heph. I 1,219. Rhet. B p. 211,25 (cf. cod. R). Val. App. III 49 ‖ **418** Abram. p. 195

S 416 *ῥιψοκίνδυνοι* Ap. II 3,44 (ubi plura)

416 *σφόδρα* om. **α**, cf. l. 401 ‖ **418** *Νασαμωνῖτιν* **VαDγ** (cf. Heph.) *ἀσαμωνῖτιν* **A** *νασαμῶτιν* **MS** ‖ **420** *καθάριοι* **βγ** Procl. *καθαροὶ* **Vα**, cf. 2,204 ‖ **421** *καὶ* (alterum)] *διὰ* **Σc** om. **Y** ‖ **421** *ὡς Ἄμμωνα* **Vβγ** (cf. Procl.) *τῷ Ἄμ(μ)ωνι* **YΣc** *τῷ σάμωνα* **G** ‖ **423** *τοῦ*] *περὶ τὸ μέσου τοῦ* **V** ‖ **424** *κυρηνικὴ* **β** | *μαρμαρικὴ* om. **Yβ** ‖ **425** *ἀρραβία* **β** ut l. 299 q. v. ‖ **426** *βορραπηλιώτην*] *ἀπηλιώτην* **V** Procl. ‖ **428** *καὶ* ♒ **γ** ‖ **429** post *καὶ*: *ἔχει* add. **γ** | *διὰ τοῦτο* om. **α** ‖ **431** *οἰκοδεσποτείας* **ΣMSγ** Procl. (cf. *δεσποτείας* Co le p. 62,28) *οἰκοδεσπότας* **VYD**

δαίμονες καὶ θεοπρόσπλοκοι καὶ φιλόθρηνοι καὶ τοὺς ἀποθνήσκοντας γῇ κρύπτοντες καὶ ἀφανίζοντες διὰ τὸ ἑσ-
435 *πέριον σχῆμα, παντοίοις δὲ ἔθεσι καὶ νομίμοις καὶ θεῶν παντοίων θρησκείαις χρώμενοι καὶ ἐν μὲν ταῖς ὑποταγαῖς*
m 72 *ταπεινοὶ καὶ δειλοὶ καὶ μικρολόγοι καὶ ὑπομονητικοί, ἐν* **48** *δὲ ταῖς ἡγεμονίαις εὔψυχοι καὶ μεγαλόφρονες, πολυγύναιοι δὲ καὶ πολύανδροι καὶ καταφερεῖς καὶ ταῖς ἀδελφαῖς συν-*
440 *αρμοζόμενοι καὶ πολύσποροι μὲν οἱ ἄνδρες, εὐσύλληπτοι δὲ αἱ γυναῖκες, ἀκολούθως τῷ τῆς χώρας γονίμῳ. πολλοὶ δὲ καὶ τῶν ἀρρένων σαθροὶ καὶ τεθηλυσμένοι ταῖς ψυχαῖς, ἔνιοι δὲ καὶ τῶν γεννητικῶν μορίων καταφρονοῦντες διὰ τὸν τῶν κακοποιῶν μετὰ τοῦ τῆς Ἀφροδίτης ἑσπερίου σχη-*
445 *ματισμόν. καὶ τούτων δὲ οἱ μὲν περὶ τὴν Κυρηναϊκὴν καὶ* **49** *Μαρμαρικὴν καὶ μάλιστα οἱ περὶ τὴν κάτω χώραν τῆς Αἰγύπτου μᾶλλον συνοικειοῦνται τοῖς τε Διδύμοις καὶ τῷ τοῦ*

T 445–447 Heph. I 1,45. Rhet. B p. 199,5–6. Val. App. III 11

S 439 *καταφερεῖς* Ap. II 3,24 (ubi plura) ‖ **446–447** *τὴν κάτω χώραν τῆς Αἰγύπτου* Horosc. L 621 apud Steph. philos. 22 (= p. 274,16–17)

433 *θεοπρόσπλοκοι* **VY** (cf. *προσπλεκόμενοι πρὸς θεούς* Procl. necnon Rhet. C p. 148,21 app. cr., at p. 166,6.11 *θεοπλόκους*) *θεοπρόσπολοι* **Σβγ**, cf. 3,1166.1270.1348. ‖ **435** *ἔθεσι καὶ νομίμοις* **V** *ἤθεσι καὶ νομίμοις* **Dγ** *νομίμοις καὶ ἔθεσι* **αMS** (quos sequitur Robbins) ‖ **437** *δειλοὶ* **Vβγ** Procl. *δημοὶ* **Y** *δεινοὶ* **GΣ** ‖ **441** *γονίμῳ* **VΣβγ** **γονίμῳ* **c** *γωνῇ* **Y** *γωνίσματι* **G** *γεννήματι* **Σ**^{2} in margine **m** ‖ **442** *σαθροὶ* **Vα** *θρασεῖς* **DMγ** *θρασεῖς δὲ* **S** | *τεθηλυσμένοι* **V** *τεθηλυμένοι* **α** *τεθηγμένοι* **βγ** | *ταῖς ψυχαῖς* **VDγ** *τὰς ψυχὰς* **αMS** ‖ **444** *ἑσπερίου* **V** (cf. *τοῦ δυτικοῦ τῆς* ♀ Procl.) *ἑσπέριον* **αβγ** ‖ **445** *κυραϊκὴν* **V** ‖ **447** *Διδύμοις* **VMSc** Procl. *ἰχθύσι* **αDγ** (praetulit Boll) ‖ **447** *τοῦ Ἑρμοῦ*] *Ἑρμῇ* **V**

Ἑρμοῦ, διόπερ οὗτοι διανοητικοί τε καὶ συνετοὶ καὶ εὐεπίβολοι τυγχάνουσι περὶ πάντα καὶ μάλιστα περὶ τὴν τῶν σοφῶν καὶ θείων εὕρεσιν, μαγευτικοί τε καὶ κρυφίων μυστη- 450
50 *ρίων ἐπιτελεστικοὶ καὶ ὅλως ἱκανοὶ περὶ τὰ μαθήματα· οἱ δὲ περὶ τὴν Θηβαΐδα καὶ Ὄασιν καὶ Τρωγλοδυτικὴν τῷ τε Ζυγῷ καὶ τῷ τῆς Ἀφροδίτης, ὅθεν καὶ αὐτοὶ θερμότεροί εἰσι τὰς φύσεις καὶ κεκινημένοι καὶ ἐν εὐφορίαις ἔχοντες τὰς διαγωγάς· οἱ δὲ περὶ τὴν Ἀραβίαν καὶ Ἀζανίαν καὶ μέ-* 455 *σην Αἰθιοπίαν τῷ Ὑδροχόῳ καὶ τῷ τοῦ Κρόνου, διὸ καὶ οὗτοι κρεωφάγοι τε καὶ ἰχθυοφάγοι καὶ νομάδες εἰσίν, ἄγριον καὶ θηριώδη βίον ζῶντες.*

δ΄. Ἔκθεσις τῶν ἀνηκουσῶν χωρῶν ἑκάστῳ τῶν ζῳδίων 460

1 *Αἱ μὲν οὖν συνοικειώσεις τῶν τε ἀστέρων καὶ τῶν δωδεκατημορίων πρὸς τὰ κατὰ μέρος ἔθνη καὶ τὰ ὡς ἐπίπαν αὐ-* m 73 *τῶν ἰδιώματα κατὰ τὸ κεφαλαιῶδες τοῦτον ἡμῖν ὑποτετυ-*

T 452–453 Heph. I 1,122. Rhet. B p. 204,28–29. Val. App. III 30 ‖ **455–456** Heph. I 1,200. Rhet. B p. 210,18. Val. App. III 47

S 450–451 *μαγευτικοὶ ... μυστηρίων* Ap. II 3,34 (ubi plura)

448 *εὐεπίβολοι* **VDγ** *εὐεπήβολοι* **ΜΣ** (ex correctura Regiomontani in margine: *ἐπήβολος οὐκ ἐπίβολος διὰ τὸ μέτρον*) **S** *εὐεπίβουλοι* **Y**, cf. 2,104 ‖ **450** *εὕρεσιν* **VDγ** Procl. *ἀνεύρεσιν* **αMS** | *μαγικοί* **Σ** | *κρυφίων* **Vαγ** *κρυφιμαίων* **DM** *κορυμαίων* **S** ‖ **454** *εἰσὶ* **Vβ** *τέ εἰσι* **αγ** | *εὐφορίᾳ* **α** ‖ **455** *περὶ*] *ἐπὶ* **V** ut 1,570 q. v. ‖ **456** *Κρόνου*] *Διὸς* **Bm** ‖ **459** titulum hoc loco praebet **D**, post 464 *τρόπον* **V**, post 468 *τοῦτον* **Mγc** Co p. 62,–4 | post *ἔκθεσις*: *κανονικὴ* add. **B** ‖ **463** *ὑποτετυπώσθωσαν* **VDMγ** *ὑποτυπωσθώσαν* **Σ** *ὑποτετυπώσθ* **Y** *ὑποτετυπώσθω* **S** *ὑποτυπούσθω* **c** Boll

πώσθωσαν τὸν τρόπον. ἐκθησόμεθα δὲ καὶ διὰ τὸ τῆς
465 *χρήσεως εὐεπίβολον ἐφ' ἑκάστου τῶν δωδεκατημορίων*
κατὰ ψιλὴν παράθεσιν ἕκαστα τῶν συνῳκειωμένων ἐθνῶν
ἀκολούθως τοῖς προκατειλεγμένοις περὶ αὐτῶν τὸν τρόπον
τοῦτον·

[tab. 14. signorum geographia]

2

	Κριῷ		Ταύρῳ		Διδύμοις		Καρκίνῳ
♂	Βρεττανία Γαλατία Γερμανία Βασταρνία	♀	Παρθία Μηδία Περσίς	☿	Ὑρκανία Ἀρμενία Ματιανή	☾	Νουμιδία Καρχηδονία Ἀφρική
	περὶ τὸ μέσον		περὶ τὸ μέσον		περὶ τὸ μέσον		περὶ τὸ μέσον
♂	Κοίλη Συρία Ἰδουμαία [Παλαιστίνη] Ἰουδαία	♀	Κυκλάδες νῆσοι Κύπρος παράλια Μικρᾶς Ἀσίας	☿	Κυρηναϊκή Μαρμαρική Αἰγύπτου κάτω χώρα	☾	Βιθυνία Φρυγία Κολχίς

(margin line numbers: 470, 475, 480)

T 469–497 maxime bis trinas terras iuxtaposuerunt etiam Heph. Rhet. B. Val. App. III supra allati, praeterea Lyd. Ost. 71 p. 158,16–160,6

465 *εὐεπίβολον* **Dγ** *εὐεπήβολον* **ΣMS** *εὐεπίβουλον* **VY**, cf. l. 104 ‖ **466** *συνοικειουμένων* **α** ‖ **467** *προκατειλεγμένοις* **Vβγ** *προκειμένοις* **αc** (sed **Σ** corr. in margine) *προειλεγμένοις* **m** ‖ **469–497** tabulam praebent **Vβγ** (ordinem pervertit **D**, planetas addit **γ**) om. **αc** ‖ de Ariete: **473** *Βασταρνία* om. **V** (ut Val. App. III 1. Rhet. B p. 195,18) ‖ **477** *Παλαιστίνη* **Vβγ** Heph. (-*ήνη*, adde Ep. IV 7, inde Rhet. B p. 195,18. Lyd. Ost. 55 p. 110,13. Val. App. III 1) om. **α** (deest etiam l. 299.309),

3

Λέοντι		*Παρθένῳ*		*Ζυγῷ*		*Σκορπίῳ*	
☉	*Ἰταλία* *Γαλλία* *Σικελία* *Ἀπουλία*	☿	*Μεσοποταμία* *Βαβυλωνία* *Ἀσσυρία*	♀	*Βακτριανή* *Κασπειρία* *Σηρική*	♂	*Μεταγωνῖτις* *Μαυριτανία* *Γαιτουλία*
	περὶ τὸ μέσον		*περὶ τὸ μέσον*		*περὶ τὸ μέσον*		*περὶ τὸ μέσον*
☉	*Φοινίκη* *Χαλδαία* *Ὀρχηνία*	☿	*Ἑλλάς* *Ἀχαΐα* *Κρήτη*	♀	*Θηβαΐς* *Ὄασις* *Τρωγλοδυτική*	♂	*Συρία* *Κομμαγηνή* *Καππαδοκία*

485

4

Τοξότῃ		*Αἰγοκέρωτι*		*Ὑδροχόῳ*		*Ἰχθύσιν*	
♃	*Τυρρηνία* *Κελτική* *Σπανία*	♄	*Ἰνδική* *Ἀριανή* *Γεδρουσία*	♄	*Σαυροματική* *Ὠξιανή* *Σουγδιανή*	♃	*Φαζανία* *Νασαμωνῖτις* *Γαραμαντική*
	περὶ τὸ μέσον		*περὶ τὸ μέσον*		*περὶ τὸ μέσον*		*περὶ τὸ μέσον*
♃	*Ἀραβία* *εὐδαίμων*	♄	*Θρᾴκη* *Μακεδονία* *Ἰλλυρίς*	♄	*Ἀραβία* *Ἀζανία* *μέση Αἰθιοπία*	♃	*Λυδία* *Κιλικία* *Παμφυλία*

490 ι

495

T 491–497 (de Piscibus) Abram. p. 195

abundat in summa LXXII terrarum (l. 498), ab homine christiano insertum esse iudicans non recepit Boll, sed v. Hephaestionem ‖ de Tauro: **476** *νῆσοι* om. **V** Heph. fort. recte, cf. 2,228 ‖ **478** *παράλια Μικρᾶς Ἀσίας*] *μικρὰ Ἀσία* **V** Heph. haud scio an recte ‖ de Geminis: **472** *Ματιανή* Robbins *ματτιανή* **α** *μαντιανή* **βγ** Heph. *γαμπάνη* **V**

de Leone: **484** *Σικελία* om. Heph. ‖ **488** *Χαλδαία* Heph. *χαλδία* **Vβ** *χαλδαϊκή* **αγ** ‖ de Libra: **481** *Ζυγῷ* **Vβ** (cf. Heph.) *Χηλαῖς* **αγ** ‖ **484** *συρικὴ* **V** ut l. 322 q. v. ‖ de Scorpione: **482** *μεταγωνιτική* **β** ‖ de Sagittario: **493** *ἰσπανία* **γ** ut l. 200 q. v. ‖ de Piscibus: **492** *νασαμωνιτική* **VM**

γίνονται χῶραι οβ′. ἐκκειμένων δὲ τούτων εὔλογον κἀκεῖνα τούτῳ τῷ μέρει προσθεῖναι, διότι καὶ τῶν ἀπλανῶν 5
19ᵛ 500 *ἀστέρων ἕκαστοι συνοικειοῦνται ταῖς χώραις, ὅσαις καὶ τὰ τοῦ ζῳδιακοῦ μέρη, καθ' ὧν ἔχουσιν οἱ ἀπλανεῖς τὰς προσνεύσεις ἐπὶ τοῦ διὰ τῶν πόλων αὐτοῦ γραφομένου κύκλου, φαίνεται ποιούμενα τὴν συμπάθειαν, καὶ ὅτι ἐπὶ* 6 *τῶν μητροπόλεων ἐκεῖνοι μάλιστα συμπαθοῦσιν οἱ τόποι*
505 *τοῦ ζῳδιακοῦ κύκλου, καθ' ὧν ἐν ταῖς καταρχαῖς τῶν κτίσεων αὐτῶν ὡς ἐπὶ γενέσεως ὅ τε ἥλιος καὶ ἡ σελήνη παροδεύοντες ἐτύγχανον καὶ τῶν κέντρων μάλιστα τὸ ὡροσκοποῦν· ἐφ' ὧν δὲ οἱ χρόνοι τῶν κτίσεων οὐχ εὑρίσκονται, καθ' ὧν ἐν ταῖς τῶν κατὰ καιρὸν ἀρχόντων ἢ βασι-*
510 *λευόντων γενέσεσιν ἐκπίπτει τὸ μεσουράνημα.*

T 498–503 (§ 5) Heph. I 5,3 ‖ **508–510** (§ 6 fin.) Heph. I 20,5 p. 43,17–19

498 *γίνονται … οβ′* **VM** Procl., non receperunt Boll Robbins | titulum capitis quinti false hoc loco inseruerunt **αc** | *δὲ* om. **α** ‖ **499** *τούτῳ* **Vβγ** *τῷδε* **α** | *προσθῆναι* **V** | *διότι* **Vαβ** *ὅτι* **γ** | *καὶ* **Vα** *τε καὶ* **βγ** ‖ **500** *ἕκαστοι συνοικειοῦνται* **VY** Heph. *ἕκαστος συνοικειοῦται* **Σβγ** ‖ **501** *καθ' ὧν* Heph. (*καθώς* var. l.) *καθὸν* **V** *καθ' ὃ* **Y** *μεθ' ὧν* **Σβγ** ‖ **502** *ἐποχὰς προσνεύσεις* **V** | *αὐτοῦ*] *αὐτῶν* **Σγc** ‖ **503** *φαίνεται* **Vα** Heph. *διὸ καὶ φαίνονται* **βγ** | *ποιούμενα* **Y** Heph. *προσποιούμενα* **V** *ποιούμενος* **Σ** *ποιούμενοι* **βγ** | *ὅτι*] *ὅτε* **V** | *ἐπὶ*] *καὶ ἐπὶ* **α** ‖ **504** *ἐκεῖνοι* **βγ** *ἐκείνων* **V** *κἀκεῖνοι* **α** ‖ **505** *κύκλου* om. **V**, cf. 1,684 | *καθ' ὧν* **Yβγ** *καθ' ὃν* **VGΣc** ‖ **506** *γενέσεως* **V** (cf. l. 557) *γενέσεων* **α** (*ἐπιγενέσεων* contraxit **G**) *τῶν γενέσεων* **βγ** ‖ **508** *κτήσεων* **V** ‖ **509** *καθ' ὧν* **βγ** *καθ' ἣν* **V** om. **α** ‖ **509** *ἐν ταῖς … γενέσεσιν* **Vβγ** *εἰς τὴν … γένεσιν* **α**

ε΄. Ἔφοδος εἰς τὰς κατὰ μέρος προτελέσεις τῶν ἐκλείψεων

1 *Τούτων δὲ οὕτως προεπεσκεμμένων ἀκόλουθον ἂν εἴη λοιπὸν τὰς τῶν προτελέσεων ἐφόδους κεφαλαιωδῶς ἐπελθεῖν, καὶ πρῶτον τῶν καθ' ὅλας περιστάσεις χωρῶν ἢ* 515 m *πόλεων λαμβανομένων. ἔσται δὲ ὁ τρόπος τῆς ἐπισκέψεως τοιοῦτος· ἡ μὲν οὖν πρώτη καὶ ἰσχυροτάτη τῶν τοιούτων συμπτωμάτων αἰτία γίνεται παρὰ τὰς ἐκλειπτικὰς ἡλίου καὶ σελήνης συζυγίας καὶ τὰς ἐν αὐταῖς παρόδους τῶν* 2 *ἀστέρων· τῆς δὲ προτελέσεως αὐτῆς τὸ μέν ἐστι τοπικόν* 520 *(καθ' ὃ δεῖ προγινώσκειν, ποίαις χώραις ἢ πόλεσιν ⟨ἐπισημαίνουσιν⟩ αἱ κατὰ μέρος ἐκλείψεις ἢ καὶ τῶν πλανωμένων αἱ κατὰ καιροὺς ἔμμονοι στάσεις· αὗται δέ εἰσι Κρόνου τε καὶ Διὸς καὶ Ἄρεως, ὅταν στηρίζωσι, ποιοῦνται* 3 *γὰρ τότε τὰς ἐπισημασίας), τὸ δέ ἐστι χρονικόν, καθ' ὃ* 525

T 513–530 (§ 1–3) Heph. I 20,1–4

511 titulum hic praebent **Vβ** (om. **S** spatio relicto) **γ** Procl., l. 498 anticipant **αc** ‖ **512** *τῶν ἐκλείψεων* **V** om. **αDMγ**, cf. 2,8 ‖ **513** *δὲ* om. **Σ** | *προεπεσκεμμένων* **V** *προεσκημένων* **Y** *προεσκευασμένων* **G** *προεκκειμένων* **Σc** *προκειμένων* **γ** *προεκτεθειμένων* Heph. *προειρημένων* Procl. ‖ **515** *τῶν* **VY** *τὰς τῶν* **ΣS** *τῶν τὰς* **DMBC** *τὰς* **A** ‖ **516** *λαμβανομένων* **Vβ** *λαμβανόμενον* **Γ** *λαμβάνομεν* **YG** *λαμβανομένας* **Σγc** | *ἔσται* **αβγ** *ἐπεὶ* **V** ‖ **517** *τοιοῦτος* **Vα** *οὕτως* **β** *οὗτος* **γ** | *πρώτη καὶ ἰσχυροτάτη* **VMS** *πρώτη καὶ ἰσχυροτέρα* **α** om. **Dγ** ‖ **520** *μέν* **βγ** *μέντοι* **V** *μέν τι* **α** ‖ **521** *προγινώσκειν* **Vα** *γινώσκειν* **βγ**, cf. l. 527 | ⟨*ἐπισημαίνουσιν*⟩ suppl. Boll coll. *τὰς ἐπισημ⟨ασ⟩ίας* Heph. ‖ **523** *ἔμμονοι* **VMγ** *ἔμμηνοι* **YΣSc** *ἔμμηνα* **G**, cf. *ἐπιμένουσαι* Procl. necnon F. A. Illiceramium (1986), 218–220 ‖ **524** *στηρίζωσι* **Vγ** Procl. Co p. 63,32 *στηρίζονται* **G** *στηρίζοντες* **YΣβc** | *ποιοῦνται* **V** Procl. *ποιῶσι* **αγ** *ποιήσωσι* **β** ‖ **525** *γὰρ τότε* **V** om. **αβγ**

τὸν καιρὸν τῶν ἐπισημασιῶν καὶ τῆς παρατάσεως τὴν ποσότητα δεήσει προγινώσκειν, τὸ δὲ γ ε ν ι κ ό ν, *καθ' ὃ προσήκει λαμβάνειν περὶ ποῖα τῶν γενῶν ἀποβήσεται τὸ σύμπτωμα, τελευταῖον δὲ τὸ* ε ἰ δ ι κ ό ν, *καθ' ὃ τὴν αὐτοῦ* 530 *τοῦ ἀποτελεσθησομένου ποιότητα θεωρήσομεν.*

ς′. Περὶ τῆς τῶν διατιθεμένων χωρῶν ἐπισκέψεως

Τοῦ μὲν οὖν πρώτου καὶ τοπικοῦ τὴν διάληψιν ποιησόμεθα τοιαύτην· κατὰ γὰρ τὰς γινομένας ἐκλειπτικὰς συζυ- **1** 535 *γίας ἡλίου καὶ σελήνης (καὶ μάλιστα τὰς εὐαισθητοτέρας) ἐπισκεψόμεθα τόν τε ἐκλειπτικὸν τοῦ ζῳδιακοῦ τόπον καὶ τὰς τῶν κατ' αὐτὸν τριγώνων συνοικειουμένας χώρας, καὶ ὁμοίως τίνες τῶν πόλεων ἤτοι ἐκ τῆς κατὰ τὴν κτίσιν ὡρο-* m 76 *σκοπίας καὶ φωσφορίας ἢ ἐκ τῆς τῶν τότε ἡγεμονευόντων* 540 *μεσουρανήσεως συμπάθειαν ἔχουσι πρὸς τὸ τῆς ἐκλείψεως δωδεκατημόριον. ἐφ' ὅσων δ' ἂν χωρῶν ἢ πόλεων εὑρίσκω-* **2**

T 538–546 (§ 1 fin.–2) Heph. I 20,5–6

S 536 *ἐκλειπτικὸν … τόπον* Manil. IV 818–865. Heph. I 21,10–33. Hermipp. II 122

527 *προγινώσκειν* **Vα** Heph. *διαγινώσκειν* **βγ**, cf. l. 521 ‖ **531** *διατεθειμένων* Co le p. 63,–15 ‖ **533** *τοῦ μὲν οὖν πρώτου* **Y** *τοῦ μὲν πρώτου* **Σ** *περὶ τὸ μὲν οὖν τοῦ πρώτου* **V** *περὶ μὲν οὖν τοῦ πρώτου* **βγ** "*περὶ* sine dubio e titulo irrepsit" Boll ‖ **537** *τῶν κατ' αὐτὸν τριγώνων* **Vβ** Procl. (recepit Robbins) *τῶν κατὰ τῶν τριγώνων* **Y** *τῶν κατ' αὐτῶν τριγώνων* **G** *τῶν κατὰ τὰ τρίγωνα* **Σc** *τῷ κατ' αὐτὸν τριγώνῳ* **γ** (praetulit Boll) | *συνοικειουμένας* **VSγ** *συνοικειωμένας* **Y** *συνοικειωμένων* **G** *συνοικειουμένων* **ΣMc** ‖ **541** post *ἂν*: *ἢ* add. **VD**

μεν τὴν προκειμένην συνοικείωσιν, περὶ πάσας μὲν ὡς ἐπίπαν ὑπονοητέον ἔσεσθαι τὸ σύμπτωμα, μάλιστα δὲ περὶ τὰς πρὸς αὐτὸ τὸ τῆς ἐκλείψεως δωδεκατημόριον λόγον ἐχούσας καὶ ἐν ὅσαις αὐτῶν ὑπὲρ γῆν οὖσα ἡ ἔκλειψις 545 *ἐφαίνετο.*

ζʹ. Περὶ τοῦ χρόνου τῶν ἀποτελουμένων c 20

1 *Τὸ δὲ δεύτερον καὶ χρονικὸν κεφάλαιον, καθ' ὃ τοὺς καιροὺς τῶν ἐπισημασιῶν καὶ τῆς παρατάσεως τὴν ποσότητα προσήκει διαγινώσκειν, ἐπισκεψόμεθα τρόπῳ τοιῷδε· τῶν* 550 *γὰρ κατὰ τὸν αὐτὸν χρόνον γινομένων ἐκλείψεων μὴ κατὰ πᾶσαν οἴκησιν ἐν ταῖς αὐταῖς καιρικαῖς ὥραις ἀποτελουμένων τῶν τε ἡλιακῶν τῶν αὐτῶν μηδὲ τὰ μεγέθη τῶν ἐπισκοτήσεων ἢ τὸν χρόνον τῶν παρατάσεων κατὰ τὸ ἴσον πανταχῇ λαμβανουσῶν, πρῶτον μὲν κατὰ τὴν ἐν ἑκάστῃ* 555

T 548–582 (§ 1–4) Heph. I 20,7–9

S 551–552 *μὴ κατὰ πᾶσαν οἴκησιν* Synt. I 4 p. 15,3–8, cf. Cleomed. I 5 l. 39–44 Todd

542 *πάσας* (cf. *πᾶσαι* Procl.)] *ταύτας* **Σc** ‖ 544 *τὰς* **Vαγ** *τὰ* **MS** *τὸ* **D** ‖ 545 *ὅσαις* **αMS** Heph. *ὅσοις* **Vγ** *ὅσῳ* **D** | *οὖσαν* **V** ‖ 546 *ἐφαίνετο* **Vβγ** Heph. Procl. *φένεται* **Y** *φαίνεται* **GΣc** | postea l. 606–674 *ἐκλειπτικῷ τόπῳ … ἐπὶ τὸ πλεῖον* (= fol. 33^{r-v}) hic inseruit **Y** ‖ 548 *καθ' ὃ*] *καθῶν* **Y** ‖ 550 *διαγινώσκειν* **Vβγ** *γινώσκειν* **Y** *γινώσκεσθαι* **Σ** ‖ 551 *κατὰ* (prius) **Vβγ** *ὑπὸ* **α** Co le p. 65,22 ‖ 552 *ἐν* **Vα** om. **βγ** | *ἀποτελουμένων* **Vβγ** *συναποτελουμένων* **α** ‖ 553 *τῶν τε ἡλιακῶν τῶν αὐτῶν* **VY** Procl. (recepit Robbins) *τῶν τε ἡλιακῶν καὶ σεληνιακῶν* [*πανσεληνιακῶν* **D**] *τῶν αὐτῶν* **β** *τῶν τε ἡλιακῶν δηλαδὴ καὶ τῶν σεληνιακῶν* **Σγc** totum locum ut glossema damnavit Boll ‖ 555 *κατὰ* **VαD** om. **MSγ**

τῶν λόγον ἐχουσῶν οἰκήσεων ἐκλειπτικὴν ὥραν καὶ τὸ τοῦ πόλου ἔξαρμα κέντρα ὡς ἐπὶ γενέσεως διαθήσομεν· ἔπειτα **2** *καὶ ἐπὶ πόσας ἰσημερινὰς ὥρας ἐν ἑκάστῃ παρατείνει τὸ* m 77 *ἐπισκίασμα τῆς ἐκλείψεως. τούτων γὰρ ἐξετασθέντων,* 560 *ὅσας ἂν ἰσημερινὰς ὥρας εὕρωμεν, ἐφ' ἡλιακῆς μὲν ἐκλείψεως ἐπὶ τοσούτους ἐνιαυτοὺς παραμένειν ὑπονοήσομεν τὸ ἀποτελούμενον, ἐπὶ δὲ σεληνιακῆς ἐπὶ τοσούτους μῆνας, τῶν μὲν καταρχῶν καὶ τῶν ὁλοσχερεστέρων ἐπιτάσεων θεωρουμένων ἐκ τῆς τοῦ ἐκλειπτικοῦ τόπου πρὸς τὰ κέν-* 565 *τρα σχέσεως (πρὸς μὲν γὰρ τῷ ἀπηλιωτικῷ ὁρίζοντι ὁ τό-* **3** *πος ἐκπεσὼν τήν τε καταρχὴν τοῦ συμπτώματος κατὰ τὴν πρώτην τετράμηνον ἀπὸ τοῦ χρόνου τῆς ἐκλείψεως σημαίνει καὶ τὰς ὁλοσχερεῖς ἐπιτάσεις περὶ τὸ πρῶτον τριτημόριον τοῦ καθ' ὅλην τὴν παράτασιν χρόνου· πρὸς δὲ τῷ* 570 *μεσουρανήματι, κατά τε τὴν δευτέραν τετράμηνον καὶ τὸ μέσον τριτημόριον· πρὸς δὲ τῷ λιβυκῷ ὁρίζοντι, κατά τε τὴν τρίτην τετράμηνον καὶ τὸ ἔσχατον τριτημόριον), τῶν* **4** *δὲ κατὰ μέρος ἀνέσεων καὶ ἐπιτάσεων ἀπό τε τῶν ἀνὰ*

S 557 *ἔξαρμα* Gem. 6,24 ‖ **561–562** *ἐνιαυτοὺς … μῆνας* Dor. A I 1,5

557 *κέντρα* **VDγ** Procl. *τά τε κέντρα* **α** *καὶ τὰ κέντρα* **MS** ‖ 558 *ἐπὶ* **Vβγ** Procl. *ὡς ἐπὶ* **α** | *ἰσημερινὰς* **VαS** *ἡμερινὰς* **DMγ** ut l. 560 | post *ἑκάστῃ*: *τῶν λόγον ἐχουσῶν οἰκήσεων* add. **α** ‖ **560** *ἰσημερινὰς* **VαS** *ἡμερινὰς* **DMγ** ut l. 558 ‖ **563** *τῶν μὲν* scripsi *καὶ τῶν μέντοι* **V** *τῶν μέντοι* **αc** (recepit Robbins) *τῶν* **βγ** *καὶ τῶν* Boll | *ἐπιτάσεων* **Vαβ** *περιστάσεων* **γ** ‖ **564** *θεωρουμένων* **Vβγ** *θεωροῦμεν* **α** ‖ **567** *σημαίνει* **V** *διασημαίνει* **αβγ** ‖ **568** *ὁλοσχερεῖς* **Vβγ** Procl. *ὅλας ὁλοσχερεῖς* **αc** | *ἐπιτάσεις* **Vα** *περιστάσεις* **βγ** ‖ **569** *καθ' ὅλην* **Vβγ** *καθόλου* **α** | *τὴν παράτασιν*] *τῆς παρατάσεως* **Σc** | *πρὸς*] *ἐν* **m** | *τῷ μεσουρανήματι* **Vβγ** Heph. Procl. *τὸ μεσημβρινὸν* **α** (*ἐν μεσημβρινῷ* suprascriptum in Σ) *τῷ μεσημβρινῷ* **c**

*μέσον συζυγιῶν, ὅταν κατὰ τῶν τὸ αἴτιον ἐμποιούντων τό-
πων ἢ τῶν συσχηματιζομένων τόπων αὐτοῖς συμπίπτωσι,* 575
*καὶ ἀπὸ τῶν ἄλλων παρόδων, ὅταν οἱ ποιητικοὶ τοῦ προ-
τελέσματος ἀστέρες ἀνατολὰς ἢ δύσεις ἢ στηριγμοὺς ἢ
ἀκρονύκτους φάσεις ποιῶνται, συσχηματιζόμενοι τοῖς τὴν
αἰτίαν ἔχουσι δωδεκατημορίοις, ἐπειδήπερ ἀνατέλλοντες
μὲν ἢ στηρίζοντες ἐπιτάσεις ποιοῦνται τῶν συμπτωμάτων,* 580 m
*δύνοντες δὲ καὶ ὑπὸ τὰς αὐγὰς ὄντες ἢ ἀκρονύκτους ποι-
ούμενοι προηγήσεις ἄνεσιν τῶν ἀποτελουμένων ποιοῦσιν.*

η΄. Περὶ τοῦ γένους τῶν διατιθεμένων c 20v

1 *Τρίτου δὲ ὄντος κεφαλαίου τοῦ γενικοῦ, καθ' ὃ δεῖ διαλαμβάνειν, περὶ ποῖα τῶν γενῶν ἀποβήσεται τὸ σύμπτωμα,* 585
*λαμβάνεται καὶ τοῦτο διὰ τῆς τῶν ζῳδίων ἰδιοτροπίας καὶ
μορφώσεως, καθ' ὧν ἂν τύχωσιν ὄντες οἵ τε τῶν ἐκλείψεων τόποι καὶ οἱ τὴν οἰκοδεσποτείαν λαβόντες τῶν ἀστέ-*

T 583–674 (§ 1–13) cod. v fol. 98r

S 581–582 *δύνοντες ... ἄνεσιν* Zahel CCAG V 3 (1910) p. 101,21–24

575 *τόπων* **VΣDγ** om. **YMS** Heph. fort. recte ‖ **576** *παρόδων* **V** Heph. Procl. *παρρόδων* **Y** *παρανατελλόντων* **ΣDγc** om. **M** (add. **M**²) **S** | *ὅταν* et hoc om. **S** lacuna patente ‖ **577** *ἀστέρες ἀνατολὰς* **Vαγ** Heph. *ἀστέρες τῶν πλανομένων ἀνατολὰς* **D** *ἀστέ* sequente lacuna **M** (*ρες τῶν πλανωμένων οἵτινες* explevit **M**²) *ἀ* sequente lacuna decem fere litterarum **S** ‖ **578** *τὸ αἴτιον* [recepit Robbins, cf. l. 574] ... *δωδεκατημόριον* **V** ‖ **582** *προηγήσεις*] *φάσεις* Heph. (*στάσεις* Ep. IV 15,9) ‖ **584** *τρίτου*] *Δρτου* (= *τετάρτου*) **Y** | *διαλαμβάνειν* **VDM** *λαβεῖν* **Y** *διαλαβεῖν* **ΣSγ** ‖ **588** *λαβόντες* **Vβγ** *λαμβάνοντες* **α** Heph., cf. l. 617

ρων (τῶν τε πλανωμένων καὶ τῶν ἀπλανῶν) τοῦ τε τῆς
590 *ἐκλείψεως δωδεκατημορίου καὶ τοῦ κατὰ τὸ κέντρον τὸ*
πρὸ τῆς ἐκλείψεως. λαμβάνεται δὲ ἡ τούτων οἰκοδεσποτεία 2
ἐπὶ μὲν τῶν πλανωμένων ἀστέρων οὕτως· ὁ γὰρ τοὺς πλεί-
στους λόγους ἔχων πρὸς ἀμφοτέρους τοὺς ἐκκειμένους τό-
πους (τόν τε τῆς ἐκλείψεως καὶ τὸν τοῦ ἑπομένου αὐτῷ
595 *κέντρου) κατά τε τὰς ἔγγιστα φαινομένας συναφὰς ἢ*
ἀπορροίας καὶ τοὺς λόγον ἔχοντας τῶν συσχηματισμῶν καὶ
ἔτι κατὰ τὴν κυρίαν τῶν τε οἴκων καὶ τριγώνων καὶ ὑψω-
μάτων ἢ καὶ ὁρίων, ἐκεῖνος λήψεται μόνος τὴν οἰκοδεσπο-
τείαν. εἰ δὲ μὴ ὁ αὐτὸς εὑρίσκοιτο τῆς τε ἐκλείψεως καὶ 3
79 600 *τοῦ κέντρου κύριος, ἀλλὰ δύο, τοὺς πρὸς ἑκάτερον τῶν τό-*
πων τὰς πλείους ἔχοντας ὡς πρόκειται συνοικειώσεις συμ-
παραληπτέον, προκρινομένου τοῦ τῆς ἐκλείψεως κυρίου. εἰ
δὲ πλείους εὑρίσκοιντο καθ' ἑκάτερον ἐφάμιλλοι, τὸν ἐπι-
κεντρότερον ἢ χρηματιστικώτερον ἢ τῆς αἱρέσεως μᾶλλον
605 *ὄντα προκρινοῦμεν εἰς τὴν οἰκοδεσποτείαν. ἐπὶ δὲ τῶν* 4
ἀπλανῶν συμπαραληψόμεθα τόν τε αὐτῷ τῷ ἐκλειπτικῷ

S 603–604 *ἐπικεντρότερον* Paul. Alex. 33 p. 89,11

590 *κατὰ τὸ κέντρον* **Vα** Heph. *κέντρου* **βγ** Procl. | *τὸ πρὸ* **G** *τὸ πρῶ* **Y** *τοῦ πρὸ* **βγ** *πρὸ* Procl. om. **VΣc** ‖ **592** *πλείστους* **Vβγ** Heph. *πλείους* **α** ‖ **595** *φαινομένας* **βγ** Heph. *καὶ τὰς φαινομένας* **V** *καὶ φαινομένας* **α** Procl. (quos secutus est Robbins) ‖ **596** *λόγον* **VY** *λόγους* **Σβγ** ‖ **599** *τε* om. **Sγ** ‖ **600** *ἀλλὰ δύο* **βγ** Heph. *δύο* **V** Procl. (recepit Robbins cum sequentibus conectens) *δύο δὲ* **α** | *τοὺς … ἔχοντας* **VY** Procl. *τὰς … ἔχοντα* **Σ** *τὸν … ἔχοντα* **βγ** (cf. *τὸν τὰς τῶν ἀμφοτέρων πλείονας ἔχοντα συνοικειώσεις ἑλόμεθα* Heph.) ‖ **603** *ἑκάτερον* **αβγ** Heph. *ἕτερον* **V** ‖ **604** *σχηματιστικώτερον* **V** ‖ **606** *αὐτῷ* **VΣ** Heph. *αὐτὸ* **Y** *πρὸς* **M** om. **DSγ** ‖ **606–674** *τῷ ἐκλειπτικῷ … πλεῖον*] de foliorum inversione in **Y** v. ad l. 546

τόπῳ συγκεχρηματικότα πρῶτον τῶν λαμπρῶν ἐπὶ τῆς παρῳχημένης κεντρώσεως (κατὰ τοὺς διωρισμένους ἡμῖν ἐν τῇ πρώτῃ συντάξει [Synt. VIII 4 p. 189,6–193,13] *τῶν ἐννέα τρόπων φαινομένους σχηματισμούς) καὶ τὸν ἐν τῇ* 610 *φαινομένῃ κατὰ τὴν ἐκλειπτικὴν ὥραν διαθέσει ἤτοι συνανατείλαντα ἢ συμμεσουρανήσαντα τῷ κατὰ τὰ ἑπόμενα κέντρῳ τοῦ τόπου τῆς ἐκλείψεως.*

5 *θεωρηθέντων δὲ οὕτως τῶν εἰς τὴν αἰτίαν τοῦ συμπτώματος παραλαμβανομένων ἀστέρων συνεπισκεψόμεθα καὶ* 615 *τὰς τῶν ζῳδίων μορφώσεις, ἐν οἷς ἥ τε ἔκλειψις καὶ οἱ τὴν κυρίαν λαμβάνοντες ἀστέρες ἔτυχον ὄντες, ὡς ἀπὸ τῆς τούτων ἰδιοτροπίας καὶ τοῦ ποιοῦ τῶν διατιθεμένων γενῶν* 6 *ὡς ἐπίπαν λαμβανομένου. τὰ μὲν γὰρ ἀνθρωπόμορφα τῶν*

T 614–674 (§ 5–13) Heph. I 20,10–22.

S 619–623 *ἀνθρωπόμορφα … τετράποδα* Ap. III 9,3. 12,12. IV 4,9. 8,5. 9,12. Serap. CCAG V 1 (1904) p. 180,19. Manil. II 155–159.528. Thras. CCAG VIII 3 (1912) p. 99,5. Dor. O 1. 6. Dor. G p. 352,14 (~ Dor. A II 16,16). Dor. A I 27,13.

607 *τόπῳ* **αβγ** Heph. *χρόνῳ* **V** Procl. | *τῶν λαμπρῶν* **Vβγ** (cf. Heph. Ep. IV 17,1) *τὸν λαμπρὸν* **Y** (cf. Heph. ipsum) *τῷ λαμπρῷ* **Σc** ‖ **610** post *σχηματισμούς* interpunxit Robbins, non ita Boll | *τὸν* **βγ** Heph. *τῶν* **Vα** ‖ **611** *συνανατείλαντα* **VYβ** Heph. *συνανατέλλοντα* **Σγ** ‖ **612** *συμμεσουρανήσαντα* **ΣMS** Heph. (cod. **L** ut Ep. IV 17,1) *μεσουρανήσαντα* **VYD** *συμμεσουρανοῦντα* **α** Heph. (cod. **A**) | *τῷ* om. **V** | *ἑπόμενα*] *ἐπικείμενα* **V** ‖ **613** *κέντρῳ* **Vβγ** Heph. Procl. *κέντρα* **αc** ‖ **615** *συνεπισκεψόμεθα* **V** Procl. *ἐπισκεψόμεθα* **αβγ** Heph. | *καὶ* **Σ** Procl. *κατὰ* **Y** om. **Vβγ** Heph. fort. recte ‖ **617** *λαμβάνοντες* **V** Heph. *λαμβόντες* **αβγ**, cf. l. 588 | *ἀστέρες* **αβγ** Heph. *τῶν ἀστέρων* **V** (maluit Boll) | *ἔτυχον ὄντες* **Vα** *τυγχάνουσιν* **βγ** Heph.

620 ζῳδίων (τῶν τε περὶ τὸν διὰ μέσων τῶν ζῳδίων κύκλον καὶ
τῶν κατὰ τοὺς ἀπλανεῖς ἀστέρας) περὶ τὸ τῶν ἀνθρώπων
m 80 γένος ποιεῖ τὸ ἀποτελούμενον, τῶν δὲ ἄλλων χερσαίων τὰ
μὲν τετράποδα περὶ τὰ ὅμοια τῶν ἀλόγων ζῴων, τὰ δὲ ἑρπυστικὰ περὶ τοὺς ὄφεις καὶ τὰ τοιαῦτα, καὶ πάλιν τὰ μὲν **7**
625 θηριώδη περὶ τὰ ἀνήμερα τῶν ζῴων καὶ βλαπτικὰ τοῦ
c 21 τῶν ἀνθρώπων γένους, τὰ δὲ ἥμερα περὶ τὰ χρηστικὰ καὶ
χειροήθη καὶ συνεργητικὰ πρὸς τὰς εὐετηρίας ἀναλόγως
τοῖς καθ' ἕκαστα μορφώμασιν, οἷον ἵππων ἢ βοῶν ἢ προ-
βάτων καὶ τῶν τοιούτων· ἔτι δὲ τῶν χερσαίων τὰ μὲν πρὸς **8**
630 ταῖς ἄρκτοις μᾶλλον περὶ τὰς τῆς γῆς αἰφνιδίους κινήσεις,
τὰ δὲ πρὸς μεσημβρίαν περὶ τὰς ἀπροσδοκήτους ἐκ τοῦ

(S) V 35,28. 36,32. Max. p. 80,12–13. 81,13. Herm. Myst. p. 173,21–23. Firm. math. III 3,11. VI 15,21. VII 7,1–2. Heph. I 1 passim (adde III 42,31. 47,19). Anon. C p. 166,10/30. Anon. L p. 108,3–4. Anon. S passim. Anon. Z l. 5–7. al.

S 623–624 *ἑρπυστικὰ* Abū M. introd. VI 22 (~ Apom. Myst. III 34). Apom. Rev. nat. II 11 p. 80,10. V 2 p. 214,22. Anon. L p. 111,20 ‖ **625–626** *θηριώδη ... ἥμερα* Ap. II 3,28. III 9,2 (cf. IV 9,10). Manil. II 611–616 (cf. II 156. al.). Iulian. Laodic. CCAG VIII 4 (1921) p. 251,17. Anub. (?) CCAG II (1900) p. 165,21 (~ Firm. math. VI 15,7, cf. 29,11, aliter Dor. G p. 351,15) ‖ **630** *γῆς ... κινήσεις* Aristot. Meteor. II 8 p. 367^{b}4–8. Vicellius apud Lyd. Ost. 55–58. Anon. ibid. p. 174,⟨12⟩–175,⟨3⟩

620 *τε* om. V | *τὸν*] *τὸ* V | *τῶν ζῳδίων* om. **α** ‖ **627** post *χει-ροήθη*: *καὶ καταχρηστικὰ* add. **α c** ‖ **629** *τῶν* (prius)] *τῶν μὲν* A (recepit Boll) ‖ **630** *ταῖς ἄρκτοις* V Heph. *τοῖς ἄρκτοις* **α** *τὰς ἄρκτους* **β** *ἄρκτους* **γ**

ἀέρος ῥύσεις. πάλιν δὲ ἐν μὲν τοῖς τῶν πτερωτῶν μορφώμασιν ὄντες οἱ κύριοι τόποι (οἷον Παρθένῳ Τοξότῃ Ὄρνιθι Ἀετῷ καὶ τοῖς τοιούτοις) περὶ τὰ πτηνὰ καὶ μάλιστα τὰ εἰς τροφὴν ἀνθρώπων τὸ σύμπτωμα ποιοῦσιν, ἐν δὲ τοῖς 635
9 *νηκτοῖς περὶ τὰ ἔνυδρα καὶ τοὺς ἰχθύας· καὶ τούτων ἐν μὲν τοῖς θαλασσίοις (οἷον Καρκίνῳ Αἰγοκέρωτι Δελφῖνι) περὶ τὰ θαλάσσια καὶ ἔτι τὰς τῶν στόλων ἀναγωγάς, ἐν δὲ τοῖς ποταμίοις (οἷον Ὑδροχόῳ καὶ Ἰχθύσι) περὶ τὰ ποτάμια καὶ τὰ πηγαῖα, κατὰ δὲ τὴν Ἀργὼ περὶ ἀμφότερα* 640 *τὰ γένη.*

10 *ὡσαύτως δὲ ἐν τοῖς τροπικοῖς ἢ ἰσημερινοῖς ὄντες κοινῶς μὲν περὶ τὰ τοῦ ἀέρος καταστήματα καὶ τὰς οἰκείας ἑκάστοις αὐτῶν ὥρας ἀποτελοῦσι τὰς ἐπισημασίας, ἰδίως*

S 632 *πτερωτῶν* Ap. I 9,7.10 (ubi plura). Val. I 2,49.55. Heph. I 1,100.158. Horosc. L 479 CCAG I (1898) p. 104,17 (*Παρθένον* corr. Neugebauer). Rhet. B p. 202,16. 206,23 (cod. R). 211,7. Rhet. C p. 216,13–14. Anon. C p. 166,31–32. Anon. L p. 108,8. Anon. S l. 24.38, cf. Manil. II 414–415 ‖ **636** *νηκτοῖς* Heph. III 17,2 (cf. I 1,216; aliter Dor. A V 23,2–4). Anon. L p. 108,12, cf. Manil. II 196. Sphaera Schol. Arat. p. 166,143 ‖ **637** *θαλασσίοις* Manil. II 224–225. Anth. 619,5 R. 622,5. 625,5. 626,5. Theod. Pr. 396, cf. Heph. III 47,56. Theoph. Edess. CCAG XI 1 (1932) p. 209,13–14 ‖ **639** *ποταμίοις* Manil. V 490, cf. Heph. III 47,56. Theoph. Edess. CCAG XI 1 (1932) p. 209,14. Anon. L p. 120,13. Abram. p. 196

632 *ῥύσεις*] *χύσεις* **V** ‖ **633** *οἷον* om. **V** | *ὄρνιθι* **VMSγ** *ὄρνηθ(ι)* **Y** *ὄρνιθος* **Σc** *ὀρνέων* **G** ‖ **634** *Ἀετῷ* **Vβγ** Heph. *τοῖς ὀρνέοις* **αc** ‖ **636** *νηκτοῖς* **Σβγc** Heph. (cf. *νηχόμενα* Procl.) *νυκτοῖς* **VYm** ‖ **637** *Αἰγοκέρωτος* **V** | *Δελφῖνι* **Vβγ** *δελφίνῳ* **Y** *δελφῖνα* **Σc** ‖ **639** *καὶ* ante siglum ♓ om. **Σ** ‖ **642** *ὡσαύτως δὲ*] *ὡσαύτως. οἱ δ(ὲ)* **MΣc**

645 *δὲ καὶ περὶ τὰ ἐκ τῆς γῆς φυόμενα· κατὰ μὲν γὰρ τὴν ἐαρινὴν ἰσημερίαν ὄντες περὶ τοὺς βλαστοὺς τῶν δενδρικῶν καρπῶν οἷον ἀμπέλου, συκῆς καὶ τῶν συνακμαζόντων, κατὰ δὲ τὴν θερινὴν τροπὴν περὶ τὰς τῶν καρποφορηθέντων συγκομιδὰς καὶ ἀποθέσεις (ἐν Αἰγύπτῳ δὲ ἰδικῶς καὶ*
650 *περὶ τὴν τοῦ Νείλου ἀνάβασιν), κατὰ δὲ τὴν μετοπωρινὴν* **11** *ἰσημερίαν περὶ τὸν σπόρον καὶ τὰ χορτικὰ καὶ τὰ τοιαῦτα, κατὰ δὲ τὴν χειμερινὴν τροπὴν περὶ τὰς λαχανείας καὶ τὰ κατὰ τοῦτον τὸν καιρὸν ἐπιπολάζοντα ὀρνέων ἢ ἰχθύων γένη. ἔτι δὲ καὶ τὰ μὲν ἰσημερινὰ τοῖς ἱεροῖς*
655 *καὶ ταῖς περὶ τοὺς θεοὺς θρησκείαις ἐπισημαίνει, τὰ δὲ τροπικὰ ταῖς τῶν ἀέρων καὶ ταῖς τῶν πολιτικῶν ἐθισμῶν μεταβολαῖς, τὰ δὲ στερεὰ τοῖς θεμελίοις καὶ τοῖς οἰκοδομήμασι, τὰ δὲ δίσωμα τοῖς ἀνθρώποις καὶ τοῖς βασιλεῦσιν.*

ὁμοίως δὲ καὶ τὰ μὲν πρὸς ταῖς ἀνατολαῖς μᾶλλον **12**
660 *ἔχοντα τὴν θέσιν ἐν τῷ χρόνῳ τῆς ἐκλείψεως περὶ τοὺς καρποὺς καὶ τὴν νέαν ἡλικίαν καὶ τοὺς θεμελίους τὸ ἐσόμενον σημαίνει, τὰ δὲ πρὸς τῷ ὑπὲρ γῆν μεσουρανήματι*

S 656–657 *πολιτικῶν ... μεταβολαῖς* Ap. III 14,3. Dor. G p. 345,8 (~ Anub. CCAG II [1900] p. 164,7). Val. I 2,1.37.40 (adde App. I 44). Iulian. Laodic. CCAG IV (1903) p. 152,7. CCAG V 1 (1904) p. 187,7. Rhet. A p. 150,19/151,7 (= CCAG IV p. 153,18/154,14). Rhet. B p. 204,1. Kam. 898. Anon. L p. 107,9–10. Abram. p. 194 ‖ **656** *πολιτικῶν* Rhet. C p. 217,7

645 *περὶ* **Vβγ** *περὶ τὸ ἔαρ καὶ περὶ* **αc** (cf. *περὶ τὸ ἔαρ, καὶ* Procl.) ‖ **647** *ἀκμαζόντων* **α** ‖ **648** *καρποφορηθέντων* **Vα** Procl. *ἐτησίων καρπῶν* **βγ** ‖ **649** *τὰς ἀποθέσεις* **βγ** | *ἰδικῶς* **Vα** Heph. *ἰδίως* **βγ** ‖ **654** *ἱεροῖς* **Vα** Heph. Procl. *ἱεροῦσι* **βγ** ‖ **655** *λοιποὺς θεοὺς* **Σ** ‖ **656** *ἐθισμῶν* **βγ** Heph. (cod. **A**) *ἐθισμένων* **V** (inde *εἰθισμένων* Robbins) *ἐθήμων* **Y** Heph. (cod. **L**) *ἐθίμων* **Σc** *εὐθήμων* **G** *ἐθῶν* Heph. Ep. IV 17,7 *περὶ τὰ ἱερὰ καὶ τοὺς βασιλεῖς καὶ τὴν μέσην ἡλικίαν, τὰ δὲ πρὸς ταῖς δυσμαῖς περὶ τὰς τῶν νομίμων μετατροπὰς καὶ τὴν παλαιὰν ἡλικίαν καὶ τοὺς κατοιχομένους.* 665

13 *καὶ περὶ πόστον δὲ μέρος τοῦ ὑποκειμένου γένους ἡ διάθεσις ἐπελεύσεται, τό τε τῆς ἐπισκοτήσεως τῶν ἐκλείψεων μέγεθος ὑποβάλλει καὶ αἱ τῶν τὸ αἴτιον ἐμποιούντων ἀστέρων πρὸς τὸν ἐκλειπτικὸν τόπον σχέσεις· ἑσπέριοι μὲν γὰρ σχηματιζόμενοι πρὸς τὰς ἡλιακὰς ἐκλείψεις, ἑῷοι δὲ πρὸς τὰς σεληνιακὰς ἐπὶ τὸ ἔλαττον ὡς ἐπίπαν διατιθέασι, διαμετροῦντες δὲ ἐπὶ τὸ ἥμισυ, ἑῷοι δὲ συσχηματιζόμενοι πρὸς τὰς ἡλιακὰς ἢ ἑσπέριοι πρὸς τὰς σεληνιακὰς ἐπὶ τὸ πλεῖον.* m 82 c 21v 670

θ΄. Περὶ τῆς αὐτοῦ τοῦ ἀποτελέσματος ποιότητος 675

1 *Τέταρτον δέ ἐστι κεφάλαιον τὸ περὶ αὐτῆς τῆς τοῦ ἀποτελέσματος ποιότητος, τουτέστι πότερον ἀγαθῶν ἢ τῶν ἐναν-*

T 677–682 (§ 1 in.) Heph. I 20,23

663 *βασιλεῖς* **V** Heph. (cod. **A**) *βασιλέας* **αβγ** Heph. (cod. **L** necnon Ep. IV 17,8, receperunt Robbins Pingree) ‖ **666** *καὶ περὶ* **αβγ** *περὶ* **V** Boll tacite | *τὸ ποστὸν δὲ* **Σ** *πόστον δὲ* **βγ** Heph. (cod. **L** necnon Ep. IV 17,9) *πόσῳν δὲ* **V** (cf. *ποσὸν* Heph. cod. **A**) *μέσον* **Y** ‖ **667** *ἐπελεύσεται* **αβγ** Heph. *ἐλεύσεται* **V** ‖ **669** *σχέσεις* **VΣ** Heph. *σχέσις* **Yβγ** | *μὲν* om. **V** ‖ **670** *ἐκλείψεις* om. **α** Heph. ‖ **672** *ἐπὶ τὸ ἥμισυ* **α** *πρὸς τῷ ἡμίσει* **V** *περὶ τὸ ἥμισυ* **βγ** Heph., cf. 2,841. 3,531. 4,193 necnon 3,1273 | *συσχηματιζόμενοι* **VYβ** *σχηματιζόμενοι* **Σγ** ‖ **673** *ἐπὶ* **Vαγ** *ὡς ἐπὶ* **β** ‖ **674** *πλεῖον* **Vα** *πλεῖστον* **βγ** *πλέον* Heph. | de foliorum inversione in **Y** v. ad l. 546 ‖ **675** *περὶ τῆς ποιότητος αὐτοῦ τοῦ ἀποτελέσματος* **Σ** ‖ **677** *δὲ* om. **α** | *ἔσται* **γ**

τίων ἐστὶ ποιητικὸν καὶ ποταπὸν ἐφ' ἑκατέρου κατὰ τὸ
680 τοῦ εἴδους ἰδιότροπον. τοῦτο δὲ ἀπό τε τῆς τῶν οἰκοδεσποτησάντων ἀστέρων τοὺς κυρίους τόπους ποιητικῆς φύσεως καταλαμβάνεται καὶ τῆς συγκράσεως τῆς τε πρὸς ἀλλήλους καὶ τοὺς τόπους, καθ' ὧν ἂν ὦσι τετυχηκότες. ὁ μὲν **2** γὰρ ἥλιος καὶ ἡ σελήνη διατάκται καὶ ὥσπερ ἡγεμόνες
685 εἰσὶ τῶν ἄλλων, αὐτοὶ αἴτιοι γινόμενοι τοῦ τε κατὰ τὴν ἐνέργειαν ὅλου καὶ τῆς τῶν ἀστέρων οἰκοδεσποτείας καὶ ἔτι τῆς τῶν οἰκοδεσποτησάντων ἰσχύος ἢ ἀδρανίας. ἡ δὲ τῶν τὴν κυρίαν λαβόντων συγκρατικὴ θεωρία τὴν τῶν ἀποτελεσμάτων δείκνυσι ποιότητα.

3 690 ἀρξόμεθα δὲ τῆς καθ' ἕνα ἕκαστον τῶν πλανωμένων **3** ποιητικῆς ἰδιοτροπίας, ἐκεῖνο κοινῶς προεκθέμενοι, ὅτι τῆς κεφαλαιώδους ὑπομνήσεως ἕνεκεν, ὅταν καθόλου τινὰ λέγωμεν τῶν πέντε ἀστέρων, τὴν κρᾶσιν καὶ τὸ ποιητικὸν τῆς ὁμοίας φύσεως ὑποληπτέον, ἐάν τε αὐτὸς ἐν τῇ ἰδίᾳ ᾖ

T 683–687 (§ 2 in.) Heph. I 20,25 ‖ **690–703** (§ 3–4) Heph. I 20,24

S 684 *ἡγεμόνες* Hermipp. I 115, cf. Porph. 2 p. 190,25. 191, 31. Aug. Io. ev. tr. 67,2

679 *ποταπὸν* **Vβγ** *ποδαπὸν* **ac** ‖ **680** *τε* om. **VY** ‖ **682** *τε* om. **βγ** ‖ **683** *καὶ* **Vα** *καὶ πρὸς* **βγ** ‖ **684** *διατάκται καὶ* **VD** Heph. *διατοικτικοὶ* **Y** *διατακτικοὶ* **GΣc** *διατετάκται καὶ* **MSγ** ‖ **685** *εἰσὶ* om. **V** ‖ **687** *ἔτι τῆς* **αβγ** *εἴ τις* **V** | *ἀδρανίας* **αγ** Heph. (cod. L) *ἀδρανείας* **β** Heph. Ep. IV 17,12 *ἀνδρανείας* **V** *ἀνδρίας* Heph. (cod. A) ‖ **690** *ἀρξώμεθα* **α** | *ἕνα* **Y** Heph. *ἓν* **Σ** om. **Vβγ** ‖ **691** *ποιητικῆς* **Vβγ** Heph. Procl. *φυσικῆς* **ac** | *προεκθέμενοι* **Vαγ** *προεκτιθέμενοι* **β** | *ὅτι* **VYβ** om. **Σγ** *ἔτι* Robbins tacite ‖ **692–698** *ὅταν … προσηγορίαι* neglexit Heph. | *ὅταν* **Vβ** *ὡς ὅταν* **Σγ** (recepit Robbins) om. **Y** ‖ **693** *κρᾶσιν*] *σύγκρασιν* **Σ** ‖ **694** *αὐτὸ* **V**

καταστάσει ἐάν τε καὶ τῶν ἀπλανῶν τις ἢ τῶν τοῦ ζῳδια- 695
4 *κοῦ τόπων κατὰ τὴν οἰκείαν αὐτοῦ κρᾶσιν θεωρῆται, καθάπερ ἂν εἰ τῶν φύσεων καὶ τῶν ποιοτήτων αὐτῶν καὶ μὴ
τῶν ἀστέρων ἐτύγχανον αἱ προσηγορίαι, καὶ ὅτι ἐν ταῖς
συγκράσεσι πάλιν οὐ μόνον τὴν πρὸς ἀλλήλους τῶν πλανωμένων μίξιν δεῖ σκοπεῖν, ἀλλὰ καὶ τὴν πρὸς τοὺς τῆς* 700
*αὐτῆς φύσεως κεκοινωνηκότας ἤτοι ἀπλανεῖς ἀστέρας ἢ
τόπους τοῦ ζῳδιακοῦ κατὰ τὰς ἀποδεδειγμένας* [I 9,2–13]
αὐτῶν πρὸς τοὺς πλανήτας συνοικειώσεις.

5 *ὁ μὲν οὖν τοῦ Κρόνου ἀστὴρ μόνος τὴν οἰκοδεσποτείαν λαβὼν καθόλου μὲν φθορᾶς τῆς κατὰ ψῦξίν ἐστιν* 705
*αἴτιος, ἰδίως δὲ περὶ μὲν ἀνθρώπους γινομένου τοῦ συμ-
πτώματος νόσους μακρὰς καὶ φθίσεις καὶ συντήξεις καὶ
ὑγρῶν ὀχλήσεις καὶ ῥευματισμοὺς καὶ τεταρταϊκὰς ἐπισημασίας, φυγαδείας τε καὶ ἀπορίας καὶ συνοχὰς καὶ πένθη
καὶ φόβους καὶ θανάτους μάλιστα τῶν τῇ ἡλικίᾳ προβε-* 710

T 704–838 (§ 5–23) Heph. I 20,27–37 ‖ **707–709** Val. App. I 8 (CCAG II [1900] p. 161,22)

S 705 *κατὰ ψῦξιν* Val. I 1,13, cf. App. I 8 ‖ **708** *ῥευματισμοὺς* Ap. III 13,15–17. IV 9,3. Dor. G p. 377,3 apud Heph. II 13,25. Maneth. I(V) 154. Ant. CCAG VII (1908) p. 118,14. Firm. math. III 2,15 (~ Rhet. C p. 159,23). Rhet. C p. 183,12. 187,29. 189,13. 191,17. Lib. Herm. 33,2, cf. Teucr. III p. 182,14 ‖ **709** *φυγαδείας* Val. App. II 15. Firm. math. III 5,21

695 *τῶν* (alterum) om. **V** ‖ **696** *θεωρητέον* **V** ‖ **697** *τῶν* (prius)] *περὶ τῶν* **β** ‖ **699** *κράσεσι* **α** ‖ **701** *ἤτοι* **Vα** *εἴτε* **βγ** ‖ **704** *οὖν* **Vβγ** Heph. om. **Y** del. **Σ** ‖ **705** *λαβὼν* **Vβγ** Heph. *λαχὼν* **α**, cf. l. 729 ‖ **707** *συντήξεις* **VαDγ** Heph. *συνεχεῖς* **MS** ‖ **709** *ἀπορίας* **αSγ** *ἀρπορίας* **V** *ἀπορροίας* **DM** ‖ **710** *φόβους* **VβγΣ** (in margine) Heph. Procl. **m** (asterisco notatum) *φώ(νους)* **Y** *φόνοι* **G** *φόνους* **Σc** (asterisco notatum)

βηκότων ἐμποιεῖ· τῶν δὲ ἀλόγων ζῴων περὶ τὰ εὔχρηστα 6
c 22 *ὡς ἐπίπαν σπάνιν τε καὶ τῶν ὄντων φθορὰς σωματικὰς*
καὶ νοσοποιούς, ἀφ' ὧν καὶ οἱ χρησάμενοι τῶν ἀνθρώπων
συνδιατιθέμενοι διαφθείρονται· περὶ δὲ τὴν τοῦ ἀέρος κα-
715 *τάστασιν ψύχη φοβερά, παγώδη καὶ ὁμιχλώδη καὶ λοι-*
μικά, δυσαερίας τε καὶ συννεφείας καὶ ζόφους, ἔτι δὲ νι-
φετῶν πλῆθος οὐκ ἀγαθῶν ἀλλὰ φθοροποιῶν, ἀφ' ὧν καὶ
τὰ κακοῦντα τὴν ἀνθρωπίνην φύσιν τῶν ἑρπετῶν συγκρί-
νεται· περὶ δὲ ποταμοὺς ἢ καὶ θαλάσσας κοινῶς μὲν χει- 7
720 *μῶνας καὶ στόλων ναυάγια καὶ δυσπλοίας καὶ τῶν ἰχθύων*
ἔνδειαν καὶ φθοράν, ἰδίως δὲ ἐν μὲν θαλάσσαις ἀμπώτεις
καὶ παλιρροίας, ἐπὶ δὲ ποταμῶν ὑπερμετρίαν καὶ κάκωσιν
τῶν ποταμίων ὑδάτων· πρὸς δὲ τοὺς τῆς γῆς καρποὺς ἔν- 8
δειαν καὶ σπάνιν καὶ ἀπώλειαν μάλιστα τῶν εἰς τὰς ἀναγ-
725 *καίας χρείας γινομένων ἤτοι ὑπὸ κάμπης ἢ ἀκρίδος ἢ κα-*
τακλυσμῶν ἢ ὑδάτων ὀμβρίων ἐπιφορᾶς ἢ χαλάζης ἢ τῶν
τοιούτων, ὡς καὶ μέχρι λιμοῦ φθάνειν καὶ τῆς τοιαύτης
ἀνθρώπων ἀπωλείας.

T **715–717** Val. App. I 11 (CCAG II [1900] p. 161,29–31)

S **718** *ἑρπετῶν* Ap. IV 8,6 (ubi plura) ‖ **720** *ναυάγια* Ap. III 13,13. IV 8,5. 9,11. Val. II 17,79. 34,16. Firm. math. III 4,20. Rhet. C p. 128,25, aliter § 12 (ubi plura) | *δυσπλοίας* Val. App. I 209, aliter § 16

711 *ἐμποιεῖ τε* **V** ‖ **714** *διατιθέμενοι* **V** parva lacuna relicta ‖ **715** post *φοβερά* interpunxit Pingree apud Heph. | *καὶ λοιμικὰ* **Vα** Heph. om. **βγ** ‖ **720** *δυσπλοίαν* **α** ‖ **721** *φθοράς* **α** | *ἐν* **Vβγ** *ταῖς* **α** ‖ **722** *ποταμῶν … κάκωσιν* om. **V** oculorum q. d. saltu | *ποταμῶν* **α** Heph. *τῶν ποταμῶν* **βγ** ‖ **723** *τοὺς*] *τοῦ* **V** ‖ **724** *σπανίαν* **V** ‖ **726** *ἢ ὑδάτων ὀμβρίων* **Vβγ** *ὑδάτων ἢ ὄμβρων* **α** ‖ **727** *λιμοῦ* **Vβγ** Procl. *λοιμοῦ* **αc**

9 ὁ δὲ τοῦ Διὸς μόνος τὴν κυρίαν λαβὼν καθόλου μὲν αὐξήσεώς ἐστι ποιητικός, ἰδίως δὲ περὶ μὲν ἀνθρώπους γι- 730 νομένου τοῦ ἀποτελέσματος δόξας ἀποτελεῖ καὶ εὐετηρίας καὶ εὐθηνίας καὶ καταστάσεις εἰρηνικὰς καὶ τῶν ἐπιτηδείων αὐξήσεις, εὐεξίας τε σωματικὰς καὶ ψυχικάς, ἔτι δὲ m 85 εὐεργεσίας καὶ δωρεὰς ἀπὸ τῶν βασιλευόντων, αὐτῶν τε ἐκείνων αὐξήσεις καὶ μεγαλειότητας καὶ μεγαλοψυχίας, 735 **10** καθόλου τε εὐδαιμονίας ἐστὶν αἴτιος. περὶ δὲ τὰ ἄλογα ζῷα τῶν μὲν εἰς χρῆσιν ἀνθρωπίνην δαψίλειαν καὶ πολυπλήθειαν ἐμποιεῖ, τῶν δὲ εἰς τὸ ἐναντίον φθοράν τε καὶ ἀπώλειαν. εὔκρατον δὲ τὴν τῶν ἀέρων κατάστασιν καὶ ὑγιεινὴν καὶ πνευματώδη καὶ ὑγρὰν καὶ θρεπτικὴν τῶν 740 ἐπιγείων ἀπεργάζεται, στόλων τε εὐπλοίας καὶ ποταμῶν συμμέτρους ἀναβάσεις καὶ τῶν καρπῶν δαψίλειαν καὶ ὅσα τούτοις παραπλήσια.

11 ὁ δὲ τοῦ Ἄρεως μόνος τὴν οἰκοδεσποτείαν λαβὼν καθόλου μὲν τῆς κατὰ ξηρασίαν φθορᾶς ἐστιν αἴτιος, ἰδίως δὲ 745 περὶ μὲν ἀνθρώπους γινομένου τοῦ συμπτώματος πολέμους ἐμποιεῖ καὶ στάσεις ἐμφυλίους καὶ αἰχμαλωσίας καὶ ἀνδραποδισμοὺς καὶ ἐπαναστάσεις καὶ χόλους ἡγεμόνων, τοὺς δὲ διὰ τῶν τοιούτων θανάτους αἰφνιδίους, ἔτι δὲ νόσους πυρεκτικὰς καὶ τριταϊκὰς ἐπισημασίας καὶ αἱμάτων 750

S **746** *πολέμους* Val. I 1,21 ‖ **747** *αἰχμαλωσίας* Ap. II 3,38 (ubi plura)

729 *λαβὼν* **αβγ** Heph. *λαχῶν* **V**, cf. l. 705 ‖ **731** *εὐετηρίας*] *ἑταιρείας* **m** (qui post *εἰρηνικὰς* add. *καὶ εὐετηρίας*) ‖ **734** *ἀπὸ* **Vβγ** Heph. *ὑπὸ* **α**, cf. 3,851. 4,35.638.650.730 ‖ **738** *ἐμποιεῖ*] *ποιεῖ* **V** (recepit Robbins, sed cf. l. 711. al.) ‖ **746** *περὶ*] *τε* **V** ‖ **748** *ἐπαναστάσεις* **Vβγ** Heph. *ὄχλων ἐπαναστάσεις* **α** (recepit Boll, cf. *λαῶν ἐπαναστάσεις* Procl.)

ἀναγωγὰς καὶ ὀξείας βιαιοθανασίας μάλιστα τῶν ἀκμαίων, ὁμοίως δὲ βίας τε καὶ ὕβρεις καὶ παρανομίας, ἐμπρήσεις τε καὶ ἀνδροφονίας καὶ ἁρπαγὰς καὶ λῃστείας. περί τε **12** τὴν τοῦ ἀέρος κατάστασιν καύσωνας καὶ πνεύματα θερμὰ
86 755 λοιμικὰ καὶ συντηκτικά, κεραυνῶν τε ἀφέσεις καὶ πρηστή-
c 22v ρων καὶ ἀνομβρίας· περὶ δὲ θάλασσαν στόλων αἰφνίδια ναυάγια διὰ πνευμάτων ἀτάκτων ἢ κεραυνῶν ἢ τῶν τοιούτων, ποταμῶν δὲ λειψυδρίας καὶ ἀναξηράνσεις πηγῶν καὶ φθορὰν τῶν ποτίμων ὑδάτων· περὶ δὲ τὰ ἐπὶ γῆς ἐπιτή- **13**
760 δεια πρὸς χρῆσιν ἀνθρωπίνην τῶν τε ἀλόγων ζῴων καὶ τῶν ἐκ τῆς γῆς φυομένων σπάνιν καὶ φθορὰν καρπῶν τὴν

T 761–764 Val. App. I 153 (= CCAG II [1900] p. 173, 22–24)

S 753 *λῃστείας* Ap. III 13,13. 14,15.32. IV 8,5. Rhet. C p. 215,21, aliter § 16 ‖ **757** *ναυάγια* Ap. IV 8,5. Val. II 17,59. Firm. math. III 4,20, aliter § 7 (ubi plura)

751 *ὀξείας*] *ὀρείας* **V** | *βιαιοθανασίας* **V** Heph. (restituit Boer 1954) *βιοθανασίας* **βγ** (quam formam vulgarem maluit Boll, cf. Pap. It. 158,11 [saec. III] necnon ThLL II c. 1999,32–53. comm. ad Anon. De stellis fixis II 10,14) *καὶ βιωθανασίας* **Y** *καὶ βιοθανασίας* **G** *νόσους καὶ βιοθανασίας* **Σc**, cf. *ὀξεῖς καὶ βίαιοι θάνατοι* Procl. ‖ **754** *καύσωνας* **αβγ** Heph. (cod. **L** ut Ep. IV 17,16) *καύσωνίας* **V** *καύσωνα* Heph. (cod. **A**) ‖ **756** *περὶ δὲ θάλασσαν* **yDγ** *περὶ δὲ θάλασσας* **V** *περὶ θάλασσαν δὲ* **MS** *πάλιν ἐν θαλάσσαις* **α** *καὶ κατὰ θάλασσαν* Heph. ‖ **758** *λειψυδρίας*] *ληψες ὑδρήας* **Y** ‖ **759** *ποτίμων* **V** Procl. *ποταμίων* **αβγ** | *τὰ ἐπὶ γῆς ἐπιτήδεια* **V** (cf. *τὰ ἐκ τῆς γῆς … ἐπιτήδεια* Procl.) *τὰ ἐπη γῆς ἐπιτήδεια* **Γ** *τὰ ἐπιτήδεια* **αβγ** (recepit Boll dittographiam suspicans) ‖ **760** *ἀλόγων ζῴων καὶ τῶν* om. **Y** | *καὶ τῶν* **VΣ** Heph. *τῶν τε* **βγ** ‖ **761** post *φυομένων*: *καρπῶν* anticipavit **α**

γινομένην ἤτοι ἐκ τῆς τοῦ καύματος καταφλέξεως ἢ βρούχου ἢ τῆς τῶν πνευμάτων ἐκτινάξεως ἢ ἐκ τῆς ἐν ταῖς ἀποθέσεσι συγκαύσεως.

14 *ὁ δὲ τῆς Ἀφροδίτης μόνος κύριος γενόμενος τοῦ συμ-* 765 *βαίνοντος, καθόλου μὲν τὰ παραπλήσια τῷ τοῦ Διὸς μετά τινος ἐπαφροδισίας ἀποτελεῖ· ἰδίως δὲ περὶ μὲν ἀνθρώπους δόξας καὶ τιμὰς καὶ εὐφροσύνας καὶ εὐετηρίας, εὐγαμίας τε καὶ πολυτεκνίας καὶ εὐαρεστήσεις πρὸς πᾶσαν συναρμογὴν καὶ τῶν κτήσεων συναυξήσεις καὶ διαίτας καθα-* 770 *ρίους καὶ εὐαγώγους καὶ πρὸς τὰ σεβάσμια τιμητικάς,* **15** *ἔτι δὲ σωματικὰς εὐεξίας καὶ πρὸς τοὺς ἡγεμονεύοντας συνοικειώσεις καὶ τῶν ἀρχόντων ἐπαφροδισίας· περὶ δὲ τὰ τοῦ ἀέρος πνεύματα εὐκρασίας καὶ διύγρων καὶ θρεπτικωτάτων καταστάσεις, εὐαερίας τε καὶ αἰθρίας καὶ ὑδάτων* 775 *γονίμων δαψιλεῖς ἐπομβρίας, στόλων τε εὐπλοίας καὶ ἐπιτυχίας καὶ ἐπικερδείας καὶ ποταμῶν πλήρεις ἀναβάσεις, ἔτι δὲ τῶν εὐχρήστων ζῴων καὶ τῶν τῆς γῆς καρπῶν μά-* m 87 *λιστα δαψίλειαν καὶ εὐφορίαν καὶ ὄνησιν ἐμποιεῖ.*

S 769 *πολυτεκνίας* Balbillus CCAG VIII 3 (1912) p. 104,21

762 *ἐκ* **Vβγ** *ὑπὸ* **α** Heph. | *καύματος* **Vβγ** *καύσωνος* **α** Heph., cf. l. 754 | *καταφλέξεων* **V** | *ἢ βρούχου … ἐκτινάξεως* om. **Σc** ‖ **765** *συμβαίνοντος*] *συμπτώματος* **C** Heph. (cod. **L**, *συμβαίνοντος* cod. **A**) ‖ **766** *Διὸς* **Vβγ** Heph. Procl. ♂ **α** (♃ *ὀφείλει κεῖσθαι* **Σ** in margine), cf. Rhet. C p. 161,25 app. cr. ‖ **768** *εὐγαμίας* **VαDγ** Heph. Procl. *εὐοδμίας* **MS**, cf. 4,137 et Maneth. II (I) 327 *εὐόδμων* *εὐνοίας* **m** ‖ **769** *πρὸς τὰ* **VαDγ** *πάντα* **MS** ‖ **773** *ἐπαφροδισίας*] *εὐνοίας* **m** ‖ **774** *ἀέρος*] ♂ **Σ** liquidae metathesi (correctum in margine) | *πνεύματα* **VDγ** *πνευμάτων* **αMSc** excidit in Heph. | *εὐκρασίας* **Vβγ** *εὐκράτων* **αc** Heph. ‖ **777** *ἐπικερδ(ε)ίας* **Vβγ** *ἐπεικερδεῖς* **Y** *ἐπικερδεῖς* **GΣc** ‖ **778** *ἔτι* **Vβγ** *ἐν* **α** | *τοῖς εὐχρήστοις ζῴοις καὶ τοῖς τῆς γῆς καρποῖς* **αc**

780 *ὁ δὲ τοῦ Ἑρμοῦ τὴν οἰκοδεσποτείαν λαβὼν καθόλου* **16**
*μὲν ὡς ἂν ᾖ συγκιρνάμενος ἑκάστῳ τῶν ἄλλων, συνοι-
κειοῦται ταῖς ἐκείνων φύσεσιν. ἰδίως δέ ἐστι πάντων μᾶλλον συγκινητικὸς καὶ ἐν μὲν ἀνθρωπίνοις ἀποτελέσμασιν
ὀξὺς καὶ πρακτικώτατος καὶ πρὸς τὸ ὑποκείμενον εὐμήχα-*
785 *νος (ληστηρίων τε καὶ κλοπῶν καὶ πειρατικῶν ἐφόδων καὶ
ἐπιθέσεων), ἔτι δὲ δυσπλοίας ποιητικὸς ἐν τοῖς πρὸς τοὺς
κακοποιοὺς συσχηματισμοῖς, νόσων τε αἴτιος ξηρῶν καὶ
ἀφημερινῶν ἐπισημασιῶν καὶ βηχικῶν καὶ ἀναφορικῶν καὶ
φθίσεων, ἀποτελεστικὸς δὲ καὶ τῶν περὶ τὸν ἱερατικὸν λό-* **17**
790 *γον καὶ τὰς τῶν θεῶν θρησκείας καὶ τὰς βασιλικὰς*

S 785 *ληστηρίων* Ap. III 14,32. IV 9,12. Maneth. IV 482. Val. II 10,5. 37,9. al. Paul. Alex. 24 p. 67,18. Rhet. C p. 192,24, cf. Ap. IV 8,5, aliter § 11 | *κλοπῶν* Ap. III 14,15.19.32. Dor. G p. 350,1 (~ Dor. A II 15,28). Maneth. I(V) 311. II(I) 302. IV 484. VI(III) 500. Val. I 1,21.37. II 11,2. 17,57 (adde App. II 15). Firm. math. III 2,7. al. Paul. Alex. 24 p. 62,20 72,12. Rhet. C p. 155,19 || **786** *δυσπλοίας* Ap. IV 8,5. Val. App. I 209, aliter § 7

781 *ὡς ἂν ᾖ* Boll Robbins (cf. *ὡς ἐὰν ᾖ* Heph.) *ὡς ἀνεὶ* **V** *ὁσανεὶ* **Y** *ᾧ ἂν ᾖ* **Σβγ** || **782** *ἰδίως δέ ἐστι* **Vβγ** Heph. *ἔστι δὲ πάντων* **α** || **785** *ληστηρίων* **αβγ** *ληστρικῶν* **V** *ληστειῶν* Heph. | *τε* **VDγ** *δὲ* **αMS** (quos sequitur Robbins) | *καὶ* ultimum om. **yYc** || **786** *ἐπιθέσεων*] *ἐπιθετικὸς* **Ym** *ἐπιθέ*[τ] **Σ** *ἐπιθεικὸς* **c** | *δυσπλοίας* **Vβγ** Heph. (codd. **AL** *δυσπλίας* cod. **P**) *δυσπνοίας* **αc** (cf. Firm. math. VIII 12,4) || **787** *κακοποιοῦντας* **V** | *συσχηματισμοῖς* **βγ** *σχηματισμοὺς* **V** *σχηματισμοῖς* **α** Heph. || **788** *ἀφημερινῶν* **VΣβAB** Heph. (codd. **LP** ut Ep. IV 17,18, *ἐφημερίων* cod. **A**) *ἀμφημερινῶν* **YC** (corr. ex *ἀφ*-) Procl. Co le p. 73,18 (praetulerunt Boll Robbins) | *ἀναφορικῶν*] *ἀφορικῶν* **y** *ἀναπνοϊκῶν* **m** || **790** *βασιλικὰς* **Vα** Heph. *ἱερατικὰς* **βγ**

προσόδους ἐπισυμβαινόντων καὶ τῆς τῶν ἐθίμων ἢ νομίμων κατὰ καιροὺς ἐναλλοιώσεως, οἰκείως τῇ πρὸς τοὺς ἑκάστοτε τῶν ἀστέρων συγκράσει. **18** *πρὸς δὲ τὸ περιέχον μᾶλλον ξηρὸς ὢν καὶ εὐκίνητος διὰ τὴν πρὸς τὸν ἥλιον ἐγγύτητα καὶ τὸ τάχος τῆς ἀνακυκλήσεως πνευμάτων ἀτάκτων καὶ* 795 *ὀξέων καὶ εὐμεταβόλων μάλιστα κινητικὸς ὑπάρχει, βροντῶν δὲ εἰκότως καὶ πρηστήρων καὶ χασμάτων καὶ σεισμῶν καὶ ἀστραπῶν ἀποτελεστικός, τῆς τε διὰ τούτων ἐνίοτε περὶ τὰ τῶν ζῴων καὶ τῶν φυτῶν εὔχρηστα φθορᾶς ποιητικός· ὑδάτων τε καὶ ποταμῶν ἐν μὲν ταῖς δύσεσι στερητι-* 800 m *κός, ἐν δὲ ταῖς ἀνατολαῖς πληρωτικός.*

19 *ἰδίως μὲν οὖν τῆς οἰκείας φύσεως ἐπιτυχὼν ἕκαστος τὰ* c 23 *τοιαῦτα ἀποτελεῖ, συγκιρνάμενος δὲ ἄλλος ἄλλῳ κατά τε τοὺς συσχηματισμοὺς καὶ τὰς τῶν ζῳδίων ἐναλλοιώσεις καὶ τὰς πρὸς ἥλιον φάσεις, ἀναλόγως τε καὶ τὴν ἐν τοῖς* 805 *ἐνεργήμασι σύγκρασιν λαμβάνων μεμιγμένην ἐκ τῶν κεκοινωνηκυιῶν φύσεων τὴν περὶ τὸ ἀποτελούμενον ἰδιοτροπίαν*

S 794 *εὐκίνητος* Ap. I 4,7 (ubi plura)

791 *προσόδους* **VαS** Heph. (codd. **AP** ut Ep. IV 17,18) *παρόδους* **DMγ** *προόδους* Heph. (cod. **L**) ‖ **792** *ἐναλλοιώσεως* **VY** Heph. *ἀλλοιώσεως* **Σβγ** | *οἰκείως* **αDγ** *οἰκείας* **VMS** | *τοὺς* **Vβγ** Heph. *αὐτοὺς* **α** (quos secutus est Robbins) ‖ **794** *τὴν*] *τῆς* **VY** ‖ **795** *ἀνακυκλήσεως* **β** Heph. (codd. **AL** ut Ep. IV 17,18) *ἀνακλήσεως* **Vγ** *ἀνακυκλώσεως* **α** ‖ **801** *ἐν* … *πληρωτικός* om. **Y** | *ἀνατολαῖς* om. **V** brevi spatio relicto ‖ **803** *ἄλῳ* **V**, cf. l. 843 ‖ **804** *συσχηματισμοὺς* **VDγ** Procl. *σχηματισμοὺς* **αMS** | *ἐναλλοιώσεις*] cf. indicem necnon Liddell-Scott, Supplementum *ἐναλλαγὰς* **Σc** *ἐναλλαιώσεις* Feraboli temere

ποικίλην οὖσαν ἀπεργάζεται. ἀπείρου δὲ ὄντος καὶ ἀδυνά- **20**
του καθ' ἑκάστην σύγκρασιν τὸ ἴδιον ὑπομνηματίζειν ἀπο-
810 *τέλεσμα καὶ πάντας ἁπλῶς τοὺς καθ' ὁποιονδήποτε τρό-*
πον σχηματισμοὺς διεξελθεῖν οὕτως γε πολυμερῶς νοουμέ-
νους, εἰκότως ἂν καταληφθείη τὸ τοιοῦτον εἶδος ἐπὶ τῇ
τοῦ μαθηματικοῦ πρὸς τὰς κατὰ μέρος διακρίσεις ἐπιβολῇ
καὶ ἐπινοίᾳ.

815 *παρατηρεῖν δὲ δεῖ καὶ πῶς ἔχουσι συνοικειώσεως οἱ τοῦ* **21**
προτελέσματος τὴν κυρίαν λαβόντες ἀστέρες πρὸς αὐτὰς
τὰς χώρας ἢ τὰς πόλεις αἷς τὸ σύμπτωμα διασημαίνεται.
ἀγαθοποιοὶ μὲν γὰρ ὄντες ἀστέρες καὶ συνοικειούμενοι
τοῖς διατιθεμένοις καὶ μὴ καθυπερτερούμενοι ὑπὸ τῶν τῆς
820 *ἐναντίας αἱρέσεως ἔτι μᾶλλον ἀπεργάζονται τὸ κατὰ τὴν*
ἰδίαν φύσιν ὠφέλιμον, ὥσπερ μὴ συνοικειούμενοι ἢ καθ-
m 89 *υπερτερούμενοι ὑπὸ τῶν ἀντικειμένων ἧττον ὠφελοῦσι. τῆς* **22**

S 808 *ποικίλην* Ap. III 14,2. IV 4,9. 9,2, cf. Val. V 6,64. Firm. math. III 6,26

808 *ἀπείρου* **Vβγ** Heph. (cod. **L** ut Ep. IV 17,20) *ἀποίρου* **Y** *ἀπόρου* **Σ** Heph. (codd. **AP**) ‖ **809** *ὑπομνηματίζειν* **αγ** *ὑπομνηματιζόμενον* **VDS** *ἀπομνηματιζόμενον* **M** ‖ **810** *ὁποιονδήποτε* **Σβγ** Procl. *ὁποιουσδήποτε* **Y** Heph. *ὁποιονοῦν* **V** ‖ **811** *σχηματισμοὺς* **Vβγ** Heph. (cod. **P**) *συσχηματισμοὺς* **α** Heph. (codd. **AL** ut Ep. IV 17,20) | *νοουμένους* **Dγ** *νοούμενος* **V** *νοουμένας* **MS** *νοουμένου* **α** ‖ **812** *καταληφθείη* **ωc** Heph. Ep. IV 17,20 *καταλειφθείη* **m** Heph. (codd. **ALP**), quos secutus est Boll | *ἐπὶ* **ω** del. Boll ex *ἐπιβολῇ* irreptum esse iudicans ‖ **815** *δεῖ*] *δέον* **Σc** | *οἰκειώσεως* **V** (quem secutus est Robbins) ‖ **816** *προτελέσματος* **Vβγ** *ἀποτελέσματος* **α** | *πρὸς … τὸ* om. **Y** ‖ **817** *αἷς* **S** Heph. *αἵ* **V** *ἐν αἷς* **ΣDMγ** ‖ **818** *ἀστέρες* **VDγ** Procl. om. **αMS** Heph.

δὲ βλαπτικῆς κράσεως ὄντες καὶ τὴν κυρίαν λαβόντες τοῦ προτελέσματος, ἐὰν μὲν συνοικειούμενοι τοῖς διατιθεμένοις τύχωσιν ἢ καθυπερτερηθῶσιν ὑπὸ τῶν τῆς ἐναντίας αἱρέ- 825 *σεως, ἧττον βλάπτουσιν. ἐὰν δὲ μήτε τὴν οἰκοδεσποτείαν ἔχωσι τῶν χωρῶν μήτε καθυπερτερῶνται ὑπὸ τῶν οἰκείως πρὸς αὐτὰς ἐχόντων, σφοδρότερον τὸ ἐκ τῆς κράσεως φθοροποιὸν ἐπισκήπτουσιν.*

23 *ὡς ἐπίπαν μέντοι συνεμπίπτουσι τοῖς καθολικοῖς πάθε-* 830 *σιν ἐκεῖνοι τῶν ἀνθρώπων ὅσοι ποτ' ἂν κατὰ τὰς ἰδίας γενέσεις τοὺς ἀναγκαιοτάτους τόπους (λέγω δὴ τοὺς φωσφοροῦντας ἢ τοὺς τῶν κέντρων) τοὺς αὐτοὺς τύχωσιν ἔχοντες τοῖς τὸ αἴτιον ἐμποιήσασι τῶν καθολικῶν συμπτωμάτων, τουτέστι τοῖς ἐκλειπτικοῖς ἢ καὶ τοῖς τούτων διαμέτροις.* 835 *τούτων δὲ ἐπισφαλέσταται μάλιστα καὶ δυσφύλακτοι τυγχάνουσιν αἱ μοιρικαὶ θίξεις ἢ διαμετρήσεις τῶν ἐκλειπτικῶν τόπων πρὸς ὁπότερον τῶν φώτων.*

S 837 *μοιρικαὶ* Ap. III 3,4. 10,2. Ant. CCAG VIII 3 (1912) p. 114,33. Val. I 4,10. al. (v. indicem). Porph. 51 p. 223,16. Firm. math. II 3,2. al. (v. indicem s.v. *partiliter*). Heph. II 18,26. III 4,21. Olymp. 1 p. 1,13

826 *ἧττον* **Vβγ** Heph. *ἔλαττον* **α** ‖ **827** *καθυπερτεροῦντα* **α** ‖ **831** *ποτ' ἂν* om. **αc** ‖ **832** *τοὺς* (prius)] *ἔχοντες τοὺς* **β** ‖ **834** *καθολικῶν* **Σβγ** Heph. *κολικῶν* **VY** ‖ **837** *θίξεις* Boll (coll. Heph.) *θήξεις* **Vβγ** *καθέξεις* **α**

840 *ι′. Περὶ χρωμάτων ἐκλείψεων καὶ κομητῶν καὶ τῶν τοιούτων*

Τηρητέον δὲ πρὸς τὰς καθόλου περιστάσεις καὶ τὰ περὶ 1 *τὰς ἐκλείψεις χρώματα ἤτοι τῶν φώτων αὐτῶν ἢ τῶν περὶ αὐτὰ γινομένων συστημάτων, οἷον ῥάβδων ἢ ἅλων ἢ τῶν* m 90 *τοιούτων. μέλανα μὲν γὰρ ἢ ὑπόχλωρα φανέντα σημαν-* 3ᵛ 845 *τικὰ γίνεται τῶν ἐπὶ τῆς τοῦ Κρόνου φύσεως εἰρημένων, λευκὰ δὲ τῶν ἐπὶ τῆς τοῦ Διός, ὑπόκιρρα δὲ τῶν ἐπὶ τῆς τοῦ Ἄρεως, ξανθὰ δὲ τῶν ἐπὶ τῆς τῆς Ἀφροδίτης, ποικίλα δὲ τῶν ἐπὶ τῆς τοῦ Ἑρμοῦ. κἂν μὲν ἐν ὅλοις τοῖς σώμασι* 2 *τῶν φώτων ἢ ἐν ὅλοις τοῖς περὶ αὐτὰ τόποις τὸ γινόμενον* 850 *ἰδίωμα τῆς χροιᾶς φαίνηται, περὶ τὰ πλεῖστα μέρη τῶν χωρῶν ἔσται τὸ ἀποτελεσθησόμενον· ἐὰν δὲ ἀπὸ μέρους οἱουδήποτε, περὶ ἐκεῖνο μόνον τὸ μέρος καθ' οὗ ἂν καὶ ἡ πρόσνευσις τοῦ ἰδιώματος γίνηται.*

τηρητέον δὲ ἔτι καὶ τὰς συνισταμένας ἤτοι κατὰ τοὺς 3 855 *ἐκλειπτικοὺς καιροὺς ἢ καὶ ὁτεδήποτε κομητῶν ἐπιφανείας*

T 839–877 cod. Marcianus gr. 334 (CCAG II [1900] p. 16) fol. 8ᵛ ‖ **839–870** (§ 1–4) Heph. I 24,1–4 ‖ **841–853** (§ 1–2) Lyd. Ost. 9ᵃ p. 20,7–21,6 ‖ **854–862** Lyd. Ost. 10 p. 28,5–29,2 ‖ **857** Lyd. Ost. 10 p. 32,5–6

S 855 *κομητῶν* Manil. I 835–858. Plin. nat. II 89–90. Achill. Isag. 34 p. 69,4–7. Heph. I 24,5–12. Lyd. Ost. 10–15ᵇ

839 *ἐκλείψεων* **Vβγ** *τῶν ἐκλείψεων* **α** ‖ **841** *πρὸς* **VΣSγ** *περὶ* **Y** om. **DM**, cf. l. 672 | *καθόλου* **VαS** *καθολικὰς* **DMγ** | *περὶ* **Vβγ** *κατὰ* **α** (maluit Boll) ‖ **842** *τῶν φώτων αὐτῶν* **Vβγ** *αὐτῶν τῶν φώτων* **α** ‖ **843** *ἅλων* **Σ** (post corr.) **m** (cf. l. 803) *ἄλλων* **VΣ** (ante corr.) **c** Heph. (qui postea om. *ἤ*, cod. **A** etiam *τῶν*) *ἄθλων* **Y** *ἀλώνων* **βγ** ‖ **847** *ξανθὰ … Ἀφροδίτης* om. **V** ‖ **852** *οἱουδήποτε* **Vβγ** *ὁποιουδήποτε* **α** | *μόνον* **VDMγ** Heph. Procl. *μὲν ὂν* **Y** om. **ΣSc** ‖ **853** *προσνεύσεις* **V** ‖ **854** *ἔτι* **Vα** om. **βγ** Heph. | *ἤτοι* om. **V**

πρὸς τὰς καθόλου περιστάσεις (οἷον τῶν καλουμένων δοκίδων ἢ σαλπίγγων ἢ πίθων καὶ τῶν τοιούτων) ὡς ἀποτελεστικὰς μὲν φύσει τῶν ἐπὶ τοῦ τοῦ Ἄρεως καὶ τοῦ τοῦ Ἑρμοῦ ἰδιωμάτων (πολέμων τε καὶ καυσωδῶν ἢ κινητικῶν καταστημάτων καὶ τῶν τούτοις ἐπισυμβαινόντων), δηλούσας δὲ διὰ μὲν τῶν τοῦ ζῳδιακοῦ μερῶν, καθ' ὧν ἂν αἱ συστάσεις αὐτῶν φαίνωνται, καὶ τῶν κατὰ τὰ σχήματα τῆς κόμης προσνεύσεων τοὺς τόπους οἷς ἐπισκήπτουσι τὰ 860

4 *συμπτώματα· διὰ δὲ τῶν αὐτῆς τῆς συστάσεως ὡσπερεὶ μορφώσεων τό τε εἶδος τοῦ ἀποτελέσματος καὶ τὸ γένος, περὶ ὃ τὸ πάθος ἀποβήσεται, διὰ δὲ τοῦ χρόνου τῆς ἐπιμονῆς τὴν παράτασιν τῶν συμπτωμάτων, διὰ δὲ τῆς πρὸς τὸν ἥλιον σχέσεως καὶ τὴν καταρχήν, ἐπειδήπερ ἑῷοι* 865 m 91

S 868–869 *ἑῷοι … ἑσπέριοι* cf. Ap. I 6,2

857 *πίθων* **Σβγc** Heph. *πιθείων* **V** *πιθίων* **Y** | *ἀποτελεστικὰς* **Vβγ** Heph. *ἀποτελεσματικὰς* **α** ‖ **858** *φύσει* **VΣ** Heph. *φύσεις* **Yβγ** | *τοῦ τοῦ* (prius) **γ** *τὴν τοῦ* **VD** *τοῦ* **αMS** Heph. *τῆς* (scilicet *φύσεως*) *τοῦ* Boll coll. l. 845. al. | *τοῦ τοῦ* (alterum) **γ** *τὴν τοῦ* **V** *τὼν τοῦ* **Y** *τοῦ* **Σ** Heph. *τῶν τοῦ* **β** *τῆς τοῦ* Boll ut linea praecedenti ‖ **859** ante *ἰδιωμάτων*: ⟨*εἰρημένων*⟩ supplevit Boll e l. 845 | *καὶ πολέμων* **β** | *πολέμων … καταστημάτων* om. **Y** | *καυσωδῶν* **Vβγ** (*καυσώδων* Robbins tacite, fortasse solis grammaticorum libris fultus) *καυσώνων* **Σc** om. **Y** ‖ **860** *καὶ τῶν τούτοις* **Vα** Heph. Co le p. 76,–5 *αὐταῖς* **βγ** | *ἐπισυμβαινόντων* **VαDγ** Heph. *ἐπισημαινόντων* **MS** ‖ **861–862** *αἱ συστάσεις* **VαDγ** Heph. *ἡ σύστασις* **MS** ‖ **862** *φαίνωνται* **Σ** *φαίνονται* **VYDγ** Heph. *φαίνηται* **MS** ‖ **864** *ὡσπερεὶ* Heph. (cod. **A**) *ὡς περὶ* **V** Heph. (cod. **L**) *ὥσπερ* **α** *περὶ* **βγ** (*περιμορφώσεων* contraxit **M**) ‖ **868** *καὶ* **VY** om. **Σβγc** neglexit Boll | *τὴν*] *τῶν* **V** ut 1,168 q. v. | *ἐπειδήπερ* **Vβγ** Heph. *ἐπείπερ* **α**

μὲν ἐπιπολὺ φαινόμενοι τάχιον ἐπισημαίνουσι, ἑσπέριοι δὲ
870 *βράδιον.*

ια'. Περὶ τῆς τοῦ ἔτους νεομηνίας

Δεδειγμένης δὲ τῆς ἐφόδου τῶν περὶ τὰ καθόλου περιστά- **1**
σεων χωρῶν τε καὶ πόλεων, λοιπὸν ἂν εἴη καὶ περὶ τῶν
λεπτομερεστέρων ὑπομνηματίσασθαι· λέγω δὲ τῶν ἐνιαυ-
875 *σίως περὶ τὰς ὥρας ἀποτελουμένων, πρὸς ἣν ἐπίσκεψιν*
καὶ περὶ τῆς καλουμένης τοῦ ἔτους νεομηνίας ἁρμόζον ἂν
εἴη προδιαλαβεῖν. ὅτι μὲν οὖν ἀρχὴν ταύτην εἶναι προσή-
κει τῆς τοῦ ἡλίου καθ' ἑκάστην περιστροφὴν ἀποκαταστά-
σεως, δῆλόν ἐστιν αὐτόθεν καὶ ἀπὸ τῆς δυνάμεως καὶ ἀπὸ
880 *τῆς ὀνομασίας. τίνα δ' ἄν τις ἀρχὴν ὑποστήσαιτο, ἐν κύ-* **2**
κλῳ μὲν αὐτὸ μόνον ἁπλῶς οὐδ' ἂν ἐπινοήσειεν, ἐν δὲ τῷ
διὰ μέσων τῶν ζῳδίων μόνας ἂν εἰκότως ἀρχὰς λάβοι τὰ
ὑπὸ τοῦ ἰσημερινοῦ καὶ τῶν τροπικῶν ἀφοριζόμενα ση-
μεῖα, τουτέστι τά τε δύο ἰσημερινὰ καὶ τὰ δύο τροπικά.
885 *ἐνταῦθα μέντοι τις ἀπορήσειεν ἂν ἤδη, τίνι τῶν τεσσάρων*

T 874–877 Theoph. Edess. CCAG I (1898) p. 130,12–15

S 883 *ἰσημερινοῦ ... τροπικῶν* Synt. III 1 p. 192,19–22

869 *ἐπιπολὺ φαινόμενοι*] *ἐπιφαινόμενοι* Heph. | *φαινόμενοι* **βγ** (cf. Heph.) *φαινόμεναι* **Vα** ‖ **871** titulum hic praebent **VαDγ**, post 877 *προδιαλαβεῖν* **yMS** Procl. ‖ **872** *τῆς ἐφόδου ... πόλεων* **Vβγ** (sim. Co le p. 77,12) *τῆς περὶ τὰς* [*τὰ* **Y**] *καθόλου περιστάσεις* [*περιστάσεων* **Y**] *χωρῶν τε καὶ πόλεων ἐφόδου* **αc** *τῆς ἐφόδου τῆς περὶ τὰς ... πόλεων* Robbins tacite | *καθόλα* **VM** | *παραστάσεων* **V**, cf. 2,122 ‖ **874** *ἐνιαυσιαίως* **Σ** ‖ **885** *ἀπορήσειεν ἄν τις ἤδη* **γ** | *ἤδη* **Σγ** *εἴδη* **VY** *εἰ δὴ* **MS** *εἴδει* **D**

ὡς προηγουμένῳ χρήσαιτ' ἄν. κατὰ μὲν οὖν τὴν ἁπλῆν καὶ
κυκλικὴν φύσιν οὐδὲν αὐτῶν ἐστιν ὡς ἐπὶ μιᾶς ἀρχῆς
3 *προηγούμενον· κέχρηνται δὲ οἱ περὶ τούτων γράψαντες ἕν*
τι ὑποτιθέμενοι, διαφόρως ἑκάστῳ τῶν τεσσάρων ὡς ἀρχῇ, c 24 m
κατά τινας οἰκείους λόγους καὶ φυσικὰς συμπαθείας ἐνεχ- 890
θέντες. καὶ γὰρ ἔχει τι τῶν μερῶν τούτων ἕκαστον ἐξαίρε-
τον, ἀφ' οὗ ἂν ἀρχὴ καὶ νέον ἔτος εἰκότως νομίζοιτο· τὸ
μὲν ἐαρινὸν ἰσημερινὸν διά τε τὸ πρώτως τότε μείζονα
τὴν ἡμέραν τῆς νυκτὸς ἄρχεσθαι γίνεσθαι καὶ διὰ τὸ τῆς
ὑγρᾶς ὥρας εἶναι, ταύτην δὲ τὴν φύσιν, ὡς καὶ πρότερον 895
[I 10,1] *ἔφαμεν, ἀρχομέναις ταῖς γενέσεσι πλείστην ἐν-*
4 *υπάρχειν· τὸ δὲ θερινὸν τροπικὸν διὰ τὸ κατ' αὐτοῦ*
τὴν μεγίστην ἡμέραν ἀποτελεῖσθαι, παρὰ δὲ Αἰγυπτίοις
καὶ τὴν τοῦ Νείλου ἀνάβασιν καὶ Κυνὸς ἄστρου ἐπιτολὴν
ἐπισημαίνειν· τὸ δὲ μετοπωρινὸν ἰσημερινὸν διὰ τὸ 900

T 892–909 Theoph. Edess. CCAG I (1898) p. 131,17–21

S 895 *ὑγρᾶς* Ap. I 10,2 ‖ **899** *Κυνὸς ... ἐπιτολὴν* Cens. nat. 18,10. Val. I 10,13. Porph. Antr. Nymph. 24. Horapollo I 3 p. 6,4 Sbordone. “Mercurius” apud Theoph. Edess. CCAG I (1898) p. 128,7, cf. Calc. in Tim. 125 p. 168,17 Waszink

886 *ὡς* **α** om. **Vβγ** | *προηγουμένῳ* **α** *προηγουμένων* **VD** *προηγούμενον* **MS** *προηγουμένως* **γ** | *ἄν* om. **α** fort. recte ‖ **887** *ἐπὶ*] *ἀπὸ* **α**, cf. 1,254 ‖ **888** *ἕν τι* **VYβγ** *ἕν τῆ* (ω suprascr.) **y** *ἑνί τινι* **Σc** ‖ **889** *ὑποθέμενοι* **α** | ante *διαφόρως* interpunxit Boll, postea Robbins | *ἀρχῇ* Boll *ἀρχὴν* **ω** ‖ **890** *συμπαθείας* **VYβγ** *ἐμπαθείας* **Σc** ‖ **891** *ἔχει τι* **VDγ** *ἔχει* **α** *ἐπὶ* **MS** ‖ **892** *ἂν ἀρχὴ* **β** *ἐν ἀρχῇ* **V** *ἂν ἀρχὴν* **Yc** (recepit Boll) *ἀρχὴ* **Σ** ‖ **893** *πρώτως*] *πρῶτον* **VY** ut l. 903 ‖ **896** *πλεῖστον* **Y** ‖ **897** *θερινὸν δὲ* **S** | *τροπικὸν θερινὸν* **DM** ‖ **897** *κατ' αὐτοῦ τὴν* **Vβγ** *κατ' αὐτὸ τὴν* **Σ** *κατὰ τὴν* **Y** ‖ **900** *ἐπισημαίνειν* **VYS** *σημαίνειν* **Σ** *ἐπισυμβαίνειν* **DMγ**

γεγονέναι πάντων ἤδη τῶν καρπῶν συγκομιδήν, τότε δὲ ἀπ' ἄλλης ἀρχῆς τὸν τῶν ἐσομένων σπόρον καταβάλλεσθαι· τὸ δὲ χειμερινὸν τροπικὸν *διὰ τὸ πρώτως ἄρχεσθαι τότε τὸ μέγεθος τῆς ἡμέρας ἀπὸ μειώσεως αὔξησιν*
905 *λαμβάνειν. οἰκειότερον δέ μοι δοκεῖ καὶ φυσικώτερον πρὸς* 5 *τὰς ἐνιαυσίους ἐπισκέψεις ταῖς τέτταρσιν ἀρχαῖς χρῆσθαι, παρατηροῦντας τὰς ἔγγιστα αὐτῶν προγινομένας ἡλίου καὶ σελήνης συζυγίας συνοδικὰς ἢ πανσεληνιακάς, καὶ μάλιστα πάλιν τούτων τὰς ἐκλειπτικάς, ἵνα ἀπὸ μὲν τῆς ἐν τῇ*
910 *περὶ τὸν Κριὸν ἀρχῇ τὸ ἔαρ ὁποῖον ἔσται διασκεψώμεθα,*
m 93 *ἀπὸ δὲ τῆς περὶ τὸν Καρκίνον τὸ θέρος, ἀπὸ δὲ τῆς περὶ τὰς Χηλὰς τὸ μετόπωρον, ἀπὸ δὲ τῆς περὶ τὸν Αἰγόκερων τὸν χειμῶνα.*

τὰς μὲν γὰρ καθόλου τῶν ὡρῶν ποιότητας καὶ καταστά- 6
915 *σεις ὁ ἥλιος ποιεῖ, καθ' ἃς καὶ οἱ παντελῶς ἄπειροι μαθημάτων πρόγνωσιν ἔχουσι τοῦ μέλλοντος. ἔτι δὲ καὶ τὰς τῶν ζῳδίων ἰδιοτρόπους εἰς τοῦτο παρασημασίας περὶ ἀνέμων τε καὶ τῶν ὁλοσχερεστέρων φύσεων παραληπτέον. τὰς δὲ* 7 *ἐν τῷ μᾶλλον ἢ ἧττον κατὰ καιροὺς ἐναλλοιώσεις καθόλου*

S 909–913 (§ 5 fin.) Theophr. Sign. 56 ‖ **915** *ὁ ἥλιος* Ap. I 2,7

903 *πρῶτον* **VY**, cf. l. 893 ‖ **906** *ταῖς* **VDγ** *τὸ ταῖς* **MS** om. **α** ‖ **909** *ἐν τῇ* **V** *ἐν τῷ* **β** om. **αγ** ‖ **910** *τὸν Κριὸν* **MSγ** *τὴν ἐν τῷ* ♈ **Y** *τὴν* (*τοῦ* in margine) ♈ **Σ** *Κριὸν* **V** *Κριοῦ* **D** *τὴν τοῦ* ♈ **c** | *ἀρχῇ* **y** (inde Boll) *ἀρχῆς* **Vβγ** (recepit Robbins) *ἀρχὴν* **αc** | *ἔσται* **βγ** *ἔστι* **Vα** | *διασκεψώμεθα* **V** *διασκοπώμεθα* **βγ** *διασκεπτώμεθα* **α** ‖ **914** *καταστάσεις ἃς* **γ** ‖ **917** *ἰδιοτρόπους* **V** Procl. *ἰδιοτροπίας* **αβγ** | *τοῦτο* **V** *τοῦτο γὰρ* **Y** *τε τὰς* **Σ** *τε τὸ* **β** | *παρασημασίας* **Vα** *περὶ σημασίας* **βγ** | *περὶ ἀνέμων* **MS** *ἀνέμων* **VαDγ** (quos secuti sunt edd.) ‖ **918** *παραληπτέον* **ω** non legisse videntur Co p. 79,22 Procl.

μὲν πάλιν αἱ περὶ τὰ προειρημένα σημεῖα γινόμεναι συζυγίαι καὶ οἱ τῶν πλανητῶν πρὸς αὐτὰς συσχηματισμοὶ δεικνύουσι, κατὰ μέρος δὲ καὶ αἱ καθ' ἕκαστον δωδεκατημόριον σύνοδοι καὶ πανσέληνοι καὶ αἱ τῶν ἀστέρων ἐπιπορεύσεις, ἣν δὴ μηνιαίαν ἐπίσκεψιν ἄν τις προσαγορεύοι. 920

ιβ'. Περὶ τῆς μερικῆς πρὸς τὰ καταστήματα φύσεως τῶν ζῳδίων 925

1 *Προεκτεθῆναι δὲ ὀφειλόντων εἰς τοῦτο καὶ τῶν ἐν μέρει κατὰ ζῴδιον πρὸς τὰ ἐνιαύσια καταστήματα φυσικῶν ἰδιωμάτων καὶ ἔτι τῶν καθ' ἕκαστον ἀστέρων, τὴν μὲν τῶν πλανητῶν καὶ τῶν τῆς ὁμοίας κράσεως ἀπλανῶν πρὸς τοὺς* 930 *ἀέρας τε καὶ τοὺς ἀνέμους συνοικείωσιν καὶ ἔτι τὴν τῶν ὅλων δωδεκατημορίων πρός τε τοὺς ἀνέμους καὶ τὰς ὥρας ἕκαστα δεδηλώκαμεν ἐν τοῖς ἔμπροσθεν* [I 4–13. II 3–4]. *ὑπόλοιπον δ' ἂν εἴη καὶ περὶ τῆς ἐπὶ μέρους τῶν ζῳδίων* m 94 *φύσεως εἰπεῖν.* 935

921 *αὐτὰς* **Vα** *αὐτοὺς* **βγ** | *συσχηματισμοὶ* **VαS** *σχηματισμοὶ* **DMγ** ‖ **924** *δὴ μηνιαίαν* **VβC** *δ μηνιαίαν* **y** *διμηνέαν* **Y** (ut videtur) **G** *δὴ νουμηναίαν* **B** *διμηνιαίαν* **Σc** *μηνιαίαν* **m** | *προσαγορεύοι* **Vαβ** *προσαγορεύῃ* **y** *προσαγορεύσοι* **AC** (ut vid.) **c** *προσαγορεύσῃ* (superscr. οι) **B** ‖ **925** titulum hic praebet **α**, post 935 *εἰπεῖν* **Vβ** (**S** spatium tantum) **γ** Procl. ‖ **927** *προεκτεθῆναι* **yGβ** (cf. *προεκπεθῆναι* **Y**) *προεκτεθεῖναι* **VΣγc** ‖ **928** *τῶν φυσικῶν* **VY** (recepit Robbins) ‖ **929** *τὴν … ἀπλανῶν*] *καὶ τῶν τῆς ὁμοίας κράσεως πλανητῶν τε καὶ ἀπλανῶν* **MS** ‖ **931** *ἀέρας τε* **VDγ** *εάρας* **Y** *ἀέρος* **Σ** *ὥρας τε* **MS** | *συνοικείωσιν* **V** *συνοικειώσεως* **βγ** *οἰκειώσεις* **α** | *τὴν* **Vα** *τῆς* **βγ** ‖ **933** *ἕκαστα* om. **αc**

c 24ᵛ *τὸ μὲν οὖν τοῦ Κριοῦ δωδεκατημόριον καθόλου μέν* **2**
ἐστι διὰ τὴν ἰσημερινὴν ἐπισημασίαν βροντῶδες καὶ χαλαζῶδες, κατὰ μέρος δὲ ἐν τῷ μᾶλλον ἢ ἧττον ἀπὸ τῆς τῶν κατ' αὐτὸν ἀπλανῶν ἀστέρων ἰδιότητος τὰ μὲν προηγού-
940 *μενα αὐτοῦ ὀμβρώδη καὶ ἀνεμώδη, τὰ δὲ μέσα εὔκρατα, τὰ δὲ ἑπόμενα καυσώδη καὶ λοιμικά, τὰ δὲ βόρεια καυματώδη καὶ φθαρτικά, τὰ δὲ νότια κρυσταλλώδη καὶ ὑπόψυχρα. τὸ δὲ τοῦ Ταύρου δωδεκατημόριον καθόλου μέν* **3**
ἐστιν ἐπισημαντικὸν ἀμφοτέρων τῶν κράσεων καὶ ὑπόθερ-
945 *μον, κατὰ μέρος δὲ τὰ μὲν προηγούμενα αὐτοῦ καὶ μάλιστα τὰ κατὰ τὴν Πλειάδα σεισμώδη καὶ πνευματώδη καὶ ὁμιχλώδη, τὰ δὲ μέσα ὑγραντικὰ καὶ ψυχρά, τὰ δὲ ἑπόμενα κατὰ τὴν Ὑάδα πυρώδη καὶ κεραυνῶν καὶ ἀστραπῶν ποιητικά, τὰ δὲ βόρεια εὔκρατα, τὰ δὲ νότια κινητικὰ καὶ*
950 *ἄτακτα. τὸ δὲ τῶν Διδύμων δωδεκατημόριον καθόλου* **4**

T 936–993 (§ 2–8) Heph. I 1 passim. Rhet. W passim. Anon. R ‖ **936–943** (§ 2) Heph. I 1,4. Rhet. W p. 124,17–22 ‖ **937–941** Val. I 2,3. Rhet. M ‖ **943–950** (§ 3) Heph. I 1,24. Rhet. W p. 125,14–19 ‖ **950–955** Heph. I 1,43. Rhet. W p. 126,13–16

S 936–993 (§ 2–8) Germ. frg. 3 ‖ **937–938** *βροντῶδες καὶ χαλαζῶδες* Iulian. Laodic. CCAG IV (1903) p. 152,18. Anon. S l. 4 | *χαλαζῶδες* Germ. frg. 3,1. Anon. De stellis fixis IV 1,2 ‖ **946** *σεισμώδη* Anon. apud Lyd. Ost. p. 174,⟨15⟩. Anon. De stellis fixis IV 2,1

936 incipit L | *οὖν* om. **S** ‖ **938** *τῶν* om. **α** ‖ **944** *ἐπισημαντικὰ* **V** ‖ **946** *τὴν πλειάδα* **Vβγ** Heph. Procl. (cf. Synt. VII 5 p. 90,2–5) *τὰς πλοιάδας* **Y** *τὰς πλειάδας* **GΣc**, cf. comm. ad Anon. De stellis fixis I 2,1 ‖ **948** *κεραυνῶν* **αMS** Heph. Rhet. W p. 125,18 *κεραυνώδη* **VLDγ**

μέν ἐστιν εὐκρασίας ποιητικόν, κατὰ μέρος δὲ τὰ μὲν προηγούμενα αὐτοῦ δίυγρα καὶ φθαρτικά, τὰ δὲ μέσα εὔκρατα, τὰ δὲ ἑπόμενα μεμιγμένα καὶ ἄτακτα, τὰ δὲ βόρεια πνευματώδη καὶ σεισμοποιά, τὰ δὲ νότια ξηρὰ καὶ καυσώδη. τὸ δὲ τοῦ Καρκίνου δωδεκατημόριον καθόλου 955 *μέν ἐστιν εὔδιεινὸν καὶ θερμόν, κατὰ μέρος δὲ τὰ μὲν* m 95 *προηγούμενα αὐτοῦ καὶ κατὰ τὴν Φάτνην πνιγώδη καὶ σεισμοποιὰ καὶ ἀχλυώδη, τὰ δὲ μέσα εὔκρατα, τὰ δὲ ἑπόμενα πνευματώδη, τὰ δὲ βόρεια καὶ τὰ νότια ἔκπυρα καὶ* 5 *καυσώδη. τὸ δὲ τοῦ Λέοντος δωδεκατημόριον καθόλου* 960 *μέν ἐστι καυματῶδες καὶ πνιγῶδες, κατὰ μέρος δὲ τὰ μὲν προηγούμενα αὐτοῦ πνιγώδη καὶ λοιμικά, τὰ δὲ μέσα εὔκρατα, τὰ δὲ ἑπόμενα ἔνικμα καὶ φθοροποιά, τὰ δὲ βόρεια κινητικὰ καὶ πυρώδη, τὰ δὲ νότια δίυγρα. τὸ δὲ τῆς Παρθένου δωδεκατημόριον καθόλου μέν ἐστι δίυγρον* 965

T 955–960 Heph. I 1,62. Rhet. W p. 127,2–6 || **960–964** Heph. I 1,82. Rhet. W p. 127,35–128,3 || **964–969** Heph. I 1,101. Rhet. W p. 128,29–32

S 951 *εὐκρασίας* Anon. De stellis fixis IV 3,1 || **954** *σεισμοποιά* Rhet. M (CCAG II [1900] cod. 7) fol. 392ᵛ–393ʳ. Anon. S l. 12. Anon. apud Lyd. Ost. p. 174,⟨17⟩. Anon. De stellis fixis IV 3,2–4 || **956** *εὐδιεινὸν* Val. I 2,32 || **959** *πνευματώδη* Anon. De stellis fixis IV 4,1–2 || **961** *καυματῶδες* Anon. De stellis fixis IV 5,1 || **965** *δίυγρον* Germ. frg. 3,10

956 *εὐδιεινὸν* **βγ** Heph. (cod. **P** ut Ep. IV 1,56) *εὔδινον* **V** *εὐδήνον* **L** *εὔδιον* **α** Anon. R *εὐδεινὸν* Heph. (cod. **A**) | *θερμόν* **VLβγ** Procl. *θερινόν* **α** (*θερμόν* Σ^2 in margine) Anon. R || **957** *καὶ σεισμοποιὰ καὶ ἀχλυώδη* om. **VL** Procl. || **959** post *ἔκπυρα*: *καὶ φθαρτικὰ* add. **αc** || **960** *καυσώδη*] *καυστικά* **MS** || **962** *καὶ λοιμικά* om. **MS** || **963** *ἔνικμα* **VGβγ** Heph. *ἔνηκμα* **Y** *ἄνικμα* **Σc** *αἴνιγμα* **y** *ἔνυγρα* Procl.

καὶ βροντῶδες, κατὰ μέρος δὲ τὰ μὲν προηγούμενα αὐτοῦ θερμότερα καὶ φθαρτικά, τὰ δὲ μέσα εὔκρατα, τὰ δὲ ἑπόμενα ὑδατώδη, τὰ δὲ βόρεια πνευματώδη, τὰ δὲ νότια εὔκρατα. τὸ δὲ τῶν Χηλῶν δωδεκατημόριον καθόλου μέν **6**
970 *ἐστι τρεπτικὸν καὶ μεταβολικόν, κατὰ μέρος δὲ τὰ μὲν προηγούμενα αὐτοῦ καὶ τὰ μέσα ἐστὶν εὔκρατα, τὰ δὲ ἑπόμενα ὑδατώδη, τὰ δὲ βόρεια πνευματώδη, τὰ δὲ νότια ἔνικμα καὶ λοιμικά. τὸ δὲ τοῦ Σκορπίου δωδεκατημόριον καθόλου μέν ἐστι βροντῶδες καὶ πυρῶδες, κατὰ μέρος δὲ*
975 *τὰ μὲν προηγούμενα αὐτοῦ νιφετώδη, τὰ δὲ μέσα εὔκρατα, τὰ δὲ ἑπόμενα σεισμώδη, τὰ δὲ βόρεια καυσώδη, τὰ*
m 96 *δὲ νότια ἔνικμα. τὸ δὲ τοῦ Τοξότου δωδεκατημόριον καθόλου μέν ἐστι πνευματῶδες, κατὰ μέρος δὲ τὰ μὲν προηγούμενα αὐτοῦ δίυγρα, τὰ δὲ μέσα εὔκρατα, τὰ δὲ ἑπό-* **7**
980 *μενα πυρώδη, τὰ δὲ βόρεια πνευματώδη, τὰ δὲ νότια κάθυγρα καὶ μεταβολικά. τὸ δὲ τοῦ Αἰγόκερω δωδεκατη-*

T 969–973 Heph. I 1,120. Rhet. W p. 129,25–28 ‖ **973–977** Heph. I 1,140. Rhet. W p. 130,13–17 ‖ **977–981** Heph. I 1,159. Rhet. W p. 131,4–7 ‖ **981–985** Heph. I 1,179. Rhet. W p. 132,1–4

S 966 *βροντῶδες* Iulian. Laodic. CCAG IV (1903) p. 152,18. Anon. S l. 26 ‖ **968** *πνευματώδη* Anon. De stellis fixis IV 6,4 ‖ **972** *πνευματώδη* Anon. De stellis fixis IV 7,1–2 ‖ **974** *βροντῶδες καὶ πυρῶδες* Iulian. Laodic. CCAG IV (1903) p. 152,18/21 | *πυρῶδες* Germ. frg. 3,12 ‖ **976** *σεισμώδη* Anon. apud Lyd. Ost. p. 174,⟨19⟩ ‖ **977** *ἔνικμα* Anon. De stellis fixis IV 8,3.5 ‖ **978** *πνευματῶδες* Ap. I 18,5. Anon. S l. 40 ‖ **979** *δίυγρα* Anon. De stellis fixis IV 9,1

970 *τρεπτικὸν* **αβγ** Heph. Anon. R *τροπικὸν* **VL** Rhet. W p. 129,25, cf. 4,643 | *μεταβολικόν* **VLβγ** Heph. Rhet. W ibid. *μεταβωλητικόν* **Y** *μεταβλητικόν* **yΣc** Anon. R ‖ **973** *ἔνικμα*] *ἄνικμα* temptat Boll, Abh. p. 95[1], cf. supra l. 963

μόριον καθόλου μέν ἐστι κάθυγρον, κατὰ μέρος δὲ τὰ μὲν προηγούμενα αὐτοῦ καυσώδη καὶ φθαρτικά, τὰ δὲ μέσα εὔκρατα, τὰ δὲ ἑπόμενα ὄμβρων κινητικά, τὰ δὲ βόρεια
8 *καὶ τὰ νότια κάθυγρα καὶ φθαρτικά. τὸ δὲ τοῦ Ὑδρο-* 985
χόου δωδεκατημόριον καθόλου μέν ἐστι ψυχρὸν καὶ ὑδατῶδες, κατὰ μέρος δὲ τὰ μὲν προηγούμενα αὐτοῦ κάθυγρα, τὰ δὲ μέσα εὔκρατα, τὰ δὲ ἑπόμενα πνευματώδη, τὰ δὲ βόρεια καυσώδη, τὰ δὲ νότια νιφετώδη. τὸ δὲ τῶν Ἰχθύων δωδεκατημόριον καθόλου μέν ἐστι ψυχρὸν καὶ 990
πνευματῶδες, κατὰ μέρος δὲ τὰ μὲν προηγούμενα αὐτοῦ εὔκρατα, τὰ δὲ μέσα κάθυγρα, τὰ δὲ ἑπόμενα καυσώδη, τὰ δὲ βόρεια πνευματώδη, τὰ δὲ νότια ὑδατώδη.

ιγ΄. Περὶ τῆς ἐπὶ μέρους τῶν καταστημάτων ἐπισκέψεως 995

1 *Τούτων δὲ οὕτως προεκτεθειμένων αἱ κατὰ μέρος ἔφοδοι τῶν ἐπισημασιῶν περιέχουσι τὸν τρόπον τοῦτον. μία μὲν γάρ ἐστι ἡ ὁλοσχερέστερον πρὸς τὰ τεταρτημόρια νοου-*

T ‖ **985–989** Heph. I 1,198. Rhet. W p. 132,25–29 ‖ **989–993** Heph. I 1,217. Rhet. W p. 133,⟨11–14⟩ ‖ **996–1061** (§ 1–9) cod. Laurentianus XXVIII 13 (= Hephaestionis epitomarum cod. I: CCAG I [1898] p. 18) fol. 210^{v}

S 982 *κάθυγρον* Anon. De stellis fixis IV 11,1 ‖ **986–987** *ὑδατῶδες* Germ. frg. 3,18. Anon. De stellis fixis IV 11,2–3 ‖ **987–988** *κάθυγρα* Anon. De stellis fixis IV 11,1 ‖ **988** *πνευματώδη* Anon. De stellis fixis IV 11,4 ‖ **989–993** (§ 8 fin.) Val. I 2,80–81 ‖ **991** *πνευματῶδες* Ap. I 18,5. Germ. frg. 3,19–20 ‖ **997–1008** (§ 1 fin. – 2 in.) Anon. CCAG VIII 1 (1929) p. 261,4–12

994 *τῆς … ἐπισκέψεως* **VDMγ** *τῆς … ἐπισκέψεων* **Y** *τῶν … ἐπισκέψεων* **Σ** om. **S** | *καταστημάτων*] *σχημάτων τῶν ἀστέρων* **L**

m 97 μένη, καθ' ἣν τηρεῖν ὡς ἔφαμεν δεήσει τὰς γινομένας ἔγ-
1000 γιστα πρὸ τῶν τροπικῶν καὶ ἰσημερινῶν σημείων συνόδους ἢ πανσελήνους καὶ κατὰ τὴν μοῖραν ἤτοι συνοδικὴν ἢ πανσεληνιακὴν τὴν ἐν ἑκάστῳ τῶν ἐπιζητουμένων κλιμάτων τὰ κέντρα ὡς ἐπὶ γενέσεως διατιθέναι, ἔπειτα τοὺς οἰ- 2 κοδεσπότας λαμβάνειν τοῦ τε συνοδικοῦ ἢ πανσεληνιακοῦ
1005 τόπου καὶ τοῦ ἑπομένου αὐτῷ κέντρου κατὰ τὸν ὑποδεδειγμένον ἡμῖν τρόπον ἐν τοῖς ἔμπροσθεν [II 8,1. 11,5] περὶ τῶν ἐκλείψεων, καὶ οὕτως τὸ μὲν καθόλου θεωρεῖν ἐκ τῆς τῶν τεταρτημορίων ἰδιότητος, τὸ δὲ μᾶλλον καὶ ἧττον ἐπιτάσεων ἢ ἀνέσεων ἐκ τῆς τῶν οἰκοδεσποτησάντων
1010 ἀστέρων φύσεως διαλαμβάνοντας, ποίας τε ποιότητός εἰσι καὶ ποίων καταστημάτων κινητικοί.

δευτέρα δέ ἐστιν ἔφοδος ἡ μηνιαία, καθ' ἣν δεήσει 3 τὰς καθ' ἕκαστον δωδεκατημόριον προγινομένας συνόδους

T 999–1001 Heph. I 23,16 p. 69,2–3

S 999–1001 *τὰς … πανσελήνους* Heph. I 23,14 = Nech. et Petos. frg. 12,63–64 p. 352 Riess

999 *γινομένας … πρὸ*] *προγινομένας ἔγγιστα* Feraboli coll. l. 1019 ‖ **1000** *πρὸ … σημείων*] *περὶ τὰ τροπικὰ καὶ ἰσημερινὰ σημεῖα* **γ** | *πρὸ*] *πρὸς* **m** | *σημείων* **VLβ** Procl. *σημασιῶν (-ίων)* **α** ‖ **1001** *μοῖραν* **Lγβ** Procl. *συζυγίαν* **γ** om. **V** (spatio trium fere litterarum relicto) **Γα** *ὥραν* Feraboli | *ἤτοι* **αDγ** *τὴν ἤτοι* **VLMS** ‖ **1003** post *κλιμάτων*: *συζυγίαν* add. **Σc** | *διατιθέναι* **VαDγ** *διατίθεσθαι* **L** *διατιθεμένοις* **MS** ‖ **1007** *τὸ μὲν*] *τὰ μὲν* **α** ‖ **1008** *τὸ δὲ μᾶλλον* **VYDMγ** *τῶν μᾶλλον* **ΣSc** | *καὶ* **VαβC** *ἢ* **AB** ‖ **1009** *τῶν ἐπιτάσεων* **βγ**, cf. l. 1029 ‖ **1010** *ἀστέρων* **αMS** Co p. 81,1 om. **VLDγ** | *διαλαμβάνοντας* **α** *διαβάνοντας* **V** *διαλαμβάνοντες* **βγ** ‖ **1011** *κινητικοί* **VLβγ** *εἰσὶ ποιητικοί* **α** ‖ **1012** *ἡ μηνιαία*] *ἡμῖν ἰδία* **V** ‖ **1013** *προγινομένας* **YDM** *προγενομένας* **L** *προσγινομένας* **VΣSγ** (quos secutus est Robbins)

ἢ πανσελήνους κατὰ τὸν αὐτὸν τρόπον ἐπισκοπεῖν, ἐκεῖνο μόνον τηροῦντας, ἵνα συνόδου μὲν ἐμπεσούσης τῆς ἔγγιστα 1015 *τοῦ παρῳχημένου τροπικοῦ ἢ ἰσημερινοῦ σημείου καὶ ταῖς μέχρι τοῦ ἐφεξῆς τεταρτημορίου συνόδοις χρησώμεθα,*
4 *πανσελήνου δὲ πανσελήνοις· ἐπισκοπεῖν δὲ ὁμοίως τὰ κέντρα καὶ τοὺς οἰκοδεσπότας ἀμφοτέρων τῶν τόπων καὶ μάλιστα τὰς ἔγγιστα φάσεις, συναφάς τε καὶ ἀπορροίας τῶν* 1020 *πλανωμένων ἀστέρων, τάς τε ἰδιότητας αὐτῶν καὶ τῶν τό-* m 98 *πων, καὶ ποίων ἀνέμων εἰσὶ κινητικοὶ αὐτοί τε καὶ τὰ μέρη τῶν ζῳδίων καθ' ὧν ἂν τύχωσιν, ἔτι δὲ καὶ ᾧ τὸ* c 25v *πλάτος τῆς σελήνης ἀνέμῳ προσνένευκε κατὰ τὴν λόξωσιν τοῦ διὰ μέσων, ὅπως ἐξ ἁπάντων τούτων κατὰ τὴν ἐπι-* 1025 *κράτησιν τὰ ὡς ἐπίπαν τῶν μηνῶν καταστήματα καὶ πνεύματα προγινώσκωμεν.*

5 *τρίτον δ' ἐστὶ τὸ τὰς ἔτι λεπτομερεστέρας ἐπισημασίας ἀνέσεων καὶ ἐπιτάσεων παρατηρεῖν. θεωρεῖται δὲ καὶ τοῦτο διά τε τῶν κατὰ μέρος τοῦ ἡλίου καὶ τῆς σελήνης* 1030 *συσχηματισμῶν (οὐ μόνον τῶν συνοδικῶν ἢ πανσεληνιακῶν, ἀλλὰ καὶ τῶν κατὰ τὰς διχοτόμους), καταρχομένης ὡς ἐπίπαν τῆς κατὰ τὴν ἐπισημασίαν ἐναλλοιώσεως πρὸ τριῶν ἡμερῶν, ἐνίοτε δὲ καὶ μετὰ τρεῖς τῆς ἰσοστάθμου πρὸς τὸν ἥλιον ἐπιπορεύσεως, καὶ διὰ τοῦ καθ' ἑκάστην* 1035

1015 *ἐμπεσούσης* **VDyγ** (cf. *ἐμπέσῃ* Procl.) *ἐκπεσούσης* **LαMSc** | *τῆς*] *τοῖς* **S** ‖ **1018** *σκοπεῖν* **α**, cf. 3,328.454 ‖ **1021** *ἰδιότητας* **VSα** *ἰδιοτροπίας* **DMγ** ‖ **1025** *ὅπως* **Vα** *οὕτως* **β** *καὶ οὕτως* **γ** ‖ **1026** *ἐπίπαν ἂν* **V** ‖ **1027** *προγινώσκειν* **γ** ‖ **1028** *τρίτη* **c** Robbins tacite ‖ **1029** *ἀνέσεων* **αβ** *ἀνανέσεων* **V** *τῶν ἀνέσεων* **γ**, cf. l. 1009 ‖ **1031** *ἢ*] *ἢ καὶ* **MS** | *πανσελήνων* **αc** *π☾ν* **D** ‖ **1032** *ἀλλὰ* om. **M** | *κατὰ τῶν* **M** ‖ **1034** *ἰσοστάθμου* **VLβγ** *ἰσοστάθμους* **α** *ἰσοσταθμοῦς* **c** ‖ **1035** *ἑκάστην* **VDM** Procl. *ἕκαστον* **Y** *ἑκάστου* **ΣGSc**

τῶν τοιούτων στάσεων ἢ καὶ τῶν ἄλλων (οἷον τριγώνων ἢ ἑξαγώνων) πρὸς τοὺς πλανήτας συσχηματισμοῦ. τούτων 6 γὰρ ἀκολούθως τῇ φύσει καὶ ἡ τῆς ἐναλλοιώσεως ἰδιοτροπία καταλαμβάνεται συμφώνως ταῖς τε τῶν ἐπιθεωρούν-
1040 των ἀστέρων καὶ ταῖς τῶν ζῳδίων πρός τε τὸ περιέχον καὶ τοὺς ἀνέμους φυσικαῖς συνοικειώσεσιν.

m 99 αὐτῶν δὲ τούτων τῶν κατὰ μέρος ποιοτήτων αἱ καθ' 7 ἡμέραν ἐπιτάσεις ἀποτελοῦνται, μάλιστα μὲν ὅταν τῶν ἀπλανῶν οἱ λαμπρότεροι καὶ δραστικώτεροι φάσεις ἑῴας
1045 ἢ ἑσπερίας, ἀνατολικὰς ἢ δυτικὰς ποιῶνται πρὸς τὸν ἥλιον (τρέπουσι γὰρ ὡς ἐπὶ τὸ πολὺ τὰς κατὰ μέρος καταστάσεις πρὸς τὰς ἑαυτῶν φύσεις), οὐδὲν δὲ ἔλαττον καὶ ὅταν τινὶ τῶν κέντρων τὰ φῶτα ἐπιπορεύηται.

πρὸς γὰρ τὰς τοιαύτας αὐτῶν σχέσεις αἱ καθ' ὥραν 8
1050 ἀνέσεις καὶ ἐπιτάσεις τῶν καταστημάτων μεταβάλλουσι, καθάπερ πρὸς τὰς τῆς σελήνης αἵ τε ἀμπώτεις καὶ αἱ παλίρροιαι, καὶ αἱ τῶν πνευμάτων δὲ τροπαὶ μάλιστα περὶ τὰς τοιαύτας τῶν φώτων κεντρώσεις ἀποτελοῦνται, πρὸς

1036 *τῶν τοιούτων* **Vβγ** *τούτων τῶν* **Y** *τούτων* **Σc** *αὐτῶν* **m** ‖ **1037** *συσχηματισμοῦ* **αβγ** *συσχημῶν* **V** *συσχηματισμῶν* **L** ‖ **1043** *ἐπιτάσεις ἢ ἀνέσεις* **Σγc** | *ἀποτελοῦνται* **VLDMγ** *ἐπιτελοῦνται* **αSc** ‖ **1044** *ἑῴας* **Σβγ** (cf. 2,278. al.) *ἑῴους* **VL** Co p. 82,11 *ἑῷους* **Y** ‖ **1045** *ἑσπερίας* **Σβγ** *ἑσπερίους* **VLY** | *ἀνατολικὰς* **αMS** *ἀνατολὰς* **VLDγ** | *δυτικὰς*] *δύσεις* **γ** ‖ **1046** *ὡς ἐπὶ*] *κατὰ* **V** | *τὸ* om. **Lαc** (quos tacite secutus est Robbins) ‖ **1048** *τινὶ* **αMS** *τι* **VLDγ** ‖ **1051** *τε* om. **βγ** | *ἀμπώτεις* **βAB** Co le p. 83,22 *ἀμπώτις* **V** *ἀμπότεις* **Σc** *ἀμπώσεις* **C** *ἐμπτώσεις* **Y** ‖ **1052** *τροπαὶ*] *τοπικαὶ* **Σc** (*τροπαὶ* in margine) ‖ **1053** *φώτων* **VLYS** Procl. *φάσεων* **Σγ** *φύσεων* **DM**, cf. Val. App. XIV p. 425,31 *οὓς ἂν τῶν ἀνέμων ἐπὶ τὰ αὐτὰ τὸ πλάτος τῆς σελήνης τὰς προσνεύσεις ποιούμενον καταλαμβάνηται.* 1055

9 *πανταχῇ μέντοι προσήκει διαλαμβάνειν ὡς προηγουμένης μὲν τῆς καθόλου καὶ πρώτης ὑποκειμένης αἰτίας, ἑπομένης δὲ τῆς τῶν κατὰ μέρος ἐπισυμβαινόντων, βεβαιουμένης δὲ μάλιστα καὶ ἰσχυροποιουμένης τῆς ἐνεργείας, ὅταν οἱ τῶν καθόλου φύσεων οἰκοδεσποτήσαντες ἀστέρες καὶ* 1060 *ταῖς ἐπὶ μέρους τύχωσι συσχηματιζόμενοι.*

ιδ'. Περὶ τῆς τῶν μετεώρων σημειώσεως m 100

1 *Χρήσιμοι δ' ἂν εἶεν πρὸς τὰς τῶν κατὰ μέρος ἐπισημασιῶν προγνώσεις καὶ αἱ τῶν γινομένων σημείων περί τε τὸν ἥλιον καὶ τὴν σελήνην καὶ τοὺς ἀστέρας παρατηρήσεις.* 1065 *τὸν μὲν οὖν ἥλιον τηρητέον πρὸς μὲν τὰς ἡμερησίους κα-*

T 1062–1096 (§ 1–6 in.) Iulian. Laodic. (?) CCAG IV (1903) p. 109 (ubi inspicias varias lectiones). Heph. I 25,1–7. Lyd. Ost. 9[b] p. 21,11–23,5, cf. cod. Laurentianum XXVIII 13 (CCAG I [1898] p. 18) fol. 211[r]. cod. Paris gr. 2419 (nobis **s**) fol. 95[r]

S 1063–1136 (§ 1–12) Cod. Vaticanus gr. 1056 (CCAG V 3 [1910] p. 51) fol. 192[v] ‖ **1065** *καὶ τοὺς ἀστέρας* Verg. georg. I 336–337 ‖ **1066–1082** (§ 1 fin. – 3) Theophr. Sign. 50 (cf. 26–27.38). Arat. 819–891. Verg. georg. I 438–465. Anon. CCAG XI 2 (1934) p. 174,12–177,17

1054 *ἐπὶ τὰ αὐτὰ* **Vα** *ἐν αὐταῖς* **βγ** ‖ **1055** *τὰς προσνεύσεις* **Vα** *πορεύσεις* **βγ** ‖ **1056** *πανταχῇ* **VMγ** *πανταχοῦ* **αDSc** Procl. (praetulit Robbins) ‖ **1057** *αἰτίως* **V** ‖ **1066** *οὖν* om. **V** | *τηρητέον* **Vβγ** Heph. *παρατηρητέον* **α** | *μὲν* (alterum) **αMS** Heph. om. **VDγ** | *ἡμερησίας* **Y**

ταστάσεις ἀνατέλλοντα, πρὸς δὲ τὰς νυκτερινὰς δύνοντα,
πρὸς δὲ τὰς παρατεινούσας κατὰ τοὺς πρὸς τὴν σελήνην
σχηματισμούς, ὡς ἑκάστου σχήματος τὴν μέχρι τοῦ ἑξῆς
1070 *κατάστασιν ὡς ἐπίπαν προσημαίνοντος· καθαρὸς μὲν γὰρ* **2**
καὶ ἀνεπισκότητος καὶ εὐσταθὴς καὶ ἀνέφελος ἀνατέλλων
ἢ δύνων εὐδιεινῆς καταστάσεώς ἐστι δηλωτικός, ποικίλον
δὲ τὸν κύκλον ἔχων ἢ ὑπόπυρρον ἢ ἀκτῖνας ἐρυθρὰς ἀπο-
πέμπων ἤτοι εἰς τὰ ἔξω ἢ ὡς ἐφ' ἑαυτὸν κυκλουμένας ἢ
1075 *τὰ καλούμενα παρήλια νέφη ἐξ ἑνὸς μέρους ἔχων ἢ σχή-*
ματα νεφῶν ὑπόκιρρα καὶ ὡσεὶ μακρὰς ἀκτῖνας ἀπομηκύ-
νων ἀνέμων σφοδρῶν ἐστι σημαντικὸς καὶ τοιούτων, πρὸς
ἃς ἂν γωνίας τὰ προειρημένα σημεῖα γένηται. μέλας δὲ ἢ **3**
ὑπόχλωρος ἀνατέλλων ἢ δύνων μετὰ συννεφείας ἢ ἅλως
1080 *ἔχων περὶ αὑτὸν καθ' ἓν μέρος ἢ ἐξ ἀμφοτέρων τῶν μερῶν*
παρήλια νέφη καὶ ἀκτῖνας ἢ ὑποχλώρους ἢ μελαίνας χει-
m 101 *μώνων καὶ ὑετῶν ἐστι δηλωτικός.*

S 1075 *παρήλια νέφη* Aristot. Meteor. III 2 p. 372^{a}10. 6 p. 377^{a}29–31. Anon. CCAG XI 2 (1934) p. 177,18–178,20 ‖ **1078–1079** *μέλας … ἢ ὑπόχλωρος* Theophr. Sign. 11.27. Verg. georg. I 453 ‖ **1081** *νέφη* Theophr. Sign. 13

1067 *πρὸς … δύνοντα* om. **Y** ‖ **1069** *σχηματισμούς* **Vβ** Heph. *συσχηματισμούς* **αγ** Procl. | *ὡς* om. Lyd. ‖ **1070** *προσημαίνοντος*] *πρὸς τοὺς αἴνοντας* **Y** ‖ **1074** *ἐφ'* om. **Sm** | *κυκλουμένας* **y** Lyd. (recepit Robbins confirmatus a *κυκλούμενον* Heph. codd. **AP**) *κοιλούμενον* **Vβ** *κοιλούμενος* **γ** (recepit Boll, cf. Arat. 828 *κοῖλος*) *καλλούμενον* **Y** *καλούμενον* **G** Heph. (cod. **L**) *κλωμένας* **Σc** ‖ **1075** *καλούμενα* **Vβγ** Procl. *λεγόμενα* **αc** Heph., cf. 1,611 ‖ **1076** *καὶ* om. **VDγ** | *ἀπομηκύνων* **Vβγ** Heph. *καταμηκύνων* **α** ‖ **1077** *τῶν τοιούτων* **Mγ** ‖ **1078** *γένηται* **Vβγ** Lyd. (cod. **D**) **c** *γίνηται* **Σ** Lyd. (codd. cett.) *γίνεται* **Y** | *μέλας*] *μέγας* **Y** ‖ **1079** *ἅλως* **ΣDSγc** *ἄλλως* **VM** Heph. Lyd. (codd. **DO**) *ἅλων* **Y** *ἄλλων* Lyd. (cod. **L**), cf. l. 1092 ‖ **1081** *ὑποχλώρους* **Vβγ** Procl. Lyd. *ὑπώχρους* **α** *ὑπόχρους* Heph.

4 *τὴν δὲ σελήνην τηρητέον ἐν ταῖς πρὸ τριῶν ἡμερῶν ἢ μετὰ τρεῖς παρόδοις τῶν τε συνόδων καὶ πανσελήνων καὶ διχοτόμων. λεπτὴ μὲν γὰρ καὶ καθαρὰ φαινομένη καὶ μη-* 1085 *δὲν ἔχουσα περὶ αὑτὴν εὐδιεινῆς καταστάσεώς ἐστι δηλω-*
5 *τική. λεπτὴ δὲ καὶ ἐρυθρὰ καὶ ὅλον τὸν τοῦ ἀφωτίστου κύκλον ἔχουσα διαφανῆ καὶ ὅλον ὑποκεκινημένον ἀνέμων ἐστὶ σημαντικὴ καθ' ὧν ἂν μάλιστα ποιῆται τὴν πρόσνευ-σιν. μέλαινα δὲ ἢ χλωρὰ καὶ παχεῖα θεωρουμένη χει-* 1090 *μώνων καὶ ὄμβρων ἐστὶ δηλωτική.*

T **1083–1099** (§ 4–5) Lyd. Ost. 9[d] p. 26,1–27,6

S **1083–1091** (§ 4–5) Arat. 778–818. Verg. georg. I 427–437. Anon. CCAG XI 2 (1934) p. 178,21–179,15 ‖ **1083** *σελήνην* Theophr. Sign. 8 ‖ **1085** *λεπτὴ* acrostichis Arat. 783–787 (quem affert Hermipp. II 175) ‖ **1090** *μέλαινα* … *χλωρὰ* Theophr. Sign. 12.27

1083 *ἡμερῶν* om. **MS** Heph. (codd. **AP**) Lyd. ‖ **1084** *τρεῖς* **VYβγ** Heph. Lyd. (cod. **D**) *τρεῖς ἡμέρας* **Σ** Lyd. (codd. cett.) | *παρόδοις* **VαBC** Heph. (cod. **L**) *παρόδων* **DM** *παρόδους* **SA** Heph. (codd. **AP**) | *τῶν πανσελήνων* **V** ‖ **1086** *εὐδιεινῆς* **Σβγ** Lyd. (cod. **D**) *εὐδινῆς* **V** Heph. (cod. **L**) *εὐδηνῆς* **Y** *εὐδεινῆς* Heph. (codd. **AP**, recepit Pingree), aliter Lyd. (codd. cett.): *εὐδίαν σημαίνει*, cf. l. 1094.1127 ‖ **1088** *κύκλον*] *κλον* **V** | *ὅλον* om. **α** Heph. fort. recte ‖ **1089** *ἐστὶ σημαντικὴ* **ω** Heph. *ἐπισημαντικὴ* **c** *ἐστὶν ἐπισημαντικὴ* Robbins tacite | *ὧν ἂν* **VDγ** (sed *ἂν* suprascr. in **A**) *ὃ ἂν* **MS** *ὃ* **αc** *οὓς* Lyd. | *ποιῆται* **VβAB** (ut vid.) Heph. (cod. **A**) Lyd. (cod. **D**) *ποιεῖται* **αC** Heph. (cod. **L**) Lyd. (codd. cett.) ‖ **1090** *χλωρὰ* Boll Robbins *χλορὰ* **V** *ὠχρὰ* **αγc** Heph. Lyd. *ὠχρὰ ἢ χλωρὰ* **DM** *ἢ χλωρὰ ἢ ὠχρὰ* **S**, cf. l. 1097 ‖ **1091** *δηλωτική*] *διλωτή* **Y**

παρατηρητέον δὲ καὶ τὰς περὶ αὐτὴν γινομένας ἅλως. **6**
εἰ μὲν γὰρ μία εἴη καὶ αὐτὴ καθαρὰ καὶ ἠρέμα ὑπομαραινομένη, εὐδιεινὴν κατάστασιν σημαίνει, εἰ δὲ δύο ἢ καὶ
1095 τρεῖς εἶεν, χειμῶνας δηλοῦσιν· ὑπόκιρροι μὲν οὖσαι καὶ ὡς ἐκρηγνύμεναι τοὺς διὰ σφοδρῶν ἀνέμων, ἀχλυώδεις δὲ καὶ παχεῖαι τοὺς διὰ νιφετῶν, ὕπωχροι δὲ ἢ μέλαιναι καὶ ῥηγνύμεναι τοὺς δι' ἀμφοτέρων, καὶ ὅσῳ ἂν πλείους ὦσι τοσούτῳ μείζονας. καὶ αἱ περὶ τοὺς ἀστέρας δὲ τούς τε πλα- **7**

T **1099–1115** (§ 7–9) Heph. I 25,9–12

S **1092–1099** (§ 6) Aristot. Meteor. III 2 p. 371ᵇ22–26. 3 p. 372ᵇ12–373ᵃ31. Theophr. Sign. 31. Arat. 811–818. Hermipp. II 90.176 (affert Arat. 815–816). Anon. CCAG XI 2 (1934) p. 177,14–17. 178,10–18

1092 *ἅλως* **Σβγ** Heph. (cod. **A**) Lyd. (cod. **D**) *ὅλως* **Y** *ἄλλως* Heph. (cod. **L**) Lyd. (cod. **L**) *ἄλλας* Lyd. (cod. **O**) om. **V** lacuna decem fere litterarum patente, cf. l. 1079 ‖ **1094** *εὐδιεινὴν* **βγ** Lyd. (cod. **D**) *εὐδινὴ* **V** *εὐδείαν* **Σm** om. **Y** *εὐδίειαν* **c** *εὐδηνὴν* Heph. (cod. **A**) *εὐδινὴν* Heph. (cod. **L**) *εὐδεινὴν* Engelbrecht *εὐδίαν* Robbins (qui **α** secutus om. *κατάστασιν σημαίνει*, cf. *εὐδίαν σημαίνει* Lyd. codd. cett.), v. l. 1086 | *κατάστασιν σημαίνει* om. **αc**, *κατάστασιν* solum om. Lyd. | *καὶ* om. **α** Heph. ‖ **1095** *ὡς ἐκρηγνύμεναι* Heph. (cod. **L**, recepit Pingree) *ὡς εἰρηγνημέναι* **Y** (*ὡσεὶ* contraxit Robbins) *ὡσεὶ ἐρρηγμέναι* **Σc** *ὥσπερ ῥυγνύμεναι* **V** *ὥσπερ ῥηγνύμεναι* **γ** (recepit Boll) *ὥσπερ περιρρηγνύμεναι* **β** *ὡς κεκρυμμέναι* Heph. (cod. **A**) *ὥσπερ ὑπορρηγνύμεναι* Lyd. (*ὑπορρήγμεναι* cod. **L**) ‖ **1096** *διὰ* **Vγ** *διὰ τῶν* **αβ** ‖ **1097** *ὕπωχροι* **VDS** *ὑπόχροι* **M** *ὑπόχλωροι* **α** Procl. Lyd., cf. l. 1090 ‖ **1098** *ὅσῳ* **Vβγ** Lyd. (cod. **D**) *ὅσον* **αc** Procl. | *τοσούτῳ* **VSγ** Lyd. (cod. **D**) *τοσούτους* **DM** *τοσοῦτον* **αc** Procl., cf. l. 1118 ‖ **1099** *τοὺς ἀστέρας δὲ τούς τε πλανωμένους* **Vβγ** *τούς τε πλανωμένους ἀστέρας* **Σc** *τούς τε πλανωμένους* **Y** *τοὺς ἀστέρας τούς τε πλανωμένους* Heph.

νωμένους καὶ τοὺς λαμπροὺς τῶν ἀπλανῶν ἅλως συνιστάμεναι ἐπισημαίνουσι τὰ οἰκεῖα τοῖς τε χρώμασιν ἑαυτῶν καὶ ταῖς τῶν ἐναπειλημμένων φύσεσι. 1100

8 *καὶ τῶν ἀπλανῶν δὲ τῶν κατά τι πλῆθος σύνεγγυς ὄντων παρατηρητέον τὰ χρώματα καὶ τὰ μεγέθη. λαμπρότεροι μὲν γὰρ καὶ μείζονες ὁρώμενοι παρὰ τὰς συνήθεις φαντασίας εἰς ὁποιονδήποτε μέρος ὄντες ἀνέμους τοὺς ἀπὸ τοῦ οἰκείου τόπου διασημαίνουσιν.* m 102 1105

9 *οὐ μὴν ἀλλὰ καὶ τῶν ἰδίως νεφελοειδῶν συστροφῶν οἷον τῆς Φάτνης καὶ τῶν ὁμοίων, ἐπὰν αἰθρίας οὔσης αἱ συστάσεις ἀμαυραὶ καὶ ὥσπερ ἀφανεῖς ἢ πεπαχυμέναι θεωρῶνται, φορᾶς ὑδάτων εἰσὶ δηλωτικαί, καθαραὶ δὲ καὶ παλλόμεναι συνεχῶς σφοδρῶν πνευμάτων· ἐπὰν δὲ τῶν ἀστέρων τῶν παρ' ἑκάτερα τῆς Φάτνης τῶν καλουμένων Ὄνων ὁ μὲν βόρειος ἀφανὴς γένηται, βορέαν πνεύσειν σημαίνει, ὁ δὲ νότιος νότον.* 1110 c 26v 1115

S 1107–1115 (§ 9) Theophr. Sign. 23.43.51. Arat. 892–908 (quem affert Achill. Isag. 34 p. 69,15). Plin. nat. XVIII 353 ‖ **1108** *Φάτνης* Ap. I 9,5 (ubi plura)

1100 *ἅλως* **Σβγc** Heph. (cod. **A**) *ἄλλως* **VY** Heph. (codd. **LP**), cf. l. 1079 ‖ **1101** *ἑαυτῶν* **VDMγ** Heph. *αὐτῶν* (an *αὑτῶν*? cf. 1,744) **αSc** ‖ **1103** *τι* **αMS** Heph. *τὸ* **A** om. **VDBC** ‖ **1105** *μὲν* **ΣS** Heph. Procl. om. **VYDMγ** ‖ **1108** *ἰδίως*] *ἰδίων* **MS** *ἀϊδίων* Heph. ‖ **1110** *ὥσπερ* **Vβγ** Heph. Procl. *πᾶσαι* **αc** | *φορᾶς* om. **V** lacuna undecim fere litterarum relicta ‖ **1111** *καθαραὶ ... πνευμάτων* om. **V** versum usque ad finem non explens ‖ **1112–1115** *ἐπὰν δὲ ... νότον* praebent **Σ** (in margine) Heph., om. **VYΣβγ** Procl., damnavit Boll ex Heph. I 25 p. 78,15–18 insertum esse iudicans

καὶ τῶν ἐπιγινομένων δὲ κατὰ καιροὺς ἐν τοῖς μετε- **10**
ώροις αἱ μὲν τῶν κομητῶν συστροφαὶ ὡς ἐπίπαν αὐχμοὺς
καὶ ἀνέμους προσημαίνουσι, καὶ τοσούτῳ μείζονας ὅσῳ ἂν
ἐκ πλειόνων μερῶν καὶ ἐπὶ πολὺ ἡ σύστασις γένηται. αἱ
1120 *δὲ διαδρομαὶ καὶ οἱ ἀκοντισμοὶ τῶν ἀστέρων εἰ μὲν ἀπὸ*
μιᾶς γίνοιντο γωνίας, τὸν ἀπ᾿ ἐκείνης ἄνεμον δηλοῦσι, εἰ
δὲ ἀπὸ τῶν ἐναντίων, ἀκαταστασίαν πνευμάτων, εἰ δὲ ἀπὸ
τῶν τεσσάρων, παντοίους χειμῶνας μέχρι βροντῶν καὶ
ἀστραπῶν καὶ τῶν τοιούτων. ὡσαύτως δὲ καὶ τὰ νέφη πό- **11**
1125 *κοις ἐρίων ὄντα παραπλήσια προδηλωτικὰ ἐνίοτε γίνεται*

T 1116–1127 (§ 10–11 in.) Heph. I 25,13–14 ‖ **1118–1119** Lyd. Ost. 10 p. 29,10–11 ‖ **1119–1129** Lyd. Ost. 9[d] p. 27,7–28,3

S 1116–1124 (§ 10) Aristot. Meteor. I 7 p. 344[b] 12–345[a] 10. Theophr. Sign. 34 ‖ **1117** *αὐχμοὺς* Hermipp. II 90 ‖ **1120** *διαδρομαὶ* Aristot. Meteor. I 7 p. 344[a] 15. Theophr. Sign. 13.37 ‖ **1124–1125** *πόκοις ἐρίων* Theophr. Sign. 13. Arat. 938–939. Verg. georg. I 397

1116 *καὶ* ante *τῶν* post lacunam om. **V** fort. saltu q. d. oculorum post l. 1111 *δηλωτικαὶ* ‖ **1117** *ὡς ἐπίπαν* **VDγ** Procl. *πάντοτε* **αMS** Heph. ‖ **1118** *τουσούτῳ* **VDMγ** Heph. (codd. **LP**) *τοσοῦτον* **α** (cf. *τοσοῦτο* Heph. cod. **A**) *τοσούτων* **S** | *ὅσῳ* **Vβγ** Heph. *ὅσον* **Σ** *ὅσα* **Y**, cf. l. 1098 ‖ **1119** *γένηται* **Vβ** Heph. (cod. **A**) *γίνηται* **γ** *γίνεται* **Y** (cf. *γίγνεται* Heph. cod. **L**) *ᾗ* **Σ** ‖ **1120** *διαδρομαὶ* **VβA** Heph. Lyd. *διεκδρομαὶ* **YΣc** *ἐκδρομαὶ* **G** *διαδρομικαὶ* **BC** *δρόμοι* Procl. *διάδρομοι* Robbins (sic legens **V**) | *ἀκοντισμοὶ* **VYβγ** Heph. Procl. Lyd. *ἀκοντισταὶ* **Σc** ‖ **1122** *εὐκαταστασίαν* **V** ‖ **1123** *παντοίως* **V** | *μέχρι … ἀστραπῶν* **Vβγ** Procl. Lyd. (om. codd. **LO**) *μέχρις* [*μέχρι* **Y**] *ἀστραπῶν καὶ βροντῶν* **α** om. Heph. ‖ **1124** post *νέφη*: *ἐν ὁποίοις ἂν ὦσιν ὁρίοις* add. **Σc** ‖ **1125** *ἐρίων*] *ὁρίων* **Y** | *γίνεται* **Vαβ** *γίνονται* **γ** Lyd. om. Heph.

χειμώνων. αἵ τε συνιστάμεναι κατὰ καιροὺς ἴριδες χει- m 103
μῶνα μὲν ἐξ εὐδίας, εὐδίαν δὲ ἐκ χειμῶνος προσημαίνουσι.
καὶ ὡς ἐπίπαν συνελόντι εἰπεῖν, αἱ καθόλου τοῦ ἀέρος
ἐπιγινόμεναι ἰδιόχροοι φαντασίαι τὰ ὅμοια δηλοῦσι τοῖς
ὑπὸ τῶν οἰκείων συμπτωμάτων κατὰ τὰ προδεδηλωμένα 1130
διὰ τῶν ἔμπροσθεν ἀποτελουμένοις.

12 *ἡ μὲν δὴ τῶν καθολικῶν ἐπίσκεψις τῶν τε ὁλοσχερέ-*
στερον θεωρουμένων καὶ τῶν ἐπὶ μέρους μέχρι τοσούτων
ἡμῖν κατὰ τὸ κεφαλαιῶδες ὑπομεμνηματίσθω. τῆς δὲ κατὰ
τὸ γενεθλιακὸν εἶδος προγνώσεως τὰς πραγματείας ἐν τοῖς 1135
ἑξῆς κατὰ τὴν προσήκουσαν ἀκολουθίαν ἐφοδεύσομεν.

T 1132–1136 (§ 12) Heph. I 25,25

S 1126 *ἴριδες* Aristot. Meteor. III 2 p. 371[b] 26–372[a] 9. Theophr. Sign. 13. Arat. 940, aliter Plin. nat. II 150

1126 *χειμῶνα* **βγ** Heph. Lyd. *χειμῶνας* **Vα** ‖ **1127** *εὐδίαν δὲ* **βγ** Heph. (codd. **AL**, *εὐδείαν δὲ* cod. **P**) Lyd. *εὐδίας δὲ* **V** *καὶ εὐδίαν* **α**, cf. l. 1086 | *χειμῶνος* **βγ** Heph. (cod. **P**) Lyd. *χειμώνων* **Vα** Heph. (codd. **AL**) ‖ **1128** *συνελόντι* **Vβγ** *συνελόντα* **α** Lyd. (codd. **DMN** om. **LO**) | *καθόλου* om. **V** spatio sex fere litterarum relicto ‖ **1129** *ἰδιόχροοι* **DMγ** Lyd. *ἰδιοχρ* (ω supra) **V** *ἰδιόχρωοι* **ΓY** *ἰδιόχρονοι* **ΣSc** (*ἰδιοχροῖοι* in margine) | *φαντασίαι* om. **V** spatio relicto ‖ **1130** *ὑπὸ … κα(τὰ)* om. **V** dimidio versu vacante ‖ **1132** *ὁλοσχερέστερον* **Sγ** *ὁλοσχερεστέρων* **VαDM** ‖ **1134** *ὑπομεμνηματίσθω* **βγ** *ὑπομνηματίσθω* **Vα** ‖ **1135** *γενεθλιακὸν* **VΣβ** Heph. *γενεθλιαλογικὸν* **Yγ**, cf. 2,31 ‖ **subscriptiones:** *Τέλος τοῦ β' βιβλίου Πτολεμαίου* **V** *τέλος τοῦ β' βιβλίου* **Dγ** om. **αMS**

ΒΙΒΛΙΟΝ Γ′

c 27 *Τάδε ἔνεστιν ἐν τῷ γ′ βιβλίῳ*

α′. προοίμιον
β′. περὶ σπορᾶς καὶ ἐκτροπῆς
5 *γ′. περὶ μοίρας ὡροσκοπούσης*
δ′. διαίρεσις γενεθλιαλογίας
ε′. περὶ γονέων
ς′. περὶ ἀδελφῶν
ζ′. περὶ ἀρρενικῶν καὶ θηλυκῶν γενέσεων
10 *η′. περὶ διδυμογόνων*
θ′. περὶ τεράτων
ι′. περὶ ἀτρόφων
ια′. περὶ χρόνων ζωῆς
ιβ′. περὶ μορφῆς καὶ κράσεως σωματικῆς
15 *ιγ′. περὶ σινῶν καὶ παθῶν σωματικῶν*
ιδ′. περὶ ποιότητος ψυχῆς
ιε′. περὶ παθῶν ψυχικῶν

T 2–17 CCAG VIII 3 (1912) p. 94,24–30

1 *ἀρχὴ τοῦ τρίτου Πτολεμαίου* (pergens *περὶ σπορᾶς καὶ ἐκτροπῆς*, cf. l. 18) **α** *βιβλίον γ′ Κλαυδίου Πτολεμαίου* **D** *Πτολεμαίου ἀποτελεσματικῶν τρίτον* **M** *Κλαυδίου Πτολεμαίου τῶν πρὸς Σύρον συμπερασματικῶν βιβλίον τρίτον* **γ** om. **VS** ‖ **2** *Τάδε … βιβλίῳ* **VDγ** (postea iteraverunt *Κλαυδίου Πτολεμαίου* **D**, *τῶν πρὸς Σύρον συμπερασματικῶν* **γ**) *τὰ κεφάλαια τοῦ τρίτου βιβλίου* **M** om. (una cum indice) **YΣS** ‖ **3** *α′* **VY** (prooemium cum capite sequenti conflans) om. **Σβγ** | *προοίμιον* **V** om. **αβγ** ‖ **4** *β′* **V** *α′* **Dγ** om. **ΣMS** ‖ **5** *γ′* **V** *β′* **YDγ** om. **ΣMS** et sic deinceps | *περὶ μοίρας ὡροσκοπούσης* **VYD** (sicut 3,120) *περὶ μοίρας ὡροσκοπούσης, ἐν ᾧ καὶ περὶ τοῦ πῶς δεῖ λαβεῖν τὴν ὥραν* **γ** *περὶ τοῦ πῶς δεῖ λαμβάνειν ὥραν* **M**

α'. Προοίμιον

1 *Ἐφωδευμένης ἡμῖν ἐν τοῖς ἔμπροσθεν τῆς περὶ τὰ καθόλου συμπτώματα θεωρίας, ὡς προηγουμένης καὶ τὰ πολλὰ κατακρατεῖν δυναμένης τῶν περὶ ἕνα ἕκαστον τῶν ἀνθρώπων κατὰ τὸ ἴδιον τῆς φύσεως ἀποτελουμένων, ὧν τὸ προγνωστικὸν μέρος γενεθλιαλογίαν καλοῦμεν, δύναμιν μὲν μίαν καὶ τὴν αὐτὴν ἀμφοτέρων τῶν εἰδῶν ἡγεῖσθαι προσήκει καὶ περὶ τὸ ποιητικὸν καὶ περὶ τὸ θεωρητικόν, ἐπειδήπερ καὶ τῶν καθόλου καὶ τῶν καθ' ἕνα ἕκαστον συμπτωμάτων αἰτία μὲν ἡ τῶν πλανωμένων ἀστέρων ἡλίου τε καὶ σελήνης κίνησις, προγνωστικὴ δὲ ἡ τῆς τῶν ὑποκειμένων αὐτῆς φύσεων τροπῆς κατὰ τὰς ὁμοιοσχήμονας τῶν οὐρανίων παρόδους διὰ τοῦ περιέχοντος ἐπιστημονικὴ παρατήρησις, πλὴν ἐφ' ὅσον ἡ μὲν καθολικὴ περίστασις μεί-* 20 m 104 25 30

2 *ζων τε καὶ αὐτοτελής, ἡ δὲ ἐπὶ μέρους οὐχ ὁμοίως. ἀρχὰς*

6 *περὶ διαιρέσεως γενεθλιαλογικῆς* **M** | *γενεθλιαλογίας*] *γενεθλιαλογική* **Y**, cf. 3,164 ‖ **9** *γενέσεων* om. **YM** fort. recte, cf. 3,392.396 ‖**16** *περὶ ψυχῆς ποιότητος* **Y** (ut 3,1145), qui postea add. *ιε' περὶ τ(ῶν) ιβ στοι(χείων)*, cf. CCAG VIII 4 (1921) p. 23 necnon V 1 (1904) p. 241

18 *α'* **V** om. **αβγ** | *προοίμιον* **VDγ** Procl. om. **αMS** (huc trahit ex l. 4 *περὶ σπορᾶς καὶ ἐκτροπῆς* **α**) ‖ **20** *συμπτώματα* **Vβγ** *συμπτωμάτων* **Y** *τῶν συμπτωμάτων* **Σc** ‖ **21** *τῶν περὶ* **ΣMSγ** *περὶ τῶν περὶ* **V** *περὶ τὸν* **Y** *περὶ* **D** ‖ **23** *γενεθλιαλογίαν* **V** *γενεθλιαλογικὸν* **αβγ** fort. recte | *δύναμιν* **Vαγ** *καὶ δύναμιν* **β** | *μὲν* om. **α** ‖ **25** *θεωρητικὸν καὶ περὶ τὸ ποιητικὸν* **γ** ‖ **26** *καθ'*] *περὶ* **MS** ‖ **29** *αὐτῆς* (sc. *κινήσεως*) *φύσεων τροπῆς* **Y** (recepit Robbins) *αὐτῆς φύσεως τροπῆς* **V** *αὐτῶν φύσεων τροπῆς* **Sγ** *αὐτῶν φύσεως τροπῆς* **DM** Co le p. 87,16 *αὐτῆς τροπῆς* **Σc** *αὐτοῖς φύσεων τροπῆς* **Ξ** (quem sequitur Boer) | *ὁμοιοσχήμονας* **VYβγ** *ἐν ὁμοιοσχήμονι* **Σ** ‖ **31** *ἐφ'*] *καθ'* **MS**

δὲ οὐκέτι τὰς αὐτὰς ἀμφοτέρων νομιστέον εἶναι, ἀφ' ὧν τὴν τῶν οὐρανίων διάθεσιν ὑποτιθέμενοι τὰ διὰ τῶν τότε
35 *σχηματισμῶν σημαινόμενα πειρώμεθα προγινώσκειν, ἀλλὰ τῶν μὲν καθολικῶν πολλάς (ἐπειδὴ μίαν τοῦ παντὸς οὐκ ἔχομεν, καὶ ταύτας οὐκ ἀπ' αὐτῶν τῶν ὑποκειμένων πάντοτε λαμβανομένας, ἀλλὰ καὶ ἀπὸ τῶν περιεχόντων καὶ τὰς αἰτίας ἐπιφερόντων· σχεδὸν γὰρ πάσας ἀπό τε τῶν*
40 *τελειοτέρων ἐκλείψεων καὶ τῶν ἐπισήμως παροδευόντων ἀστέρων ἐπισκεπτόμεθα), τῶν δὲ καθ' ἕνα ἕκαστον τῶν ἀνθρώπων καὶ μίαν καὶ πολλάς· μίαν μὲν τὴν αὐτοῦ τοῦ συγκρίματος ἀρχήν (καὶ ταύτην γὰρ ἔχομεν), πολλὰς δὲ τὰς κατὰ τὸ ἑξῆς τῶν περιεχόντων πρὸς τὴν πρώτην ἀρ-*
45 *χὴν ἐπισημασίας συμβαινούσας, προηγουμένης μέντοι τῆς μιᾶς ἐνθάδε εἰκότως, ἐπειδήπερ αὕτη καὶ τὰς ἄλλας ἀποτελεῖ. τούτων δὲ οὕτως ἐχόντων ἀπὸ μὲν τῆς πρώτης ἀρ-* **3** *χῆς θεωρεῖται τὰ καθόλου τῆς συγκρίσεως ἰδιώματα, διὰ δὲ τῶν ἄλλων τὰ κατὰ καιροὺς παρὰ τὸ μᾶλλον καὶ ἧττον*

33 *νομιστέον εἶναι* **VDAC** *εἶναι νομιστέον* **α** *νομιστέον* **MSB** ‖ 35 *πειρώμεθα* **αβBC** *πυρώμεθα* **V** *παρασόμεθα* **A** ‖ 36 *καθολικῶν* **Vα** *καθόλου* **βγ** | *ἐπειδὴ μίαν* **βγ** *ἐπειδημίαν* **V** *ἐπιδὲ μίαν* **Y** *ἐπεὶ μίαν* **Σ** ‖ 37 *αὐτῶν* om. **βγ** ‖ 38 *ἀπὸ* om. **MS** ‖ 39 *γὰρ* om. **S** | *πάσας* **VYγ** *πάσαις* **ΣMSc** (*ἢ πάσας* **m** in margine) ‖ 41 *ἐπισκεπτόμεθα* **VSγc** *ἐπισκεπτώμεθα* **Y** *ἐπισκηπτόμεθα* **ΣMm** (in margine) ‖ 42 *αὐτοῦ* **VαSγ** *αὐτὴν* **DM** Co le p. 87,24 ‖ 43 *καὶ ταύτην* **VY** *ταύτην* **Σβγc** ‖ 45 *ἐπισημασίας συμβαινούσας* **Σ** *συμβαινούσας ἐπισημασίας* **γ** *ἐπισημασίας συμβαίνειν* **VYβ** ‖ 46 *ἐνθάδε* **Vα** *ἔνθεν* **βγ** | post *ἄλλας* addunt: *ὡς τὸ ὑποκείμενον εἰδικῶς* **α** (*ἰδικῶς* **Σc** *ἡστικειαν* vel similiter **Y** *ἑστικῇ* **G** *εἰδικῶς* **m**) om. etiam Procl. | *ἀποτελεῖς* **V** ‖ 47 *πρώτης* **VαS** *ὅλης* **DMγ** ‖ 49 *παρὰ* **VαMS** *περὶ* **Dγ**, cf. 1,540

συμβησόμενα κατὰ τὰς λεγομένας τῶν ἐφεξῆς χρόνων 50
διαιρέσεις.

β΄. Περὶ σπορᾶς καὶ ἐκτροπῆς

1 *Ἀρχῆς δὲ χρονικῆς ὑπαρχούσης τῶν ἀνθρωπίνων τέξεων φύσει μὲν τῆς κατ' αὐτὴν τὴν σποράν, δυνάμει δὲ καὶ κατὰ τὸ συμβεβηκὸς τῆς κατὰ τὴν ἀποκύησιν ἐκτροπῆς,* 55 *ἐπὶ μὲν τῶν ἐγνωκότων τὸν τῆς σπορᾶς καιρὸν ἤτοι συμπτωματικῶς ἢ καὶ παρατηρητικῶς, ἐκείνῳ μᾶλλον προσήκει* c 27ᵛ *πρός τε τὰ τοῦ σώματος καὶ τὰ τῆς ψυχῆς ἰδιώματα κατακολουθεῖν τὸ ποιητικὸν τοῦ κατ' αὐτὸν τῶν ἀστέρων*
2 *σχηματισμοῦ διασκεπτομένους· ἅπαξ γὰρ ἐν ἀρχῇ τὸ* 60

T 53–79 (§ 1–3) Heph. II 1,35–37

S **50–51** *χρόνων διαιρέσεις* Ap. IV 10 ‖ **53–119** (§ 1–7) cf. Val. I 21–22. III 13. VI 9,1–6. Ant. CCAG VIII 3 (1912) p. 116,16–31. Porph. 37–38 (Petosirin afferens ut Heph. II 1,1–34, cf. III 10,5). Sext. Emp. V 65–72. Ps.Ptol. Karp. 51. Olymp. 36–37. Rhet. CCAG II (1900) p. 186,15–187,3. Hermipp. II 144–145. Anon. Cod. Angelicus gr. 29 (CCAG V 1 [1904] cod. 2; nobis A) fol. 174ʳ

52 *β΄* **V** *α΄* **DMγ** om. **αS** | *περὶ ... ἐκτροπῆς* **VDMγ** Procl. om. **α** (quia anticipavit l. 1) **S** spatio relicto ‖ **53** *ἀνθρωπίνων* **VΣDγ** *ἀνθρωπείων* **YMS** | *τέξεων* **VD** *γενέσεων* **α** (*ἕξεων* **Σ** in margine) **MS** *ἕξεων* **γ** ‖ **54** *αὐτὴν* om. **Σ** ‖ **55** *τὸ* om. **MS** | super *ἐκτροπῆς* ex titulo Procli *ἤγουν καθ' ἣν τὸ ζῷον· ἐφ' ἑτέραν ἐκτρέπεται ζωὴν ἐξελθεῖν* [*-θὸν* Procl.] *τῆς μήτρας* [*-τερ-* **B** Procl.] add. **AB** ‖ **57** *παρατηρητικῶς* **αBC** *παρατηρικῶς* **VDA** *παρατηρηματικῶς* **MS** | *ἐκείνῳ* **βγ** Procl. *ἐκεῖνο* **Vα** ‖ **59** *αὐτὸν* **αDMγ** *αὐτῶν* **VS** ‖ **60** *σχηματισμοῦ* **Vαγ** *σχηματισμὸν* **DM** *συσχηματισμὸν* **S** | *ἅπαξ*] *ἅπαν* **MS**

σπέρμα ποιόν πως γενόμενον ἐκ τῆς τοῦ περιέχοντος διαδόσεως, κἂν διάφορον τοῦτο γίνηται κατὰ τοὺς ἐφεξῆς τῆς σωματοποιήσεως χρόνους, αὐτὸ τὴν οἰκείαν μόνην ὕλην φυσικῶς προσεπισυγκρίνον ἑαυτῷ κατὰ τὴν αὔξησιν
65 *ἔτι μᾶλλον ἐξομοιοῦται τῇ τῆς πρώτης ποιότητος ἰδιοτροπίᾳ.*

ἐπὶ δὲ τῶν μὴ γινωσκόντων, ὅπερ ὡς ἐπίπαν συμβαίνει, 3
m 106 *τῇ κατὰ τὴν ἐκτροπὴν ἀρχῇ καὶ ταύτῃ προσανέχειν ἀναγκαῖον, ὡς μεγίστῃ καὶ αὐτῇ καὶ μόνῳ τούτῳ τῆς πρώτης*
70 *λειπομένῃ τῷ δι' ἐκείνης καὶ τὰ πρὸ τῆς ἐκτέξεως δύνασθαι προγινώσκεσθαι. καὶ γὰρ εἰ τὴν μὲν ἀρχὴν ἄν τις εἴποι, τὴν δὲ ὥσπερ καταρχήν, τὸ μέγεθος αὐτῆς τῷ μὲν χρόνῳ γίνεται δεύτερον, ἴσον δὲ καὶ μᾶλλον τελειότερον τῇ δυνάμει, σχεδόν τε δικαίως ἐκείνη μὲν ἂν ὀνομάζοιτο*
75 *σπέρματος ἀνθρωπίνου γένεσις, αὕτη δὲ ἀνθρώπου. πλεῖστά τε γὰρ τότε προσλαμβάνει τὸ βρέφος, ἃ μὴ πρότερον, ὅτε κατὰ γαστρὸς ἦν, προσῆν αὐτῷ (καὶ αὐτὰ τὰ ἴδια μό-*

61 *σπέρμα ποιόν* **VY** *σπερμοποιόν* **βγ** *σπέρμα τοιόνδε* **Σ** | *γενόμενον* **Vαγ** *γινόμενον* **β** ‖ **62** *γίνηται τοῦτο* **Σ** | *ἐφεξῆς τῆς* **VDγ** *τῆς ἐφεξῆς* **MS** *ἐφεξῆς* **α** ‖ **63** *μόνην* **VΣDSγ** *μόνον* **M** *μόγης* **Y** ‖ **64** *ὕλην* om. **Y** ‖ **65** *ἔτι*] *ὅσον* **Y** | *ποιότητος* **Vβγ** *ἰδιώτητος* **Y** *ἰδιότητος* **GΣc** ‖ **67** *συμβαίνει*] *σημαίνει* **Y** ‖ **68** *τὴν κατὰ τὴν ἐκτροπὴν ἀρχὴν* **Y** | supra *ἐκτροπὴν*: *ἤτοι τὴν γέννησιν* **A**[2] | *ταύτῃ* **VDγ** *εἰς ταῦτα* **YΣc** *εἰς ταύτην* **G** *εἰς τὴν μετὰ ταύτη* **M** *εἰς τὴν μετὰ ταῦτ(α)* **S** | *προσανέχειν* **Vγ** *προσέχειν* **αβ** ‖ **69** *μεγίστη … αὔτη … λειπομένη* Boer | *αὐτῇ* **VYβ** *ταύτῃ* **Σγc** ‖ **70** *ἐκείνης*] *ἐκείνην* **Y** | *τὰ*] *διὰ τῆς* **Y** | *πρὸ τῆς* **Σβγ** *πρώτης* **Y** *πρὸς τῆς ἐκ τῆς* **V** ‖ **71** *εἰ*] *ἢ* **V** *ἡ* **Y** ‖ **73** *δευτέρῳ* **Y** | *ἴσον … τελειότερον* om. **Y** ‖ **74** *ἐκεῖνο* **Y** ‖ **76** *τε*] *τῇ* **V** om. **A** | *λαμβάνει* **Y** ‖ **77** *προσῆν*] *πρὸς ἣν* **V** | *αὐτῷ*] *αὐτό* **VY** | *τὰ* **Vβγ** *γε* **Y** *τε* **Σ**

νης τῆς ἀνθρωπίνης φύσεως) ὅ τε σωματώδης σχηματισ-
4 *μός. κἂν μηδὲν αὐτῷ δοκῇ τὸ κατὰ τὴν ἔκτεξιν περιέχον εἰς τὸ τοιῷδε εἶναι συμβάλλεσθαι, αὐτὸ πρὸς τὸ κατὰ τὸν* 80 *οἰκεῖον τοῦ περιέχοντος σχηματισμὸν εἰς φῶς ἐλθεῖν συμβάλλεται, τῆς φύσεως μετὰ τὴν τελείωσιν πρὸς τὸ ὁμοιότυπον κατάστημα τῷ κατ' ἀρχὰς διαμορφώσαντι μερικῶς τὴν ὁρμὴν τῆς ἐξόδου ποιουμένης, ὥστε εὐλόγως καὶ τῶν τοιούτων ἡγεῖσθαι δηλωτικὸν εἶναι τὸν κατὰ τὴν ἐκτροπὴν* 85 *τῶν ἀστέρων σχηματισμόν – οὐχ ὡς ποιητικὸν μέντοι πάντως, ἀλλ' ὡς ἐξ ἀνάγκης κατὰ φύσιν ὁμοιότατον δυνάμει τῷ ποιητικῷ.*

5 *προθέσεως δὲ κατὰ τὸ παρὸν ἡμῖν οὔσης καὶ τοῦτο τὸ μέρος ἐφοδικῶς ἀναπληρῶσαι κατὰ τὸν ἐν ἀρχῇ τῆσδε τῆς* 90 m *συντάξεως* [I 2] *ὑφηγημένον ἐπιλογισμὸν περὶ τοῦ δυνατοῦ τῆς τοιαύτης προγνώσεως, τὸν μὲν ἀρχαῖον τῶν προρρήσεων τρόπον τὸν κατὰ τὸ συγκρατικὸν εἶδος τῶν ἀστέρων*

78 *τῆς ἀνθρωπίνης* om. **V** | post *φύσεως* fortius interpunxit Boer, post *σχηματισμός* Robbins ‖ **79** *δοκεῖ* **VY** ‖ **80** *τοιόνδε* **Σ** | *αὐτὸ* **VYC** (quos secutus est Robbins) *αὐτῷ* **ΣβAB** (recepit Boer post l. 79 *σχηματισμός* laxius interpungens) | *πρὸς* **VY** *γοῦν* **Σβγ** | *τὸν*] *τὸ* iterant **VD** ‖ **81** *ἐλθεῖν εἰς φῶς* **M** ‖ **82** *τελείωσιν*] *ὁμοίωσιν* **M** ‖ **83** *τῷ* om. **Y** ‖ **85** *τὸν* **VΣβ** *τῶν* **Yγ** | *ἐκτροπὴν* **Vβγ** Procl. *τροπὴν* **αc** ‖ **87** *ἀνάγκης* **Vβγ** *ἀνάγκης ἔχων* **Y** *ἀνάγκης ἔχοντα* **Σ** | *κατὰ* **VY** *καὶ κατὰ* **Σβγ** ‖ **88** *τῷ ποιητικῷ* **βγ** *τὸ ποιητικόν* **Vα** ‖ **89** *προθέσεων* **V** | postea *δὲ κατὰ τὸ* om. **V** spatio duodecim fere litterarum relicto ‖ **90** *τῆσδε* **ω** plus minus distincte *τῆς δὲ* **c** Boer *τῆς δε* **m** ‖ **91** *ὑφηγημένον* **Vβγ** *ὑφηγούμενον* **α** ‖ **93** *τρόπον τὸν*] *τόπον* **M** *τρόπον* **S**, item 3,104.330. al., cf. Heph. II 26,18 p. 195,2 Pingree (= 4,839) necnon Gem. 2,15 p. 24,2 Manitius, vice versa 3,104.402. al., cf. Ant. CCAG VIII 3 (1912) p. 117, 27. Theoph. Edess. CCAG XI 1 (1932) p. 214,10. 235,5. Anon. CCAG XI 2 (1934) p. 185,22 al. | *συγκρατικὸν* **Vβγ** (cf. *κατὰ τὴν σύγκρασιν τῶν ἀστέρων* Procl.) *συγκριτικὸν* **ΓΣ** (α supra-

πάντων ἢ τῶν πλείστων (πολύχουν τε ὄντα καὶ σχεδὸν
95 *ἄπειρον, εἴ τις αὐτὸν ἀκριβοῦν ἐθέλοι κατὰ τὴν διέξοδον,*
καὶ μᾶλλον ἐν ταῖς κατὰ μέρος ἐπιβολαῖς τῶν φυσικῶς
ἐπισκεπτομένων ἢ ἐν ταῖς παραδόσεσι ἀναθεωρεῖσθαι δυ-
ναμένων) παραιτησόμεθα διά τε τὸ δύσχρηστον καὶ τὸ
δυσδιέξοδον. τὰς δὲ πραγματείας αὐτάς, δι᾽ ὧν ἕκαστα τῶν **6**
100 *εἰδῶν κατὰ τὸν ἐπιβλητικὸν τρόπον συνορᾶται, καὶ τὰς*
κατὰ τὸ ἰδιότροπον καὶ ὁλοσχερὲς τῶν ἀστέρων πρὸς ἕκα-
στα ποιητικὰς δυνάμεις, ὡς ἔνι μάλιστα, παρακολουθητι-
c 28 *κῶς τε ἅμα καὶ ἐπιτετμημένως κατὰ τὸν φυσικὸν στοχασ-*
μὸν ἐκθησόμεθα· τοὺς μὲν τοῦ περιέχοντος τόπους, πρὸς
105 *οὓς ἕκαστα θεωρεῖται τῶν ἀνθρωπίνων συμπτωμάτων (καθ-*
άπερ σκοπὸν οὗ δεῖ καταστοχάζεσθαι) προυποτιθέμενοι,
τὰς δὲ τῶν τοῖς τόποις κατ᾽ ἐπικράτησιν συνοικειουμένων

T 104–119 (§ 6 fin.–7) Heph. II 1,38

S 103–104 *στοχασμὸν* Ap. I 2,20, cf. Heph. II 1,38 necnon Plat. Phileb. 56^A

scriptum, cf. 4,209 necnon Heph. App. III 2 cum Epp. I 42,2/ IV 111,2) **c** *συγκροτικὸν* **Y** (vix *-κρη-*) **G** | *τῶν* om. **α**
95 post *ἐθέλοι* interpunxit Boer, post *διέξοδον* Robbins || **97** *ἢ* om. **V** | *θεωρεῖσθαι* **Σ** | *δυναμένων* **αγ** (quos secutus est Robbins) *δυνάμενον* (sc. *ἐπιλογισμὸν*) **Vβ** (recepit Boer) || **99** *τῶν* **Vαγ** *τὰ τῶν* **β** || **100** *ἐπιβλητικὸν* **V** *ἐπικλητικὸν* **Y** *ἐπιβληματικὸν* **Σβγ** | *συνορᾶται* **Vαγ** *συνορατέον* **β** || **101** *ἰδιότροπον*] *ἴδιόν ροπον* **V** | *ὁλοσχερέστερον* **αβγ** *ὁλοσχερὲς* **V** (praetulit Boer) | *ἕκαστα* **Vβγ** *ἕκαστον* **α** || **102** *παρακολουθηκῶς* **ΣD** || **103** *ἐπιτετμημένως*] *ἀποτοιμημένος* **Y** || **103** *στοχασμὸν ἐκθησόμεθα* om. **V** spatio relicto || **104** *τοῦ*] *τούτ(ου)* **Y** | *τόπους* **VΣβγ** *τρόπου* **Y**, cf. l. 93 | *πρὸς* om. **γ** || **105** *θεωρεῖ* **V** || **106** *οὗ*] *οὐ* **VY** | *καταστοχάζεσθαι* **Vβγ** *προκαταστοχάζεσθαι* **αc** | *προυποτιθέμενοι* **Vα** *προυποτιθεμένοις* **βγ** || **107** *συνοικειουμένων* **MS** *τῶν συνοικειουμένων* **VαDγ**

σωμάτων ποιητικὰς δυνάμεις (ὥσπερ ἀφέσεις βελῶν) κατὰ τὸ ὁλοσχερέστερον ἐφαρμόζοντες, τὸ δὲ ἐκ τῆς συγκράσεως τῆς ἐκ πλειόνων φύσεων περὶ τὸ ὑποκείμενον εἶδος συναγό- 110 *μενον ἀποτέλεσμα καταλιπόντες (ὥσπερ εὐστόχῳ τοξότῃ)* 7 *τῷ τοῦ διασκεπτομένου λογισμῷ. πρῶτον δὲ περὶ τῶν καθ-* m 108 *όλου διὰ τῆς κατὰ τὴν ἐκτροπὴν ἀρχῆς θεωρουμένων ποιησόμεθα τὸν λόγον κατὰ τὴν προσήκουσαν τῆς τάξεως ἀκολουθίαν, πάντων μέν, ὡς ἔφαμεν, τῶν φύσιν ἐχόντων* 115 *διὰ ταύτης λαμβάνεσθαι δυναμένων, συνεργησόντων δέ (εἴ τις ἔτι περιεργάζεσθαι θέλοι) πρὸς μόνα τὰ κατ' αὐτὴν τὴν σύγκρισιν ἰδιώματα καὶ τῶν κατὰ τὸν τῆς σπορᾶς χρόνον διὰ τῆς αὐτῆς θεωρίας ὑποπιπτόντων ἰδιωμάτων.*

γ'. Περὶ μοίρας ὡροσκοπούσης 120

1 *Ἐπειδὴ περὶ τοῦ πρώτου καὶ κυριωτάτου (τουτέστι τοῦ μορίου τῆς κατὰ τὴν ἐκτροπὴν ὥρας) ἀπορία γίγνεται πολλάκις – μόνης μὲν ὡς ἐπίπαν τῆς δι' ἀστρολάβων ὡροσκο-*

T 120–163 (§ 1–5) Heph. II 2,2–6 (cf. Ep. IV 21,1–3)

S 121–163 (§ 1–5) Val. I 4. Heph. II 2,7–42. Paul. Alex. 28–29 (quo spectat Olymp. 27). 33 (Olymp. 35)

108 *σωμάτων* **Vα** *ἀστέρων* **βγΣ**^{2} (in margine) ‖ **110** *φύσεως* **MS** | *εἶδος συναγόμενον*] *οἶδος συναγόμενον οἶδος* **Y** ‖ **112** *πρῶτον δὲ* **Vα** *καὶ πρῶτον* **βγ** ‖ **115** *ὡς ἔφαμεν* (*ἔφημεν* **M**) post *ἐχόντων* **MS** ‖ **117** *κατ' αὐτὴν τὴν* **V** Procl. *κατὰ τὴν* **Yγ** *κατὰ* **Σc** *τὴν* (*κατὰ* omisso) **MS** ‖ **118** *σύγκρισιν* **Vαγ** Procl. *σύγκρασιν* **β**, cf. 1,135 | *τῶν*] *τὸν* **D** | *τὸν τῆς σπορᾶς* **VSγ** *τῆς σπορᾶς* **YMA** *τὰς σπορὰς* **Σc** *τὸ γένος* (?) *τῆς σπορᾶς* **D** ‖ **119** *διὰ τῆς*] *διὰ τῶν τῆς* **Σ** ‖ **120** *γ'* **V** *β'* **YDγ** om. **ΣMS** | totum titulum om. **S** ‖ **121** *ἐπειδὴ* **VDγ** Heph. *ἐπεὶ δὲ* **αMS**, cf. 1,996 ‖ **122** *τῆς*] *τοῦ* **MS** | *τὴν ἐκτροπὴν ὥρας* **VαDγ** Heph. *τὴν τῆς ἐκτροπῆς ὥραν* **MS**

πείων κατ' αὐτὴν τὴν ἔκτεξιν διοπτεύσεως τοῖς ἐπιστημονι-
125 κῶς παρατηροῦσι τὸ λεπτὸν τῆς ὥρας ὑποβάλλειν δυναμένης, τῶν δὲ ἄλλων σχεδὸν ἁπάντων ὡροσκοπείων, οἷς οἱ
πλεῖστοι τῶν ἐπιμελεστέρων προσέχουσι, πολλαχῇ διαψεύ-
δεσθαι τῆς ἀληθείας δυναμένων (τῶν μὲν ἡλιακῶν παρὰ 2
τὰς τῶν θέσεων καὶ τῶν γνωμόνων ἐπισυμπιπτούσας δια-
130 στροφάς, τῶν δὲ ὑδρολογίων παρὰ τὰς τῆς ῥύσεως τοῦ
ὕδατος ὑπὸ διαφόρων αἰτιῶν καὶ διὰ τὸ τυχὸν ἐποχάς τε
καὶ ἀνωμαλίας) – ἀναγκαῖον ἂν εἴη προπαραδοθῆναι, τίνα
m 109 ἄν τις τρόπον εὑρίσκοι τὴν ὀφείλουσαν ἀνατέλλειν μοῖραν
τοῦ ζῳδιακοῦ κατὰ τὸν φυσικὸν καὶ ἀκόλουθον λόγον,
135 προυποτεθείσης τῆς κατὰ τὴν διδομένην σύνεγγυς ὥραν διὰ
τῆς τῶν ἀναφορῶν πραγματείας εὑρισκομένης.

S 130 *ὑδρολογίων* Sext. Emp. V 24–25. 75 ‖ **136** *ἀναφορῶν πραγματείας* infra § 4. Synt. II 8. Pr. Kan. 3. Hypsicl. Anaph. passim. Manil. II 443–482. Porph. 41. Paul. Alex. 2 p. 10,17–11,3

124 *κατ' αὐτὴν τὴν* **αβγ** Heph. *κατὰ τὴν τῆς* **V** ‖ **125** *τὸ λεπτὸν* **Vβγ** *τὼ λεπτὸν* **Y** *τῷ λεπτῷ* **GΣc** ‖ **126** *οἱ*] *οἵ τε* **α** ‖ **127** *πολλαχῇ* Pingree apud Heph. *πολλαχῆ* **ω** *πολλαχοῦ* Procl. *πολλάκι* **c** ‖ **129** *γνωμόνων* **Vβγ** Heph. *γινομένων* **Y** *γινομένων μόνων* **Σ** (*γνωμόνων* in margine) ‖ **130** *δὲ*] *δὲ δι'* **α** *τε* **γ** | *ὑδραγωγίων* Heph. | *παρὰ* **VYSγ** Heph. *παρά τε* **Σc** *περὶ* **D** (cf. 1,540) *ἀπὸ* **M** | *τῆς ῥύσεως* **VYβγ** *ῥύσεις* **Σ** *τὴν ῥύσιν* Procl. *δύσεως* Heph. (cod. **A**) *φύσεις* **c** ‖ **132** *παραδοθῆναι* **Σ** ‖ **133** *τρόπον* **αMS** Heph. *πον* **V** *ποιῶν* **D** *ποῖον* **γ** ‖ **136** *εὑρισκομένης* "scil. *μοίρας*" Boer, cf. *ὡροσκοπούσης μοίρας* Heph. | postea titulum inseruerunt: *πῶς δεῖ λαμβάνειν ὥραν* **DM** *ἢ περὶ τῆς οἰκοδεσποτείας ἢ περὶ τῆς εὑρέσεως τῶν ἀναφορῶν* **S**[2] in margine *πῶς δεῖ λαβεῖν τὴν ὡροσκοποῦσαν μοῖραν* **γ** *πῶς δεῖ λαβεῖν τὴν ὥραν* Co p. 90,30 nihil **Vα**

3 *δεῖ δὴ λαμβάνειν τὴν τῆς ἐκτροπῆς προγενομένην ἔγγιστα συζυγίαν, ἐάν τε σύνοδος ᾖ ἐάν τε πανσέληνος, καὶ τὴν μοῖραν ἀκριβῶς διασκεψαμένους (συνόδου μὲν οὔσης τὴν ἀμφοτέρων τῶν φώτων, πανσελήνου δὲ τὴν τοῦ ὑπὲρ* 140 *γῆν αὐτῶν ὄντος κατὰ τὸν χρόνον τῆς ἐκτροπῆς) ἰδεῖν τοὺς πρὸς αὐτὴν οἰκοδεσποτικὸν λόγον ἔχοντας τῶν ἀστέρων, τοῦ τρόπου καθόλου τοῦ κατὰ τὴν οἰκοδεσποτείαν ἐν πέντε τούτοις θεωρουμένου (τριγώνῳ τε καὶ οἴκῳ καὶ ὑψώ-* c 28v *ματι καὶ ὁρίῳ καὶ φάσει ἢ συσχηματισμῷ), τουτέστιν ὅταν* 145 *ἕν τι ἢ πλείονα τούτων ἢ καὶ πάντα ὁ ζητούμενος ἔχῃ τόπος πρὸς τὸν μέλλοντα οἰκοδεσποτήσειν.* **4** *ἐὰν μὲν οὖν ἕνα πρὸς ταῦτα πάντα ἢ τὰ πλεῖστα οἰκείως διακείμενον εὑρίσκωμεν, ἣν ἂν ἐπέχῃ μοῖραν οὗτος ἀκριβῶς καθ' ὃ παροδεύει δωδεκατημόριον ἐν τῷ τῆς ἐκτροπῆς χρόνῳ, τὴν* 150

S 137–163 (§ 3–5) Heph. Ep. IV 21

137 *προγενομένην* **βγ** Heph. (cf. 3,455.603.608) *προγενομένης* **V** *προγινομένην* **α** (recepit Boer), cf. 2,907.1013 ‖ 138 *συζυγίαν* **αβγ** Heph. *συζυγίας* **V** | *ᾖ* **VΣDγ** *εἴη* **Y** om. **MS** ‖ 139 *διασκεψαμένους* **Vγ** *διασκεψωμένους* **V** *διασκεψομένους* **GΣβc** ‖ 140 *τοῦ*] *τῶν* **Σ** ‖ 141 *ὄντος* **βγm** Heph. *ὄντως* **V** *ὄντας* **Y** *ὄντων* **Σc** | *κατὰ ... ἐκτροπῆς*] "videtur abundare" **m** in margine | *κατὰ* **ΣMSγc** Heph. (postea *καὶ ἰδεῖν*) Procl. *κατά τε* **VY** (recepit Robbins antea interpungens, ante *ἰδεῖν* non ita) *καὶ ἰδεῖν* Heph. ‖ 142 *ἔχοντας* hic praebet Heph., ante *οἰκοδεσποτικὸν* **MS**, ante *λόγον* **α**, post *ἀστέρων* **D** om. **V** ‖ 145 *ὁρίοις* **MS** ‖ 146 *ἢ* (ante *πλείονα*) **VDMγ** *ἢ καὶ* **Σ** *ἢ τὰ* **S** Heph. om. **Y** | *πάντως* **Σ** ‖ 147 super *ἕνα*: *ἤγουν ἀστέρα* scripsit S^2 ‖ 148 *τὰ*] *εἰς τὰ* **S** ‖ 149 *ἐπέχῃ μοῖραν*] *ἐπέχειν ὥραν* **Y** | *οὗτος* **Σβγ** Heph. (ante *ἐπέχῃ*) *οὕτως* **VY** | *παροδεύει καθ' ὃ* **M**

ἰσάριθμον αὐτῇ κρινοῦμεν ἀνατέλλειν ἐν τῷ διὰ τῆς τῶν ἀναφορῶν πραγματείας εὑρημένῳ ἐγγυτέρῳ δωδεκατημορίῳ. ἐὰν δὲ δύο ἢ καὶ πλείους συνοικοδεσποτοῦντας, οὗ ἂν αὐτῶν ἡ κατὰ τὴν ἐκτροπὴν μοιρικὴ πάροδος ἐγγύτερον

10 155 *ἔχῃ τὸν ἀριθμὸν τῇ κατὰ τὰς ἀναφορὰς ἀνατελλούσῃ, τούτου τῇ ποσότητι τῶν μοιρῶν χρησόμεθα, εἰ δὲ δύο ἢ καὶ πλείους ἐγγὺς εἶεν τῷ ἀριθμῷ, τῷ μᾶλλον ἔχοντι λόγον πρὸς τὰ κέντρα ἢ καὶ τὴν αἵρεσιν κατακολουθήσομεν. ἐὰν* 5 *μέντοι πλείων ᾖ ἡ ἀπόστασις τῶν τῆς οἰκοδεσποτείας μοι-*

160 *ρῶν πρὸς τὴν κατὰ τὸ ὁλοσχερὲς ὡροσκοπίον ἤπερ πρὸς τὴν κατὰ τὸ ὅμοιον μεσουράνημα, τῷ αὐτῷ ἀριθμῷ πρὸς τὴν μεσουρανοῦσαν μοῖραν καταχρησάμενοι διὰ ταύτης καὶ τὰ λοιπὰ τῶν κέντρων καταστησόμεθα.*

S **152** *ἀναφορῶν πραγματείας* supra § 2 (ubi plura) ‖ **154** *μοιρικὴ* Ap. II 9,23 (ubi plura)

151 *αὐτῇ* **αγ** *αὐτοῦ* **V** *αὐτὴν* **β** | *διὰ τῆς* **Σβγ** *τῆς διὰ* **VY** ‖ **152** *ἀναφορῶν*] *ἀμφοτέρων* **Y** | *ἐγγυτέρῳ* om. **D** (*ἐγγύτερον* in margine) | *δωδεκατημορίῳ* **β** *δωδεκατημόριον* **Vαγ** ‖ **153** supra *πλείους*: *ἀστέρες* scripsit S^2 | *συνοικοδεσποτοῦντας* **α** *συνοικοδεσπότας* **V** *συνοικοδεσποτῶσιν* **βγ** ‖ **156** *χρησόμεθα* **V** (sim. Heph.) *καταχρησόμεθα* **αβγ** (cf. l. 162) ‖ **157** *ἐγγὺς* post *ἀριθμὸν* **ΣΜ** | *εἶεν τῷ ἀριθμῷ* **VYDγ** *ἐν τῷ ἀριθμῷ* **G** *ἔχοιεν τὸν ἀριθμὸν* **ΣMSc** (cf. Co le p. 92,2) ‖ **159** *ἀπόστασις* **V** Heph. *ὑπόστασις* **Y** *διάστασις* **Σβγ** *πόσοτης* Feraboli (coll. *ἀριθμόν* Co p. 92,12 postea scribens *ἤπερ*) ‖ **160** *ὡροσκοπεῖον* Boer tacite, quae postea interpunxit, post l. 161 *μεσουράνημα* non ita ‖ **161** *μεσουράνημα* **Vβγ** Heph. Procl. *μεσουράνισμα* **Y** *μεσουρανήματι* **Σ** Co le p. 92,8 **c** ‖ **163** *τῶν κέντρων* **VYSγ** Heph. Procl. *τοῦ κέντρου* **ΣDMc** | *καταστησόμεθα* **αβγ** Heph. *διαστησόμεθα* **V** edd.

δʹ. Διαίρεσις γενεθλιαλογίας

1 *Τούτων δὴ προεκτεθειμένων εἴ τις αὐτῆς τῆς τάξεως ἕνε-* 165
κεν διαιροίη τὸ καθόλου τῆς γενεθλιαλογικῆς θεωρίας, εὕ-
ροι ἂν τῶν κατὰ φύσιν καὶ δυνατῶν καταλήψεων τὴν μὲν
τῶν πρὸ τῆς γενέσεως οὖσαν συμπτωμάτων μόνον (ὡς τὴν
τοῦ περὶ γονέων λόγου [c. 5]*), τὴν δὲ τῶν καὶ πρὸ τῆς γε-*
νέσεως καὶ μετὰ τὴν γένεσιν (ὡς τὴν τοῦ περὶ ἀδελφῶν 170
λόγου [c. 6]*), τὴν δὲ τῶν κατ' αὐτὴν τὴν γένεσιν οὐκέθ'*
οὕτως μίαν οὖσαν οὐδὲ ἁπλῆν, τελευταίαν δὲ τὴν τῶν
μετὰ τὴν γένεσιν πολυμερεστέραν καὶ ταύτην θεωρουμέ-
νην.

2 *ἔστι δὲ τῶν μὲν κατ' αὐτὴν τὴν γένεσιν ἐπιζητουμένων* 175
ὅ τε περὶ ἀρρενικῶν καὶ θηλυκῶν λόγος [c. 7] *καὶ ὁ περὶ*
διδυμογόνων ἢ πλειστογόνων [c. 8] *καὶ ὁ περὶ τεράτων*
[c. 9] *καὶ ὁ περὶ ἀτρόφων* [c. 10], *τῶν δὲ μετὰ τὴν γένεσιν* m 111
ὅ τε περὶ χρόνων ζωῆς [c. 11], *ἐπειδήπερ οὐ συνῆπται τῷ*
περὶ ἀτρόφων, ἔπειτα ὁ περὶ μορφῆς σώματος [c. 12] *καὶ ὁ* 180
περὶ παθῶν ἢ σινῶν σωματικῶν [c. 13], *ἑξῆς δὲ ὁ περὶ*
ψυχῆς ποιότητος [c. 14] *καὶ ὁ περὶ παθῶν ψυχικῶν* [c. 15],

T 164–190 (§ 1–3) Heph. II 3,1

164 titulum om. **S** | *δʹ* **VD** *γʹ* **Yγ** om. **ΣM** | *γενεθλιαλογίας* **VDγ** *γενεθλιαλογική* **αMc** Co le p. 92,24 ‖ **166** *διαιρεῖν* **Y** ‖ **167** *φύσει* **Y** ‖ **168** *μόνον* **VY** *μόνων* **Σβγ** *μόνην* (sc. *ἐπίσκεψιν*) Heph. ‖ **170** *ὡς τὴν … τὴν γένεσιν* om. **V** ‖ **172** *οὐδὲ* **V** (cf. Heph.) *δὲ* **Y** *καὶ* **Σβγ** | post *ἁπλῆν*: *ὡς τὴν περὶ ἀδελφῶν* antea omissum recuperat **V** ‖ **173** *τὴν* om. **γ** | *πολυμερέστερον* **V** ‖ **175** *ἐπιζητουμένων* **VYDγ** *ζητουμένων* **ΣMS** ‖ **177** *διδύμων νων* **M** ‖ **179** *χρόνων* **VYβAC** Heph. Procl. *χρόνου* **ΣB** | *τῷ* om. **V** ‖ **180** *ἀστρόφων* **V** ‖ **181** *ὁ περὶ παθῶν* **VY** *περὶ παθῶν* **S** *παθῶν* **ΣMγc** ‖ **182** *ψυχῆς*] *ψυχικῆς* **Σ**

ἔπειθ' ὁ περὶ τύχης κτητικῆς [IV 2] καὶ ὁ περὶ τύχης
ἀξιωματικῆς [IV 3], μετὰ δὲ ταῦτα ὁ περὶ πράξεως ποιό-
185 τητος [IV 4], εἶτα ὁ περὶ συμβιώσεως γαμικῆς [IV 5] καὶ **3**
ὁ περὶ τεκνοποιίας [IV 6] καὶ ὁ περὶ συνεπιπλοκῶν καὶ
συναρμογῶν καὶ φίλων [IV 7], ἑξῆς δ' ὁ περὶ ξενιτειῶν
c 29 [IV 8], τελευταῖος δὲ ὁ περὶ τῆς τοῦ θανάτου ποιότητος
[IV 9], τῇ μὲν δυνάμει συνοικειούμενος τῷ περὶ χρόνων
190 ζωῆς, τῇ τάξει δ' εἰκότως ἐπὶ πᾶσι τούτοις τιθέμενος. ὑπὲρ **4**
ὧν ἑκάστου κατὰ τὸ κεφαλαιῶδες ποιησόμεθα τὴν ὑφήγη-
σιν, αὐτὰς τὰς τῆς ἐπισκέψεως πραγματείας μετὰ ψιλῶν
τῶν ποιητικῶν δυνάμεων, ὡς ἔφαμεν, ἐκτιθέμενοι, καὶ τὰ
μὲν περιέργως ὑπὸ τῶν πολλῶν φλυαρούμενα καὶ μὴ πιθα-
195 νὸν ἔχοντα λόγον πρὸς τὰς ἀπὸ τῆς πρώτης φύσεως αἰτίας
παραπεμπόμενοι, τὰ δὲ ἐνδεχομένην ἔχοντα τὴν κατάληψιν οὐ διὰ κλήρων καὶ ἀριθμῶν ἀναιτιολογήτων, ἀλλὰ
δι' αὐτῆς τῆς τῶν σχηματισμῶν πρὸς τοὺς οἰκείους τόπους
θεωρίας ἐπισκεπτόμενοι, καθόλου μέντοι καὶ ἐπὶ πάντων
200 ἁπλῶς, ἵνα μὴ καθ' ἕκαστον εἶδος ταυτολογῶμεν.
m 112 πρῶτον μὲν χρὴ σκοπεῖν τὸν οἰκειούμενον τόπον τοῦ ζῳ- **5**
διακοῦ τῷ ζητουμένῳ τῆς γενέσεως κατ' εἶδος κεφαλαίῳ

T 201–232 (§ 5–8) Heph. II 3,2–4

183 *κτητικῆς ... τύχης* om. **M** ‖ **186** *ὁ* (prius) om. **V** | *ὁ* (alterum) om. **V** ‖ **186** *καὶ συναρμογῶν* om. **MS** ‖ **187** *καὶ* ante *φίλων* om. **Σγc** | *ξενιτειῶν* **VDY** (add. *λόγος*) *ξενιτείας* **ΣMSγ** Heph., cf. titulum 4,519 ‖ **188** *τελευταῖος δὲ* **V** *καὶ τελευταῖος* **αβγ** Heph. fort. recte ‖ **191** *τὴν ὑφήγησιν*] *τὴν ὑπόθεσιν ἢ τὴν ὑφήγησιν* **Y** ‖ **196** *παραπεμπόμενοι* **Y** *περιπεμπόμενοι* **V** *ἀποπεμπόμενοι* **Σβγ** | *ἐνδεχομένην* **αSγ** *ἐνδεχόμενα* **V** (quod servaveris tollens *ἔχοντα*) *ἐχομένην* **DM** ‖ **197** *οὐ* om. **Y** ‖ **198** *τῶν*] *διὰ τῶν* **Y** | *οἰκείως* **M** | *τόπους* om. **MS** ‖ **200** *ταυτολογῶμεν* **Σβγ** *ταυτολογοῦμεν* **Y** *ταῦτα* (i. *ταὐτὰ*) *λέγωμεν* **V** ‖ **201** *σκοπεῖν* om. **ΣMc**

(καθάπερ λόγου ἕνεκεν τῷ περὶ πράξεων τὸν τοῦ μεσουρανήματος ἢ τῷ περὶ πατρὸς τὸν ἡλιακόν), ἔπειτα θεωρεῖν τοὺς λόγον ἔχοντας πρὸς τὸν ὑποκείμενον τόπον τῶν ἀστέ- 205
ρων οἰκοδεσποτείας καθ' οὓς ἐπάνω [III 3,3] *προείπομεν πέντε τρόπους, κἂν μὲν εἷς ᾖ ὁ κατὰ πάντας κύριος, τούτῳ διδόναι τὴν ἐκείνης τῆς προτελέσεως οἰκοδεσποτείαν, ἐὰν δὲ δύο ἢ τρεῖς, τοῖς τὰς πλείους ἔχουσι ψή-*
6 *φους· μετὰ δὲ ταῦτα πρὸς μὲν τὸ ποῖον τοῦ ἀποτελέσμα-* 210
τος σκοπεῖν τάς τε αὐτῶν τῶν οἰκοδεσποτησάντων ἀστέρων φύσεις καὶ τὰς τῶν δωδεκατημορίων, ἐν οἷς εἰσιν αὐτοί τε καὶ οἱ συνοικειούμενοι τόποι· πρὸς δὲ τὸ μέγεθος αὐτῶν σκοπεῖν καὶ τὴν δύναμιν, πότερον ἐνεργῶς τυγχά-

S 204 *περὶ πατρὸς τὸν ἡλιακόν* Ap. III 5,1. Philo Somn. I 73 ‖ **211** *οἰκοδεσποτησάντων* cf. Val. II 2

203 *τῷ*] *τῶν* **Y** | *πράξεων* **VYDγ** *πράξεως* **ΣMS** Heph. (*τάξεως* cod. **P**) | *τοῦ* **VαDγ** Heph. *ποῦ* **M** *τῷ* **S** | *μεσουρανήματος* **αMSγ** Heph. *μορίου* **M** *μεσουρανοῦντος* **D** ‖ **205** *τόπον*] *λόγον* **Y**, cf. 3,861. 4,511, aliter 3,394 ‖ **206** *ἐπάνω* om. **Σ** Heph. (cod. **A**) | *προεῖπον* **V** ‖ **207** *πάντας* **VYMS** Procl. *πάντα* **GΣc** *πάντας τρόπους* **Dγ** ‖ **208** *τούτῳ* **VDγ** *αὐτῷ* **αMSc** Heph. | *προτελέσεως*] *προτε* sequente lacuna septem fere litterarum **V** ‖ **209** *ἢ* **Vα** Heph. *ἢ καὶ* **βγ** ‖ **213** *τε*] *περὶ* **V** | *συνοικειούμενοι* **Vγ** Procl. *συνοικιούμενοι* **Y** *κυριευόμενοι* **Σβc** Co le p. 95,5 | *τόποι*] *χρόνοι* **S** ‖ **214** *αὐτῶν ... δύναμιν*] *αὐτοῦ καὶ τὴν δύναμιν σκοπεῖν, πόθεν κρίνωμεν* [-*ομεν* **G**] *ἢ* [i. *εἰ*] *μέγα καὶ ἰσχυρὸν τὸ ἀποτέλεσμα ἡμῖν* **Y** | *καὶ τὴν δύναμιν* hic praebent **VΣβ**, post *αὐτῶν* **γ** (cf. **Y** supra) | *πρότερον* **Y** | *ἐνεργῶς* **Vα** *ἐναργῶς* **βγ** Heph.

215 *νουσι διακείμενοι κατά τε αὐτὸ τὸ κοσμικὸν καὶ τὸ κατὰ τὴν γένεσιν ἢ τὸ ἐναντίον (δραστικώτατοι μὲν γάρ εἰσιν,* 7 *ὅταν κοσμικῶς μὲν ἐν ἰδίοις ἢ ἐν οἰκείοις ὦσι τόποις καὶ πάλιν ὅταν ἀνατολικοὶ τυγχάνωσι καὶ προσθετικοὶ τοῖς ἀριθμοῖς, κατὰ γένεσιν δέ, ὅταν ἐπὶ τῶν κέντρων ἢ τῶν*
220 *ἐπαναφορῶν παροδεύωσι, καὶ μάλιστα τῶν πρώτων – λέγω δὲ τῶν τε κατὰ τὰς ἀναφορὰς καὶ τὰς μεσουρανήσεις –, ἀδρανέστατοι δέ, ὅταν κοσμικῶς μὲν ἐν ἀλλοτρίοις ἢ ἀνοικείοις ὦσι τόποις καὶ δυτικοὶ ἢ ἀναποδιστικοὶ τοῖς*
m 113 *δρόμοις ὦσι, κατὰ γένεσιν δέ, ὅταν ἀποκλίνωσι τῶν κέν-*
225 *τρων), πρὸς δὲ τὸν καθόλου χρόνον τοῦ ἀποτελέσματος,* 8 *πότερον ἑῷοί εἰσιν ἢ ἑσπέριοι πρός τε τὸν ἥλιον καὶ τὸν ὡροσκόπον (ἐπειδήπερ τὰ μὲν προηγούμενα ἑκατέρου αὐτῶν τεταρτημόρια καὶ τὰ διάμετρα τούτοις ἑῷα γίνεται, τὰ δὲ λοιπὰ καὶ ἑπόμενα ἑσπέρια) καὶ πότερον ἐπὶ τῶν*
230 *κέντρων τυγχάνουσιν ἢ τῶν ἐπαναφορῶν· ἑῷοι μὲν γὰρ ὄντες ἢ ἐπίκεντροι κατ᾽ ἀρχὰς γίνονται δραστικώτεροι, ἑσπέριοι δὲ ἢ ἐπὶ τῶν ἐπαναφορῶν βραδύτεροι.*

217 post *οἰκείοις*: *τοὺς τῆς αἱρέσεως* **Y** ‖ **218** *ἀνατολικοὶ* **VDγ** Heph. *ἀνατολικοὶ μὲν* **αMS** ‖ **222** *ὅταν κοσμικῶς μὲν* **VYβγ** *κοσμικῶς μέν, ὅταν* **Σc** Procl. *ὅταν* Heph. | *ἐν* **Σβγ** Heph. *ἐν τοῖς* **VY** ‖ **223** *ὦσι* om. **MSC** Heph. | *ἀναποδιστικοὶ* **Vβγ** *ἀναποδιστηκοὶ* **Y** *ἀναποδεστικοὶ* **G** *ἀναποδιτικοὶ* **Σ** (inde *ἀναποδυτικοὶ* **c** qui add. in margine *ἀφαιρετικοὶ* sicut **γ** add. in margine *ἤγουν ἀφαιρετικοὶ*) ‖ **228** *τεταρτημορίου* **Σ** ‖ **232** *ἐπαναφορῶν* **VDγ** *ἀναφορῶν* **αMS** Heph. | *βραδύτεροι* **V** *βράδιον* **αβγ** Heph. (codd. **AC**, *βράδιοι* cod. **P**)

ε΄. Περὶ γονέων c 29[v]

1 Ὁ μὲν οὖν προηγούμενος τύπος τῆς κατ' εἶδος ἐπισκέψεως, οὗ διὰ παντὸς ἔχεσθαι προσήκει, τοῦτον ἔχει τὸν τρόπον. 235 ἀρξόμεθα δὲ ἤδη κατὰ τὴν ἐκκειμένην τάξιν ἀπὸ πρώτου τοῦ περὶ γονέων λόγου. ὁ μὲν τοίνυν ἥλιος καὶ ὁ τοῦ Κρόνου ἀστὴρ τῷ πατρικῷ προσώπῳ συνοικειοῦνται κατὰ φύσιν, ἡ δὲ σελήνη καὶ ὁ τῆς Ἀφροδίτης τῷ μητρικῷ, καὶ ὅπως ἂν οὗτοι διακείμενοι τυγχάνωσι πρός τε ἀλλήλους 240 καὶ πρὸς τοὺς ἄλλους, τοιαῦτα δεῖ καὶ τὰ περὶ τοὺς γονέας ὑπονοεῖν. 2 τὰ μὲν γὰρ περὶ τῆς τύχης καὶ κτήσεως

T 233–328 (§ 1–10 *ἐπισκοπεῖν*) Heph. II 4,1–17

S 234–351 (§ 1–12) Dor. G p. 330–332 (~ Lib. Herm. 19–20a, cf. Dor. A I 12,15 – I 16 ~ Lib. Herm. 19–22). Val. II 32 (ex Timaeo). Ant. CCAG VIII 3 (1912) p. 110,13–19. Firm. math. VI 32,3–22. Heph. II 4,20–29 (adde Ep. IV 22–23). Paul. Alex. 24 p. 52,9–19. Rhet. C p. 218,9–220,10 (cf. CCAG II [1900] p. 187,4–188,25, adde cod. Angelicum gr. 29 [CCAG V 1, 1904, cod. 2; nobis A], fol. 174[v]). Horosc. Const. 1,1–3 ‖ **237–239** *ἥλιος* etc. Ap. III 4,5 (ubi plura) ‖ **238–239** *πατρικῷ … μητρικῷ* Mich. Pap. col. IX 29–31. Porph. 45 p. 218,19. 219,8. Firm. math. VII 9,1. Paul. Alex. 15 p. 32,10–23. Rhet. C p. 156,18–19. 218,10–12 ‖ **239–240** *σελήνη* Artemid. Oneir. II 36 p. 135,16 Hercher

233 titulum hic praebent **αMS** Heph., post l. 237 *λόγου* **VDγ** Co p. 95,28 ‖ **234** *τύπος* **VYDγ** Heph. (cod. **A**) *τόπος* **ΣMS** Heph. (cod. **P**), cf. 4,897 ‖ **235** *οὗ* **ΣMSγ** Heph. *οὐ* **VD** *οὖν* **Y** | *τρόπον*] *τόπον* **Y**, cf. 3,93 ‖ **239** *μητρικῷ*] *μοιριακῷ* **V** ‖ **241** *δεῖ* **ΣMSγ** Heph. (codd. **AP**, *δὲ* cod. **C**) *δὴ* **VD** *γὰρ* **Y** | *τὰ* **Σ** Heph. (codd. **AP**) Procl. *τὰς* **MS** Heph. (cod. **C**) om. **VYDγ** haud scio an recte ‖ **242** *τὰ μὲν*] *τὸ μὲν* Co le p. 95,–8 | *τῆς* om. **γ**

αὐτῶν ἐπισκεπτέον ἐκ τῆς δορυφορίας τῶν φώτων, ἐπειδήπερ περιεχόμενα μὲν ὑπὸ τῶν ἀγαθοποιεῖν δυναμένων καὶ
245 τῶν τῆς αὐτῆς αἱρέσεως ἤτοι ἐν τοῖς αὐτοῖς ζῳδίοις ἢ καὶ
m 114 ἐν τοῖς ἐφεξῆς ἐπιφανῆ καὶ λαμπρὰ τὰ περὶ τοὺς γονέας
διασημαίνει, καὶ μάλιστα ὅταν τὸν μὲν ἥλιον ἑῷοι δορυ-
φορῶσιν ἀστέρες, τὴν δὲ σελήνην ἑσπέριοι, καλῶς καὶ αὐτοὶ διακείμενοι, καθ᾽ ὃν εἰρήκαμεν τρόπον. ἐὰν δὲ καὶ ὁ **3**
250 τοῦ Κρόνου καὶ ὁ τῆς Ἀφροδίτης καὶ αὐτοὶ τυγχάνωσιν
ἀνατολικοί τε καὶ ἰδιοπροσωποῦντες ἢ καὶ ἐπίκεντροι, εὐ-
δαιμονίαν πρόδηλον ὑπονοητέον κατὰ τὸ οἰκεῖον ἑκατέρου
τῶν γονέων. τὸ δὲ ἐναντίον, ἐὰν κενοδρομοῦντα ᾖ τὰ
φῶτα καὶ ἀδορυφόρητα τυγχάνοντα, ταπεινότητος καὶ
255 ἀδοξίας τοῖς γονεῦσί ἐστι δηλωτικά, καὶ μάλιστα ὅταν ὁ
τῆς Ἀφροδίτης ἢ καὶ ὁ τοῦ Κρόνου μὴ καλῶς φαίνωνται
διακείμενοι. ἐὰν δὲ δορυφορῆται μέν, μὴ μέντοι ὑπὸ τῶν **4**

S 243 *δορυφορίας* Sext. Emp. V 38 (inde Hippol. ref. haer. IV 1,1). Ant. CCAG VIII 3 (1912) p. 106,27–29. 115,10–116,2. Porph. 29. Heph. I 17. Rhet. A p. 156,7–25 ‖ **244** *περιεχόμενα* Ap. I 24,3 (ubi plura) ‖ **253** *κενοδρομοῦντα* Maneth. II(I) 486. Ant. CCAG VIII 3 (1912) p. 107,24–25. 110,30–32. Rhet. A p. 159,1–3. Zahel CCAG V 3 (1910) p. 99,12–16. Anon. De stellis fixis VI 8,2

244 *περιεχόμενα* **Q** (recepit Boer confirmata ab Heph.) *πῶς ἐχόμενα* **V** *περιχοιμόνοι* **Y** *περιεχόμενοι* **Σβγ** ‖ **246** *ἐφε-ξῆς* **VYDγ** *ἑξῆς* **ΣMS** Heph. ‖ **247** *διασημαίνει* **VY** Heph. (codd. **AP**) *διασημαίνουσι* **Σβγ** Heph. (cod. **C**) | *δορυφορῶσιν* **αβγ** Heph. (codd. **AP**, *δορυφορήσωσιν* cod. **C**) *διαφοροῦσιν* **V** ‖ **249** *καθ᾽ ὃν … τρόπον* om. **Σc** ‖ 254 *δορυφόρητα* **S** ‖ 255 *τοῖς γονεῦσι* **VDγ** Heph. *τῶν γονέων* **αMS** | *ἐστι* **αMS** Heph. (cod. **P**) *εἰσι* **VDγ** Heph. (cod. **A**) | *ὅταν μηδ᾽* **Y** ‖ **256** *μὴ καλῶς* **ΣMSγc** Heph. Procl. *κακῶς* **V** (recepit Boer) *καλῶς* **YD** (qui transposuit *μὴ* ante *διακείμενοι*) ‖ **257** *μέν* **VαMS** Heph. *μὲν τὰ φῶτα* **Dγ** | *τῶν* **Σβγ** Heph. om. **VY**

τῆς αὐτῆς αἱρέσεως (ὡς ὅταν Ἄρης μὲν ἐπαναφέρηται τῷ ἡλίῳ ἢ τῇ σελήνῃ Κρόνος) ἢ μὴ καλῶς κειμένων τῶν ἀγαθοποιῶν καὶ κατὰ τὴν αὐτὴν αἵρεσιν, μετριότητα καὶ 260 ἀνωμαλίαν περὶ τὸν βίον αὐτῶν ὑπονοητέον. κἂν μὲν σύμφωνος ᾖ ὁ διασημανθησόμενος τῆς τύχης κλῆρος ἐν τῇ γενέσει τοῖς τὸν ἥλιον ἢ τὴν σελήνην ἐπὶ καλῷ δορυφορήσασι, παραλήψονται σῷα τὰ τῶν γονέων, ἐὰν δὲ ἀσύμφωνος ᾖ ἢ ἐναντίος, μηδενὸς ἢ τῶν κακοποιῶν εἰληφότων 265 τὴν δορυφορίαν, ἄχρηστος αὐτοῖς καὶ ἐπιβλαβὴς ἡ τῶν γονέων ἔσται κτῆσις.

5 περὶ δὲ πολυχρονιότητος ἢ ὀλιγοχρονιότητος αὐτῶν σκεπτέον ἀπὸ τῶν ἄλλων συσχηματισμῶν· ἐπὶ μὲν γὰρ τοῦ

S 258–259 *Ἄρης … Κρόνος* Rhet. CCAG II (1900) p. 187, 28–29 ‖ **268–351** (§ 5–12) Val. II 31. Ant. CCAG VIII 3 (1912) p. 110,17–18. Firm. math. VII 9. Rhet. CCAG II (1900) p. 188,26–189,26. Lib. Herm. 22

258 *ἐπάνω φέρηται* **V** ‖ **259** *ἢ τῇ σελήνῃ Κρόνος* **Dγ** (de chiasmo cf. 3,1034. 1089) *ἢ τῇ σελήνῃ Κρόνος τῇ σελήνῃ* **V** *ὁ δὲ Κρόνος δὲ τῇ σελήνῃ* **Y** *Κρόνος δὲ τῇ σελήνῃ* **ΣMS** Heph. (receperunt edd., Boer coll. 3,517) | *ἢ μὴ* **V** (cf. *μὴ* Heph.) *μήπως* **Y** (praetulit Boer) *ὑπὸ* **Σβγ** ‖ **260** *μετριότητα* **αβγ** Heph. *μετριότατοι* **V** ‖ **263** *σελήνην* **VYγ** Heph. Procl. *Ἀφροδίτην* **ΣMSc** | *ἐπὶ καλῷ δορυφορήσασι*] *ἐπικαλωδορήσασι* **V** ‖ **265** *ᾖ* **VY** om. **Σβγ** Heph. | *μηδενὸς ἢ τῶν κακοποιῶν* **VΣβ** Co (qui p. 99,11 interpretatur: *προσυπακούειν χρὴ τῷ μηδενὸς τοῦ ἄλλου, τουτέστι μηδενὸς τῶν ἀγαθοποιῶν* [...] *ἢ μόνον τῶν κακοποιῶν*) *μηδενὸς τῶν κακοποιῶν* **Y** *μηδενὸς τῶν ἀγαθοποιῶν* **γ** Heph. *τῶν κακοποιῶν* Procl. (cf. Co supra) ‖ **266** *δορυφορίαν*] *δορίαν* **V** ‖ **268** *πολυχρονιότητος ἢ ὀλιγοχρονιότητος αὐτῶν* **Vβγ** *πολυχρονιότητος αὐτῶν ἢ ὀλιγοχρονιότητος* **Y** *πολυχρονιότητος αὐτῶν* **GΣc** Heph. ‖ **269** *συσχηματισμῶν* **VYDSγ** Heph. (codd. **PC**, ex *σχημ-* corr. cod. **A**) *σχηματισμῶν* **ΣM** | *ἐπεὶ* **VD**

270 *πατρός, ἐὰν ὁ τοῦ Διὸς ἢ ὁ τῆς Ἀφροδίτης συσχηματισ-*
m 115 *θῶσιν ὁπωσδήποτε τῷ τε ἡλίῳ καὶ τῷ τοῦ Κρόνου, ἢ καὶ*
αὐτὸς ὁ τοῦ Κρόνου σύμφωνον ἔχῃ σχηματισμὸν πρὸς τὸν
ἥλιον ἤτοι συνὼν ἢ ἑξαγωνίζων ἢ τριγωνίζων, ἐν δυνάμει
μὲν ὄντων αὐτῶν πολυχρονιότητα τοῦ πατρὸς καταστοχα-
275 *στέον, ἀδυναμούντων δὲ οὐχ ὁμοίως, οὐ μέντοι οὐδὲ ὀλιγο-*
χρονιότητα. ἐὰν δὲ τοῦτο μὲν μὴ ὑπάρχῃ, ὁ δὲ τοῦ **6**
c 30 *Ἄρεως καθυπερτερήσῃ τὸν ἥλιον ἢ τὸν τοῦ Κρόνου ἢ καὶ*
ἐπανενεχθῇ αὐτοῖς, ἢ καὶ αὐτὸς πάλιν ὁ τοῦ Κρόνου μὴ
σύμφωνος ᾖ πρὸς τὸν ἥλιον, ἀλλ' ἤτοι τετράγωνος ἢ διά-
280 *μετρος, ἀποκεκλικότες μὲν τῶν κέντρων ἀσθενικοὺς μόνον*
τοὺς πατέρας ποιοῦσιν, ἐπίκεντροι δὲ ἢ ἐπαναφερόμενοι
τοῖς κέντροις ὀλιγοχρονίους ἢ ἐπισινεῖς· ὀλιγοχρονίους μέν,
ὅταν ἐν τοῖς πρώτοις ὦσι δυσὶ κέντροις (τῷ τε ἀνατέλλοντι
καὶ τῷ μεσουρανοῦντι) καὶ ταῖς τούτων ἐπαναφοραῖς, ἐπι-
285 *σινεῖς δὲ ἢ ἐπινόσους, ὅταν ἐν τοῖς λοιποῖς δυσὶ κέντροις*
ὦσι (τῷ τε δύνοντι καὶ τῷ ὑπογείῳ) ἢ ταῖς τούτων ἐπανα-

S **271** *ἡλίῳ* etc. Rhet. C p. 141,9. 150,14.23 ‖ **282** *ὀλιγοχρονίους* Ap. III 5,8. 6,3. IV 6,3. Firm. math. III 4,17 (~ Rhet. C p. 159,28)

270 *σχηματισθῶσιν* **M** ‖ **271** *ὁπωσδήποτε*] *ἄνποτε* **Y** | *καὶ* (prius) **VY** Heph. *ἢ* **Σβγ** ‖ **272** *σύμφωνον*] *ἄφωνον* **V** | *σχηματισμὸν* **VΣβγ** Heph. (cod. **C**) *συσχηματισμὸν* **Y** Heph. (codd. **AP**) | *πρὸς*] *παρὰ* **V** ‖ **275** *ἀδυναμούντων* **αβγ** Heph. *ἀδυνατούντων* **V** (recepit Boer) | *οὐδὲ* **VD** Heph. *δὲ οὐδὲ* **Y** *γε οὐδὲ* **ΣMS** *δὲ* **γ** ‖ **276** *ἐὰν* **VY** Procl. *ὅταν* **Σβγc** Heph. ‖ **278** *ἐπανενεχθῆναι* **Y** | *μὴ* om. **Y** ‖ **279** *τετράγωνος ἢ διάμετρος* **VYDγ** Heph. *διάμετρος ἢ τετράγωνος* **ΣMS** ‖ **280** *ἀποκλίνοντες* **Σc** | *μόνον* **VY** (ut vid.) **S** Heph. (codd. **AP**) *μόνους* **ΣDMγc** Heph. (cod. **C**) ‖ **281** *ἐπίκεντροι* **αβγ** Heph. *ἐπίκεντρος* **V** | *ἐπαναφερόμενον* **V** ‖ **283** *δυσὶ*] *δύο* **Σ**

7 *φοραῖς. ὁ μὲν γὰρ τοῦ Ἄρεως τὸν ἥλιον βλέψας, καθ' ὃν εἰρήκαμεν τρόπον, αἰφνιδίως ἀναιρεῖ τὸν πατέρα ἢ σίνη περὶ τὰς ὄψεις ποιεῖ, τὸν δὲ τοῦ Κρόνου βλέψας ἢ θανάτοις ἢ ῥιγοπυρέτοις ἢ σίνεσι διὰ τομῶν καὶ καύσεων περικυλίει· ὁ δὲ τοῦ Κρόνου καὶ αὐτὸς κακῶς σχηματισθεὶς πρὸς τὸν ἥλιον καὶ τοὺς θανάτους τοὺς πατρικοὺς ἐπινόσους κατασκευάζει καὶ πάθη τὰ διὰ τῆς τῶν ὑγρῶν ὀχλήσεως.* 290

8 *ἐπὶ δὲ τῆς* μητρός, *ἐὰν μὲν ὁ τοῦ Διὸς συσχηματισθῇ τῇ τε σελήνῃ καὶ τῷ τῆς Ἀφροδίτης ὁπωσδήποτε ἢ καὶ αὐτὸς ὁ τῆς Ἀφροδίτης συμφώνως ἔχῃ πρὸς τὴν σελήνην ἑξάγωνος ὢν ἢ τρίγωνος ἢ συνὼν αὐτῇ, ἐν δυνάμει ὄντες πολυχρόνιον δεικνύουσι τὴν μητέρα· ἐὰν δὲ ὁ τοῦ Ἄρεως* 295 m 116

S 289 *περὶ τὰς ὄψεις* Paul. Alex. 24 p. 32,13 || **290** *τομῶν καὶ καύσεων* Ap. III 5,9. 13,15. IV 9,12. Teucr. III p. 182,10. Val. II 2,23 (inde Rhet. C p. 188,19). Rhet. C p. 155,25. 160,1 || **293–294** *τῆς τῶν ὑγρῶν ὀχλήσεως* Lib. Herm. 26,24 || **296** *σελήνῃ* Rhet. C p. 141,11. 150,24

287 *Ἄρεως*] *πυρόεντος* **VD**, cf. 1,408 | *βλέψας* **VΣβγ** Heph. *ἐπιθεωρήσας* **Y** || **288** *τὸν πατέρα* **VYS** Heph. *τοὺς πατέρας* **ΣDMγc** || **289** *ἢ θανάτοις* om. **γ** || **290** *περικυλίει* **VΣβ** (cf. l. 303 necnon Val. II 38,13) *περικυκλίει* **Y** *περιβάλλει* **γ**Σ^2 (in margine) *περικλείει* Heph. || **291** *κακῶς* om. **V** Heph. (cod. **C**) | *σχηματισθεὶς* **VΣβγ** Heph. (cod. **A**) *συσχηματισθεὶς* **Y** Heph. (codd. **CP**) || **292** *πρὸς τὸν* om. **V** spatio relicto | *ἡλίου* **V** || **293** *παρασκευάζει* **Y** | *πάθη τὰ* **Σβγ** Heph. (codd. **AP**) *παθητὰς* **Y** *πάθη* Heph. (cod. **C**) | *διὰ τῶν ὑγρῶν ὀχλήσεων* **V** || **295** *συσχηματισθῇ* **αMS** Heph. Procl. *σχηματισθῇ* **VDγ** || **298** *ὢν* **VY** om. **Σβγ** Heph. | *αὐτῇ* **Vαβ** Heph. *αὐτῷ* **γ**

300 βλέψῃ τὴν σελήνην καὶ τὴν Ἀφροδίτην ἐπανενεχθεὶς ἢ τετραγωνίσας ἢ διαμετρήσας ἢ ὁ τοῦ Κρόνου τὴν σελήνην μόνην ὡσαύτως, ἀφαιρετικοὶ μὲν ὄντες ἢ ἀποκεκλικότες πάλιν ἀντιπτώμασι μόνον ἢ ἀσθενείαις περικυλίουσι, προσθετικοὶ δὲ ἢ ἐπίκεντροι ὀλιγοχρονίους ἢ ἐπισινεῖς
305 ποιοῦσι τὰς μητέρας· ὀλιγοχρονίους μὲν ὁμοίως ἐπὶ τῶν ἀπηλιωτικῶν ὄντες κέντρων ἢ ἐπαναφορῶν, ἐπισινεῖς δὲ ἐπὶ τῶν δυτικῶν. Ἄρης μὲν γὰρ βλέψας τὴν σελήνην τοῦτον τὸν τρόπον ἀνατολικὴν μὲν οὖσαν τούς τε θανάτους 9 τοὺς μητρικοὺς αἰφνιδίους καὶ τὰ σίνη περὶ τὰς ὄψεις
310 ποιεῖ, ἀποκρουστικὴν δὲ τοὺς θανάτους ἀπὸ ἐκτρωσμῶν ἢ τῶν τοιούτων καὶ τὰ σίνη διὰ τομῶν καὶ καύσεων, τὴν δὲ Ἀφροδίτην βλέψας τούς τε θανάτους πυρεκτικοὺς ἀπεργά-

S **304** ὀλιγοχρονίους Ap. III 5,6 (ubi plura) ‖ **308–309** θανάτους τοὺς μητρικοὺς Maneth. II(I) 465–467 ‖ **310** ἐκτρωσμῶν Ap. III 13,10 (ubi plura) ‖ **311** τομῶν καὶ καύσεων Ap. III 5,7 (ubi plura)

300 καὶ **VDγ** ἢ καὶ **Y** ἢ **ΣMS** Heph. | τὴν Ἀφροδίτην **VY** Heph. τὸν τῆς Ἀφροδίτης **Σβγ** (cf. l. 311 sq.) | ἐπανενεχθεὶς **ΣβB** Heph. (codd. **AP**) ἐπανεχθεὶς **VYC** Heph. (cod. **C**) ἐπενεχθεὶς **A** | τετράγων^ο^ **V** τετράγωνος Heph. ‖ **302** μὴ μόνον Co le p. 99,15 | ἀποκλικότας **V** ‖ **303** περικυλίουσι **Vαβ** Heph. (cod. **P**) περικλείουσι **γ** Heph. (cod. **C**) παρακυλίουσι Heph. (cod. **A**), cf. l. 290 ‖ **304** ὀλιγοχρονίας **V** ‖ **307** ὁ τοῦ ♂ **γ** ‖ **308** ἀνατολικὴν] ἤγουν δυτικὴν **γ** in margine ‖ **309** αἰφνιδίως **V** | τὰ om. **VY** ‖ **310** ἀποκρουστικοὺς **Σ** | post δὲ: ὡς προείρηται [sed occurrit haec vox hic prima] θεορήσας add. **Y** | ἐκτρωσμῶν **YS** Heph. (codd. **CP**, ἐκτρωσμάτων cod. **A**) ἐκτρόμων **VD** ἐκτρώμων **ΣMγ** ‖ **311** τὴν δὲ Ἀφροδίτην **VYβ** (cf. τὴν Ἀφροδίτην δὲ Heph.) τὸν τῆς Ἀφροδίτης **γ** ut l. 300 τὴν σελήνην **Σ** ‖ **312** τε θανάτους] τοῦ θανάτου **V**

ζεται καὶ πάθη τὰ δι' ἀποκρύφων ἢ σκοτισμῶν καὶ προσδρομῶν αἰφνιδίων· ὁ δὲ τοῦ Κρόνου τὴν σελήνην βλέψας θανάτους καὶ πάθη ποιεῖ, ἀνατολικῆς μὲν οὔσης αὐτῆς 315 *διὰ ῥιγοπυρέτων, ἀποκρουστικῆς δὲ διὰ νομῶν ὑστερικῶν καὶ ἀναβρώσεων.*

10 *προσπαραληπτέον δὲ εἰς τὰ κατὰ μέρος εἴδη τῶν σινῶν ἢ παθῶν ἢ καὶ θανάτων καὶ τὰς τῶν δωδεκατημορίων, ἐν οἷς εἰσιν οἱ τὸ αἴτιον ἐμποιοῦντες τῆς ἰδιοτροπίας (ὑπὲρ* 320 m *ὧν εὐκαιρότερον ἐν τοῖς περὶ αὐτῆς τῆς γενέσεως ἐπεξεργασόμεθα* [III 13. IV 9]), *καὶ ἔτι παρατηρητέον ἡμέρας μὲν μάλιστα τόν τε ἥλιον καὶ τὴν Ἀφροδίτην, νυκτὸς δὲ τὸν τοῦ Κρόνου καὶ τὴν σελήνην.*

λοιπὸν δὲ ἐπὶ τῶν κατ' εἶδος ἐξεργασιῶν ἁρμόζον καὶ 325 *ἀκόλουθον ἂν εἴη τὸν τῆς αἱρέσεως πατρικὸν ἢ μητρικὸν τόπον ὥσπερ ὡροσκόπον ὑποστησαμένους τὰ λοιπὰ ὡς ἐπὶ γενέσεως αὐτῶν τῶν γονέων ἐπισκοπεῖν κατὰ τὰς ἐφεξῆς* c 30v

313 *ἢ* **VYS** *καὶ* **ΣDMγ** (praetulerunt edd.) | *καὶ* (ante *προσδρόμων*) **αβγ** (cf. Heph.) *ἢ* **V** ‖ **316** *ἀποκρουστικῶς* **M** | *δὲ*] *μὲν* **V** | *νομῶν* **Φ** Robbins *νόμων* **VΓY** Heph. *νοσῶν* **D** *νόσων* **ΣMSγc** | *ἀστερικῶν* **Φ** ‖ **317** *ἀναβράσεων* **V** ‖ **320** *ἐμποιοῦντες* **VY** *ποιοῦντες* **Σβγ** Heph. ‖ **321** *οὐκ εὐκαιρότερον* **MS** | *ἐπεξεργασόμεθα* **Vγ** Heph. *ἐπεξεργασώμεθα* **Y** *ἐπεργαζόμεθα* **Σβc** ‖ **325** *ἐξεργασιῶν* **VY** *ἐπεξεργασιῶν* **Σβγ** *ἐπεργασιῶν* Heph. (cod. A, *εὐεργασιῶν* cod. **P**) ‖ **327** *ὑποστησαμένους* **VYSC** Heph. (cod. **P**, *-μένως* cod. A, cf. *ὑποστήσασθαι* Procl.) *ἐπιστησαμένους* **DMAB** *ἐπισταμένους* **Σc** *καταστησάμενοι* Co p. 99,–1 ‖ **328** *ἐπισκοπεῖν* **VYβγ** *σκοπεῖν* **Σc** Heph., cf. 2,1018 | *τὰς* **αβγ** *τὰ* **V**

ὑποδειχθησομένας τῶν ὁλοσχερεστέρων εἰδῶν πρακτικῶν
330 *τε καὶ συμβατικῶν ἐφόδους. τοῦ μέντοι συγκρατικοῦ τρόπου* **11**
καὶ ἐνταῦθα καὶ ἐπὶ πάντων μεμνῆσθαι προσήκει κατα-
στοχαζομένους, ἐὰν μὴ μονοειδεῖς ἀλλὰ διάφοροι ἢ τῶν
ἐναντίων ποιητικοὶ τυγχάνωσιν οἱ τὰς κυρίας τῶν ἐπιζη-
τουμένων τόπων εἰληφότες ἀστέρες, τίνες ἐκ τῶν περὶ ἕκα-
335 *στον συμβεβηκότων πρὸς δύναμιν πλεονεκτημάτων πλείους*
ἔχοντες εὑρίσκονται ψήφους πρὸς τὴν ἐπικράτησιν τῶν
ἀποτελεσθησομένων, ἵνα ἢ ταῖς τούτων φύσεσιν ἀκόλουθον
ποιώμεθα τὴν ἐπίσκεψιν ἢ τῶν ψήφων ἰσορρόπων οὐσῶν,
ὅταν μὲν ἅμα ὦσιν οἱ ἐπικρατοῦντες, τὸ ἐκ τῆς κράσεως
340 *τῶν διαφόρων φύσεων συναγόμενον εὐστόχως ἐπιλογιζώ-*
μεθα, ὅταν δὲ διεστηκότες, ἀνὰ μέρος ἑκάστοις κατὰ τοὺς
ἰδίους καιροὺς τὰ οἰκεῖα τῶν συμπτωμάτων ἀπομερίζωμεν,
m 118 *προτέροις μὲν τοῖς ἑῴοις μᾶλλον, ὑστέροις δὲ τοῖς ἑσπε-*
ρίοις. ἀπ' ἀρχῆς μὲν γὰρ ἀνάγκη συνοικειωθῆναι τῷ ζη- **12**
345 *τουμένῳ τόπῳ τὸν μέλλοντά τι περὶ αὐτὸν ἀπεργάζεσθαι*

329 ante *ὑποδειχθησομένας*: *τὰς* repetit **Y** *ὑποδειχθησομένας* **VY**(-*σωμ*-)**S** *ἐπιδειχθησομένας* **ΣDMγ** | *πρακτικῶν τε καὶ συμβατικῶν* **V** (recepit Robbins coll. *εἰδῶν τῶν τε κατὰ πρᾶξιν καὶ κατὰ σύμβασιν θεωρουμένων* Procl.) *παρεκτικῶν τε καὶ σημαντικῶν* **Y** *παρεκτικῶν τε καὶ σημαντοτικῶν* **G** *πραγματικάς τε καὶ συμβατικὰς* **Σβγc** (recepit Boer) ‖ **330** *συγκρατικοῦ* **VΣ**^{2} (in margine) **γ** *συγκρατηκοῦς* **Y** *συγκραματικοῦ* **Σβ** | *τρόπου* **Vγ** Procl. *τρόπ(ον)* **Y** *τρόπους* **G** *τόπου* **Σβc** Co le p. 100,4, cf. 3,93 ‖ **331** *καταστοχαζομένους* **VYDγ** (cf. l. 274) *στοχαζομένους* **ΣMS** ‖ **334** *ἕκαστον συμβεβηκότων* **Vβγ** *ἕκαστα συμβεβηκότων* **Y** *ἕκαστα συμβεβηκότα* **Σc** ‖ **335** *πρὸς* om. **V** ‖ **339** *τὸ τῶν* **V** ‖ **340** *εὐστόχως* om. **γ** ‖ **341** *ἑκάστοις* Robbins *ἕκαστος* **ωc** Boer (quae postea interpunxit) ‖ **342** *ἀπομερίζωμεν* **Σβγc** *ἀπομεριζόμεθα* **Y** *ἀπομερίζομεν* **V** Procl. ‖ **343** *μᾶλλον* om. **Y** | *ὕστερον* **V**

τῶν ἀστέρων, καὶ τούτου μὴ συμβεβηκότος οὐδὲν οἷόν τε καθόλου διαθεῖναι μέγα τὸν μηδ' ὅλως τῆς ἀρχῆς κοινωνήσαντα. τοῦ μέντοι χρόνου τῆς κατὰ τὸ ἀποτελούμενον ἐκβάσεως οὐκέτι τὸ τῆς πρώτης δεσποτείας αἴτιον, ἀλλ' ἡ τοῦ κυριεύσαντός πως πρός τε τὸν ἥλιον καὶ τὰς τοῦ κόσ- 350 *μου γωνίας διάστασις.*

ς'. Περὶ ἀδελφῶν

1 *Ὁ μὲν οὖν περὶ γονέων τόπος σχεδὸν καὶ ἀπὸ τούτων ἂν ἡμῖν γένοιτο καταφανής· ὁ δὲ περὶ ἀδελφῶν, εἴ τις καὶ ἐνταῦθα τὸ καθόλου μόνον ἐξετάζοι καὶ μὴ πέρα τοῦ δυ-* 355 *νατοῦ τόν τε ἀριθμὸν ἀκριβῶς καὶ κατὰ μέρος ἐπιζητοίη, λαμβάνοιτο ἂν φυσικώτερον ὅ τε περὶ ὁμομητρίων μόνον*

T 348–351 (§ 12 fin.) Heph. II 4,18 ‖ **352–391** (§ 1–4) Heph. II 6,1–6

S 353–391 (§ 1–4) Dor. A I 17–21 (ad I 17 cf. Rhet. ed. Pingree apud Dor. G p. 333–334, quem vertit Lib. Herm. 30 ibid.). Maneth. VI(III) 307–337. Val. II 40. Ant. CCAG VIII 3 (1912) p. 110,22. Firm. math. VI 32,23–26. Rhet. C p. 220,1 –221,9 (cf. CCAG II [1900] p. 189,27–190,11). Paul. Alex. 24 p. 52,20–53,5. Horosc. Const. 2,1–5

346 *καὶ*] *ὡς* **γ** | *μὴ* **VYDγ** om. **ΣMSc** | *οἷόν τε* **ΣMSγ** *οἴονται* **VYD** ‖ **347** *μέγα* **V** (cf. *οὐδὲν δύναται γίνεσθαι μέγα* Procl.) om. **αβγ** | *τὸν μηδ'* om. **Y** | *τῆς ἀρχῆς*] *ἀπαρχῆς* **V** ‖ **348** *χρόνου* om. **V** | *κατὰ* **VY** *περὶ* **Σβγ** ‖ **350** *κυριεύσαντος* **VY** *κυριεύοντος* **Σβγ** ‖ **351** *διαστάσεις* **V** ‖ **352** titulum om. **S** ut semper, *ἐπίσκεψις περὶ ἀδελφῶν* **S**^{2} in margine ‖ **353** *σχεδὸν ἂν* **Y** | *καὶ* om. **γ** ‖ **355** *ἐξετάζοι* **αγ** (cf. 1,249) *ἐξετάζοιτο* **Vβ** (recepit Boer) | *πέρας* **m**

*ἀπὸ τοῦ μεσουρανοῦντος δωδεκατημορίου ⟨καὶ⟩ τοῦ μη-
τρικοῦ τόπου (τουτέστι τοῦ περιέχοντος ἡμέρας μὲν τὸν
360 τῆς Ἀφροδίτης, νυκτὸς δὲ τὴν σελήνην), ἐπειδήπερ τοῦτο
τὸ ζῴδιον καὶ τὸ ἐπαναφερόμενον αὐτῷ γίνεται τῆς μη-
τρὸς ὁ περὶ τέκνων τόπος, ὁ αὐτὸς ὀφείλων εἶναι τῷ τοῦ
γινομένου περὶ ἀδελφῶν. ἐὰν μὲν οὖν ἀγαθοποιοὶ τῷ* 2
τόπῳ συσχηματίζωνται, δαψίλειαν ἀδελφῶν ἐροῦμεν πρός
19 365 *τε τὸ πλῆθος αὐτῶν τῶν ἀστέρων τὸν στοχασμὸν ποιούμενοι, καὶ πότερον ἐν μονοειδέσι ζῳδίοις τυγχάνουσι ἢ ἐν
δισώμοις. ἐὰν δὲ οἱ κακοποιοὶ καθυπερτερῶσιν αὐτὸν ἢ
καὶ ἐναντιωθῶσι κατὰ διάμετρον, σπαναδελφίας εἰσὶ δη-
λωτικοί, μάλιστα δὲ κἂν τὸν ἥλιον συμπαραλαμβάνωσι. εἰ*
370 *δὲ καὶ ἐπὶ τῶν κέντρων ἡ ἐναντίωσις γένοιτο (καὶ μάλιστα*
c 31 *τοῦ ὡροσκοποῦντος), ἐπὶ μὲν Κρόνου καὶ πρωτοτόκοι ἢ
πρωτότροφοι γίγνονται, ἐπὶ δὲ Ἄρεως θανάτῳ τῶν λοιπῶν*

S 366–367 *μονοειδέσι ... δισώμοις* Ap. IV 5,2.4. 8,3. Manil. II 157–196.660–667. IV 583–584. Dor. A V 35,73–74. Hippol. ref. haer. V 13,8 (sec. Sext. Emp. V 10–11). Rhet. C apud Dor. G p. 337,1, cf. Horosc. Const. 2,4. 12,3 || **371–372** *πρωτοτόκοι ἢ πρωτότροφοι* Maneth. III(II) 8–9. Firm. math. III 2,1 (~ Rhet. C p. 135,12). 3,2–3 (~ Rhet. C p. 135,20. 136,1), cf. Lib. Herm. 26,49.50

358 *ἀπὸ* **VDγ** *καὶ ἀπὸ* **αMS** | *⟨καὶ⟩* **c**, cf. *καὶ γὰρ τὸν μητρικὸν τόπον ... περιλαμβάνουσιν* Heph. (aberravit fort. ante *ἀπὸ*) || **360** *ἐπειδήπερ* **VYA** (*περὶ* in margine) *ἐπειδὴ περὶ* **ΣβC** *ἐπεὶ περὶ* **B** || **361** *τῆς*] *τῆς περὶ* **Y** || **365** *πλῆθος*] *ἄλλη* **Y** | supra *ποιούμενοι*: *ἡμεῖς δηλονότι* **S**[2] || **366** *ζῳδίοις τυγχάνουσι* **VDγ** *τυγχάνουσι ζῳδίοις* **αS** *τυγχάνωσι ζῳδίοις* **M** || **367** *αὐτὸν* (scilicet *τόπον*) **ΣMS** *αὐτῶν* **VYDγ** (quos secutus est Robbins) || **369** *συμπαραλαμβάνωσι* **VDSγ** *συμπαραλαβοῦσιν* **Y** *παραλαμβάνωσι* **ΣM** *προσλάβονται* Heph. (i. *-ωνται* Pingree) || **372** *λοιπῶν* **VY** *ὄντων* **Σβγc**

3 *σπαναδελφοῦσιν. ἔτι μέντοι τῶν διδόντων ἀστέρων, ἐὰν μὲν καλῶς κατὰ τὸ κοσμικὸν τυγχάνωσι διακείμενοι, εὐσχήμονας καὶ ἐνδόξους ἡγητέον τοὺς διδομένους ἀδελφούς,* 375 *ἐὰν δὲ ἐναντίως, ταπεινοὺς καὶ ἀνεπιφάντους, ἐὰν δὲ καθυπερτερήσωσι τοὺς διδόντας ἢ ἐπανενεχθῶσιν αὐτοῖς οἱ κακοποιοί, καὶ ὀλιγοχρονίους· δώσουσι δὲ τοὺς μὲν ἄρρενας οἱ κοσμικῶς ἠρρενωμένοι, τὰς δὲ θηλείας οἱ τεθηλυσμένοι, καὶ πάλιν τοὺς μὲν πρώτους οἱ ἀπηλιωτικώτεροι,* 380
4 *τοὺς δὲ ὑστέρους οἱ λιβυκώτεροι. πρὸς δὲ τούτοις ἐὰν μὲν οἱ διδόντες τοὺς ἀδελφοὺς συμφώνως ἐσχηματισμένοι τυγχάνωσι τῷ κυριεύοντι τοῦ περὶ τῶν ἀδελφῶν δωδεκατημορίου, προσφιλεῖς ποιήσουσι τοὺς διδομένους ἀδελφούς, ἐὰν δὲ καὶ τῷ κλήρῳ τῆς τύχης, καὶ κοινοβίους, ἐὰν δὲ ἐν τοῖς* 385 *ἀσυνδέτοις τύχωσιν ἢ κατὰ τὴν ἐναντίαν στάσιν, φιλέχθρους καὶ φθονεροὺς καὶ ὡς ἐπίπαν ἐπιβουλευτικούς.* m 120 *λοιπὸν δὲ καὶ τὰ καθ' ἕκαστον αὐτῶν εἴ τις ἔτι πολυπραγμονοίη, συνεικάζοιτο ἂν καὶ ἐνταῦθα πάλιν τοῦ διδόντος ἀστέρος ὑποτιθεμένου κατὰ τὸν ὡροσκοπικὸν λόγον καὶ* 390 *τῶν λοιπῶν ὡς ἐπὶ γενέσεως συνθεωρουμένων.*

S **378** *ὀλιγοχρονίους* Ap. III 5,6 (ubi plura) ‖ **379–380** *ἠρρενωμένοι … τεθηλυσμένοι* Ap. I 6,2

373 *σπαναδελφοῦ* **V** in fine folii | *ἔτι* **VY** Procl. *ἐπὶ* **Σβγc** Heph. ‖ **374** *μὲν*] *ὑπὸ μέντοι* **V** ‖ **375** *ἐνδόξους* **VDγ** *ἐπιδόξους* **ΣMS** *εὐδόξους* Heph. ‖ **381** *ὑστέρους*] *δευτέρους* **Y** | *μὲν* **ΣMSc** Heph. om. **VYDγ** (quos secuti sunt Boer Robbins) ‖ **384** *τοὺς*] *μὲν* **ΣMc** ‖ **385** *κοινοβίους* **αβγ** Heph. *κοινωνοὺς βίου* **V** (praetulit Boer) ‖ **386** *τύχωσιν* **VYS** Heph. *τυγχάνωσιν* **ΣDMγ** ‖ **388** *ἔτι πολυπραγμονοίη* **ΣMSc** Heph. *ἐπιπολυπραγμονοίη* **VYDγ** (uno animo receperunt Boer Robbins) ‖ **389** *πάλιν* om. **γ** ‖ **391** *συνθεωρουμένων* **VYβ** *θεωρουμένων* **γ** Heph. (cod. **P**, *θεωρουμένης* cod. **A**) om. **Σc**

ζ′. Περὶ ἀρρενικῶν καὶ θηλυκῶν

Ὑπ’ ὄψιν ἤδη καὶ τοῦ περὶ ἀδελφῶν λόγου κατὰ τὸν ἁρ- **1**
μόζοντα καὶ φυσικὸν λόγον ἡμῖν γεγονότος, ἑξῆς ἂν εἴη
395 *τῶν κατ’ αὐτὴν τὴν γένεσιν ἄρξασθαι καὶ πρῶτον ἐπιδρα-*
μεῖν τὸν περὶ ἀρρενικῶν τε καὶ θηλυκῶν ἐπιλογισμόν.
θεωρεῖται δ’ οὗτος οὐ μονοειδῶς οὐδ’ ἀφ’ ἑνός τινος, ἀλλ’
ἀπό τε τῶν φώτων ἀμφοτέρων καὶ τοῦ ὡροσκόπου τῶν τε
λόγον ἐχόντων πρὸς αὐτοὺς ἀστέρων, μάλιστα μὲν κατὰ
400 *τὴν τῆς σπορᾶς διάθεσιν, ὁλοσχερέστερον δὲ καὶ κατὰ τὴν*
τῆς ἐκτροπῆς. τὸ δ’ ὅλον παρατηρητέον, πότερον οἱ προει-
ρημένοι τρεῖς τόποι καὶ οἱ τούτων οἰκοδεσποτοῦντες ἀστέ-
ρες ἢ πάντες ἢ οἱ πλεῖστοι τυγχάνουσιν ἠρρενωμένοι πρὸς
ἀρρενογονίαν ἢ τεθηλυσμένοι πρὸς θηλυγονίαν καὶ οὕτως
405 *ἀποφαντέον. διακριτέον μέντοι τοὺς ἠρρενωμένους καὶ τε-* **2**

T **392–414** (§ 1–2) Heph. II 7,1–5 (= Ep. II 15,7–10)

S **393–414** (§ 1–2) Dor. A I 8. Val. IX 8,1–2. Cod. Bononiensis 3632 (CCAG IV [1903] p. 43) fol. 317^{v} (non est Ptolemaei ut Cod. Angelicus gr. 29 [CCAG V 1, 1904, cod. 2; nobis A], fol. 174^{v}), cf. Firm. math. VII 3,5–7

392 *περὶ … θηλυκῶν* **αC** Heph. (postea add. *γενέσεως* **VD**, *γενέσεων* **AB**: cf. 3,9) *ἐπίσκεψις περὶ ἀρρένων καὶ θηλυων* **S**^{2} in margine ‖ **393** *ὑπ’* **VYS** (cf. l. 452) *ἐπ’* **ΣGDMγc** | *τῶν ἀδελφῶν* **V** ‖ **394** *λόγον* **V** Procl. (cf. l. 134) *τρόπον* **αβγ**, cf. l. 205 | *γεγονότος* **VYSγ** *ἐπιγεγονότος* **ΣDMc** ‖ **396** *θηλυκῶν τε καὶ ἀρρενικῶν* **S** ‖ **399** *καὶ μάλιστα* **Y** ‖ **401** *εἰρημένοι* **S** (in margine: *ἤγουν οἱ τῶν φώτων ἤτοι τοῦ ☉ καὶ ☾’ δύο καὶ ὁ τοῦ* ⊗) ‖ **402** *τρόποι* **S**, cf. 3,93 ‖ **403** *ἢ πάντες* **αβγ** Heph. (codd. **AC**) *ἅπαντες* **V** *ἢ οἱ πάντες* Heph. (cod. **P**) ‖ **404** *ἀρρενολογίαν* **V**

θηλυσμένους, καθ' ὃν ὑπεθέμεθα τρόπον ἐν ταῖς πινακικαῖς ἐκθέσεσιν ἐν ἀρχῇ τῆς συντάξεως [I 6,2. 13,4], *ἀπό τε τῆς τῶν δωδεκατημορίων, ἐν οἷς εἰσι, φύσεως καὶ ἀπὸ* m 121 *τῆς αὐτῶν τῶν ἀστέρων καὶ ἔτι ἀπὸ τῆς πρὸς τὸν κόσμον σχέσεως (ἐπειδήπερ ἀπηλιωτικοὶ μὲν ὄντες ἀρρενοῦνται,* 410 *λιβυκοὶ δὲ θηλύνονται), πρὸς δὲ τούτοις ἀπὸ τῆς πρὸς τὸν ἥλιον· ἑῷοι μὲν γὰρ πάλιν ὄντες ἀρρενοῦνται, θηλύνονται δὲ ἑσπέριοι. δι' ὧν πάντων τὴν κατὰ τὸ πλεῖστον ἐπικράτησιν τοῦ γένους προσήκει καταστοχάζεσθαι.*

η'. Περὶ διδυμογόνων 415 c

1 *Καὶ περὶ τῶν γεννωμένων δὲ ὁμοίως ἀνὰ δύο ἢ καὶ πλειόνων τοὺς αὐτοὺς τόπους παρατηρεῖν προσήκει, τουτέστι τά τε δύο φῶτα καὶ τὸν ὡροσκόπον. παρακολουθεῖν δὲ εἴωθε τοῦτο τὸ σύμπτωμα παρὰ τὰς συγκράσεις, ὅταν οἱ δύο ἢ*

T **415–443** (§ 1–4 *τελεσφορεῖσθαι*) Heph. II 8,1–5

S **416–446** (§ 1–4) Maneth. IV 450–465. Firm. math. VII 3,1–7

406 *ὑπεθέμεθα* **αβγ** *ὑποτιθέμεθα* **V** *ὑποτεθέμεθα* Heph. ‖ **408** *οἷς τε* **V** ‖ **409** *πρὸς*] *περὶ* **S**, cf. 2,672 ‖ **411** *λιβυκοὶ … ἀρρενοῦνται* om. **C** | *πρὸς* (alterum) om. **V** ‖ **412** *πάλιν ὄντες* **VYD** Heph. *ὄντες πάλιν* **ΣMSγ** ‖ **415** *ἐπίσκεψις περὶ διδύμων* **S**^{2} in margine ‖ **417** *τόπους* **VY** *δύο τρόπους* **Σβγ**, cf. 3,93 | *παρατηρεῖν*] *περιτηρεῖν* **V**, cf. l. 492.1122 ‖ **417** *τά τε* **VYΣβΨγm** (cf. *τάτε* **c**) *τὰ δὲ* **Φ** *τὰ* Heph. *τάδε* Boer, cf. l. 461 necnon 4,741 ‖ **418** *δὲ* **VY** *γὰρ* **Σβγ** Co le p. 104,17, sim. Heph. ‖ **419** *τοῦτο τὸ* **V** *τὸ τοιοῦτον* **αβγ** (cf. *τὰ τοιαῦτα*, sc. *τίκτεσθαι* Heph.) | *παρὰ* **V** *περὶ* **αβγc**, cf. 1,540 | *συγκράσεις* **αβγc** Procl. *κράσεις* **V** (praetulit Boer)

420 *καὶ οἱ τρεῖς τόποι δίσωμα περιέχωσι ζῴδια, καὶ μάλιστα, ὅταν καὶ οἱ οἰκοδεσποτοῦντες αὐτῶν ἀστέρες τὸ αὐτὸ πάθωσιν· ἤ τινες μὲν ἐν δισώμοις, τινὲς δὲ ἀνὰ δύο κείμενοι τυγχάνωσιν ἢ πλείους. ἐπὰν δὲ καὶ ἐν δισώμοις ὦσιν οἱ* 2 *κύριοι τόποι καὶ κατὰ τὸ αὐτὸ πλείονες τῶν ἀστέρων συν-* 425 *εσχηματισμένοι, τότε καὶ πλείονα τῶν δύο κυΐσκεσθαι συμπίπτει, τοῦ μὲν πλήθους ἀπὸ τοῦ τὸ ἰδίωμα ποιοῦντος ἀστέρος τοῦ ἀριθμοῦ συνεικαζομένου, τοῦ δὲ γένους ἀπὸ τοῦ τῶν συνεσχηματισμένων ἀστέρων τῷ τε ἡλίῳ καὶ τῇ σελήνῃ καὶ τῷ ὡροσκόπῳ προσώπου πρὸς ἀρρενογονίαν ἢ* 430 *θηλυγονίαν κατὰ τοὺς ἐν τοῖς ἔμπροσθεν εἰρημένους τρό-* m 122 *πους. ὅταν δὲ ἡ τοιαύτη διάθεσις μὴ συμπεριλαμβάνῃ τοῖς* 3 *φωσὶ τὸ τοῦ ὡροσκόπου κέντρον, ἀλλὰ τὸ τοῦ μεσουρανήματος, αἱ τοιαῦται τῶν μητέρων δίδυμα ὡς ἐπίπαν ἢ καὶ πλείονα κυΐσκουσιν. ἰδίως δὲ τρεῖς μὲν ἄρρενας πληροφο-*

S **420** *δίσωμα* Ap. I 12 (ubi plura)

420 *περιέχουσι* **V** ‖ **421** lacunam quattuor fere litterarum post *ὅταν* **S**, post *καὶ* **M** | *οἰκοδεσποτοῦντες* Heph. *οἰκοδεσποτίζοντες* **V** (recepit Boer, sed alias nusquam legitur) *οἰκοδεσπόζοντες* **Σβγ** *δεσπόζοντες* **Y** | *πάθωσιν* **VY** Heph. (codd. **AP**, *παραθῶσι* cod. **C**) *τιθῶσιν* **G** *καθορῶσιν* **Σβγc** ‖ **423** *ἐπὰν* **VαDγ** *ἐὰν* **MS** (cf. Heph.) ‖ **424** *πλείονες* **VG** Procl. *πλείοναις* **Y** *πλείοσι* **Σβγc** ‖ **425** *κυΐσκεσθαι* **Vγ** Heph. (codd. **AP**, *γεννᾶσθαι* cod. **C**) *κύεσθαι* **Y** *τίκτεσθαι* **Σγc** Procl. ‖ **427** *τοῦ ἀριθμοῦ* post *συνεικαζομένου* **S** | *ἀριθμοῦ*] ☿ i. e. siglum simile **C** ‖ **428** *τοῦ* et 429 *προσώπου* om. **ΣDγ** (quos secutus est Robbins), *τοῦ* solum om. **YMS**, sed cf. l. 238 sq. ‖ **430** *ἐν τοῖς* om. **YDA**, *ἐν* om. **M** ‖ **431** *συμπεριλαμβάνῃ* **αβAB** *συμπροσλαμβάνει* **V** (ex correctura) *συλλαμβάνει* **C** ‖ **432** *κέντρον* om. **β** | *ἀλλὰ τὸ* **VDSγ** *ἀλλὰ τῷ* **Y** *ἀλλ' ἀπὸ* **ΣM**

ροῦσιν ὑπὸ τὴν τῶν Ἀνακτόρων γένεσιν ἅμα τοῖς προκει- 435
μένοις τόποις ἐν δισώμοις συσχηματισθέντες Κρόνος Ζεὺς
Ἄρης, τρεῖς δὲ θηλείας ὑπὸ τὴν τῶν Χαρίτων Ἀφροδίτη σε-
λήνη μεθ' Ἑρμοῦ τεθηλυσμένου, δύο δὲ ἄρρενας καὶ μίαν
θήλειαν ὑπὸ τὴν τῶν Διοσκούρων Κρόνος Ζεὺς Ἀφροδίτη,
δύο δὲ θηλείας καὶ ἄρρενα μόνον ὑπὸ τὴν Δήμητρος καὶ 440
4 *Κόρης Ἀφροδίτη, σελήνη, Ἄρης. ἐφ' ὧν ὡς ἐπὶ τὸ πολὺ*
συμβαίνειν εἴωθε τό τε μὴ τελεσφορεῖσθαι τὰ γινόμενα
καὶ τὸ μετὰ παρασήμων τινῶν σωματικῶν ἀποκυΐσκεσθαι
καὶ ἔτι τὸ γίνεσθαί τινα τοῖς τόποις ἐξαίρετα καὶ ἀπροσ-
δόκητα διὰ τῆς τῶν τοιούτων συμπτωμάτων ὥσπερ ἐπιφα- 445
νείας.

S **435** *Ἀνακτόρων* Teucr. II apud Anon. De stellis fixis I 7,6 *Tres Heroes* (v. comm.), aliter Dor. G p. 397,14 apud Heph. III 30,10 (~ Dor. A V 21,8) || **437** *Χαρίτων* Teucr. I p. 200,2–5 (cf. Ps.Ant. p. 58,3). Teucr. II apud Anon. De stellis fixis I 4,8 || **438** *τεθηλυσμένου* Ap. I 6,2 || **442** *μὴ τελεσφορεῖσθαι* Maneth. IV 462–465

436 *συσχηματισθέντες* **VΣγ** *σχηματισθέντες* **Yβ** Heph. | *Κρόνος δηλονότι* **γ** || **437** *τρεῖς*] *τῆς* **Σ** | *τὴν* om. **V** || **440** *μόνον* **VY** Heph. *ἕνα* **Σβγ** edd. | *Δήμητρος δὲ* **V** || **441** post *Κόρης*: *καὶ διονύσου* add. **ΣACc** (non ita l. 439 *καὶ Ἑλένης*; cf. Cic. nat. deor. II 62. secundum Heph. III 7,16 *Πλούτωνα* (correxi ex *Πλοῦτον*) debuit esse *Πλούτωνος* | *ἀφροδίτην σελήνην ἄρην* **V** | post ♂: *ἐπὶ τῶν ἀναμὶξ γενομένων. τὸ γὰρ ἄρρεν ἐπικρατεῖν τὸ τρέφεσθαι, τὸ θύλη* (i. *θῆλυ*) *ἀτροφεῖν* add. **Y** | *ὡς*] *ὅσα* **V** || **442** *συμβαίνειν*] *σημαίνειν* **Y**

θ'. Περὶ τεράτων

Οὐκ ἀλλότριος δὲ τῆς προκειμένης σκέψεως οὐδ' ὁ περὶ 1
τῶν τεράτων λόγος. πρῶτον μὲν γὰρ ἐπὶ τῶν τοιούτων τὰ
450 *μὲν φῶτα ἀποκεκλικότα ἢ ἀσύνδετα τῷ ὡροσκόπῳ κατὰ τὸ*
πλεῖστον εὑρίσκεται, τὰ δὲ κέντρα διειλημμένα ὑπὸ τῶν
κακοποιῶν. ὅταν οὖν τοιαύτη τις ὑπ' ὄψιν πέσῃ διάθεσις,
m 123 *ἐπειδὴ γίνεται πολλάκις καὶ περὶ τὰς ταπεινὰς καὶ κακο-*
c 32 *δαίμονας γενέσεις, κἂν μὴ τερατώδεις ὦσιν, εὐθὺς ἐπι-*
455 *σκοπεῖν προσήκει τὴν προγενομένην συζυγίαν συνοδικὴν ἢ*
πανσεληνιακὴν καὶ τὸν οἰκοδεσποτήσαντα ταύτης τε καὶ
τῶν τῆς ἐκτροπῆς φώτων. ἐὰν γὰρ οἱ τῆς ἐκτροπῆς αὐτῶν 2
τόποι καὶ ὁ τῆς σελήνης καὶ ὁ τοῦ ὡροσκόπου πάντες ἢ οἱ
πλείονες ἀσύνδετοι τυγχάνωσιν ὄντες τῷ τῆς προγενομένης
460 *συζυγίας τόπῳ, τὸ γεννώμενον αἰνιγματῶδες ὑπονοητέον.*
ἐὰν μὲν οὖν τούτων οὕτως ἐχόντων τά τε φῶτα ἐν τετρά-

T 447–486 (§ 1–4) Heph. II 9,1–5 (cf. II 10,32–34)

S 448–486 (§ 1–4) Val. IX 8,3. Ant. CCAG VII (1908) p. 115,27–33. Rhet. C p. 120,20–26 || **461–470** *τετράποσιν … ἀνθρωποειδέσι* Ap. II 8,6–7 (ubi plura)

447 *περὶ τοῦ μέλλοντος γενηθῆναι εἴ ἐστι τέρας* S[2] in margine || **448** post *σκέψεως*: *σκόπος* add. **MS** || **449** *τεράτων* **αβγ** Heph. *τερατωδῶν* **V** fort. recte | *μὲν γὰρ* **V** *μὲν* **Y** *γὰρ* **Σβγ** || **450** *ἢ* **VαDMAC** Heph. Procl. *καὶ* **SBc** || **454** *εὐθὺς … συζυγίαν* om. **V** | *ἐπισκοπεῖν*] *σκοπεῖν* Heph., cf. 2,1018 || **455** *προγενομένην* **S** Heph. Procl. *προγεγωνυῖαν* **Y** *προτεγονίαν* **G** *γενομένην* **ΣDMc** *προγινομένην* **γ** om. **V** || **457** *τῶν τῆς*] *τῶν ἐκ τῆς* **Y** | *φώτων* **VYβ** Heph. Procl. *τόπων* **Σγc** || **458** *ὁ τῆς σελήνης* **Σβγc** Heph. *ἡ τῆς σελήνης* **Y** *οἱ τῆς σελήνης* **VGm** || **461** *ἐὰν μὲν* hic praebent **Vαβ** Heph., post *ἐχόντων* **γ** | *οὖν τούτων* **VΣDS** Heph. *τούτων οὖν* **M** om. **Y**

ποσιν ἢ θηριώδεσιν εὑρίσκηται ζῳδίοις καὶ οἱ δύο κεκεντρωμένοι τῶν κακοποιῶν, οὐδὲ ἐξ ἀνθρώπων ἔσται τὸ γεννώμενον· μηδενὸς μὲν μαρτυροῦντος τοῖς φωσὶν ἀγαθοποιοῦ, ἀλλὰ τῶν κακοποιῶν, τέλεον ἀνήμερον καὶ τῶν 465 *ἀγρίαν καὶ κακωτικὴν ἐχόντων φύσιν· μαρτυρούντων δὲ Διὸς μὲν ἢ Ἀφροδίτης, τῶν ἐκθειαζομένων, οἷον κυνῶν ἢ αἰλούρων ἢ πιθήκων ἢ τῶν τοιούτων, Ἑρμοῦ δὲ τῶν εἰς χρείαν ἀνθρωπίνην, οἷον ὀρνίθων ἢ συῶν ἢ βοῶν ἢ αἰγῶν* **3** *καὶ τῶν τοιούτων. ἐὰν δὲ ἐν ἀνθρωποειδέσι τὰ φῶτα κατα-* 470

S 467 *τῶν ἐκθειαζομένων* Ant. CCAG VII (1908) p. 115, 31–32. Firm. math. VII 7,3. Rhet. C p. 120,23–24 | *κυνῶν* Teucr. II apud Anon. De stellis fixis I 3,7. Ant. CCAG VII (1908) p. 115,32. Rhet. B p. 196,27–197,4 ‖ **468** *αἰλούρων* Teucr. II apud Anon. De stellis fixis I 1,11. Ant. CCAG VII (1908) p. 115,32. Rhet. B p. 195,5–11 | *πιθήκων* Teucr. II apud Anon. De stellis fixis I 10,9. Rhet. B p. 208,23–209,1, cf. Rhet. C p. 217,8

462 *δύο* om. **S** | *κεντρωμένοι* **S** ‖ **464** *μηδενὸς* **V** Heph. (antea fortius interpunxi) *ἀλλὰ μηδενὸς* **αβγc** (quos secutus est Robbins) | *μὲν* om. **D** | postea *ἀγαθοποιοῦ* anticipaverunt **ΣMSc** | *ἀγαθοποιοῦ* **Y** Heph. Procl. (recepit Robbins) *ἀγαθοποιῶν* **VD** *τῶν ἀγαθοποιῶν* **γ** (praetulit Boer) hic om. **ΣMSc** ‖ **465** *ἀλλὰ τῶν κακοποιῶν* scripsi secundum Procl. (aberravit fort. *ἀλλὰ* in l. 462) *τῶν κακοποιῶν* **ΣMSc** *τῶν δὲ κακοποιὸν* **Y** (inde *τῶν δὲ κακοποιῶν* Robbins) *ἀποιούντων δὲ κακοποιῶν* **G** *τῶν κακοποιῶν μαρτυρούντων* **m** om. **Vγ** Heph. Boer | *τῶν* (ante *ἀγρίαν*) **αMSγ** *τὴν* **VD** ‖ **467** *μὲν ἢ* **ΣMS A**[2] (in margine) Heph. *μὲν* **Y** *ἢ* **V** (cf. l. 468) **Dγ** (maluerunt edd.) | *ἐκθειαζομένων* **αβ** Heph. *ἐκδιαζομένων* **Y** ...*ζομένων* **γ** (supplevit **A**[2]) ‖ **468** *ἢ πιθήκων* **Σβγ** (cf. Heph.) om. **VY** Ant. CCAG VIII 3 (1912) p. 115,32, fort. recte non recepit Robbins | *δὲ* om. **V** (ut l. 467 *μὲν*) Heph. ‖ **469** *ἢ βοῶν ἢ αἰγῶν* **VYDγ** *ἢ αἰγῶν ἢ βοῶν* **ΣMS**

λαμβάνηται τῶν ἄλλων ὡσαύτως ἐχόντων, ὑπ' ἀνθρώπων μὲν ἢ παρ' ἀνθρώποις ἔσται τὰ γεγενημένα, τέρατα δὲ καὶ αἰνιγματώδη, τῆς κατὰ τὸ ποῖον ἰδιότητος καὶ ἐν-
m 124 *ταῦθα συνορωμένης ἐκ τῆς τῶν ζῳδίων μορφώσεως, ἐν οἷς*
475 *οἱ διειληφότες τὰ φῶτα ἢ τὰ κέντρα κακοποιοὶ τυγχά-νουσι. ἐὰν μὲν οὖν καὶ ἐνταῦθα μηδὲ εἷς τῶν ἀγαθοποιῶν ἀστέρων προσμαρτυρῇ μηδενὶ τῶν προειρημένων τόπων, ἄλογα καὶ ὡς ἀληθῶς αἰνιγματώδη γίνεται τέλεον· ἐὰν δὲ* **4** *ὁ τοῦ Διὸς ἢ τῆς Ἀφροδίτης μαρτυρήσῃ, τιμώμενον καὶ*
480 *εὔσχημον ἔσται τὸ τοῦ τέρατος ἴδιον, ὁποῖον περὶ τοὺς ἑρμαφροδίτους ἢ τοὺς καλουμένους ἁρποκρατικοὺς καὶ τοὺς τοιούτους εἴωθε συμβαίνειν, εἰ δὲ καὶ ὁ τοῦ Ἑρμοῦ μαρτυρήσειε, μετὰ τούτων μὲν καὶ ἀποφθεγγομένους καὶ διὰ*

S 480–481 *ἑρμαφροδίτους* Ap. III 13,10 (q. v.). Firm. math. III 2,23. 5,24. al. ‖ **483** *ἀποφθεγγομένους* Ap. IV 4,10. Dor. A II 24,13. Maneth. III(II) 92–93. IV 549. Val. II 17,49. 37,36.43. Rhet. C p. 148,2. 193,19. 194,4 ‖ **483–484** *διὰ τῶν τοιούτων ποριστικούς* Ap. IV 4,4.7.8. Firm. math. III 7,19–20 (~ Rhet. C p. 166,6). Rhet. C p. 148,15. 209,13–14. Anon. De stellis fixis II 2,11. 6,9

471 *ὑπ'* **Vαβ** Heph. *ἐξ* **γ** (cf. l. 463) ‖ **472** *πέρατα* **M**, cf. l. 480 | *δὲ* om. **Σβc** ‖ **475** *τὰ φῶτα ἢ* om. **γ** ‖ **476** *μηδὲ εἷς* **V** *μεδεὸ* **Y** *μηδεὶς* **Σβγ** Heph. ‖ **477** *ἀστέρων* om. **αMΣc** Heph. | *προσμαρτυρῇ μηδενὶ* **Y** Procl. *πρὸς μαρτυρούμεναδενὶ* **V** *συμμαρτυρῇ μηδενὶ* **Σβγc** *μαρτυρῇ μηδενὶ* Heph. ‖ **480** *εὐσχήμων* **V** | *πέρατος* **Y**, cf. l. 472 | *ἴδιον* **VYDγ** Heph. om. **ΣMSc** ‖ **481** *ἁρποκρατικοὺς* **Dγ** Heph. (cf. etiam Heph. I 1,99) *ἁρποκρατηκοὺς* **V** *ἁρποκρατιακοὺς* **αMS** ‖ **482** *μαρτυρήσειε* **Σβγ** Heph. *μαρτυρήσῃ* **VY** ‖ **483** *διὰ* **VYDγ** *ἀπὸ* **ΣMSc**

τῶν τοιούτων ποριστικούς, μόνος δὲ ὁ τοῦ Ἑρμοῦ νωδοὺς καὶ κωφούς, εὐφυεῖς μέντοι καὶ πανούργους ἄλλως ἀπεργάζεται. 485

ι΄. Περὶ ἀτρόφων

1 *Λοιποῦ δὲ ὄντος εἰς τὰ κατ' αὐτὴν τὴν γένεσιν τοῦ περὶ ἀτρόφων λόγου, προσήκει διαλαβεῖν, ὅτι πῇ μὲν ὁ τρόπος οὗτος ἔχεται τοῦ περὶ χρόνων ζωῆς λόγου, ἐπειδὴ τὸ ζη-* 490 *τούμενον εἶδος οὐκ ἀλλότριον ἑκατέρου, πῇ δὲ κεχώρισται παρὰ τὸ κατ' αὐτὴν τὴν τῆς ἐπισκέψεως δύναμιν διαφέρειν πως. ὁ μὲν γὰρ περὶ χρόνων ζωῆς ἐπὶ τῶν ὅλως ἐχόντων χρόνους αἰσθητοὺς θεωρεῖται, τουτέστι μὴ ἐλάττονας ἡλιακῆς περιόδου μιᾶς· χρόνος γὰρ ἰδίως ὁ τοιοῦτος* 495 *ἐνιαυτὸς καταλαμβάνεται, δυνάμει δὲ καὶ ὁ ἐλάττων τού-* 2 *του, μῆνές εἰσι καὶ ἡμέραι καὶ ὧραι· ὁ δὲ περὶ τῶν ἀτρόφων ἐπὶ τῶν μηδ' ὅλως φθανόντων ἐπὶ τὸν προκείμενον* c 32ᵛ m 125

T **487–547** (§ 1–7) Heph. II 10,1–7 (= Ep. IV 24)

S **485** *κωφούς* Firm. math. III 7,16 (~ Rhet. C p. 161,12) | *πανούργους* Ap. II 3,30 (ubi plura) ‖ **488–547** (§ 1–7) Dor. A I 7. Maneth. VI(III) 19–68. al. Firm. math. VII 2,1–26. Heph. II 10. Paul. Alex. 24 p. 54,10–14. Horosc. L 463 (CCAG VIII 4 [1921] p. 224,21–225,5)

484 *μόνος* **VαDMγc** Heph. Procl. *μόνον* **Sm** | *ὁ τοῦ Ἑρμοῦ* **γ** *ὁ Ἑρμοῦ* **VD** om. **αMS** Heph. fort. recte ‖ **485** *ἀπεργάζεται* **Vβ** Heph. *ἐργάζεται* **Y** *ἀπεργάζηται* **Σγc** ‖ **487** *περὶ ἀνατρόφων* **A** *περὶ τοῦ μέλλοντος γενηθῆναι εἴ ἐστιν ἄτροφον* **S**[2] in margine ‖ **488** *περὶ ἀτρόφων*] *περιστροφῶν* **Y** ‖ **490** *ἔχεται*] *ἔρχεται* **V** | *λόγου* **VYDγ** om. **ΣMSc** (cf. *αὐτοῦ τοῦ περὶ χρόνων ζωῆς* Heph.) ‖ **492** *παρὰ*] *περὶ* **V**, cf. 1,540 ‖ **496** *καταλαμβάνεται* **VαDγ** *λαμβάνεται* **MS**

χρόνον, ἀλλ' ἐν τοῖς ἐλάττοσιν ἀριθμοῖς δι' ὑπερβολὴν τῆς
500 κακώσεως φθειρομένων. ἔνθεν κἀκεῖνος μὲν πολυμερεστέραν ἔχει τὴν ἐπίσκεψιν, οὗτος δὲ ὁλοσχερεστέραν.

ἁπλῶς γὰρ ἐάν τε κεκεντρωμένον ᾖ τὸ ἕτερον τῶν φώτων καὶ τῶν κακοποιῶν ὁ ἕτερος συνῇ ἢ διαμηκίζῃ, ταῦτα
δὲ μοιρικῶς καὶ κατ' ἰσοσκελίαν μηδενὸς μὲν ἀγαθοποιοῦ
505 συσχηματιζομένου, τοῦ δὲ οἰκοδεσπότου τῶν φώτων ἐν
τοῖς τῶν κακοποιῶν τόποις κατειλημμένου, τὸ γεννώμενον
οὐ τραφήσεται, παρ' αὐτὰ δὲ ἕξει τὸ τέλος τῆς ζωῆς· ἐὰν **3**
δὲ μὴ κατ' ἰσοσκελίαν μὲν τοῦτο συμβαίνῃ, ἀλλ' ἐγγὺς
ἐπαναφέρωνται τοῖς τῶν φώτων τόποις αἱ τῶν κακοποιῶν
510 βολαί, δύο δὲ ὦσιν οἱ κακοποιοὶ καὶ ἤτοι τὸ ἕτερον τῶν
φώτων ἢ καὶ ἀμφότερα βλάπτοντες ἢ κατὰ ἐπαναφορὰν ἢ
κατὰ διάμετρον ἢ ἐν μέρει τὸ ἕτερον ὁ ἕτερος (ἢ ὁ μὲν
ἕτερος διαμετρῶν, ὁ δὲ ἕτερος ἐπαναφερόμενος), καὶ οὕτως ἄχρονα γίνεται, τοῦ πλήθους τῶν κακώσεων ἀφανί-
515 ζοντος τὸ ἐκ τοῦ διαστήματος τῆς ἐπαναφορᾶς εἰς ἐπιμο-
νὴν ζωῆς φιλάνθρωπον. βλάπτει δὲ ἐξαιρέτως κατὰ μὲν **4**
τὰς ἐπαναφορὰς ἥλιον μὲν ὁ τοῦ Ἄρεως, σελήνην δὲ ὁ τοῦ

T 516–519 *Ἄρεως* (§ 4 in.) iterum Heph. II 10,17 (= Ep. IV 24,10)

S 502–507 (§ 2 fin.) Horosc. Const. 3,1 ‖ **504** *μοιρικῶς* Ap. II 9,23 (ubi plura)

500 *μὲν* hic **α** Heph., post *πολυμερεστέραν* **MS** om. **VDγ** ‖ **501** *δὲ* **Yγ** *δὲ τὴν* **VΣβ** Heph. ‖ **503** *ἢ* **V** Heph. *ἢ καὶ* **αβγ** | post *διαμηκίζῃ*: *ση. διαμηκίζει λέγει τὸ διαμετρεῖ* **A**[2] ‖ **504** *ἰσοσκέλειαν* **Σ** (et saepius) ‖ **505** *σχηματιζομένου* **Σ** | *δὲ* om. **Σc** ‖ **507** *ἕξει*] *ἥξει* **γ** | *τῆς ζωῆς* om. **Σc** ‖ **508** *συμβαίνει* **V** ‖ **511** *ἐπαναφορίαν* **V** ‖ **513** *διαμετρῶν* **αβγ** *διάμετρος ᾖ* **V** *διάμετρος* Heph. ‖ **515** *τῆς*] *τοῦ* **V** ‖ **516** *ζωῆς* **VY** Heph. *τῆς ζωῆς* **Σβγ** (praetulerunt edd.)

Κρόνου, κατὰ δὲ τὰς διαμετρήσεις ἢ καθυπερτερήσεις ἀνάπαλιν ἥλιον μὲν ὁ τοῦ Κρόνου, σελήνην δὲ ὁ τοῦ Ἄρεως, καὶ μάλιστα ἐὰν κατάσχωσι τοπικῶς ἤτοι τὰ φῶτα 520 *ἢ τὸν ὡροσκόπον οἰκοδεσποτήσαντες. ἐὰν δὲ καὶ δύο τυγχάνωσι διαμετρήσεις ἐπικέντρων ὄντων τῶν φώτων καὶ τῶν κακοποιῶν κατ' ἰσοσκελίαν, τότε καὶ νεκρὰ ἢ ἡμιθανῆ τίκτεται τὰ βρέφη.*

5 *τούτων δὲ οὕτως ἐχόντων, ἐὰν μὲν ἀπόρροιαν ἀπό τινος* 525 *τῶν ἀγαθοποιῶν ἔχοντα τὰ φῶτα τυγχάνῃ ἢ καὶ ἄλλως αὐτοῖς ᾖ συνεσχηματισμένα (τοῖς προηγουμένοις ἑαυτῶν μέρεσι μέντοι γε τὰς ἀκτῖνας αὐτῶν ἐπιφερόντων), ἐπιζήσεται τὸ τεχθὲν ἄχρι τοῦ τῶν μεταξὺ τῆς τε ἀφέσεως καὶ τοῦ τῶν ἐγγυτέρων τῶν κακοποιῶν ἀκτίνων ἀριθμοῦ τῶν μοι-* 530

S 529 *ἀφέσεως* Ap. III 11,2

518–520 *κατὰ … Ἄρεως* om. **S** | *ἢ* **VΣ** Heph.   *καὶ* **Y**   *ἢ καὶ* **DMγ** ‖ **520** *καὶ μάλιστα ἐὰν* **Σβγ** (cf. *καὶ μάλιστα* ⟨*ἐὰν*⟩ Heph.)   *κἂν* **VY** | *τοπικῶς*] *τροπικῶς* **S** | *ἤτοι* **VY** (cf. Procl.)   *ς'* **G**   *τῶν* **Σβγc** ‖ **521** *ἢ* **VYDγ** Procl.   *καὶ* **ΣMSc** | *οἰκοδεσποτήσαντες* **VY** (cf. *οἰκοδεσποτήσαντες τύχωσιν* Heph.)   *οἰκοδεσποτησάντων* **Σβγc** | *καὶ δύο* **αβγ** Heph.   *δύο* **V** edd. ‖ **522** *ὄντων τῶν φώτων* **VYDγ** Heph.   *τῶν φώτων ὄντων* **ΣMS** ‖ **525** *ἀπό τινος*] *ἀπόπινες* **Y** ‖ **526** *φῶτα*] *φῶ* **V** ‖ **527** *τοῖς* **VY**   *ἐν τοῖς* **Σβγ** Heph. (quos secutus est Robbins) | *ἑαυτῶν* **VY**   *αὐτῶν* **Σβγ** Heph. an *αὑτῶν* scribendum? cf. 1,744 ‖ **528** *ἐπιζήσεται* **VΣβBC** Heph.   *ἐπιζήτησαι* **Y**   *ἐπιζητήσεται* **A** (sed *-τη-* expunctum) ‖ **529** *ἄχρι*] *ἀντὶ* **VY**(?) Heph. (postea: *ἀριθμούντων*) | *τοῦ τῶν* (sc. *ἀκτίνων*) **V** (quem tacite sequitur Boer)   *τοῦιων* **Y**   *τοῦ* **Σβγ** | *ἀφέσεως* **ΣMS** Heph. Procl.   *ἀφαιρέσεως* **VYDγ** ‖ **530** *τῶν ἐγγυτέρων* **VY** Heph. Procl.   *τῶν ἐγγυτέρω* **DS**   *τοῦ ἐγγυτέρω* **ΣMγc** | *ἀκτίνων* om. **γ** | *ἀριθμοῦ* om. **A** | *ἀριθμοῦ τῶν*] *ἀριθμούντων* Heph.

ρῶν τοὺς ἴσους μῆνας ἢ ἡμέρας ἢ καὶ ὥρας πρὸς τὸ μέγεθος τῆς κακώσεως καὶ τὴν δύναμιν τῶν τὸ αἴτιον ποιούντων. ἐὰν δὲ αἱ μὲν τῶν κακοποιῶν ἀκτῖνες εἰς τὰ προ- **6** *ηγούμενα φέρωνται τῶν φώτων, αἱ δὲ τῶν ἀγαθοποιῶν εἰς* 535 *τὰ ἑπόμενα, τὸ γεννώμενον ἐκτεθὲν ἀναληφθήσεται καὶ ζήσεται· καὶ πάλιν, ἐὰν μὲν οἱ συσχηματισθέντες ἀγαθοποιοὶ καθυπερτερηθῶσιν ὑπὸ τῶν κακοποιῶν, εἰς κάκωσιν καὶ ὑποταγήν, ἐὰν δὲ καὶ καθυπερτερήσωσιν, εἰς ὑποβολὴν ἄλλων γονέων. εἰ δὲ καὶ τῶν ἀγαθοποιῶν τις ἀνατο-* 540 *λὴν ἢ συναφὴν ποιοῖτο τῇ σελήνῃ, τῶν δὲ κακοποιῶν ὑπὸ δύσιν τις εἴη, ὑπ' αὐτῶν τῶν γονέων ἀναληφθήσεται. κατὰ* **7** c 33 m 127 *τὸν αὐτὸν δὲ τρόπον καὶ ἐπὶ τῶν πλειστογονούντων, ἐὰν μὲν ὑπὸ δύσιν τις ᾖ τῶν κατὰ δύο ἢ καὶ πλείους συνεσχηματισμένων ἀστέρων, ἡμιθανές τι ἢ σάρκωμα καὶ ἀτελὲς* 545 *τὸ γεννώμενον ἀποτεχθήσεται, ἐὰν δὲ ὑπὸ κακοποιῶν καθυπερτερῆται, ἄτροφον ἢ ἄχρονον ἔσται τὸ ὑπὸ τῆς κατ' αὐτὸν αἰτίας συγγεγενημένον.*

T **533–536** *ζήσεται* (§ 6 in.) iterum Heph. II 10,28 (= Ep. IV 24,20) || **541–542** iterum Heph. II 10,32 || **542–547** (§ 7 fin.) iterum Heph. II 10,35

S **535** *ἐκτεθὲν* Maneth. IV 366–383.593–596. Firm. math. IV 3,2. Heph. III 39,3. Lib. Herm. 32,3

531 *μῆνας*] *μονας* **V** | *πρὸς*] *περὶ* **V** *παρὰ* Heph., cf. 2,672 necnon 1,540 || **533** *αἱ*] *ἐὰν* **V** | *μὲν* om. **γ** || **535** *ἐκτεθὲν*] *ἐκτεχθὲν* **Y** Heph. (cod. **P**, *ἐκτεθὲν* Ep. IV 24,20) || **537** *καθυπερτερηθῶσιν ... ἐὰν δὲ* om. **A** || **538** *καὶ* ante *καθυπερτερήσωσιν* (suprascriptum in V) om. **D** | *ὑποβολὴν*] *ὑπερβαλὴν* **Y** || **539** *ἀνατολὴν* **Vγ** *ἀνατολῆς* **Y** *ἢ τὴν ἀνατολὴν* **Σβc** Procl. || **540** *συναφὴν* **γ** *τὴν συναφὴν* **Vαβ** (cf. Heph. § 31) | *τῆς σελήνης* **Y** Heph. || **544** *ἡμιθανές τι* **V** Heph. *ἡμιθανέστι* **Y** *ἡμιθανές ἐστιν* **Σβγc** *ἡμιθανές τε* Boer ita **V** legens || **545** *τὸ*] *τὸν* **V**

ια΄. Περὶ χρόνων ζωῆς

1 *Τῶν δὲ μετὰ τὴν γένεσιν συμπτωμάτων ἡγεῖται μὲν ὁ περὶ χρόνων ζωῆς λόγος, ἐπειδήπερ κατὰ τὸν ἀρχαῖον* [Nechepso Petos. frg. 15 Riess] *γελοῖόν ἐστι τὰ καθ' ἕκαστα τῶν ἀποτελουμένων ἐφαρμόζειν τῷ μηδ' ὅλως ἐκ τῆς τῶν βιωσίμων ἐτῶν ὑποστάσεως ἐπὶ τοὺς ἀποτελεστικοὺς αὐτῶν χρόνους ἥξοντι.* 2 *θεωρεῖται δὲ οὗτος οὐχ ἁπλῶς οὐδ' ἀπολελυμένως, ἀλλ' ἀπὸ τῆς τῶν κυριωτάτων τόπων ἐπικρατήσεως πολυμερῶς λαμβανόμενος. ἔστι δ' ὁ μάλιστά τε συμφωνῶν ἡμῖν καὶ ἄλλως ἐχόμενος φύσεως τρόπος τοιοῦτος. ἤρτηται μὲν γὰρ τὸ πᾶν ἔκ τε τῆς τῶν ἀφετικῶν τόπων διαλήψεως καὶ ἐκ τῆς αὐτῶν τῶν τῆς ἀφέσεως ἐπικρα-*

550 555

T 548–570 *δύνοντος* (§ 1–3 in.) Heph. II 11,1–3 || **548** Olymp. 23 p. 76,5 || **558–570** (§ 2 fin.–3 in.) Heph. Ep. IV 25,11–12

S 549–859 (§ 1–34) Dor. A III 1–2. Maneth. III(II) 399–428. Cod. Marcianus gr. 335 (CCAG II [1900] p. 50), fol. 174r. Cod. Angelicus gr. 29 (CCAG V 1 [1904] p. 44: nobis A) fol. 174v || **549–550** *ὁ περὶ χρόνων ζωῆς λόγος* Nechepso apud Val. III 11,1. Thras. CCAG VIII 3 (1912) p. 101,10. Balbillus ibid. p. 103,12 et CCAG VIII 4 (1921) p. 235,7–238,2. Dor. apud Heph. II 10,37. Dor. G p. 377,23. Manetho apud Heph. II 11,125. Paul. Alex. 3 p. 13,3 || **553** *βιωσίμων ἐτῶν* Ap. IV 10,4 || **558** *ἀφετικῶν* Balbillus CCAG VIII 3 (1912) p. 103,10–104,3

548 *ια΄* **VD** *ι΄* **Yγ** om. **MS** | titulum praebent **VYDMγ** Heph. om. **ΣS** || 551 *ἕκαστα* **VY** *ἕκαστον* **Σβγ** || 554 *οὗτος* **Σβγ** Procl. *οὕτως* **VY** om. **c** || 556 *ἔστι*] *ἔτι* **V**, cf. 1,1247 || 558 *τόπων* **Yβγ** Heph. Procl. om. **VΣc** || 559 *τῆς αὐτῶν τῶν* **VY** *τῶν τῆς αὐτῆς* **Σβγ** | *τῆς* ante *ἀφέσεως* om. **β**

560 τούντων καὶ ἔτι ἐκ τῆς τῶν ἀναιρετικῶν τόπων ἢ ἀστέρων. διακρίνεται δὲ τούτων ἕκαστον οὕτως.

τόπους μὲν πρῶτον ἡγητέον ἀφετικοὺς ἐν οἷς εἶναι δεῖ **3** πάντως τὸν μέλλοντα τὴν κυρίαν τῆς ἀφέσεως λαμβάνειν m 128 τό τε περὶ τὸν ὡροσκόπον δωδεκατημόριον, ἀπὸ πέντε 565 μοιρῶν τῶν προαναφερομένων αὐτοῦ τοῦ ὁρίζοντος μέχρι τῶν λοιπῶν καὶ ἐπαναφερομένων μοιρῶν εἴκοσι πέντε καὶ τὰς ταύταις ταῖς λ′ μοίραις δεξιὰς ἑξαγώνους (τὰς τοῦ ἀγαθοῦ δαίμονος) καὶ τετραγώνους (τοῦ ὑπὲρ γῆν μεσου-

T 562–570 *δύνοντος* (§ 3 in.) Porph. 43 p. 215,9–14. Steph. philos. p. 23 (= p. 275,25–276,2), cf. Rhet. A p. 221,12 ‖ **564–565** Olymp. 23 p. 76,4–6 ‖ **566–567** Rhet. D p. 222,9–10

S 562–575 (§ 3) Manil. II 856–965. Thras. CCAG VIII 3 (1912) p. 100,30–101,31. Dor. A I 5 (~ Heph. I 12). Mich. Pap. col. IX 12–19. Sext. Emp. V 13–20. Porph. 43. Firm. math. II 17–19. VI 1. Paul. Alex. 24 (quo spectat Olymp. 23). Rhet. C p. 126,12–174,17. Rhet. D p. 221,1–223,6. Steph. philos. 24–25 (p. 276,23–279,14). Lib. Herm. 14 ‖ **564–567** *ἀπὸ πέντε μοιρῶν* etc. Porph. 43 p. 215,11. 52 p. 226,5–7. Olymp. 23 p. 76,4–7. Rhet. D p. 221,12

560 *καὶ ἔτι … ἀστέρων* om. **γ** ‖ **561** post *οὕτως* titulum inseruerunt *περὶ τόπων ἀφετικῶν* **Σc** *περὶ τόπων τῆς ἀφέσεως ἤτοι τῆς ζωῆς* **S**[2] in margine ‖ **562** *τόπους μὲν πρῶτον* **VYS** *πρῶτον μὲν τόπους* **ΣDMγ** *τόπους μὲν* Heph. ‖ **564** *τὸν* **αβγ** Heph. (Ep. IV 25,12) *τὴν* **V** *τῶν* Heph. (cod. **P**) ‖ **565** *μοίρας* **V** ‖ **566** *μοιρῶν* **VDγ** Heph. *ἐπικέντρων μοιρῶν* **Y** om. **ΣMS** ‖ **567** *τὰς* (prius) **VS** *ταῖς* iteravit **Y** *τοὺς* **ΣDMγ** Rhet. D p. 222,9 om. Heph. | *δεξιὰς* **VYβ** Heph. *δεξιοὺς* **Σ** Rhet. ibid. om. **γ** | *τὰς* (alterum) **V** *τοὺς* **Y** *τε* **ΣβBC** (quos secutus est Robbins) *τε καὶ* **A** om. Heph. ‖ **568** *ἀγαθοῦ δαίμονος* **VS** Heph. *ἀγαθοδαίμονος* **Y** *ἀγαθοποιοῦ δαίμονος* **ΣDMγ**

fig. 15. duodecim locorum figura quadrata

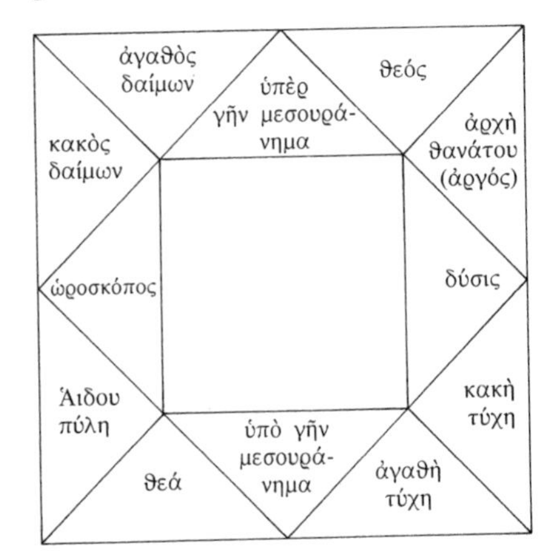

ρανήματος) καὶ τριγώνους (τοῦ καλουμένου θεοῦ) καὶ διαμέτρους (τοῦ δύνοντος) – προκρινομένων καὶ ἐν τούτοις 570 *εἰς δύναμιν ἐπικρατήσεως πρῶτον μὲν τῶν κατὰ τὸ ὑπὲρ γῆν μεσουράνημα, εἶτα τῶν κατὰ τὴν ἀνατολήν, εἶτα τῶν*

T 570–584 (§ 3 fin.–4) Heph. II 11,18–19

S 569 *θεοῦ* Manil. II 909. Sext. Emp. V 17. Firm. math. II 18,2. Paul. Alex. 24 p. 63,5 app. cr. (quo spectat Olymp. 23 p. 70,13). Rhet. C p. 163,18

570 *τοῦ*] *οὗ* **V** | *ἐν*] *ἐκ* **V** ‖ **571** *ἐπικρατήσεως* **VYβ** Heph. *τῆς ἐπικρατήσεως* **γ** *τῶν ἐπικρατήσεων* **Σ** | *τῶν* **Sγ** *τὸ* **VDM** *τῆς* **Σc** om. **Y** (*τῶν κατὰ* om. Heph. cod. **P**) ‖ **572** *μεσουράνημα* **βγ** Heph. *μεσουρανήματι* **Σ** *μεσουρανήματος* **c** | post *μεσουράνημα*: *ἑστώτων* add. **VY** non agnoverunt edd. | *τῶν*] *τὴν* **V**, cf. 1,168

κατὰ τὴν ἐπαναφορὰν τοῦ μεσουρανήματος, εἶτα τῶν κατὰ τὸ δῦνον, εἶτα τῶν κατὰ τὸ προηγούμενον τοῦ μεσουρα-
575 νήματος. τό τε γὰρ ὑπὸ γῆν πᾶν εἰκότως ἀθετητέον πρὸς 4 τὴν τηλικαύτην κυρίαν πλὴν μόνων τῶν παρ' αὐτὴν τὴν ἐπαναφορὰν εἰς φῶς ἐρχομένων, τοῦ τε ὑπὲρ γῆν οὔτε τὸ ἀσύνδετον τῷ ἀνατέλλοντι δωδεκατημόριον ἁρμόζει παρα-
c 33v λαμβάνειν, οὔτε τὸ προανατεῖλαν (ὃ καλεῖται τοῦ κακοῦ
580 δαίμονος), ἐπειδήπερ κακοῖ τὴν ἐπὶ τὴν γῆν ἀπόρροιαν τῶν ἐν αὐτῷ ἀστέρων μετὰ τοῦ καὶ ἀποκεκλικέναι, θολοῖ τε καὶ ὥσπερ ἀφανίζει τὸ ἀναθυμιώμενον ἐκ τῶν τῆς γῆς ὑγρῶν παχὺ καὶ ἀχλυῶδες, παρ' ὃ καὶ τοῖς χρώμασι καὶ τοῖς μεγέθεσιν οὐ κατὰ φύσιν ἔχοντες φαίνονται.

585 μετὰ δὲ ταῦτα πάλιν ἀφέτας παραληπτέον τούς τε κυ- 5 ριωτάτους τέσσαρας τόπους (ἥλιον, σελήνην, ὡροσκόπον,

S 579–580 *κακοῦ δαίμονος* Thras. CCAG VIII 3 (1912) p. 121,29. Mich. Pap. col. IX 19. Sext. Emp. V 15. Firm. math. II 18,2. Paul. Alex. 24 p. 70,11 (quo spectat Olymp. 23 p. 74,15), cf. Rhet. C p. 126,16 (item Steph. philos. 25 p. 279,11) ‖ **582** *ἀναθυμιώμενον* Ap. I 4,2 (ubi plura)

573 *μεσουρανήματος*] *μορίου* **V** ‖ 573–575 *εἶτα τῶν κατὰ τὸ δῦνον … μεσουρανήματος* om. **B** ‖ 574 *δυνὼν* **C** ‖ 575 *ἀθητέον* **Y** ‖ 576 *παρ'*] *ἐπ'* **Y** ‖ 577 *ἐπαναφορὰν* **VDγ** Heph. *ἀναφορὰν* **αMS** (recepit Robbins) ‖ 578 post *δωδεκατημόριον*: *ὃ λέγεται τόπος ἀργός* **Σ**^{2} in margine (recepit **c**) *ὅπερ καλοῦσι τόπον ἀργόν* **γ** in margine ‖ 579 *ὃ καλεῖται* **YDγ** *καὶ καλεῖται* **V** *ὃ καὶ καλεῖται* **ΣMS** | *τοῦ* om. **αMS** ‖ **580** *ἐπειδήπερ* **Σβγ** *ἐπείπερ* **V** *ὅπερ* **Y** | *κακοῖ* **V** (cf. *βλάπτει* Procl.) *κακοὶ* **Γ** *κακῇ* **Y** *κἀκεῖ* **G** om. **Σβγc** | *τὴν* post *ἐπὶ* om. **Σ** ‖ **581** *ἀστέρων* om. **MS** ‖ **582** *τε* **V** *μὲν* **Y** om. **Σβγ** (non receperunt **c** Boer) ‖ **584** *φαίνονται* **Vαβ** Heph. *φαίνεται* **γ** ‖ **585** *τούς* om. **V**

κλῆρον τύχης) καὶ τοὺς τούτων οἰκοδεσποτήσαντας, κλῆρον μέντοι τύχης τὸν συναγόμενον ἀπὸ τοῦ ἀριθμοῦ πάντοτε καὶ νυκτὸς καὶ ἡμέρας τοῦ ἀπὸ ἡλίου ἐπὶ σελήνην καὶ τὰ ἴσα φέροντος ἀπὸ τοῦ ὡροσκόπου κατὰ τὰ ἑπόμενα τῶν ζῳδίων, ἵνα ὃν ἔχει λόγον καὶ σχηματισμὸν ὁ ἥλιος πρὸς τὸν ὡροσκόπον, τοῦτον ἔχῃ καὶ ἡ σελήνη πρὸς τὸν κλῆρον τῆς τύχης καὶ ᾖ ὥσπερ σεληνιακὸς ὡροσκόπος. m 129 590

T 591–596 (§ 5 *ὃν ἔχει – 6 ὡροσκόπου*) Heph. II 11,24–25. Lib. Herm. 16 p. 42,28–31 G.

S 588–593 *κλῆρον ... τύχης* Nech. et Petos. frg. 19 Riess (apud Val. III 11,2–4). Manil. III 169–202. Dor. A I 10–26,11. Val. II 3. Firm. math. IV 17,3–5. Heph. II 18,10. Paul. Alex. 23 p. 47,15–48,5 (quo spectat Olymp. 22 p. 46,4–50,5). Rhet. A p. 160,12–16 ‖ **593** *σεληνιακὸς ὡροσκόπος* Abraham apud Firm. math. IV 17,5. Rhet. D p. 223,15–16

587 post *οἰκοδεσποτήσαντας* titulum *περὶ τοῦ κλήρου τῆς τύχης* inseruerunt **Σc** ‖ **588** *μέντοι*] *μὲν* **V** | *τῷ συναγομένῳ* **γ** | *ἀπὸ τοῦ ἀριθμοῦ* **Vαβ** *ἀριθμῷ τῶν μοιρῶν* **γ** ‖ **589** post *πάντοτε*: *τῶν μοιρῶν* add. **Σ** | *καὶ νυκτὸς καὶ ἡμέρας* **VY** *καὶ ἡμέρας καὶ νυκτὸς* **Σβ** *ἡμέρας δηλαδὴ καὶ νυκτὸς* **γ**, cf. 1,12. al. | *ἀπὸ τοῦ ☉ ἐπὶ τὴν ☾* **γ** ‖ **590** *τὰ ἴσα* **αβ** (cf. Procl.) *εἰς τὰ ἴσα* **V** *τὸν ἴσον ἀριθμὸν* **γ** | *φέροντος* **VY** *ἀφαιροῦντες* **Σβγc** | *τοῦ ὡροσκόπου*] *τῆς τοῦ ὡροσκόπου μοίρας* **γ** ‖ **591** post *ζῳδίων*: *ὅπου δ' ἂν ἐκπέσῃ ὁ ἀριθμός, ἐκείνην τὴν μοῖραν τοῦ δωδεκατημορίου καὶ τὸν τόπον φαμὲν ἐπέχειν τὸν κλῆρον τῆς τύχης* add. **Σγc** | *λόγον ἔχῃ* **C** ‖ **592** *ὡροσκόπον* **VD** *ἀνατολικὸν ὁρίζοντα* **αMS** Heph. *τὴν ὡροσκοποῦσαν μοῖραν τοῦ ἀνατέλλοντος δωδεκατημορίου* **γ** ‖ **593** *σεληνιακὸς* om. **S** | post *ὡροσκόπος*: *πλὴν ὀφείλομεν ὁρᾶν, ποῖον τῶν φώτων ἐπὶ τὰ ἑπόμενα εὑρίσκεται* [*-κη-* **Σ**] *τοῦ ἑτέρου· εἰ μὲν γὰρ ἡ σελήνη* [*ὡς* add. **γ**] *πρὸς τὰ ἑπόμενα μᾶλλον εὑρίσκεται* [*-κη-* **Σ**] *τοῦ ἡλίου, τὸν ἐκβαλλόμενον ἀπὸ τοῦ ὡροσκόπου ἀριθμὸν ἐπὶ τὸν κλῆρον τῆς τύχης, ὡς πρὸς τὰ ἑπόμενα τῶν ζῳδίων δεῖ ἡμᾶς τοῦτον διεκβάλ-*

ἴσως δὲ αὐτὸ τοῦτο θέλει τε καὶ δύναται παρὰ τῷ συγγρα- **6**
595 *φεῖ τὸ τοῖς νυκτὸς γεννωμένοις ἀπὸ σελήνης ἐπὶ ἥλιον*
ἀριθμεῖν καὶ ἀνάπαλιν ἀπὸ τοῦ ὡροσκόπου, τουτέστιν εἰς
τὰ προηγούμενα, διεκβάλλειν· καὶ οὕτως γὰρ κἀκεῖνος ὁ
m 130 *αὐτὸς τόπος τοῦ κλήρου καὶ ὁ αὐτὸς τοῦ συσχηματισμοῦ*
λόγος ἐκβήσεται.

600 *προκριτέον δὲ καὶ ἐκ τούτων ἡμέρας μὲν πρῶτον τὸν* **7**
ἥλιον, ἐάνπερ ᾖ ἐν τοῖς ἀφετικοῖς τόποις· εἰ δὲ μή, τὴν σε-
λήνην· εἰ δὲ μή, τὸν πλείους ἔχοντα λόγους οἰκοδεσποτείας
πρός τε τὸν ἥλιον καὶ τὴν προγενομένην σύνοδον καὶ πρὸς

T 600–612 (§ 7) Heph. II 11,20–23 ‖ **600** sqq. cod. Angelicus gr. 29 (nobis A) fol. 174^{v}

S 600–859 (§ 7–34) Dor. A III 2 (cf. Heph. II 26,25–34). Maneth. III(II) 399–420. Val. II 2. Porph. 30. Paul. Alex. 36 p. 95,18–96,6 (quo spectat Olymp. 40)

λειν. εἰ δὲ ὡς πρὸς τὰ ἡγούμενα [*προηγούμενα* **C**] *τοῦ ἡλίου μᾶλλον εὑρίσκεται* [*-κη-* **Σ**] *ἡ σελήνη, τὸν αὐτὸν ἀριθμὸν ὡς πρὸς τὰ ἡγούμενα* [*προηγούμενα* **γ**] *τοῦ ὡροσκόπου δεῖ ἐκβάλλειν* [*διεκβάλλειν* **Σ**, cf. l. 597 necnon Paul. Alex. 23 p. 48,5 app.] **Σγ** “haec supposititia, et ab aliquo interprete temerè inserta esse videntur” **m** asterisco notavit **c**

594–599 *ἴσως … ἐκβήσεται* om. **S** lacuna quattuor fere litterarum relicta, *ἴσως …* 597 *διεκβάλλειν* om. **γ**, damnavit Robbins, sed Hephaestio Ptolemaeum Nechepsonem et Petosirin afferre docet | *ἴσως δὲ* **Vγ** *ἴσως δὲ τῷ* **Y** *ἴσως δὲ καὶ* **DMΣc** | *θέλει τε* **V** *θέλει* **Y** *ἐστί τε* **ΣDMc** ‖ **597** *διεκβάλλειν* **V** (cf. *ἐκβάλλειν* Heph.) *διεκβαλεῖν* **αDM** | *κἀκείνως* **M** ‖ **598** post *κληροῦ*: *τῆς τύχης* add. **γ** | *σχηματισμοῦ* **ΣM** ‖ **599** *ἐκβήσεται* **VYDγ** *εὑρεθήσεται* **ΣMc** ‖ **600** titulum *πόσοι ἀφέται* inseruerunt **Σc** *περὶ τόπων τῆς ἀφέσεως* **S**^{2} in margine | *καὶ ἐκ* om. **Σβγc** ‖ **602** *τὸν … ἔχοντα* **V** *τὴν … ἔχοντα* **Y** *τοὺς … ἔχοντας* **Σβγc** ‖ **603** supra *ἥλιον*: *ἤγουν τὸ ζῴδιον ὃ ἐπέχει ὁ ☉* **C** | *σύνοδον* **VαDSγ** Heph. *εἴσοδον* **D**^{2}(in margine)**M** | *πρὸς* om. **ΓΣc**

τὸν ὡροσκόπον, τουτέστιν ὅταν τῶν οἰκοδεσποτικῶν τρόπων ε΄ ὄντων τρεῖς ἔχῃ πρὸς ἕνα ἢ καὶ πλείους τῶν εἰρημένων· εἰ δὲ μή, τελευταῖον τὸν ὡροσκόπον· νυκτὸς δὲ πρῶτον τὴν σελήνην, εἶτα τὸν ἥλιον, εἶτα τὸν πλείους ἔχοντα λόγους οἰκοδεσποτείας πρός τε τὴν σελήνην καὶ πρὸς τὴν προγενομένην πανσέληνον καὶ τὸν κλῆρον τῆς τύχης· εἰ δὲ μή, τελευταῖον συνοδικῆς μὲν οὔσης τῆς προγενομένης συζυγίας τὸν ὡροσκόπον, πανσεληνιακῆς δὲ τὸν κλῆρον τῆς τύχης. 605 c 34 610

8 *εἰ δὲ καὶ ἀμφότερα τὰ φῶτα ἢ καὶ ὁ τῆς οἰκείας αἱρέσεως οἰκοδεσπότης ἐν τοῖς ἀφετικοῖς εἶεν τόποις, τὸν ἐν τῷ κυριωτέρῳ τόπῳ τῶν φώτων παραληπτέον. τότε δὲ μόνον τὸν οἰκοδεσπότην ἀμφοτέρων προκριτέον, ὅταν καὶ κυριώτερον ἐπέχῃ τόπον καὶ πρὸς ἀμφοτέρας τὰς αἱρέσεις οἰκοδεσποτείας λόγον ἔχῃ.* 615

9 *τοῦ δὲ ἀφέτου διακριθέντος ἔτι καὶ τῶν ἀφέσεων δύο τρόπους παραληπτέον· τόν τε εἰς τὰ ἑπόμενα μόνον τῶν ζῳδίων ὑπὸ τὴν καλουμένην ἀκτινοβολίαν, ὅταν ἐν τοῖς* m 131 620

T 612–642 (§ 8–11) Heph. II 11,31–34

604 *τῶν* om. **Σγc** | *τρόπων*] *τόπων* **S**, cf. 3,93 ‖ **606** post *μή*: *δὲ* iteravit **V** | post *ὡροσκόπον*: *δῆλον ὅτι εἴπερ ὁ ☉, ἐν ταῖς ἑπομέναις ἡμέραις τοῦ ὡροσκόπου* **Y** ‖ **607** *τὸν … ἔχοντα* **V** *τὸν … ἔχωντα* **Y** (cf. Procl.) *τοὺς … ἔχοντας* **Σβγc** ‖ **608** *πρὸς* (alterum) om. **ΣSγ** | *προγενομένην* **ΣMSγ** *γενομένην* **VYD** (praetulit Boer) ‖ **609** post *τύχης*: *εἰ δὲ μή, τελευταῖον ὁ ὡροσκόπος ἀφίησι τοὺς χρόνους* **Σβc** ‖ **613** *εἶεν*] *εἰσὶν* **C** | *τὸν ἐν* **VΣβAC** *τὸν* **Y** *τῶν* **G** *τῶν* (abbr.) *ἐν* **B** *τὸν μὲν* **c** ‖ **614** *τόπῳ* **Vβγ** Heph. Procl. *τρόπῳ* **Σc** om. **Y**, cf. 3,93 | *φώτων* **Vαβ** *ἀφετικῶν* **γ** ‖ **616** *κυριώτερον* **VαSγ** (cf. *κυριωτέρῳ* Heph.) *καιριώτερον* **DM** ‖ **617** post *ἔχῃ* capitis titulum *πόσοι τρόποι ἀφέσεως* inseruerunt **Σc** ‖ **618** *ἀφέτου* **V** Heph. *ἀφέτου καὶ* **Y** *ἀφετικοῦ* **Σβγ** ‖ **619** *τρόπους* **αβγ** Heph. *τόπους* **V** (praetulit Boer in adnotatione coll. Heph. II 11,51), cf. 3,93

ἀπηλιωτικοῖς τόποις (τουτέστι τοῖς ἀπὸ τοῦ μεσουρανήματος ἐπὶ τὸν ὡροσκόπον τόποις) ᾖ ὁ ἀφέτης, καὶ τὸν οὐ μόνον εἰς τὰ ἑπόμενα, ἀλλὰ καὶ εἰς τὰ προηγούμενα κατὰ τὴν λεγομένην ὡριμαίαν, ὅταν ἐν τοῖς ἀποκεκλικόσι τοῦ
625 μεσουρανήματος τόποις ᾖ ὁ ἀφέτης.

τούτων δὲ οὕτως ἐχόντων ἀναιρετικαὶ γίγνονται μοῖραι **10** κατὰ μὲν τὴν εἰς τὰ προηγούμενα τῶν ζῳδίων ἄφεσιν ἡ τοῦ δυτικοῦ ὁρίζοντος μόνη διὰ τὸ ἀφανίζειν τὸν κύριον τῆς ζωῆς, αἱ δὲ τῶν οὕτως ὑπαντώντων ἢ μαρτυρούντων
630 ἀστέρων ἀφαιροῦσι μόνον καὶ προστιθέασιν ἔτη τοῖς μέχρι τῆς καταδύσεως τοῦ ἀφέτου συναγομένοις καὶ οὐκ ἀναιροῦσι διὰ τὸ μὴ αὐτοὺς ἐπιφέρεσθαι τῷ ἀφετικῷ τόπῳ, ἀλλ' ἐκεῖνον τοῖς αὐτῶν. καὶ προστιθέασιν μὲν οἱ ἀγαθοποιοί, ἀφαιροῦσι δὲ οἱ κακοποιοί, τοῦ Ἑρμοῦ πάλιν ὁπο-
635 τέροις ἂν αὐτῶν συσχηματισθῇ προστιθεμένου. ὁ δὲ **11** ἀριθμὸς τῆς προσθέσεως ἢ ἀφαιρέσεως θεωρεῖται διὰ τῆς καθ' ἕκαστον μοιροθεσίας· ὅσοι γὰρ ἂν ὦσιν ὡριαῖοι χρό-

S 624 *ὡριμαίαν* Val. III 7,13. IX 8,17 (adde schol. ad III 3,15 p. 367,20). Heph. Ep. IV 25,48. Leo philos. CCAG I (1898) p. 139,1

621 *τόποις* **VYD** om. **ΣMSγ** Heph. fort. recte ‖ **622** *τὸν* (post *καὶ*) **VYγ** Heph. *τοῦτον* **Σβ** ‖ **623** post *καὶ*: *τὸν* add. **VDγ** ‖ **626** *μοῖραι*] *μόνον* **V** *καὶ* Heph. (viget cod. **P** tantum) ‖ **629** *ὑπαντώντων* **VYSC** Heph. *ἀπαντώντων* **ΣDM AB** ‖ **630** *καὶ* **VY** Heph. Procl. *ἢ* **Σβγ** | *τοῖς … συναγομένοις* **VY** Heph. *τοῖς ὑπὸ τοῦ ἀφέτου συναγομένοις μέχρι τῆς καταδύσεως τοῦ ἀφέτου* **Σβγ** ‖ **631** *οὐκ* om. **ΣDM** ‖ **634** *τοῦ Ἑρμοῦ* **V** Heph. *τοῦ δὲ Ἑρμοῦ* **Y** *τούτου Ἑρμοῦ* **AB** *τοῦ τοῦ Ἑρμοῦ* **C** (recepit Boer) *ὁ δὲ τοῦ Ἑρμοῦ* **ΣD** *ὁ τοῦ* **MS** ‖ **635** *σχηματισθῇ* **Y** Heph. | *προστιθεμένου* **VGβγ** Heph. *προστηθεμένου* **Y** *προστιθέμενος* **Σc** ‖ **637** *ἂν* om. **YM** (*ἐὰν* Heph. cod. **P**, at recte Ep. IV 25,53)

νοι τῆς ἑκάστου μοίρας (ἡμέρας μὲν οὔσης οἱ τῆς ἡμέρας, νυκτὸς δὲ οἱ τῆς νυκτός), τοσοῦτον πλῆθος ἐτῶν ἔσται τὸ τέλειον· ὅπερ ἐπὶ τῆς ἀνατολῆς αὐτῶν ὄντων λογιστέον, 640 *εἶτα κατὰ τὸ ἀνάλογον τῆς ἀποχωρήσεως ὑφαιρετέον, ἕως* m 132 *ἂν πρὸς τὰς δυσμὰς εἰς τὸ μηδὲν καταντήσῃ.*

12 *κατὰ δὲ τὴν εἰς τὰ ἑπόμενα τῶν ζῳδίων ἄφεσιν ἀναιροῦσιν οἵ τε τῶν κακοποιῶν τόποι (Κρόνου καὶ Ἄρεως· ἤτοι σωματικῶς ὑπαντώντων ἢ ἀκτῖνα ἐπιφερόντων ὁθενδήποτε* 645 *τετράγωνον ἢ διάμετρον, ἐνίοτε δὲ καὶ ἐπὶ τῶν ἀκουόντων ἢ βλεπόντων κατ' ἰσοδυναμίαν ἑξάγωνον) καὶ* c 34ᵛ *αὐτὸς δὲ ὁ τῷ ἀφετικῷ τόπῳ τετράγωνος ἀπὸ τῶν ἑπομένων, ἐνίοτε δὲ καὶ ἐπὶ μὲν τῶν πολυχρονούντων δωδεκατη-*

T 643–651 *τρίγωνος* (§ 12 in.) Heph. II 11,52 ‖ **645–646** Porph. 25 p. 203,24–25 (sed secludendum)

S 647 *ἀκουόντων ἢ βλεπόντων* Ap. I 15–16 (ubi plura). Val. III 5,18. VI 8,7 ‖ **648** *τετράγωνος* Maneth. III(II) 427. Heph. II 11,64 (ex Panchario). Paul. Alex. 34 p. 90,12–14 ‖ **649–650** *πολυχρονούντων ... ὀλιγοχρονίων* Sen. nat. VII 27,3. Val. III 10,2 (cf. III 3,2 al.). Ps.Ptol. Karp. 52. Serv. auct. georg. I 32. Ps.Cens. frg. 2,5 Jahn (= Schol. Germ. Strozz. p. 107,4–7 Breysig melius quam p. 170,22 Dell'Era). Horosc. L 486

640 *ὅπερ* **VYSγ** Heph. *ὅπως* **ΣDMc** | *ἐπὶ*] *ἐκ* **Σc** | post *ὄντων*: *ὅλον* add. **Σβγc** Heph. Ep. IV 25,53 ‖ **641** *εἶτα* **VY** Heph. *καὶ* **Σβγ** | *τὸ* **VΣDSγ** *τὸν* **M** om. **Y** ‖ **642** *δυσμὰς* **VDγ** *δύσεις* **αMS** Heph. *(τὴν) δύσιν* Heph. Ep. IV 25,53 ‖ **646** *ἐπὶ* **VYγ** Heph. Ep. IV 25,82. Procl. *ἀπὸ* **Σ** (*ἐπὶ* suprascriptum) **β** Heph. (cod. **P**), cf. 1,254 ‖ **647** *ἑξάγωνον* (sc. *ἀκτῖνα*) **GΣβγc** Heph. *ἑξαγώνων* **VY** Procl. (receperunt Boer Robbins) ‖ **648** *τετράγωνος* **VYγ** Heph. *ἑξάγωνος* **Σ** (*τετρα-* suprascriptum) **β** | *ἑπομένων*] *ῥεπομένων* **V** ‖ **649** *ἐπὶ μὲν* **VY** *ἐπὶ* **Sγ** Heph. *ἀπὸ* **ΣDMc**, cf. 1,254 | *πολυχρονούντων* **VY** Heph. (cod. **P**) *πολυχρονιούντων* **Σβγ** Heph. Ep. IV 25,87 | *δωδεκατημορίων* om. **γ**

650 *μορίων κακωθεὶς ὁ ἑξάγωνος, ἐπὶ δὲ τῶν ὀλιγοχρονίων ὁ τρίγωνος, σελήνης δὲ ἀφιείσης καὶ ὁ τοῦ ἡλίου τόπος ἀναιρεῖ. ἰσχύουσι γὰρ αἱ κατὰ τὴν τοιαύτην ἄφεσιν ὑπαν-τήσεις καὶ ἀναιρεῖν καὶ σῴζειν, ἐπειδὴ καὶ αὗται τῷ τοῦ ἀφέτου τόπῳ ἐπιφέρονται. οὐ πάντοτε μέντοι τούτους τοὺς* **13**
655 *τόπους καὶ πάντως ἀναιρεῖν ἡγητέον, ἀλλὰ μόνον ὅταν ὦσι κεκακωμένοι· παραποδίζονται γάρ, ἐάν τε εἰς ἀγαθο-*

T **651–652** Rhet. D p. 223,10–11 ‖ **651–675** (§ 12 fin.–15 in.) Heph. II 11,66–69

(S) CCAG I (1898) p. 101,7. Iulian. Laodic. CCAG VIII 4 (1921) p. 250,15–16. Abū M. introd. VI 1 p. 495.517 (~ Apom. Myst. ⟨III 21⟩ CCAG V 1 [1904] p. 164,3). "Pal." CCAG V 3 (1910) p. 126,10 (~ XI 1 [1932] p. 270,10–11). Id. CCAG VIII 1 (1929) p. 244,24–25/28–29. Sent. fund. p. 132,6–11. Anon. R. al., poetice Arat. 225 (et inde derivatą). Lucan. IX 535. Max. 442. Nonn. Dion. 38,374

650 post *ἑξάγωνος*: *ἀναιρεῖ* add. **Σγc** | *ὀλιγοχρονίων* **VY** Procl. *ὀλιγοχρονιούντων* **Σβγ** Heph. Ep. IV 25,87 *ὀλιγοχρονούντων* Heph. (cod. **P**) | postea *πάλιν κακωθεὶς* inseruerunt **Σγ** (cf. *ὡσαύτως κακωθεὶς* Heph. Ep. IV 25,87) ‖ **651** post *τρίγωνος* lacuna viginti fere litterarum patet in **A** | *ἀφιείσης* **YDSγ** Heph. Ep. IV 25,92 *ἀφήσης* **V** *ἀφιήσης* Heph. (cod. **P**) *ἐφιείσης* **ΣM** ‖ **652** *ἀναιρεῖ* **Σβγc** Heph. (item Ep. IV 25,92) om. **VY** Procl. (non agnovit Boer) | *αἱ* hic praebent **VDγ**, ante *ὑπαντήσεις* **αMS** Heph. | *τὴν* om. **Σ** | *ὑπαντήσεις* **αβγ** Heph. *ἀπαντήσεις* **V**, cf. 3,1067 ‖ **653** *καὶ* (ante *αὗται*) **αβγ** Heph. om. **V** edd. ‖ **654** *τούτους τοὺς τόπους* **VYDγ** *τοιούτους τοὺς τόπους* **MS** *τοὺς τοιούτους* **Σc** ‖ **655** *καὶ* om. **V** (non recepit Robbins) | *μόνον* **VDγ** Heph. *μᾶλλον* **Σ** (correctum in margine) **MS**

ποιοῦ ὅριον ἐμπέσωσιν, ἐάν τέ τις τῶν ἀγαθοποιῶν ἀκτῖνα συνεπιφέρῃ τετράγωνον ἢ τρίγωνον ἢ διάμετρον ἤτοι πρὸς αὐτὴν τὴν ἀναιρετικὴν μοῖραν ἢ εἰς τὰ ἑπόμενα αὐτῆς (ἐπὶ μὲν Διὸς μὴ ὑπὲρ τὰς δώδεκα μοίρας, ἐπὶ δὲ Ἀφροδί- 660 *της μὴ ὑπὲρ τὰς ὀκτώ), ἐάν τε σωμάτων ὄντων ἀμφοτέρων τοῦ τε ἀφιέντος καὶ τοῦ ὑπαντῶντος μὴ τὸ αὐτὸ πλάτος ᾖ ἀμφοτέρων.* **14** *ὅταν οὖν δύο ἢ πλείονα ᾖ ἑκατέρωθεν τά τε* m 133 *βοηθοῦντα καὶ τὰ κατὰ τὸ ἐναντίον ἀναιροῦντα, σκεπτέον τὴν ἐπικράτησιν ὁποτέρου τῶν εἰδῶν κατά τε τὸ πλῆθος* 665 *τῶν συλλαμβανομένων αὐτοῖς καὶ κατὰ τὴν δύναμιν· κατὰ μὲν τὸ πλῆθος, ὅταν αἰσθητῶς πλείονα ᾖ τὰ ἕτερα τῶν ἑτέρων, κατὰ δύναμιν δέ, ὅταν τῶν βοηθούντων ἢ ἀναιρούντων ἀστέρων οἱ μὲν ἐν οἰκείοις ὦσι τόποις, οἱ δὲ μή,* **15** *μάλιστα δ' ὅταν οἱ μὲν ὦσιν ἀνατολικοί, οἱ δὲ δυτικοί. καθ-* 670 *όλου γὰρ τῶν ὑπὸ τὰς αὐγὰς ὄντων οὐδένα παραληπτέον οὔτε πρὸς ἀναίρεσιν οὔτε πρὸς βοήθειαν, πλὴν εἰ μὴ τῆς σελήνης ἀφέτιδος οὔσης αὐτὸς ὁ τοῦ ἡλίου τόπος ἀνέλῃ συντετραμμένος μὲν ὑπὸ τοῦ συνόντος καταποιοῦ, διὰ μηδενὸς δὲ τῶν ἀγαθοποιῶν ἀναλελυμένος.* 675

S 660 *δώδεκα* Ap. IV 10,11 (ubi plura) ‖ **661** *ὀκτώ* Ap. IV 10,8 (ubi plura) ‖ **671** *ὑπὸ τὰς αὐγὰς* Dor. A I 7,9

657 *ἐμπέσωσιν* **Vγ** *ἐκπέσωσιν* **αβ** Heph. fort. recte, cf. e.g. 2,510 | *τέ τις τῶν ἀγαθοποιῶν* **VDγ** (cf. *τίς τε τῶν ἀγαθοποιῶν* Heph.) *τε τῶν ἀγαθοποιῶν τις* **αMSc** ‖ **658** *συνεπιφέρηται* **Sc** ‖ **663** *ἢ* **V** *ἢ καὶ* **αβγ** ‖ **664** *τὰ* om. **Σβγ** Heph. ‖ **667** post *πλῆθος*: *αὐτῶν* add. **Σ** ‖ **670** *ὦσιν*] *εἰσὶν* **V** ‖ **671** *τῶν*] *τὴν* **V**, cf. 1,168 | *αὐγὰς*] *αὐτὰς* **VD** | *προσληπτέον* Heph. ‖ **672** *εἰ*] *ἢ* Heph. ‖ **673** *σελὴν* **V** | *ἀνέλῃ* **Vβ** *ἀνέλει* **Y** *ἀνέλοι* **Σc** *ἀναιρεῖ* **γ** *ἀνέρῃ* Heph. (cod. **P**) ‖ **674** *διὰ* **Vβγ** Heph. *ὑπὸ* **α** ‖ **675** *δὲ* om. **β** Heph. | *ἀναλελυμένος* **VY** Heph. Procl. *βοηθούμενος* **D** *βοηθούμενος ἢ ἀναλελυμένος* **ΣMSγ** *βοηθούμενος καὶ ἀναλελυμένος* **c**

ὁ μέντοι τῶν ἐτῶν ἀριθμός, ὃν ποιοῦσιν αἱ τῶν μεταξὺ διαστάσεων ⟨μοῖραι⟩ τοῦ τε ἀφετικοῦ τόπου καὶ τοῦ ἀναιροῦντος, οὐδὲ ἁπλῶς οὐδὲ ὡς ἔτυχεν ὀφείλει λαμβάνεσθαι κατὰ τὰς τῶν πολλῶν παραδόσεις ἐκ τῶν ἀναφορι-
680 *κῶν πάντοτε χρόνων ἑκάστης μοίρας, εἰ μὴ μόνον, ὅταν ἤτοι αὐτὸς ὁ ἀνατολικὸς ὁρίζων τὴν ἄφεσιν ᾖ εἰληφὼς ἤ τις τῶν κατ' αὐτὸν ποιουμένων ἀνατολήν. ἑνὸς γὰρ ἐκ* **16** *παντὸς τρόπου τῷ φυσικῶς τοῦτο τὸ μέρος ἐπισκεπτομένῳ προκειμένου σκοπεῖν, μετὰ πόσους ἰσημερινοὺς χρόνους ὁ*
685 *τοῦ ἑπομένου σώματος ἢ σχήματος τόπος ἐπὶ τὸν τοῦ προηγουμένου κατ' αὐτὴν τὴν γένεσιν παραγίνεται διὰ τὸ τοὺς ἰσημερινοὺς χρόνους ὁμαλῶς διέρχεσθαι καὶ τὸν ὁρίζοντα καὶ τὸν μεσημβρινόν, πρὸς οὓς ἀμφοτέρους αἱ τῶν τοπικῶν ἀποστάσεων ὁμοιότητες λαμβάνονται, καὶ ἰσχύειν*
690 *δὲ ἕκαστον τῶν χρόνων ἐνιαυτὸν ἕνα ἡλιακὸν εἰκότως·*
c 35 *ὅταν μὲν ἐπ' αὐτοῦ τοῦ ἀνατολικοῦ ὁρίζοντος ᾖ ὁ ἀφετικὸς καὶ προηγούμενος τόπος, τοὺς ἀναφορικοὺς χρόνους*

T 676–682 (§ 15 fin.) Heph. II 11,74 in. ‖ **687–701** *τοὺς ἰσημερινοὺς* (§ 16–17) Heph. II 11,77–78

676 in margine *πῶς δεῖ λαμβάνειν τὸ μῆκος τῶν ἐτῶν* add. A[2] | *αἱ* **VYDγ** *οἱ* **ΣMS** | post *μεταξὺ*: *ἐτῶν* add. **Y** ‖ **677** ⟨*μοῖραι*⟩ suppl. Boer | *τόπου* om. **V** ‖ **680** *ἑκάστης μοίρας* **α** Procl. *ἑκάστη μοίρα* **V** *ἑκάστας μοίρας* **βγ** *καὶ ἑκάστης μοίρας* **c** ‖ **681** *ὁ αὐτὸς* **Y** | *ᾖ* om. **V** ‖ **682** *ἀνατολικήν* **Σ** ‖ **683** *τῶν … ἐπισκεπτομένων* **Y** ‖ **684** *προσκειμένου* **Σ** | *σκοπεῖν* **VY** *τοῦ σκοπεῖν* **Σβγc** (recepit Boer) ‖ **684–687** *ὁ τοῦ … χρόνους* om. **Y** ‖ **685** *τόπου* **V** | *τὸν* **VDSγ** Procl. *τὴν* **αMc** ‖ **687** *διέρχεσθαι* **V** *τὸ διέρχεσθαι* **Y** *τε διέρχεσθαι* **Σβγ** ‖ **689** *ἀποστάσεων* **VYβγ** Procl. *ὑποστάσεων* **G** om. **Σc** | *ὁμοιότητες* **Vαβ** *ἀνομοιότητες* **γ** | *ἰσχύειν* **VYΣ** (cf. Procl.) *ἰσχύει* **Gβγc** ‖ **690** *δὲ* om. **c** ‖ **691** *ἀφετικὸς* **VYDγ** *ἀφέτης* **ΣMS**

τῶν μέχρι τῆς ὑπαντήσεως μοιρῶν προσήκει λαμβάνειν
17 *(μετὰ τοσούτους γὰρ ἰσημερινοὺς χρόνους ὁ ἀναιρέτης ἐπὶ τὸν τοῦ ἀφέτου τόπον – τουτέστι ἐπὶ τὸν ἀνατολικὸν ὁρίζοντα – παραγίνεται), ὅταν δὲ ἐπ' αὐτοῦ τοῦ μεσημβρινοῦ, τὰς ἐπ' ὀρθῆς τῆς σφαίρας ἀναφοράς, ἐν ὅσαις ἕκαστον τμῆμα διέρχεται τὸν μεσημβρινόν, ὅταν δὲ ἐπ' αὐτοῦ τοῦ δυτικοῦ ὁρίζοντος, ἐν ὅσαις ἑκάστη τῶν τῆς διαστάσεως μοιρῶν καταφέρεται, τουτέστιν ἐν ὅσαις αἱ διαμετροῦσαι ταύτας ἀναφέρονται.* **18** *τοῦ δὲ προηγουμένου τόπου μηκέτι ὄντος ἐν τοῖς τρισὶ τούτοις ὅροις, ἀλλ' ἐν ταῖς μεταξὺ διαστάσεσιν, οὐκέτι οἱ τῶν προκειμένων ἀναφορῶν ἢ καταφορῶν ἢ μεσουρανήσεων χρόνοι τοὺς ἑπομένους τόπους οἴσουσιν ἐπὶ τοὺς αὐτοὺς τοῖς προηγουμένοις, ἀλλὰ διάφοροι. ὅμοιος μὲν γὰρ καὶ ὁ αὐτὸς τόπος ἐστὶν ὁ τὴν ὁμοίαν καὶ ἐπὶ τὰ αὐτὰ μέρη θέσιν ἔχων ἅμα πρός τε τὸν ὁρίζοντα καὶ τὸν μεσημβρινόν· τοῦτο δὲ ἔγγιστα συμβέβηκε τοῖς ἐφ' ἑνὸς κειμένοις ἡμικυκλίου τῶν γραφομένων διὰ τῶν τομῶν τοῦ τε μεσημβρινοῦ καὶ τοῦ ὁρίζοντος, ὧν ἕκαστον κατὰ τὴν αὐτὴν θέσιν τὴν ἴσην ἔγγιστα καιρικὴν*

695 700 705 m 135 710

T 706–717 (§ 18 fin.–19) Heph. II 11,81–82

S 697 *ὀρθῆς ... σφαίρας* Synt. I 16 || **711** *καιρικὴν* Pr. Kan. 2

693 *ὑπαντήσεως*] *ἀπαντήσεως* **Σ** | *μοίρας* **V** | *λαμβάνειν* **Vαβ** *λαβεῖν* **γ** || **694** *χρόνους* om. **A** || **697** *ὅσαις* om. **Y** || **700** *αἱ* om. **YMS** || **701** *ταύτας* **VGβ** (cf. Procl.) *ταύταις* **YΣγc** | ad *προηγουμένου*: *τοῦ ἀφέτου* **A** (in margine sicut **B**) *ἤτοι τοῦ ἀφέτου* **C** (supra lineam) || **703** *οἱ* hic praebent **Σβγ**, ante 704 *χρόνοι* **VY** (quos secutus est Robbins) || **704** *συμμεσουρανήσεων* **Σc** || **709** *ἐφ'* **VαSγ** *ἀφ'* **DM** *ὑφ'* Heph. (cod. **P**) || **711** *ἕκαστον* (sc. *ἡμικύκλιον*) **αMS** Heph. *ἕκαστος* **VDγ** | *τὴν* (alterum) hic om. **Σγ** | *καιρικὴν* **VYDS** Heph. *τὴν καιρικὴν* **γ** *τὴν* **ΣMc**

ὥραν ποιεῖ. ὥσπερ δ' ἂν περιάγηται περὶ τὰς εἰρημένας **19**
τομάς, ἔρχεται μὲν ἐπὶ τὴν αὐτὴν θέσιν καὶ τῷ ὁρίζοντι
καὶ τῷ μεσημβρινῷ, τοὺς δὲ τῆς διελεύσεως τοῦ ζῳδιακοῦ
715 *χρόνους ἀνίσους ἐφ' ἑκατέρου ποιεῖ, τὸν αὐτὸν τρόπον καὶ*
κατὰ τὰς τῶν ἄλλων ἀποστάσεων θέσεις δι' ἀνίσων ἐκεί-
νοις χρόνων τὰς παρόδους ἀπεργάζεται.

μία δέ τις ἡμῖν ἔφοδος ἔστω τοιαύτη, δι' ἧς (ἐάν τε **20**
ἀνατολικὴν ἐάν τε μεσημβρινὴν ἢ δυτικὴν ἐάν τε ἄλλην
720 *τινὰ ἔχῃ θέσιν ὁ προηγούμενος τόπος) τὸ ἀνάλογον τῶν*
ἐπ' αὐτὸν φερόντων χρόνων τὸν ἑπόμενον τόπον ληφθήσε-
ται· προδιαλαβόντες γὰρ τήν τε μεσουρανοῦσαν τοῦ ζῳ-
διακοῦ μοῖραν καὶ ἔτι τήν τε προηγουμένην καὶ τὴν
ἐπερχομένην, πρῶτον σκεψόμεθα τὴν τῆς προηγουμένης
725 *θέσιν, πόσας καιρικὰς ὥρας ἀπέχει τοῦ μεσημβρινοῦ,*
ἀριθμήσαντες τὰς μεταξὺ αὐτῆς καὶ τῆς μεσουρανούσης

T **722–725** (§ 20 in parte) Heph. II 11,88 ‖ **726–731** (§ 20 fin.) plenius Heph. II 11,91–93

S **722–736** (§ 20 fin.–21 in.) Synt. II 9 p. 142,9–19

712 *δ'* om. **ΣMc** | *περιάγηται*] *παρατεῖται* **Y** | *περὶ*] *παρὰ* **Y** Heph. (cod. **P**), cf. 1,540 ‖ **713** *ἔρχεται*] *ἄρχεται* **S** *ἔρχεσθαι* Heph. (cod. **P**) ‖ **715** *ἑκατέρου* **αβγc** Heph. *ἑκάτερον* **V** (praetulit Robbins) | *τὸν αὐτὸν τρόπον* om. **A** ‖ **718** *δέ* **VYA** *δὴ* **ΣβB** (ut vid.) **C** | *ἡμῖν τις* **V** | *ἔστω* **V** Procl. *ἔσται* **αβγ** ‖ **721** *καταληφθήσεται* **ΣM** ‖ **722** *προδιαβαλόντες* **Y** | *τε μεσουρανοῦσαν τοῦ*] *τοῦ μεσουρανίσαντος* **Y** ‖ **723** supra *προηγουμένην*: *τοῦ ἀφέτου* scr. **γ** (cf. *τὴν τοῦ ἀφέτου, ἣν προηγουμένην καλεῖ* Heph.) ‖ **724** *ἐπερχομένην*] *ἑπομένην* **D** in margine *ἑπομένην τῆς ἀναιρέτου* **A** (cf. *τὴν ἀναιρετικὴν μοῖραν, ἣν ἑπομένην καλεῖ* Heph.) ‖ **725** *καιρικὰς*] *καινικὰς* **Y** | postea *καὶ* add. **V** ‖ **726** *καὶ* om. **Gc**

οἰκείως ἤτοι ὑπὲρ γῆν ἢ ὑπὸ γῆν μοίρας ἐπ' ὀρθῆς τῆς σφαίρας ἀναφορὰς καὶ μερίσαντες εἰς τὸ πλῆθος τῶν αὐτῆς τῆς προηγουμένης μοίρας ὡριαίων χρόνων· εἰ μὲν m 136 *ὑπὲρ γῆν εἴη, τῶν ἡμερησίων, εἰ δὲ ὑπὸ γῆν, τῶν τῆς νυκ-* 730

21 *τός. ἐπειδὴ τὰ τὰς αὐτὰς καιρικὰς ὥρας ἀπέχοντα τοῦ μεσημβρινοῦ τμήματα τοῦ ζῳδιακοῦ καθ' ἑνὸς καὶ τοῦ αὐτοῦ γίνεται τῶν προειρημένων ἡμικυκλίων, δεήσει λαβεῖν, μετὰ πόσους ἰσημερινοὺς χρόνους καὶ τὸ ἑπόμενον τμῆμα τὰς ἴσας καιρικὰς ὥρας ἀφέξει τοῦ αὐτοῦ μεσημ-* 735 *βρινοῦ τῇ προηγουμένῃ. ταύτας δὲ εἰληφότες ἐπισκεψό-* c 35v *μεθα, πόσους τε κατὰ τὴν ἐξ ἀρχῆς θέσιν ἀπεῖχεν ἰσημερινοὺς χρόνους καὶ ἡ ἑπομένη μοῖρα τῆς κατὰ τὸ αὐτὸ μεσουράνημα (διὰ τῶν ἐπ' ὀρθῆς πάλιν τῆς σφαίρας ἀναφορῶν) καὶ πόσους, ὅτε τὰς ἴσας καιρικὰς ὥρας ἐποίει τῇ* 740

22 *προηγουμένῃ, πολυπλασιάσαντές τε καὶ ταύτας ἐπὶ τὸ*

T 731–747 (§ 21–22) Heph. II 11,96–98

S 731–835 (§ 21–31 in.) Synt. II 6–8

727 *μοίρας* **βγ** *μοίραν* **V** *μοῖραν* **Y** *μοῖ(ραν)* **Σ** *μεσουρανοῖ* **c** | *ἐπ' ὀρθῆς τῆς σφαίρας ἀναφορὰς*] *ἐπὶ τῶν τῆς ὀρθῆς σφαίρας ἀναφορῶν* **γ** ‖ **728** *ἀναφωρηκὰς* **Y** ‖ **731** *ἐπειδὴ* **V** Heph. *ἐπεὶ δὲ* **Σβγ** *ἐπὶ δὲ* **YΦ** | *τὰ* om. **VYDS** ‖ **732** *τμήματα* **VYSγ** Heph. *τμήματος* **ΣDM** ‖ **733** *δεήσει* **Σβγ** Heph. *καὶ δεήσει* **VY** edd. ‖ **734** *ἰσημερινοὺς χρόνους* **Y** Heph. *χρόνους ἰσημερινοὺς* **γ** *ἰσημερινοὺς* **VΣβc** | *καὶ τὸ … ἴσας* om. **V** ‖ **735–740** *ἀφέξει … ὥρας* om. **B** | *ἀφέξει … τῇ προηγουμένῃ* **Vαβ** Heph. (om. *αὐτοῦ*) *τῇ προηγουμένῃ ἀφέξει* **A** *ἀφέξει τῇ προηγουμένῃ* **C** ‖ **736** *ταύτας δὲ εἰληφότες* scripsi (coll. *ταῦτα μὲν εἰληφότες* Heph.) *ταύτας δέ, ἃς εἰλήφαμεν* **VY** (recepit Boer) *ταύτας γὰρ διειληφότες* **ΣMS** *ταῦτας διειληφότες* **Dγ** *ταύτας δὲ διειληφότες* Robbins tacite ‖ **740** *ἐποίει* **VYDγ** Heph. *ποιεῖ* **ΣMS**

πλῆθος τῶν τῆς ἑπομένης μοίρας ὡριαίων χρόνων (εἰ μὲν πρὸς τὸ ὑπὲρ γῆν εἴη μεσουράνημα πάλιν ἡ σύγκρισις, τῶν καιρικῶν ὡρῶν τὸ τῶν ἡμερησίων, εἰ δὲ πρὸς τὸ ὑπὸ
745 *γῆν, τὸ τῶν τῆς νυκτός), καὶ τοὺς γινομένους ἐκ τῆς ὑπεροχῆς ἀμφοτέρων τῶν διαστάσεων λαβόντες ἕξομεν τὸ τῶν ἐπιζητουμένων ἐτῶν πλῆθος.*

ἵνα δὲ φανερώτερον γένηται τὸ λεγόμενον, ὑποκείσθω **23** *προηγούμενος μὲν τόπος ὁ τῆς ἀρχῆς τοῦ Κριοῦ λόγου*
750 *ἕνεκεν, ἑπόμενος δὲ ὁ τῆς ἀρχῆς τῶν Διδύμων, κλίμα δέ,*
m 137 *ὅπου ἡ μὲν μεγίστη ἡμέρα ὡρῶν ἐστι τεττάρων καὶ δέκα, τὸ δ' ὡριαῖον μέγεθος τῆς ἀρχῆς τῶν Διδύμων ἔγγιστα χρόνων ἰσημερινῶν ιζ, καὶ ἀνατελλέτω πρῶτον ἡ ἀρχὴ τοῦ Κριοῦ, ἵνα μεσουρανῇ ἡ ἀρχὴ τοῦ Αἰγοκέρωτος, καὶ ἀπ-*
755 *εχέτω τοῦ ὑπὲρ γῆν μεσουρανήματος ἡ ἀρχὴ τῶν Διδύμων χρόνους ἰσημερινοὺς ρμη. ἐπεὶ οὖν ἡ τοῦ Κριοῦ ἀρχὴ ἀπ-* **24**

T 748–835 (§ 23–31) Schol. Paul. Alex. 90 p. 132,6–10 ‖ **748–796** (§ 23–27) Heph. II 11,100–113

S 751 *τεττάρων καὶ δέκα* Synt. II 6 p. 108,15–16. II 8 p. 136–137: *Αἰγύπτου κάτω χώρας.*

744 *τὸ* (sc. *πλῆθος*) ante *τῶν ἡμερησίων* et ante 745 *τῶν τῆς νυκτὸς* **VY** om. **Σβγc** Heph. ‖ **745** *ἐκ τῆς* **VY** *ἐκ τῶν τῆς* **Σβγ** *ἐκ τῆς τῶν* Heph. (cod. **P**) ‖ **747** *ἐπιζητουμένων* **VYDγ** Heph. *ζητουμένων* **ΣMS** | post *πλῆθος* titulos praebent *ὑπόδειγμα* **Σc** *παράδειγμα* **A**[2] in margine *ἐπίσκεψις περὶ τῶν χρόνων τῆς ζωῆς* **S**[2] in margine ‖ **749** *ὁ τῆς ἀρχῆς* **αβγ** *ἡ ἀρχὴ* **V** Procl. (cf. l. 767.777, recepit Robbins) ‖ **751** *μὲν* om. **V** | *ἡμέρα ὡρῶν ἐστι*] *ὥρα ἐστὶν ὡρῶν* **V** ‖ **752** *ἔγγιστα* om. **γ** | *ιζ*] *ιζ η′* **Σγc** ‖ **754** *ἀπεχέτω* **VDγ** (cf. *ἔστω ἀπέχουσα* Procl.) *ἀπέχει* **Y** *ἀπέχῃ* **ΣMSc** ‖ **755** *ἡ ἀρχὴ τῶν διδύμων* **VYDSγ** *τῶν διδύμων ἡ ἀρχὴ* **ΣM** ‖ **756** *ρμη*] *ρμη μζ′* **Σγc** | *ἀπέχῃ* **V**

έχει τοῦ μεσημβρινοῦ μεσουρανήματος καιρικὰς ὥρας ς̄ξ, ταύτας πολλαπλασιάσαντες ἐπὶ τοὺς ι̅ζ̅ χρόνους, οἵπερ ἦσαν τοῦ ὡριαίου μεγέθους τῆς ἀρχῆς τῶν Διδύμων (ἐπειδήπερ πρὸς τὸ ὑπὲρ γῆν μεσουράνημά ἐστιν ἡ τῶν ρ̅μ̅η̅ 760
χρόνων ἀποχή), ἕξομεν καὶ ταύτης τῆς διαστάσεως χρόνους ρ̅β̅· μετὰ τοὺς τῆς ὑπεροχῆς ἄρα χρόνους μ̅ς̅ ὁ ἑπόμενος τόπος ἐπὶ τὸν τοῦ προηγουμένου μεταβήσεται. τοσοῦτοι δέ εἰσιν ἔγγιστα χρόνοι καὶ τῆς ἀναφορᾶς τοῦ τε Κριοῦ καὶ τοῦ Ταύρου, ἐπειδὴ ὁ ἀφετικὸς τόπος ὑπόκειται 765
ὡροσκοπῶν.

25 *μεσουρανείτω δὴ ὁμοίως ἡ ἀρχὴ τοῦ Κριοῦ, ἵνα ἀπέχῃ κατὰ τὴν πρώτην θέσιν ἡ ἀρχὴ τῶν Διδύμων τοῦ ὑπὲρ γῆν μεσουρανήματος χρόνους ἰσημερινοὺς ν̅η̅. ἐπειδὴ οὖν κατὰ τὴν δευτέραν θέσιν ὀφείλει μεσουρανεῖν ἡ ἀρχὴ τῶν ⟨Διδύμων⟩, ἕξομεν τὴν τῶν διαστάσεων ὑπεροχὴν αὐτῶν τῶν* 770
ν̅η̅ χρόνων, ἐν ὅσοις πάλιν διὰ τὸ μεσουρανεῖν τὸν ἀφετικὸν τόπον διέρχεται τὸν μεσημβρινὸν ὅ τε Κριὸς καὶ ὁ Ταῦρος.

757 *μεσουρανήματος* om. **Y** ‖ 758 *πολλαπλασιάσαντες* **Vαβ** *πολλαπλασιάζοντες* **γ** | *ι̅ζ̅ χρόνους* **VY** *ι̅ζ̅* **β** *ι̅ζ̅ η′* **Σ** *ι̅ζ̅ η′ ἰσημερινοὺς χρόνους* **γ** | *οἵπερ* **VΣβ** *οἵτινες* **γ** om. **Y** ‖ 759 *ἦσαν* **V** *εἰσὶ* **γ** *εἰσὶ χρόνοι* **Σβ** om. **Y** | *ἐπειδήπερ* **VY** *ἐπειδὴ* **Σβγ** ‖ 760 *ρ̅μ̅η̅*] *ρ̅π̅η̅* **S** ‖ 762 *ρ̅β̅* **VYβ** Procl. *ρ̅β̅ μη′* **ΣAc** | *μ̅ς̅′*] *σ̅μ̅ς̅′* **D** *μ̅ε̅′* **m** ‖ 763 *ἐπὶ*] *μετὰ* **Y** ‖ 764 *καὶ* **αMS** *τοῦ* **VDγ** ‖ 766 *ὡροσκόπος* **V** ‖ 767 *μεσουρανείτω*] *μεσουρανήματος* **V** ‖ 768 *τὴν πρώτην*] *τὴν αὐτὴν* **C** *ταύτην τὴν* **AB** | post *Διδύμων*: *ἐπὶ τῆς ὀρθῆς σφαίρας* **γ** (suprascripsit **C**) ‖ 769 *ν̅η̅* **Vαβ** *ν̅ζ̅ νβ′* **γ** ‖ 770 *δευτέραν*] *πρώτην* **Y** | *ἡ ἀρχὴ τῶν Διδύμων* Procl. *ἡ ἀρχὴ τῶν* **V** *ὁ ἀφετικὸς τόπος* **Σγc** om. **Yβ** ‖ 771 *ἕξομεν*] *ἔξω μὲν* **V** | *τῶν διαστάσεων* **VY** *τῆς προτέρας διαστάσεως* **Σβc** *τῆς τοιαύτης διαστάσεως* **γ** | *αὐτῶν τῶν* **Y** *τῶν τῶν* **V** *τῶν* **G** Procl. *αὐτὴν τὴν τῶν* **ΣDMγ** *αὐτὴν τῶν* **S** ‖ 772 *ν̅η̅*] *ν̅ζ̅ μδ′* **γ** | *ὅσοις* **VY** *οἷς* **Σβγ** | *τὸ*] *τοῦ* **V**

38 775 *δυνέτω δὲ τὸν αὐτὸν τρόπον ἡ ἀρχὴ τοῦ Κριοῦ, ἵνα μεσουρανῇ μὲν ἡ ἀρχὴ τοῦ Καρκίνου, ἀπέχῃ δὲ τοῦ ὑπὲρ
γῆν μεσουρανήματος ἡ ἀρχὴ τῶν Διδύμων εἰς τὰ προηγούμενα χρόνους ἰσημερινοὺς λβ. ἐπειδὴ οὖν πάλιν ἓξ ὥρας* **26**
καιρικὰς ἀπέχει τοῦ μεσημβρινοῦ ἡ ἀρχὴ τοῦ Κριοῦ πρὸς
36 780 *δυσμάς, ἐὰν ἑπτακαιδεκάκις ταύτας ποιήσωμεν, ἕξομεν ρβ
χρόνους, οὓς ἀφέξει τοῦ μεσημβρινοῦ καὶ ἡ ἀρχὴ τῶν Διδύμων, ὅταν δύνῃ. ἀπεῖχε δὲ καὶ κατὰ τὴν πρώτην θέσιν
ἐπὶ τὰ αὐτὰ χρόνους λβ. ἐν τοῖς τῆς ὑπεροχῆς ἄρα χρόνοις
ο ἐπὶ τὸ δῦνον ἠνέχθη, ἐν οἷς καὶ καταφέρεται μὲν ὅ τε*
785 *Κριὸς καὶ ὁ Ταῦρος, ἀναφέρεται δὲ τὰ διαμετροῦντα δωδεκατημόρια τό τε τῶν Χηλῶν καὶ τὸ τοῦ Σκορπίου.*

ὑποκείσθω τοίνυν ἐπὶ μηδενὸς μὲν οὖσα τῶν κέντρων ἡ **27**
*ἀρχὴ τοῦ Κριοῦ, ἀπέχουσα δὲ λόγου ἕνεκεν εἰς τὰ προ-
ηγούμενα τῆς μεσημβρίας καιρικὰς ὥρας τρεῖς, ἵνα μεσου-*
790 *ρανῇ μὲν ἡ τοῦ Ταύρου μοῖρα ὀκτωκαιδεκάτη, ἀπέχῃ δὲ
κατὰ τὴν πρώτην θέσιν ἡ τῶν Διδύμων ἀρχὴ τοῦ ὑπὲρ γῆν*

775 *δὲ* **VY** *δὲ πάλιν* **Σβγ** | *τοῦ Κριοῦ ... ἡ ἀρχὴ* om. **V** ‖ 778 *χρόνους ἰσημερινοὺς* **Vαβ** *μοίρας* **γ** | *λβ*] *λη* **G** *λβ ις′* **Σγc** *λβ ιβ′* **m** | *ἐπειδὴ* **VDγ** *ἐπεὶ* **αMS** | *ἓξ ὥρας καιρικὰς* **Σβ** *καὶ ὥρας καιρικὰς* **V** *καιρικὰς ὥρας ἓξ* **Y** *ἓξ καιρικὰς ὥρας* **γ** ‖ 779 *ἀπέχη* **V** ‖ 780 *ἑπτακαίδεκα* **Y** | *ἑπτακαιδεκάκις ταύτας ποιήσωμεν*] *πολλαπλασιάσωμεν ταύτας ἐπὶ τοὺς ἀνωτέρω εἰρημένους ιζ η′ ὡριαίους χρόνους* **γ** | *ρβ χρόνους* **Vβ** *ρβ μη′ χρόνους* **Σc** *χρόνους ρβ* **Y** *χρόνους ἰσημερινοὺς ρβ μη′* **γ** ‖ 783 *λβ*] *λβ ις′* **Σγc** *λβ ιβ′* **m** | *τοῖς τῆς ὑπεροχῆς ἄρα χρόνοις ἑβδομήκοντα* **V** (cf. Procl.) *τοῖς τῆς ἄρα ὑπεροχῆς ο χρόνοις* **Y** *ταύτης ἄρα ὑποχῆς ὁ χρόνος* **G** *τοῖς ὑπὲρ γῆν ἄρα χρόνοις ο* **Σγc** *τοῖς τῆς ὑπὲρ γῆς ἄρα χρόνοις ἑβδομήκοντα* **MS** *τοῖς τῆς ὑπὲρ γῆν* [vix *γῆς*] *ἄρα χρόνοις ἑβδομήκοντα* **D** ‖ 787 *ἐπὶ* **VYS** *ὑπὸ* **ΣDMγc** *ἐν* Procl., cf. 1,81 | *μηδενὸς* **VYβ** *μηδὲν* **Σγc** | *μὲν οὖσα*] *μένουσα* **V**, cf. 2,225 | *ἡ ἀρχὴ* **VYγ** *ἤγουν ἡ ἀρχὴ* **Σβ** ‖ 790 *μοίρας* **VY**

μεσουρανήματος εἰς τὰ ἑπόμενα χρόνους ἰσημερινοὺς ιγ̅·
ἐὰν οὖν πάλιν τοὺς ιζ̅ χρόνους ἐπὶ τὰς γ̅ ὥρας πολλαπλα-
σιάσωμεν, ἀφέξει μὲν καὶ κατὰ τὴν δευτέραν θέσιν ἡ τῶν
Διδύμων ἀρχὴ τῆς μεσημβρίας εἰς τὰ προηγούμενα χρό- 795
28 *νους να̅, τοὺς δὲ πάντας ποιήσει χρόνους ξδ̅. ἐποίει δὲ διὰ* m 139
τῆς αὐτῆς ἀγωγῆς, ὅτε μὲν ἀνέτελλεν ὁ ἀφετικὸς τόπος,
χρόνους μς̅, ὅτε δὲ ἐμεσουράνει, χρόνους νη̅, ὅτε δὲ ἔδυνε,
χρόνους ο̅. διήνεγκεν μὲν ἄρα καὶ ὁ κατὰ τὴν μεταξὺ θέ-
σιν τῆς τε μεσουρανήσεως καὶ τῆς δύσεως τῶν χρόνων 800
ἀριθμὸς ἑκάστου τῶν ἄλλων· γέγονε γὰρ χρόνων ξδ̅· δι-
ήνεγκε δὲ κατὰ τὸ ἀνάλογον τῆς τῶν γ̅ ὡρῶν ὑπεροχῆς,
ἐπειδήπερ αὕτη ἐπὶ μὲν τῶν ἄλλων κατὰ τὰ κέντρα τεταρ-
τημορίων ιβ̅ χρόνων ἦν, ἐπὶ δὲ τῆς τῶν τριῶν ὡρῶν ἀπο-
στάσεως ἓξ χρόνων. 805

29 *ἐπεὶ δὲ καὶ ἐπὶ πάντων ἡ αὐτὴ σχεδὸν ἀναλογία συντη-*
ρεῖται, δυνατὸν ἔσται κατὰ τοῦτον τὸν τρόπον ἁπλούστε-
ρον τῇ μεθόδῳ χρῆσθαι. πάλιν γὰρ ἀνατελλούσης μὲν τῆς
προηγουμένης μοίρας ταῖς μέχρι τῆς ἑπομένης ἀναφοραῖς

T 806–835 (§ 29–31 in.) Heph. II 11,115–118

793 *οὖν* om. **β** | *ιζ̅*] *ιζ̅ η′* **Σγc** | *πολλαπλασιάσωμεν* **VΣγ** (cf. l. 758 necnon Synt. II 9 p. 143,9. al. Paul. Alex. 22 p. 45,14. al.) *πολυπλασιάσωμεν* **Yβ** (cf. l. 741), variat etiam apud Pr. Kan. 2 p. 162,4.9. 3 p. 164,1.9, praeterea apud Val. (var. l. App. IX 15). Porph. 42 p. 214,19. Heph., v. indices ‖ **794** *ἀφέξει* **αβγ** *ἀφίσταται* **V** ‖ **796** *να̅*] *να̅ κδ′* **Σγc** | *ξδ̅*] *ξδ̅ κδ′* **Σγm** *ξδ̅ κζ′* **c** ‖ **798** *ἐμεσουράνη* **V** | *νη̅*] *νζ̅ μδ′* **γ** | *ἔδυνε* **Σβγ** *ἔδεινε* **V** *δύνη* **Y** ‖ **799** *ο̅*] *ο̅ λβ′* **Σγc** *ο̅ λς′* **m** ‖ **800** *μεσουρανήσεως* **αDMγ** *μεσουρανούσης* **VS** ‖ **801** *ξδ̅ ἔγγιστα* **γ** ‖ **803** *αὕτη* **Vγ** *αὐτὴ* **Y** *αὐτὸς* **Σβc** | *ἄλλων* **VYDγ** Procl. *ὅλων* **ΣMS** ‖ **804** *ἦν ἔγγιστα* **γ** ‖ **807** *κατὰ* **Σβγ** *καὶ* **V** *καὶ κατὰ* **Y** (quem secutus est Robbins)

810 συγχρησόμεθα, μεσουρανούσης δὲ ταῖς ἐπ' ὀρθῆς τῆς σφαίρας, δυνούσης δὲ ταῖς καταφοραῖς. ὅταν δὲ μεταξὺ τούτων ᾖ, ὡς λόγου ἕνεκεν ἐπὶ τῆς ἐκκειμένης διαστάσεως τοῦ Κριοῦ, ληψόμεθα πρῶτον τοὺς ἐπιβάλλοντας χρόνους ἑκατέρῳ τῶν περιεχόντων κέντρων, εὑρήσομεν δέ (ἐπειδὴ 815 μετὰ τὸ μεσουράνημα τὸ ὑπὲρ γῆν ὑπέκειτο ἡ ἀρχὴ τοῦ Κριοῦ μεταξὺ τοῦ μεσουρανοῦντος κέντρου καὶ τοῦ δύνοντος) τοὺς ἐπιβάλλοντας χρόνους μέχρι τῆς ἀρχῆς τῶν Διδύ- m 140 μων, τῶν μὲν συμμεσουρανήσεων $\overline{νη}$, τῶν δὲ συγκαταδύσεων $\overline{ο}$. ἔπειτα μαθόντες (ὡς πρόκειται), πόσας καιρικὰς **30** 820 ὥρας ἀπέχει τὸ προηγούμενον τμῆμα ὁποτέρου τῶν κέντρων, ὅσον ἂν ὦσι μέρος αὗται τῶν τοῦ τεταρτημορίου καιρικῶν ὡρῶν ἕξ, τοσοῦτον μέρος τῆς ἀμφοτέρων τῶν συναγωγῶν ὑπεροχῆς προσθήσομεν ἢ ἀφελοῦμεν τῶν συγ- c 36v κρινομένων κέντρων· οἷον ἐπεὶ τῶν προκειμένων $\overline{ο}$ καὶ $\overline{νη}$ 825 ἡ ὑπεροχή ἐστι χρόνων $\overline{ιβ}$ (ὑπέκειτο δὲ τὰς ἴσας καιρικὰς ὥρας τρεῖς ὁ προηγούμενος τόπος ἑκατέρου τῶν κέντρων

810 συγχρησόμεθα **VYDγ** χρησόμεθα **ΣMS** | μεσουρανοῦσα **V** ‖ **812** ᾖ] ἦν **V** | ὡς **VY** οἷον **Σβγ** | ἐπὶ] ὡς ἐπὶ **γ** ‖ **814** ἑκατέρῳ **VDMγ** ἑκατέρων **αSc** | περιεχόντων **VGS** περιεχώντων **Y** περιεχομένων **ΣDMγc** ‖ **815** τὸ (prius) om. **V** ‖ **817** χρόνους **VYβ** Procl. χρόνους $\overline{ξδ}$ ἔγγιστα **Σγc** | τῆς ἀρχῆς **Y** om. **VΣβγ** ‖ **818** μὲν **YS** μὲν $\overset{o}{\mu}$ **V** δὲ **ΣDMγ** | συμμεσουρανήσεων **VΣβBC** μεσουρανήσεων **YA** Heph. fort. recte | συγκαταδύσεων **αβγ** Heph. καταδύσεων **V** ‖ **819** μαθόντες **VYβγ** Heph. Procl. μάθωμεν **Σc** | ὅσας **Y** ‖ **820** ἀπέχει **ΣSγ** Heph. ἀπέχῃ **VYDM** | ὁποτέρου **VαSγ** Heph. ὁποτέρας **DM** | κέντρων om. **V** ‖ **821** ὅσον ἂν] *ὅσων ἂν **c** ὅσον δ' ἂν **m** propter l. 819 μάθωμεν ‖ **823** ἢ προσθήσομεν **γ** | τῶν συγκρινομένων κέντρων **VG** Procl. τῷ συγκρινομένῳ κέντρῳ **YΣβγc** Heph. ‖ **824** προυποκειμένων **V** | $\overline{ο}$ καὶ $\overline{νη}$ **VY** Procl. ὡρῶν **Σβγ** om. Heph. ‖ **825** ἡ **αβγ** Heph. ἐτῶν **V**

ἀπέχων, αἵ εἰσι τῶν ϛ̄ ὡρῶν ἥμισυ μέρος), λαβόντες καὶ τῶν ιβ̄ χρόνων τὸ ἥμισυ ἤτοι τοῖς νη̄ προσθέντες ἢ τῶν ο̄
31 *ἀφελόντες εὑρήσομεν τὴν ἐπιβολὴν χρόνων ξδ̄. εἰ δέ γε δύο καιρικὰς ὥρας ἀπεῖχεν ὁποτέρου τῶν κέντρων, αἵ εἰσι* 830
τῶν ϛ̄ ὡρῶν τὸ τρίτον μέρος, τὸ τρίτον πάλιν τῶν τῆς ὑπεροχῆς ιβ̄ χρόνων (τουτέστι τοὺς δ̄), εἰ μὲν ἡ τῶν δύο ὡρῶν ἀποχὴ ἀπὸ τοῦ μεσουρανήματος ὑπέκειτο, προσεθήκαμεν ἂν τοῖς νη̄ χρόνοις, εἰ δὲ ἀπὸ τοῦ δύνοντος, ἀφείλομεν ἂν ἀπὸ τῶν ο̄. 835

ὁ μὲν οὖν τρόπος τῆς τῶν χρονικῶν διαστάσεων ποσότητος οὕτως ἡμῖν κατὰ τὸ ἀκόλουθον ὀφείλει λαμβάνεσθαι.
32 *διακρινοῦμεν δὲ λοιπὸν ἐφ' ἑκάστης τῶν προειρημένων ὑπαντήσεων ἢ καὶ καταδύσεων κατὰ τὴν ἀπὸ τῶν ὀλιγοχρονιωτέρων τάξιν τάς τε ἀναιρετικὰς καὶ τὰς κλιμακτηρι-* 840
κὰς καὶ τὰς ἄλλως παροδικάς, διά τε τοῦ ἢ κεκακῶσθαι m 141

T 838–859 (§ 32–34) Heph. II 11,120–121

S 840–841 *κλιμακτηρικὰς* Val. III 6 (= VIII 9: ex Critodemo). 8.12. V 2 (~ Lib. Herm. 5–7 = Val. App. XX p. 434–437). 8. Paul. Alex. 34 (quo spectat Olymp. 38)

827 *ὡρῶν* om. **αMS** (sim. Heph.) | *λαβόντες* **VYDSγ** *λαβόντες δὲ* **ΣMc** ‖ **828** *χρόνων* **Σγ** *δύο* **V** om. **Yβ** (cf. Heph.) | *ἤτοι* **VYDγ** *καὶ ἤτοι* **ΣMS** (quos secutus est Robbins) ‖ **829** *ξδ̄* **VYSγ** Heph. *ξα̅* **ΣDM** **ξα̅* **c** ‖ **831** post *ὡρῶν*: *τὸ* om. **M** | *μέρος* om. **c** ‖ **832** *ἡ … ἀποχὴ … ὑπέκειτο* **VY** Heph. Procl. *αἱ … ἀποχαὶ … ὑπέκειντο* **Σβγc** ‖ **833** *μεσουρανήματος* **Σβ** Heph. *μεσουράνημα τῆς* **Y** *μεσουρανοῦντος* **Vγ** ‖ **834** *ἂν* **Vαγ** Heph. (Ep. IV 25,148, om. cod. **P**) *αὐ* sequente lacuna trium fere litterarum **S** *αὐτοῖς* **DM** ‖ **836** *διαστάσεων* **Yγ** *διαστάσεως* **VΣβγ** ‖ **838** *εἰρημένων* **Y** ‖ **839** *ὀλιγοχρονιωτέρων* **YS** Procl. *λιγοχρονιωτέρων* **V** *ὀλιγοχρονιωτάτων* **ΣDMγ** ‖ **840** *καὶ τὰς … παροδικάς* om. **Y**

τὴν ὑπάντησιν ἢ βοηθεῖσθαι κατὰ τὸν προειρημένον ἡμῖν
τρόπον καὶ διὰ τῶν καθ' ἕκαστον τῶν διασημαινομένων ἐκ
τῆς ὑπαντήσεως χρονικῶν ἐπεμβάσεων· κεκακωμένων γὰρ **33**
845 ἅμα τῶν τόπων καὶ τῆς πρὸς τὴν ἐπέμβασιν τῶν ἐτῶν
παρόδου τῶν ἀστέρων κακοποιούσης τοὺς κυριωτάτους τόπους, ἄντικρυς θανάτους ὑπονοητέον, τοῦ δὲ ἑτέρου τούτων φιλανθρωποῦντος κλιμακτῆρας μεγάλους καὶ ἐπισφαλεῖς, ἀμφοτέρων δὲ νωθρίας μόνον ἢ βλάβας καὶ καθαιρέ-
850 σεις παροδικάς, τῆς καὶ ἐν τούτοις ἰδιότητος λαμβανομένης ἀπὸ τῆς τῶν ὑπαντικῶν τόπων πρὸς τὰ τῆς γενέσεως
πράγματα συνοικειώσεως. οὐδὲν δὲ ἐνίοτε κωλύει, δισταζο- **34**
μένων τῶν τὴν ἀναιρετικὴν κυρίαν λαμβάνειν ὀφειλόντων,
τὰς καθ' ἕκαστον αὐτῶν ὑπαντήσεις ἐπιλογιζομένους ἤτοι
855 ταῖς μάλιστα πρὸς τὰ ἐκβάντα ἤδη τῶν συμπτωμάτων
συμφωνούσαις καὶ πρὸς τὰ μέλλοντα κατακολουθεῖν, ἢ
πρὸς ἁπάσας ὡς κατ' ἰσότητα τῆς δυνάμεως ἰσχυούσας
παρατηρητικῶς ἔχειν τὸ μᾶλλον καὶ ἧττον αὐτῶν κατὰ
τὸν αὐτὸν τρόπον ἐπισκεπτομένους.

S 844 *ἐπεμβάσεων* Ap. IV 7,3.10. 8,6. al. Dor. G p. 379,3 = Dor. A IV 1 tit. Maneth. V(VI) 80. Val. IV 2,2. VI 5. al. Ps.Val. CCAG VIII 1 (1929) p. 163–171. Orph. et Anub. CCAG II (1900) p. 198–202

842 *βοηθεῖσθαι* om. **M** lacuna indicata | *προειρημένον* **αMS** Procl. *εἰρημένον* **VDγ** ‖ 844 *γὰρ ἅμα* om. **Y** ‖ 845 *τῆς* **VαDγ** *τῶν* **MS** | *ἐπέμβασιν* **V** Procl. *ἔμβασιν* **Y** *ἔκβασιν* **Σβγ** | *τῶν ἐτῶν* **VDγ** *τῶν ἐτῶν τῆς* **ΣMS** *τῶν αὐτῶν τὸν κατὰ τὸν περίπατον θεορουμένων χρόνων ἐν οἷς κόλλισις* [i. *κόλλησις*] *γίνεται* **Y** ‖ 849 *δὲ* om. **Sm** ‖ 850 *τῆς*] *τοῖς* **V** ‖ 851 *ἀπὸ*] *ὑπὸ* **Y**, cf. 2,734 | *ὑπαντικῶν* **VYDγ** *ὑπαντητικῶν* **ΣMSc** | *τόπων* om. **Y** ‖ 852 *διασταζόμενον* **V** ‖ 855 *πρὸς τὰ* om. **V** | *ἤδη* **VΣβ** *ἴδη* **Y** *εἴδη* **γ** ‖ 857 *ἁπάσας*] *ἃς πάσας* **V** ‖ 858 *παρατηρητικῶς* **αSBC** *παρατηρικῶς* **VDMA** ‖ 859 *ἐπισκεπτόμενα* **V**

ιβ΄. Περὶ μορφῆς καὶ κράσεως σωματικῆς 860

1 *Ἐφωδευμένης δὲ καὶ τῆς τοῦ περὶ χρόνων ζωῆς λόγου πραγματείας, λέγομεν (ἀρχὴν τῶν κατὰ μέρος λαβόντες* m 142 *κατὰ τὴν οἰκείαν τάξιν) περί τε τῆς μορφῆς καὶ τῆς σωματικῆς διατυπώσεως, ἐπειδὴ καὶ τὰ τοῦ σώματος τῶν τῆς ψυχῆς προτυποῦται κατὰ φύσιν· τοῦ μὲν σώματος διὰ τὸ* 865 c 3 *ὑλικώτερον συγγεννωμένας ἔχοντος σχεδὸν τὰς τῶν ἰδιοσυγκρισιῶν φαντασίας, τῆς δὲ ψυχῆς μετὰ ταῦτα καὶ κατὰ μικρὸν τὰς ἀπὸ τῆς πρώτης αἰτίας ἐπιτηδειότητας*

T **864–969** (§ 1 fin.–14) Heph. II 12,2–6 (sed excidit in codice unico p. 143,1 *σχεδὸν* – p. 145,23 *πάλιν*)

S **861–1566** (c. 12–15) Manil. IV 122–293.502–584 (cf. V 32–709 ~ Firm. math. VIII 5–17). Val. I 2 passim. Sext. Emp. V 95–102. Hippol. ref. haer. IV 15,4–26,2. Apom. Rev. nat. (adde App. II passim) ‖ **861–969** (c. 12) Cod. Angelicus gr. 29 (CCAG V 1 [1904] p. 44: nobis A) fol. 176r ‖ **864–865** *τῶν τῆς ψυχῆς προτυποῦται* Hermipp. II 162–164, e contrario Plat. Leg. X p. 892A

860 *ἐπίσκεψις περὶ τῆς μορφώσεως καὶ διατυπώσεως τῶν σωμάτων* **S**2 in margine ‖ **861** *λόγου* **VYDγ** *τόπου* **ΣMS**, cf. 3,205 ‖ **862** *τῶν* **VDγ** *τὴν* **αMS**, cf. 1,168 | *λαβόντες* **VY** Procl. *λαμβάνοντες* **Σβγ** ‖ **863** *μορφῆς* **VYC** *μορφώσεως* **ΣβAB** | *σωματικῶς* **S** ‖ **864** *τῶν τῆς ψυχῆς* **VY** *τὸν τῆς ψυχῆς* **G** Heph. (cod. **P**) *πρὸς τὴν ψυχὴν* **Σβγc** Procl., cf. *προτίθησι γὰρ ταύτην* [sc. *τὴν σωματικὴν ἰδιότητα*] *τῆς ψυχῆς* Co p. 134,27 ‖ **865** *προτυποῦται*] *προτιμοῦνται* falsa forma Heph. (cod. **P**) ‖ **866** *συγγενωμένας* **Vβγ** *συγγενομένας* **α** *συγγενόμενος* Heph. (cod. **P**) | *ἔχοντος* **αMSγ** Heph. *ἔχοντες* **VD** | *ἰδιοσυγκρισίων* **V** *ἰδίων συγκρήσεων* **Y** *ἰδιοσυγκρασιῶν* **Σβγ** Procl. *ἰδιοσυγκράσεων* Robbins tacite

ἀναδεικνυούσης, τῶν δ᾽ ἐκτὸς ἔτι μᾶλλον ὕστερον κατὰ
870 τὸν ἐφεξῆς χρόνον ἐπισυμπιπτόντων.

παρατηρητέον οὖν καθόλου μὲν τὸν ἀνατολικὸν ὁρίζοντα 2
καὶ τοὺς ἐπόντας ἢ τοὺς τὴν οἰκοδεσποτείαν αὐτοῦ λαμ-
βάνοντας τῶν πλανωμένων, καθ᾽ ὃν εἰρήκαμεν [III 3,3]
τρόπον, ἐπὶ μέρους δὲ καὶ τὴν σελήνην ὡσαύτως· διὰ γὰρ
875 τῆς τῶν τόπων τούτων ἀμφοτέρων καὶ τῆς τῶν οἰκοδεσποτησάντων διαμορφωτικῆς φύσεως καὶ τῆς καθ᾽ ἑκάτερον
εἶδος συγκράσεως καὶ ἔτι τῆς τῶν συνανατελλόντων αὐτοῖς ἀπλανῶν ἀστέρων σχηματογραφίας τὰ περὶ τὰς διατυ-
πώσεις τῶν σωμάτων θεωρεῖται, πρωτευόντων μὲν τῇ δυνά-
880 μει τῶν τὴν οἰκοδεσποτείαν ἐχόντων ἀστέρων, ἐπισυνεργού-
σης δὲ καὶ τῆς τῶν τόπων αὐτῶν ἰδιοτροπίας.

τὸ μέντοι καθ᾽ ἕκαστον καὶ ὡς ἄν τις ἁπλῶς οὕτως
ἀποδοίη, τοῦτον ἔχει τὸν τρόπον. πρῶτον γὰρ ἐπὶ τῶν 3
m 143 ἀστέρων ὁ μὲν τοῦ Κρόνου ἀνατολικὸς ὢν τῇ μὲν μορφῇ

S 882–920 (§ 3–7) Ps.Aristot. Physiognom. 67–68 (I 72–78 Foerster). Anon. De physiognomonia liber 79–80. Firm. math. I 2,1

869 *ἀναδεικνυούσης* **VY** *ἐπιδεικνυούσης* **Σβγ** | *ὕστερον* **VG** Procl. *εἴστερον* **Y** *καὶ* **βγ** om. **Σc** ‖ **870** *ἐπισυμπτώτων* **Y** ‖ **871** *οὖν*] *συν-* **Y** | ad *ἀνατολικὸν*: *ἤγουν τὸν ὡροσκόπον* adscripsit **γ** ‖ **872** *ἐπόντας* **Σβγ** *ἔποντας* **VY** | *τοὺς τὴν* **MS** *τοὺς* **VDγ** *τὴν* **α** | *λαβόντας* **Y** ‖ **874** *τὴν*] *τῶν τὴν* **V**, cf. 1,168 ‖ **876** *διαμορτικῆς* **V** | *ἑκάτερον* **VΣβBC** *ἕκαστον* **Y** *ἕτερον* **A** Co le p. 135,–15 ‖ **882** *τὸ*] *πρῶτον* **Σ** ‖ **883** *ἔχῃ* **V** | *γὰρ* **VΣS** *μὲν γὰρ* **YDMγ** ‖ **884** post *ἀστέρων*: *τὸ τὸν ὡροσκόπον* add. **Y** | *Κρόνου*] ♄ *οἰκοδεσποτήσας τοὺς προκειμένους τόπους* **Y** | *ὢν*] *τῶν* **V** | *τῇ μὲν μορφῇ* **V** (cf. l. 893. al.) *τὴν μὲν μορφὴν* **αβγ**

μελίχροας ποιεῖ καὶ εὐεκτικοὺς καὶ μελανότριχας καὶ οὐλοκεφάλους καὶ δασυστέρνους καὶ μεσοφθάλμους καὶ συμμέτρους τοῖς μεγέθεσι, τῇ δὲ κράσει τὸ μᾶλλον ἔχοντας ἐν τῷ ὑγρῷ καὶ ψυχρῷ· δυτικὸς δὲ ὑπάρχων τῇ μὲν μορφῇ μέλανας καὶ σπινώδεις καὶ μικροὺς καὶ ἁπλότριχας καὶ ὑποψίλους καὶ ὑπορρύθμους καὶ μελανοφθάλμους, τῇ δὲ κράσει τὸ μᾶλλον ἔχοντας ἐν τῷ ξηρῷ καὶ ψυχρῷ. 885 890

4 *ὁ δὲ τοῦ Διὸς οἰκοδεσποτήσας τοὺς προκειμένους τόπους ἀνατολικὸς τῇ μὲν μορφῇ ποιεῖ λευκοὺς ἐπὶ τὸ εὔχρουν καὶ μεσότριχας καὶ μεγαλοφθάλμους καὶ εὐμεγέθεις καὶ ἀξιωματικούς, τῇ δὲ κράσει τὸ πλεῖον ἔχοντας ἐν τῷ θερμῷ καὶ ὑγρῷ· δυτικὸς δὲ ὑπάρχων τῇ μὲν χρόᾳ λευκοὺς μέν, οὐκ ἐπὶ τὸ εὔχρουν δέ· ὁμοίως δὲ τετανότριχάς* 895

T **893–894** Abram. p. 207

S **885** *μελίχροας* Dor. A V 35,87. Lucan. I 652. Iulian. Caes. 2 p. 307[C]. Firm. math. I 2,1. Sent. fund. p. 132,28 ‖ **893–896** Horosc. Const. 5,1 ‖ **897** *τετανότριχας* Ap. III 12,7.11. IV 10,3. Sext. Emp. V 95.102

885 *μελιχρόας* **V** (hoc accentu, cf. l. 913.942) *μελίχρους* **Y** (cf. *μελιχρόους* Procl. necnon Achmetem CCAG II (1900) p. 156,18.28) *μελάγχρους* **Σβγ** (cf. 4,701 necnon Steph. philos. p. 26 [= p. 280,12] Usener) | *εὐεκτικοὺς* **Σβγ** *εὐεκτίας* **VY** ‖ **886** *δασυστέρνους καὶ μεσοφθάλμους* **V** *(-οὺς)* **Y** *μεγαλοφθάλμους* **Σβγc** ‖ **889** *σπινώδης* **VY** ‖ **890** *ὑποψίλους* **αβγ** (cf. l. 905.946) *ψιλοὺς* **V** | *ὑπορίθμους* **VY** ‖ **891** *τὸ* om. **ΣMSc** ‖ **892** *ὁ δὲ* ♃ **Y** ‖ **894** *μεσότριχας*] *μεσότειχον* **V** | *μεγαλοφθάλμους* **VGS** Procl. *μεγαλοφθάλμας* **Y** *μελανοφθάλμους* **ΣDMγ** ‖ **896** *χρόᾳ* **V** Procl. *χρώᾳ* **Y** *χροίᾳ* **Σβγ** an *χροιᾷ* coll. 2,850 ‖ **897** *δέ· ὁμοίως δὲ* **VαMSγc** *ὁμοίως δὲ* **D** *δὲ ὁμοίως* edd. recc. postea interpungentes | *τετανόποιχας* **V**

τε καὶ ἀναφαλαντιαίους καὶ μεσοφαλάκρους καὶ μετρίους τοῖς μεγέθεσι, τῇ δὲ κράσει τὸ πλεῖον ἔχοντας ἐν τῷ ὑγρῷ.
900 ὁ δὲ τοῦ Ἄρεως ὁμοίως ἀνατολικὸς τῇ μὲν μορφῇ 5 ποιεῖ λευκερύθρους καὶ εὐμεγέθεις καὶ εὐέκτας καὶ γλαυκοφθάλμους καὶ δασεῖς καὶ μεσότριχας, τῇ δὲ κράσει τὸ πλεῖον ἔχοντας ἐν τῷ θερμῷ καὶ ξηρῷ· δυτικὸς δὲ ὑπάρχων τῇ μὲν μορφῇ ἐρυθροὺς ἁπλῶς καὶ μετρίους τοῖς με-
44 905 γέθεσι καὶ μικροφθάλμους καὶ ὑποψίλους καὶ ξανθότριχας καὶ τετανούς, τῇ δὲ κράσει τὸ πλεῖον ἔχοντας ἐν τῷ ξηρῷ.

ὁ δὲ τῆς Ἀφροδίτης τὰ παραπλήσια ποιεῖ τῷ τοῦ 6 Διός, ἐπὶ μέντοι τὸ εὐμορφώτερον καὶ ἐπιχαριτώτερον καὶ
910 γυναικοπρεπωδέστερον καὶ θηλυμορφώτερον καὶ εὐχυμότε-
c 37v ρον καὶ τρυφερώτερον. ἰδίως δὲ τοὺς ὀφθαλμοὺς ποιεῖ μετὰ τοῦ εὐπρεποῦς ὑποχαροπούς.

T 910–912 Abram. p. 207 sq.

S 898 *ἀναφαλαντιαίους* Maneth. IV 284. Ant. CCAG VII (1908) p. 112,5–8 (plenius Rhet. C p. 191,7–13). Val. II 37,16.33. Firm. math. VII 21,1. Abū M. introd. VI 19 (~ Apom. Myst. III 31: ineditum) ‖ **909** *εὐμορφώτερον καὶ ἐπιχαριτώτερον* Horosc. Const. 5,1 ‖ **911** *τρυφερώτερον* Ap. II 3,20 (ubi plura)

898 *τε καὶ*] *ἢ καὶ* Y *τε ἢ καὶ* **MS** | *ἀναφαλαντιαίους* **V** *ἀναφανταλιαίους* **Y** *ἀναφαλάνδους* **Σβγc** *ἀναφαλάκρους* Procl. *ἀνωφαλάκρους* **m** | *μεσοφαλάκρους* **VY** Procl. *μεσοφαλάνδους* **Σβγ** ‖ **900** *ὁμοίως* **VYDγ** om. **ΣMSc** Procl. ‖ **901** *λευκερύθους* **V** ‖ **903** *τῷ ξηρῷ* **γ** ‖ **905** *μικροφθάλμους* **VYS** Procl. *μικροκεφάλους* **ΣDMγc** ‖ **908** *τὰ* om. **ΣMS** ‖ **910** *γυναικοπρεποδέστερον* **VC** | *θηλυμορφώτερο⟨ν⟩* **V** *θηλυμορφότερον* **Y** Procl. *εὐσχημονέστερον* **Σβγc** ‖ **911** *τρυφώτερον* **V** | *δὲ* **αβγ** *καὶ* **V** ‖ **912** *ὑποχαροπούς* **Vα** *ὑποχαροποίους* **βγ**

7 ὁ δὲ τοῦ Ἑρμοῦ ἀνατολικὸς τῇ μὲν μορφῇ ποιεῖ μελίχροας καὶ συμμέτρους τοῖς μεγέθεσι καὶ εὐρύθμους καὶ μικροφθάλμους καὶ μεσότριχας, τῇ δὲ κράσει τὸ πλεῖον 915 ἔχοντας ἐν τῷ θερμῷ· δυτικὸς δὲ ὑπάρχων τῇ μὲν μορφῇ λευκοὺς μέν, οὐκ ἐπὶ τὸ εὔχρουν δὲ ὁμοίως, τετανότριχας, μελαγχλώρους καὶ σπινοὺς καὶ ἰσχνοὺς καὶ λοξοφθάλμους τε καὶ αἰγωποὺς καὶ ὑπερύθρους, τῇ δὲ κράσει τὸ πλεῖον ἔχοντας ἐν τῷ ξηρῷ. 920

8 συνεργοῦσι δὲ ἑκάστῳ τούτων συσχηματισθέντες ὁ μὲν ἥλιος ἐπὶ τὸ μεγαλοπρεπέστερον καὶ εὐεκτικώτερον, ἡ δὲ σελήνη (καὶ μάλισθ', ὅταν τὴν ἀπόρροιαν αὐτῆς ἐπέχωσι) καθόλου μὲν ἐπὶ τὸ συμμετρώτερον καὶ ἰσχνώτερον καὶ τῇ κράσει ὑγρότερον, κατὰ μέρος δὲ ἀναλόγως τῇ τῶν φωτισμῶν ἰδιότητι κατὰ τὴν ἐν ἀρχῇ τῆς συντάξεως [I 4,8] ἐκτεθειμένην κρᾶσιν. 925

S 917 *τετανότριχας* Ap. III 12,4 (ubi plura) ‖ **921–925** *ὑγρότερον* (§ 8 in.) Horosc. Const. 5,1

913 *ὁ δὲ τοῦ Ἑρμοῦ*] *ὁ* ☿ **Y** | *τελίχροας* **V** ‖ **917** *λευκοὺς ... τετανότριχας* **VY** Procl. om. **Σβγc** ‖ **918** *μελαγχλώρους* **V** *μελανοχλώρους* **Y** Procl. (recepit Robbins) *μελάγχρους* **C** *μελίχροας* **ΣβABc**, cf. l. 945 | *σπινοὺς* **YS** Procl. *σπίρους* **V** *σπανοὺς* **ΣDMγc** | *λοξοφθάλμους τε* **Y** Procl. *ληξοφθάλμους τε* **V** *ξηροφθάλμους τε* **Γ** *κοινοφθάλμους* **Σ** (inde **κυνοφθάλμους* **c**) *κοιλοφθάλμους* **βγm** (asterisco notatum) ‖ **919** *αἰγωποὺς* Boer in adnotatione coll. Aristot. GA 779^{b}1. al. *αἰγόπλους* **V** *αἰγώπους* **Y** *αἰγόποδας* **Σβγc** *αἰγίλοπας* **m** *αἰγόπους* Procl. (mutato accentu *αἰγοποὺς* recepit Robbins) ‖ **921** *σχηματισθέντες* **VΣγ** ‖ **922** *μεγαλοπρεπέστατον* **Y** ‖ **923** *τὴν ἀπόρροιαν αὐτῆς*] *αὐτῆς τὴν ἀπόρροιαν* **ΣM** *αὐτοὶ τὴν ἀπόρροιαν* **S** | *ἐπέχωσι* **V** *ἐπέχουσι* **Y** *ἐπίσχωσι* (hoc accentu) **Σβγ** ‖ **926** *κατὰ τὴν ... ἐκτεθειμένην κρᾶσιν* **VY** *καθάπερ ... ἐξεθέμεθα* **ΣDMγc** *καθάπερ ... ἐθέμεθα* **S** *καθ' ὡς περὶ κράσεως ... ἔφαμεν* Procl.

πάλιν δὲ καθόλου ἑῷοι μὲν ὄντες καὶ φάσεις ποιησά- **9**
μενοι μεγαλοποιοῦσι τὰ σώματα, στηρίζοντες δὲ τὸ πρῶτον
930 ἰσχυρὰ καὶ εὔτονα, προηγούμενοι δὲ ἀσύμμετρα, τὸ δὲ
m 145 δεύτερον στηρίζοντες ἀσθενέστερα, δύνοντες δὲ ἄδοξα μὲν
παντελῶς, οἰστικὰ δὲ κακουχιῶν καὶ συνοχῶν.

καὶ τῶν τόπων δὲ αὐτῶν πρὸς τοὺς σχηματισμοὺς μάλιστα **10**
τῶν διατυπώσεων καὶ τὰς κράσεις, ὡς ἔφαμεν [I 10], συνερ-
935 γούντων, καθόλου πάλιν τὸ μὲν ἀπὸ ἐαρινῆς ἰσημερίας ἐπὶ
θερινὴν τροπὴν τεταρτημόριον ποιεῖ εὔχροας, εὐμεγέθεις,
εὐέκτας, εὐοφθάλμους, τὸ πλεῖον ἔχοντας ἐν τῷ ὑγρῷ καὶ
θερμῷ· τὸ δ' ἀπὸ τῆς θερινῆς τροπῆς μέχρι μετοπωρινῆς
ἰσημερίας μεσόχροας, συμμέτρους τοῖς μεγέθεσιν, εὐέκτας,
940 μεγαλοφθάλμους, δασεῖς, οὐλότριχας, τὸ πλεῖον ἔχοντας ἐν
τῷ θερμῷ καὶ ξηρῷ· τὸ δ' ἀπὸ τῆς μετοπωρινῆς ἰσημερίας **11**
μέχρι τῆς χειμερινῆς τροπῆς μελίχροας, ἰσχνούς, σπινώδεις,
παθεινούς, μεσότριχας, εὐοφθάλμους, τὸ πλεῖον ἔχοντας ἐν

S 928–932 (§ 9) Ap. I 6,2

928 *φάσεις* **VDγ** *φάσιν* **αMS** ‖ **933** *σχηματισχηματισμοὺς* **V** ‖ **934** *συνεργούντων* **VY** Procl. *συνοικειούντων* **ΣMSc** *συνοικειούντων καὶ συνεργούντων* **Dγ** ‖ **935** in margine *ὁμοίως τῷ τοῦ* ♃ **γ** (cf. *τὰ αὐτὰ τῷ τοῦ Διὸς ἀστέρι* Heph.) ‖ **937** *τὸ* **VY** *τὸ δὲ* **Σβγ** | *ὁμοίως τῷ τοῦ* ♂ **γ** in margine sicut Heph. ‖ **938** *τὸ*] *τὰ* **V** | *τῆς* **VDγ** om. **αMS** ut l. 941. al. | *μεθοπορινῆς* **V** (et saepius) **Y** ‖ **940** *μεγαλοφθάλμους* **DVγ** Procl. *μελανοφθάλμους* **ΣMSc** *εὐοφθάλμους* **Y** *εὐθάλμους* **G** | *οὐλέτριχας* **V** ‖ **941** *τῆς* **VDγ** om. **αMS** ut l. 938. al. | in margine *ὁμοίως τῇ* ♀ **γ** (at *παραπλήσια ποιεῖ τοῦ Ἑρμοῦ* Heph., cf. 1,556) | *μετοπωρινῆς*] *θερινῆσωρινῆς* **M** ‖ **943** *παθεινούς* scripsi (coll. Procl. *νοσερούς*) *παθηνούς* **V** (recepit Robbins, *παθήνους* Boer) *παθινούς* **Y** *σπανούς* **Σγc** *σπανθινούς* **MS** om. **D** | *εὐοφθάλμους* om. **γ**

τῷ ξηρῷ καὶ ψυχρῷ· τὸ δ' ἀπὸ τῆς χειμερινῆς τροπῆς ἕως ἐαρινῆς ἰσημερίας μελανόχροας, συμμέτρους τοῖς μεγέθεσι, 945 *τετανότριχας, ὑποψίλους, ὑπορρύθμους, τὸ πλεῖον ἔχοντας ἐν τῷ ὑγρῷ καὶ ψυχρῷ.*

12 *κατὰ μέρος δὲ τὰ μὲν ἀνθρωποειδῆ τῶν ζῳδίων τῶν τε ἐν τῷ ζῳδιακῷ καὶ τῶν ἐκτὸς εὔρυθμα καὶ σύμμετρα τοῖς σχήμασι τὰ σώματα κατασκευάζει, τὰ δὲ ἑτερόμορφα με-* 950 *τασχηματίζει πρὸς τὸ τῆς ἰδίας μορφώσεως οἰκεῖον τὰς τοῦ σώματος συμμετρίας καὶ κατά τινα λόγον ἀφομοιοῖ τὰ* m 146 *οἰκεῖα μέρη τοῖς ἑαυτῶν ἤτοι ἐπὶ τὸ μεῖζον καὶ ἔλαττον ἢ ἐπὶ τὸ ἰσχυρότερον καὶ ἀσθενέστερον ἢ ἐπὶ τὸ εὐρυθμότε-*

13 *ρον καὶ ἀρρυθμότερον· ἐπὶ τὸ μεῖζον μέν, ὡς λόγου ἕνεκεν* 955 *ὁ Λέων καὶ ἡ Παρθένος καὶ ὁ Τοξότης, ἐπὶ τὸ ἔλαττον δὲ*

S **946** *τετανότριχας* Ap. III 12,4 (ubi plura) ‖ **948** *ἀνθρωποειδῆ* Ap. II 8,6 (ubi plura) ‖ **950** *ἑτερόμορφα* Manil. II 529 ‖ **953–957** (§ 12 fin.–13 in.) Hipp. II 1,8. Schol. Arat. 544 p. 322,9–14 Martin. Iulian. Laodic. CCAG VIII 4 (1921) p. 250,15–16 ‖ **956** *Λέων* Cic. Arat. frg. 21,3. 33,263. Manil. II 504. IV 176. V 697. Germ. frg. 4,94.124. Avien. Arat. 894–895. al., cf. Maneth. IV 96 | *Παρθένος* Gem. 1,5. Avien. Arat. 895. Heph. II 2,33. Anon. t l. 33 | *Τοξότης* Cic. Arat. frg. 33,181–182. Germ. Arat. 414–415. Heph. III 45,9 p. 314,27 (cf. Dor. A V 35,104)

944 *ξηρῷ καὶ ψυχρῷ* **VDγ** *ψυχρῷ καὶ ξηρῷ* **αMS** | *τῆς* **VDγ** om. **αMS** ut l. 938. al. | *ὁμοίως τῷ* ♄ **γ** in margine (cf. *τῷ τοῦ Κρόνου* Heph.) ‖ **945** *μελανόχροας* **VY** *μελίχροας* **Σβγ**, cf. l. 918 ‖ **946** *ὑπορ(ρ)ύθμους* **VΣβγ** *ὑποερύθμους* **Y** *εὐαρμόστους* Procl. om. **c** ‖ **951** *μορφώσεως*] *φύσεως* **V** ‖ **954** *ἢ ἐπὶ τὸ* (alterum) **VY** *καὶ* **Σβγc** | *εὐρυθμότερον καὶ ἀρρυθμότερον* Boer tacite *καὶ εὐρυθμότερον καὶ ἀρρυθμότερον* **S** *ἀρυθμώτερον* (*ἀριθ-* **G**) *καὶ εὐρυθμώτερον* **YG** *εὐρυθμότερον* **VΣMγc** *ἀρρυθμότερον* **D** ‖ **956** *ὁ Λέων*] Taurum praemittit Heph.

ὡς οἱ Ἰχθύες καὶ ὁ Καρκίνος καὶ ὁ Αἰγόκερως· καὶ πάλιν ὡς τοῦ Κριοῦ καὶ τοῦ Ταύρου καὶ τοῦ Λέοντος τὰ μὲν ἄνω καὶ ἐμπρόσθια ἐπὶ τὸ εὐεκτικώτερον, τὰ δὲ κάτω καὶ
38 960 *ὀπίσθια ἐπὶ τὸ ἀσθενέστερον, τὸ δὲ ἐναντίον ὡς τοῦ Τοξότου καὶ τοῦ Σκορπίου καὶ τῶν Διδύμων τὰ μὲν ἐμπρόσθια ἐπὶ τὸ ἰσχνότερον, τὰ δὲ ὀπίσθια ἐπὶ τὸ εὐεκτικώτερον, ὁμοίως δὲ ὡς ἡ μὲν Παρθένος καὶ αἱ Χηλαὶ καὶ ὁ Τοξότης* **14** *ἐπὶ τὸ σύμμετρον καὶ εὔρυθμον, ὁ δὲ Σκορπίος καὶ οἱ Ἰχ-*
965 *θύες καὶ ὁ Ταῦρος ἐπὶ τὸ ἄρρυθμον καὶ ἀσύμμετρον καὶ ἐπὶ τῶν ἄλλων ὁμοίως, ἅπερ ἅπαντα συνεφορῶντας καὶ συνεπικίρναντας προσήκει τὴν ἐκ τῆς κράσεως συναγομένην ἰδιοτροπίαν περί τε τὰς μορφώσεις καὶ τὰς κράσεις τῶν σωμάτων καταστοχάζεσθαι.*

S 957 *Καρκίνος* Vitruv. IX 3,1 (aliter § 3 de Capricorno). Gem. 1,5. "Pal." CCAG XII (1936) p. 193,21 | *Αἰγόκερως* Manil. I 271. II 252.445. IV 717. Heph. II 2,37 || **958** *Ταύρου … Λέοντος* Anon. C p. 166,22–23

958 *ὡς* **VY** Heph. *ὡς ἐπὶ* **Σβγc** || **960** *ὡς τοῦ* **VYDγ** *ὡς τὸ τοῦ* **ΣMS** *ἐπὶ τοῦ* Heph. || **962** *ἰσχνότερον* **VYDγ** *ἰσχυρότερον* **Γ** Heph. (cod. **P**) *τῶν ἰσχνοτέρων* **G** *ἀσθενέστερον* **ΣMSc** Procl. | *ἐπὶ τὸ* om. **Y** || **963** *ὡς* **VYDSγ** *καὶ* **ΣM** || **967** *συνεπικίρναντας* **V** (cf. Procl.) *συνεπικρίναντας* Heph. (cod. **P**) *συνεπικρίνοντας* **αβγc** | *ἐκ* **VYDSγ** Heph. *ἐπὶ* **ΣM**

ιγ΄. Περὶ σινῶν καὶ παθῶν σωματικῶν 970

1 *Ἑπομένου δὲ τούτοις τοῦ περὶ τὰ σωματικὰ σίνη τε καὶ πάθη λόγου, συνάψομεν αὐτοῖς κατὰ τὸ ἑξῆς τὴν κατὰ τοῦτο τὸ εἶδος συνισταμένην ἐπίσκεψιν ἔχουσαν οὕτως· καὶ ἐνταῦθα γὰρ πρὸς μὲν τὴν καθόλου διάληψιν ἀποβλέπειν δεῖ πρὸς τὰ τοῦ ὁρίζοντος δύο κέντρα (τουτέστι τό τε* 975 *ἀνατέλλον καὶ τὸ δῦνον), μάλιστα δὲ πρός τε τὸ δῦνον* m 147 *αὐτὸ καὶ πρὸς τὸ προδῦνον, ὅ ἐστιν ἀσύνδετον τῷ ἀνατολικῷ κέντρῳ, καὶ παρατηρεῖν τοὺς κακωτικοὺς τῶν ἀστέ-* 2 *ρων, πῶς ἐσχηματισμένοι πρὸς αὐτὰ τυγχάνουσιν· ἐὰν γὰρ πρὸς τὰς ἐπαναφερομένας μοίρας τῶν εἰρημένων τόπων* 980

T 970–973 (§ 1 in.) cf. Heph. II 13,1 ‖ **974–1134** (§ 1 fin.–18) Heph. II 13,3–23

S 971–1144 (c. 13) Dor. A IV 1,65–142. Maneth. VI(III) 548–629. Val. I 1 passim. II 37. Herm. Iatr. 2,5–3,60. Decub. passim. Firm. math. VI 32,40–44. Rhet. C p. 186,1–191,6. Cod. Angelicus gr. 29 (CCAG V 1 [1904] p. 44: nobis A) fol. 176ʳ ‖ **977** *προδῦνον* Dor. A IV 1,66. Maneth. I(V) 134–138. Val. II 11,2 p. 64,8–9. Firm. math. III 2,12–13. al. (cf. Rhet. C p. 154,17–157,29). Paul. Alex. 24 p. 57,16. Rhet. C p. 186,9–10

970 *ἐπίσκεψις περὶ σωματικῶν παθῶν* **S**^{2} in margine ‖ **972** *αὐτοῖς κατὰ τὸ* **VYDSγ** *αὐτοῖς καὶ τὸ* **G** om. **ΣMc** ‖ **974** *ἐνθαῦτα γὰρ*] *ἐν* **M** (in fine versus) *ἐνθαῦτα* **Σc** ‖ **976** *ἀνατέλλον* **VYDγ** *ἀνατέλον* Heph. (cod. **P**) *ἀνατολικὸν* **ΣMS** | *δῦνον* (prius) **VYDBC** Heph. (de accentu cf. 4,583) *δυτικὸν* **ΣMSA** | *δῦνον* (alterum)] *δυτικὸν* **S** ‖ **977** *καὶ … προδῦνον* om. **S** | *προδῦνον* **Y** (cf. *τὸ πρὸ δύσεως* Procl. necnon *καὶ τὸ προδύνον* Co le p. 137,–9; accentum recepit Boer) *δύνον* **VM** *ἡγούμενον* **Σγc** *ἑπόμενον* **D** om. **GS** ‖ **979** *αὐτὰ* **VYDSγ** Heph. *αὐτὸ* **Σ** *αὐτὰς* **M** ‖ **980** *ἐπαναφερομένας* **αDMγ** edd. *ἀναφερομένας* **VS** Heph. Co le p. 137,–5 fort. recte

ὦσιν ἑστῶτες (ἤτοι σωματικῶς ἢ τετραγωνικῶς ἢ καὶ κατὰ διάμετρον ἤτοι ὁπότερος αὐτῶν ἢ καὶ ἀμφότεροι), σίνη καὶ πάθη σωματικὰ περὶ τοὺς γεννωμένους ὑπονοητέον, μάλιστα δ' ἂν καὶ τῶν φώτων ἤτοι τὸ ἕτερον ἢ ἀμφότερα
985 *κεκεντρωμένα, καθ' ὃν εἰρήκαμεν τρόπον, τυγχάνῃ ἢ ἅμα ἢ κατὰ διάμετρον. τότε γὰρ οὐ μόνον ἐὰν ἐπαναφέρηταί* 3 *τις τῶν κακοποιῶν, ἀλλὰ κἂν προαναφέρηται τῶν φώτων αὐτὸς κεκεντρωμένος, ἱκανός ἐστι διαθεῖναί τι τῶν ἐκκειμένων, ὁποῖον ἂν οἵ τε τοῦ ὁρίζοντος τόποι καὶ οἱ τῶν ζῳ-*
990 *δίων ὑποφαίνωσι σίνος ἢ πάθος καὶ αἱ τῶν ἀστέρων φύσεις τῶν τε κακούντων καὶ τῶν κακουμένων καὶ ἔτι τῶν συσχηματιζομένων αὐτοῖς.*

τά τε γὰρ μέρη τῶν ζῳδίων ἑκάστου τὰ περιέχοντα τὸ 4 *ἀδικούμενον μέρος τοῦ ὁρίζοντος δηλώσει τὸ μέρος τοῦ*
995 *σώματος, περὶ ὃ ἔσται τὸ αἴτιον, καὶ πότερον σίνος ἢ πάθος ἢ καὶ ἀμφότερα τὸ δηλούμενον μέρος ἐπιδείξασθαι δύναται, αἵ τε τῶν ἀστέρων φύσεις τὰ εἴδη καὶ τὰς αἰτίας τῶν συμπτωμάτων ποιοῦσιν, ἐπειδὴ τῶν κυριωτάτων τοῦ* 5

S 998–1009 (§ 5) Herm. Iatr. 1,5. Decub. p. 430,6–11. Mich. Pap. III 149 col. IV 18–V 45. Ant. CCAG VIII 3 (1912) p. 113,10–13. Val. I 1 passim (adde App. I). II 37,2–5. 41,28–39. Porph. 45 p. 217,7–16. Procl. in Tim. 44^CD p. 348^AB. Pap. Ryl. 63,3–12. Rhet. CCAG VII (1908) p. 214–224 passim. Anon. apud Pingree, ed. Apom. Rev. nat. App. 4,8–11. Kam. 2017–2027, cf. Rhet. C p. 186,15–21

983 post *γεννωμένους*: *ἕξειν* add. **Y** (recepit Boer) ‖ **984** *ἂν*] *ἐὰν* Heph. ‖ **985** *ἢ ἅμα ἢ* **VY** Procl. *ἅμα ἢ καὶ* **Σβγ** ‖ **988** *διαθεῖναι* edd. *διαθῆναι* **VY** *διατιθέναι* **Σβγ** ‖ **990** *αἱ … φύσεις* **VYDγ** *ἡ … φύσις* **ΣMS** ‖ **991** *κακουμένων* **αβγ** *κακούντων* iteravit **V** ‖ **996** *ἐπιδείξασθαι* **V** *δέξασθαι* **Y** *ἐπιδέξασθαι* **βγ** ‖ **997** *δυνατόν* Robbins tacite nescio unde | *αἵ τε*] *ἔτι* **Y** ut 1,198 ‖ **998** *ποιοῦσιν* **VYDγ** Procl. om. **ΣMSc**

ἀνθρώπου μερῶν ὁ μὲν τοῦ Κρόνου κύριός ἐστιν ἀκοῶν τε δεξιῶν καὶ σπληνὸς καὶ κύστεως καὶ φλέγματος καὶ ὀστέων, ὁ δὲ τοῦ Διὸς ἁφῆς τε καὶ πνεύμονος καὶ ἀρτηριῶν καὶ σπέρματος, ὁ δὲ τοῦ Ἄρεως ἀκοῶν εὐωνύμων καὶ νεφρῶν καὶ φλεβῶν καὶ μορίων, ὁ δὲ ἥλιος ὁράσεως καὶ ἐγκεφάλου καὶ καρδίας καὶ νεύρων καὶ τῶν δεξιῶν πάντων, ὁ δὲ τῆς Ἀφροδίτης ὀσφρήσεώς τε καὶ ἥπατος καὶ σαρκῶν, ὁ δὲ τοῦ Ἑρμοῦ λόγου καὶ διανοίας καὶ γλώσσης καὶ χολῆς καὶ ἕδρας, ἡ δὲ σελήνη γεύσεώς τε καὶ καταπόσεως καὶ στομάχου καὶ κοιλίας καὶ μήτρας καὶ τῶν εὐωνύμων πάντων.

m 148 1000 c 38v 1005

T 999–1001 Val. App. I 7 (CCAG II [1900] p. 161,16–17) || **1001–1002** Val. App. I 108 (CCAG II [1900] p. 169,25–26) || **1002–1003** Val. App. I 155 (CCAG II [1900] p. 173,25–26) || **1003–1005** Val. App. I 185 (CCAG II [1900] p. 176,9–10) || **1005–1006** Val. App. I 195 (CCAG II [1900] p. 177,17–18) || **1006–1007** Val. App. I 206 (CCAG II [1900] p. 178,15–16) || **1007–1009** Val. App. I 222 (CCAG II [1900] p. 179,28–30)

S 1000 *φλέγματος* Ant. CCAG VIII 3 (1912) p. 113,11 || **1002–1003** *ἀκοῶν εὐωνύμων … φλεβῶν* Horosc. Const. 6,1 || **1004** *καρδίας* Ap. II 3,25 (ubi plura) || **1004–1009** *δεξιῶν … εὐωνύμων* Firm. math. VI 31,27. VII 8,5 || **1005** *ὀσφρήσεως* Ap. IV 4,4. Manil. V 264–266 (~ Firm. math. VIII 11,1). Val. II 37,8. Firm. math. III 13,5. Herm. Iatr. p. 387,10 (~ Decub. p. 430,10). Steph. philos. CCAG II (1900) p. 191, 8. Apom. Myst. III 62 CCAG XI 1 (1932) p. 93 (ineditum). Kam. 2025, cf. 2,768 app. | *ἥπατος* Ap. IV 9,6, aliter Rhet. C p. 186,21 || **1006** *λόγου καὶ διανοίας* Ap. II 3,19 (ubi plura) || **1008–1009** *εὐωνύμων* Lib. Herm. 26,38.47.50.53 sq.

1000 *κύστεως καὶ σπληνὸς* **ΣΜ** | *φλέγματος* **VYDγ** Heph. *φλεγμάτων* **ΣMS** || **1003** *φλεβιῶν* **V** || **1005** *ὕπατος* **Y** || **1008** *καὶ κοιλίας* **VαDγ** Heph. *κοιλίας τε* **MS** | *εὐωνύμων πάντων* **ΣMS** Heph. Procl. *εὐωνυμωτάτων* **VDγ**

1010 ἔστι δὲ τῶν καθόλου καὶ τὰ σίνη μὲν ὡς ἐπὶ τὸ πολὺ **6**
συμπίπτειν ἀνατολικῶν ὄντων τῶν τὸ αἴτιον ποιούντων κακοποιῶν, πάθη δὲ τοὐναντίον δυτικῶν αὐτῶν ὑπαρχόντων,
ἐπειδήπερ καὶ διώρισται τούτων ἑκάτερον τῷ τὸ μὲν σίνος
ἅπαξ διατιθέναι καὶ μὴ διατείνουσαν ἔχειν τὴν ἀλγηδόνα,
1015 τὸ δὲ πάθος ἤτοι συνεχῶς ἢ ἐπιληπτικῶς τοῖς πάσχουσιν
ἐπισκήπτειν.

πρὸς δὲ τὴν κατὰ μέρος ἐπιβολὴν ἤδη τινὰ παρατηρή- **7**
σεως ἔτυχεν ἐξαιρέτου σινωτικά τε καὶ παθητικὰ σχήματα
διὰ τῶν ὡς ἐπίπαν κατὰ τὰς ὁμοιοσχήμονας θέσεις παρ-
1020 ακολουθούντων συμπτωμάτων· πηρώσεις γὰρ ὄψεως ἀποτελοῦνται κατὰ μὲν τὸν ἕτερον τῶν ὀφθαλμῶν, ὅταν τε ἡ

T 1013–1016 (§ 6 fin.) Heph. II 13,2

S 1010–1013 *σίνη ... πάθη* Rhet. C p. 186,7 ‖ **1015** *ἐπιληπτι-κῶς* Ap. III 13,17 (ubi plura) ‖ **1020–1029** (§ 7 fin.–8 in.) *πη-ρώσεις ... ὄψεως* Manil. IV 530–534 (cf. II 259–260). Dor. G p. 376,20–28 (~ Dor. A IV 1,108–111). Ant. CCAG VII (1908) p. 111,17–112,4 (cf. VIII 3 [1912] p. 105,27). Val. II 37,7–19. Firm. math. VI 31,88. VII 8,1–7. Anon. a. 379 p. 208,16–209,2 (ex antiquis). Rhet. A p. 147,15–20. Rhet. C p. 187,20–26. 190,19–191,6 (= CCAG V 1 [1904] p. 226,11–21). Rhet. CCAG V 3 (1910) p. 129,18–130,10. Anon. De stellis fixis II 2,1. 4,2.7. 5,8. 8,5. 9,1.4. 10,25. 11,4. Lib. Herm. 26,65. Abū M. introd. VI 20 (~ Myst. III 32 CCAG V 1 [1904] p. 169,26–170,15). Anon. L p. 109,13–14. al.

1010 *τῶν*] *τὸ* **V** ‖ **1016** *ἐπισκήπτειν* **ΣDMγ** *ἐπισκεπτέον* **V** *ἐπισκήπτη* **YS** ‖ **1017** *ἐπιβουλὴν* **Φ** ‖ **1018** *ἐξαιρέτως* **Y** ‖ **1020** *πληρώσεις* **V** *πυρώσεις* Heph. (cod. **P**, cf. l. 1037) | *ὄψεως*] *ὁράσεως* **Y** ⟨...⟩*εως* Heph. (cod. **P**) ‖ **1021** *τε* om. **Σ**

σελήνη καθ' αὐτὴν ἐπὶ τῶν προειρημένων οὖσα κέντρων
8 *ἢ συνοδεύουσα ἢ πανσεληνιάζουσα τύχῃ, καὶ ὅταν ἐφ' ἑτέ-* m 149
ρου μὲν ᾖ τῶν πρὸς τὸν ἥλιον σχήματος λόγον ἐχόντων,
συνάπτῃ δέ τινι τῶν νεφελοειδῶν ἐν τῷ ζῳδιακῷ συ- 1025
στροφῶν (ὡς τῷ νεφελίῳ τοῦ Καρκίνου καὶ τῇ Πλειάδι τοῦ
Ταύρου καὶ τῇ ἀκίδι τοῦ Τοξότου καὶ τῷ κέντρῳ τοῦ
Σκορπίου καὶ τοῖς περὶ τὸν πλόκαμον μέρεσι τοῦ Λέοντος
ἢ τῇ κάλπιδι τοῦ Ὑδροχόου) καὶ ὅταν ὁ τοῦ Ἄρεως ἢ καὶ
ὁ τοῦ Κρόνου ἐπικέντρῳ οὔσῃ αὐτῇ καὶ ἀποκρουστικῇ 1030
ἀνατολικοὶ αὐτοὶ ὄντες ἐπιφέρωνται ἢ πάλιν τοῦ ἡλίου
9 *ἐπικέντρου ὄντος προαναφέρωνται. ἐὰν δὲ ἀμφοτέροις ἅμα*
τοῖς φωσὶν ἤτοι κατὰ τὸ αὐτὸ ζῴδιον ἢ καὶ κατὰ διάμε-

S 1027 *τῇ ἀκίδι* Val. II 37,33. Rhet. A p. 147,17. Anon. CCAG VII (1908) p. 207,23 | *Τοξότου* Petron. 39,11. Dor. A IV 1,97–98. Firm. math. VIII 27,1.4.11. Anon. CCAG VII (1908) p. 141,20. 206,35. X (1924) p. 115,18. 173,3 || **1028** *Σκορπίου* Heph. I 1,139 || **1029–1040** (§ 8 fin.–9) Pap. It. 158,9–12

1022 *καθ' αὐτὴν* vel *καθ' ἑαυτὴν* **VYDS** Procl. *καθ' ἑαυτοὺς* **G** *κατ' αὐτὴν* **ΣMc** *κατ' αὐτὴν ἐκτροπὴν* **m**, cf. 1,744 || **1024** *ἑτέρου* **VY** (recepit Robbins) *ἑκατέρου* **Σβγc** (maluit Boer) | *μὲν ᾖ τῶν* scripsi *μὲν ᾖ* **V** *μὲν ἢ* **Γ** *μὲν* **Y** *τῶν* **ΣDMγc** *μὲν τῶν* **S** (quem secutus est Boer) | *λόγον* **Σγc** (quos secutus est Boer) *τῶν λόγων* **VS** *τὸν λόγον* **Y** Co le p. 139,2 *τῶν λόγον* **DM** (recepit Robbins) || **1025** *συνάπτῃ δέ* **Y** (*-τη* ut **β**) Procl. *συνάπτει δέ* **VG** *καὶ ὅταν συνάπτῃ* **Σ** *συνάπτηται* **γ** || **1026** *τῷ νεφελίῳ*] *τωνεφελίων* **Y** *τῶν νεφελίων* **G** om. **c** | *τοῦ ταύρου* **Dγ** om. **αMSc** Heph. || **1029** *κάλπιδι* **Dγ** Heph. *καλπίδη* **VY** *κάλπῃ* **ΣMS** || **1031** *ἀνατολικοὶ αὐτοὶ* **VDγ** *αὐτοί τε ἀνατολικοὶ* **Y** *αὐτοὶ ἀνατολικοὶ* **ΣMS** | post *ἡλίου*: *αὐτοὶ* **ω**, del. Boer coll. Procl. || **1032** *ἐπικέντρου ὄντος* **VY** Procl. *ἐπίκεντροι ὄντες* **Σβγ**

τρον, ὡς εἴπομεν, συσχηματισθῶσιν, ἑῷοι μὲν τῷ ἡλίῳ, τῇ
1035 δὲ σελήνῃ ἑσπέριοι, περὶ ἀμφοτέρους τοὺς ὀφθαλμοὺς τὸ
αἴτιον ποιήσουσιν· ὁ μὲν γὰρ τοῦ Ἄρεως ἀπὸ πληγῆς ἢ
κρούσματος ἢ σιδήρου ἢ κατακαύματος ποιεῖ τὰς πηρώσεις, μετὰ δὲ Ἑρμοῦ συσχηματισθεὶς ἐν παλαίστραις ἢ
γυμνασίοις ἢ κακούργων ἐφόδοις, ὁ δὲ τοῦ Κρόνου δι'
1040 ὑποχύσεων ἢ ψύξεων ἢ ἀπογλαυκώσεων καὶ τῶν τοιούτων.

πάλιν ἐπὰν ὁ τῆς Ἀφροδίτης ἐπί τινος ᾖ τῶν προειρημέ- **10**
νων κέντρων, μάλιστα δὲ ἐπὶ τοῦ δύνοντος τῷ μὲν τοῦ
Κρόνου συνὼν ἢ συσχηματιζόμενος ἢ ἐνηλλαχὼς τοὺς τόπους, ὑπὸ δὲ τοῦ Ἄρεως καθυπερτερούμενος ἢ διαμετρού-
1045 μενος, οἱ μὲν ἄνδρες ἄγονοι γίνονται, αἱ δὲ γυναῖκες ἐκτρωσμοῖς ἢ ὠμοτοκίαις ἢ καὶ ἐμβρυοτομίαις περικυλίονται,

S **1035** *ἀμφοτέρους τοὺς ὀφθαλμοὺς* Dor. A II 16,19. Maneth. VI(III) 549 ‖ **1036–1040** (§ 9 fin.) Rhet. C p. 187,27–29 ‖ **1045** *ἄγονοι* Serap. CCAG V 3 (1910) p. 97,18. Dor. A II 31,1. Maneth. II(I) 185. al. Firm. math. III 2,9. 9,1 (~ Rhet. C p. 133,13). Rhet. B p. 208,15. 209,26. Anon. L p. 108,23. Anon. S l. 30.46.50 ‖ **1045–1046** *ἐκτρωσμοῖς ἢ ὠμοτοκίαις ἢ … ἐμβρυοτομίαις* Ap. III 5,9. 13,15. IV 9,5. Manil. II 239. Dor. A IV 1,125. Maneth. I(V) 188–191. II(I) 288–289. III(II) 150. VI (III) 41–42.245.288. Val. I 1,21.

1034 *ὡς εἴπομεν* om. **γ** | *συσχηματισθῶσιν* **VYDSγ** (cf. Heph.) *σχηματισθῶσιν* **ΣΜ** | *τῷ ἡλίῳ* **Σβγ** Heph. *τῷ ἡλίῳ ὄντες* **VY** (receperunt edd.) ‖ **1036** *γὰρ* **V** *οὖν* **Y** Procl. om. **Σβγc** ‖ **1037** *κατακαύματος* **Σβγ** *κατὰ καύματος* **V** *ἀπὸ καύματος* **Y** | *πηρώσεις* **VΣβBC** *πωρρώσεις* **Y** *πορρώσεις* **Φ** *πυρώσεις* **A** Heph. (cod. **P**), cf. l. 1020 ‖ **1040** *ἀποχύσεων* **Φ** | *ἀπογλαυκώσεων* **VαDγ** *ἀπὸ γλαυκώσεων* **MS** *γλαυκώσεων* Heph. ‖ **1041** *ἐπὰν*] *ἐὰν* **V** ‖ **1046** *ἢ καὶ ἐμβρυοτομίαις* om. **Y** *ἐμβρυοτοκίαις* **m** (cf. l. 1099) | *περικυλίονται* **VΣβACc** *περικηλύονται* **Y** *παρακηλύονται* **G** *ἐπικυλίονται* **B** *κηλοῦνται* **m**

μάλιστα δὲ ἐν Καρκίνῳ καὶ Παρθένῳ καὶ Αἰγοκέρωτι. κἂν m 150
ἡ σελήνη ἀπὸ ἀνατολῆς τῷ τοῦ Ἄρεως συνάπτῃ, ἐὰν δὲ
καὶ τῷ τοῦ Ἑρμοῦ κατὰ τὸ αὐτὸ συσχηματισθῇ σὺν τῷ
τοῦ Κρόνου (τοῦ τοῦ Ἄρεως πάλιν καθυπερτεροῦντος ἢ 1050
διαμετροῦντος), εὐνοῦχοι ἢ ἑρμαφρόδιτοι ἢ ἄτρωγλοι καὶ
11 *ἄτρητοι γίγνονται. τούτων δὲ οὕτως ἐχόντων, ἐπὰν καὶ ὁ*
ἥλιος συσχηματισθῇ (τῶν μὲν φώτων καὶ τοῦ τῆς Ἀφροδί-
της ἠρρενωμένων, ἀποκρουστικῆς δὲ τῆς σελήνης οὔσης

(**S**) 22,11. II 34,33. 41,33. IV 22,7 (adde App. II 15). Max. 186–187. al. Firm. math. III 6,12 (~ Rhet. C p. 157,14). VI 31,75. VII 21,9. Heph. II 32,19. Herm. Myst. p. 175,2–4. Apom. Myst. III 52 CCAG XI 1 (1932) p. 181,18. Lib. Herm. 26,48. 32,42. 36,32. Anon. CCAG VIII 1 (1929) p. 183,12

S 1047 *Παρθένῳ καὶ Αἰγοκέρωτι* v. ad l. 1059 *στεῖραι* ‖ **1051** *εὐνοῦχοι* Ap. IV 5,14. Maneth. I(V) 135. III(II) 286. VI (III) 271. V(VI) 212. Val. II 17,68. Mich. Pap. III 149 col. V 32. Firm. math. III 9,1 (~ Rhet. C p. 134,9). IV 13,5 (~ Lib. Herm. 27,10). VII 25,1–2.17. Apom. Myst. III 50 CCAG XI 1 (1932) p. 179,21. Anon. De stellis fixis II 4,11. Lib. Herm. 26,46. Anon. L p. 111,5 | *ἑρμαφρόδιτοι* Ap. III 9,4 (ubi plura), item iuxta *εὐνοῦχοι* Firm. math. III 6,22. IV 13,15. VI 30,5. VII 25,1 ‖ **1052** *ἄτρητοι* Ap. IV 5,14

1047 *αἰγοκέρῳ* **S** | postea add. *καὶ τοῖς νεφελοειδέσι συνάπτουσα ὀφθαλμὸν πηροῖ ἡ σελήνη* **VD** *καὶ τοῖς νεφελοειδέσι συνάπτουσα ἡ ☾ ὀφθαλμὸν πηροῖ* **Σγc** ("haec redundant in hoc loco" **m**) | post *Αἰγοκέρωτι* fortius interpunxit Robbins (cf. Heph.), post 1048 *συνάπτῃ* Boer ‖ **1048** *ἀπὸ* **VYDSγ** *ἐπ'* **ΣMc** *ἀπ'* Robbins tacite | *συνάπτει* **V** ‖ **1049** *αὐτὸ* om. **V** | *συσχηματισθῇ* **VYDSγ** *σχηματισθῇ* **ΣM** ‖ **1051** *ἄτρωγλοι καὶ ἄτρητοι* **Vγ** *ἄτρωγλοι καὶ ἀτροιτη* (sine accentu) **Y** *ἄτρογλοι καὶ ἀτρώτοι* **G** (cf. *μὴ ἔχοντες τρυπήματα μηδὲ διέξοδον* Procl.) *ἄτρητοι* **ΣMS** Heph.

1055 *καὶ τῶν κακοποιῶν ταῖς ἐπαναφερομέναις μοίραις ἐπιφερομένων), οἱ μὲν ἄνδρες ἀπόκοποι ἢ τὰ μόρια σεσινωμένοι γίνονται (καὶ μάλιστα ἐν Κριῷ καὶ Λέοντι καὶ Σκορπίῳ καὶ Αἰγοκέρωτι καὶ Ὑδροχόῳ), αἱ δὲ γυναῖκες ἄτοκοι καὶ στεῖραι.*

S 1056 *ἀπόκοποι* Ap. IV 5,14. Dor. A IV 1,131. Maneth. I (V) 120. IV 220. V(VI) 179–180. Val. II 37,12.18.57–58. Mich. Pap. III 149 col. V 32–33. Firm. math. VII 25,4.10.13.16 | *τὰ μόρια σεσινωμένοι* Ap. IV 9,12. Serap. CCAG V 3 (1910) p. 97,20–21. Manil. II 257–260. Dor. apud Hübner, Eigenschaften 409. Val. I 2,8.78. Heph. I 1,41.119.139.158. Rhet. B p. 194,19. 196,18. 201,7. 208,17. 211,5. Abū M. introd. VI 17 (excidit in Myst.). Anon. C p. 166,9–10. Anon. L p. 109,3–4. Anon. S l. 20.35.47 ‖ **1059** *στεῖραι* Ap. IV 5,14. 6,2–3. Serap. CCAG V 3 (1910) p. 97,19. Manil. II 238–239. Dor. A I 19,3. II 10,12. Maneth. II(I) 181. III(II) 150.278.284. Val. I 2,49.57. II 38,10.75 (adde App. I 29). Firm. math. VII 25,4–5. Paul. Alex. 25 p. 73,19–75,1 (adde Schol. 73. Olymp. 24). Heph. I 1,81.100.158.178. Rhet. B p. 196,19. 201,7. 202,18 (cf. p. 208, 15. 209,26). Abū M. introd. VI 16 (= Myst. III 29: ineditum). Anon. C p. 166,5. Anon. L p. 108,23–24. 111,6. Anon. M l. 17–18. Anon. R passim. Anon. S l. 11 (cf. l. 30.46.50), cf. ad Ap. IV 6,2

1055 *ταῖς ἐπαναφερομέναις μοίραις* **VYDγ** *τοῖς ἐπαναφερομένοις μοίραις* **G** *κατὰ τὰς ἐπαναφερομένας μοίρας* **ΣMSc** *ἐν ταῖς μοίραις ταῖς ἐπαναφερομέναις* (inde *ἐν ταῖς ἐπαναφερομέναις μοίραις* Robbins) | *ἐπιφερομένων* **ΣMS** (cf. Heph.) *ἐπαναφερομένων* **VYDγ** (praetulit Boer), cf. l. 1070 ‖ **1057** *καὶ λέοντι … αἰγοκέρωτι* **VY** Heph. Procl. om. **Σβγc**

12 *ἐνίοτε δὲ οὐδὲ ἀσινεῖς ταῖς ὄψεσιν οἱ τοιοῦτοι διαμένουσιν, ἐμποδίζονται δὲ τὴν γλῶτταν καὶ γίνονται τραυλοὶ ἢ μογγιλάλοι, ὅσοι τὸν τοῦ Κρόνου καὶ τὸν τοῦ Ἑρμοῦ συνόντας ἐπὶ τῶν εἰρημένων κέντρων ἔχουσι τῷ ἡλίῳ, μάλιστα δὲ ἂν καὶ δυτικὸς ᾖ ὁ τοῦ Ἑρμοῦ καὶ συσχηματίζωνται ἀμφότεροι τῇ σελήνῃ. τούτοις δ' ὁ τοῦ Ἄρεως παρατυχὼν λύειν εἴωθεν ὡς ἐπὶ τὸ πολὺ τὸ τῆς γλώττης ἐμπόδιον, ἀφ' οὗ ἂν ἡ σελήνη τὴν πρὸς αὐτὸν συνάντησιν ποιήσηται.* 1060 1065

13 *πάλιν ἐὰν ἤτοι τὰ φῶτα ἐπικέντροις τοῖς κακοποιοῖς ἐπιφέρηται ἅμα ἢ κατὰ διάμετρον, ἢ ἐὰν τοῖς φωσὶν οἱ* 1070

S 1061 *ἐμποδίζονται δὲ τὴν γλῶτταν* Dor. G p. 357,24 (~ Dor. A II 28,4). Dor. A IV 1,128. Maneth. II(I) 193. III(II) 287–288. Rhet. C p. 161,12. 186,18–19. Lib. Herm. 32,13 | *τραυλοὶ* Dor. G p. 348,9 (~ Dor. A II 15,10, inde Firm. math. VI 9,14). p. 352,1 (~ Dor. A II 16,12, inde Firm. math. VI 15,16). p. 354,26 (~ Dor. A II 18,8, inde Firm. math. VI 22,15). p. 359,10 (~ Dor. A II 32,1). Maneth. V(VI) 263. Ant. CCAG VII (1908) p. 118,13. Val. App. I 76. Rhet. C p. 186,18 ‖ **1062** *μογγιλάλοι* Val. II 17,45. App. I 76 ‖ **1065–1066** *ὁ τοῦ Ἄρεως ... λύειν* Dor. G p. 352,4 (~ Dor. A II 16,13). Maneth. III(II) 288–289. Val. II 17,46 ‖ **1067** *συνάντησιν* Val. III 7,26. al. Paul. Alex. 34 p. 90,3. al. (quo spectant Schol. Paul. Alex. 93. Olymp. 38 p. 127,27–128,2, adde CCAG VII [1908] p. 101,29–31)

1061 *γλῶσσαν* **YMS** ‖ **1062** *μογγιλάλοι* **VYGβγ** ut Val. II 17,45 (*μογι-* Kroll, probavit Pingree, item Anub. CCAG II [1900] p. 167,2 = Val. App. I 76) et Ostanes apud Bidez-Cumont, Les Mages II 334,8 (*μογι-* edd.) *μογιλάλοι* **Σ** ‖ **1063** *ἔχωσι* **γ** ‖ **1064** *ἂν* **VY** (cf. *ἐὰν* Heph.) *ὅταν* **Σβγ** (praetulit Boll) ‖ **1067** *ἀφ'* **VY** *ἐφ'* **Σβγ** | *συνάντησιν* **VYDγ** Procl. *ἀπάντησιν* **ΣMS**, cf. 3,652 ‖ **1070** *ἐπιφέρηται* **VY** Heph. *ἐπαναφέρηται* **Σβγc**, cf. 3,1055 | *ἢ ἐὰν* **VY** *ἢ* **γ** Heph. *ὦσι* **Σβ**

κακοποιοί (καὶ μάλιστα τῆς σελήνης ἐπὶ συνδέσμων ἢ ἐπὶ
m 151 *καμπίων οὔσης ἢ ἐπὶ τῶν ἐπαιτίων ζῳδίων, οἷον Κριοῦ, Ταύρου, Καρκίνου, Σκορπίου, Αἰγοκέρωτος), γίνονται λωβήσεις τοῦ σώματος κυρτώσεων ἢ κυλλώσεων ἢ χωλώσεων*
1075 *ἢ παραλύσεων· ἐὰν μὲν σὺν τοῖς φωσὶν ὦσιν οἱ κακοποιοί, ἀπὸ τῆς γενέσεως αὐτῆς, ἐὰν δὲ ἐν τοῖς μεσουρανήμασι καθυπερτεροῦντες τὰ φῶτα ἢ διαμηκίζοντες ἀλλήλους*

S **1071** *ἐπὶ συνδέσμων* Maneth. II(I) 498. VI(III) 601. V(VI) 127. Paul. Alex. 35. Anon. CCAG IX 1 (1951) p. 173,19 ‖ **1071–1072** *ἐπὶ καμπίων* Dor. App. IIID p. 436,12–14 (= Co p. 140), cf. Anon. CCAG IX 1 (1951) p. 173,20 (v. app. cr. necnon Anon. L p. 109,18) ‖ **1072–1074** *ἐπαιτίων ζῳδίων* etc. Ant. CCAG VII (1908) p. 111,19–112,4 ‖ **1073–1074** *λωβήσεις* Val. II 38,62. 41,8. Rhet. C p. 189,12 ‖ **1074** *κυρτώσεων* Serap. CCAG V 3 (1910) p. 97,8. Val. I 2,57.78. II 37,8. Heph. I 1,61.139. Iul. Laodic. CCAG IV (1903) p. 152,14–15. Rhet. B p. 197,22. 200,17. Kam. 1045.1326. Anon. C p. 166,9. Anon. L p. 108,16. Anon. S l. 34.55. al. | *κυλλώσεων* Rhet. C p. 156,10. 189,7 | *χωλώσεων* Maneth. I(V) 136–138. IV 118. Ant. CCAG VII (1908) p. 114,36. Val. II 37,14. Firm. math. III 5,30. VI 31, 36. VII 8,8. Rhet. C p. 156,10. 189,7. Anon. L p. 109,11. Lib. Herm. 36,46

1071 *ἐπὶ καμπίων* **αM** Heph. (cf. *ἐπὶ *καμπίων* **c** necnon 3,1436) *ἐπικαμπίων* **VDS** (cf. Co p. 139,–7 = Dor. IIID p. 436 Pingree: *ἐπικάμπια* [*ἐπικάμπτια* Co] *δὲ λέγει τὰ τετράγωνα τῶν ἐκλειπτικῶν συνδεσμῶν* eqs.) *ἐπὶ καμπτίων* **γΣ** (in margine) ‖ **1072** *ἐπαιτίων* **VYγ** Heph. *ὑπαιτίων* **Σβ** ‖ **1074** *κυρτώσεων ... παραλύσεων*] *κυρτώσεως ... παραλύσεως* et sic deinceps semper singulariter **S** ‖ **1075** *ἢ παραλύσεων* om. **V** (cf. Heph.) ‖ **1076** *ἀπὸ* **VYDγ** *τῶν ἀπὸ* **ΣMS** | *αὐτῆς* om. **V** ‖ **1077** post *καθυπερτεροῦντες*: *μὲν* add. **Σβγ** | *ἢ* om. **Σβγ**

ὦσιν, ἀπὸ κινδύνων μεγάλων ὡς τῶν ἀποκρημνισμῶν ἢ συμπτώσεων ἢ ληστηρίων ἢ τετραπόδων· Ἄρεως μὲν γὰρ ἐπικρατοῦντος τῶν διὰ πυρὸς ἢ τραυμάτων ἢ χολικῶν ἢ 1080 *ληστηρίων, Κρόνου δὲ τῶν διὰ συμπτώσεων ἢ ναυαγίων ἢ*
14 *σπασμῶν. ὡς ἐπὶ τὸ πολὺ δὲ γίνεται σίνη καὶ περὶ τὰ τροπικὰ καὶ ἰσημερινὰ σημεῖα τῆς σελήνης οὔσης, μάλιστα δὲ περὶ μὲν τὸ ἐαρινὸν τὰ δι' ἀλφῶν, περὶ δὲ τὸ θερινὸν*

S **1078** *ἀποκρημνισμῶν* Ap. IV 8,5. 9,11. Dor. G p. 416,11 apud Heph. III 47,19. Dor. A IV 1,86.149. Maneth. IV 618. Critod. apud Rhet. C p. 200,1.9. Val. I 1,23. 20,6. II 17,59. 37,9.12.16. 41,28.33.34.37. Horosc. L 118 apud Val. App. XIX 54. Firm. math. III 4,20. VIII 12,4. 13,4. 15,5. Lib. Herm. 26,58. 36,3.37.47.48 ‖ **1079** *συμπτώσεων* Ap. IV 9,11.13. Dor. G p. 416,11 (~ Dor. A V 36,34). Maneth. III(II) 130. IV 617. V(VI) 199–201 (cf. VI [III] 612). Val. II 17,59. 34,16. 41,33. Firm. math. VIII 16,3. Ps.Ptol. Karp. 76. Lib. Herm. 36,48 | *ληστηρίων* Ap. II 9,11 (ubi plura) ‖ **1081** *ναυαγίων* Ap. II 9,7 (ubi plura) ‖ **1082** *σπασμῶν* Ap. IV 9,4.12. Dor. G p. 419,23 apud Heph. III 32,2. Maneth. II(I) 499. III(II) 55. Serap. CCAG V 3 (1910) p. 97,26. Firm. math. III 6,16 (~ Rhet. C p. 163,7). Anon. C p. 166,19. Anon. L p. 109,10. Anon. S l. 16. Lib. Herm. 36,29 ‖ **1083** *τροπικὰ καὶ ἰσημερινὰ* Ap. I 12,2 (ubi plura). IV 4,9 ‖ **1084** *ἀλφῶν* Maneth. V(VI) 251. Ant. CCAG VIII 3 (1912) p. 105,25. Val. I 2,1. 78. II 37,10. Rhet. A p. 147,6. Rhet. B p. 205,16. 211,6. Anon. L p. 108,17. Anon. S l. 44. Lib. Herm. 29,1, cf. Firm. math. III 5,30. 13,5

1078 *ὦσιν* om. **Σβγ** | *ὡς τῶν* om. **MS** *τῶν* om. **Σ** | *ἀποκρημνισμῶν* **Vβγ** *ἀπὸ κρημνισμῶν* **α** *ἀποκριμνῶς* Heph. (cod. **P**, inde *ἀπὸ κρημνῶν* Pingree) ‖ **1079** *μὲν γὰρ* **VYDγ** *μὲν* **ΣMS** ‖ **1080** *χολικῶν* **VGDγ** Procl. *χωλοικῶν* **Y** *ὀχλικῶν* **ΣMSc** (recepit Boer) ‖ **1081** *συμπτώσεων* **ΣDMγ** *τῶν συμπτώσεων* **VY** *συμπτωμάτων* **S** ‖ **1082** *γίνεται* **Yβγ** *γίνονται* **VΣ**

1085 *τὰ διὰ λειχήνων, περὶ δὲ τὸ μετοπωρινὸν τὰ διὰ λεπρῶν, περὶ δὲ τὸ χειμερινὸν τὰ διὰ φακῶν καὶ τῶν ὁμοίων. πάθη δὲ συμβαίνειν εἴωθεν, ὅταν ἐπὶ τῶν προκειμένων στάσεων οἱ κακοποιοὶ συσχηματισθῶσι, κατὰ τὸ ἐναντίον μέντοι (τουτέστιν ἑσπέριοι μὲν τῷ ἡλίῳ, τῇ δὲ σελήνῃ ἑῷοι). καθόλου* 15
1090 *γὰρ ὁ μὲν τοῦ Κρόνου ψυχροκοιλίους ποιεῖ καὶ πολυφλεγμάτους καὶ ῥευματώδεις, κατίσχνους τε καὶ ἀσθενικοὺς καὶ ἰκτερικοὺς καὶ δυσεντερικοὺς καὶ βηχικοὺς καὶ ἀνα-*

T **1091–1092** Apom. CCAG VIII 1 (1929) p. 182,19–20

S **1085** *λειχήνων* Ap. III 13,16.17. IV 9,6. Maneth. V(VI) 251. Ant. CCAG VIII 3 (1912) p. 105,25. Val. I 2,1.78. II 37,7. 10.19. Firm. math. III 5,30. Heph. II 32,4. Rhet. A p. 147,6. Rhet. B p. 209,26. Rhet. C p. 188,2. 189,26. Anon. L p. 109,17. Anon. S l. 14.47. Lib. Herm. 29,1 | *λεπρῶν* Dor. A II 15,7. IV 1,136–137. Maneth. V(VI) 248 (*λεπρῶν* legendum). 251. Maneth. Pap. It. 157,37. Ant. CCAG VII (1908) p. 111,23. 114,35. Val. II 37,10.19 (adde CCAG IV [1903] p. 181,9). Firm. math. III 5,30. Iul. Laodic. CCAG IV (1903) p. 152,17. Rhet. A p. 147,6. Rhet. B p. 205,16. 211,6. Rhet. C p. 188,2. 189,26. Anon. C p. 166,18. Anon. L p. 109,12. Anon. S l. 33.44. Lib. Herm. 29,1. Anon. De stellis fixis II 5,9 ‖ **1090–1091** *πολυφλεγμάτους* Lib. Herm. 33,2, cf. Firm. math. IV 19,8 ‖ **1091** *ῥευματώδεις* Ap. II 9,5 (ubi plura) ‖ **1092** *δυσεντερικοὺς* Ap. IV 9,6. Val. II 41,38. Firm. math. III 2,13. VII 23,23 (~ Lib. Herm. 36,36). Lib. Herm. 33,2

1087 *συμβαίνειν*] *συμβαίνοντα* **V** | *συστάσεων* Heph. ‖ **1088** *ἐναντιούμενον* **γ** ‖ **1090** *πολυφλεγμάτους* **αβγ** *πολυφλεγματώδεις* **V** *φλεγματώδεις* Heph. ‖ **1091** *καὶ ῥευματώδεις* om. **VDγ** Heph.

φορικοὺς καὶ κωλικοὺς καὶ ἐλεφαντιῶντας, τὰς δὲ γυναῖκας ἔτι καὶ ὑστερικάς· ὁ δὲ τοῦ Ἄρεως αἱμοπτυϊκούς, m 152
μελαγχολικούς, πνευμονικούς, ψωριῶντας, ἔτι δὲ τοὺς διὰ 1095
τομῶν ἢ καύσεων κρυπτῶν τόπων συνεχῶς ἐνοχλουμένους συρίγγων ἕνεκεν ἢ αἱμορροίδων ἢ κονδυλωμάτων ἢ καὶ τῶν πυρωδῶν ἑλκώσεων ἢ νομῶν, τὰς δὲ γυναῖκας ἔτι καὶ ἐκτρωσμοῖς ἢ ἐμβρυοτομίαις ἢ ἀναβρώσεσιν εἴωθε περικυ- c 39v
λίειν. 1100

S 1093 *ἐλεφαντιῶντας* Ap. III 13,17. Teucr. III p. 184,3. Val. II 37,18. 41,31.38. Firm. math. III 5,30. IV 9,6. VIII 21,7. al. Rhet. B p. 210,20. Rhet. C p. 188,3. 189,12. Anon. De stellis fixis II 5,9. Lib. Herm. 29,1. 36,3 ‖ **1094** *αἱμοπτυϊκούς* Dor. G p. 377,5 apud Heph. II 13,25. Val. II 41,36 ‖ **1095** *ψωριῶντας* Heph. II 32,4. Rhet. A p. 147,6 ‖ **1096** *τομῶν ἢ καύσεων* Ap. III 5,7 (ubi plura) | *τομῶν* Val. II 34,16. 41,35. IV 17,5. al. (cf. App. II) ‖ **1097** *συρίγγων* Ap. III 13,17. IV 9,6. Val. II 37,15. Firm. math. III 2,15. Rhet. C p. 188,3. 189,10. Anon. L p. 109,8–9 ‖ **1098** *νομῶν* Ap. III 13,17. IV 9,6. Val. App. I 195 ‖ **1099** *ἐκτρωσμοῖς* Ap. III 5,9 (ubi plura) | *ἐμβρυοτομίαις* Ap. III 13,10 (ubi plura)

1093 *κολικοὺς* **V** *κοιλικοὺς* Heph. (cod. **P**, *κοι-* suprascriptum) | *ἐλεφαντιῶν* **V** ‖ **1094** *αἱμοπτυϊκούς* **MS** Heph. *αἱμοπτοικούς* **VαDγ** ‖ **1095** *πνευματικούς* **V** | ante *ἔτι* interpunxit Robbins, non ita Boer postea legens *τε* | *δὲ* **ΣMSAc** Heph. *τε* **VYDBC** (quos sequitur Boer, cf. 1,288) ‖ **1096** *κρυπτῶν τόπων* **V** Heph. (cf. *εἰς κρυπτοὺς τόπους* Procl.) *ἢ κρυπτῶν τόπων* **αβγc** ‖ **1097** *κονδυλωμάτων* **VGS** Procl. (cf. *κονδηλωμάτων* Heph. cod. **P**) *κονδυλομάτων* **Y** *ἢ καὶ πυρωμάτων* **ΣDMγc** *ἢ καὶ τῶν ἐμπυρωδῶν* Heph. | *καὶ* om. **VDγ** ‖ **1099** *ἐμβρυοτοκίαις* **Σc**, cf. 3,1046 | *ἀναβρώσεσιν* **VαMS** *ἀμβλώσεων* **Dγ** om. Heph.

ἰδίως δὲ καὶ παρὰ τὰς προειρημένας [III 13,5] *τῶν* **16**
συσχηματιζομένων ἀστέρων φύσεις πρὸς τὰ μέρη τοῦ σώματος τὰ ἰδιώματα ποιοῦσι τῶν παθῶν, συνεργεῖ δὲ αὐτοῖς μάλιστα πρὸς τὰς ἐπιτάσεις τῶν φαύλων ὁ τοῦ Ἑρμοῦ
1105 *ἀστὴρ τῷ μὲν τοῦ Κρόνου πρὸς τὸ ψυχρὸν συνοικειούμενος καὶ μᾶλλον ἐν κινήσει συνεχεῖ ποιῶν τοὺς ῥευματισμοὺς καὶ τὰς τῶν ὑγρῶν ὀχλήσεις, ἐξαιρέτως δὲ τῶν περὶ θώρακα καὶ φάρυγγα καὶ στόμαχον, τῷ δὲ τοῦ Ἄρεως πρὸς τὸ ξηραντικώτερον συνεπισχύων ὡς ἐπί τε τῶν ἑλκωδῶν*
1110 *πτιλώσεων καὶ ἐσχαρῶν καὶ ἀποστημάτων καὶ ἐρυσιπελάτων καὶ λειχήνων ἀγρίων καὶ μελαίνης χολῆς ἢ μανίας ἢ νόσου ἱερᾶς ἢ τῶν τοιούτων.*

καὶ παρὰ τὰς τῶν ζῳδίων δὲ ἐναλλαγὰς τῶν τοὺς προειρημένους ἐπὶ τῶν δύο κέντρων συσχηματισμοὺς περιεχόν- **17**
1115 *των γίνονταί τινες ποιότητες παθῶν. ἰδίως γὰρ ὁ μὲν Καρ-*

T **1115–1120** Rhet. C p. 187,29–188,5

S **1106** *ῥευματισμοὺς* Ap. II 9,5 (ubi plura) ‖ **1111** *λειχήνων* Ap. III 13,14 (ubi plura) ‖ **1115–1119** *Καρκίνος … τοιούτων* Maneth. V(VI) 246–251. Ant. CCAG VIII 3 (1912) p. 105,25. Iul. Laodic. CCAG IV (1903) p. 152,17. Rhet. A p. 147,4–10. Anon. C p. 166,15–19

1101 *παρὰ* **VY** *περὶ* **Σβγc**, cf. 1,540 | *προειρημένας* **VY** *εἰρημένας* **Σβγ** ‖ **1104** *μάλιστα* om. **ΣMS** Heph. | *ἐπιτάσεις* **αMS** Heph. *ἐπιστάσεις* **VDγ** ‖ **1106** *ῥευματικοὺς* **M** ‖ **1107** *ὀχλήσεως* **V** | *τῶν* **αβγ** Heph. *τὸν* **V** ‖ **1108** *φάρυγγα καὶ στόμαχον* **VDγ** Heph. (recepit Robbins) *στόμαχον καὶ φάρυγγα* **αMS** (praetulit Boer) ‖ **1110** *πτιλώσεων* Robbins confirmatus ab Heph. *πτηλώσεων* **Y** *πιλλώσεων* **V** *ψιλώσεων* **Σβγc** | *ἐρυσιπελάτων* **VαS** Heph. *ἐρυσιπελείων* **DMγ** ‖ **1111** *ἢ μανίας* om. **Σc** ‖ **1114** *συσχηματισμοὺς* **VYDγ** *σχεματισμοὺς* **ΣMS** ‖ **1115** *γὰρ ὁ μὲν* **VY** *μὲν γὰρ ὁ* **ΣMS** *μὲν γὰρ ὁ μὲν* **γ** *μὲν γὰρ ὁ μὲν γὰρ* **D**

κίνος καὶ ὁ Αἰγόκερως καὶ οἱ Ἰχθύες καὶ ὅλως τὰ χερσαῖα καὶ τὰ ἰχθυακὰ ζῴδια τὰ διὰ τῶν νομῶν πάθη ποιεῖ καὶ m 153 *λειχήνων ἢ λεπίδων ἢ χοιράδων ἢ συρίγγων ἢ ἐλεφαντιάσεων καὶ τῶν τοιούτων, ὁ δὲ Τοξότης καὶ οἱ Δίδυμοι τὰ διὰ πτωματισμῶν ἢ ἐπιλήψεων. καὶ ἐν ταῖς ἐσχάταις δὲ* 1120

S 1116 *χερσαῖα* Ap. IV 4,9. Serap. CCAG V 3 (1910) p. 97,22–23. Manil. II 226–229. Maneth. VI(III) 419. Val. I 2,1. IX 3,20. Firm. math. III 3,11. 6,3 (~ Rhet. C p. 137,5). Heph. I 1,3.23.81.139.158. al. Anon. L p. 106,6–7. Anon. S l. 5.25.29.38 ‖ **1117** *ἰχθυϊκὰ* Rhet. C p. 160,10. 169,10 (aliter Firm. math. III 6,14.22). Anon. C p. 166,15 | *νομῶν* Ap. III 13,15 (ubi plura) ‖ **1118** *λειχήνων* Ap. III 13,14 (ubi plura) | *λεπίδων* Maneth. V(VI) 248. Firm. math. II 10,5. Rhet. B p. 209,27. 211,6. Anon. C p. 166,18. Anon. L p. 109,7. Anon. S l. 47 | *χοιράδων* Ant. CCAG VII (1908) p. 111,23. Val. II 37,8. Rhet. C p. 188,2 | *συρίγγων* Ap. III 13,15 (ubi plura) ‖ **1118–1119** *ἐλεφαντιάσεων* Ap. III 13,15 (ubi plura) ‖ **1119–1120** *Τοξότης ... ἐπιλήψεων* Rhet. C p. 188,3–5 (cf. p. 193,23). Lib. Herm. 26,20 ‖ **1120** *πτωματισμῶν* Maneth. I(V) 234. Val. II 37,8.43 (adde App. I 213). Firm. math. III 5,30 (paulo aliter Rhet. C p. 162,6). IV 8,3. al. Paul. Alex. 24 p. 56,16. Lib. Herm. 26,53.58 | *ἐπιλήψεων* Ap. III 13,6. 15,3–6. IV 9,7 (cf. Val. App. I 213). Maneth. II(I) 498–499. VI(III) 609. Ant. CCAG VII (1908) p. 111,24. Val. App. I 213. Firm. math. IV 14,3. VI 29,16. VII 23,17 (~ Lib. Herm. 36,23–24). al. Rhet. C p. 193,9–10. Lib. Herm. 26,38.58.64. 27,20. 29,5.

1117 *ἰχθυακὰ* **VDγ** (cf. CCAG I [1898] p. 166,15) *ἰχθυκὰ* **Y** (cf. *ἰχθικὰ* Heph. cod. **P**) *ἰχθυϊκὰ* **ΣMS** Procl. edd. (cf. Rhet. C p. 160,19. 169,10) | *διὰ* om. **ΣMS** Heph. (cod. **P**) ‖ **1118** *ἢ λεπίδων* **VYDγ** Heph. *ὁ δὲ πίδων* **G** *ἢ λεπρῶν* **ΣMS** om. **c** ‖ **1120** *πτωματισμῶν* **VYβB** Heph. *πτωσματισμῶν* **ΣC** *πτωσματικῶν* **A** | *ἐπιλήψεων* **VΣSγ** Heph. *ἐπιλείψεων* **DM** *λήψεων* **Y**

μοίραις παρατυγχάνοντες οἱ ἀστέρες τῶν δωδεκατημορίων περὶ τὰ ἄκρα μάλιστα τὰ πάθη καὶ τὰ σίνη ποιοῦσι διὰ λωβήσεων ἢ ῥευματισμῶν, ἀφ' ὧν ἐλεφαντιάσεις τε καὶ ὡς ἐπίπαν χειράγραι καὶ ποδάγραι συμβαίνουσι.

1125 *τούτων δὲ οὕτως ἐχόντων, ἐὰν μὲν μηδεὶς τῶν ἀγαθο-* **18** *ποιῶν συσχηματίζηται τοῖς τὰ αἴτια ποιοῦσι κακοποιοῖς ἢ τοῖς κεκεντρωμένοις φωσίν, ἀνίατα καὶ ἐπαχθῆ τά τε σίνη καὶ τὰ πάθη γενήσεται· ὡσαύτως δέ, κἂν συσχηματίζωνται μέν, καθυπερτερῶνται δὲ ὑπὸ τῶν κακοποιῶν ἐν δυνά-* 1130 *μει ὄντων· ἐὰν δὲ καὶ αὐτοὶ κατὰ κυρίων ὄντες σχημάτων καθυπερτερῶσι τοὺς τὸ αἴτιον ἐμποιοῦντας κακοποιούς, τότε τὰ σίνη εὐσχήμονα καὶ οὐκ ἐπονείδιστα γίνεται καὶ τὰ πάθη μέτρια καὶ εὐπαρηγόρητα, ἔσθ' ὅτε δὲ καὶ εὐαπ-άλλακτα ἀνατολικῶν ὄντων τῶν ἀγαθοποιῶν. ὁ μὲν γὰρ* **19** 1135 *τοῦ Διὸς βοηθείαις ἀνθρωπίναις διὰ πλούτων ἢ ἀξιωμάτων*

(S) 36,24.47. Hermipp. I 90. II 73 ‖ **1120–1121** *ἐσχάταις δὲ μοίραις* Dor. A V 5,8 apud Heph. III 1,7. Ant. CCAG VII (1908) p. 113,15–17. 114,35. Firm. math. VII 25,3.7. Lib. Herm. 29,2

S **1123** *ῥευματισμῶν* Ap. II 9,5 (ubi plura) ‖ **1124** *ποδάγραι* Teucr. II apud Anon. De stellis fixis I 3,11. Maneth. IV 501. Val. II 37,16. Firm. math. VII 20,12. Rhet. C p. 155,24. 191,14–192,7 ‖ **1134–1144** (§ 19) Ap. III 15,4 ‖ **1135** *Διὸς* Maneth. VI(III) 626–627. Rhet. C p. 193,24 | *πλούτων* Ap. II 3,34 (ubi plura)

1122 *περὶ*] *παρὰ* **V**, cf. 1,540 | *ἄκρα* **VY** Heph. *ἄγρια* **Σβγc** postea *καὶ* add. **Σc** | *τὰ πάθη* **VY** Heph. *πάθη* **Σβγc** ‖ **1123** *ὧν* **Σβγ** *ὧν καὶ* **VY** | *ἐλαφαντιώσεις* **Y** | *τε* om. **Y** ‖ **1124** *χειράγραι καὶ ποδάγραι* **VDγ** *ποδάγραι καὶ χειράγραι* **ΣMS** *ποδάγραι τε καὶ χειράγραι* **Y** ‖ **1127** *σίνη* om. **Σ** ‖ **1129** *κακοποιῶν* **ΣMS** *κακούντων* **VYDγ** ‖ **1131** *κακοποιοῦσι* **V** ‖ **1133** *εὐαπάλλακτα* **Σβγ** (cf. *εὐαπάλακτα* Heph. cod. **P**) *εὐεπάλλακτα* **VY** ‖ **1134** *γὰρ* om. **Y**

τά τε σίνη κρύπτειν εἴωθε καὶ τὰ πάθη παρηγορεῖν (σὺν δὲ τῷ τοῦ Ἑρμοῦ καὶ φαρμακείαις ἢ ἰατρῶν ἀγαθῶν ἐπικουρίαις), ὁ δὲ τῆς Ἀφροδίτης διὰ προφάσεως θεῶν καὶ χρησμῶν τὰ μὲν σίνη τρόπον τινὰ εὔμορφα καὶ ἐπιχάριτα m 154
κατασκευάζει, τὰ δὲ πάθη ταῖς ἀπὸ θεῶν ἰατρείαις εὐπαρ- 1140
ηγόρητα· τοῦ μέντοι τοῦ Κρόνου προσόντος μετὰ παραδειγματισμῶν καὶ ἐξαγοριῶν καὶ τῶν τοιούτων, τοῦ δὲ τοῦ Ἑρμοῦ μετ' ἐπικουρίας καὶ πορισμοῦ τινος ἢ δι' αὐτῶν τῶν σινῶν ἢ καὶ παθῶν τοῖς ἔχουσι περιγενομένου.

ιδ'. Περὶ ποιότητος ψυχῆς 1145

1 *Περὶ μὲν οὖν τῶν σωματικῶν συμπτωμάτων ὁ τύπος τῆς ἐπισκέψεως τοιοῦτος ἄν τις εἴη· τῶν δὲ ψυχικῶν ποιοτή-*

S 1137 *φαρμακείαις* Ap. III 15,4. Maneth. I(V) 184, aliter Ap. III 14,15 (q. v.) ‖ **1137–1138** *ἰατρῶν ... ἐπικουρίαις* Ap. III 15,4. Val. II 37,38. Firm. math. VIII 17,3.7. Anon. a. 379 p. 209,24–25. Rhet. C p. 193,24–194,1, aliter Ap. IV 4,7 ‖ **1139** *χρησμῶν* Ap. III 15,4. IV 7,8 ‖ **1146–1453** (c. 14) Anon. a. 379 p. 198,12–203,31

1139 *ἐπιχάριτα* **V** *ἐπιχάρος* **Y** *ἐπιχαρῆ* **Σβγ** ‖ **1141** *προσόντος* **VαDγ** *προσιόντος* **MS** ‖ **1142** *ἐξαγοριῶν* **VD** *ἐξαγορειῶν* **γ** Co le p. 142,30 *ἐξαγωριῶν* **Y** *ἐξαγωνίων* **G** *ἐξαγορεύσεων* **ΣMSc** (cf. *ἐξαγορεύειν* Procl.) ‖ **1143** *μετ'* **VYS** *κατ'* **ΣDMγ** | *πορισμοῦ* **VYDSγ** *μερισμοῦ* **ΣM** | *ἢ δι' αὐτῶν* **ΣβAB** *ἢ καὶ δι' αὐτῶν* **C** *διὰ τῶν* **VY** *δι' αὐτῶν* Robbins tacite ‖ **1144** *περιγενομένου* **MS** *περιγινομένου* **Σ** *περιγιγνομένων* **VDγ** *περιγενομένων* **Y** ‖ **1145** *περὶ ποιότητος ψυχῆς* **VΣDMγ** Heph. *περὶ ψυχῆς ποιότητος* **Y** *ἐπίσκεψις περὶ τῶν ψυχικῶν ποιοτήτων* **S**² in margine ‖ **1146** *συμπτωμάτων* om. **Σ** | *τύπος*] *τρόπος* **Y**

των αἱ μὲν περὶ τὸ λογικὸν καὶ νοερὸν μέρος καταλαμβά-
νονται διὰ τῆς κατὰ τὸν τοῦ Ἑρμοῦ ἀστέρα θεωρουμένης
1150 *ἑκάστοτε περιστάσεως, αἱ δὲ περὶ τὸ αἰσθητικὸν καὶ ἄλο-*
γον ἀπὸ τοῦ σωματωδεστέρου τῶν φώτων (τουτέστι τῆς
σελήνης) καὶ τῶν πρὸς τὰς ἀπορροίας ἢ καὶ τὰς συναφὰς
αὐτῆς συνεσχηματισμένων ἀστέρων. πολυτροπωτάτου δ᾽ **2**
ὄντος τοῦ κατὰ τὰς ψυχικὰς ὁρμὰς εἴδους εἰκότως ἂν καὶ
1155 *τὴν τοιαύτην ἐπίσκεψιν οὐχ ἁπλῶς οὐδ᾽ ὡς ἔτυχε ποιοί-*
μεθα, διὰ πλειόνων δὲ καὶ ποικίλων παρατηρήσεων. καὶ
γὰρ αἱ τῶν ζῳδίων τῶν περιεχόντων τόν τε τοῦ Ἑρμοῦ καὶ
τὴν σελήνην ἢ τοὺς τὴν ἐπικράτησιν αὐτῶν εἰληφότας
ἀστέρας διαφοραὶ πολὺ δύνανται συμβάλλεσθαι πρὸς τὰ
1160 *τῶν ψυχῶν ἰδιώματα, καὶ οἱ τῶν λόγον ἐχόντων πρὸς τὸ*
m 155 *προκείμενον εἶδος ἀστέρων σχηματισμοὶ πρὸς ἥλιόν τε καὶ*

T 1148–1355 *θυμικούς* (§ 1 fin.–28 in.) Heph. II 15,3–17

S 1148 *λογικὸν καὶ νοερὸν μέρος* Horosc. Const. 7,1 ‖ **1149** *Ἑρμοῦ* Ap. II 3,19 (ubi plura) ‖ **1151** *σωματωδεστέρου* Diod. II 31,5 ‖ **1156** *ποικίλων* Ap. III 14,2 (ubi plura)

1148 *λογικὸν καὶ νοερὸν* **VYDγ** *νοερὸν καὶ λογικὸν* **ΣMS** *νοερώτερον καὶ λογικὸν* Heph. ‖ **1149** *τῆς* **αγ** Heph. *τὸν τῆς* **V** *τῆς τῶν* **β** ‖ **1150** *αἰσθητικὸν* **VDγ** (cf. *αἴσθησιν* Procl.) *αἰσθητὸν* **Y** *ἠθικὸν* **ΣMSA**[2] (in margine sicut **B**; *ἴσως ἠθικὸν* **C**[2] supra lineam) **c** Heph. ‖ **1151** *τοῦ σωματωδεστέρου τῶν* **Yγ** *τοῦ σωματοδευτέρου τῶν* **V** *τῶν σωματοδεστέρων* **ΣMc** *τῶν σωματοδεστέρων τῶν* **S** ‖ **1153** *αὐτῆς* **αγ** *αὐτῶν* **VD** *αὐτοῦ* **MS** *καὶ τῶν αὐτῆς* Heph. (cod. **P**) ‖ **1154** *κατὰ* **VYDγ** *περὶ* **ΣMS** | *ἂν* **Vα** *οὖν* **β** *δὴ* **γ** ‖ **1155** *ποιοίμεθα* **Σ** (quem secutus est Robbins) *ποιούμεθα* **VYγ** (servavit Boer) *ποιούμεθ᾽ ἂν* **β** ‖ **1156** *δὲ* om. **VM** ‖ **1159** *διαφοραῖς* **V** ‖ **1160** *ψυχῶν* **ΣDMγc** *ψυχικῶν* **VGS** *ψυχηκῶν* **Y** ‖ **1161** *τῶν ἀστέρων* **Σβ** | *ἥλιον* **VYβ** Heph. *τὸν ἥλιον* **Σγ** (recepit Boer)

τὰ κέντρα καὶ ἔτι τὸ κατ' αὐτὴν τὴν ἑκάστου τῶν ἀστέρων φύσιν πρὸς τὰς ψυχικὰς κινήσεις ἰδιότροπον.

3 *τῶν μὲν οὖν ζῳδίων καθόλου τὰ μὲν τροπικὰ δημοτικωτέρας ποιεῖ τὰς ψυχάς, ὀχλικῶν τε καὶ πολιτικῶν πραγμάτων ἐπιθυμητικάς, ἔτι δὲ καὶ φιλοδόξους καὶ θεοπροσπλόκους, εὐφυεῖς τε καὶ εὐκινήτους, ζητητικάς τε καὶ εὑρετικάς, εὐεικάστους καὶ ἀστρολογικὰς καὶ μαντικάς, τὰ δὲ δίσωμα ποικίλας, εὐμεταβόλους, δυσκαταλήπτους, κούφας, εὐμεταθέτους, διπλάς, ἐρωτικάς, πολυτρόπους, φιλομούσους, ῥαθύμους, εὐπορίστους, μεταμελητικάς, τὰ δὲ στερεὰ δικαίας, ἀκολακεύτους, ἐπιμόνους, βεβαίας, συνετάς, ὑπομονητικάς, φιλοπόνους, σκληράς, ἐγκρατεῖς, μνησικάκους, ἐκβιβαστικάς, ἐριστικάς, φιλοτίμους, στασιώδεις, πλεονεκτικάς, ἀποκρότους, ἀμεταθέτους.* 1165 1170 1175

T 1171 Abram. (*δίσωμα*) p. 208 || **1171–1174** (*στερεά*) Abram. p. 208

S 1164–1175 (§ 3) Anon. L p. 110,13–18 || **1164–1165** *δημοτικωτέρας ... πολιτικῶν* Ap. II 8,11 (ubi plura) || **1168** *ἀστρολογικὰς* Ap. III 14,5 (ubi plura) | *μαντικάς* Ap. IV 4,3 (ubi plura) || **1169–1172** *δίσωμα ... στερεὰ* Horosc. Const. 7,1–2 || **1170–1171** *φιλομούσους* Val. I 2,19 (aliter I 2,16. Rhet. C p. 218,4–5). al. || **1174** *φιλοτίμους* Ap. III 14,22.24 (cf. IV 10,9). Schol. Paul. 9 p. 105,3

1164 *τροπικὰ καὶ ἰσημερινὰ* **γ** || **1165** *ποιεῖται* **V** || **1166** *ἔτι δὲ καὶ*] *εἰ δὲ* **Y** | *θεοπροσπόλους* **Σc**, cf. 2,433 || **1168** *ἀστρολογικὰς* **Yβγ** *ἀστρολογίας* **V** *ἀπολογιτικὰς* **Σ** (inde *ἀπολογητικὰς* **c**) || **1170** *διπλάς* **Vα** Heph. (*διπλᾶς* Robbins, cf. 3,1177 *ἁπλᾶς*) *διπλοῦς* **MS** *ῥαθύμους* **Dγ** | *πολυτρόμους* **Y** | *φιλομούσους* om. **Dγ** || **1171** *ῥαθύμους* l. 1170 anticipatum hic om. **Dγ** || **1173** *σκληράς* om. **Y** || **1174** *ἐκβιβαστικάς* **VΣβγc** Procl. *ἐκβιβαστηκάς* **Y** *ἐκβαβαστικάς* **G** *ἐκβιαστικάς* **m** om. Heph. || **1175** *ἀποκρότας* **V** om. Heph.

τῶν δὲ σχηματισμῶν αἱ μὲν ἀνατολικαὶ ὡροσκοπίαι καὶ 4
μάλιστα αἱ ἰδιοπροσωπίαι ἐλευθερίους καὶ ἁπλᾶς καὶ αὐθάδεις καὶ ἰσχυρὰς καὶ εὐφυεῖς καὶ ὀξείας καὶ ἀπαρακαλύπτους τὰς ψυχὰς ἀπεργάζονται, οἱ δὲ ἑῷοι στηριγμοὶ
1180 *καὶ αἱ μεσουρανήσεις ἐπιλογιστικάς, ἐπιμόνους, μνημονικάς, βεβαίας, συνετάς, μεγαλόφρονας, ἀποτελεστικὰς ὧν βούλονται, ἀτρέπτους, ῥωμαλέας, ἀνεξαπατήτους, κριτι-*
c 40v *κάς, ἐμπράκτους, κολαστικάς, ἐπιστημονικάς, αἱ δὲ προ-*
m 156 *ηγήσεις καὶ αἱ δύσεις εὐμεταθέτους καὶ ἀβεβαίους, ἀσθε-*
1185 *νεῖς, ἀφερεπόνους, ἐμπαθεῖς, ταπεινάς, δειλάς, ἀμφιβόλους, θρασυδείλους, ἀμβλείας, βλακώδεις, δυσκινήτους, οἱ* 5
δὲ ἑσπέριοι στηριγμοὶ καὶ αἱ ὑπὸ γῆν μεσουρανήσεις (ἔτι δὲ ἐφ' Ἑρμοῦ καὶ Ἀφροδίτης ἡμέρας μὲν αἱ ἑσπέριοι δύσεις, νυκτὸς δὲ αἱ ἑῷοι) εὐφυεῖς μὲν καὶ φρενήρεις, οὐκ
1190 *ἄγαν δὲ μνημονικὰς οὐδ' ἐπιμόχθους ἢ φιλοπόνους, διε-*

T **1189–1194** (*Ἀφροδίτης … δύσεις*) Abram. p. 208

S **1177** *ἰδιοπροσωπίαι* Ap. I 23,1

1180 *ἐπιμόνους … συνετάς* om. **V** | *μνημονικάς* **YS** Heph. *μνημονευτκάς* **ΣDMγ** (voci *μεγαλόφρονας* anteposuit **D**, postposuerunt **Σγ**), cf. l. 1190 || **1181** *βεβαίας* verbis *ὧν βούλονται* anteposuit **D**, postposuit **γ** | *ἀποτελεστικὰς … ἀτρέπτους* om. **YM** (cf. Heph.), usque ad *βούλονται* **S** || **1184** *εὐμεταθέτους καὶ ἀβεβαίους* **VDγ** *ἀβεβαίους, εὐμεταθέτους* **Σ** Heph. *ἀβεβαίας* **YMS** | *ἀθενεῖς* **V** || **1185** *ἀφερεπόνους* **αβγ** *ἀφεροπόνους* **V** Heph. (cod. **P**) | *ἐφεβόλους* **Φ** || **1186** *ἀμβλύας* **V** || **1188** *ἐφ'* **Σβγ** Heph. *ἀφ'* **Y** *καὶ ἐπὶ* **V** | *αἱ* **αMS** Heph. om. **VDγ** | *ἑσπέριοι* **Vβγ** Heph. *ἑσπέριαι* **α** || **1189** *αἱ* **ΣMS** Heph. om. **VYDγ** | *φρενήρεις* **VYβAB** Heph. *φρονίμους* **ΣCc** Procl. || **1190** *μνημονικὰς* **VGS** Heph. *μνημονηκὰς* **Y** *μνημονευτικὰς* **ΣDMγc**, cf. l. 1180 *ϱευνητικὰς δὲ τῶν ἀποκϱύφων καὶ ζητητικὰς τῶν ἀθεωϱήτων, οἷον μαγικάς, μυστηϱιακάς, μετεωϱολογικάς, ὀϱγανικάς, μηχανικάς, θαυματοποιούς, ἀστϱολογικάς, φιλοσόφους, οἰωνοσκοπικάς, ὀνειϱοκϱιτικὰς καὶ τὰς ὁμοίας.*

S 1192 *μαγικάς* Ap. II 3,34 (ubi plura) | *μυστηϱιακάς* Ap. II 3,49. III 14,18. Maneth. II(I) 197–199.204–205. Val. I 3,29. 19,4. II 14,7. Iulian. Laodic. CCAG IV (1903) p. 152,5. Paul. Alex. 24 p. 64,1.7 (adde Olymp. p. 70,25). Rhet. C p. 147,13 || **1192–1193** *ὀϱγανικάς* Maneth. IV 439. Firm. math. IV 14,17 (~ Lib. Herm. 27,27). VIII 30,9 || **1193** *μηχανικάς* Teucr. II apud Anon. De stellis fixis I 1,2. Maneth. IV 439. VI(III) 401 (~ Lib. Herm. 26,62). Critod. Ap. 6,1. Rhet. C p. 217,3. Lib. Herm. 26,44 | *θαυματοποιούς* Apom. Myst. III 56 CCAG XI 1 (1932) p. 183,34 | *ἀστϱολογικάς* Ap. III 14,3. IV 4,3.10. Teucr. II apud Anon. De stellis fixis I 8,2. Manil. IV 158–159. Maneth. I(V) 293. II(I) 206. IV 142.211. V(VI) 265. VI(III) 473. Critod. Ap. 6,1. Ant. CCAG VII (1908) p. 117,19. Val. II 17,57. Firm. math. III 7,6 (~ Rhet. C p. 148,15). 7,9.19 (~ Rhet. C p. 166,5, adde p. 163,20). 8,3. 12,16. IV 19,25. V 2,15. VIII 25, 10. 27,3. Paul. Alex. 24 p. 64,6 (adde Olymp. 23 p. 70,24). Rhet. C p. 215,1. Steph. philos. CCAG II (1900) p. 191,23. Apom. Myst. III 55 CCAG XI 1 (1932) p. 183,7. Anon. CCAG VII (1908) p. 99,1. Anon. De stellis fixis II 11,3. Lib. Herm. 32,60 || **1193–1194** *φιλοσόφους* Ap. IV 7,8. Val. I 1,39. 3,43. al. Paul. Alex. 24 p. 64,1. Apom. Myst. III 55 CCAG XI 1 (1932) p. 183,6, cf. ad Ap. III 14,12 || **1194** *οἰωνοσκοπικάς* Maneth. II (I) 208. Val. I 1,39. Paul. Alex. 24 p. 64,6 (adde Olymp. 23 p. 70,24) | *ὀνειϱοκϱιτικὰς* Ap. IV 4,3.10. Teucr. II apud Anon. De stellis fixis I 3,10. Maneth. I(V) 238. II(I) 206. III(II) 93–94. VI(III) 473. Val. I 1,39. Firm. math. III 2,18 (~ Rhet.

1191 *τῶν ἀθεωϱήτων* om. **V** spatio relicto *τῶν δυσθεωϱήτων* Abram. p. 208 || **1192** *μετϱολογικὰς* **Y** | post *ὀϱγανικάς*: *τε καὶ* add. **V** || **1193** *φιλοσόφους, οἰωνοσκοπικάς* om. **V** || **1194** *καὶ τὰ ὅμοια τούτοις* **Y**

1195 πρὸς τούτοις δὲ ἐν ἰδίοις μὲν ἢ καὶ οἰκείοις ὄντες τόποις **6**
καὶ αἱρέσεσιν οἱ τὴν κυρίαν ἔχοντες τῶν ψυχικῶν, καθ' ὃν
ἐν ἀρχῇ διωρισάμεθα τρόπον, προφανῆ καὶ ἀπαραπόδιστα
καὶ αὐθέκαστα καὶ ἐπιτευκτικὰ ποιοῦσι τὰ ἰδιώματα, καὶ
μάλισθ' ὅταν οἱ αὐτοὶ τῶν δύο τόπων ἐπικρατήσωσιν
1200 ἅμα (τουτέστι τῷ μὲν τοῦ Ἑρμοῦ τυγχάνωσιν ὁπωσδήποτε
συνεσχηματισμένοι, τὴν δὲ τῆς σελήνης ἀπόρροιαν ἢ καὶ
συναφὴν ἐπέχοντες), μὴ οὕτως δὲ διακείμενοι, ἀλλ' ἐν ἀνοι- **7**
κείοις ὄντες τόποις, τὰ μὲν τῆς ἑαυτῶν φύσεως οἰκεῖα
πρὸς τὴν ψυχικὴν ἐνέργειαν ἀνεπίφαντα καὶ ἀμαυρὰ καὶ
7 1205 ἀτελείωτα καὶ ἀπρόκοπα καθιστᾶσι, τὰ δὲ τῆς τῶν κρα-
τησάντων ἢ καθυπερτερησάντων ἰσχυρά τε καὶ ἐπιβλαβῆ
τῶν ὑποκειμένων· ὡς ὅταν οἵ τε διὰ τὴν τῶν κακοποιῶν

(**S**) C p. 165,3). 6,17 (~ Rhet. C p. 165,17). 8,3. V 1,16. 2,16. Paul. Alex. 24 p. 64,6 (adde Schol. Paul. Alex. 65 p. 122,26. Olymp. 23 p. 70,25). Rhet. C p. 145,17. 164,18. Apom. Myst. III 51 CCAG XI 1 (1932) p. 179,30. Lib. Herm. 34,29

1195 *πρὸς τούτοις δὲ* **Y** (abbr. *τούτ*) **Dγ** Heph. *πρὸ τούτοις δὲ* **V** *πρὸς τούτοις* **G** *ὅτε δ'* **Σ** (cf. *ὅτε δὲ* **c**) *ὅτι δ'* **M** *ὅτι δὲ* **S** *ἔτι δὲ* Procl. | *μὲν* om. **ΣM** | *καὶ* **VYDγ** *ἐν* **ΣMS** | *ὄντες τύχοιεν* **Σc** ‖ **1196** *καὶ* **VD** Heph. *τε καὶ* **αMS** *ἢ* **γ** | *τῶν ψυχικῶν* **VYDγ** *τὴν ψυχικήν* **ΣMS** Heph. ‖ **1198** *αὐθέκαστα*] *αὐθεντικὰ* **Y** | *ἐπιτευκτικὰ* **VΣβγ** *ἐντευκτικὰ* **Y** *εὐεπίτεκτα* Heph. ‖ **1199** *τόπων* **VDBC** Heph. *τρόπων* **αMSA** | *ἐπικρατήσουσιν* **VD** ‖ **1202** *ἐπέχοντες* **ΣMS** (cf. Procl.) *ἀπέχοντες* **VYDγ** ‖ **1203** *ὄντες τόποις* **αMS** Heph. *τόποις ὄντες* **VDγ** ‖ **1205** *κρατησάντων* **VYS** Heph. *ἐπικρατησάντων* **ΣDMγ** ‖ **1206** *καθυπερτερησάντων* **VYDγ** *ὑπερτερησάντων* **ΣMS** Heph. ‖ **1207** *ὑποκειμένων* **VYS** (recepit Robbins) *προκειμένων* **ΣDMγc** *ἐπικειμένων* Heph. | *ὅταν* om. Heph. fort. recte, v. infra | *τὴν* **Σ** om. **VYβγ** Heph. | *τῶν* **α** om. **Vβγ** Heph.

οἰκείωσιν ἄδικοι καὶ πονηροὶ κρατούντων μὲν αὐτῶν εὐπροχώρητον καὶ ἀνεμπόδιστον καὶ ἀκίνδυνον καὶ ἐπίδοξον ἔχωσι τὴν πρὸς τὸ κακῶς ἄλλους ποιεῖν ὁρμήν, κρατουμένων δὲ ὑπὸ τῶν τῆς ἐναντίας αἱρέσεως κατάφοροι καὶ 1210
8 *ἀνεπίτευκτοι καὶ ἀτιμώρητοι γίνωνται, οἱ δ' αὖ πάλιν διὰ τὴν τῶν ἀγαθοποιούντων πρὸς τοὺς εἰρημένους ὅρους συνοικείωσιν ἀγαθοὶ καὶ δίκαιοι ἀκαθυπερτερήτων μὲν ὄντων αὐτοί τε χαίρωσι καὶ εὐφημῶνται ἐπὶ ταῖς τῶν ἄλλων* 1215 *εὐποιίαις καὶ ὑπὸ μηδενὸς ἀδικούμενοι ἀλλ' ὀνησιφόρον ἔχοντες τὴν δικαιοσύνην διατελῶσι, κρατουμένων δὲ ὑπὸ τῶν ἐναντίων ἀνάπαλιν καὶ δι' αὐτό τε τὸ πρᾷον καὶ φιλάνθρωπον καὶ ἐλεητικὸν εὐκαταφρόνητοί τε καὶ ἐπίμεμπτοι ἢ ὑπὸ τῶν πλείστων εὐαδίκητοι τυγχάνωσιν.* 1220
9 *ὁ μὲν οὖν καθόλου τρόπος τῆς ἠθικῆς ἐπισκέψεως τοιοῦτός τις ἂν εἴη, τὰς δὲ κατὰ μέρος ἀπ' αὐτῆς τῆς τῶν*

1209 *ἢ καὶ ἀκίνδυνον* **V** | *ἐπίδοξον* **Σβγ** *ἑτερόδοξον* **VY** || **1210** *ἔχωσι* **VYγ** *ἔχουσι* **Σβ** Heph. (qui antea om. *ὅταν*) | *κακῶς* **VYγ** Heph. *καλῶς* **Σβ** | *ἄλλους* **Σβγ** Heph. *ἀλλήλους* **VY** | *κρατουμένων*] *κρατοῦσι* **V** || **1211** *τῶν* **ΣMS** om. **VYDγ** Heph. || **1212** *ἀτιμώρητοι* **V** *εὐτιμώρητοι* **αβγ** (quos sequitur Robbins) | *γίνωνται* **γ** *γίνονται* **αβ** Heph. (v. supra) om. **V** lacuna indicata || **1213** *εἰρημένους* **VYDSγ** Heph. *προκειμένους* **ΣM** || **1214** *καθυπερτερήτων* **Y** || **1215** *χαίρωσι* **γ** *χαίρουσι* **Vαβ** Heph. (v. supra) | *εὐφημῶνται* **DMγ** *εὐφημοῦνται* **VαS** Heph. (v. supra) || **1216** *ἀλλ' ὀνησιφόρον*] *ἀλλὰ συμφαίρον* **Y** || **1217** *διατελῶσι* **VDMγ** *διατελοῦσι* **αS** Heph. (v. supra) || **1218** *τε τὸ* **Y** *τοῦτο* vel *τοῦ το* **V** *τοῦτο τὸ* **βγ** *τὸ* **Σ** Heph. edd. || **1219** *ἐλεητικὸν* **VGβB** Heph. *ἐλαιητικόν* **Y** *ἐλεγκτικὸν* **Σc** *ἐλεκτικὸν* **γ** | *εὐκαταφρόνητον* **M** || **1220** *τυγχάνωσιν* **Vγ** *τυγχάνουσιν* **αβ** Heph. (v. supra) || **1221** *ὁ μὲν οὖν* om. **V** | *καθόλου* **VYβγ** Heph. *καθολικὸς* **Σ** | *ἠθικῆς* **VΣβγ** Heph. *ἠθηκῆς* **Y** *ἰδικῆς* **G** *εἰδικῆς* **c** || **1222** *τις* om. **Σ** | *δὲ* om. **V** || **1222–1292** *μέρος ... ἀνευφράντους* **deficit Σ**

ἀστέρων φύσεως κατὰ τὴν κυρίαν ἀποτελουμένας ἰδιοτροπίας ἑξῆς κατὰ τὸ κεφαλαιῶδες ἐπεξελευσόμεθα μέχρι 1225 *τῆς καθ' ὁλοσχέρειαν θεωρουμένης συγκράσεως.* **10** *ὁ μὲν οὖν τοῦ* Κ ρ ό ν ο υ *ἀστὴρ μόνος τὴν οἰκοδεσποτείαν τῆς ψυχῆς* c 41 *λαβὼν καὶ αὐθεντήσας τοῦ τε Ἑρμοῦ καὶ τῆς σελήνης,* m 158 *ἐὰν μὲν ἐνδόξως ἔχῃ πρός τε τὸ κοσμικὸν καὶ τὰ κέντρα, ποιεῖ φιλοσωμάτους, ἰσχυρογνώμονας, βαθύφρονας, αὐστη-* 1230 *ρούς, μονογνώμονας, ἐπιμόχθους, ἐπιτακτικούς, κολαστικούς, περιουσιαστικούς, φιλοχρηματους, βιαίους, θησαυριστικούς, φθονερούς·* **11** *ἐναντίως δὲ καὶ ἀδόξως κείμενος ῥυπαρούς, μικρολόγους, μικροψύχους, ἀδιαφόρους, κακογνώμονας, βασκάνους, δειλούς, ἀνακεχωρηκότας, κακο-* 1235 *λόγους, φιλερήμους, φιλοθρήνους, ἀναιδεῖς, δεισιδαίμονας, φιλομόχθους, ἀστόργους, ἐπιβουλευτικοὺς τῶν οἰκείων, ἀνευφράντους, μισοσωμάτους.* **12** *τῷ δὲ τοῦ Διὸς κατὰ τὸν ἐκκείμενον τρόπον συνοικειωθεὶς ἐπὶ μὲν ἐνδόξων πάλιν δια-*

S 1225–1434 (§ 10–36) Dor. A II 14–33. Maneth. passim. Val. I 1,7–43. I 19. Val. App. I (= Anon. De planetis CCAG II [1900] p. 159–180; ~ Firm. math. VI 3–27). Firm. math. III 9–12 ‖ **1229–1230** *αὐστηρούς* Ap. III 14,13. IV 5,3. Firm. math. VIII 15,4 ‖ **1233** *μικρολόγους* Val. App. I 1 ‖ **1234** *βασκάνους* Val. I 2,67. al. (adde App. I 1) ‖ **1236** *ἐπιβουλευτικοὺς* Ap. II 3,31 (ubi plura). 9,11. Val. I 2,58. al. Firm. math. III 6,25. al.

1223 *κυρίαν* **VDγ** *τοιαύτην κυρίαν* **YMS** (quos secutus est Robbins) ‖ **1224** *ἐπεξελευσόμεθα* **Yβ** *ἐπελευσόμεθα* **Vγ** ‖ **1226** *Κρόνου*] ♄ add. **S** in margine | *ἀστὴρ* om. **Y** ‖ **1227** *τῆς σελήνης* (☾) **VYDSγ** Heph. *τοῦ τῆς σελήνης* **ΨMc** ‖ **1231** *περιθυσιαστικούς* **V** ‖ **1233** *σμικρολόγους* **MSc** | *μικροψύχους* **VYDγ** *σμικροψύχους* **S** om. **Mc** | *ἀδιαφόρους* **Yβγ** *διαφόρους* **V** | *κακογνώμονας* **VY** Procl. *μονογνώμονας* **βγ** Heph. ‖ **1235** *ἀναιδεῖς*] *ἀηδεῖς* Heph.

θέσεων ποιεῖ ἀγαθούς, τιμητικοὺς τῶν πρεσβυτέρων, καθ-
εστῶτας, καλογνώμονας, ἐπικούρους, κριτικούς, φιλοκτήμο- 1240
νας, μεγαλοψύχους, μεταδοτικούς, εὐπροαιρέτους, φιλοικεί-
13 *ους, πρᾴους, συνετούς, ἀνεκτικούς, ἐμφιλοσόφους· ἐπὶ δὲ*
τῶν ἐναντίων ἀπειροκάλους, μανιώδεις, ψοφοδεεῖς, δεισι-
δαίμονας, ἱεροφοιτοῦντας, ἐξαγορευτάς, ὑπόπτους, μισοτέκ-
νους, ἀφίλους, ἐνδομύχους, ἀκρίτους, ἀπίστους, μωροκά- 1245
κους, ἰώδεις, ὑποκριτικούς, ἀδρανεῖς, ἀφιλοτίμους, μεταμε-
λητικούς, αὐστηρούς, δυσεντεύκτους, δυσπροσίτους, εὐλα-
14 *βητικούς, εὐήθεις δὲ ὁμοίως καὶ ἀνεξικάκους. τῷ δὲ τοῦ*
Ἄρεως συνοικειωθεὶς ἐπὶ μὲν ἐνδόξων διαθέσεων ποιεῖ m 159
ἀδιαφόρους, ἐπιπόνους, παρρησιαστικούς, ὀχληρούς, θρα- 1250
συδείλους, αὐστηροπράκτους, ἀνελεήμονας, καταφρονητι-
κούς, τραχεῖς, πολεμικούς, ῥιψοκινδύνους, φιλοθορύβους,
δολίους, ἐνεδρευτάς, δυσμήνιδας, ἀδήκτους, ὀχλοκόπους,
τυραννικούς, πλεονέκτας, μισοπολίτας, φιλέριδας, μνησι-

S **1241** *μεγαλοψύχους* Ap. II 3,13 (ubi plura) ‖ **1242** *ἐμφιλοσόφους* Ap. III 14,16.26.34. Critod. Ap. 11,1, cf. ad Ap. III 14,5 ‖ **1247** *αὐστηρούς* Ap. III 14,10 (ubi plura) ‖ **1248** *ἀνεξικάκους* Val. I 19,9 (adde App. I 27). Rhet. A p. 161,18 ‖ **1253** *ἐνεδρευτάς* Ap. III 14,19.30.31. Val. App. I 208.218

1239 *τῶν* om. **V** ‖ **1240** *κριτικούς* **VY** Procl. *ἀπίκρους κριτικούς* **MS** *κριτικούς, ἀπίκρους* **Dγ** ‖ **1243** *ψοφοειδεῖς* **V** ‖ **1244** *μισοτέχνους* **Y**, cf. 3,1324 necnon Critod. Ap. 7,2 app. ‖ **1245** *ἐνδομοίχους* **Y** | *ἀκριτικούς* **Y** | *μωροκάκους* **VDSγ** *ἀμωροκάκους* **Y** *μωροκάλους* **Mc** ‖ **1246** *ἀφιλοτίμους* **VYDγ** *φιλοτίμους* **MSc** ‖ **1247** *αὐστηρούς ... εὐλαβητικούς* **VDSγ** Procl. om. **YMc** | *δυσπροσίτους* **VDγ** *δυσπροαιρέτους* **S** | *εὐλαβητικούς* **VDγ** *εὐλαβητικούς, μελητικούς* **S** ‖ **1249** *Ἄρεως*] ♂ add. **S** in margine ‖ **1250** *ἀδιαφόρους*] *διαφώρους* **Y** ‖ **1251** *καταφρονητικούς* **VYS** *καταφρονητάς* **DMγ** ‖ **1253** *δυσμήνιδας* **VY** Heph. *δυσμηνίτας* **βγ** | *ἀδήκτους*] *ἀδεήτους* **m**, dubitanter probat Robbins

1255 *κάκους, βαθυπονήρους, δράστας, ἀνυποίστους, σοβαρούς, φορτικούς, καυχηματίας, κακώτας, ἀδίκους, ἀκαταφρονήτους, μισανθρώπους, ἀτρέπτους, ἀμεταθέτους, πολυπράγμονας, εὐαναστρόφους μέντοι καὶ πρακτικοὺς καὶ ἀκαταγωνίστους καὶ ὅλως ἐπιτευκτικούς· ἐπὶ δὲ τῶν ἐναντίων* **15**
1260 *ἅρπαγας, λῃστάς, νοθευτάς, κακοπαθεῖς, αἰσχροκερδεῖς, ἀθέους, ἀστόργους, ὑβριστάς, ἐπιβουλευτικούς, κλέπτας, ἐπιόρκους, μιαιφόνους, ἀθεμιτοφάγους, κακούργους, ἀν-*

S 1260 *ἅρπαγας, λῃστάς* Ap. II 3,38. III 14,28. IV 4,7. Dor. G p. 350,1 (~ Dor. A II 15,28). Dor. (?) apud Horosc. L 440 CCAG VIII 4 (1921) p. 223,16. Maneth. I(V) 309. II(I) 302. IV 196.482. VI(III) 500. Critod. Ap. 2,5. 12,4. Ant. CCAG VII (1908) p. 117,28. Val. II 14,5. 41,28 (adde App. I 150. II 15). Firm. math. III 5,10. VI 31,6.66.83. Paul. Alex. 24 p. 67,18. Herm. Myst. p. 176,15.20. Rhet. C p. 183,15. Lib. Herm. 36,40 ‖ **1261** *ἀθέους* Ap. II 3,31 (ubi plura) | *ἐπιβουλευτικούς* Ap. II 3,31 (ubi plura) | *κλέπτας* Ap. II 9,16 (ubi plura). Maneth. I(V) 311. II(I) 302. IV 484. VI(III) 500. Val. I 1,21.37. II 11,2. 17,57 (adde App. I 150.208. II 15). Firm. math. III 5,10. 7,12 (~ Rhet. C p. 155,19). Paul. Alex. 24 p. 62,20. 72,12 ‖ **1262** *ἐπιόρκους* Ap. III 14,30.32.35. Maneth. II(I) 303. Val. I 1,22. II 17,57. al. (adde App. II 15). Firm. math. III 5,16. al. Rhet. C p. 193,3. 218,2. Anon. De stellis fixis II 5,2.3. 10,23.26 | *ἀθεμιτοφάγους* Maneth. IV 564. Val. IV 15,4 p. 174,24. Rhet. C p. 134,10. 196,5 | *κακούργους* Ap. IV 4,7.

1255 *ἀνυποίστους* **βBC** *ἀνυπίστους* **V** *ἀνοιπίστους* **YA** ‖ **1256** *φορτικούς* **VYDγ** *φοβερούς, φορτικούς* **MS**, cf. infra | *καυχηματίας* **VβAB** *καυχηματικούς* **Y** *καυμαχητίας* **C** | post *ἀδίκους*: *φοβερούς* add. **D** (post *ἀκαταφορήτους* add. **γ**, cf. supra) ‖ **1257** *ἀμεταθέτους* **Vβγ** *ἀκαταθέκτους* **Y** | *πολυπράγμονας* **VYDγ** *ἀπολυπράγμονας* **SM** ‖ **1261** *ἀθέους* **VYγ** Procl. *ἀθέτους* **βc** *ἀθέσμους* **m** ‖ **1262** *ἐπιόρκους μιαιφόνους* **VYMSAB** *μιαιφόνους* **D** *ἐπιμιαιφόνους* **C**

δροφόνους, φαρμακευτάς, ἱεροσύλους, ἀσεβεῖς, τυμβωρύ-
16 *χους καὶ ὅλως παγκάκους. τῷ δὲ τῆς Ἀφροδίτης συνοι-*
κειωθεὶς ἐπὶ μὲν ἐνδόξων διαθέσεων ποιεῖ μισογυναίους, 1265
φιλαρχαίους, φιλερήμους, ἀηδεῖς πρὸς τὰς ἐντεύξεις,
ἀφιλοτίμους, μισοκάλους, φθονερούς, αὐστηροὺς πρὸς συν-
ουσίας, ἀσυμπεριφόρους, μονογνώμονας, φοιβαστικούς,
θρησκευτάς, μυστηρίων καὶ τελετῶν ἐπιθυμητάς, ἱεροποι-

(**S**) Dor. (?) apud Horosc. L 440 CCAG VIII 4 (1921) p. 223,15 (correctius ed. Pingree, Political Horoscopes 145). Maneth. II (I) 292–294. IV 233. Horosc. L 113,IV apud Heph. II 18,66. Val. I 2,54. II 11,2. 17,55. al. Firm. math. III 9,6. al. Paul. Alex. 24 p. 72,13 || **1262–1263** *ἀνδροφόνους* Ap. III 14,32. IV 4,7. Maneth. II(I) 302. III(II) 215. IV 196. VI(III) 500. Critod. Ap. 12,4. Val. I 2,54. II 14,5. 41,28. al. Firm. math. I 2,10. III 13,6. IV 24,8. VI 31,6.66.83. VII 23,24.25 (~ Lib. Herm. 36,39.40). Paul. Alex. 24 p. 67,18. Herm. Myst. p. 176,15. Rhet. C p. 192,24–193,1. Anon. De stellis fixis II 10,26

S 1263 *φαρμακευτάς* Ap. III 14,19.32. IV 5,8. 7,8. 9,6.11. Teucr. II apud Anon. De stellis fixis I 8,3 (cf. I 3,2.10). Dor. G. p. 353,16 (excidit apud Dor. A). Maneth. II(I) 196. Val. I 2,54. al. (adde App. I 179 ~ Firm. math. VI 17,3). Firm. math. I 2,10. III 7,26. 9,6. IV 19,8. V 2,16. Paul. Alex. 24 p. 67,16–17. Lib. Herm. 27,24 (iuxta magos sim. ut 28,5. 32,44.60). 36,5, cf. Ap. III 13,19 | *ἱεροσύλους* Firm. math. III 13,6 || **1263–1264** *τυμβωρύχους* Val. App. II 15. Rhet. C p. 192,22. 215,11 || **1268** *φοιβαστικούς* Maneth. I(V) 237. IV 550. Val. II 37,13. Rhet. C p. 192,18. 193,17, cf. p. 137,1 || **1269** *θρησκευτάς* Ap. IV 7,8. Val. II 33,9. Paul. Alex. 24

1263 *ἱεροσύλους, ἀσεβεῖς* **VDγ** *ἀσεβεῖς, ἱεροσύλους* **YMS** || **1264** *ὅλως παγκάκους* **VY** Heph. *ὁλοπαγκάκους* **βγ** *παγκάκους* **c** | *Ἀφροδίτης*] ♀ **S** in margine || **1266** *φιλαρχαίους* **VY** Procl. *φιλαρχίους* **S** *φιλάρχους* **DMγc** *φιλάνδρους* **m** || **1267** *ἀστόργους* post *αὐστηροὺς* add. **MS**, post *συνουσίας* **Dγ** || **1269** *ἐπιθυμητικάς* **M**

1270 ούς, ἐνθεαστικούς, θεοπροσπλόκους, σεμνοὺς δὲ καὶ εὐεν-
m 160 τρέπτους, αἰδήμονας, ἐμφιλοσόφους, πιστοὺς πρὸς συμβιώσεις, ἐγκρατεῖς, ἐπιλογιστικούς, εὐλαβεῖς, ἀγανακτητάς τε
καὶ πρὸς τὰς τῶν γυναικῶν ὑποψίας ζηλοτύπους· ἐπὶ δὲ **17**
τῶν ἐναντίων λάγνους, ἀσελγεῖς, αἰσχροποιούς, ἀδιαφόρους
1275 καὶ ἀκαθάρτους πρὸς τὰς συνουσίας, ἀνάγνους, ἐπιβουλευτικοὺς θηλυκῶν προσώπων καὶ μάλιστα τῶν οἰκειοτάτων,
σαθρούς, παμψόγους, καταφερεῖς, μισοκάλους, μωμητι-
κούς, κακολόγους, μεθύσους, λατρευτικούς, ὑπονοθευτάς,

(**S**) p. 55,10 app. cr. 63,5 app. cr. Rhet. C p. 144,18 | *μυστηρίων* Ap. III 14,18.25.36. IV 7,7. Teucr. II apud Anon. De stellis fixis I 4,10. 10,8. Maneth. I(V) 59. II(I) 197–199. al. Val. I 19,20 (cf. Paul. Alex. 24 p. 64,7). 20,5. II 14,7. 17,38. al. Firm. math. III 7,7 (sim. Rhet. C p. 151,23/26). Anon. a. 379 p. 199,18. Rhet. C p. 145,16. 165,1. Anon. CCAG VIII 1 (1929) p. 183,32–33 || **1269–1270** *ἱεροποιούς* Rhet. C p. 215,2

S **1271** *ἐμφιλοσόφους* Ap. III 14,12 (ubi plura) || **1274** *λάγνους* Ap. III 14,25.30. 15,8.10. IV 5,16.19. Maneth. V(VI) 283. Val. I 3,48. II 38,47.63. Schol. Paul. 9 p. 105,7. Anon. L p. 110,7 | *ἀσελγεῖς* Rhet. C p. 215,22 || **1275–1276** *ἐπιβουλευτικοὺς* Ap. II 31,31 (ubi plura) || **1277** *καταφερεῖς* Ap. II 2,24 (ubi plura) || **1278** *μεθύσους* Ap. III 14,28. Maneth. IV 300. Ant. CCAG VII (1908) p. 117,27. Val. App. I 150

1270 *ἐνθεαστικάς* **M** | *θεοπροσπλόκους* **VYD** (cf. 2,433) *ἱεροπροσπλόκους* **MSγ** | *εὐτρέπτους* **Y** || **1271** *πρὸς συμβιώσεις* **YMS** (cf. l. 1275) *ἐνσυμβιώσεις* **VD** *ἐν συμβιώσεσιν* **γ** | postea *εὐσταθεῖς* add. **MSc** || **1273** *ἐπὶ*] *πρὸς* **MS**, cf. 2,672 || **1274** *αἰσχροποιούς* ... *ἀνάγνους* post 1276 *οἰκειοτάτων* posuit **S** || **1275** post *πρὸς τὰς συνουσίας* interpunxit Robbins (cf. Heph.), antea Boer, cf. l. 1279 | *ἀνάγνους* **Yβγ** *ἀναγώους* **V** || **1277** *σαθρούς* **VY** Procl. *καθρούς* **G** *θρασεῖς* **βγ** Heph., cf. 3,1548 || **1278** post *κακολόγους*: *κακούργους* add. **Y**

ἀθεμίτους πρὸς τὰς συνελεύσεις, διατιθέντας καὶ διατιθεμένους οὐ μόνον πρὸς τὰ κατὰ φύσιν ἀλλὰ καὶ τὰ παρὰ 1280 *φύσιν, πρεσβυτέρων καὶ ἀτίμων καὶ παρανόμων καὶ θηριωδῶν μίξεων ἐπιθυμητάς, ἀσεβεῖς, θεῶν καταφρονητικούς, μυστηρίων καὶ ἱερῶν διασυρτικούς, πάμπαν ἀπίστους,*
18 *διαβολικούς, φαρμάκους, παντοποιούς. τῷ δὲ τοῦ Ἑρμοῦ συνοικειωθεὶς ἐπὶ μὲν ἐνδόξων διαθέσεων ποιεῖ περιέργους,* 1285 *φιλοπεύστας, νομίμων ζητητικούς, φιλιάτρους, μυστικούς, μετόχους ἀποκρύφων καὶ ἀπορρήτων, τερατουργούς, παραλογιστάς, ἐφημεροβίους, ἐντρεχεῖς, διοικητικοὺς πραγμάτων καὶ ἀγχίφρονας, περιπίκρους καὶ ἀκριβεῖς, νήπτας,*
19 *φιλόφρονας, φιλοπράκτους, ἐπιτευκτικούς· ἐπὶ δὲ τῶν* 1290

S 1280–1281 *κατὰ φύσιν … παρὰ φύσιν* Ap. III 15,8 ‖ **1282–1283** *ἀσεβεῖς, θεῶν καταφρονητικούς* Val. I 20,9. II 41,92. IV 15,4. Firm. math. III 7,18. 13,6. IV 12,3. V 6,9. Paul. Alex. 24 p. 67,15–16. Rhet. C p. 148,16. 164,7. 179,21. Lib. Herm. 36,43. Anon. De stellis fixis II 10,26 ‖ **1284–1290** (§ 18) Horosc. Const. 7,3 ‖ **1286–1287** *μυστικούς* Ap. III 14,5 (ubi plura) ‖ **1287** *ἀποκρύφων καὶ ἀπορρήτων* Val. I 2,19.50. 19,4. II 20,36. 37,43. Rhet. C p. 131,13. 151,26. 176,16–17. Anon. CCAG VIII 1 (1929) p. 183,32–33

1279 *ἀθεμίτους* **VGDSγ** Heph. *ἀθεμήτους* **Y** *ἀθεμίτως* (ad *διατιθέντας* referendum) **Mc** om. Procl. | post *πρὸς τὰς συνελεύσεις* interpunxit Robbins (cf. Heph.), antea Boer, cf. l. 1275 ‖ **1280** *τὰ κατὰ* **VY** *τὸ κατὰ* **βγ** | *τὰ παρὰ* **VY** *τὸ παρὰ* **β** *πρὸς τὸ παρὰ* **γ** ‖ **1283** *πάμπαν ἀπίστους* **βγ** *καναπιστάς* **VY** ‖ **1284** *φαρμάκους* scripsi cum **V** ut 4,143 *φαρμακούς* edd. | *παντοποιούς* **βγ** *καιοι*(?) *παντοποιούς* **Y** *παντοίους* **V** | *Ἑρμοῦ*] ☿ **S** in margine ‖ **1286** *φιλοπεύστας* om. **V** | *ζητητικούς*] *ζηλωτικούς* **Y** ‖ **1289** *καὶ* utrobique **VDγ** om. **YMS** | *καὶ* alterum solum om. **γ** ‖ **1290** *φιλόφρονας* **Y** (recepit Robbins coll. *φιλοφρονητικούς* Procl.) *φιλοφρόνους* **V** (maluit Boer) *φιλοπόνους* **βγc** Heph. haud scio an recte

ἐναντίων ληρώδεις, μνησικάκους, νηλεεῖς ταῖς ψυχαῖς, ἐπι-
m 161 *μόχθους, μισοϊδίους, φιλοβασάνους, ἀνευφράντους, νυκτι-*
ρέμβους, ἐνεδρευτάς, προδότας, ἀσυμπαθεῖς, κλέπτας, μα-
γικούς, φαρμακευτάς, πλαστογράφους, ῥᾳδιουργούς, ἀπο-
1295 *τευκτικούς τε καὶ εὐεμπτώτους.*
ὁ δὲ τοῦ Διὸς ἀστὴρ μόνος τὴν οἰκοδεσποτείαν τῆς ψυ- **20**
χῆς λαβὼν ἐπὶ μὲν ἐνδόξων διαθέσεων ποιεῖ μεγαλοψύ-
χους, χαριστικούς, θεοσεβεῖς, τιμητικούς, ἀπολαυστικούς,

S **1292–1293** *νυκτιρέμβους* Val. I 3,29, cf. Dor. apud Heph. II 21,28 ‖ **1293** *ἐνεδρευτάς* Ap. III 14,14 (ubi plura) | *κλέπτας* Ap. III 14,15 (ubi plura) ‖ **1293–1294** *μαγικούς* Ap. II 3,34 (ubi plura) ‖ **1294** *φαρμακευτάς* Ap. III 14,15 (ubi plura) | *πλαστογράφους* Ap. III 14,32. IV 4,7. Dor. G p. 353,16 (excidit apud Dor. A). Maneth. II(I) 305. IV 75.233. V(VI) 239. Val. I 3,29. 19,22 (adde App. I 208). Firm. math. III 27,6 (~ Rhet. C p. 131,13). Paul. Alex. 24 p. 62,20. 67,17. Rhet. C p. 161,26. 179,22–23. 183,15. 193,3. 218,2. Apom. Myst. III 55 CCAG XI 1 (1932) p. 183,11, cf. Euseb. praep. evang. VI 10,30 | *ῥᾳδιουργούς* Ap. III 14,23. IV 4,7. Val. IV 22,14 ‖ **1297–1298** *μεγαλοψύχους* Ap. II 3,13 (ubi plura)

1291 *ληρώδεις*] *ἰώδεις* Heph. | *νηλεεῖς* **βγ** *μηλίους* **VY** | post *ταῖς ψυχαῖς* interpunxit Robbins, antea Boer ‖ **1292** *φιλοβασάνους* **VYDSγ** Procl. *φιλοβασκάνους* **Mc** *φιλοβαναύσους* Heph. | *νυκτιρέμβους* Heph. (cf. *νυκτιρρέμβους* **γ**) ut corr. Boer *νυκτερέμβους* **VYD** (cf. Val. I 3,29: corr. Kroll) *νυκτεριρέμβους* **ΣMSc** *νυκτοβίους* Procl. ‖ **1294** *ἀποικτικούς* **V** ‖ **1295** *εὐεμπτώτους* **αβAB** *εὐεπτώτους* **V** *εὐμεμπτώτους* **C** *εὐεκπτώτους* **c**, cf. 3,1376 ‖ **1296** *Διὸς*] ♃ **S** in margine | *τῆς ψυχῆς λαβὼν* **Yβγ** *τῆν* [sic] *ψυχῆς λαβὼν* **V** *λαβὼν τῆς ψυχῆς* **Σ** (cf. *λαβὼν … τῆς ψυχῆς* Heph.), cf. 3,1353 sq. ‖ **1297** *ἐνδόξων διαθέσεων* **VYDγ** Heph. *ἐνδόξου διαθέσεως* **ΣMS** Procl. (praetulit Boer), cf. 3,1354

φιλανθρώπους, μεγαλοπρεπεῖς, ἐλευθερίους, δικαίους, μεγαλόφρονας, σεμνούς, ἰδιοπράγμονας, ἐλεήμονας, φιλο- 1300
21 *λόγους, εὐεργετικούς, φιλοστόργους, ἡγεμονικούς. ἐπὶ δὲ τῆς ἐναντίας διαθέσεως τυγχάνων τὰς ὁμοίας μὲν φαντασίας περιποιεῖ ταῖς ψυχαῖς, ἐπὶ τὸ ταπεινότερον μέντοι καὶ ἀνεπιφαντότερον καὶ ἀκριτώτερον· οἷον ἀντὶ μὲν μεγαλοψυχίας ἀσωτίαν, ἀντὶ δὲ θεοσεβείας δεισιδαιμονίαν, ἀντὶ* 1305 *δὲ αἰδοῦς δειλίαν, ἀντὶ δὲ σεμνότητος οἴησιν, ἀντὶ δὲ φιλανθρωπίας εὐήθειαν, ἀντὶ δὲ φιλοκαλίας φιληδονίαν, ἀντὶ δὲ μεγαλοφροσύνης βλακείαν, ἀντὶ δὲ ἐλευθεριότητος*
22 *ἀδιαφορίαν, καὶ ὅσα τούτοις παραπλήσια. τῷ δε τοῦ Ἄρεως συνοικειωθεὶς ἐπὶ μὲν ἐνδόξων διαθέσεων ποιεῖ* 1310 *τραχεῖς, μαχίμους, στρατηγικούς, διοικητικούς, κεκινημένους, ἀνυποτάκτους, θερμούς, παραβόλους, παρρησιαστάς,*

S 1300–1301 *φιλολόγους* Ap. III 14,26 (cf. IV 10,3). Val. I 2,19. 3,43. al. (cf. I 1,39). Maneth. I(V) 305. Ps.Ant. CCAG VII (1908) p. 117,17. Firm. math. III 7,25 (~ Rhet. C p. 131,9 et 157,25). Horosc. L 440 CCAG VIII 4 (1921) p. 221–223 (correctius Pingree, Political Horoscopes 144–145). Steph. philos. CCAG II (1900) p. 190,36 ‖ **1301** *ἡγεμονικούς* Val. I 3,50. 19,25. al. Pap. Tebt. 276,14.36 ‖ **1311** *στρατηγικούς* Ap. II 3,38 (ubi plura)

1299 *ἐλευθερίους* **Y** Procl. (cf. l. 1308) *ἐλευθέρους* **Σβ** om. **Vγ** | *δικαίους* **αMS** Procl. om. **V**, post l. 1300 *σεμνούς* posuerunt **Dγ** ‖ **1300** *φιλολόγους* **ΣMS** Procl. *ἐμφιλολόγους* **VDγ** *φιλοσόφους* **Y** ‖ **1301** *εὐεργετικούς* **VY** Procl. *εὑρετικούς* **Σβγc** ‖ **1303** *περιποιεῖται* **ΓΣc** | *ταπεινὸν* **Y** ‖ **1308** *μεγαλοφροσύνης* **αMS** Heph. Procl. *σοφροσύνης* **V** *σωφροσύνης* **Dγ** ‖ **1310** *Ἄρεως*] ♂ **S** in margine ‖ **1311** *κεκινημένους*] *κε* sequente lacuna **V** om. Procl. ‖ **1312** *παρρησιαστὰς πρακτικούς* **VαD** *πρακτικοὺς παρρησιαστάς* **MS** *παρρησιαστικοὺς πρακτικούς* **γ**

H 162 πρακτικούς, ἐλεγκτικούς, ἀνυστικούς, φιλονείκους, ἀρχικούς, εὐεπιβούλους, ἐπιεικεῖς, ἐπάνδρους, νικητικούς, με-
1315 γαλοψύχους δὲ καὶ φιλοτίμους καὶ θυμικοὺς καὶ κριτικοὺς
καὶ ἐπιτευκτικούς· ἐπὶ δὲ τῶν ἐναντίων ὑβριστάς, ἀδια- **23**
φόρους, ὠμούς, ἀνεξιλάστους, στασιαστάς, ἐριστικούς,
μονοτόνους, διαβόλους, οἰηματίας, πλεονέκτας, ἅρπαγας,
ταχυμεταβόλους, κούφους, μεταμελητικούς, ἀστάτους,
1320 προπετεῖς, ἀπίστους, ἀκρίτους, ἀγνώμονας, ἐκστατικούς,
ἐμπατάκτους, μεμψιμοίρους, ἀσώτους, ληρώδεις καὶ ὅλως
ἀνωμάλους καὶ παρακεκινημένους. τῷ δὲ τῆς Ἀφροδίτης **24**
συνοικειωθεὶς ἐπὶ μὲν ἐνδόξων διαθέσεων ποιεῖ καθαρίους,
ἀπολαυστικούς, φιλοκάλους, φιλοτέκνους, φιλοθεώρους,
1325 φιλομούσους, ᾠδικούς, φιλοτρόφους, εὐήθεις, εὐεργετικούς,

S **1314–1315** *μεγαλοψύχους* Ap. II 3,13 (ubi plura) ‖ **1315** *φιλοτίμους* Ap. III 14,3 (ubi plura) ‖ **1324** *φιλοτέκνους* Ap. III 14,29.33. IV 5,3. Val. I 3,37. Paul. Alex. 24 p. 67,6 (*-τεχ-* trad.) ‖ **1325** *φιλομούσους* Ap. II 3,19 (ubi plura)

1313 *ἐλεγκτικούς* **VDγ** *ἀλεγκτικούς* **S** *ἀλεκτικούς* **M** *ἐλεκτικούς* **Σ** om. **Y** | *ἀνυστικούς* **VYDγ** *ἀνυτικούς* **ΣMS** *ἀνοστικούς* Heph. (cod. **P**) ‖ **1314** *εὐεπιβούλους … νικητικούς* om. **V** ‖ **1316** *καὶ ἐπιτευκτικούς* om. **Y** ‖ **1318** *μονοτόνους* **MS** Procl., cf. l. 1357 *μονοπόνους* **VYDγ** (recepit Boer) *μονοτρόπους* **Σc** om. Heph. ‖ **1319** *ἀστάτους προπετεῖς* **VDγ** Procl. *προπετεῖς ἀστάτους περιπετεῖς ἀστάτους* **Y** ‖ **1320** *ἐκστατικούς* **VY** Procl. *στασιαστικοὺς ἐκστατικούς* **Σβγ** ‖ **1321** *ἐμπατάκτους* **VY** (cf. l. 1389) *ἐπιτακτικοὺς εὐπατάκτους* **βγc** *ἐπιτευκτικοὺς εὐπατάκτους* **Σ** *ἐμπράκτους* Procl. (recepit Robbins) | *ὅλως*] *ἄλλως* **Σ** ‖ **1322** *Ἀφροδίτης*] ♀ **S** in margine ‖ **1323** *καθαρούς* **Σ** ‖ **1324** post *φιλοκάλους*: *φιλιδίους* (i. *φιληδίους*?) *καὶ* add. **Y** | *φιλοτέκνους* **VYγ** Heph. *φιλοτέχνους* **Σβ**, cf. l. 1244 | *φιλοθεώρους*] *φιλοθέους* **Y** (v. infra) ‖ **1325** *φιλοτρύφους* **m**, sed cf. l. 1332

ἐλεητικούς, ἀκάκους, φιλοθέους, ἀσκητάς, φιλαγωνιστάς, φρονίμους, φιλητικούς, ἐπαφροδίτους ἐν τῷ σεμνῷ, λαμπροψύχους, εὐγνώμονας, μεταδοτικούς, φιλογραμμάτους, κριτικούς, συμμέτρους καὶ εὐσχήμονας πρὸς τὰ ἀφροδίσια, φιλοικείους, εὐσεβεῖς, φιλοδικαίους, φιλοτίμους, φιλο- 1330
25 *δόξους καὶ ὅλως καλούς τε καὶ ἀγαθούς· ἐπὶ δὲ τῶν ἐναντίων τρυφητάς, ἡδυβίους, θηλυψύχους, ὀρχηστικούς, γυναικοθύμους, δαπάνους, καταγυναίους, ἐρωτικούς, λάγνους, καταφερεῖς, λοιδόρους, μοιχούς, φιλοκόσμους, ὑπο-*

S 1326 *ἐλεητικούς* Ap. III 14,13. Serv. Aen. I 314 || **1330** *φιλοτίμους* cf. Ap. III 14,3 (ubi plura) || **1332** *τρυφητάς* Ap. II 3,20 (ubi plura) | *θηλυψύχους* Manil. V 151 (~ Firm. math. VIII 7,2–3). Val. II 33,10 | *ὀρχηστικούς* Ap. II 3,24 (ubi plura) || **1333–1334** *λάγνους* Ap. III 14,17 (ubi plura) || **1334** *καταφερεῖς* Ap. II 3,24 (ubi plura) | *μοιχούς* Ap. III 14,30. 15,8. IV 4,7. 5,5.8. 7,8. Maneth. I(V) 23. III(II) 194–197.329–331. IV 304–305.349–350.495. V(VI) 283. Plut. aud. poet. 4 p. 19[E]. Ant. CCAG VII (1908) p. 117,28. Val. I 1,21. 3,27. 20,8. II 38,

1326 *ἐλεητικούς* **V** (cf. *ἐλεήμονας* Procl.) *ἐλεγκτικούς* **βγc** *ἐλεκτικούς* **Σ** om. **Y** | *φιλοθέους* hic om. **Y** (v. supra) | *φιλοθέους ... φιλητικούς* om. **A** || **1329** *εὐσχήμονας* **VYDSAB** (sed *αἰ-* suprascriptum) *αἰσχήμονας* **ΣMC** | *τὰ* **V** om. **αβγ** || **1330** *φιλοικείους* **S** *φιλικείους* **V** *φιλοικίους* **Y** *φιλικίους* **G** *φιλονείκους* **ΣMγc** *φιλονίκους* **D** | *φιλοτίμους* **αβγ** *φιλοκώμους* **V** || **1331** *καλούς τε καὶ ἀγαθούς* **VY** *καλοκαγάθους* **Σβγ** || **1332** *ἡδυβίους* om. **V** lacuna relicta | *θηλυψύχους* **αMS** Heph. *μεγαλοψύχους* **VDγ** || **1333** *δαπάνους*] *δαπανηρούς* **Y** Procl. | *καταγυναίους* **V** *κατὰ γυναίων* **Y** *καὶ γυναίων* **G** *καὶ γυναίους* **Σβγc** *κακογυναίους* Procl. (recepit Robbins) || **1334** *λοιδόρους, μοιχούς* Procl. (recepit Robbins) *λοιδόρους* **VDBC** *λοιδώρους* **A** *μοιχούς* **αMSc** (praetulit Boer) | *ὑπομαλάκους* **VGDSγ** *ὑπομαλλάκους* **Y** *φιλομαλάκους* **ΣMc**

1335 *μαλάκους, ῥαθύμους, ἀσώτους, ἐπιμώμους, ἐμπαθεῖς, καλλωπιστάς, γυναικονοήμονας, ἱερῶν ἐγκατόχους, προαγωγικούς, μυστηριακούς, πιστοὺς μέντοι καὶ ἀπονήρους καὶ ἐπιχαρίτους καὶ εὐπροσίτους καὶ εὐδιαγώγους καὶ πρὸς τὰς συμφορὰς ἐλευθεριωτέρους. τῷ δὲ τοῦ Ἑρμοῦ συνοι-* **26**
1340 *κειωθεὶς ἐπὶ μὲν ἐνδόξων διαθέσεων ποιεῖ πολυγραμμάτους, φιλολόγους, γεωμέτρας, μαθηματικούς, ποιητικούς, δημηγορικούς, εὐφυεῖς, σωφρονικούς, ἀγαθόφρονας, καλο-*

(**S**) 32.35.39–41.47 (adde App. II 15). Pap. Tebt. 276,16. Plotin. Enn. II 3,6. Firm. math. I 2,10. Heph. II 21,33 (aliter Dor. A II 1,20). Rhet. A p. 149,1–3 (cf. Rhet. C p. 195,3/8. 215,21). Eustath. in Hom. Od. 8,367 p. 1597,60 | *φιλοκόσμους* Ap. II 3,24 (ubi plura)

S 1337 *μυστηριακούς* Ap. III 14,5 (ubi plura) ‖ **1341** *φιλολόγους* Ap. III 14,20 (ubi plura) | *γεωμέτρας* Maneth. IV 210 (~ Lib. Herm. 34,29). Critod. Ap. 6,1. Val. I 1,37. II 17,37.55 (adde App. I 205. II 35). Euseb. praep. evang. VI 10,31. Firm. math. III 7,1.9.25 (~ Rhet. C p. 131,10). VIII 25,7. Apom. myst. III 55 CCAG XI 1 (1932) p. 183,7. III 56 ibid. p. 184,1. Anon. De stellis fixis VI 1,1 | *μαθηματικούς* Ap. II 3,28. III 14,36. Maneth. IV 210. Ant. CCAG VII (1908) p. 118,12. Rhet. C p. 215,3. 218,4

1335 *ἐπιμώμους* **Y** Procl. *ἐπιβώμους* **V** *φιλομώμους ὑπομώρους* **ΣMSc** *φιλομώρους* **Dγ** ‖ **1337** post *μυστηριακούς*: *μοιχούς* iteravit **Y** ‖ **1338** *εὐπροσίτους* **VΣDγ** *εὐπροαιρέτους* **Y** *εὐπροέτους* **MS** | postea *πιστοὺς* add. **ΣMc** | *εὐδιαγώγους* **VαDγ** *εὐδιαγώνους* **MS** ‖ **1339** *συμφορὰς* **V** Procl. *περισυμφορὰς* **G** *περισυμφωρας* **Y** *ἐπιφορὰς* **ΣDMγc** *περιφορὰς* **S** | *Ἑρμοῦ*] ☿ **S** in margine ‖ **1340** *πολυγραμμάτους* **VDγ** Procl. *φιλογραμμάτους* **αMSc** | postea *πολυπραγμάτους φιλοπράκτους* add. **Y** ‖ **1341** *γεωμέτρας* **VY** Heph. Procl. *φιλογεωμέτρας* **Σβγc** ‖ **1342** *σωφρονητικούς* **S**

συμβούλους, πολιτικούς, εὐεργετικούς, ἐπιτροπικούς, χρηστοήθεις, φιλοδώρους, φιλόχλους, εὐεπιβούλους, ἐπιτευκτικούς, ἡγεμονικούς, εὐσεβεῖς, φιλοθέους, εὐχρηματίστους, 1345 *φιλοστόργους, φιλοικείους, εὐπαιδεύτους, ἐμφιλοσόφους,*

27 *ἀξιωματικούς· ἐπὶ δὲ τῶν ἐναντίων εὐήθεις, ληρώδεις, σφαλλομένους, εὐκαταφρονήτους, ἐνθουσιαστικούς, θεοπροσπλόκους, φληνάφους, ὑποπίκρους, προσποιησισόφους, ἀνοήτους, ἀλαζονικούς, ἐπιτηδευτάς, μαγευτικούς, ὑποκεκινημένους,* 1350 *πολυίστορας δὲ καὶ μνημονικοὺς καὶ διδασκαλικοὺς καὶ καθαρίους ταῖς ἐπιθυμίαις.*

28 *ὁ δὲ τοῦ Ἄρεως ἀστὴρ μόνος τὴν οἰκοδεσποτείαν τῆς ψυχῆς λαβὼν ἐπὶ μὲν ἐνδόξου διαθέσεως ποιεῖ γενναίους,*

S 1346 *ἐμφιλοσόφους* Ap. III 14,12 (ubi plura) ‖ **1348** *ἐνθουσιαστικούς* cf. Ap. IV 4,8 ‖ **1350** *μαγευτικούς* Ap. II 3,34 (ubi plura) ‖ **1351–1352** *διδασκαλικοὺς* Ap. IV 4,3.6. 10,7. Maneth. II(I) 254–255.300. III(II) 98–99.325. IV 179. VI(III) 350–352.478. Val. I 1,40. Pap. It. 157,34. Firm. math. III 7,25 (~ Rhet. C p. 131,10). Schol. Paul. 76,2 p. 126,19

1343 *εὐεργετικούς ... χρηστοήθεις* om. **Y** ‖ **1344** *εὐεπιβούλους* **αDc** (cf. 2,104. 3,1408) *ἐπιβόλους* **V** *εὐεπηβόλους* **MS** (recepit Robbins) *εὐεπιβόλους* **γ** fort. recte, cf. Val. I 19,5 *εὐεπίβολοι* (at App. I 30 *εὐεπίβουλοι*) | *ἐπιτευκτικούς*] *εὐεπιτέκτους* **V**, cf. l. 1367 ‖ **1346** *εὐπαιδεύτους*] *εὐπεδεύτας* **V** ‖ **1347** post *ἐναντίων*: *διαθέσεων* add. **γ** | *συνήθεις* **V** ‖ **1348** *θεοπροσπλόκους* **βγ** Procl. *θεοπροσπλώκους* **Y** *θεοπλόκους* **V** (ut Rhet. C p. 166,6.11) *θεοπροσπόλους* **Σc**, cf. 2,433 ‖ **1349** *προσποιησισόφους* **MS** *προσποιήσεις σοφούς* **V** *πρὸς ποίησει σοφούς* **Y**[τ] *προσποιησόφους* **Σc** *προσποιήτους σοφούς* **D** *προσποιήτους σοφούς* **B** *προσποιητ(ους) σοφούς* **C** ‖ **1350** *ἀλαζόνας* **Σ** | *μαγευτικάς* **Σ** ‖ **1351** *καὶ διδασκαλικοὺς* om. **V** ‖ **1352** *καθαρείους* **S** ‖ **1353** *Ἄρεως*] ♂ **S** in margine ‖ **1354** *λαβὼν τῆς ψυχῆς* **γ**, cf. l. 1296 | *ἐνδόξου διαθέσεως* **VΣDMγ** *ἐνδόξων διαθέσεων* **YS**, cf. l. 1297. al.

1355 *ἀρχικούς, θυμικούς, φιλόπλους, πολυτρόπους, σθεναρούς, παραβόλους, ῥιψοκινδύνους, ἀνυποτάκτους, ἀδιαφόρους, μονοτόνους, ὀξεῖς, αὐθάδεις, καταφρονητικούς, τυραννικούς, δράστας, ὀργίλους, ἡγεμονικούς· ἐπὶ δὲ τῆς ἐναντίας*
m 164 *ὠμούς, ὑβριστάς, φιλαίμους, φιλοθορύβους, δαπάνους,*
1360 *κραυγαστάς, πλήκτας, προπετεῖς, μεθύσους, ἅρπαγας, ἀν-*
c 42ᵛ *ελεήμονας, κακούργους, τεταραγμένους, μανιώδεις, μισοικείους, ἀθέους. τῷ δὲ τῆς Ἀφροδίτης συνοικειωθεὶς ἐπὶ* **29** *μὲν ἐνδόξων διαθέσεων ποιεῖ ἐπιχάριτας, εὐδιαγώγους, φιλεταίρους, ἡδυβίους, εὐφροσύνους, παιγνιώδεις, ἀφελεῖς,*
1365 *εὐρύθμους, φιλορχηστάς, ἐρωτικούς, φιλοτέκνους, μιμητικούς, ἀπολαυστικούς, διασκευαστάς, ἐπάνδρους καὶ εὐκαταφόρους μὲν πρὸς τὰς ἀφροδισιακὰς ἁμαρτίας, ἐπιτευκ-*

S **1355** *φιλόπλους* Ap. II 3,13 (ubi plura) ‖ **1356** *ῥιψοκινδύνους* Ap. II 3,44 (ubi plura) ‖ **1360** *μεθύσους* Ap. III 14,17 (ubi plura) | *ἅρπαγας* Ap. III 14,15 (ubi plura) ‖ **1362** *ἀθέους* Ap. II 3,31 (ubi plura) ‖ **1365** *φιλοτέκνους* Ap. III 14,24 (ubi plura) ‖ **1365–1366** *μιμητικούς* Manil. V 479–485. Val. I 3,46. Firm. math. VIII 8,1. Schol. Paul. 76,2 p. 126,26. Rhet. C p. 217,7. Anon. De stellis fixis II 10,3

1355 *φιλόπλους* **VYβγ** (cf. *φιλοπολέμους* Procl.) *φιλοπλούτους* **Σc** | *πολυτρόπους* **VG** Procl. *πολλυτρόπους* **Y** *πολυτρόφους* **Σβ** (**D** e correctura) **γc** ‖ **1357** *ὀξεῖς δράστας* **M** ‖ **1360** *κραυγαστάς* **Y** *κραυγάσους* **V** *κραυγάζους* **Σβc** *κραυγαστικούς* **γ** Procl. | *πλήκτας … μεθύσους* om. **Y** | *ἀνελεήμονας, κακούργους* **VDγ** *κακούργους, ἀνελεήμονας* **αMS** ‖ **1361** *μισοικείους* **Vβγ** *μησηκίους* **Y** *μεσοικείους* **Σ** ‖ **1362** *Ἀφροδίτης*] ♀ **S** in margine ‖ **1363** *ἐπιχάριτας* **VY** (cf. l. 1410) *ἐπιχάρους* **Σβ** *ἐπιχαρεῖς* **γ** | postea *καὶ* add. **VDγ** ‖ **1364** *εὐφροσύνας* **V** ‖ **1365** *φιλοτέκνους* **VΣβγc** *φιλοτέχνους* **Y** Procl., cf. l. 1244 ‖ **1366** *διασκευαστάς* om. **Y** | *ἐπάνδρους*] *ἀνάνδρους* **V** ‖ **1367** *ἀφροδισιαστικάς* **Dγ** | *εὐεπιτευκτικούς* **V**, cf. l. 1344

τικοὺς δὲ καὶ εὐπεριστόλους καὶ νουνεχεῖς καὶ δυσεξελέγκτους καὶ διακριτικούς, ἔτι δὲ νέων ἐπιθυμητικοὺς ἀρρένων τε καὶ θηλειῶν, δαπάνους τε καὶ ὀξυθύμους καὶ ζη- 1370
30 *λοτύπους· ἐπὶ δὲ τῶν ἐναντίων ῥιψοφθάλμους, λάγνους, καταφερεῖς, ἀδιαφόρους, διασύρτας, μοιχικούς, ὑβριστάς, ψεύστας, δολοπλόκους, ὑπονοθευτὰς οἰκείων τε καὶ ἀλλοτρίων, ὀξεῖς ἅμα καὶ προσκορεῖς πρὸς τὰς ἐπιθυμίας, διαφθορεῖς γυναικῶν καὶ παρθένων, παραβόλους, θερμούς,* 1375 *ἀτάκτους, ἐνεδρευτάς, ἐπιόρκους, εὐεμπτώτους τε καὶ φρενοβλαβεῖς, ἐνίοτε δὲ καὶ ἀσώτους, φιλοκόσμους καὶ θρα-*
31 *σεῖς καὶ διατιθεμένους καὶ ἀσελγαίνοντας. τῷ δὲ τοῦ Ἑρμοῦ συνοικειωθεὶς ἐπὶ μὲν ἐνδόξων διαθέσεων ποιεῖ στρα-*

S **1371** *λάγνους* Ap. III 14,17 (ubi plura) ‖ **1372** *καταφερεῖς* Ap. II 3,24 (ubi plura) | *μοιχικούς* Ap. III 14,25 (ubi plura) ‖ **1373** *ψεύστας* Ap. III 14,32.35.36. Val. I 2,58. II 17,55 (adde App. I 164–165.207). Paul. Alex. 24 p. 67,15. Rhet. C p. 183, 15. 218,2 ‖ **1376** *ἐνεδρευτάς* Ap. III 14,14 (ubi plura) | *ἐπιόρκους* Ap. III 14,15 (ubi plura) ‖ **1377** *φιλοκόσμους* Ap. II 3,24 (ubi plura)

1368 *δυσεξελέγκτους* **ΣMS** *δυσεξελέκτους* **Y** *δυσελεγχκτικούς* **V** *δυσελεγκτικούς* **Dγ** *δυσελέγκτους* Robbins tacite ‖ **1369** *διακριτικούς* **VYDγ** Procl. (recepit Robbins) *ἀδιακρίτους* **ΣMSc** (praetulit Boer) | *ἐπιθυμητικοὺς* om. **Y** ‖ **1370** *θηλυκῶν* **Σ** ‖ **1371** *ἐναντίων διαθέσεων* **γ** ‖ **1372** *ἀδιαφόρους* **αMS** om. **VDγ** (non recepit Boer) ‖ **1373** *ψεύστας ... ὑπονοθευτὰς* **VαDγ** om. **MS** | *δουλοπλόκους* **D** ‖ **1374** *προσκώρους* **Y** | *ἐπιθυμίας* **αβ** *ἐπιθυμιτάς* **V** *ἐπιθυμητάς* **γ** ‖ **1375** *διαφθορὲ* **V** ‖ **1376** *ἀτάκτους*] *ἀτύπους* **c** *ἀτόπους* **m** | *εὐεμπτώτους ... ἀσώτους* om. **S** | *εὐεπτώτους* **V** *εὐεκπτώτους* Feraboli, sed cf. l. 1295 ‖ **1377** *ἀσώτους* **VDγ** Procl. *αὐτῷ τοὺς* **Y** *αὐτοὺς* **ΣMc** ‖ **1378** post *ἀσελγαίνοντας*: *ἀπεργάζεται* add. **Σβγc** om. praeter cett. etiam Procl. | *Ἑρμοῦ*] ☿ **S** in margine

5 1380 *τηγικούς, δεινούς, δράστας, εὐκινήτους, ἀκαταφρονήτους, πολυτρόπους, εὑρετικούς, σοφιστάς, ἐπιπόνους, πανούργους, προγλώσσους, ἐπιθετικούς, δολίους, ἀστάτους, μεθοδευτάς, κακοτέχνους, ὀξύφρονας, ἐξαπατητάς, ὑποκριτικούς, ἐνεδρευτάς, κακοτρόπους, πολυπράγμονας, φιλοπονή-*
1385 *ρους, ἐπιτευκτικοὺς δ' ἄλλως καὶ πρὸς τοὺς ὁμοίους εὐσυνθέτους καὶ εὐσυνδεξιάστους καὶ ὅλως ἐχθρῶν μὲν βλαπτικούς, φίλων δὲ εὐποιητικούς· ἐπὶ δὲ τῶν ἐναντίων δαπά-* **32** *νους, πλεονέκτας, ὠμούς, παραβόλους, τολμηρούς, μεταμελητικούς, ἐμπατάκτους, παρακεκινημένους, ψεύστας, κλέπ-*
1390 *τας, ἀθέους, ἐπιόρκους, ἐπιθέτας, στασιαστάς, ἐμπρηστάς, θεατροκόπους, ἐφυβρίστους, ληστρικούς, τοιχωρύχους, μιαι-*

S 1380 *εὐκινήτους* Ap. I 4,7 (ubi plura) ‖ **1381** *σοφιστάς* Ap. IV 4,3. Maneth. I(V) 303–304. IV 203–204. V(VI) 244. Ant. CCAG VII (1908) p. 117,17. Val. App. I 120. Schol. Paul. 76,1 p. 125,25. 76,2 p. 126,18. Rhet. C p. 147,19–20. 214,21, cf. 218,4 ‖ **1381–1382** *πανούργους* Ap. II 3,30 (ubi plura) ‖ **1382** *προγλώσσους* cf. Ps.Ptol. Karp. 38 ‖ **1384** *ἐνεδρευτάς* Ap. III 14,14 (ubi plura) ‖ **1389** *ψεύστας* Ap. III 14,30 (ubi plura) ‖ **1389–1390** *κλέπτας* Ap. III 14,15 (ubi plura) ‖ **1390** *ἀθέους* Ap. II 3,31 (ubi plura) | *ἐπιόρκους* Ap. III 14,15 (ubi plura) ‖ **1391** *ληστρικούς* Ap. II 9,16 (ubi plura) | *τοιχωρύχους* Val. App. II 15

1380 *δεινούς … ἀκαταφρονήτους* om. **Y** | *δεινούς* **VSγ** *δειλούς* **ΣDMc** Procl. | *εὐκινήτους* om. **γ** ‖ **1381** *εὑρετικούς* **YMSγ** *ἑρετικούς* **V** *εὐεκτικούς* **Σc** *εὐεργετικούς* **D** | *ἐπιπόνους*] *ἐπιμόνους* **Y** ‖ **1382** *μεθοδευτικούς* **V** ‖ **1383** *ἐξαπατητικούς* **Y** ‖ **1385** *ἐπιτευκτικοὺς*] *ἐπὶ…κοὺς* **V** ‖ **1388** *πλεονέκτους* **Σ** ‖ **1389** *ἐμπατάκτους* **ΣMSc** *ἐμπαράκτους* **V** *ἐμπράκτους* **YDγ** *εὐπαράκτους* temptavit Robbins, cf. l. 1321 ‖ **1391** *ἐφυβρίστους, ληστρικούς* om. **Y** Procl. | *ἐφυβρίστους* **VΣβABc** (de **C** non liquet) *ἐφυβρίστας* **m** | *τοιχωρύχους* **VDγ** Procl. *τοιχορύχους* **Y** *τυμβωρύχους* **ΣMSc** *τυμβορύχους* **G**, cf. l. 1263 *φόνους, πλαστογράφους, ῥᾳδιουργούς, γόητας, μάγους, φαρμάκους, ἀνδροφόνους.*

33 *ὁ δὲ τῆς Ἀφροδίτης μόνος τὴν οἰκοδεσποτείαν τῆς ψυχῆς λαβὼν ἐπὶ μὲν ἐνδόξου διαθέσεως ποιεῖ προσηνεῖς,* 1395 *ἀγαθούς, τρυφητάς, λογίους, καθαρίους, εὐφροσύνους, φιλορχηστάς, καλοζήλους, μισοπονήρους, φιλοτέκνους, φιλοθεωτάτους, εὐσχήμονας, εὐεκτικούς, εὐονείρους, φιλοστόργους, εὐεργετικούς, ἐλεήμονας, σικχούς, εὐσυναλλάκτους, ἐπιτευκτικοὺς καὶ ὅλως ἐπαφροδίτους· ἐπὶ δὲ τῆς ἐναντίας* 1400 *ῥᾳθύμους, ἐρωτικούς, τεθηλυσμένους, γυναικώδεις, ἀτόλμους, ἀδιαφόρους, καταφερεῖς, ἐπιψόγους, ἀνεπιφάντους,* m 166

34 *ἐπονειδίστους. τῷ δὲ τοῦ Ἑρμοῦ συνοικειωθεὶς ἐπὶ μὲν*

S **1392** *πλαστογράφους* Ap. III 14,19 (ubi plura). Maneth. II (I) 305 | *ῥᾳδιουργούς* Ap. III 14,19 (ubi plura) | *γόητας* Ap. IV 4,4. Rhet. C p. 193,5 | *μάγους* Ap. II 3,34 (ubi plura) || **1393** *φαρμάκους* Ap. III 14,15 (ubi plura) | *ἀνδροφόνους* Ap. III 14,15 (ubi plura) || **1396** *τρυφητάς* Ap. II 3,20 (ubi plura) || **1397** *φιλοτέκνους* Ap. III 14,24 (ubi plura) || **1399** *ἐλεήμονας* Ap. III 14,24 (ubi plura) || **1402** *καταφερεῖς* Ap. II 3,24 (ubi plura)

1394 *τῆς Ἀφροδίτης*] *τοῦ Ἑρμοῦ* **M** (cf. 1,556) ♀ add. **S** in margine | *τῆς ψυχῆς* om. **V** Procl. || **1395** *ἐνδόξων διαθέσεων* **Y** ut l. 1354. al. || **1396** *λογίους* **VDγ** Procl. *λογικούς* **Y** *κοινούς, ἐλλογίμους* **ΣMSc** | *εὐφροσύνους* **VYDγ** om. **MS**, post *κακοζήλους* transposuit **Σ** || **1397** *καλοζήλους* **VYDγ** *κακοζήλους* **ΣMSc** Procl. | *φιλοτέκνους* scripsi coll. l. 1324 necnon l. 1404 (idem error ut vid. Paul. Alex. 24 p. 67,6) *φιλοτέχνους* **αMSγc** *καὶ φιλοτέχνους* **VD** | *φιλοθεωτάτους, εὐσχήμονας* **VDγ** *εὐσχήμονας, φιλοθεωτάτους* **α** (*-θεο-* **Y**) **MS** || **1398** *εὐκτικούς* **YMS** | *ἐνονείρους* **V** || **1399** *σικχούς* om. **ΣDc** || **1400** *ἐπιτευκτικοὺς* om. **Y** | *τῶν ἐναντίων* **Y**, cf. l. 1414 || **1401** *εὐτόλμους* **Y** || **1402** *ἀνεπιψόγους* **Σ** | *ἀνεφάντους* **V** || **1403** *Ἑρμοῦ*] ☿ **S** in margine

ἐνδόξων διαθέσεων ποιεῖ φιλοτέχνους, ἐμφιλοσόφους, ἐπι-
43 1405 στημονικούς, εὐφυεῖς, ποιητικούς, φιλομούσους, φιλοκάλους, χρηστοήθεις, ἀπολαυστικούς, τρυφεροδιαίτους, εὐφροσύνους, φιλοφίλους, εὐσεβεῖς, συνετούς, πολυμηχάνους,
διανοητικούς, εὐεπιβούλους, κατορθωτικούς, ταχυμαθεῖς,
αὐτοδιδάκτους, ζηλωτὰς τῶν ἀρίστων, μιμητὰς τῶν καλῶν,
1410 εὐστόμους καὶ ἐπιχάριτας τῷ λόγῳ, ἐρασμίους, εὐαρμό-
στους τοῖς ἤθεσι, σπουδαίους, φιλάθλους, ὀρθούς, κριτικούς, μεγαλόφρονας, τῶν δὲ ἀφροδισίων πρὸς μὲν τὰ γυ-
ναικεῖα φυλακτικούς, πρὸς δὲ τὰ παιδικὰ μᾶλλον κεκινημένους καὶ ζηλοτύπους· ἐπὶ δὲ τῆς ἐναντίας ἐπιθέτας, πο- 35

S **1404** *φιλοτέχνους* Val. I 3,34 | *ἐμφιλοσόφους* Ap. III 14,12 (ubi plura) || **1405** *ποιητικούς* Manil. IV 158–159. Dor. A II 19,27. 27,6. Maneth. II(I) 338. Val. II 17,60. Firm. math. III 12,1 | *φιλομούσους* Ap. II 3,19 (ubi plura) || **1406** *τρυφεροδιαίτους* Ap. II 3,20 (ubi plura) || **1413** *τὰ παιδικὰ* Ap. IV 5,5.17. Val. II 38,4. Firm. math. I 2,11. III 6,6 (paulo aliter Rhet. C p. 151,22). 6,28. al. Paul. Alex. 24 p. 62,17. Rhet. C p. 194,10–14. 195,10. 198,18, cf. ad II 3,14

1404 *τῶν ἐνδόξων* **Y** | *φιλοτέχνους* **Vγ** *φιλοτέκνους* **Y** (cf. l. 1397) *χειροτέχνους* **Σβ** || **1406** *τρυφεροδιαίτους* **VDγ** *τρυφαιροδιέτους* **Y** *τριφεροδιέτους* **G** *τρυφεροέτους* **MS** *τρυφερούς* **Σc** *τρυφεροβίους* Procl. || **1407** post *εὐφροσύνους*: *φιλοσόφους* add. **ΣMc** || **1408** *εὐεπιβούλους* **VY** *εὐεπηβόλους* **Σ** *εὐεπηβόλους* **MS** *εὐεπιβόλους* **Dγc** (recepit Robbins), cf. 2,104. 3,1344 | *ταχυμαθεῖς* **YDγ** *ταχ᾽ ἠμαθεῖς* **V** *ταχυμαθεῖς, φιλομαθεῖς* **Σc** *ταχυφιλομαθεῖς* **MS** || **1409** *μιμητὰς* **VYDSγ** Procl. *ζηλωτὰς* repetunt **ΣMc** || **1410** *ἐπιχάριτας* **VY** (cf. l. 1363) *ἐπιχαρίτους* **Σβ** (cf. l. 1338 necnon 4,242) *ἐπιχαριεῖς* **γ** || **1411** post *τοῖς ἤθεσι* interpunxit Robbins, antea Boer | *ὀρθούς* om. **ΣMSc** || **1412** *γυναικεῖα* **VYDγ** *γυναικικὰ* **ΣMS** || **1414** *ζητύπους* **V** | *τῶν ἐναντίων* **γ**, cf. l. 1400

λυμηχάνους, κακοστόμους, ἀλλοπροσάλλους, κακογνώμο- 1415
νας, ἐξαπατητάς, κυκητάς, ψεύστας, διαβόλους, ἐπιόρκους,
βαθυπονήρους, ἐπιβουλευτικούς, ἀσυνθέτους, ἀδεξιάστους,
νοθευτάς, γυναικῶν διαφθορέας καὶ παίδων, ἔτι δὲ καλλωπιστάς, ὑπομαλάκους, ἐπιψόγους, κακοφήμους, πολυ-
θρυλλήτους, παντοπράξους καὶ ἐνίοτε μὲν ἐπὶ διαφθορᾷ τὰ 1420
τοιαῦτα ὑποκρινομένους, ἐνίοτε δὲ καὶ ταῖς ἀληθείαις διατιθεμένους τε καὶ αἰσχροποιοῦντας καὶ ποικίλοις πάθεσιν
ὑβριζομένους.

36 ὁ δὲ τοῦ Ἑρμοῦ ἀστὴρ μόνος τὴν οἰκοδεσποτείαν τῆς m 167
ψυχῆς λαβὼν ἐπὶ μὲν ἐνδόξου διαθέσεως ποιεῖ τοὺς γεννω- 1425
μένους συνετούς, ἀγχίνους, νοήμονας, πολυίστορας, εὑρετικούς, ἐμπείρους, λογικούς, φυσιολόγους, θεωρητικούς, εὐ-

S **1415** *ἀλλοπροσάλλους* Ap. II 3,30 (ubi plura) ‖ **1416** *ψεύστας* Ap. III 14,30 (ubi plura) | *ἐπιόρκους* Ap. III 14,15 (ubi plura) ‖ **1417** *ἐπιβουλευτικούς* Ap. II 3,31 (ubi plura) ‖ **1419–1420** *πολυθρυλλήτους* Dor. A II 15,33. Val. I 20,34 (~ App. X 27) ‖ **1427** *λογικούς* Ap. II 3,19 (ubi plura)

1416 *ἐξαπατητικούς* **Y** | *ἐπιόρκους* **VΣDMγ** Procl. *ἐπιόρμους* **YS** ‖ **1417** *ἐπιβουλευτικτούς* **V** | *ἀδεξιάστους* **VYγ** *ἀσυνδεξιάστους* **Σβ** ‖ **1419** *ἐπιψόγους* **VGDγ** Procl. *ἐπιψώγους* **Y** *κακοψόγους* **ΣMSc** | *πολυθρυλλήτους* **MSBC** *πολυθρηλλήτους* **VYDA** *πολυθρηλλύτους* **Σ**, cf. l. 1500 ‖ **1420** *παντοπράξους* **VYDM** (recepit Robbins) *παντοπράκτας* **ΣSc** (maluit Boer fort. recte, cf. vocem *ἐκπράκτης*) *παντοπράκτους* **γ** *πάντα ἐπιχειροῦντας* Procl. | *ἐπὶ*] *ὑπὸ* **V**, cf. 1,81 | *ἐπὶ … ἐνίοτε δὲ* om. **Y** ‖ **1423** *ὑβριζομένους* **αDMC** *μεριζομένους* **V** *συμμεριζομένης* **AB** (corr. in margine) ‖ **1424** *Ἑρμοῦ*] ☿ **S** in margine | *μόνος* om. **S** | *λαβὼν τῆς ψυχῆς* **Σ** ‖ **1425** *ἐνδόξων διαθέσεων* **Y** ut l. 1354. al. ‖ **1426** *ἀχίνους* **D** ‖ **1427** *λογικούς* **VY** *λογιστικούς* **βγ** *λογιστικούς, εὐστίχους* **Σ** | *φυσιολόγους* **VΣDMγ** *φυσιολογικούς* **YS** | *θεωρητικούς* **V** Procl. post l. 1428 *εὐστόχους* posuerunt **ΣMS**, om. **YDγ**

φυεῖς, ζηλωτικούς, εὐεργετικούς, ἐπιλογιστικούς, εὐστόχους, μαθηματικούς, μυστηριακούς, ἐπιτευκτικούς· ἐπὶ δὲ τῆς 1430 *ἐναντίας πανούργους, προπετεῖς, ἐπιλήσμονας, ὁρμητάς, κούφους, εὐμεταβόλους, μεταμελητικούς, μωροκάκους, ἄφρονας, ἁμαρτωλούς, ψεύστας, ἀδιαφόρους, ἀστάτους, ἀπίστους, πλεονέκτας, ἀδίκους καὶ ὅλως σφαλερούς τε τῇ διανοίᾳ καὶ καταφόρους τοῖς ἁμαρτήμασι.*

1435 *τούτων δὲ οὕτως ἐχόντων συμβάλλεται μέντοι καὶ αὐτὴ* **37** *ἡ τῆς σελήνης κατάστασις, ἐπειδήπερ ἐν μὲν τοῖς ἐπικαμπίοις τυγχάνουσα (τοῦ τε νοτίου καὶ βορείου πέρατος) συνεργεῖ τοῖς ψυχικοῖς ἰδιώμασιν ἐπὶ τὸ πολυτροπώτερον καὶ τὸ πολυμηχανώτερον καὶ εὐμεταβολώτερον, ἐπὶ δὲ τῶν* 1440 *συνδέσμων ἐπὶ τὸ ὀξύτερον καὶ πρακτικώτερον καὶ εὐκινητότερον· ἔτι δὲ ἐν μὲν ταῖς ἀνατολαῖς καὶ ταῖς τῶν φώτων*

T **1435–1453** (§ 37–38) Heph. II 15,19–20

S **1429** *μαθηματικούς* Ap. III 14,26 (ubi plura) | *μυστηριακούς* Ap. III 14,5 (ubi plura) ‖ **1432** *ψεύστας* Ap. III 14,30 (ubi plura) ‖ **1435–1453** (§ 37–38) Val. I 1,1–6, cf. 19,24–25 ‖ **1441–1443** Horosc. Const. 7,4

1430 *ὁρμητάς* Σ (correctum ex *ὁρμητικούς*) **βγ** *ὁρμηματίας* **VY** (recepit Robbins) *ὁρμητικούς* Σ (ante corr.) **m** *ὁρμητικάς* **c** ‖ **1431** *μεταμεληματικούς* **V** ‖ **1432** *ἁμαρτωλούς*] *ἀφιλοκάλλους* **Y** | *ἀπίστους, ἀστάτους* **Y** ‖ **1435** *αὐτὴ ἡ* **VDγ** *ἡ αὐτῆς* **αMSc** ‖ **1436** *ἐν*] *ἐπὶ* **Y** Heph. | *τοῖς ἐπικαμπίοις* **Σβc** (cf. Synt. VIII 1 p. 136,16) *ταῖς καμπίαις* **V** Procl. (recepit Boer) *τοῖς ἐπικαμπτίοις* **Y** *τοῖς καμπίοις* **γ** Heph. fort recte, cf. 3, 1071 ‖ **1437** *νοτίου καὶ βορείου* **Vαβ** Heph. *βορείου καὶ νοτίου* **γ** ‖ **1438** *ψυχικοῖς* **VYDγ** Heph. *τῆς ψυχῆς* **ΣM** *ψυχῆς* **S** ‖ **1439** *καὶ τὸ*] *ἐπὶ τὸ* **V** | *εὐμεταβολώτερον* **VYSγ** *ἐπὶ τὸ εὐμεταβολώτερον* **ΣDM**

αὐξήσεσιν ἐπὶ τὸ εὐφυέστερον καὶ προφανέστερον καὶ βεβαιότερον καὶ παρρησιαστικώτερον, ἐν δὲ ταῖς μειώσεσι τῶν φώτων ἢ ταῖς κρύψεσιν ἐπὶ τὸ νωχελέστερον καὶ ἀμβλύτερον καὶ μεταμελητικώτερον καὶ εὐλαβέστερον καὶ 1445 m
38 *ἀνεπιφανέστερον. συμβάλλεται δὲ καὶ ὁ ἥλιος συνοικειωθείς πως τῷ τῆς ψυχικῆς κράσεως οἰκοδεσποτήσαντι κατὰ* c 43v *μὲν τὸ ἔνδοξον πάλιν τῆς διαθέσεως ἐπὶ τὸ δικαιότερον καὶ ἀνυτικώτερον καὶ τιμητικώτερον καὶ σεμνότερον καὶ θεοσεβέστερον, κατὰ δὲ τὸ ἐναντίον καὶ ἀνοίκειον ἐπὶ τὸ* 1450 *ταπεινότερον καὶ ἐπιπονώτερον καὶ ἀσημότερον καὶ ὠμότερον καὶ μονογνωμονέστερον καὶ αὐστηρότερον καὶ δυσδιαγωγότερον καὶ ὅλως ἐπὶ τὸ δυσκατορθώτερον.*

S **1448** *ἔνδοξον* Dor. A II 14,5. 19,5 ‖ **1449** *τιμητικώτερον* Dor. A II 14,5.15. 19,26 ‖ **1451** *ταπεινότερον* Dor. A II 15,6

1442 *προφανέστερον* **VYSγ** Heph. *προφανώτερον* **ΣDM**, cf. l. 1446 ‖ **1443** *ταῖς μειώσεσι* **Gβγ** Heph. Procl. *ταῖς μοιώσεσι* **Y** *ταῖς βιώσεσιν* **V** *τοῖς οἰκειώσεσι* **Σc** ‖ **1444** *τὸ νωχελέστερον*] *τὸν ὠλοσχερέστερον* **V** ‖ **1445** *καὶ μεταμελητικώτερον καὶ εὐλαβέστερον* om. **Y** ‖ **1446** *ἀνεπιφανέστερον* **Σβγ** (cf. l. 1442) *ἀνεπιφανότερον* **VY** | *δὲ* **ΣMS** Heph. *δέ πως* **VYDγ** | *ὁ ἥλιος*] *ὅλως* **V** ‖ **1447** *πως* om. **Y** (quem secutus est Robbins) | *ψυχῆς* Heph. (cod. **P**) | *κράσεως*] *ὁράσεως* **D** ‖ **1449** *ἀνυτικώτερον καὶ* om. **Y** | *ἀνυτικώτερον* **VΣβc** *ἀνυστικώτερον* **γ** Heph. | *ἠθικώτερον* **m** | *τιμητικώτερον καὶ* om. **αMSc** ‖ **1449–1451** *καὶ θεοσεβέστερον … ταπεινότερον* om. **Y** ‖ **1451** *ταπεινέστερον* **S** | *ἀσημότερον* Robbins *ἀσημώτερον* **V** *ἀσημιότερον* **Y** *ἀσημειότερον* **G** *ἀσεμνότερον* **Σβγc** (recepit Boer, sed cf. *ἀφανέστερον* Procl.) | *καὶ ὠμότερον* hic praebent **VYDγ**, post 1452 *αὐστηρότερον* **Σc**, om. **MS**

ιε′. Περὶ παθῶν ψυχικῶν

1455 Ἐπεὶ δὲ τοῖς τῆς ψυχῆς ἰδιώμασιν ἀκολουθεῖ πως καὶ ὁ **1**
περὶ τῶν ἐξαιρέτων αὐτῆς παθῶν λόγος, καθόλου μὲν πάλιν ἐπισημαίνεσθαι καὶ παρατηρεῖν προσήκει τόν τε τοῦ Ἑρμοῦ ἀστέρα καὶ τὴν σελήνην, πῶς ἔχουσι πρός τε ἀλλήλους καὶ τὰ κέντρα καὶ τοὺς πρὸς κάκωσιν οἰκείους τῶν
1460 ἀστέρων· ὡς ἐάν τε αὐτοὶ ἀσύνδετοι ὄντες πρὸς ἀλλήλους, ἐάν τε πρὸς τὸν ἀνατολικὸν ὁρίζοντα καθυπερτερηθῶσιν ἢ ἐμπερισχεθῶσιν ἢ διαμηκισθῶσιν ὑπὸ τῶν ἀνοικείως καὶ βλαπτικῶς ἐσχηματισμένων, ποικίλων παθῶν περὶ τὰς ψυχικὰς ἰδιοτροπίας συμπιπτόντων εἰσὶ ποιητικοί, τῆς διακρί-
1465 σεως αὐτῶν πάλιν θεωρουμένης ἀπὸ τῆς προκατειλημμένης τῶν τοῖς τόποις συνοικειωθέντων ἀστέρων ἰδιοτροπίας.
m 169 τὰ μὲν οὖν πλεῖστα τῶν μετριωτέρων παθῶν σχεδὸν καὶ **2**
ἐν τοῖς ἔμπροσθεν περὶ τῶν τῆς ψυχῆς ἰδιωμάτων ῥηθεῖσι διακέκριται, τῆς ἐπιτάσεως αὐτῶν ἐκ τῆς τῶν κακούντων
1470 ὑπερβολῆς συνορᾶσθαι δυναμένης, ἐπειδήπερ ἤδη τις ἂν

T 1467–1566 (§ 2–12) Heph. II 16,2–12 (sed excidit in codice unico p. 169,20 *-ζοντα* – p. 172,15 *μόνος*)

S 1458 *Ἑρμοῦ ... σελήνην* Ps.Ptol. Karp. 70. Firm. math. III 5,32 | *Ἑρμοῦ* Ap. III 14,1 (ubi plura)

1454 *περὶ παθῶν ψυχικῶν* **VαDγ** Heph. *περὶ ποιότητος ψυχῆς* **M** *ἐπίσκεψις τῶν ψυχικῶν παθῶν* **S**[2] in margine ‖ **1455** *ἐπεὶ*] *πει* spatio litterae initiali relicto **Y** ‖ **1460** *αὐτοὶ ἀσύνδετοι* **VDγ** *ἀσύνδετοι αὐτοὶ* **MS** ‖ **1462** *διαμηλυσθῶσιν* **Σ** | *ἀνοικείως* **VYDγ** *ἀνοικείων* **ΣMS** ‖ **1464** *διακράσεως* **Σc** *δυσκρασίας* **m** ‖ **1465** *δεωρουμένης* **V** ‖ **1468** *ῥηθεῖσι* om. **Y** ‖ **1469** *διακέκριται* **VY** Heph. *διακέκριταί πως* **Σβγ** (quos secutus est Robbins) ‖ **1470** *ἤδη* om. **V**

εἰκότως εἴποι πάθη καὶ τὰ ἄκρα τῶν ἠθῶν καὶ ἤτοι ἐλλείποντα ἢ καὶ πλεονάζοντα τῆς μεσότητος· τὰ δὲ ἐξαίρετον ἔχοντα τὴν ἀμετρίαν καὶ ὥσπερ νοσηματώδη καὶ παρὰ ὅλην τὴν φύσιν (περί τε αὐτὸ τὸ διανοητικὸν τῆς ψυχῆς μέρος καὶ περὶ τὸ παθητικόν) ὡς ἐν τύπῳ τοιαύτης ἔτυχε 1475 *παρατηρήσεως.*

3 *ἐπιληπτικοὶ μὲν γὰρ ὡς ἐπὶ τὸ πολὺ γίνονται, ὅσοι (τῆς σελήνης καὶ τοῦ τοῦ Ἑρμοῦ, ὥσπερ εἴπομεν, ἢ ἀλλήλοις ἢ τῷ ἀνατολικῷ ὁρίζοντι ἀσυνδέτων ὄντων) τὸν μὲν τοῦ Κρόνου ἡμέρας, τὸν δὲ τοῦ Ἄρεως νυκτὸς ἔχουσιν ἐπίκεν-* 1480 *τρον καὶ κατοπτεύοντα τὸ προκείμενον σχῆμα· μανιώδεις δέ, ὅταν ἐπὶ τῶν αὐτῶν ἀνάπαλιν ὁ μὲν τοῦ Κρόνου νυκτός, ὁ δὲ τοῦ Ἄρεως ἡμέρας, κεκυριευκὼς ᾖ τοῦ σχήματος,*

S 1477–1513 (§ 3–6) Dor. A IV 1,115–121. Maneth. VI (III) 554–610. al. || **1477** *ἐπιληπτικοὶ* Ap. III 13,17 (ubi plura) || **1481** *μανιώδεις* Ap. III 14,5. Dor. A IV 1,112. Maneth. I(V) 231. IV 82.216.539. VI(III) 378.493.557.573. Ant. CCAG VII (1908) p. 112,12. Val. II 37,17. al. Firm. math. III 4,11 (~ Rhet. C p. 151,12). Paul. Alex. 35 p. 95,2. Rhet. C p. 192,8–194,8. Lib. Herm. 26,43.53.73 || **1482–1483** *Κρόνου νυκτός … Ἄρεως ἡμέρας* (cf. Ap. I 7,2) Ps.Ptol. Karp. 70

1471 *ἄκρα τῶν* **Σβ** Heph. *ἄκρα τὰ τῶν* **Vγ** (*ἄκρατα τῶν* legit Robbins, cf. *ἄκρατα ἤθη* Procl.) *ἀκράτητα* **Y** *ἀκρότατα* **G** | *ἤτοι* **VYDBC** *ἢ* **ΣMSA** *εἴ τι* Heph. (cod. **P**) || **1472** *καὶ* om. **S** | *ἐξαίροντα* **Σc** || **1473** *καὶ* ante *παρὰ* om. **Ac** || **1474** *περί τε αὐτὸ* **V** *καὶ περὶ αὐτὸ* **Y** (recepit Boer) *καὶ παρ' ὅλον* **Σβγc** *καὶ περί τε αὐτὸ* Robbins || **1478** *ἢ* ante *ἀλλήλοις* **V** om. **αβγ** | *ἀλλήλοις*] *πρὸς ἀλλήλων* **Σ** || **1479** *ἀσυνδέτων* hic praebent **VY**, post l. 1478 *Ἑρμοῦ* anticipant **Σβγ** | *ὄντων* hic praebent **VY**, post *Ἑρμοῦ ἀσυνδέτων* **D**, post *ἀλλήλοις* **ΣMSγ** || **1483** *κεκυριευκὼς ᾖ*] *κυριεύουσι* **Y**

καὶ μάλιστα ἐν Καρκίνῳ ἢ Παρθένῳ ἢ Ἰχθύσι· δαιμονιό-
1485 *πληκτοι δὲ καὶ ὑγροκέφαλοι, ὅταν οὕτως ἔχοντες οἱ κακο-*
ποιοῦντες ἐπὶ φάσεως οὖσαν κατέχωσι τὴν σελήνην (ὁ μὲν
τοῦ Κρόνου συνοδεύουσαν, ὁ δὲ τοῦ Ἄρεως πανσεληνιά-
ζουσαν), μάλιστα δὲ ἐν Τοξότῃ καὶ Ἰχθύσι. μόνοι μὲν οὖν **4**
οἱ κακοποιοὶ κατὰ τὸν προειρημένον τρόπον τὴν ἐπικράτη-
1490 *σιν τοῦ σχήματος λαβόντες ἀνίατα μέν, ἀνεπίφαντα δὲ*
m 170 *ὅμως καὶ ἀπαραδειγμάτιστα ποιοῦσι τὰ προκείμενα τοῦ*
διανοητικοῦ τῆς ψυχῆς νοσήματα. συνοικειωθέντων δὲ τῶν
ἀγαθοποιῶν (Διός τε καὶ Ἀφροδίτης) ἐπὶ μὲν τῶν λιβυκῶν
μερῶν ὄντες αὐτοὶ τῶν ἀγαθοποιῶν ἐν τοῖς ἀπηλιωτικοῖς
1495 *κεκεντρωμένων ἰάσιμα μέν, εὐπαραδειγμάτιστα δὲ ποιοῦσι*
τὰ πάθη· ἐπὶ μὲν τοῦ τοῦ Διὸς διὰ θεραπειῶν ἰατρικῶν
καὶ ἤτοι διαιτητικῆς ἀγωγῆς ἢ φαρμακείας, ἐπὶ δὲ τοῦ

S 1484–1485 *δαιμονιόπληκτοι* Ap. III 15,5–6. Firm. math. III 5,32. 6,17 (~ Rhet. C p. 165,15). VI 11,10. VIII 24,9. Rhet. C p. 148,1–2. 164,11. 193,15. al. Lib. Herm. 26,43.53.73 || **1492–1496** Ap. III 13,19 (ubi plura) || **1496** *θεραπειῶν ἰατρικῶν* Ap. III 13,19 (ubi plura) || **1497** *φαρμακείας* cf. Ap. III 13,19 (ubi plura)

1484 *Παρθένῳ*] siglum Capricorni **D**, cf. 1,948 || **1485** *προκέφαλοι* **Y** || **1486** *ἐπὶ φάσεως οὖσαν* Boer Robbins *ἐπιφάσεως οὖσαν* **V** (cf. *ἐπιφάσεως οὖσα* Procl.) *ἐπιφάσεως ἰοὺς ἂν* **Y** *ἐπιφάσεως οὓς ἂν* **G** *ἐπὶ φῶς ἰοῦσαν* **Σγc** *ἐπὶ φῶς οὖσαν* **DM** *οὕτω θέσεως ἔχουσαν* **S** || **1487** *συνοδεύσασαν* **V** || **1488** *τῷ τοξότῃ* **S** || **1489** *προειρημένον* **V** (cf. Procl.) *προκείμενον* **αβγ** || **1491** post *προκείμενα*: *πάθη καὶ τὰ* add. **Σβγc** || **1493** *Διὶ καὶ Ἀφροδίτῃ* **V** || **1494** *ἀγαθοιῶν* **Σ** | *ἀπηλιωτικοῖς* **β** *ἀφηλιωτικοῖς* **Vγ** *ἀπιλιωτικοῖς* **Y** *ἀγαθοποιοῖς* **Σc** *ἀνατολικοῖς* **m** || **1495** *εὐπαραδειγμάτιστα* **VYS** (cf. *ἐπιφανῆ* Procl.) *ἀπαραδειγμάτιστα* **ΣDMγc** || **1496** *τοῦ τοῦ* **VSγ** *τῶν τοῦ* **ΣDM** *τοῦ* **Y** || **1497** *ἤτοι* **Vβγ** *εἴ τι* **Σ** *τοῦ* **Y** | *διαιτητικῆς* Boer Robbins (cf. *ὑπὸ διαίτης* Procl.) *διαιτικῆς* **V** *διαγητικῆς* **Y** *ἰατρικῆς* **Σβγc**

τῆς Ἀφροδίτης διὰ χρησμῶν καὶ τῆς ἀπὸ θεῶν ἐπικουρίας.
5 *ἐπὶ δὲ τῶν ἀπηλιωτικῶν αὐτοὶ κεκεντρωμένοι τῶν ἀγαθο-*
ποιῶν δυνόντων ἀνίατά τε ἅμα καὶ πολυθρύλλητα καὶ ἐπι- 1500
φανέστατα ποιοῦσι τὰ νοσήματα· κατὰ μὲν τὰς ἐπιληψίας
συνεχείαις καὶ περιβοησίαις καὶ κινδύνοις θανατικοῖς τοὺς
πάσχοντας περικυλίοντες, κατὰ δὲ τὰς μανίας καὶ ἐκστά-
σεις ἀκαταστασίαις καὶ ἀπαλλοτριώσεσι τῶν οἰκείων καὶ
γυμνητείαις καὶ βλασφημίαις καὶ τοῖς τοιούτοις, κατὰ δὲ 1505
τὰς δαιμονιοπληξίας ἢ τὰς τῶν ὑγρῶν ὀχλήσεις ἐνθουσιασ-
μοῖς καὶ ἐξαγορείαις καὶ αἰκίαις καὶ τοῖς ὁμοίοις τῶν πα-
6 *ραδειγματισμῶν. ἰδίως δὲ καὶ τῶν τὸ σχῆμα περιεχόντων*
τόπων οἱ μὲν ἡλίου καὶ οἱ τοῦ Ἄρεως πρὸς τὰς μανίας μά-
λιστα συνεργοῦσιν, οἱ δὲ τοῦ Διὸς καὶ Ἑρμοῦ πρὸς τὰς 1510
ἐπιληψίας, οἱ δὲ τῆς Ἀφροδίτης πρὸς τὰς θεοφορίας καὶ

S **1498** *χρησμῶν* Ap. III 13,19 (ubi plura) || **1501** *ἐπιληψίας* Ap. III 13,17 (ubi plura) || **1502** *περιβοησίαις* Ap. III 15,12. IV 4,12. 5,8.10. 7,8. Maneth. III(II) 338. Pap. Tebt. 276,18. Firm. math. III 6,21 (~ Rhet. C p. 169,6) || **1503–1504** *ἐκστάσεις* Ap. IV 9,7. Val. II 37,43.59 || **1511** *ἐπιληψίας* Ap. III 13,17 (ubi plura)

1500 *δυνόντων* om. **Y** | *πολυθρύλλητα* **VDγ** *πολυθρήλιτα* **Y** *πολυθρυλλῆ* **ΣMS**, cf. l. 1419 | *ἐπιφανέστατα* **VαMSγ** *ἐπιφανέστερα* **D** || **1504** *ἀκαταστασίαις* **V** (cf. *ἀκαταστατοῦσι* Procl.) *ἀκατασχεσίαις* **αβγc** | *ἀπαλλοτριώσεσι* **VYDSγ** *ἐπαλλοτριώσεσι* **ΣM** || **1505** *γυμνασίαις* **V** || **1506** *δαιμονιοπληξίας* **Vαβ** *δαιμονοπληξίας* **BC** *μονοπληξίας* **AΣ²** (in margine), cf. l. 1513 || **1508** *ἐχόντων* **Y** || **1509** *οἱ*] *ὁ* **YS** | *οἱ τοῦ Ἄρεως* **VDγ** *ὁ τοῦ Ἄρεως* **Y** *τοῦ Ἄρεως* **ΣMS** || **1510** *οἱ δὲ* **VDSγ** *ὁ δὲ* **αM** || **1511** *οἱ* **VΣ** *ἡ* **Y** *ὁ* **βγ** | *θεοφορίας* **ΣDγ** *θεοφορίους* **M** *θεοφορισίας* **V** *θεοφορησίας* **YS**

ἐξαγορείας, οἱ δὲ τοῦ Κρόνου καὶ σελήνης πρὸς τὰς τῶν
m 171 *ὑγρῶν ὀχλήσεις καὶ τὰς δαιμονιοπληξίας.*

ἡ μὲν οὖν περὶ τὸ ποιητικὸν τῆς ψυχῆς καθ' ὅλας τὰς 7
1515 *φύσεις νοσηματικὴ παραλλαγὴ σχεδὸν ἕν τε τοῖς τοιούτοις ἐστὶν εἴδεσι καὶ διὰ τῶν τοιούτων ἀποτελεῖται σχηματισμῶν, ἡ δὲ τῶν περὶ τὸ παθητικὸν κατὰ τοῦτο πάλιν τὸ ἐξαίρετον θεωρουμένη καταφαίνεται μάλιστα περὶ τὰς κατ' αὐτὸ τὸ γένος τοῦ ἄρρενος καὶ θήλεως ὑπερβολὰς*
1520 *καὶ ἐλλείψεις τοῦ κατὰ φύσιν, διαλαμβάνεται δὲ ἐπισκεπτικῶς κατὰ τὸν ὅμοιον τῷ προκειμένῳ τρόπον· τοῦ ἡλίου μέντοι μετὰ τῆς σελήνης ἀντὶ τοῦ Ἑρμοῦ παραλαμβανομένου καὶ τῆς τοῦ Ἄρεως σὺν τῷ τῆς Ἀφροδίτης πρὸς αὐτοὺς συνοικειώσεως. τούτων γὰρ οὕτως ὑπ' ὄψιν πιπτόντων, ἐὰν* 8
1525 *μὲν μόνα τὰ φῶτα ἐν ἀρσενικοῖς ᾖ ζῳδίοις, οἱ μὲν ἄνδρες ὑπερβάλλουσι τοῦ κατὰ φύσιν, αἱ δὲ γυναῖκες τοῦ παρὰ*

S 1524–1566 (§ 8–12) Ps.Ptol. Karp. 71. Euseb. praep. evang. VI 10,18–20. Rhet. A p. 145,12–26 || **1526–1527** *κατὰ φύσιν … παρὰ φύσιν* Ap. III 14,17

1512 *οἱ* **VΣDMγ** *ὁ* **YS** || **1513** *τὰς* **VYDγ** *πρὸς τὰς* **ΣS** *πρὸς τὰ* **M** | *δαιμονιοπληξίας* **VΣ** *δαιμονοπληξίας* **Yβγ**, cf. l. 1506 || **1515** *παραλλαγὴ* om. **β** || **1516** *ἐστὶν* om. **Vγ** Procl. (fort. recte non recepit Robbins) | *εἴδεσι*] *σχήμασι* **S** || **1517** *τῶν* om. **Σβγ** | *κατὰ τοῦτο* **Y** *κατ' αὐτὸ* **Σβγ** (recepit Robbins, sed iteratur l. 1519) om. **V** | *τὸ ἐξαίρετον* **αβγ** *ἐξαιρέτως* **V** || **1520** *ἐπισκεπτικῶς*] *κλεπτικοὺς* **Y** || **1521** *τρόπῳ* **V** || **1522** vix *τοῦ* ⟨*τοῦ*⟩ et sic deinceps || **1524** *πιπτόντων* **VΣDMγ** *ὄντων* **Y** *ἐχόντων* **S** || **1525** *ἀρσενικοῖς*] de forma non assimilata cf. Maneth. locum similem III(II) 384/388 | *ᾖ* **Σβ** *ἢ* **V** om. **Yγ**, cf. l. 1536

φύσιν πρὸς τὸ ἔπανδρον ἁπλῶς τῆς ψυχῆς καὶ δραστικώτερον· ἐὰν δὲ καὶ ὁ τοῦ Ἄρεως καὶ ὁ τῆς Ἀφροδίτης ἤτοι ὁπότερος ἢ καὶ ἀμφότεροι ὦσιν ἠρρενωμένοι, οἱ μὲν ἄνδρες πρὸς τὰς κατὰ φύσιν συνουσίας γίνονται καταφερεῖς 1530 *καὶ μοιχικοὶ καὶ ἀκόρεστοι καὶ ἐν παντὶ καιρῷ πρόχειροι πρός τε τὰ αἰσχρὰ καὶ τὰ παράνομα τῶν ἀφροδισίων, αἱ δὲ γυναῖκες πρὸς τὰς παρὰ φύσιν ὁμιλίας λάγνοι καὶ ῥιψόφθαλμοι καὶ αἱ καλούμεναι τριβάδες.* 9 *διατιθέασι γὰρ θηλείας ἀνδρῶν ἔργα ἐπιτελούσας, κἂν μὲν μόνος ὁ τῆς* 1535 *Ἀφροδίτης ἠρρενωμένος ᾖ, λάθρα καὶ οὐκ ἀναφανδόν, ἐὰν* m 172 *δὲ καὶ ὁ τοῦ Ἄρεως, ἄντικρυς, ὥστε ἐνίοτε καὶ νομίμας ὥσπερ γυναῖκας τὰς διατιθεμένας ἀναδεικνύειν.*

S **1527** *ἔπανδρον* Ap. II 3,40 (ubi plura) ‖ **1530** *καταφερεῖς* Ap. II 3,24 (ubi plura) ‖ **1531** *μοιχικοὶ* Ap. III 14,25 (ubi plura) ‖ **1533** *λάγνοι* Ap. III 14,17 (ubi plura) ‖ **1534** *τριβάδες* Ap. IV 5,14. Maneth. IV 358. Val. II 37,17. Rhet. C p. 159,1 (excidit apud Firm.). Apom. Myst. III 54 CCAG XI 1 (1932) p. 182,20. Anon. De stellis fixis II 6,4

1527 *τῆς ψυχῆς ἁπλῶς* **γ** | post *ἁπλῶς* non interpunxit Robbins, sed fortius post *δραστικώτερον*, non ita Boer ‖ **1528** *δὲ καὶ* om. **Y** ‖ **1529** *ἀμφότεροι* **Vγ** Procl. *ἑκάτερος* **αMc** *ἑκάτεροι* **S** | *ὦσιν ἠρρενωμένοι* **VDγ** *ἠρρενωμένοι ὦσιν* **αMS** (quos secutus est Boer) ‖ **1530** *κατὰ*] *παρὰ* Cumont, Egypte 183[3], at cf. l. 1542 | *συνουσίας φύσιν* **Y** ‖ **1531** *ἀκόρεστοι* **VY** *ἀκόρεστι* **Γ** *ἀκόλαστοι* **Σβγc** ‖ **1533** *παρὰ*] *περα* **V**, cf. 1,540 | *ὁμιλίας* **Σβγ** *ὁμοίως* **VY** ‖ **1534** *γὰρ* **Σβγ** *δὲ* **VY** (quos fort. recte secutus est Robbins) ‖ **1535** *ἐπιτελούσας* **D** *ἀποτελούσας* **Y** *ἐπιτελοῦσαι* **VΣMSγ** (quos secutus est Robbins postea interpungens fortius) ‖ **1536** *ᾖ* **Σ** ut l. 1525 *ἦν* **V** *καὶ* **Y** om. **βγ** Heph. ‖ **1537** *καὶ* post *δὲ* om. **V** | *νομίμας ὥσπερ* **VY** (cf. *νομίμους ὥσπερ* Heph.) *ὥσπερ νομίμας* **Σβγ** ‖ **1538** *τὰς* om. **Σβγ**

τὸ δὲ ἐναντίον τῶν φώτων κατὰ τὸν ἐκκείμενον σχημα- **10**
1540 τισμὸν ἐν θηλυκοῖς ζῳδίοις ὑπαρχόντων, μόνον αἱ μὲν γυναῖκες ὑπερβάλλουσι τοῦ κατὰ φύσιν, οἱ δὲ ἄνδρες τοῦ
παρὰ φύσιν πρὸς τὸ εὔθρυπτον καὶ τεθηλυσμένον τῆς ψυχῆς. ἐὰν δὲ καὶ ὁ τῆς Ἀφροδίτης ᾖ τεθηλυσμένος, αἱ μὲν
γυναῖκες καταφερεῖς τε καὶ μοιχάδες καὶ λάγνοι γίνονται
1545 πρὸς τὸ διατίθεσθαι κατὰ φύσιν ἐν παντί τε καιρῷ καὶ
ὑπὸ παντὸς οὑτινοσοῦν, ὡς μηδενὸς ἁπλῶς (ἐάν τε αἰσχρὸν
ᾖ ἐάν τε παράνομον) ἀπέχεσθαι τῶν ἀφροδισίων, οἱ δὲ
ἄνδρες μαλακοί τε καὶ σαθροὶ πρὸς τὰς παρὰ φύσιν
συνουσίας καὶ γυναικῶν ἔργα διατιθέμενοι παθητικῶς,
1550 ἀποκρύφως μέντοι καὶ λεληθότως. ἐὰν δὲ καὶ ὁ τοῦ Ἄρεως **11**
ᾖ τεθηλυσμένος, ἄντικρυς καὶ μετὰ παρρησίας ἀναισχυν-

S 1540 *θηλυκοῖς* Ap. IV 5,13. Maneth. III(II) 392–396. V(VI) 211. Firm. math. III 6,22 (~ Rhet. C p. 169,12). VII 25,4. al. Anon. L p. 110,7 ‖ **1543–1547** Dor. A II 7,15. Maneth. IV 506–507 ‖ **1544** *καταφερεῖς* Ap. II 3,24 (ubi plura) | *λάγνοι* Ap. III 14,17 (ubi plura) ‖ **1548** *μαλακοί* Dor. A II 7,9. Maneth. I(V) 117–118. IV 220. V(VI) 211–213. Val. II 17,68. Firm. math. III 6,22 (~ Rhet. C p. 169,14–15). IV 13,4. Rhet. C p. 158,26 (~ Kam. 2874. Lib. Herm. 26,18) ‖ **1549** *γυναικῶν ἔργα* Maneth. III(II) 395. V(VI) 213

1539 *τὸ δὲ ἐναντίον* **αMS** *τὸ δὲ ἐναντίων* **D** *τῶν δὲ ἐναντίων* **V** *κατὰ δὲ τὸ ἐναντίον* **γ** | *σχηματισμὸν* **VΣDMγ** *συσχηματισμὸν* **YS** ‖ **1541** *οἱ δὲ … φύσιν* om. **Y** ‖ **1545** *διατεθεῖναι* **V** | *κατὰ*] *παρὰ* **c** ‖ **1548** *σαθροὶ* **VY** *θρασεῖς* **βγ** Heph. *θαρσεῖς* **Σc**, cf. l. 1277 | *παρὰ*] *κατὰ* **Y** ‖ **1551** *ἀναισχυντοῦσι* **V** Heph. *ἀνεσχυντοῦν* (= *ἀναισχυντοῦντες*) **Y** *ἀναισχύντου* **Σβγ**

τοῦσι τὰ προκείμενα, καθ' ἑκάτερον εἶδος ἀποτελοῦντες τὸ πορνικὸν καὶ πολύκοινον καὶ πολύψογον καὶ πάναισχρον σχῆμα, περιβαλλόμενοι μέχρι τῆς κατὰ τὴν λοιδορίαν καὶ τὴν τῆς χρήσεως ὕβριν σημειώσεως. 1555

συμβάλλονται δὲ καὶ οἱ μὲν ἀνατολικοὶ καὶ ἑῷοι σχηματισμοὶ τοῦ τε τοῦ Ἄρεως καὶ τοῦ τῆς Ἀφροδίτης πρός τε τὸ ἐπανδρότερον καὶ εὐδιαβοητότερον, οἱ δὲ δυτικοὶ καὶ ἑσπέριοι πρός τε τὸ θηλυκώτερον καὶ τὸ καταςταλτικώτερον· **12** *ὁμοίως δὲ καὶ ὁ μὲν τοῦ Κρόνου συμπροσγενόμενος* 1560 *ἐπὶ τὸ ἀσελγέστερον καὶ ἀκαθαρτότερον ἢ καὶ ἐπονειδιστότερον ἑκάστῳ τῶν ἐκκειμένων πέφυκε συνεργεῖν, ὁ δὲ τοῦ Διὸς πρὸς τὸ εὐσχημονέστερον καὶ φυλακτικώτερον*

S 1553 *πορνικὸν* Teucr. II apud Anon. De stellis fixis I 10,13. Dor. G p. 351,28 (~ Dor. A II 16,11). p. 357,21 (~ Dor. A II 28,3). Maneth. IV 314. VI (III) 585. Critod. Ap. 11,2. Val. I 3,43. II 38,35. al. Pap. Tebt. 276,16. Firm. math. VII 25,7.23. Rhet. C p. 160,12 (aliter Firm. math. III 6,15). Apom. Myst. III 52 CCAG XI 1 (1932) p. 181,12. III 54 ibid. p. 182,18 || **1560–1562** (§ 12 in.) Maneth. VI(III) 591–592

1552 *ἑκάτερον*] *ἕτερον* **Y** | *ἀποτελοῦντες* **V** *ἀποτελοῦσι* **Y** *ἐπιτελοῦσι* **Σβγc**, postea interpunxit Robbins || **1553** *τὸ πολύκοινον* **V** | *ἀπολύψογον* **V** || **1554** ante *περιβαλλόμενοι* interpunxi || **1555** *σημειώσεως* **ΣDMγc** *δημοσίως ἕως* **V** *διμοσίως ἕως* **Γ** *δημοσίως ὡς* **Y** *δημοσιώσεως* **S** || **1556** *συμβάλλονται*] *ἐμβάλονται* **Y** || **1557** *τοῦ Ἄρεως* om. **V** in ima pagina || **1559** *οἱ ἑσπέριοι* **β** | *καταστιλκώτερον* **Σ** || **1560** *συμπροσγενόμενος* **VDγ** *προσγενόμενος* **αMS** Heph. || **1561** *ἀκαθαρτότερον*] *τὸ διακαθαρτότερον* **Y** | *ἐπονειδιστικότερον* **Σ** || **1563** *φυλακτικώτερον καὶ αἰδημονέστερον* **VYDγ** *αἰδημονέστερον καὶ φυλακτικώτερον* **ΣMS**

καὶ αἰδημονέστερον, ὁ δὲ τοῦ Ἑρμοῦ πρός τε τὸ περιβοη-
1565 *τότερον καὶ τὸ τῶν παθῶν εὐκινητότερον καὶ πολυτροπώ-*
τερον καὶ εὐπροσκοπώτερον.

S 1564–1565 *περιβοητότερον* Ap. III 15,5 (ubi plura) ‖ **1565** *εὐκινητότερον* Ap. I 4,7 (ubi plura)

1564 *βοητότερον* Heph. ‖ **1565** *παθῶν*] *ἠθῶν* **Σc** ‖ **1566** *εὐπροσκοπώτερον* **αβAC** *εὐπροκοπώτερον* **V** (quem tacite sequitur Boer) *εὐπροσωπότερον* **B** ‖ **subscriptiones:** *τέλος τοῦ γ′ βιβλίου κλαυδίου πτολεμαίου* **V** *τέλος τοῦ τρίτου* **Y** *τέλος τοῦ γ′ βιβλίου* **DA** om. **ΣMSBC** | inter librum tertium et quartum intrusi sunt in **YΦ** dodecaeteris Chaldaica, quam ed. F. Boll CCAG V 1 (1904) p. 241–242 e cod. Vat. gr. 1290 (nobis est **x**) et Monacensi gr. 287 (nobis est **a**), cf. CCAG VIII 4 (1921) p. 23, in **A** textus paginam explens *περὶ τοῦ ἔχθροις ἐπιτίθεσθαι* et de similibus, non indicatus CCAG V 1 (1904) p. 55

ΒΙΒΛΙΟΝ Δ΄ c 45

Τάδε ἔνεστιν ἐν τῷ δ΄ βιβλίῳ

α΄. προοίμιον
β΄. περὶ τύχης κτητικῆς
γ΄. περὶ τύχης ἀξιωματικῆς 5
δ΄. περὶ πράξεως ποιότητος
ε΄. περὶ συναρμογῶν
ϛ΄. περὶ τέκνων
ζ΄. περὶ φίλων καὶ ἐχθρῶν
η΄. περὶ ξενιτείας 10
θ΄. περὶ θανάτου ποιότητος
ι΄. περὶ χρόνων διαιρέσεως

α΄. Προοίμιον

1 *Τὰ μὲν οὖν πρὸ τῆς γενέσεως καὶ τὰ κατ᾿ αὐτὴν τὴν γένεσιν δυνάμενα θεωρεῖσθαι, καὶ ἔτι τῶν μετὰ τὴν γένεσιν* 15

T 2–12 CCAG VIII 3 (1912) p. 94,31–35

1 *Ἀρχὴ τοῦ τετάρτου βιβλίου* **D** *Πτολεμαίου* (*πρὸς Σύρον* add. **Y**) *ἀποτελεσματικῶν δ΄* **αM** *Κλαυδίου Πτολεμαίου τῶν πρὸς Σύρον συμπερασματικῶν* **A** (add. *βιβλίον τέταρτον*) om. **VSBC**, sed v. l. 13 ‖ 2 *Τάδε … βιβλίῳ* **VD** (add. *Κλαυδίου Πτολεμαίου*) **BC** (add. *τῶν πρὸς Σύρον συμπερασματικῶν* quod iterant l. 13): *τὰ κεφάλαια τοῦ δ΄ βιβλίου* **M** | totum indicem om. **S** ‖ **3** *α΄* **V** om. **αβγ** | *προοίμοιον* **V** om. **αβγ** ‖ **4** *β΄* **V** *α΄* **YDγ** om. **ΣMS** et sic deinceps ‖ **6** *πράξεως ποιότητος* **VαDγ** *πράξεων ποιοτήτων* **M** ‖ 7 *ἁμοργῶν* **Y** ‖ **12** post *διαιρέσεως*: *περὶ ἐνιαυτῶν* [= Heph. II 26 tit.] add. **Mc** ‖ **13** *Κλαυδίου Πτολεμαίου τῶν πρὸς Σύρον συμπερασματικῶν βιβλίον τέταρτον* (*δ΄* **BC**) **γ** (cf. l. 1) *προοίμιον* **VD** (in margine) **A** *περὶ τύχης κτητικῆς* hic ex l. 22 **Y** om. **βBC** *ἐπίσκεψις περὶ τῶν ἐκτὸς συμβεβηκότων* **S** in margine inferiore ‖ **14** *τὰ* post *καὶ* om. **ΣMS**

ὅσα τῆς συστάσεώς ἐστιν ἴδια τὸ καθόλου ποῖον τῶν συγκριμάτων ἐμφαίνοντα, σχεδὸν ταῦτα ἂν εἴη. τῶν δὲ κατὰ τὸ ἐκτὸς συμβεβηκότων καὶ ἐφεξῆς ὀφειλόντων διαλαμβάνεσθαι προηγεῖται μὲν ὁ περὶ τυχῆς κτητικῆς τε καὶ ἀξιω-
20 *ματικῆς λόγος, συνῆπται δ' ὥσπερ ἡ μὲν κτητικὴ ταῖς τοῦ σώματος οἰκειώσεσιν, ἡ δὲ ἀξιωματικὴ ταῖς τῆς ψυχῆς.*

β′. Περὶ τύχης κτητικῆς

Τὰ μὲν οὖν τῆς κτήσεως ὁποῖά τινα ἔσται, ληπτέον ἀπὸ **1**
m 174 *τοῦ καλουμένου κλήρου τῆς τύχης, μόνου μέντοι, καθ' ὃν*
25 *πάντοτε τὴν ἀπὸ τοῦ ἡλίου ἐπὶ τὴν σελήνην διάστασιν ἐκβάλλομεν ἀπὸ τοῦ ὡροσκόπου καὶ ἐπὶ τῶν ἡμέρας καὶ ἐπὶ τῶν νυκτὸς γεννωμένων δι' ἃς εἴπομεν ἐν τοῖς περὶ χρόνων ζωῆς* [III 11,5] *αἰτίας. σκοπεῖν οὖν δεήσει τοὺς τοῦ συνισταμένου τὸν τρόπον τοῦτον δωδεκατημορίου λαβόντας*
30 *τὴν οἰκοδεσποτείαν, καὶ πῶς ἔχουσιν οὗτοι δυνάμεως καὶ*

T 17–19 *διαλαμβάνεσθαι* cf. Heph. II 17,1 ‖ **22–53** (§ 1–4) Heph. II 17,2–6

S 23–53 (c. 2) Dor. A I 26–27. Maneth. VI(III) 632–683 ‖ **23–41** (§ 1–2) Horosc. Const. 8,1–2

16 *ἴδια* om. **Y** ‖ **18** *συμβεβηκότων* **Vαβ** *συμβαινόντων* **γ** | *ἑξῆς* **Σ** ‖ **20** *συνῆπται* **VΣβγ** *συνήστατα* **Y** ‖ **22** *περὶ … κτητικῆς* **VΣDγ** Heph. hic om. **Y** (v. l. 13), omnino om. **MS** (*ἐπίσκεψις περὶ κτημάτων* in margine) ‖ **24** *ὃν*] *ὁ* **Y** ‖ **26** *ἡμέρας … νυκτὸς* **VYS** *τῆς ἡμέρας … τῆς νυκτὸς* **ΣDMγ** ‖ **27** *ἃς*] *ἧς* **Y** ‖ **28** *τοὺς* [sc. *πλανήτας* vel *ἀστέρας*] *τοῦ* **Σβγc** *τούτου* **VY** *τοῦ* **G** | *συνισταμένου*] *περιεχομένου* **m** ‖ **29** *δωδεκατημορίου* **Σβγ** *τοῦ δωδεκατημορίου* repetunt **VY** | *λαβόντας* **Σβ** *λαβόντες* **V** *λαβόντος* **Yγ** ‖ **30** *οἰκοδεσποτείαν* **VYDγ** (cf. *οἰκοδεσποτίαν* Heph.) *δεσποτείαν* **ΣMS**

οἰκειότητος, καθ' ὃν ἐν ἀρχῇ διωρισάμεθα τρόπον, ἔτι δὲ καὶ τοὺς συσχηματιζομένους αὐτοῖς ἢ τοὺς καθυπερτεροῦν-
2 *τας τῶν τῆς αὐτῆς ἢ τῆς ἐναντίας αἱρέσεως. ἐν δυνάμει μὲν γὰρ ὄντες οἱ τοῦ κλήρου τὴν οἰκοδεσποτείαν λαβόντες ποιοῦσι πολυκτήμονας, καὶ μάλιστα ὅταν ὑπὸ τῶν φώτων* 35 *οἰκείως τύχωσι μαρτυρηθέντες· ἀλλ' ὁ μὲν τοῦ Κρόνου διὰ θεμελίων ἢ γεωργιῶν ἢ ναυκληριῶν, ὁ δὲ τοῦ Διὸς διὰ πί-στεων ἢ ἐπιτροπειῶν ἢ ἱερατειῶν, ὁ δὲ τοῦ Ἄρεως διὰ στρατειῶν καὶ ἡγεμονιῶν, ὁ δὲ τῆς Ἀφροδίτης διὰ φιλικῶν*

S 37 *θεμελίων* Val. I 19,6. Paul. Alex. 24 p. 65,13 | *γεωργιῶν* Ap. IV 4,5.8.9. 7,7. Teucr. II apud Anon. De stellis fixis I 2,1.6. 5,1. Manil. V 272 (~ Firm. math. VIII 11,3). Val. I 1,9. al. Heph. II 30,1. Paul. Alex. 24 p. 65,12. Apom. Myst. III 50 CCAG XI 1 (1932) p. 178,25. Anon. De stellis fixis II 2,11. 6,9. 10,3.11. | *ναυκληριῶν* Manil. IV 173. V 41–56 (~ Firm. math. VIII 6,1). Maneth. VI(III) 364.485. Val. I 19,6. II 17,44. al. Firm. math. IV 9,3. VIII 30,4. Paul. Alex. 24 p. 61,3. Rhet. C p. 216,20, cf. ad Ap. IV 4,5 || **39** *στρατειῶν* Ap. II 3,38 (ubi plura) | *ἡγεμονιῶν* Teucr. II apud Anon. De stellis fixis I 2,5. 7,5. Manil. V 502 (~ Firm. math. VIII 16,2). Maneth. I(V) 103. III(II) 296. Critod. Ap. 7,5. Val. I 1,23. al. Pap. Tebt. 276,14.36. Firm. math. III 5,2 (~ Rhet. C p. 136,10). Schol. Paul. 76,2 p. 126,21. Anon. De stellis fixis II 5,5

31 *δὲ* om. **V** || **32** *καὶ τοὺς* **VDγ** *τούτους* **ΣMSc** *τοὺς* **Y** Heph. | *αὐτοῖς* **VΣγ** Heph. Procl. *αὐτῆς* **Y** *αὐτοὺς* **βc** | *ἢ τοὺς* **VΣβγ** *τοὺς* **Y** om. **c** || **34** *μὲν* om. **αMS** | *γὰρ* om. **ΣMS** || **35** *ὑπὸ* **VY** Heph. *ἀπὸ* **Σβγ**, cf. 2,734 || **37** *γεωργιῶν ἢ ναυκληριῶν* **VYDγ** *ναυκληριῶν ἢ γεωργιῶν* **ΣMS** | *πίστεως* **V** (recepit Robbins) || **38** *Ἄρεως*] *τοξότου* **V** propter siglorum similitudinem, vice versa 2,222 || **39** *φιλικῶν* **V** *φυληκῶν* **Y** *φιλίων* **G** (cf. *φιλιῶν* Heph.) *φίλων* **Σβγc**

40 *καὶ γυναικείων δωρεῶν, ὁ δὲ τοῦ Ἑρμοῦ διὰ λόγων καὶ ἐμ-
πορίων. ἰδίως δ' ὁ τοῦ Κρόνου τῇ κτητικῇ τύχῃ συνοι-* **3**
*κειούμενος, ἐὰν τῷ τοῦ Διὸς συσχηματισθῇ, κληρονομίας
περιποιεῖ, καὶ μάλιστα ὅταν ἐπὶ τῶν ἄνω κέντρων τοῦτο
συμβῇ, τοῦ τοῦ Διὸς ἐν δισώμῳ ζῳδίῳ τυχόντος ἢ καὶ τὴν*
45 *συναφὴν τῆς σελήνης ἐπέχοντος· τότε γὰρ καὶ εἰς παιδοποιίαν ἀναχθέντες ἀλλότρια κληρονομοῦσι. κἂν μὲν οἱ τῆς* **4**
m 175 *αὐτῆς αἱρέσεως τοῖς οἰκοδεσπόταις τὰς μαρτυρίας τῶν οἰκο-*
c 45ᵛ *δεσποτειῶν αὐτοὶ τύχωσι ποιούμενοι, τὰς κτήσεις ἀκαθαιρέ-
τους διαφυλάττουσιν, ἐὰν δὲ οἱ τῆς ἐναντίας αἱρέσεως*
50 *καθυπερτερήσωσι τοὺς κυρίους τόπους ἢ ἐπανενεχθῶσιν
αὐτοῖς, καθαιρέσεις ποιοῦνται τῶν ὑπαρχόντων, τοῦ καθολικοῦ καιροῦ λαμβανομένου διὰ τῆς τῶν τὸ αἴτιον ποιούντων πρὸς τὰ κέντρα καὶ τὰς ἐπαναφορὰς προσνεύσεως.*

S 40 *λόγων* Ap. II 3,19 (ubi plura) ‖ **41** *ἐμποριῶν* Ap. II 3,30 (ubi plura) ‖ **42** *κληρονομίας* Ap. IV 7,7 (cf. 6,6. 10,15). Maneth. II(I) 157–158. III(II) 234–240. Firm. math. V 3,12. VI 3,4. Apom. Myst. III 50 CCAG XI 1 (1932) p. 179,15. Horosc. L 1345 (Pingree, The Astrological School, 208,⟨36–37⟩) ‖ **45–46** *παιδοποιίαν* Ap. III 10,6

40 *καὶ* (prius) **VS** *ἢ* **αDM** Heph. (recepit Robbins) | *λόγων* **Vβγ** Heph. *λόγου* **α** ‖ **42** *σχηματισθῇ* **Y** ‖ **43** *ἄνω* **αMSγ** Heph. *ἄλλων* **VD** (*γρ. καὶ ἄνω* in margine) | *τοῦτο*] *αὐτός* **m** ‖ **44** *συμβῇ* **Vαβ** Heph. *συμβαίνῃ* **γ** | *Διὸς* **VY** Heph. *δύνοντος* **Σβγc** | *τυχόντος* **VYDS** *τυγχάνοντος* **ΣMγ** *ὄντως* Heph. (cod. **P**: i. *ὄντος*) ‖ **46** *ἀναχθέντες* **Σβγ** *ἀνεχθέντες* **VY** *ἀχθέντες* Heph. ‖ **48** *αὐτοὶ* **Σβγ** *αὐτοῖς* **V** (praetulit Boer, cf. l. 57) om. **Y** Heph. | *τυγχάνωσι* **Σ** (postea correctum) | *κτήσεις* **Σβγ** *κτίσεις* **VY** (cf. 1,230) *στάσεις* Heph. (cod. **P**) ‖ **49** *φυλάττουσιν* **Y** ‖ **50** *κυρίους*] *οἰκείους* Heph. Co le p. 147,19 ‖ **51** *αὐτοῖς* **VYSγ** Heph. *ἐπ' αὐτοῖς* **ΣDMc** | post *ποιοῦνται* interpunxit Boer postea legens *λαμβανομένων* ‖ **52** *λαμβανομένου* **αβγ** Heph. *λαμβανομένων* **V** (v. supra)

γʹ. Περὶ τύχης ἀξιωματικῆς

1 *Τὰ δὲ τῆς ἀξίας καὶ τῆς τοιαύτης εὐδαιμονίας δεήσει σκοπεῖν ἀπό τε τῆς τῶν φώτων διαθέσεως καὶ τῆς τῶν δορυφορούντων ἀστέρων οἰκειώσεως αὐτοῖς· ἐν ἀρρενικοῖς μὲν γὰρ ζῳδίοις ὄντων ἀμφοτέρων τῶν φώτων καὶ ἐπικέντρων ἤτοι ἀμφοτέρων πάλιν ἢ καὶ τοῦ ἑτέρου, μάλιστα δὲ τοῦ τῆς αἱρέσεως, καὶ δορυφορουμένων ὑπὸ τῶν πέντε πλανωμένων (ἡλίου μὲν ὑπὸ ἑῴων, σελήνη⟨ς⟩ δὲ ὑπὸ ἑσπερίων),* 55 60
2 *οἱ γεννώμενοι βασιλεῖς ἔσονται. καὶ ἐὰν μὲν οἱ δορυφοροῦντες ἀστέρες ἤτοι ἐπίκεντροι καὶ αὐτοὶ ὦσιν ἢ πρὸς τὸ*

T **54–84** (§ 1–4) Heph. II 18,2–7

S **55–103** (c. 3) Heph. II 18 (adde Ep. IV 26) ‖ **60** *δορυφορουμένων* Val. II 23,2. Horosc. L 76 apud Heph. II 18,36 ‖ **61** *ἑῴων* Paul. Alex. 14 p. 30,22 ‖ **62** *βασιλεῖς* Maneth. III (II) 111.297. Val. II 23,2. Pap. Tebt. 276,14. Firm. math. III 5,2 (~ Rhet. C p. 136,10. Lib. Herm. 26,5). Paul. Alex. 3 p. 13,14. al. Apom. Myst. III 51 CCAG XI 1 (1932) p. 180,8 ‖ **63** *ἐπίκεντροι* Dor. A I 24,7. Maneth. I(V) 26–28.277–285. II(I) 389. III(II) 221–226. IV 571–573. V(VI) 42. Horosc. L 76 apud Heph. II 18,36. Val. II 23,2. Firm. math. VII 22,1–4. Horosc. L 621 apud Steph. philos. p. 274,26

54 *περὶ … ἀξιωματικῆς* **VYDMγ** Heph. *ἐπίσκεψις περὶ ἀξιωμάτων* **S**[2] in margine ‖ **55** *τῆς ἀξίας* **VYDSγ** Heph. *τῆς αὐτῆς ἀξίας* **ΣM** (correctum ex *τοιαύτης*) **c** ‖ **57** *οἰκειώσεως* **VYDγ** *συνορῶντα τὰς οἰκειώσεις* **ΣMSc** *τὰς οἰκήσεις* Heph. | *αὐτοῖς* **VYDγ** *αὐτῶν* **ΣMSc** Heph. del. Boer, cf. l. 48 | *μὲν* om. **VDγ** ‖ **60** *δορυφορουμένων* **VY** Heph. *δορυφορουμένου* **Σβγ** ‖ **61** *ἡλίου* **V** ☉ **Yγ** *πρὸς ἥλιον* **Σβc** Heph. | *ὑπὸ* om. **ΣMSc** | *σελήνης δὲ ὑπὸ ἑσπερίων* Boer *σελήνη* [vel ☾] *δὲ ὑπὸ ἑσπερίων* **VYγ** *πρὸς* ☾ *δὲ ὑπὸ ἑσπερίων* **D** *ἑσπερίων δὲ πρὸς σελήνην* **ΣMSc** *πρὸς σελήνην δὲ ἑσπερίων* Heph.

ὑπὲρ γῆν κέντρον συσχηματίζωνται, μεγάλοι καὶ δυναμικοὶ
65 *καὶ κοσμοκράτορες διατελοῦσι, καὶ ἔτι μᾶλλον εὐδαίμονες,*
ἐὰν οἱ δορυφοροῦντες δεξιοὶ τοῖς ὑπὲρ γῆν κέντροις συσχη-
ματίζωνται. ἐὰν δὲ τῶν ἄλλων οὕτως ἐχόντων μόνος ὁ
ἥλιος ᾖ ἐν ἀρρενικῷ, ἡ δὲ σελήνη ἐν θηλυκῷ, ἐπίκεντρον
m 176 *δὲ τὸ ἕτερον τῶν φώτων, ἡγεμόνες μόνον ἔσονται ζωῆς καὶ*
70 *θανάτου κύριοι. ἐὰν δὲ πρὸς τούτοις μηδὲ οἱ δορυφοροῦν-* **3**
τες ἀστέρες ἐπίκεντροι ὦσιν ἢ μαρτυρήσωσι τοῖς κέντροις,
μεγάλοι μόνον ἔσονται καὶ ἐν ἀξιώμασι τοῖς ἀπὸ μέρους
στεμματηφορικοῖς ἢ ἐπιτροπικοῖς ἢ στρατοπεδαρχικοῖς ἢ
ἱερατικοῖς καὶ οὐχὶ τοῖς ἡγεμονικοῖς. ἐὰν δὲ τὰ μὲν φῶτα **4**

S **65** *κοσμοκράτορες* Heph. I 1,212 (aliter II 18,27, cf. Val. VIII 7,272. al.). Kam. 2804 (~ Lib. Herm. 26,5), cf. Horosc. L 76 apud Heph. II 18,26–27 ‖ **67–79** (§ 2 fin.–4 in.) Horosc. Const. 9,1 ‖ **69** *ἡγεμόνες* Ap. IV 2,2 (ubi plura) ‖ **69–70** *ζωῆς καὶ θανάτου κύριοι* Val. II 4,6.7. 17,21. Critod. Ap. 9,1. Firm. math. III 4,2 (~ Rhet. C p. 136,4–5). III 4,28 (~ Rhet. C p. 168,13–14), cf. Anon. De stellis fixis VI 8,2 ‖ **73** *στεμματηφορικοῖς* Tzetz. Chil. I 477 (cf. IX 457) | *στρατοπεδαρχικοῖς* Teucr. II apud Anon. De stellis fixis II 2,5. Val. II 17,70. Firm. math. III 4,2 (~ Rhet. C p. 136,4). III 4,28 (~ Rhet. C p. 168,14)

64 *συσχηματίζωνται* **ΣβBC** *συσχηματίζονται* **VYA** ut l. 66 ‖ **66** post *δορυφοροῦντες*: *ἀστέρες* add. **ΣMS** Co le p. 149,10 | *ὑπὲρ*] *ὑπὸ* Heph. | *συσχηματίζωνται* **ΣβBC** *συσχηματιζόνται* **VYA** ut l. 64 *σχηματίζονται* Heph. ‖ **68** *ἀρρενικῷ ζῳδίῳ* **γ** ‖ **69** *ἕτερον* **Vαβ** Heph. *ἓν* **γ** ‖ **71** *ἀστέρες* om. **γ** Heph. | *ἢ μαρτυρήσωσι* om. **Y** | *κέντροις*] *κύκλοις* **Y** ‖ **73** *στεμματηφορικοῖς* **V** (cf. Val. I 1,29. al.) *στεμματοφόροις* **Σβγ** *στεφανηφόροις* **Y** Heph., cf. l. 145 necnon Val. I 20,14 | *ἢ ἱερατικοῖς* **YDγ** (cf. Procl.) *ἱερατικοῖς* **V** om. **ΣMS** Heph. ‖ **74** *οὐχὶ*] *οὐ* **Y** | *μὲν* om. **VY** Heph. Co le p. 149,30

μὴ ᾖ ἐπίκεντρα, τῶν δὲ δορυφορούντων ἀστέρων οἱ πλεῖ- 75
στοι ἤτοι ἐπίκεντροι ὦσιν ἢ συσχηματίζωνται τοῖς κέν-
τροις, ἐν ἀξιώμασι μὲν ἐπιφανεστέροις οὐ γενήσονται, ἐν
προαγωγαῖς δὲ πολιτικαῖς καὶ μετριότητι περὶ τὰς κατὰ
τὸν βίον προλήψεις· μηδὲ τῶν δορυφορούντων μέντοι τοῖς
κέντροις συνοικειωθέντων ἀνεπίφαντοι ταῖς πράξεσι καὶ 80
ἀπρόκοποι καθίστανται, τέλεον δὲ ταπεινοὶ καὶ κακοδαί-
μονες γίνονται ταῖς τύχαις, ὅταν μηδέτερον τῶν φώτων
μήτε κεκεντρωμένον ᾖ μήτ' ἐν ἀρρενικῷ ζῳδίῳ τυγχάνῃ
μήτε δορυφορῆται ὑπὸ τῶν ἀγαθοποιῶν.

5 *ὁ μὲν οὖν καθόλου τύπος τῆς προκειμένης ἐπισκέψεως* 85
τοιαύτην τινὰ τὴν αὐξομείωσιν ἔχει τῶν ἀξιωμάτων, τὰς
δὲ μεταξὺ τούτων καταστάσεις παμπληθεῖς οὔσας κατα-
στοχαστέον ἀπὸ τῆς περὶ αὐτὸ τὸ εἶδος τῶν τε φώτων καὶ
τῆς δορυφορίας αὐτῶν ἐπὶ μέρους ἐναλλοιώσεως καὶ τῆς c 46
6 *κυρίας τῶν δορυφορήσεων· ταύτης γὰρ περὶ μὲν τοὺς τὴν* 90
αἵρεσιν ἔχοντας ἢ τοὺς ἀγαθοποιοὺς συνισταμένης τὸ αὐ- m 177
θεντικώτερον καὶ ἀπταιστότερον τοῖς ἀξιώμασι παρακο-
λουθεῖ, περὶ δὲ τοὺς ἐναντίους ἢ τοὺς κακοποιοὺς τὸ ὑπο-
τεταγμένον καὶ ἐπισφαλέστερον. καὶ τὸ τῆς ἀξίας δὲ τῆς
ἐσομένης εἶδος ἀπὸ τῆς τῶν δορυφορησάντων ἀστέρων 95

75 *οἱ*] *ἢ* Y (post corr.) | *πλεῖστοι* V Heph. *πλείους* **αβγ** ‖ 77 *γεννήσονται* V ‖ 78 *προαγωγαῖς* **VY** *προσαγωγαῖς* **Σβγ** *προαγωγῖς* Heph. (cod. **P**) | *περὶ*] *παρὰ* Co le p. 149,–15, cf. 1,540 ‖ 79 *προλήψεις*] *περίλυψις* Y *προλήψαις* Heph. (cod. **P**) ‖ 82 *τύχαις* **VYγ** Heph. *ψυχαῖς* **Σβ** ‖ 83 *ᾖ* **α** (recepit Robbins) om. **Vβγ** Heph. Boer | *τυγχάνει* V Heph. ‖ 85 *τύπος*] *δὲ τόπος* Y ‖ 87 *καταστάσεις*] *ἐπαναστάσεις* Y ‖ 88 *τῆς* (sc. *ἐναλλοιώσεως*) **γ** *τῶν* **Vαβ** (receperunt edd.) ‖ 90 *δορυφορήσεων* **VY** *δορυφοριῶν* **Σβγ** ‖ 91 *ἀγαθοὺς* Y ‖ 93 *ἢ τοὺς κακοποιοὺς* om. Y | *ἐπιτεταγμένον* Σ ‖ 95 *δορυφορησάντων* **VYDSγ** *δορυφορούντων* **ΣM**

ἰδιοτροπίας θεωρητέον, ἐπειδήπερ ὁ μὲν τοῦ Κρόνου τὴν κυρίαν τῆς δορυφορίας ἔχων ἐπὶ πολυκτημοσύνῃ καὶ συναγωγῇ χρημάτων τὰς δυναστείας ποιεῖ, ὁ δὲ τοῦ Διὸς ἢ ὁ τῆς Ἀφροδίτης ἐπὶ χάρισι καὶ δωρεαῖς καὶ τιμαῖς καὶ με-
100 γαλοψυχίαις, ὁ δὲ τοῦ Ἄρεως ἐπὶ στρατηλασίαις καὶ νίκαις καὶ φόβοις τῶν ὑποτεταγμένων, ὁ δὲ τοῦ Ἑρμοῦ διὰ σύνεσιν ἢ παιδείαν καὶ ἐπιμέλειαν καὶ οἰκονομίαν τῶν πραγμάτων.

δ′. Περὶ πράξεως ποιότητος

105 Ὁ δὲ τῆς πράξεως τὴν κυρίαν ἔχων λαμβάνεται κατὰ τρόπους δύο· ἀπό τοῦ τε ἡλίου καὶ τοῦ μεσουρανοῦντος ζῳδίου. σκοπεῖν γὰρ δεήσει τόν τε φάσιν ἑῴαν ἔγγιστα πρὸς **1**

T **104–125** (§ 1–2) Heph. II 19,1–4

S **100** *στρατηλασίαις* Ap. II 3,38 (ubi plura) ‖ **105–222** (c. 4) Dor. App. IIC apud Heph. II 19,5–7 (adde Ep. IV 27). Maneth. VI(III) 339–540. IV 69–76.125–346. Ant. CCAG VII (1908) p. 117,14–118,15. Id. CCAG VIII 3 (1912) p. 110,7–12. Firm. math. IV 21,1–12. Rhet. C p. 207,25–218,8. Anon. CCAG II (1900) p. 35 fol. 165r ‖ **106** *μεσουρανοῦντος* Dor. App. IIC apud Heph. II 19,6

97 *πολυκτημοσύνῃ* **VY** *φιλοκτημοσύνῃ* **Σβγ** ‖ **99** *τιμαῖς καὶ δωρεαῖς* **γ** | *ἢ μεγαλοψυχίαις* **V** ‖ **102** *τῶν* om. **γ** ‖ **104** *περὶ … ποιότητος*] om. **S** *ἐπίσκεψις περὶ τέχνης ἐπιτηδευμάτων* **S**^{2} in margine | *πράξεως* **VYDMγ** (post *ποιότητος* **A**) Heph. *πράξεων* **Σc** *κράσεως* **Φ** | *ποσότητος* **Y** ‖ **105** *Ὁ* om. **Y** pro rubrica | *ἔχων* **VDγ** *ἐπέχων* **αMS** *λαβὼν* Co le p. 150,6 ‖ **106** *τοῦ τε* Robbins tacite *τε τοῦ* **Dγ** *τε* **V** *τοῦ* **αMS** (sim. Heph.) | *τοῦ μεσουρανοῦντος* **VYDSγ** *ἀπὸ τοῦ μεσουρανοῦντος* **ΣM** ‖ **107** *τόν*] *τήν* **Σ** Co le p. 151,12, aliter l. 112 | *φάσιν* om. **V**

ἥλιον πεποιημένον καὶ τὸν ἐπὶ τοῦ μεσουρανήματος, ὅταν μάλιστα τὴν συναφὴν τῆς σελήνης ἐπέχῃ. κἂν μὲν ὁ αὐτὸς ᾖ ἀστὴρ ὁ ἀμφότερα ἔχων τὰ εἰρημένα, τούτῳ μόνῳ προσ- 110 *χρηστέον· ὁμοίως δὲ κἂν τὸ ἕτερον εἷς ἔχῃ, τῷ τὸ ἕτερον εἰληφότι μόνῳ. ἐὰν δὲ ἕτερος ᾖ ὁ τὴν ἔγγιστα φάσιν πεποιημένος καὶ ἕτερος ὁ τῷ μεσουρανήματι ἢ καὶ τῇ σελήνῃ συνοικειούμενος, ἀμφοτέροις προσχρηστέον τὰ πρω-* m 178 *τεῖα διδόντας τῷ κατ' ἐπικράτησιν πλείους ἔχοντι ψήφους* 115
2 *οἰκοδεσποτείας, καθ' ὃν προεκτεθείμεθα τρόπον. ἐὰν δὲ μηδὲ εἷς εὑρίσκηται μήτε φάσιν πεποιημένος μήτε ἐπὶ τοῦ μεσουρανήματος, τὸν κύριον αὐτοῦ παραληπτέον, πρὸς ἐπιτηδεύσεις μέντοι τὰς κατὰ καιρούς· ἄπρακτοι γὰρ ὡς ἐπίπαν οἱ τοιοῦτοι γίνονται.* 120

ὁ μὲν οὖν τῆς πράξεως τὴν οἰκοδεσποτείαν λαβὼν ἀστὴρ οὕτως ἡμῖν διακριθήσεται, τὸ δὲ ποῖον τῶν πράξεων ἔκ τε τῆς ἰδιοτροπίας τῶν τριῶν ἀστέρων Ἄρεως καὶ

T 121–135 (§ 2 med.–3) Rhet. C p. 210,21–211,2

S 123 *τριῶν ἀστέρων* Ant. CCAG VIII 3 (1912) p. 110,4–5. Paul. Alex. 26 p. 75,9–11 (adde Schol. p. 126,14. Olymp. 25 p. 83,5–85,19). Rhet. C p. 214,2–4. Horosc. Const. 10,1

108 *τὸν ἥλιον* **γ** | *καὶ* om. **V** ‖ **109** *συναφὴν*] *σαφὴν* **Y** | *ὁ* ante *αὐτὸς* om. **c** ‖ **110** *ᾖ ... ἔχων* **VY** *ἔχῃ* **Σβγc** *ᾖ ... ἔχει* Heph. ‖ **111** *εἷς* scripsi coll. Heph. *μηδεὶς* **VYDγ** (irrepsit ex l. 117) *μηδὲ εἷς* **ΣMS** ‖ **112** *τὴν* om. **ΣMc** ‖ **113** *ἢ* om. **VLA** edd., non ita Heph. ‖ **114** *ἀμφοτέροις* **VαSγ** Heph. *ἀμφότεροι* **DM** ‖ **116** *προεξεθέμεθα* **γ** ‖ **117** *μηδὲ εἷς* **αMS** Heph. *μηδεὶς* **VDγ** | *φάσιν* **VY** Heph. Procl. *φάσιν ἑῴαν* **Σβγc** | postea *ἐκ τῶν γ' ἀστέρων* ♂ ♀ *καὶ* ☿ **A**[2] in margine, sim. Heph. cod. **P** post *παραληπτέον*, cf. l. 123 ‖ **119** *καιρὸν* **γ** ‖ **121** *λαβὼν ἀστὴρ* **αMS** Heph. *ἀστὴρ λαβὼν* **VDγ** (maluit Boer) ‖ **122** *οὗτος* **V** | *τὸ δὲ* **αS** Heph. *τό γε* **V** *τὸ δὲ τὸ* **DMγ** | *τῆς πράξεως* **S** Heph., cf. l. 104

Ἀφροδίτης καὶ Ἑρμοῦ καὶ τῆς τῶν ζῳδίων, ἐν οἷς ἂν τύ-
125 *χωσι παραπορευόμενοι. ὁ μὲν γὰρ τοῦ* Ἑρμοῦ *τὸ πράσ-* **3**
σειν παρέχων, ὡς ἄν τις εἴποι τυπωδῶς, ποιεῖ γραμματέας, πραγματευτικούς, λογιστάς, διδασκάλους, ἐμπόρους, τραπεζίτας, μάντεις, ἀστρολόγους, θύτας καὶ ὅλως τοὺς ἀπὸ

T 125–222 (§ 3–12) Heph. II 19,11–21

S 126 *γραμματέας* Ap. IV 7,8. Manil. IV 197–199. Dor. A II 15,19. 19,8. Maneth. I(V) 131–132. III(II) 97–98.323–324. IV 72.428. V(VI) 245. Val. I 1,37. 2,50. 20,29. II 17,37. al. (adde App. I 188). Pap. It. 158,53. Firm. math. III 7,1 (~ Rhet. C p. 137,13 necnon p. 157,26). 9,1. 10,1.14. VIII 30,3. Heph. II 35,15. Paul. Alex. 24 p. 60,17. 67,10. 72,14 (adde Schol. p. 125,25. 126,19), cf. Anon. De stellis fixis II 2,1 ‖ **127** *λογιστάς* Ap. II 3,21 (ubi plura) | *διδασκάλους* Ap. III 14,27 (ubi plura) | *ἐμπόρους* Ap. II 3,30 (ubi plura) ‖ **127–128** *τραπεζίτας* Manil. IV 173–174. Maneth. II(I) 256. III(II) 99–100. VI(III) 360–361. Val. I 1,38. II 17,57. Euseb. praep. evang. VI 10,30. Firm. math. III 7,13 (~ Rhet. C p. 157,24–25). Paul. Alex. 24 p. 67,13 ‖ **128** *μάντεις* Ap. IV 4,10 (cf. III 14,3). Maneth. II(I) 205–206. IV 211–212. VI(III) 438.473. Dor. G p. 357,26 (cf. Dor. A II 32,1). Dor. A II 27,7. Ant. CCAG VII (1908) p. 117,19. Val. I 1,39. Firm. math. III 7,19 (~ Rhet. C p. 166,5). 10,8. Paul. Alex. 24 p. 64,6. Rhet. C p. 148,14 (cf. Firm. math. III 7,6). 179,22. 215,2 | *ἀστρολόγους* Ap. III 14,5 (ubi plura) | *θύτας* Teucr. II apud Anon. De stellis fixis I 8,8. Dor. G p. 357,26 (cf. Dor. A II 32,1). Maneth. II(I) 205–209.

124 *τῆς* **VDγ** (cf. *τοῖς* Heph.) *ἐκ τῆς* **αMS** | *ἐν*] *καὶ ἐν* **V** | *ἐὰν* **V** ‖ **126** *γραμματεῖς* **V** ‖ **127** *πραγματευτικούς* **VY** (*-τηκ-*, *πραγματικούς* **G**, cf. *πραγμάτων ἐπιμελητάς* Procl.) *γραμματικούς* **Σβγc** ‖ **128** *ὅλως* **VΣDγ** *ὅλους* **YMS**

γραμμάτων καὶ ἑρμηνείας καὶ δόσεως καὶ λήψεως ἐργαζομένους· κἂν μὲν ὁ τοῦ Κρόνου αὐτῷ μαρτυρήσῃ, 130
ἀλλοτρίων οἰκονόμους ἢ ὀνειροκρίτας ἢ ἐν ἱεροῖς τὰς ἀναστροφὰς ποιουμένους προφάσει μαντειῶν καὶ ἐνθου- c 46v
σιασμῶν, ἐὰν δὲ ὁ τοῦ Διός, νομογράφους, ῥήτορας, σοφιστάς, μετὰ προσώπων μειζόνων ἔχοντας τὰς ἀναστροφάς. 135

(**S**) IV 211. VI(III) 474. Val. I 1,39. II 17,56–57. Firm. math. III 2,18. 7,6.19 (~ Rhet. C p. 148,14 et p. 166,5). 8,3. 12,16. IV 19,25. 21,9. V 2,15. VIII 21,11. 24,1–2

S **129** *γραμμάτων* Rhet. C p. 164,1 | *ἑρμηνείας* Ap. IV 4,9. Maneth. IV 142. Val. I 1,37. II 17,55. Firm. math. III 7,12 (~ Rhet. C p. 157,21). Paul. Alex. 24 p. 67,13. 72,15 | *δόσεως καὶ λήψεως* Val. I 1,43. 20,32. Apom. Myst. III 55 CCAG XI 1 (1932) p. 183,13–14 || **131** *ὀνειροκρίτας* Ap. III 14,5 (ubi plura) | *ἐν ἱεροῖς* Maneth. II(I) 205–208. Firm. math. III 2,18. 6,17. 11,4. 12,16. al. Lib. Herm. 32,16 || **133** *ῥήτορας* Manil. IV 194. Dor. A II 32,2. Maneth. I(V) 131.292.303. II(I) 259. IV 141. 203. V(VI) 244.265. VI(III) 350.479. Critod. Ap. 6,1. Ant. CCAG VII (1908) p. 118,12. Val. I 1,39. II 17,37 (adde App. I 120). Firm. math. III 7,25 (~ Rhet. C p. 131,9 et 157,19). Schol. Paul. Alex. 76,2 p. 126,19. Rhet. C p. 218,4. Steph. philos. CCAG II (1900) p. 191,23. Apom. Myst. III 51 CCAG XI 1 (1932) p. 179,28. Anon. De stellis fixis II 10,11 || **134** *σοφιστάς* Ap. III 14,31 (ubi plura) | *προσώπων μειζόνων* Anon. De stellis fixis II 5,1.6

129 *δόσεως καὶ λήψεως* **VDγ** *δόσεων καὶ λήψεων* **αMS** || **132** *ἀναστροφὰς* **VYγ** (cf. l. 134 et *ἀναστρεφομένους* Heph.) *ἀνατροφὰς* **ΣDM** *ἀναφορὰς* **S** || **134** post *σοφιστάς* interpunxit Robbins, non ita Boer | *μειζόνων* **VYDγ** *μεγάλων* **ΣMS** Rhet. C p. 211,1

ὁ δὲ τῆς Ἀφροδίτης τὸ πράσσειν παρέχων ποιεῖ τοὺς **4**
m 179 *παρ᾽ ὀσμαῖς ἀνθέων ἢ μύρων ἢ οἴνοις ἢ χρώμασιν ἢ βαφαῖς ἢ ἀρώμασιν ἢ κοσμίοις τὰς πράξεις ἔχοντας, οἷον μυροπώλας, στεφανοπλόκους, ἐκδοχέας, οἰνεμπόρους, φαρ-*
140 *μακοπώλας, ὑφάντας, ἀρωματοπώλας, ζωγράφους, βα-*

T 136–143 *φαρμάκους* (§ 4 in.) Rhet. C p. 211,17–22 (cf. p. 209,8–9)

S 137 *ὀσμαῖς* Ap. III 13,5 (ubi plura) ‖ **137–138** *βαφαῖς* Ap. IV 4,8. Maneth. I(V) 80 (paulo aliter VI[III] 433–434). Firm. math. III 6,4 (~ Rhet. C p. 137,10). 12,10. IV 13,1. Rhet. C p. 211,12 ‖ **138** *ἀρώμασιν* Firm. math. III 13,5, aliter Ap. II 3,32 ‖ **139** *μυροπώλας* Ap. IV 4,8. Val. I 1,29. 2,51. Euseb. praep. evang. VI 10,30. Firm. math. III 6,3 (~ Rhet. C p. 137,5). 12,10. IV 13,1–2 (~ Lib. Herm. 27,17). 14,20 (~ Lib. Herm. 27,30). 21,6 (~ Lib. Herm. 27,27). Rhet. C p. 209,9. Apom. Myst. III 54 CCAG XI 1 (1932) p. 182,27. Anon. De stellis fixis VI 8,3 | *στεφανοπλόκους* Manil. V 256–261 (~ Firm. math. VIII 11,1). Maneth. II(I) 325–327. Firm. math. IV 21,6. Rhet. C p. 209,9. Anon. CCAG V 1 (1904) p. 189,9. VIII 1 (1929) p. 183,24. Anon. De stellis fixis II 1,13 ‖ **139–140** *φαρμακοπώλας* cf. Ap. IV 4,8 ‖ **140** *ὑφάντας* Ap. IV 4,6. Manil. IV 131. Maneth. II(I) 319–322. Val. I 1,39.

136 *ποιεῖ τοὺς* **VΣβBC** Heph. *ποιεῖ τοὺς γενηθέντας* **Y** *ποιεῖται* **A** ‖ **137** *ἀνθέων* **VYDγ** *ἀνθῶν* **ΣS** Heph. *ἀνθ᾽ ὧν* **M** ‖ **138** *κοσμίοις* **VDγ** *κοσμι* **Y** *κόσμοις* **ΣMS** | *οἷόν ἐστι* **V** ut l. 148.150 ‖ **139** *μυροπώλας* **VSγ** *μυροπώλους* **αDM** | *στεφανοπλόκους* **VYγ** *στεφανηπλόκους* **Σβ** | *ἐνδοχεῖς* Co le p. 151,–19 | *οἰνεμπόρους* **VYDγ** (cf. *οἰνοπώλους* Procl.) *ἠνεαπόρους* **G** *οἷον ἐμπόρους* **ΣMc** *οἷον ἐμπορέας* **S** | *φαρμακοπώλους* **Y** ‖ **140** *ὑφάντας, ἀρωματοπώλας, ζωγράφους* **VαMS** *ἀρωματοπώλας, ζωγράφους, ὑφάντας* **Dγ** | *ἀρωματοπώλας* **VΣDMγ** *ἀρωματοπώλους* **S** *ἁρματοπούλους* **Y** | *βαφέας* om. **ΣSc**

φέας, ἱματιοπώλας· κἂν μὲν ὁ τοῦ Κρόνου αὐτῷ μαρτυρήσῃ, ἐμπόρους τῶν πρὸς ἀπόλαυσιν καὶ κόσμον, γόητας δὲ καὶ φαρμάκους καὶ προαγωγοὺς καὶ τοὺς ἐκ τῶν ὁμοίων τούτοις πορίζοντας· ἐὰν δὲ ὁ τοῦ Διός, ἀθλητάς, στεφανηφόρους, τιμῶν καταξιουμένους, ὑπὸ θηλυκῶν προσώπων προβιβαζομένους. 145

5 *ὁ δὲ τοῦ Ἄρεως μετὰ μὲν τοῦ ἡλίου σχηματισθεὶς τοὺς διὰ πυρὸς ἐργαζομένους ποιεῖ, οἷον μαγείρους, χωνευτάς,*

(**S**) Firm. math. III 6,4. 11,18 (~ Rhet. C p. 137,10). VIII 19,7.12. 25,9. Schol. Paul. Alex. 76,2 p. 126,24–25; male interpr. Lib. Herm. 27,27 *historiarum* | *ζωγράφους* Ap. IV 4,5.6. Dor. G p. 359,9 (~ Dor. A II 31,4). Maneth. I(V) 298. II(I) 321–324. Ant. CCAG VII (1908) p. 118,6. Val. I 1,29. Euseb. praep. evang. VI 10,30. Firm. math. IV 19,18. 21,6. VI 8,1. VII 26,10. VIII 7,5. 30,9. Schol. Paul. Alex. 76 p. 125,18. 126,24 (quo spectat Olymp. 25 p. 84,12. 85,8). Rhet. C p. 213,13.24.26. 216,16. 217,15. Apom. Myst. III 54 CCAG XI 1 (1932) p. 182,26. Lib. Herm. 27,27

S **142** *γόητας* Ap. III 14,32 (ubi plura) ‖ **143** *φαρμάκους* Ap. III 14,19 (ubi plura) ‖ **143–144** *ἐκ τῶν ὁμοίων ... πορίζοντας* Ap. III 9,4 (ubi plura) ‖ **144** *ἀθλητάς* Maneth. I(V) 100. III(II) 353–354. IV 173–175. VI(III) 512–514. Val. I 20,18.21. Firm. math. IV 14,13.19. VI 31,3. VIII 20,1. Rhet. C p. 214,9– 10.12. Anon. De stellis fixis II 3,5. 9,3, cf. Manil. V 159–171 (~ Firm. math. VIII 8,1) ‖ **145–146** *ὑπὸ θηλυκῶν προσώπων προβιβαζομένους* Dor. A II 29,3. Val. I 20,19. Firm. math. III 6,10. IV 13,8 (~ Lib. Herm. 27,12) ‖ **148** *διὰ πυρὸς* Maneth. I(V) 78. II(I) 355. IV 123. Firm. math. IV 14,13. Rhet. C p. 136,8. 211,12 | *μαγείρους* Teucr. II apud Anon. De stellis fixis I 8,8.

143 *φαρμάκους* scripsi cum **V** ut 3,1284 *φαρμακοὺς* edd. | *προαγωγοὺς* **VYγ** *προσαγωγοὺς* **ΣDM** *προαγωγὰς* Heph. ‖ **144** *προρίζοντας* **V** | *ἀθλητάς* om. **Y** | postea fort. recte non interpunxit Cumont, Égypte 76[3] coll. locis similibus ‖ **147** *σχηματισθεὶς* **VYDγ** Heph. *συσχηματισθεὶς* **ΣMS** ‖ **148** *οἷον* **αβBC** Heph. *οἷόν ἐστι* **V** ut l. 138:150 *οἷαν* **A**

καύστας, χαλκέας, μεταλλευτάς· χωρὶς δὲ τοῦ ἡλίου τυχὼν
150 τοὺς διὰ σιδήρου, οἷον ναυπηγούς, τέκτονας, γεωργούς,
λατόμους, λιθοξόους, λαοξόους, λιθουργούς, ξυλοσχίστας,
ὑπουργούς. κἂν μὲν ὁ τοῦ Κρόνου αὐτῷ μαρτυρήσῃ, ναυ-
τικούς, ἀντλητάς, ὑπονομευτάς, ζωγράφους, θηριοτρόφους,

(**S**) 10,1. Manil. IV 184–186. Firm. math. IV 14,13 (~ Lib. Herm. 28,10). Schol. Paul. Alex. 76,2 p. 126,23. Rhet. CCAG VII (1908) p. 225,25. Anon. De stellis fixis VI 8,3 || **148–149** *χωνευτάς* etc. Ap. IV 4,8.9. Manil. IV 246–259. Maneth. I(V) 78–79.288–289 (= IV 123–124). VI(III) 387–388. Firm. math. IV 12,10. 14,20. 25,9 (cf. IV 11,2). Rhet. C p. 212,27

S **150** *ναυπηγούς* Ap. IV 4,9. Manil. IV 274–278. Maneth. IV 323–324. Firm. math. VIII 20,10 | *τέκτονας* Ap. IV 4,9. Teucr. II apud Anon. De stellis fixis I 1,2.10. Maneth. I(V) 77. IV 323–324.440. VI(III) 418. Ant. CCAG VII(1908) p. 117,30. Pap. Tebt. 277,13. Firm. math. VIII 24,8. 29,5. Euseb. praep. evang. VI 10,31. Rhet. C p. 216,5 (cf. 215,15). Lib. Herm. 27,11 | *γεωργούς* Ap. IV 2,2 (ubi plura) || **151** *λατόμους* etc. Teucr. II apud Anon. De stellis fixis I 3,4. 12,8. Maneth. I(V) 77. IV 130.325–326. VI(III) 416–419. Ant. CCAG VII (1908) p. 117,22. Val. I 2,57. Firm. math. III 5,23. IV 14,14. VIII 19,11. 24,8. Rhet. C p. 216,6 (cf. 215,7). Lib. Herm. 27,11 || **152–153** *ναυτικούς* Manil. IV 274–289. Maneth. I(V) 323–326 (~ IV 397–401). VI(III) 364. Paul. Alex. 24 p. 61,3–4. Rhet. C p. 216,20. 217,11, cf. ad Ap. IV 2,2 || **153** *ἀντλητάς* Teucr. II

149 *χαλκέας* **ΣMS** Heph. *χαλκεῖς* **VYDγ** || **150** *σιδήρου* **αMS** Heph. *σιδήρων* **VDγ** | *οἷόν ἐστι* **V** ut l. 138.148 || **151** *λατόμους ... ὑπουργούς* om. **B** | *λιθοξόους* **VΓDAC** *λιθόξωας* **Y** *λιθόξοας* **G** om. **ΣMSc** | *λαοξόους* **VβACc** *λουξούς* **Γ** om. **YG** Procl. | *λιθουργούς*] *λιθορῦ* **Y** || **153** *ζωγράφους* **V** Procl. *στρατιώτας* **ΣDMγc** om. **YS** Heph. | *θηριοτρόφους* **VGDSγ** Procl. *θυροτρόφους* **Y** *θηροτρόφους* Heph. om. **ΣM**

μαγείρους, παρασχίστας· ἐὰν δὲ ὁ τοῦ Διός, στρατιώτας,
ὑπηρέτας, τελώνας, πανδοκέας, πορθμέας, θυσιουργούς. 155
6 *πάλιν δὲ δύο τῶν τὰς πράξεις παρεχομένων εὑρεθέντων*
ἐὰν μὲν ὁ τοῦ Ἑρμοῦ καὶ ὁ τῆς Ἀφροδίτης λάβωσι τὴν
οἰκοδεσποτείαν, ἀπὸ μούσης καὶ ὀργάνων καὶ μελῳδιῶν ἢ

T **156–167** (§ 6) Rhet. C p. 213,9–16

(**S**) apud Anon. De stellis fixis I 2,2. 4,11. 11,1. Manil. IV 260–265. V 237 (~ Firm. math. VIII 10,6). Maneth. I(V) 83–85. IV 257. VI(III) 422–424. Firm. math. III 5,25. 9,3. IV 13,6 (~ Lib. Herm. 27,11). Steph. philos. CCAG II (1900) p. 191,21, cf. Pap. It. 158,71. Rhet. C p. 166,22 | *ζωγράφους* Ap. IV 4,4 (ubi plura) | *θηριοτρόφους* Maneth. VI(III) 453–454. Firm. math. III 11,18. VIII 13,3 (cf. Manil. V 353). Rhet. C p. 137,7 (paulo aliter Firm. math. III 5,3), cf. p. 216,15

S **154** *παρασχίστας* Maneth. IV 267–270 (cf. 191–192). Firm. math. III 5,23 | *στρατιώτας* Ap. II 3,38 (ubi plura) || **155** *τελώνας* Maneth. IV 329. Val. I 1,10. Paul. Alex. 24 p. 68,1. Rhet. C p. 138,1 | *πανδοκέας* Firm. math. III 6,4 (aliter Rhet. C p. 137,11). IV 11,2. 13,2. 14,3. 21,6. VIII 22,1. Anon. De stellis fixis VI 8,3 | *πορθμέας* v. comm. ad Teucr. II apud Anon. De stellis fixis I 7,7 || **158–160** *ἀπὸ μούσης* etc. Ap. IV 7,8. Manil. IV 153–155. V 116–117 (~ Firm. math. VIII 6,5). Dor. A II 19,27. Maneth. I(V) 60.63. III(II) 350–351. IV 72.183–186. V(VI) 161–164.265–273. VI(III) 369–370.401. 483.506–507. Firm. math. III 6,2.21 (~ Rhet. C p. 169,1).

154 *παρασχίστας* **V** Procl. *παρασχηστάς* **Y** *περιχύτας* **Σβγc** Heph. Co le p. 151,–2 (cf. Teucr. II 2,2. 4,11. 6,2a. al.) || **155** *θυσιουργούς* **αβγ** *φυσιουργούς* **V** (praetulit Boer) || **156** *παρεχόντων* **Y** || **157** *Ἑρμοῦ*] ♂ **A** || **158** *μούσης* **ω**, cf. 4,499 necnon Maneth. I(V) 60.63. III(II) 350 *μουσ⟨ικ⟩ῆς* Cumont, Égypte 82[3] coll. Rhet. C p. 213,10, cf. *μουσικῶν* Heph. | *καὶ* (alterum) **VYDγ** Heph. *ἢ* **ΣMS** et hic et saepius

ποιημάτων καὶ ῥυθμῶν ποιοῦσι τὰς πράξεις, καὶ μάλιστα
160 *ὅταν τοὺς τόπους ὦσιν ἀμφιλελαχότες· ἀποτελοῦσι γὰρ θυμελικούς, ὑποκριτάς, σωματεμπόρους, ὀργανοποιούς, χορδοστρόφους, ὀρχηστάς, ὑφάντας, κηροπλάστας, ζωγράφους. κἂν μὲν ὁ τοῦ Κρόνου πάλιν αὐτοῖς μαρτυρήσῃ, ποιεῖ τοὺς περὶ τὰ προειρημένα γένη καὶ τοὺς γυναικείους*
165 *κόσμους ἐμπορευομένους· ἐὰν δὲ ὁ τοῦ Διός, δικολόγους,*

(S) 12,1.10. IV 14,17 (~ Lib. Herm. 27,27). 21,6. V 2,12. VI 26,1–2.4.30,9. VII 26,7. Schol. Paul. 76,1 p. 125,17. 126,24. Rhet. C p. 214,13. 217,13. Lib. Herm. 26,44. Anon. De stellis fixis II 3,5

S 159 *ποιημάτων* Euseb. praep. evang. VI 10,30 ‖ **161** *θυμελικούς, ὑποκριτάς* Teucr. II apud Anon. De stellis fixis I 3,5. Manil. V 323 (~ Firm. math. VIII 12,3). Maneth. IV 183–185. VI(III) 508–510. Euseb. praep. evang. VI 10,30. Firm. math. VIII 20,1. Paul. Alex. 24 p. 72,14. Schol. Paul. 76,2 p. 126,25. Anon. De stellis fixis II 1,3 ‖ **162** *ὀρχηστάς* Ap. II 3,24 (ubi plura) | *ὑφάντας* Ap. IV 4,4 (ubi plura) | *κηροπλάστας* Maneth. II(I) 324. IV 342. VI(III) 524–525 ‖ **162–163** *ζωγράφους* Ap. IV 4,4 (ubi plura) ‖ **165** *δικολόγους* Val. II 17,87. Paul. Alex. 24 p. 67,12. 72,15

160 *ἀμφιλελαχότες* **ΣMSγ** Heph. *ἀμφιλλαχότες* **V** *ἀμφιλαχότες* **Y** *μετηλλαχότες* **D** Co le p. 152,1 | *ἀποτελοῦσι*] *ποιοῦσι* **Y** ‖ **162** *χορδοστρόφους* **MS** Procl. *χορδοστρόφους ζωγράφους* **VDγ** (v. infra) *χωρευτὰς χορδοτρόφους* **Y** *χονδοστρόφους* **Σc** *χορδοτρόφους* Heph. | *κηροπλάστας*] *πλάστας* **Y** ut Rhet. C p. 213,13, cf. l. 170 | *ζωγράφους* **αMS** Heph. Procl. hic om. **VDγ** (v. supra) ‖ **163** *αὐτοῖς* **Vβγ** Heph. *αὐτὸ* **Y** *αὐτὸς* **G** *αὐτῷ* **Σc** ‖ **164** *τοὺς περὶ* **VDBC** *πρὸς τοὺς περὶ* **Y** *πρὸς τοὺς* **G** *τοὺς* **A** om. **ΣMSc** | *τοὺς* ante *γυναικείους* om. **ΣMS**

λογιστηρίων προισταμένους, ἐν δημοσίοις ἀσχολουμένους, παίδων διδασκάλους, ὄχλων προεστῶτας.

7 *ἐὰν δὲ ὁ τοῦ Ἑρμοῦ καὶ ὁ τοῦ Ἄρεως ἅμα τὴν κυρίαν λάβωσι τῆς πράξεως, ποιοῦσιν ἀνδριαντοποιούς, ὁπλουργούς, ἱερογλύφους, ζῳοπλάστας, παλαιστάς, ἰα-* 170 *τρούς, χειρουργούς, κατηγόρους, μοιχικούς, κακοπράγμονας, πλαστογράφους· κἂν μὲν ὁ τοῦ Κρόνου αὐτοῖς μαρτυρήσῃ, φονέας, λωποδύτας, ἅρπαγας, λῃστάς, ἀπελάτας,*

S **166** *λογιστηρίων προισταμένους* Firm. math. IV 14,6 (~ Lib. Herm. 27,22) | *ἐν δημοσίοις* Maneth. III(II) 66 || **167** *διδασκάλους* Ap. III 14,27 (ubi plura) | *ὄχλων προεστῶτας* Val. II 17,21. Critod. Ap. 6,3 || **169** *ἀνδριαντοποιούς* Maneth. VI(III) 420–421. Rhet. C p. 217,15. Lib. Herm. 26,44 || **170** *ζῳοπλάστας* Maneth. II(I) 319–325. IV 343. Firm. math. III 13,2.13 (~ Lib. Herm. 28,10). Rhet. C p. 213,26. 217,15. Lib. Herm. 26,62. 27,26 | *παλαιστάς* Manil. V 163–164 (~ Firm. math. VIII 8,1). Maneth. VI(III) 374. Firm. math. IV 7,1. VIII 21,7. Rhet. C p. 214,9–10. Apom. Myst. III 55 CCAG XI 1 (1932) p. 183,15 || **170–171** *ἰατρούς* Ap. IV 4,8. Teucr. II apud Anon. De stellis fixis I 3,2. 12,6. Maneth. I(V) 181. Val. I 1,39. al. Firm. math. III 7,6 (~ Rhet. C p. 148,15.17). 7,19–20 (~ Rhet. C p. 166,4). Rhet. C p. 218,8. Anon. De stellis fixis II 7,1. 11,3, aliter Ap. III 13,19 || **171** *μοιχικούς* Ap. III 14,25 (ubi plura) || **171–172** *κακοπράγμονας* Ap. III 14,15 (ubi plura) || **172** *πλαστογράφους* Ap. III 14,19 (ubi plura) || **173** *φονέας* Ap. III 14,15 (ubi plura) | *ἅρπαγας, λῃστάς* Ap. III 14,15 (ubi plura) | *ἀπελάτας* Teucr. II apud Anon. De stellis fixis I 1,12. 11,4. Firm. math. VI 31,6

166 *ἐν δημοσίοις* **VY** Procl. *δημοσίοις* **βγ** *δημοσίους* **Σc** || **169** *τῶν πράξεων* **Y** || **170** *ζῳοπλάστας* **VYDγ** Heph. (cf. Procl.) *πλάστας* **ΣMSc**, cf. l. 162 || **171** *μοιχούς* **Y** | *κακοπράγμονας* **VαS** Heph. *καὶ κακοπράγμονας* **DMγ** || **173** *ἀπελάτας* om. **D**

ῥαδιουργούς· ἐὰν δὲ ὁ τοῦ Διός, φιλόπλους ἢ φιλομονομά-
175 *χους, δράστας, δεινούς, φιλοπράγμονας, ἀλλοτρίων ὑπεξ-*
ερχομένους καὶ διὰ τῶν τοιούτων πορίζοντας.

ἐὰν δὲ ὁ τῆς Ἀφροδίτης καὶ ὁ τοῦ Ἄρεως ἅμα τὴν **8**
οἰκοδεσποτείαν λάβωσι τῆς πράξεως, ποιοῦσι βαφέας, μυρ-
εψούς, κασσιτεροποιούς, μολυβδουργούς, χρυσοχόους, ἀρ-

T 177–188 (§ 8) Rhet. C p. 212,26–33

S 174 *ῥαδιουργούς* Ap. III 14,19 (ubi plura) | *φιλόπλους* Ap. II 3,13 (ubi plura) ‖ **176** *καὶ διὰ τῶν τοιούτων πορίζοντας* Ap. III 9,4 (ubi plura) ‖ **178** *βαφέας* Ap. IV 4,4 (ubi plura) ‖ **178–179** *μυρεψούς* Ap. IV 4,4 (ubi plura) ‖ **179** *κασσιτεροποιούς* etc. Ap. IV 4,5 (ubi plura) | *χρυσοχόους* Schol. Paul. 76,2 p. 126,22. Rhet. C p. 213,24. Apom. Myst. III 54 CCAG XI 1 (1932) p. 182,25, cf. Manil. V 506–512 (~ Firm. math. VIII 16,3). Maneth. IV 149. VI(III) 345–346. Firm. math. III 3,14.23. 7,7 (~ Rhet. C p. 151,26). 12,9. IV 21,6. VII 26,10. Lib. Herm. 26,44 ‖ **179–180** *ἀργυροκόπους* Firm. math. III 3,14.23. IV 21,6. VII 26,10. Lib. Herm. 26,44

174 *δὲ* om. **A** | *φιλόπλους*] *φιλοπόνους* **Σ** (add. in margine *φιλόπλους ὀφείλει κεῖσθαι*) **c** | *ἢ* om. **Y** | *φιλομονομάχους* **VMS** (cf. Teucr. II 4,5a *μονομάχους*, Val. II 17,59 *μονομαχοῦντες*) *φιλομάχους* **Y** Heph. vix recte *φιλομονάχους* **Dγ** (cf. Horosc. L 113, IV apud Heph. II 18,66 = Ep. IV 26,56 bis [*φιλόμαχος* Cumont CCAG VIII 2, 1911, p. 86,8–9 app.], at "fond of gladiators" i. *φιλομονομάχος* Neugebauer – van Hoesen tacite) om. **Σc** (add. *ἢ*) ‖ **177** *ὁ* ante *τοῦ Ἄρεως* om. **Dγ** Heph. ‖ **179** *κασσιτεροποιούς* **VαDMB** *κασσιτηροποιούς* **SC** *κασιτεροποιούς* **A** *κασσιτερουργούς* Heph. | *μολυβδουργούς* **Y** *μολιβδουργούς* **ΣMγ** *μολιβουργούς* **VD** Heph. *μολιμβουργούς* **S**

γυροκόπους, γεωργούς, ὁπλορχηστάς, φαρμακοποιούς, ἰα- 180 c 4
τρούς, τοὺς διὰ τῶν φαρμάκων ταῖς θεραπείαις χρωμένους·
κἂν μὲν ὁ τοῦ Κρόνου αὐτοῖς μαρτυρήσῃ, ἱερῶν ζῴων θε-
ραπευτάς, ἀνθρώπων ἐνταφιαστάς, θρηνῳδούς, τυμβαύλας,
ἐνθουσιαστάς, ὅπου μυστήρια καὶ θρῆνοι καὶ αἱμαγμοὶ τὰς m 181
ἀναστροφὰς ποιουμένους· ἐὰν δὲ ὁ τοῦ Διός, ἱεροπροσπλό- 185
κους, οἰωνιστάς, ἱεροφόρους, γυναικῶν προισταμένους, γά-

S 180 *γεωργούς* aliter Ap. IV 2,2 (ubi plura) | *φαρμακοποιούς* cf. Ap. IV 4,4. Val. I 3,40 || **180–181** *ἰατρούς* Ap. IV 4,7 (ubi plura) || **181** *διὰ τῶν φαρμάκων* Ap. III 13,19. Maneth. I(V) 184 || **183** *ἐνταφιαστάς* Ap. IV 4,9. Maneth. IV 191–192. VI(III) 496–497.530–531. Firm. math. III 5,23. 9,3. IV 13,7 (~ Lib. Herm. 27,11). 14,14 (~ Lib. Herm. 28,13). VIII 29,5. Rhet. C p. 215,8–11 | *θρηνῳδούς* Maneth. IV 190. VI(III) 498. Apom. Myst. III 50 CCAG XI 1 (1932) p. 179,15. Rhet. C p. 212, 30–31 | *τυμβαύλας* Maneth. VI(III) 498 || **184** *ἐνθουσιαστάς* cf. Ap. III 14,27 || **185–186** *ἱεροπροσπλόκους* etc. Ap. IV 4,9. Teucr. II apud Anon. De stellis fixis I 8,8. Maneth. IV 216.427–430. VI(III) 437. Val. I 20,19. II 14,2. al. Firm. math. III 5,15 (~ Rhet. C p. 147,22). 7,19 (~ Rhet. C p. 166,4). 10,3 (~ Rhet. C p. 148,17). 12,2. 13,5. VII 23,28 (~ Lib. Herm. 36,43). VIII 13,1. Rhet. C p. 148,21–22 || **186** *οἰωνιστάς* Dor. G p. 357,26 (cf. Dor. A II 32,1). Val. I 1,39. Firm. math. III 7,19 (~ Rhet. C p. 166,5). Rhet. C p. 148,14. Apom. Myst. III 55 CCAG XI 1 (1932) p. 183,8

180 *γεωργούς* om. **Y** Rhet. C p. 212,28 | *φαρμακωπόλους* **Y** || **181** *τοὺς διὰ τῶν* **VDBC** *τοῖς διὰ* **Y** *διὰ τῶν* **Σ** *τοὺς διὰ* **MSA** | *τὰς θεραπείας* **Y** || **182** *αὐτοῖς* **ΣMSγ** Heph. Procl. *αὐτὸς* **VD** *αὐτοὺς* **Y** || **183** *τυμβαύλας* **αDM** *τυμβάλας* **VA** *τυμβαύτας* **S** *τυμβαύλους* **B** *τυμβάβλας* **C** *τυμβούτας* Heph. || **184** *θρῆνοι* **VYDγ** *θρήνη* **ΣMS** || **185** *ποιουμένους* **VDSγ** *ποιούμενοι* **αM** | *ἐὰν δὲ … προισταμένους* om. **Y** | *ἱεροπροσπλόκους* **VDBC** Procl. *ἱεροπροσπόλους* **ΣMSc** *ἱεροπλόκους* **A** Heph. Rhet. C p. 212,32 || **186** *ἱεροφόνους* **S**

μων καὶ συνεπιπλοκῶν ἑρμηνέας καὶ διὰ τῶν τοιούτων ζῶντας ἀπολαυστικῶς ἅμα καὶ ῥιψοκινδύνως.

καὶ τῶν ζῳδίων δέ, ἐν οἷς ἂν ὦσιν οἱ τὸ πράττειν **9**
190 *παρέχοντες, αἱ κατ' εἶδος ἰδιοτροπίαι συλλαμβάνονταί τι πρὸς τὸ ποικίλον τῶν πράξεων· τὰ μὲν γὰρ ἀνθρωπόμορφα συνεργεῖ πως πρὸς πάσας τὰς ἐπιστημονικὰς καὶ περὶ τὴν ἀνθρωπίνην χρείαν καταγινομένας, τὰ δὲ τετράποδα πρὸς τὰς μεταλλικὰς καὶ ἐμπορικὰς καὶ οἰκοδομικὰς*
195 *καὶ τεκτονικάς, τὰ δὲ τροπικὰ καὶ ἰσημερινὰ πρὸς τὰς ἑρ-*

T 191 *ποικίλον* Steph. philos. CCAG II (1900) p. 191,14 || **192–219** *περιβοησίας* Rhet. C p. 209,20–210,19

S 187–188 *διὰ τῶν τοιούτων ζῶντας* Ap. III 9,4 (ubi plura) || **189–207** (§ 9–10) Maneth. VI(III) 413–424. Firm. math. III 3,11. Anon. L p. 110,4–112,14 || **189** *ζῳδίων* Firm. math. III 11,18 || **191** *ποικίλον* Ap. II 9,19 (ubi plura) || **191–194** *ἀνθρωπόμορφα ... τετράποδα* Ap. II 8,6 (ubi plura) || **193–197** *τετράποδα ... χερσαῖα ... κάθυγρα* Maneth. VI(III) 415–424 || **194** *μεταλλικὰς* Ap. IV 4,5 (ubi plura) | *ἐμπορικὰς* Ap. II 3,30 (ubi plura) || **194–195** *οἰκοδομικὰς καὶ τεκτονικάς* Ap. IV 4,5 (ubi plura) || **195** *τροπικὰ καὶ ἰσημερινὰ* Ap. III 13,14 (ubi plura) || **195–196** *ἑρμηνευτικὰς* cf. Ap. IV 4,3 (ubi plura)

188 *ἀπολαυστικῶς* **Vβγ** (cf. *ἀπελαστικῶς* Heph.) *ἀπολαυστικοὺς* **αc** | *ῥιψοκινδύνως* **VDSγ** *ῥιψοκινδύνους* **αM** Heph. || **189** *ἂν* **Σβγ** *ἐὰν* **VY** Heph. || **190** *συλλαμβάνονταί τι* **ΣMS** *συλλαβάνον τέ τι* **V** *λαμβάνοντές τοι* **Y** *συμβάλλονταί τι* **Dγ** *παραλαμβάνονται* Heph. || **191** *τῆς πράξεως* **V** ut Steph. philos. CCAG II (1900) p. 191,14 || **193** *περὶ* **VDγ** Heph. Procl. *πρὸς* **αMSc** (recepit Boer), cf. 2,672 || **195** *ἑρμηνευτικὰς καὶ μεταβολικὰς* **VY** (cf. Heph.) *μεταβολικὰς καὶ ἑρμηνευτικὰς* **ΣM** *μεταβολικὰς καὶ ἑρμηνεύτας* **S** *ἑρμηνευτικὰς καὶ ἡγεμονικὰς* **A** *ἑρμηνευτικὰς καὶ ἡγεμονικὰς καὶ μεταβολικὰς* **BC**

μηνευτικὰς καὶ μεταβολικὰς καὶ μετρητικὰς καὶ γεωργικὰς καὶ ἱερατικάς, τὰ δὲ χερσαῖα καὶ τὰ κάθυγρα πρὸς τὰς ἐν ὑγροῖς ἢ δι' ὑγρῶν καὶ τὰς βοτανικὰς καὶ ναυπηγικάς, ἔτι δὲ περὶ ταφὰς ἢ ταριχείας ἢ ἁλείας ἢ ψυλλίας.

10 *ἰδίως δὲ πάλιν ἡ σελήνη ἐὰν τὸν πρακτικὸν τόπον* 200 *ἐπισχῇ τὸν ἀπὸ συνόδου δρόμον ποιουμένη σὺν τῷ τοῦ Ἑρμοῦ, ἐν μὲν τῷ Ταύρῳ καὶ Αἰγοκέρωτι καὶ Καρκίνῳ*

S **196** *μετρητικὰς* Manil. IV 205–208. Maneth. IV 279. Pap. Tebt. 277,2 || **196–197** *γεωργικὰς* Ap. IV 2,2 (ubi plura) || **197** *ἱερατικάς* Ap. IV 4,8 (ubi plura) | *χερσαῖα* Ap. III 13,17 (ubi plura) | *κάθυγρα* Manil. II 223–225. Val. I 2,33.55.57.78. al. Firm. math. III 3,11. Heph. I 1,61.179. Anon. L p. 106,8. Anon. S l. 15.16.33.45.50.52.54 || **198** *βοτανικὰς* Teucr. II apud Anon. De stellis fixis I 3,2.10. 8,3. Manil. V 643–644 (~ Firm. math. VIII 17,3). Ant. CCAG VII (1908) p. 118,7. Firm. math. III 3,11. 9,2. VIII 13,3. Rhet. C p. 217,22. Steph. philos. CCAG II (1900) p. 191,24 || **198–199** *ναυπηγικάς* Ap. IV 4,5 (ubi plura) || **199** *ταφὰς ἢ ταριχείας* Ap. IV 4,8 (ubi plura) | *ἁλείας* Teucr. II apud Anon. De stellis fixis I 1,7. Manil. V 682–693 (~ Firm. math. VIII 17,5). Maneth. IV 267–269. VI(III) 459–464. Heph. III 5,74

196 *μετρητικὰς* **VG** *μετρικὰς* **Y** Heph. *γεωμετρικὰς* **ΣβBCc** (cf. Rhet. C p. 210,2) om. **A** | *καὶ γεωργικὰς* om. **YA** Heph. Rhet. C p. 210,2 || **198** *ἢ* **ΣMSγ** Heph. *καὶ* **Y** (recepit Boer) om. **VD** | *βοτανικὰς*] *συντανοκὰς* **Y** *συντανικὰς* **Φ** | *τὰς ναυπηγικάς* **V** || **199** *ἔτι* **VΣβγ** Heph. *πρὸς* **Y** | *δὲ* **Σc** Heph. *τε* **VYβγ** (minus perspicue *ἔτῆε'* **B**) Boer Robbins | *περὶ* om. **Y** | *ἢ ψυλλίας* om. **Y** (non recepit Robbins tacite: est vox inaudita) || **200** *ἡ σελήνη ἐὰν* **VDγ** (recepit Robbins, cf. *ἡ σελήνη ὅταν* Heph.) *ἐὰν ἡ σελήνη* **ΣMS** (praetulit Boer) *ἐὰν ἡ* ☾ *καὶ* **Y** | *τὸν πρακτικὸν τόπον* **VDSγ** Heph. (cf. *τὸν τῆς πράξεως τόπον* Procl.) *τῶν πρακτικῶν τόπων* **Y** *τὸν προσθετικὸν τόπον* **ΣMc** || **202** *τῷ τοῦ ταύρου* **ΣM**, cf. 1,999 sq. | *καὶ καρκίνῳ καὶ αἰγοκέρωτι* secundum signiferi ordinem **Y**

ποιεῖ μάντεις, θύτας, λεκανομάντεις, ἐν δὲ Τοξότῃ καὶ Ἰχθύσιν νεκρομάντεις καὶ δαιμόνων κινητικούς, ἐν δὲ Παρ-
205 *θένῳ καὶ Σκορπίῳ μάγους, ἀστρολόγους, ἀποφθεγγομένους, προγνώσεις ἔχοντας, ἐν δὲ Ζυγῷ καὶ Κριῷ καὶ Λέοντι θεολήπτους, ὀνειροκρίτας, ἐφορκιστάς.*

τὸ μὲν οὖν αὐτῶν τῶν πράξεων εἶδος διὰ τῶν τοιούτων **11**
κατὰ τὸ συγκρατικὸν εἶδος δεήσει καταστοχάζεσθαι, τὸ δὲ
210 *μέγεθος αὐτῶν ἐκ τῆς τῶν οἰκοδεσποτησάντων ἀστέρων δυνάμεως· ἀνατολικοὶ μὲν γὰρ ὄντες ἢ ἐπίκεντροι ποιοῦσι τὰς πράξεις αὐθεντικάς, δυτικοὶ δὲ ἢ ἀποκεκλικότες τῶν κέντρων ὑποτακτικάς, καὶ ὑπὸ μὲν ἀγαθοποιῶν καθυπερτερούμενοι μεγάλας καὶ ἐπιδόξους καὶ ἐπικερδεῖς καὶ*

S 203 *μάντεις, θύτας* Ap. IV 4,3 (ubi plura) | *λεκανομάντεις* Maneth. IV 213 ‖ **204** *νεκρομάντεις* Maneth. IV 213. Firm. math. I 2,10. Rhet. C p. 193,5. Lib. Herm. 26,77 ‖ **205** *μάγους* Ap. II 3,34 (ubi plura) | *ἀστρολόγους* Ap. III 14,5 (ubi plura) ‖ **205–206** *ἀποφθεγγομένους* eqs. Ap. III 9,4 (ubi plura) ‖ **206** *προγνώσεις ἔχοντας* Apom. Myst. III 55 CCAG XI 1 (1932) p. 183,4 ‖ **207** *θεολήπτους* Maneth. IV 548. VI(III) 378. Val. II 37,72. V 1,16. Firm. math. III 5,15 (~ Rhet. C p. 147,22). 7,19 (~ Rhet. C p. 148,15) | *ὀνειροκρίτας* Ap. III 14,5 (ubi plura) | *ἐφορκιστάς* Maneth. V(VI) 303. Firm. math. III 4,27 (~ Rhet. C p. 147,21. 165,11). 8,9

203 *μάντεις θύτας* **αMS** Heph. *μαντευτὰς* **VDγ** ‖ **204** *νεκρομάντεις* **V** *νεκυομάντεις* **αβγ** *νεκειομάντεις* Heph. | *Παρθένῳ*] siglum Capricorni Heph., cf. 1,948 ‖ **206** *ἔχοντας* om. **D** | *ζυγῷ καὶ κριῷ καὶ λέοντι* **Vαβ** Heph. ♈ *καὶ* ♌ *καὶ* ♎ secundum signiferi ordinem **γ** ‖ **207** *ἐφορκιστάς* **VY** Heph. (cf. *ἐπορκίστας* Procl.) *ἐξορκιστάς* **Σβγ** edd. ‖ **208** *τὸ* **ΣMSγ** Heph. *τῶν* **VY** *τὸν* **D** ‖ **209** *κατὰ τὸν* **V** | *συγκριτικὸν* **Y** (cf. 3,93) | *στοχάζεσθαι* **Σ** ‖ **213** *ὑποτακτικάς* Heph. Procl. *ὑποπρακτικάς* **VYDγ** *ὑπὸ τὰς πρακτικάς* **ΣMSc**

ἀπταίστους καὶ ἐπαφροδίτους, ὑπὸ δὲ κακοποιῶν ταπεινὰς 215
12 *καὶ ἀδόξους καὶ ἀπερικτήτους καὶ ἐπισφαλεῖς (Κρόνου μὲν ἐναντιουμένου καταψύξεις καὶ χρωματοκρασίας, Ἄρεως δὲ καταρριψοκινδυνίας καὶ περιβοησίας, ἀμφοτέρων δὲ κατὰ τὰς τελείας ἀναστασίας) τοῦ καθολικοῦ χρόνου τῆς αὐξήσεως ἢ τῆς ταπεινώσεως πάλιν θεωρουμένου διὰ τῆς τῶν* 220 *αἰτίων τοῦ ἀποτελέσματος ἀστέρων πρὸς τὰ ἑῷα καὶ τὰ ἑσπέρια κέντρα ἀεὶ διαθέσεως.*

ε΄. Περὶ συναρμογῶν

c 47^{v}

1 *Ἑξῆς δὲ τούτοις ὄντος τοῦ περὶ συναρμογῶν λόγου περὶ μὲν τῶν κατὰ νόμους ἀνδρὸς καὶ γυναικὸς συμβιώσεων* 225

T **223–381** (§ 1–20) Heph. II 21,2–25

S **218** *περιβοησίας* Ap. III 15,5 (ubi plura) ‖ **224–381** (c. 5) Dor. A II 1–7. V 16 (~ Heph. III 9,1–29). Maneth. I(V) 18–49. II(I) 177–190.426–430. III(II) 147–157. VI(III) 113–223. Val. II 38. Firm. math. VI 32,27–32. VII 16. 18. Max. apud Anecd. Oxon. III p. 185,32–186,31. Lib. Herm. 17–18

215 *ταπεινοὺς* **Σ** ‖ **217** *χρωματοκρασίας* **V** (*-τη-* suprascriptum) Procl. Co le p. 152,31 *χρωματοκρατησίας* **YDγ** *χρωμοκρασίας* **ΣMS** ‖ **218** *καταρριψοκινδυνίας* **V** *καταψηφοκινδηνίας* **Y** *ῥιψοκινδυνευσίας* **Σβ** *ῥιψοκινδυνίας* **γ** Heph. ‖ **219** post *ἀναστασίας* non interpunxit Boer ‖ **220** *θεωρουμένου* **VYDSγ** *θεωρουμένων* **ΣM** ‖ **221** *τά τε ἑῷα* **V** ‖ **222** *ἀεὶ* **VYDγ** om. **ΣMSc** ‖ **223** *περὶ συναρμογῶν* **VΣDγ** *περὶ ἁρμογῶν ἤγουν γάμους καὶ συζυγίας γάμων* **Y** *ἐπίσκεψις περὶ συναλαγμάτων γάμου* **S**^{2} in margine *περὶ γάμου ἤτοι συναρμογῶν* Heph. ‖ **225** *τῶν … συμβιώσεων* **VDγ** Heph. *τῆς … συμβιώσεως* **Y** Procl. *τῆς … συμβιβάσεως* **ΣS** *τῶν* (abbr.) … *συμβιβάσεως* **M**

οὕτως σκεπτέον. ἐπὶ μὲν τῶν ἀνδρῶν ἀφορᾶν δεῖ τὴν σελήνην αὐτῶν, πῶς διάκειται. πρῶτον μὲν γὰρ ἐν τοῖς ἀπη- m 183 *λιωτικοῖς τυχοῦσα τεταρτημορίοις νεογάμους ποιεῖ τοὺς ἄνδρας ἢ νεωτέραις παρ' ἡλικίαν συμβάλλοντας, ἐν δὲ τοῖς* 230 *λιβυκοῖς βραδυγάμους ἢ πρεσβυτέραις συνιόντας, εἰ δὲ ὑπὸ τὰς αὐγὰς εἴη καὶ τῷ τοῦ Κρόνου συσχηματιζομένη, τέλεον ἀγάμους. ἔπειτα ἐὰν μὲν ἐν μονοειδεῖ ζῳδίῳ ἢ καὶ* **2** *ἑνὶ τῶν ἀστέρων συνάπτουσα τύχῃ, μονογάμους ἀποτελεῖ, ἐὰν δὲ ἐν δισώμῳ ἢ καὶ πολυμόρφῳ ἢ καὶ πλείοσιν ἐν τῷ* 235 *αὐτῷ ζῳδίῳ τὴν συναφὴν ἐπέχουσα, πολυγάμους. κἂν μὲν οἱ τὰς συναφὰς ἐπέχοντες τῶν ἀστέρων ἤτοι κατὰ κολλήσεις ἢ κατὰ μαρτυρίας ἀγαθοποιοὶ τυγχάνωσιν, λαμβάνου-*

S 226–235 (§ 1 fin.–2 in.) Horosc. Const. 11,1 ‖ **232–234** *μονοειδεῖ ... δισώμῳ* Ap. III 6,2 (ubi plura) ‖ **233–235** *μονογάμους ... πολυγάμους* Dor. A II 5,1–2 ‖ **233** *μονογάμους* Ap. IV 5,4. Val. II 38,67. Firm. math. VII 13,4. Heph. II 18,40 ‖ **234** *δισώμῳ ἢ καὶ πολυμόρφῳ* Ap. IV 5,4 ‖ **235** *πολυγάμους* Ap. IV 5,4. Val. II 38,4. 58. Firm. math. VII 13,4

226 *σκοπτέον* **V** | post *ἀνδρῶν* lacuna unius fere versus **V** | *ἀφορᾶν* **VYΣβγ** Heph. *ἐμφορὰν* **G** *ἐφορᾶν* **c**, cf. l. 246, sed v. indicem ‖ **227** *αὐτῶν* **V** Heph. *αὐτὴν* **Σβγc** om. **Y**, cf. l. 246 | *ἀπηλιωτικοῖς*] *τοῖς ἀπὸ ☾☌ καὶ π☾ μέχρι τῆς διχοτόμου* **γ** in margine ex Heph., cf. l. 265 ‖ **230** *λιβυκοῖς*] *τοῖς ἀπὸ διχοτόμου μέχρι ☾☌ ἢ π☾* **γ** in margine ex Heph., cf. l. 266 | *συνιόντας* **YSγ** Heph. *συνιῶντας* **VD** *συνόντας* **ΣM** ‖ **231** *καὶ ὑπὸ* Co, cf. Heph. | in margine *περὶ τοῦ ἀνδρός* **S** ‖ **232** *μὲν ἐν* om. **Y** ‖ **233** *ἀποτελεῖ* **VYDγ** Heph. *ποιεῖ* **ΣMS** ‖ **234** *ἐν* (prius) om. **V** ‖ **235** *ἐπέχουσα* **YD** Heph. *ἐπέχοντα* **V** *ἔχουσα* **ΣMS** *ἐπέχουσι* **AB** *ἐπέχωσι* **C** ‖ **236** *ἤτοι* **Vαβ** Heph. *ἢ* **γ** ‖ **237** *κατὰ μαρτυρίας* **YDγ** *καταμαρτυρίας* **V** *κατὰ μαρτυροποιίας* **ΣMSc** *μαρτυρίας* Heph. | *ἀγαθοὶ* **Σc** | *τυγχάνωσιν* **Vβγ** Heph. *τυγχάνουσι* **α**

σιν γυναῖκας ἀγαθάς, ἐὰν δὲ κακοποιοί, τὰς ἐναντίας.
3 *Κρόνος μὲν γὰρ ἐπισχὼν συναφὴν περιποιεῖ γυναῖκας ἐπι-πόνους καὶ αὐστηράς, Ζεὺς δὲ σεμνὰς καὶ οἰκονομικάς,* 240 *Ἄρης δὲ θρασείας καὶ ἀνυποτάκτους, Ἀφροδίτη δὲ ἱλαρὰς καὶ εὐμόρφους καὶ ἐπιχαρίτους, Ἑρμῆς δὲ συνετὰς καὶ ὀξείας· ἔτι δὲ Ἀφροδίτη μετὰ μὲν Διὸς ἢ Κρόνου ἢ μεθ' Ἑρμοῦ βιωφελεῖς καὶ φιλάνδρους καὶ φιλοτέκνους, μετὰ δὲ Ἄρεως θυμικὰς καὶ ἀστάτους καὶ ἀγνώμονας.* 245

4 *ἐπὶ δὲ τῶν γυναικῶν ἀφορᾶν δεῖ τὸν ἥλιον αὐτῶν, ἐπει-δήπερ καὶ αὐτὸς ἐν μὲν τοῖς ἀπηλιωτικοῖς πάλιν τυχὼν τε-ταρτημορίοις ποιεῖ τὰς ἐχούσας αὐτὸν οὕτως διακείμενον ἤτοι νεογάμους ἢ νεωτέροις συμβαλλούσας, ἐν δὲ τοῖς λι-βυκοῖς βραδυγάμους ἢ πρεσβυτέροις παρ' ἡλικίαν ζευγνυ-* 250 m *μένας· καὶ ἐν μὲν μονοειδεῖ ζῳδίῳ τυχὼν ἢ ἑνὶ τῶν ἑῴων*

S 240 *αὐστηράς* Ap. III 14,10 (ubi plura) || **244** *φιλοτέκνους* Ap. III 14,24 (ubi plura) || **251–252** *μονοειδεῖ ... δισώμῳ* Ap. III 6,2 (ubi plura)

239 *Κρόνος* **Vαβ** *ὁ τοῦ* ♄ **γ** | *γὰρ* om. **ΣMS** | *περιποιεῖ* **VYDSγ** Heph. *ποιεῖ* **ΣM** || **240** *Ζεὺς* **Vαβ** ♃ **γ** et sic deinceps || **241** *ἱλαρὰς καὶ εὐμόρφους καὶ ἐπιχαρίτους* **VDγ** Procl. *εὐμόρφους καὶ ἐπιχαρίτους καὶ ἱλαράς* **αMS** Heph. (om. *καὶ* alterum) || **243** *Ἀφροδίτη* **αDS** (cf. *ἡ Ἀφροδίτη* Heph.) *Ἀφροδίτης* **VMγ** vix ⟨*ὁ τῆς*⟩ *Ἀφροδίτης* | *Κρόνου ἢ μεθ' Ἑρμοῦ* **VYD** Heph. ♄ *μεθ'* ☿ **ΣMSc** ♄ *ἢ* ☿ **γ** || **245** *ἀγνώμονας* **VDγ** Procl. *κακογνώμονας* **Y** *ἀλλογνώμονας* **ΣMS** || **246** *ἐφορᾶν* **m**, cf. l. 226 | *αὐτῶν* **VY** Heph. *αὐτὸν* **Σβγc**, cf. l. 227 || **247** *ἀπηλιωτικοῖς*] *ἀπηλιωτικὰ ἐνταῦθα τὰ ἀπὸ ὡροσκόπου ἄχρι τοῦ μεσουρανήματος καὶ ἀπὸ τοῦ δυτικοῦ ἄχρι τοῦ ὑπογείου, λιβυκὰ δὲ τὰ λοιπά* **γ** in margine ex Heph. || **250** post *πρεσβυτέροις*: *πάλιν* add. **ΣMS** || **251** *τυχὼν* **Vαβ** *τυγχάνων* **γ** | *ἑνὶ* **VYDγ** *ἑνὸς* **ΣMSc** Co le p. 153,–3 *μεθ' ἑνὸς* Heph. | *τῶν ἑῴων* **VDγ** *ἑῷα ὄντων* **Y** *ἑῴου τοῦ* **ΣMS** Heph. *ἑῴων τῶν* Co le ibid. *ἑῴου τῶν* **c**

ἀστέρων συνάπτων μονογάμους, ἐν δισώμῳ δὲ ἢ πολυμόρφῳ πάλιν ἢ καὶ πλείοσιν ἑῴοις συσχηματισθεὶς πολυγάμους. Κρόνου μὲν οὖν ὡσαύτως τῷ μὲν ἡλίῳ συσχηματισθέντος λαμβάνουσιν ἄνδρας καθεστῶτας καὶ χρησίμους καὶ φιλοπόνους, Διὸς δὲ σεμνοὺς καὶ μεγαλοψύχους, Ἄρεως δὲ δράστας καὶ ἀστόργους καὶ ἀνυποτάκτους, Ἀφροδίτης δὲ καθαρίους καὶ εὐμόρφους, Ἑρμοῦ δὲ βιωφελεῖς καὶ ἐμπράκτους· Ἀφροδίτης δὲ μετὰ μὲν Κρόνου νωχελεῖς καὶ εὐλαβεστέρους ἐν τοῖς ἀφροδισίοις, μετὰ δὲ Ἄρεως θερμοὺς καὶ καταφερεῖς καὶ μοιχώδεις, μετὰ δὲ Ἑρμοῦ περὶ παῖδας ἐπτοημένους. – λέγομεν δὲ νῦν ἀπηλιωτικὰ τεταρτημόρια ἐπὶ μὲν τοῦ ἡλίου τὰ προηγούμενα τοῦ τε ἀνατέλλοντος σημείου τοῦ ζῳδιακοῦ καὶ τοῦ δύνοντος, ἐπὶ δὲ τῆς σελήνης τὰ ἀπὸ συνόδου καὶ πανσελήνου μέχρι τῶν διχοτόμων, λιβυκὰ δὲ τὰ τοῖς εἰρημένοις ἀντικείμενα.

διαμένουσι μὲν οὖν ὡς ἐπίπαν αἱ συμβιώσεις, ὅταν ἀμφοτέρων τῶν γενέσεων τὰ φῶτα συσχηματιζόμενα τύχῃ

(lines 255, 260, 265; sections 5, 6)

S 252–254 *μονογάμους ... πολυγάμους* Ap. IV 5,2 (ubi plura) ‖ **252–253** *δισώμῳ ... πολυμόρφῳ* Ap. IV 5,2 ‖ **256** *μεγαλοψύχους* Ap. II 3,13 (ubi plura) ‖ **261** *καταφερεῖς* Ap. II 3,24 (ubi plura) | *μοιχώδεις* Ap. III 14,25 (ubi plura) ‖ **262** *περὶ παῖδας* Ap. III 14,34 (ubi plura)

252 *συνάπτων* om. **αMSc** ‖ 253 *συσχηματισθεὶς* **αS** Procl. *σχηματισθεὶς* **VDMγ** *συσχηματίσας* Heph. ‖ 254 *οὖν* om. **α** Heph. | *ὡσαύτως τῷ μὲν ἡλίῳ* **VYD** *τῷ ἡλίῳ ὡσαύτως* **ΣMS** *ὡσαύτως τῷ ἡλίῳ* **γ** Heph. ‖ 255 *λαμβάνουσιν* **Vαβ** *ποιεῖ λαμβάνειν τὰς γυναῖκας* **γ** ‖ 256 *Διὸς*] *ὁ τοῦ* ♃ **γ** et sic deinceps ‖ **260** *εὐλαβεστέρους* **VY** *ἀσθενεστέρους* **Σβγ** om. Heph. ‖ **262** *λέγω μὲν* **V** ‖ **266** *τῶν διχοτόμων* **VGγ** Procl. *τῶν διχωτόμων* **Y** *τῆς διχοτόμου* (sc. *σελήνης*) **Σβc** | *τοῖς εἰρημένοις* **Σβγ** *τῆς εἰρημένης* **VY** ‖ **268** *μὲν* om. **Σβ** Co le p. 154,23

συμφώνως (τουτέστιν ὅταν ἢ τρίγωνα ᾖ ἀλλήλοις ἢ ἑξά- 270
γωνα), καὶ μάλιστα ὅταν ἐναλλὰξ τοῦτο συμβαίνῃ, πολὺ
δὲ πλεῖον, ὅταν ἡ τοῦ ἀνδρὸς σελήνη τῷ τῆς γυναικὸς
7 *ἡλίῳ. διαλύονται δὲ ἐκ τῶν τυχόντων καὶ ἀπαλλοτριοῦνται*
τέλεον, ὅταν αἱ προειρημέναι τῶν φώτων στάσεις ἢ ἐν m 185
ἀσυνδέτοις ζῳδίοις τύχωσιν ἢ ἐν διαμέτροις ἢ τετραγώνοις. 275
κἂν μὲν τοὺς συμφώνους τῶν φώτων συσχηματισμοὺς οἱ
ἀγαθοποιοὶ τῶν ἀστέρων ἐπιθεωρήσωσιν, ἡδείας καὶ
προσηνεῖς καὶ ὀνησιφόρους τὰς διαμονὰς συντηροῦσιν· ἐὰν
δὲ οἱ κακοποιοί, μαχίμους καὶ ἀηδεῖς καὶ ἐπιζημίους.
8 *ὁμοίως δὲ καὶ ἐπὶ τῶν ἀσυμφώνων στάσεων οἱ μὲν* 280
ἀγαθοποιοὶ τοῖς φωσὶ μαρτυρήσαντες οὐ τέλεον ἀποκόπ-
τουσι τὰς συμβιώσεις, ἀλλὰ ποιοῦσιν ἐπανόδους καὶ ἀνα-
μνήσεις συντηρούσας τό τε προσηνὲς καὶ τὸ φιλόστοργον.
οἱ δὲ κακοποιοὶ μετά τινος ἐπηρείας καὶ ὕβρεως ποιοῦσι
τὰς διαλύσεις· τοῦ μὲν οὖν τοῦ Ἑρμοῦ μόνου σὺν αὐτοῖς 285

S 273–275 *διαλύονται ... ἀσυνδέτοις* Paul. Alex. 11 p. 25, 17 ‖ 275 *διαμέτροις* Anecd. Oxon. III p. 186,26–27

271 *συμβαίνῃ* **αβγ** *συμβαίνει* **V** *συμβῇ* Heph. ‖ 274 *ἢ* om. **VDγ** ‖ 275 *ἀσυνδέτοις*] *ἀσυντάκτοις* **Y** | *ζῳδίοις* **αMS** Heph. *τοῖς ζῳδίοις* **VD** *τῶν ζῳδίων* **γ** | *τετραγώνοις* **VYDγ** Heph. *ἐν τετραγώνοις* **ΣMSc** ‖ 276 *συσχηματισμοὺς* **VYDγ** Heph. *σχηματισμοὺς* **ΣMS** ‖ 277 *ἐπιθεωρήσωσιν* **αβγ** Heph. *ἐπιθεωρῶσιν* **V** | *ἡδείας ... συντηροῦσιν* om. **A** | *ἡδείας* **ΣβBC** Heph. *ἰδίας* **VY**, cf. l. 308 ‖ 278 *ἐὰν δὲ* **V** Heph. *ἐὰν* **Y** *ἂν δ'* **Σβγ** *ἐὰν δ'* Robbins ‖ 279 *ἀηδεῖς* **VGS** (cf. *ἀηδής* Procl.) *ἀειδεῖς* **Y** *ἀναιδεῖς* **ΣDMBCc** *ἀνεδεῖς* **A** om. Heph. ‖ 282 *ἐπαναμνήσεις* **Y** ‖ 284 *ὕβρεως* **VGDSγ** Procl. *ὕβριος* **Y** *ὥρας* **ΣM** (inde *ἄρας* **c**, *ἄρας* **m**) *ὕβρεις* Heph. ‖ 285 *μὲν οὖν* **VY** *μὲν* **Σβγc** *μέντοι* Heph.

γενομένου περιβοησίαις καὶ ἐγκλήμασι περικυλίονται, μετὰ δὲ τοῦ τῆς Ἀφροδίτης ἐπιμοιχίαις ἢ φαρμακείαις ἢ τοῖς τοιούτοις.

τὰς δὲ κατ' ἄλλον οἱονδήποτε τρόπον γινομένας συναρ- 9
290 *μογὰς διακριτέον ἀφορῶντας εἴς τε τὸν τῆς Ἀφροδίτης ἀστέρα καὶ τὸν τοῦ Ἄρεως καὶ τὸν τοῦ Κρόνου· συνόντων γὰρ αὐτῶν τοῖς φωσὶν οἰκείως καὶ τὰς συμβιώσεις οἰκείας καὶ νομίμους ποιοῦσι. συγγένειαν γὰρ ὥσπερ ἔχει πρὸς ἑκάτερον τῶν εἰρημένων ἀστέρων ὁ τῆς Ἀφροδίτης· καὶ*
295 *πρὸς μὲν τὸν τοῦ Ἄρεως κατὰ τὸ συνακμάζον πρόσωπον*
m 186 *(ἐπειδήπερ ἐν τοῖς τριγωνικοῖς ἀλλήλων ζῳδίοις ἔχουσι τὰ ὑψώματα), πρὸς δὲ τὸν τοῦ Κρόνου κατὰ τὸ πρεσβύτερον*

S **286** *περιβοησίαις* Ap. III 15,5 (ubi plura) ‖ **287** *ἐπιμοιχίαις* Ap. III 14,25 (ubi plura) | *φαρμακείαις* Ap. IV 9,6.11, cf. Ap. III 13,19. 14,15 (ubi plura) ‖ **295–297** *συνακμάζον … πρεσβύτερον* Sudines 81,10–12 ‖ **296–297** *τριγωνικοῖς … ὑψώματα* Ap. I 19,3.7. 20,5–6 ‖ **297** *πρεσβύτερον* Ap. IV 5,11. Dor. A II 3,4 (cf. 4,13. 28,3). Maneth. II(I) 178.429. III(II) 157. VI(III) 132. Val. II 17,62. 38,15.47. al. Firm. math. IV 13,3 (~ Lib. Herm. 27,8). VI 31,82 (~ Lib. Herm. 26,22). VII 18,1

286 *γενομένου* **YDγ** Heph. *γεννωμένου* **V** *γινομένου* **ΣMS** (recepit Boer, cf. l. 289) | *ἐν περιβοησίαις* **Y** | *περικυλίοντες* **V** ‖ **287** *ἐπιμοιχίαις* **V** (cf. *ἐπιμοιχίας* Heph.) *ἐπὶ μοιχίαις* **Y** *ἐπὶ μοιχείαις* **S** *μοιχείαις* **ΣDMγ** ‖ **289** *γινομένας* **αMS** *γενομένας* **VDγ** (quos secutus est Robbins, aliter l. 286) ‖ **290** *ἀφορῶντας* **VSγ** *ἀφορόντας* **Y** *ἀμφοτέρας* **ΣDMc** | *τε* om. **V** ‖ **292** *οἰκείως* **Vβγ** *οἰκίως* **Y** *οἰκείοις* **G** *οἰκείους* **Σ** | *καὶ … οἰκείας* om. **Σc**, *καὶ* solum om. **V** ‖ **293** *ποιοῦσι* om. **Vαc** | postea *καὶ τὰς κοινωνίας* add. **S** *καὶ τὰς συγγενείας* add. **ΣM** *τὰς συγγενείας* add. **γm** *καὶ συγγενείας* add. **D** | *συγγένειαν* **Yβγ** *συνγγένειαν* **V** *συγγένεια* **Σc** ‖ **295** *συνακμὰ ζὼν* [sic] **V** ‖ **296** *τριγωνικοῖς* **VY** *τριγώνοις* **Σβγ** ut l. 298 ‖ **297** *πρεσβύτερον*] *πρεσβυτικὸν* Co le p. 156,–13

πρόσωπον (ἐπειδήπερ πάλιν ἐν τοῖς τριγωνικοῖς ἀλλήλων
10 *ἔχουσι τοὺς οἴκους). ὅθεν ὁ τῆς Ἀφροδίτης μετὰ μὲν τοῦ*
Ἄρεως ἁπλῶς ἐρωτικὰς διαθέσεις ποιεῖ, προσόντος δὲ τοῦ 300
τοῦ Ἑρμοῦ καὶ περιβοησίας, ἐν δὲ τοῖς ἐπικοίνοις καὶ
συνοικειουμένοις ζῳδίοις (Αἰγόκερῳ Ἰχθύσιν) ἀδελφῶν ἢ
συγγενῶν ἐπιπλοκάς. κἂν μὲν ἐπὶ τῶν ἀνδρῶν τῇ σελήνῃ
συμπαρῇ, ποιεῖ δυσὶν ἀδελφαῖς ἢ συγγενέσι συνερχομέ-
νους, ἐὰν δὲ ἐπὶ τῶν γυναικῶν τῷ τοῦ Διός, δυσὶν ἀδελ- 305
φοῖς ἢ συγγενέσιν.

11 *μετὰ δὲ τοῦ τοῦ Κρόνου πάλιν ὁ τῆς Ἀφροδίτης τυχὼν*
ἁπλῶς μὲν ἡδείας καὶ εὐσταθεῖς ποιεῖ τὰς συμβιώσεις,
προσόντος δὲ τοῦ τοῦ Ἑρμοῦ καὶ ὠφελίμους, συμπροσγε-

S **298–299** *τριγωνικοῖς … οἴκους* Ap. I 18,4/7. 19,3/6 ‖ **301** *περιβοησίας* Ap. III 15,5 (ubi plura) ‖ **302** *ἀδελφῶν* Dor. A II 4,17.20. Maneth. IV 416–417. V(VI) 206–208. VI(III) 117–119.175.204. Id. Pap. It. 157,21. Val. II 38,16.20. Firm. math. III 6,28–29 (paulo aliter Rhet. C p. 134,12). VI 31,82 (~ Lib. Herm. 26,22). VII 18,3. Lib. Herm. 18,3. 34,22.35 ‖ **303** *συγγενῶν* Maneth. I(V) 44. IV 417. Val. II 38,18–20. Firm. math. III 6,29. IV 13,3 (~ Lib. Herm. 27,8). VIII 30,1 ‖ **304** *δυσὶν ἀδελφαῖς* Firm. math. III 6,29 (~ Rhet. C p. 183,13, cf. Lib. Herm. 31,29). Rhet. C p. 158,26. Lib. Herm. 32,68

298 *ἐπειδήπερ* **VDγ** ut l. 296 *ἐπειδὴ* **αMS** | *τριγωνικοῖς* **VY** *τριγώνοις* **Σβγ** ut l. 296 ‖ **299** *ὅθεν ὁ μὲν* **M** ‖ **302** *συνοικειουμένοις* **αMS** Procl. *συνοικειωμένοις* **VDA** *συνῳκειωμένοις* **BC** om. Heph. | ♑ *ἢ* ♓ **γ** ‖ **303** *τῇ* ☾ Procl. *τῆς σελήνης* **VY** *ἡ* ☾ **Σβγ** *ἡ σελήνη αὐτοῖς* Heph. ‖ **304** *συμπαρῇ* scilicet *ὁ τῆς Ἀφροδίτης* ‖ **305** *τῷ* **VY** *ὁ* **Σβγ** Heph. ‖ **307** *τοῦ* duplex neglexit **Σ** ‖ **308** *ἡδείας* **ΣDMγ** Heph. *ἰδίας* **VYS**, cf. l. 277 | *τὰς* **VDγ** Heph. om. **αMS** ‖ **309** *καὶ* om. **ΣMc** | *συμπροσγενομένου* **YDγ** *συμπροσγενωμένου* **V** *προσγενομένου* **ΣSc** Heph. *προσγενόμενος* **M**

310 νομένου δὲ καὶ τοῦ τοῦ Ἄρεως ἀστάτους καὶ βλαβερὰς καὶ ἐπιζήλους· κἂν μὲν ὁμοιοσχημονῇ αὐτοῖς, πρὸς ὁμήλικας ποιεῖ τὰς ἐπιπλοκάς, ἂν δὲ ἀνατολικώτερος αὐτῶν, πρὸς νεωτέρας ἢ νεωτέρους, ἐὰν δὲ δυτικώτερος, πρὸς πρεσβυτέρας ἢ πρεσβυτέρους. ἐὰν δὲ καὶ ἐν τοῖς ἐπικοίνοις ζῳ- **12**
315 δίοις ὦσιν ὁ τῆς Ἀφροδίτης καὶ ὁ τοῦ Κρόνου (τουτέστιν c 48v Αἰγόκερῳ καὶ Ζυγῷ), συγγενικὰς ποιοῦσιν τὰς συνελεύσεις. ὡροσκοπήσαντι δὲ ἢ μεσουρανήσαντι τῷ προειρημένῳ σχήματι ἡ σελήνη μὲν συμπροσγενομένη ποιεῖ τοὺς μὲν ἄρρενας μητράσιν ἢ μητέρων ἀδελφαῖς ἢ μητρυιαῖς συνέρχε-
320 σθαι, τὰς δὲ θηλείας υἱοῖς ἢ υἱοῖς ἀδελφῶν ἢ θυγατέρων

S **313–314** *πρεσβυτέρας* Ap. IV 5,9 (ubi plura) ‖ **319** *μητράσιν* Maneth. I(V) 111. VI(III) 166–169.174. Firm. math. III 6,29 (paulo aliter Rhet. C p. 184,13 ~ Lib. Herm. 31,29). VII 13,1–2. 18,4–7. Anon. De stellis fixis II 4,15. Lib. Herm. 26,22 | *μητέρων ἀδελφαῖς* Val. II 38,12 | *μητρυιαῖς* Maneth. I(V) 113. II(I) 189–190 (~ Lib. Herm. 32,68). V(VI) 205. VI(III) 196. Id. Pap. It. 157,20. Val. II 17,62. 38,12. Firm. math. III 6,28. VI 31,25. VII 13,1–2. 18,6. Anon. De stellis fixis II 4,15. Lib. Herm. 18,3 ‖ **320** *υἱοῖς* Firm. math. VI 31,91. VII 13,1–2. Lib. Herm. 18,3. 26,22. 34,42

310 *τοῦ* duplex neglexerunt **Σc** | *δὲ καὶ βλαβερὰς* **V** | *βλαβεροὺς* **Y** ‖ **311** *ὁμοιοσχημονῇ αὐτοῖς* **VDBC** *ὁμοιοσχήμων ᾖ αὐτοῖς* **YMS** Heph. *ὁμοιοσχηνῇ αὐτοῖς* **A** *ὁμοιοσχήμων αὐτοῖς ᾖ* **Σc** Co le p. 156,–8 (scr. *ὁμοιοσχήμον*) | *ὁμήλικας* **αDMγ** *ὁμίληκας* **VS** *ὁμίλικας* Heph. (cod. **P**) ‖ **313** *νεωτέρας ἢ νεωτέρους* **YSγ** *νεωτέρους ἢ νεωτέρας* **ΣM** *νεωτέρας* **VD** ‖ **314** *ἐπικοίνοις* **αβγ** Heph. *ἐπικινδύνοις* **V** *ἑπομένοις* Co le p. 157,20 (sed l. 29 *ἐπίκοινα*) | *ὦσιν ζῳδίοις* **Y** Heph. ‖ **316** *ποιοῦσιν* **VYDSγ** Heph. *ποιοῦνται* **ΣMc** ‖ **319** *ἢ μητέρων*] *ἡμετέρων* **V** | *ἀδελφαῖς* **VYβγ** *ἀδελφοῖς* **Σc** ‖ **320–323** *τὰς δὲ … υἱῶν* om. **γ** ‖ **320** *υἱοῖς ἀδελφῶν* **Vβ** (cf. *πρὸς υἱοὺς ἀδελφῶν* Procl.) *υἱῶν ἀδελφοῖς* **αc** Heph.

ἀνδράσιν, ἥλιος δὲ δυτικῶν μάλιστα ὄντων τῶν ἀστέρων τοὺς μὲν ἄρρενας θυγατράσιν ἢ θυγατέρων ἀδελφαῖς ἢ m 187 *γυναιξὶν υἱῶν, τὰς δὲ θηλείας πατράσιν ἢ πατέρων ἀδελφοῖς ἢ πατρῴοις.*

13 *ἐὰν δὲ οἱ προκείμενοι σχηματισμοὶ τῶν μὲν συγγενικῶν* 325 *ζῳδίων μὴ τύχωσιν, ἐν θηλυκοῖς δὲ ὦσι τόποις, ποιοῦσι καὶ οὕτως καταφερεῖς καὶ πρὸς τὸ διαθεῖναί τε καὶ διατεθῆναι πάντα τρόπον προχείρους, ἐπ' ἐνίων δὲ μορφώσεων καὶ ἀσελγεῖς, ὡς ἐπί τε τῶν ἐμπροσθίων καὶ ὀπισθίων τοῦ*

S 322 *θυγατράσιν* Dor. A II 4,20. Maneth. VI(III) 159. Firm. math. III 6,28–29 (paulo aliter Rhet. C p. 134,12). VI 29,21. 31,82 (~ Lib. Herm. 26,22). VII 13,1–2. Rhet. C p. 183,13 ‖ **323** *γυναιξὶν υἱῶν* Firm. math. III 6,28.29 | *πατράσιν* Maneth. VI(III) 170. Firm. math. VI 31,25.91. VII 13,2. 18,4–5. Lib. Herm. 18,2–3 ‖ **323–324** *πατέρων ἀδελφοῖς* Val. II 38,12. Lib. Herm. 26,22 ‖ **327** *καταφερεῖς* Ap. II 3,24 (ubi plura) ‖ **329** *ἀσελγεῖς* Dor. A II 7,5. Ant. CCAG VII (1908) p. 113,3–4 (~ Rhet. C p. 194,14–15). p. 116,7–9 (~ Rhet. B p. 194,18. 196,20. 201,7. 208,15 [corrigendum]. 211,6). Firm. math. VII 25,14 (cf. III 6,15). Horosc. L 440 CCAG VIII 4 (1921) p. 223,20–24 (correctius Pingree, Political Horoscopes [1976], 146). Iulian. Laodic. CCAG IV (1904) p. 152,8 (~ Anon. C p. 166,6–7). Heph. I 1,81.193. Rhet. A p. 147,11–14. Abū M. introd. VI 14 (~ Apom. Myst. III 27). "Pal." CCAG

322 *θυγατέρων ἀδελφαῖς* **ω** dubitanter servavi (coll. *θυγατέρων ἐξ ἑτέρου γάμου ἀδελφαῖς* Heph.) *θυγατράσιν ἀδελφῶν* Boer ‖ **324** *πατρῴοις* **VΣβγ** *θυγατέρων ἀνδράσιν* **Y** Procl. om. Heph. ‖ **325** *συγγενῶν* **Σ** ‖ **326** *θηλυκοῖς* **Σβγ** Heph. Procl. Co p. 157,31 *θηλυκῶν* **VY** | *ὦσι τόποις* **VYβγ** *τόποις ὦσιν* **Σc** | postea *καὶ προσώποις* add. **Σβγc** Heph. Co p. 157,32 ‖ **327** *κατωφερεῖς* **A** | *διατεθῆναι* **αS** *διαθεῖναι* iteravit **V** *διαθεῖσθαι* **D** *διατεθεῖναι* **M** *διατιθεῖσθαι* **γ** | **desinit Σ** ‖ **329** *ἐπί τε*] *ἐπίπαν* **V**

330 *Κριοῦ καὶ τῆς Ὑάδος καὶ τῆς κάλπιδος καὶ τῶν ὀπισθίων τοῦ Λέοντος καὶ τοῦ προσώπου τοῦ Αἰγόκερω. κεντρωθέν-* **14** *τες δὲ κατὰ μὲν τῶν πρώτων δύο κέντρων (τοῦ τε ἀπηλιωτικοῦ καὶ τοῦ μεσημβρινοῦ) παντελῶς ἀποδεικνύουσι τὰ πάθη καὶ ἐπὶ δημοσίων τόπων προάγουσι, κατὰ δὲ τῶν*
335 *ἐσχάτων δύο (τοῦ τε λιβυκοῦ καὶ τοῦ βορείου) σπάδοντας*

(S) IX 1 (1951) p. 183,13–14. Anon. L p. 108,25. Anon. S l. 9.21.35.45.55. Anon. De stellis fixis II passim. al., cf. Ap. IV 5,20

S 330 *Κριοῦ* Firm. math. VII 25,14 (cf. II 10,2. III 6,15). Horosc. L 40 apud Heph. II 18,57. Heph. I 1,3 (var. l. Hübner, Eigenschaften 411,2). Anon. a. 379 CCAG V 1 (1904) p. 206,16 (ubi pro *Σκορπίου* legendum *Κριοῦ*: Boll, Abh. 69). Theoph. Edess. CCAG XI 1 (1932) p. 262,28. Horosc. L 1003 apud Heph. vol. II p. X,12 Pingree. Anon. De stellis fixis II 1,5.7. 8.10–12.14.17.18 | *Ὑάδος* Anon. a. 379 CCAG V 1 (1904) p. 206,17. Rhet. C p. 195,17. Anon. De stellis fixis II 2,5–9, aliter Manil. IV 151 ‖ **330–331** *ὀπισθίων τοῦ Λέοντος* Firm. math. VII 25,14. Rhet. C p. 195,18. Anon. De stellis fixis II 5,7.9–11 ‖ **331** *προσώπου τοῦ Αἰγόκερω* Manil. IV 258. Firm. math. VII 25,14. VIII 4,10 (cf. III 6,15 ~ Rhet. C p. 160,12). Anon. a. 379 CCAG V 1 (1904) p. 206,19. Anon. De stellis fixis II 10,6 ‖ **334** *ἐπὶ δημοσίων* Ap. II 8,11 (ubi plura) ‖ **335** *σπάδοντας* Ap. III 13,10 (ubi plura)

330 *καὶ τῆς κάλπιδος* **VYγ** *καὶ κάλπιδος* **D** om. **MSc** Heph. fort. recte | *ὀπισθέων* **V** ‖ **331** *κεντρωθέντες* **V** *κεντρωθέντ(ες)* **S** *κεντρωθέντος* **Yc** *κεντρωθὲν* **G** *κεντρωθέντα* **DMγ** ‖ **332** *τὸν πρῶτον* **V** ‖ **333** *τοῦ* om. **VD** | *ἀναδεικνύουσι* **V** ‖ **335** *βορείου* **VDγ** *βαυρίου* **Y** *βορινοῦ* **M** *βορεἶνοῦ* **S** *βορεινοῦ* Heph. | *σπάδωνας* **Y**

ποιοῦσι καὶ αὐλικοὺς ἢ στείρας ἢ ἀτρήτους, Ἄρεως δὲ προσόντος ἀποκόπους ἢ τριβάδας.

15 *καὶ καθόλου δὲ ποδαπήν τινα διάθεσιν πρὸς τὰ ἀφροδίσια ἕξουσιν, ἐπὶ μὲν τῶν ἀνδρῶν ἀπὸ τοῦ τοῦ Ἄρεως ἐπισκεψόμεθα· τοῦ μὲν γὰρ τῆς Ἀφροδίτης καὶ τοῦ τοῦ* 340 *Κρόνου χωρισθείς, μαρτυρηθεὶς δὲ ὑπὸ Διὸς καθαρίους καὶ σεμνοὺς περὶ τὰ ἀφροδίσια ποιεῖ καὶ μόνης τῆς φυσικῆς χρείας στοχαζομένους, μετὰ Κρόνου δὲ μόνου μὲν τυχὼν εὐλαβεῖς καὶ ὀκνηροὺς καὶ καταψύχρους ἀπεργάζεται,* **16** *συσχηματιζομένων δὲ Ἀφροδίτης καὶ Διὸς εὐκινήτους μὲν* 345 *καὶ ἐπιθυμητικούς, ἐγκρατεῖς δὲ καὶ ἀντιληπτικοὺς καὶ τὸ* m 188 *αἰσχρὸν φυλασσομένους, μετὰ μόνης δὲ Ἀφροδίτης ἢ καὶ τοῦ Διὸς σὺν αὐτῇ τυχόντος, ἀπόντος τοῦ τοῦ Κρόνου, λάγνους καὶ ῥᾳθύμους καὶ πανταχόθεν ἑαυτοῖς τὰς ἡδονὰς πορίζομένους· κἂν ὁ μὲν ἑσπέριος ᾖ τῶν ἀστέρων, ὁ δὲ* 350 *ἑῷος, καὶ πρὸς ἄρρενας καὶ πρὸς θηλείας οἰκείως ἔχοντας,* **17** *οὐχ ὑπερπαθῶς μέντοι γε πρὸς οὐδέτερα τὰ πρόσωπα· ἐὰν δὲ ἀμφότεροι ἑσπέριοι, πρὸς τὰ θηλυκὰ μόνα καταφερεῖς,*

S 336 *στείρας* Ap. III 13,11 (ubi plura) | *ἀτρήτους* Ap. III 13,10 || **337** *ἀποκόπους* Ap. III 13,11 (ubi plura) | *τριβάδας* Ap. III 15,8 (ubi plura) || **348–349** *λάγνους* Ap. III 14,17 (ubi plura) || **353** *καταφερεῖς* Ap. II 3,24 (ubi plura)

336 *αὐλίσκους* **Y** || **337** post *τριβάδας* levius, post 339 *ἕξουσιν* fortius interpunxit Boer || **338** *ποδαπήν* **c** *ποταπήν* **MS** Co le p. 157,–11 *παντοδαπήν* **VYDγ** *παντοδαπεῖς* **G** om. **m** | *διάθεσιν πρὸς τὰ ἀφροδίσια* **VDγ** *πρὸς ἀφροδίσια διάθεσιν* **Y** *πρὸς τὰ ἀφροδίσια διάθεσιν* **MS** || **343** *στοχαζομένους*] *χαζομένους* **γ** || **347** *μόνου* **γ** || **351** *πρὸς* iteratum om. **MS** || **352** *ὑπερπαθῶς* **V** *ὑπὲρ παθ* **Y** *ὕπερπαθ* **B** (sequente lacuna trium fere litterarum) *ὑπὲρ παθῶν* **βc** (asterisco notatum) *ὑπερπαθεῖς* **AC** **ὑπερπάσχοντας* **m** || **353** *θηλυκὰ*] *καθολικὰ* **V** | *μόνα* **VDγ** *μόνον* **YMS** om. Heph.

θηλυκῶν δὲ ὄντων τῶν ζῳδίων καὶ αὐτοὺς διατιθεμένους·
355 *ἐὰν δὲ ἀμφότεροι ἑῷοι, πρὸς τὰ παιδικὰ μόνα νοσηματώδεις, ἀρρενικῶν δὲ ὄντων τῶν ζῳδίων καὶ πρὸς πᾶσαν ἀρρένων ἡλικίαν· κἂν μὲν ὁ τῆς Ἀφροδίτης δυτικώτερος ᾖ, ταπειναῖς ἢ δούλαις ἢ ἀλλοφύλοις συνερχομένους, ἐὰν δὲ ὁ τοῦ Ἄρεως, ὑπερεχούσαις ἢ ὑπάνδροις ἢ δεσποίναις.*
360 *ἐπὶ δὲ τῶν γυναικῶν τὸν τῆς Ἀφροδίτης ἐπισκεπτέον·* **18** *συσχηματιζόμενος γὰρ τῷ τοῦ Διὸς ἢ καὶ τῷ τοῦ Κρόνου*
c 49 *σώφρονας καὶ καθαρίους ποιεῖ περὶ τὰ ἀφροδίσια, καὶ τοῦ τοῦ Κρόνου δὲ ἀπόντος τῷ τοῦ Ἑρμοῦ συνοικειωθεὶς κεκινημένας μὲν καὶ ὀρεκτικάς, εὐλαβεῖς δὲ καὶ ὀκνηρὰς*
365 *τὰ πολλὰ καὶ τὸ αἰσχρὸν φυλασσομένας. Ἄρει δὲ μόνῳ* **19** *μὲν συνὼν ἢ καὶ συσχηματισθεὶς ὁ τῆς Ἀφροδίτης ποιεῖ λάγνους, καταφερεῖς καὶ μᾶλλον ῥᾳθύμους· ἐὰν δὲ καὶ ὁ*
m 189 *τοῦ Διὸς αὐτοῖς προσγένηται, κἂν μὲν ὁ τοῦ Ἄρεως ὑπὸ τὰς αὐγὰς ᾖ, συνέρχονται δούλοις ἢ ταπεινοτέροις ἢ ἀλλο-*

S **355** *πρὸς τὰ παιδικὰ* Ap. III 14,34 (ubi plura) ‖ **358** *δούλαις* Dor. A II 1,10.14. 3,5. 4,7.13.27. 15,25. 16,11. 31,3. Maneth. I(V) 20.258. II(I) 178.428. III(II) 157. V(VI) 236. Val. II 38,11.22.59, cf. Paul. Alex. 24 p. 58,17 | *ἀλλοφύλοις* Dor. A II 1,10.14. 4,7. 16,11. Maneth. VI(III) 148–150 ‖ **359** *ὑπερεχούσαις … δεσποίναις* Dor. G p. 342,12 apud Heph. II 21,31 (~ Dor. A II 1,10–13). Dor. A II 31,1. Val. II 38,15.23, cf. Tzetz. Chil. II 164–167 ‖ **364** *ὀρεκτικάς* Teucr. III p. 181,5 ‖ **367** *λάγνους* Ap. III 14,17 (ubi plura) ‖ **367/373** *καταφερεῖς* Ap. II 3,24 (ubi plura)

355 *μόνα* **VDγ** *μόνον* **YMS** Heph. | *σηματώδεις* **A** ‖ **360** *τὸν* (*τῶν* V) … *ἐπισκεπτέον* **ω** Robbins *ὁ … ἐπισκεπτέος* Boer ‖ **361** *Κρόνου* scripsi coll. Heph. *Ἑρμοῦ* **ω** edd. ‖ **363** *Κρόνου* **VY** Procl. *Διὸς* **βγcm** ‖ **365** *τὰ αἰσχρὰ* **Y** ‖ **369** post *τὰς αὐγὰς*: *τοῦ ἡλίου* add. **Y** Procl. | *ἀλλοφίλοις* **V**

φύλοις, ἐὰν δὲ ὁ τῆς Ἀφροδίτης, ὑπερέχουσιν ἢ δεσπόταις, 370
ἑταιρῶν ἢ μοιχάδων ἐπέχουσαι τρόπον· κἂν μὲν τεθηλυσ-
μένοι ὦσι τοῖς τόποις ἢ τοῖς σχήμασιν οἱ ἀστέρες, πρὸς τὸ
διατίθεσθαι μόνον καταφερεῖς, ἐὰν δὲ ἠρρενωμένοι, καὶ
20 *πρὸς τὸ διατιθέναι γυναῖκας. ὁ μέντοι τοῦ Κρόνου τοῖς*
προκειμένοις σχήμασι συνοικειωθείς, ἐὰν μὲν καὶ αὐτὸς ᾖ 375
τεθηλυσμένος, ἀσελγειῶν μόνος αἴτιος γίνεται, ἐὰν δὲ ἀνα-
τολικὸς καὶ ἠρρενωμένος, ἐπὶ τέγους ἵστησιν ἢ τῶν ἐπὶ τέ-
γους ἐραστὰς ἀπεργάζεται, τοῦ μὲν τοῦ Διὸς πάλιν ἀεὶ
πρὸς τὸ εὐσχημονέστερον τῶν παθῶν συλλαμβανομένου,
τοῦ δὲ τοῦ Ἑρμοῦ πρὸς τὸ διαβοητότερον καὶ εὐπταιστό- 380
τερον.

S **376** *ἀσελγειῶν* Ap. IV 5,13 (ubi plura) ‖ **380** *διαβοητότερον* Ap. III 15,5 (ubi plura)

370 *δεσπόταις* **VYDγ** *δεσπόταις ἑαυτῶν* **MSc** *δεσπόταις αὐτῶν* Heph. (qui om. *ἑταιρῶν* eqs.) ‖ **371** *ἐπέχουσαι* **MS** *ἐπέχουσι* **VDγ** *ἀπέχουσι* **Y** | *τεθηλυσμένοι* **VDMBC** *τεθυλημένοι* **Y** *τεθηλυμένοι* **S** *τεθηλεμένοι* **A** ‖ **373** *διατίθεσθαι* **YDMγ** *διαθέσθαι* **VS** ‖ **376** *μόνος* (*μόνον* **Γ**) *αἴτιος γίνεται* **VΓDγ** *μόνος γίνεται αἴτιος* **Y** *αἴτιος μόνος γίνεται* **MS** *αἴτιος γίνεται* Heph. ‖ **377** *ἐπὶ τέγους* (i. in fornice, cf. Maneth. VI[III] 143) Heph. *ἐπιτέγους* **VD** *ἐπὶ τούτοις* **Y** *ἐπιψέγους* **M** *ἐπιψόγους* **Sγ** edd. | *τῶν ἐπὶ τέγους* **VDγ** Heph. *τῶν ἐπὶ τούτοις* **Y** *ἐπιψέγους* **M** *ἐπιψόγων* **S** edd. ‖ **378** *τῷ μὲν* **MS** ‖ **379** *συλαμβανομένων* **V** *παραλαμβανόμενον* Heph. ‖ **380** *τοῦ δὲ τοῦ* **Yγ** *τῷ δὲ τοῦ* **S** *τὸ δὲ τοῦ* **M** *τοῦ δὲ* **VD** Heph. (ut semper) | *εὐπταιστότερον*] *ἀφεστότερον* **Y**

ς′. Περὶ τέκνων

Ἐπειδὴ δὲ τῷ περὶ γάμου τόπῳ καὶ ὁ περὶ τέκνων ἀκο- **1**
λουθεῖ, σκοπεῖν δεήσει τοὺς τῷ κατὰ κορυφὴν τόπῳ ἢ τῷ
385 ἐπιφερομένῳ (τουτέστι τῷ τοῦ ἀγαθοῦ δαίμονος) προσ-
όντας ἢ συσχηματιζομένους, εἰ δὲ μή, τοὺς τοῖς διαμέτροις αὐτῶν· καὶ σελήνην μὲν καὶ Δία καὶ Ἀφροδίτην
πρὸς δόσιν τέκνων λαμβάνειν, ἥλιον δὲ καὶ Ἄρη καὶ
Κρόνον πρὸς ἀτεκνίαν ἢ ὀλιγοτεκνίαν, τὸν δὲ τοῦ Ἑρμοῦ,

T 382–431 (§ 1–7) Heph. II 22,1–7 (§ 8: *ἐκ τῶν Πετοσίριδος*, cf. Val. infra)

S 383–431 (c. 6) Manil. II 234–243. Dor. A II 8–13. Maneth. VI(III) 225–304. Heph. II 22 (adde Ep. IV 28). Val. II 39 (Petosirin afferens). Firm. math. VI 32,33–39. Paul. Alex. 24 p. 57,6–13.25 passim (adde Olymp. 24) ‖ **383–388** (§ 1 in.) Horosc. Const. 12,1 ‖ **387–388** *Δία καὶ Ἀφροδίτην πρὸς δόσιν τέκνων* Maneth. III(II) 309–313, paulo aliter VI(III) 240–241 ‖ **388–389** *ἥλιον ... ἀτεκνίαν* Horosc. L 76 apud Heph. II 18,46 ‖ **389** *ἀτεκνίαν* Ap. IV 6,3. Dor. A II 16,27. Maneth. I(V) 46–49.173. II(I) 185. III(II) 26.57.149–150. IV 584–585. V(VI) 325. al. Val. App. I 127. Pap. It. 158,5.15. Paul. Alex. 24 p. 72,12, cf. Rhet. A p. 149,4 | *ὀλιγοτεκνίαν* Dor. A II 10,10–11. 16,3. 18,7. 23,10. 25,1. Balbillus CCAG VIII 3 (1912) p. 104,21. Val. I 2,1.14.55.66 (adde App. I 127). Paul. Alex. 25 p. 74,18–19 (adde Schol. 73). Rhet. B p. 194,17–19. 196,17 (app. cr.). 198,9. 209,24–26 (app. cr.). Abū M. introd. VI 16 (= Myst. III 29: ineditum), Kam. 158.1176. Anon. L p. 108,22. al.

383 *ἐπειδὴ δὲ* **V** Heph. *ἐπειδὴ τὰ* **Y** *ἐπεὶ δὲ* **βγ** ‖ **385** *ἐπιφερομένῳ* **Vβ** Heph. *ἐπιφερομένου* **Y** *ἐπαναφερομένῳ* **γ** ‖ **387** *Ἀφροδίτι* **V** ‖ **388** *λαμβάνειν* **VDMγ** *παραλαμβάνειν* **YS** Heph. | *ἡλίου δὲ καὶ Ἄρεως καὶ Κρόνου* **V**

πρὸς ὁπότερον ἂν αὐτῶν τύχῃ συσχηματισθείς, ἐπίκοινον 390
καὶ ἐπιδοτῆρα μὲν ὅταν ἀνατολικὸς ᾖ, ἀφαιρέτην δ' ὅταν m 190
δυτικός.

2 *οἱ μὲν οὖν δοτῆρες ἁπλῶς μὲν οὕτως κείμενοι καὶ κατὰ μόνας ὄντες μοναχὰ διδόασι τέκνα, ἐν δισώμοις δὲ καὶ ἐν θηλυκοῖς ζῳδίοις, ὁμοίως δὲ καὶ ἐν τοῖς πολυσπέρμοις* 395 *(οἷον Ἰχθύσι καὶ Καρκίνῳ καὶ Σκορπίῳ) δισσὰ ἢ καὶ πλείονα, καὶ ἠρρενωμένοι τοῖς τε ζῳδίοις καὶ τοῖς πρὸς ἥλιον σχηματισμοῖς ἄρρενα, τεθηλυσμένοι δὲ θήλεα, καθ-*

S **390** *ἐπίκοινον* Ap. I 7,1 (ubi plura) ‖ **394** *δισώμοις* Ap. I 12,5 (ubi plura). III 8,1–2 ‖ **395** *θηλυκοῖς* Ap. I 13 (ubi plura) ‖ **395–399** *πολυσπέρμοις … στειρώδεσι* Manil. II 236–243. Dor. A I 19,3 (cf. II 10,12–13). Maneth. VI(III) 256. Serap. CCAG V 3 (1910) p. 97,16–19. Val. I 2 passim. Paul. Alex. 25 p. 74,19–75,5 (quo spectat Olymp. 24 p. 80,1–6). Heph. I 1 passim. Rhet. B passim. Herm. Myst. p. 175,5. Abū M. introd. VI 16 (~ Apom. Myst. III 29: ineditum). Anon. C p. 166,3–6. Anon. L p. 108,20–24. Anon. M l. 17–19. Anon. R passim. Anon. S passim. al., cf. ad Ap. III 12,11 ‖ **396** *δισσὰ* Ap. III 8. Maneth. VI(III) 233.252–255. IV 452–461 ‖ **397** *πλείονα* Ap. III 8,1. Dor. A II 27,1

390 *ὁπότερον* **VYDγ** *ὁποτέρους* **MS** Heph. ‖ **391** *ὅταν* (alterum)] *ὅτε* **V** ‖ **393** *οἱ*] *ὁ* **V** | *μὲν οὕτως* **VDA** *οὕτω μὲν* **Y** *οὕτως* **MSC** *οὔπω* **B** (ut vid.) *οὕτω* Heph. | *κοίμενοι* **V** ‖ **394** *δὲ* **MSγ** Heph. (quos secutus est Robbins) *δὲ δισσὰ* **Y** (maluit Boer) *δισσὰ* **VD** ‖ **395** *δὲ καὶ* **VY** *τε* **βγ** om. Heph. ‖ **396** *ἰχθύσι καὶ καρκίνῳ καὶ σκορπίῳ* **V** ♑ *καὶ* ♋ *καὶ* ♏ *καὶ* ♓ **Y** *ἴχθυσι καὶ αἰγοκέρωτι* **D** *αἰγοκέρωτι καὶ ἰχθύσι* **MS** ♋ ♏ ♓ *καὶ* ♑ **C** ♓[♋] *καὶ* ♑[♏] **AB** *Καρκίνῳ Αἰγοκέρωτι Ἰχθύσι καὶ Σκορπίῳ* Heph. | *δισσὰ* **VYDγ** Heph. *δυσὶ* **MS** ‖ **397** *ἠρρενωμένοι* **YβBC** *ἠρρενωμένα* **V** *ἠρρενωμένοις* **A** Heph. (perperam retinuit Pingree) | *τε* **Vβγ** *ἀρρενικοῖς* **Y** om. Heph. ‖ **398** *τεθηλυσμένοι* **YDC** *τεθηλυσμένα* **V** *τεθηλυσμένοις* **MAB** (ut vid.) *τεθηλυμένοις* **S** Heph.

υπερτερηθέντες δὲ ὑπὸ τῶν κακοποιῶν ἢ καὶ ἐν στειρώδεσι
400 *ζῳδίοις τυχόντες (οἷον Λέοντι ἢ Παρθένῳ) διδόασι μέν, οὐκ ἐπὶ καλῷ δὲ οὐδὲ ἐπὶ διαμονῇ. ἥλιος δὲ καὶ οἱ κακοποιοὶ* **3** *διακατασχόντες τοὺς εἰρημένους τόπους ἐὰν μὲν ἐν ἀρρενικοῖς ὦσιν ἢ στειρώδεσι ζῳδίοις καὶ ὑπὸ τῶν ἀγαθοποιῶν ἀκαθυπερτέρητοι, τελείας εἰσὶν ἀτεκνίας δηλω-*
405 *τικοί, ἐπὶ θηλυκῶν δὲ ἢ πολυσπέρμων ζῳδίων τυχόντες ἢ ὑπὸ τῶν ἀγαθοποιῶν μαρτυρηθέντες διδόασι μέν, ἐπισινῆ δὲ ἢ ὀλιγοχρόνια. τῶν δὲ αἱρέσεων ἀμφοτέρων λόγον ἐχου-* **4** *σῶν πρὸς τὰ τεκνοποιὰ ζῴδια, τῶν δοθέντων τέκνων ἀπο-*
c 49ᵛ *βολαὶ γενήσονται ἢ πάντων ἢ ὀλίγων πρὸς τὰς ὑπερ-*
410 *οχὰς τῶν καθ' ἑκατέραν αἵρεσιν μαρτυρησάντων, ὁποτέρους ἂν εὑρίσκωμεν ἤτοι πλείους ἢ δυνατωτέρους ἐν τῷ ἀνατολικωτέρους ὑπάρχειν ἢ ἐπικεντροτέρους ἢ καθυπερτερεῖν ἢ ἐπαναφέρεσθαι.*

S **399** *στειρώδεσι* praeter supra allata Ap. III 13,11. "Rhet." = Dor. G p. 336,8–10. 337,15–17 ‖ **400** *Λέοντι* praeter supra allata Steph. philos. p. 280,5 | *Παρθένῳ* praeter supra allata Sext. Emp. V 95 ‖ **404** *ἀτεκνίας* Ap. IV 6,1 (ubi plura) ‖ **407** *ὀλιγοχρόνια* Dor. A II 9,5. 16,27. Maneth. III(II) 11.39.43.170. Pap. It. 158,28.75, cf. Ap. III 5,6

400 *ζῳδίοις* **βγc** Heph. *τόποις* **V** (recepit Robbins) *τόποις ἢ ζῳδίοις* **Y** Procl. fort. recte, cf. 4,632 | *οἷον* **YMSγ** Heph. *οἷόν ἐστι* **VD** Procl. (recepit Robbins pergens *Λέων ἢ Παρθένος*) | *ἢ* om. **Y** (invertens sigla ♍ ♌) **MS** | *δίδωσι* **V** ‖ **402** *ἀρρενικοῖς ζῳδίοις* **Mc** | *ἢ*] *καὶ* **c** ‖ **403–406** *ὑπὸ τῶν ... τυχόντες ἢ* oculorum saltu om. **MSc** ‖ **408** *τῶν* om. **S** Heph. | *ἐπιβολαὶ* **Y** ‖ **409** *ὀλίγων ὄντων* **V** | *ὑπεροχὰς* **VYD** Heph. *ὑπερεχούσας δὲ* **Mc** *ὑπεροχὰς δὲ* (corr. *ὑπερεχούσας* ut vid.) **S** ‖ **411** *ἂν* **VY** Heph. *ἐὰν* **βγ** | *δυνατωτέρους ἢ* **βB** ‖ **413** *ἐπιφέρεσθαι* Heph. Co le p. 160,5

5 *ἐὰν μὲν οὖν οἱ κυριεύσαντες τῶν εἰρημένων ζῳδίων ἀνατολικοὶ τυγχάνωσι, δοτῆρες ἔσονται τέκνων, ἐὰν δὲ ἐν* 415 *ἰδίοις ὦσιν τόποις, ἔνδοξα καὶ ἐπιφανῆ ποιοῦσι τὰ δοθέντα τέκνα, ἐὰν δὲ δυτικοὶ καὶ ἐν τοῖς τῆς ἀλλοτρίας αἱ-*
6 *ρέσεως τόποις, ταπεινὰ καὶ ἀνεπίφαντα. κἂν μὲν σύμφω-* m 191 *νοι τῇ ὥρᾳ καὶ τῷ κλήρῳ τῆς τύχης καταλαμβάνωνται, προσφιλῆ τοῖς γονεῦσι καὶ ἐπαφρόδιτα καὶ κληρονομοῦντα* 420 *τὰς οὐσίας αὐτῶν, ἐὰν δὲ ἀσύνδετοι ἢ ἀντικείμενοι, μάχιμα καὶ ἐχθροποιούμενα καὶ ἐπιβλαβῆ καὶ μὴ παραλαμβάνοντα τὰς τῶν γονέων οὐσίας. ὁμοίως δὲ κἂν μὲν ἀλλήλοις ὦσι συνεσχηματισμένοι συμφώνως οἱ τὰ τέκνα διδόντες, διαμένουσιν οἱ δοθέντες φιλάδελφοι καὶ τιμητικοὶ* 425 *πρὸς ἀλλήλους, ἐὰν δὲ ἀσύνδετοι ἢ διάμετροι, φιλέχθρως καὶ ἐπιβουλευτικῶς διακείμενοι.*

S **419** *ὥρᾳ* Nech. et Petos. apud Heph. II 11,25, cf. Gundel, ThLL VI 3, c. 2962,81–2963,1 ‖ **420** *κληρονομοῦντα* Ap. IV 2,3 (ubi plura) ‖ **421–422** *μάχιμα* Dor. A II 27,9. Maneth. V(VI) 131 ‖ **427** *ἐπιβουλευτικῶς* Ap. II 3,31 (ubi plura)

415 *ἔσονται* **βγc** *ὄντες* **VY** Procl. (recepit Robbins) *ὄντων* Heph. | *ἐὰν δὲ* scripsi *ἢ* **VY** Heph. *εἰ* **S** (receperunt Robbins Pingree) *εἰ δὲ* **DMγc** (maluit Boer) ‖ **416** *ὦσι(ν)* **VYDMγ** *εἰσὶ* **S** *εἴεν* **c** ‖ **418** *ταπεινὰ καὶ*] *τὰ γενόμενα* **Y** ‖ **419** *τῇ ὥρᾳ* **VYβ** Heph. (cf. ThLL VI 3 c. 2962,81–2963,29) *τῷ ὡροσκόπῳ* (abbrev.) **γ** | *καταλαμβάνωνται* **MSB**(post corr.)**C** *καταλαμβάνονται* **VYDAB**(ante corr.) *καταλαμβάνηται* Heph. ‖ **420** *καὶ* ante *κληρονομοῦντα* om. **V** ‖ **421** *τὰς* **VYSγ** Heph. *τῆς* **DM** | *ἐὰν* **Y** Heph. *ἂν* **Vβγ** ‖ **422** *μὴ* om. **Mm** ‖ **423** *μὲν* **VY** Heph. om. **βγ** ‖ **424** *συμφώνως οἱ* **G** *συμφῶνος οἱ* **Y** *ἢ συμφώνως* **V** *ἢ σύμφωνα* **γ** *σύμφωνα* **MSc** *σύμφωνοι* **D** ‖ **426** post *ἀλλήλους*: *ὦσι συνεσχηματισμένοι συμφώνως* repetit **Y** | *ἐὰν* **V** Heph. *ἂν* **Yβγ**

τὰ δὲ κατὰ μέρος πάλιν ἄν τις καταστοχάζοιτο χρησά- 7
μενος ἐφ' ἑκάστου τῷ τὴν δόσιν πεποιημένῳ τῶν ἀστέρων
430 ὡροσκοπίῳ καὶ ἀπὸ τῆς λοιπῆς διαθέσεως ὡς ἐπὶ γενέσεως
τὴν περὶ τῶν ὁλοσχερεστέρων ἐπίσκεψιν ποιούμενος.

ζ'. Περὶ φίλων καὶ ἐχθρῶν

Τῶν δὲ φιλικῶν διαθέσεων καὶ τῶν ἐναντίων, ὧν τὰς μὲν 1
μείζους καὶ πολυχρονίους καλοῦμεν συμπαθείας καὶ
435 ἔχθρας, τὰς δὲ ἐλάττους καὶ προσκαίρους συναστρίας καὶ
ἀντιδικίας, ἡ ἐπίσκεψις ἡμῖν ἔσται τὸν τρόπον τοῦτον. ἐπὶ
μὲν τῶν κατὰ μεγάλα συμπτώματα θεωρουμένων παρατηρεῖν δεῖ τοὺς ἀμφοτέρων τῶν γενέσεων κυριωτάτους τόπους (τουτέστι τόν τε ἡλιακὸν καὶ τὸν σεληνιακὸν καὶ τὸν
92 440 ὡροσκοπικὸν καὶ τὸν τοῦ κλήρου τῆς τύχης), ἐπειδήπερ 2
κατὰ μὲν τῶν αὐτῶν τυχόντες δωδεκατημορίων ἢ ἐναλλά-
ξαντες τοὺς τόπους ἤτοι πάντες ἢ οἱ πλείους, καὶ μάλιστα,
ὅταν οἱ ὡροσκοποῦντες περὶ τὰς ἑπτακαίδεκα μοίρας ἀλ-

T 432–465 (§ 1–4) Heph. II 23,1–3

S 433–518 (c. 7) Dor. A V 19. Heph. II 23 (adde Ep. IV 29). Firm. math. VI 32,54–55 ‖ **433–447** (§ 1–2) cf. Horosc. Const. 14,1 ‖ **439** ἡλιακὸν ... σεληνιακὸν Ps.Ptol. Karp. 33 ‖ **440–447** (§ 2) Dor. App. IIF 5–6 apud Heph. III 20,5–6 (adde Ep. IV 99,5)

429 ἐφ'] ἀφ' **c** | ἑκάστῳ **Mc** ‖ **432** περὶ ... ἐχθρῶν **VYDMγ** ἐπίσκεψις περὶ φιλίας καὶ ἔχθρας **S**[2] in margine ‖ **433** ὧν om. **Y** ‖ **434** μείζους] μέσους **M** ‖ **437** μὲν **VDγ** μὲν γὰρ **YMS** μὲν οὖν Heph. | τὰ μεγάλα **C** ‖ **441** τῶν αὐτῶν] τὸν αὐτὸν **V** ‖ **442** τρόπους **D**, cf. 3,93 ‖ **443** ἑπτακαίδεκα] ιζ **Yβ** ζ̄ι **V** ζ̄ **γ** (cf. ἐν ἄλλῳ δὲ καὶ ζ̄ Co p. 161,19) "fortasse rectius" Feraboli ιζ ἥμισυ Heph.

λήλων ἀπέχωσι, ποιοῦσι συμπαθείας ἀπταίστους καὶ ἀδιαλύτους καὶ ἀνεπηρεάστους, κατὰ δὲ τῶν ἀσυνδέτων ἢ τῶν 445 *διαμετρούντων σταθέντες ἔχθρας μεγίστας καὶ ἐναντιώσεις*
3 *πολυχρονίους. μηδετέρως δὲ τυχόντες, ἀλλὰ μόνον ἐν τοῖς συσχηματιζομένοις δωδεκατημορίοις, εἰ μὲν ἐν τοῖς τριγώ-* c 50 *νοις εἶεν ἢ ἐν ἑξαγώνοις, ἥττονας ποιοῦσι τὰς συμπαθείας, εἰ δὲ ἐν τοῖς τετραγώνοις, ἥττονας τὰς ἀντιπαθείας, ὡς γί-* 450 *νεσθαί τινας κατὰ καιροὺς ἐν μὲν ταῖς φιλίαις ὑποσιωπήσεις καὶ μικρολογίας, ὅταν οἱ κακοποιοὶ τὸν σχηματισμὸν παροδεύωσιν, ἐν δὲ ταῖς ἔχθραις σπονδὰς καὶ ἀποκαταστάσεις κατὰ τὰς τῶν ἀγαθοποιῶν τοῖς σχηματισμοῖς ἐπεμβάσεις.* 455

4 *ἐπεὶ δὲ φιλίας καὶ ἔχθρας εἴδη τρία (ἢ γὰρ διὰ προαίρεσιν οὕτως ἔχουσι πρὸς ἀλλήλους ἢ διὰ χρείαν ἢ διὰ ἡδονὴν καὶ λύπην), ὅταν μὲν πάντες ἢ οἱ πλείους τῶν*

S 455 *ἐπεμβάσεις* Ap. III 11,33 (ubi plura) ‖ **456** *εἴδη τρία* Stob. Ecl. II 6,16

447 *καὶ ἐν* **Y** ‖ **448** *συσχηματιζομένοις* **Yβγ** Heph. *σχηματιζομένοις* **V** | *δωδεκατημορίοις* om. **βγ** ‖ **449** *εἶεν* **βγ** Heph. *εἰσὶ* **Y** om. **V** | *ἢ ἐν* **VD** Heph. *ἢ ἐν τοῖς* **BC** *ἢ τοῖς* **A** *ἢ* **YMSc** Procl. ‖ **450** *εἰ δὲ … ἀντιπαθείας* om. **Y** | *ὡς* **VYγ** Heph. (cf. *ὥστε* Procl.) *οἷα* **βc** ‖ **451** *ὑποσιωπήσεις* **VYDγ** Heph. *ἀποσιωπήσεις* **MS** ‖ **452** *μικρολογίας* **VMBC** Heph. *μηκρολογίας* **Y** *μικρολογ(ίας)* **Sc** *μικρολογίαις* **GDA** *μακρολογίας* **m** | *τὸν σχηματισμὸν* **VGDγ** *τὸν συσχηματισμὸν* **Y** Procl. *τῶν συσχηματισμῶν* **MSc** *συσχηματισμὸν* Heph. ‖ **453** *σπονδὰς* **βγ** Heph. *σπουδὰς* **VY** | *ἀποκαταστάσεις* **YMS** Heph. *ἀκαταστασίας* **VDγ** ‖ **454** *ἀγαθῶν* **Y** | *τοῖς σχηματισμοῖς* **VDγ** *τοῖς συσχηματισμοῖς* **Y** Heph. *συσχηματισμοὺς* **MS** ‖ **456** *ἐπεὶ δὲ* **VYDBC** *ἐπειδὴ* **MSA** *ἐπειδὴ δὲ* Heph. | *εἴδη*] *ἤδη* **M** | *τρία*] *τὴν* **V** | *ἢ*] *εἰ* **V** ‖ **457** *ἔχωσιν* **V** ‖ **458** *μὲν γὰρ* **c** | *οἱ πάντες* **Mc**

προειρημένων τόπων οἰκειωθῶσι πρὸς ἀλλήλους, ἐκ πάντων
460 ἡ φιλία συνάγεται τῶν εἰδῶν, ὥσπερ, ὅταν ἀνοικείως, ἡ
ἔχθρα· ὅταν δὲ οἱ τῶν φώτων μόνον, διὰ προαίρεσιν, ἥτις
ἐστὶ φιλία καὶ βελτίστη καὶ ἀσφαλεστάτη καὶ ἔχθρα χειρί-
m 193 στη καὶ ἄπιστος· ὁμοίως δέ, ὅταν μὲν οἱ τῶν κλήρων τῆς
τύχης, διὰ χρείαν, ὅταν δὲ οἱ τῶν ὡροσκόπων, δι' ἡδονὰς ἢ
465 λύπας.

παρατηρητέον δὲ τῶν συσχηματιζομένων τόπων τάς τε 5
καθυπερτερήσεις καὶ τὰς τῶν ἀστέρων ἐπιθεωρήσεις· ἐφ'
ὧν μὲν γὰρ ἂν γενέσεων ᾖ ἡ τοῦ σχηματισμοῦ καθυπερτέρησις (ἢ ἐὰν τὸ αὐτὸ ἢ τὸ ἔγγιστα ᾖ ζῴδιον τῇ ἐπανα-
470 φορᾷ), ἐκείνῃ τὸ αὐθεντικώτερον καὶ ἐπιστατικώτερον τῆς
φιλίας καὶ ἔχθρας προσνεμητέον· ἐφ' ὧν δὲ ἡ ἐπιθεώρησις
τῶν ἀστέρων βελτίων πρὸς ἀγαθοποιίαν καὶ δύναμιν, ἐκεί-

T 467–518 (§ 5 *ἐφ' ὧν* – 10) Heph. II 23,5–9

459 *προειρημένων* **VDSγ** *εἰρημένων* **YM** ‖ **460** *συνάγεται*] *συναρμόζεται* **Y** | *ἀνοικείως* **VDγ** *ἂν οἰκείως* **Y** *ἀνοίκειος* **MSc** ‖ **461** *οἱ* **MS** (cf. *οἱ … τόποι* Heph.) *ἡ* **VYDγ** | *μόνον* **VYβ** Heph. *μόνων* **γ** ‖ **462** *καὶ φιλία* **γ** | *καὶ ἔχθρα* **VY** *ἢ τίς* vel *ἥτις* **β** *ἢ ἥτις* **BC** *ἢ ἥτι* **A** *ἢ* **c** | *χειρίστη*] *ἀχάριστη* **A** (ut vid.) ‖ **463** *τῶν κλήρων* **G** (recepit Robbins, coniecit Boer coll. *οἱ τόποι τῶν κλήρων* Procl.) *τὸν κλῆρον* **VY** *κλῆροι* **βγc** Heph. ‖ **464** *χρείαν* **MS** Heph. Procl. *χρείας* **VYDγ** ‖ **468** *γὰρ* om. **MSc** | *ᾖ*] *ἤτοι* **V** | *σχηματισμοῦ* **VDγ** Heph. *συσχηματισμοῦ* **YMS** ‖ **469** *ἢ ἐὰν*] *ἂν δὲ* **Y** | *ἢ τὸ* **V** om. **Yβγ** | *ᾖ* **γ** (sim. Heph.) *ἦν* **Vβ** (recepit Boer) *ἢ* **Y** | *τῇ ἐπαναφορᾷ* **MS** (vix recte *τῇ ἐπαναφερομένῃ* Heph.) *ἢ ἐπαναφορά* **Vγ** (recepit Boer antea interpungens) *ἐπαναφορά* **Y** *ἡ ἐπαναφορά* **D** ‖ **470** *καὶ ἐπιστατικώτερον* om. **MSc** *καὶ ἐπιληπτικώτερον* Heph. ‖ **472** *ἐκείναις* **VYDγ** *ἐκείνας* **G** *ἐκείνης* [ad *δύναμιν*] **MSc** *ἐκείνῃ* Heph.

ναις τό τε ἐκ τῆς φιλίας ὠφελιμώτερον καὶ τὸ ἐκ τῆς ἔχθρας κατορθωτικώτερον ἀποδοτέον.

6 *ἐπὶ δὲ τῶν κατὰ χρόνον τισὶ συνισταμένων προσκαίρων* 475 *συναστριῶν τε καὶ ἐναντιώσεων προσεκτέον ταῖς καθ' ἑκατέραν γένεσιν κινήσεσι τῶν ἀστέρων, τουτέστι κατὰ ποίους χρόνους αἱ τῶν τῆς ἑτέρας γενέσεως ἀστέρων ἀφέσεις ἐπέρχονται τοῖς τόποις τῶν τῆς ἑτέρας γενέσεως ἀστέρων· γίνονται γὰρ κατὰ τούτους φιλίαι καὶ ἔχθραι μερικαὶ δια-* 480 *κρατοῦσαι χρόνον ὀλιγοστὸν μὲν τὸν μέχρι τῆς διαλύσεως αὐτῆς, πλεῖστον δὲ τὸν μέχρι τῆς ἑτέρου τινὸς τῶν ἐπιφερομένων ἀστέρων καταλήψεως.* 7 *Κρόνος μὲν οὖν καὶ Ζεὺς ἐπελθόντες τοῖς ἀλλήλων τόποις ποιοῦσι φιλίας διὰ συστάσεως ἢ γεωργίας ἢ κληρονομίας, Κρόνος δὲ καὶ Ἄρης μά-* 485

T 483 sqq. Cod. Neapolitanus II C 33 (CCAG IV [1903] p. 57 sq.) fol. 387ʳ

S 483–500 (§ 7–8) Val. I 19,2–23. Dor. App. IIF 7 apud Heph. III 20,7 (adde Ep. IV 99,6) ‖ **485** *γεωργίας* Ap. IV 2,2 (ubi plura) | *κληρονομίας* Ap. IV 2,3 (ubi plura)

474 *κατορθωτικώτερον* **YSγ** *κατορθοκώτερον* **V** *κατορθωτέον* **DMc** *κατόρθωμα τικον* (? i. *κατορθωματικὸν*) Heph. cod. **P** | *ἀποδοτέον* **VYSγ** Heph. *ἀποδοτικώτερον* **D** (post *κατορθωτέον*) **M** (ante *κατορθωτέον* ut **c**) om. **Y** ‖ **476** *προσεκτέον* om. **V** ‖ **478** *αἱ τῶν* **βγ** Heph. *ἐτῶν* **V** *αὐτῶν* **Y** | *ἀφέσεις … ἀστέρων* om. **MBc** (partim restituit **m**: *ἀφέσεις ἐπιφέρωνται τοῖς τῆς ἑτέρας τόποις*) ‖ **479** *ἐπέρχονται*] *ὑπέρχονται* **G** *ἐπιφέρωνται* **m** | *τῶν τῆς … ἀστέρων* om. **Y** ‖ **480** *διακρατοῦσαι* **VDγ** (cf. *διαμένουσαι* Procl.) *αἱ διακρατοῦσαι* **Y** *καὶ διακρατοῦσι* **MSc** *καὶ κρατοῦσι* Heph. ‖ **481** *ὀλίγιστον* Robbins tacite ‖ **483** *Κρόνος*] *ὁ τοῦ* ♄ **γ** et sic deinceps ‖ **484** *τοῖς ἀλλήλων τόποις* **βγ** *τοὺς ἀλλήλων τόπους* **VY** *τοὺς ἀλλήλους τόπους* Heph. | *συστάσεως* **βγc** Heph. *συστάσεις* **V** Procl. (recepit Robbins) *συστάσης* **Y**

χας καὶ ἐπιβουλὰς τὰς κατὰ προαίρεσιν, Κρόνος δὲ καὶ
m 194 Ἀφροδίτη συνεπιπλοκὰς διὰ συγγενικῶν προσώπων, ταχὺ
μέντοι ψυχούσας, Κρόνος δὲ καὶ Ἑρμῆς συμβιώσεις καὶ
κοινωνίας διὰ δόσιν καὶ λῆψιν καὶ ἐμπορίαν ἢ μυστήρια·
490 Ζεὺς δὲ καὶ Ἄρης ἑταιρίας δι' ἀξιωματικῶν ἢ οἰκονομιῶν, **8**
Ζεὺς δὲ καὶ Ἀφροδίτη φιλίας τὰς διὰ θηλυκῶν προσώπων
ἢ τῶν ἐν ἱεροῖς θρησκειῶν ἢ χρησμῶν ἢ τῶν τοιούτων,
Ζεὺς δὲ καὶ Ἑρμῆς συναναστροφὰς διὰ λόγους καὶ ἐπι-
στήμας καὶ προαίρεσιν φιλόσοφον· Ἄρης δὲ καὶ Ἀφροδίτη
0ᵛ 495 συνεπιπλοκὰς τὰς δι' ἔρωτας καὶ μοιχείας ἢ νοθείας, ἐπισφαλεῖς δὲ καὶ οὐκ ἐπὶ πολὺ διευθυνούσας, Ἄρης δὲ καὶ
Ἑρμῆς ἔχθρας καὶ περιβοησίας καὶ δίκας διὰ πραγμάτων
ἢ φαρμάκων ἀφορμάς· Ἀφροδίτη δὲ καὶ Ἑρμῆς συμβιώ-

S **486** *ἐπιβουλὰς* Ap. II 3,31 (ubi plura) ‖ **489** *ἐμπορίαν* Ap. II 3,30 (ubi plura) ‖ **489** *μυστήρια* Ap. III 14,16 (ubi plura) ‖ **492** *ἐν ἱεροῖς* Maneth. II(I) 225 | *θρησκειῶν* Ap. III 14,16 (ubi plura) | *χρησμῶν* Ap. III 13,19 (ubi plura) ‖ **493** *λόγους* Ap. III 14,1 (ubi plura) ‖ **494** *φιλόσοφον* Ap. III 14,5 (ubi plura) ‖ **495** *μοιχείας* Ap. III 14,25 (ubi plura) ‖ **497** *περιβοησίας* Ap. III 15,5 (ubi plura) ‖ **498** *φαρμάκων* Ap. III 14,15 (ubi plura), cf. Val. II 41,39

487 *Ἀφροδίτης* **VM** | *ταχὺ* **Vγ** Heph.   *τάχει* **Yβ** ‖ **488** *ψυχούσας* **VYβ**   *καταψυχούσας* **γ** Heph. | *Ἑρμοῦ* **VM** ‖ **489** *κοινωνίας*] *συγγενείας* **M** (cf. *συγγενείας καὶ συμβιώσεις* **c**) | *διὰ δόσιν* (vel *διαδόσιν*) **VDAC**   *διδώασιν* **Y**   *διδόασι καὶ διὰ δόσιν* **MSc**   *διδόασι* **B** | *λήψη* **Y** ‖ **490** *Ζεὺς … οἰκονομιῶν* om. **D** Heph. ‖ **491** *Ἀφροδίτης* **V** | *θηλυκῶν*] *καθολικῶν* **MBc** ‖ **494** *φιλόσοφον* **VYDγ** Heph. Procl.   *φιλοσόφων* **MSm** (*φιλοσόφον* **c**) | *Ἀφροδίτης* **V** ‖ **495** *νωθείας* **Sγ** (**C** ante corr. ut vid.) **c** ‖ **496** *οὐκ* om. **VDγ** | *διευθηνούσας* Robbins tacite ‖ **497** *πραγμάτων* **VA** (*γρ. διὰ γραμμάτων* suprascriptum **A**[2]) **B** Procl.   *γραμμάτων* **YβCc** (sim. Heph.)

σεις τὰς διὰ τέχνην τινὰ ἢ μοῦσαν ἢ σύστασιν ἀπὸ γραμμάτων ἢ θηλυκῶν προσώπων. 500

9 *τὴν μὲν οὖν ἐπὶ τὸ μᾶλλον καὶ ἧττον ἐπίτασιν καὶ ἄνεσιν τῶν συναστριῶν ἢ τῶν ἐναντιώσεων διακριτέον ἐκ τῆς τῶν ἐπιλαμβανομένων τόπων πρὸς τοὺς πρώτους καὶ κυριωτάτους τέσσαρας τόπους διαθέσεως (ἐπειδήπερ κατὰ κέντρων μὲν ἢ κλήρων ἢ τῶν φώτων τυχόντες ἐπιφανεστέρας ποιοῦσι τὰς ἐπισημασίας, ἀλλοτριωθέντες δὲ αὐτῶν ἀνεπιφάντους), τὴν δὲ ἐπὶ τὸ βλαβερώτερον ἢ ὠφελιμώτερον τοῖς ἑτέροις ἐκ τῆς τῶν ἐπιθεωρούντων ἀστέρων τοὺς εἰρημένους τόπους ἐπὶ τὸ ἀγαθὸν ἢ κακὸν ἰδιοτροπίας.* 505 510

10 *ἰδίως δὲ ὁ περὶ δούλων τόπος ἢ λόγος καὶ τῆς τῶν δεσποτῶν πρὸς αὐτοὺς συμπαθείας ἢ ἀντιπαθείας ἐκ τοῦ κακοδαιμονοῦντος ζῳδίου λαμβάνεται καὶ τῆς τῶν ἐπιθεωρούντων τὸν τόπον ἀστέρων κατά τε τὴν γένεσιν αὐτὴν* m 195

S **499** *μοῦσαν* Ap. IV 4,6 (ubi plura) ‖ **499–500** *γραμμάτων* Ap. IV 4,3 (ubi plura) ‖ **511–518** (§ 10) Maneth. VI(III) 684–731. Firm. math. VII 4. Heph. II 20 (adde Ep. IV 30, cf. Dor. A V 11.13)

499 post *συμβιώσεις*: *ποιεῖ* add. **V** ‖ **505** *κέντρων … κλήρων* **Yβ** Heph. *κέντρον … κλῆρον* **V** *τῶν κέντρων … τῶν κλήρων* **γ** (recepit Boer) | *ἐπιφανεστέρας* **VYS** (cf. *ἐπιφανεστέρους* Heph.) *ἐπισφαλεστέρας* **DMγ** ‖ **506** *ἀλλοτριωθέντες* **Yβγ** Heph. *ἀλλοτριωθέντων* **V** ‖ **508** *ἑτέροις* **VDγ** Heph. *ἑταίροις* **MS** | *τῆς* om. **V** Heph. ‖ **511** titulum *περὶ δούλων* inseruerunt **Mγc**, sed cf. Heph. II 20 | *τόπος ἢ λόγος* **Vβγ** *λόγος ἢ τόπος* **Y** *λόγος* Heph. haud scio an recte, cf. 3,205 ‖ **514** *τὸν* **VDγ** Heph. om. **YMS** *τὸν τοιοῦτον* **c** | *ἀστέρων* **VY** Heph. (ante *τὸν τόπον*) *ζῳδίου ἀστέρων* **D** *ζῳδίου* **MS** (inde *τοῦ ζῳδίου* **c**) *τοῦ τοιούτου ζῳδίου ἀστέρων* **γ**

515 *καὶ κατὰ τὰς ἐπεμβάσεις ἢ διαμετρήσεις φυσικῆς ἐπιτηδειότητος, καὶ μάλιστα ὅταν οἱ τοῦ δωδεκατημορίου κυριεύσαντες ἤτοι συμφώνως τοῖς αὐθεντικοῖς τῆς γενέσεως τόποις ἢ ἐναντίως ποιῶνται τοὺς συσχηματισμούς.*

η'. Περὶ ξενιτείας

520 *Ὁ δὲ περὶ ξενιτείας τόπος καταλαμβάνεται διὰ τῆς τῶν* **1** *φώτων πρὸς τὰ κέντρα στάσεως, ἀμφοτέρων μέν, μάλιστα δὲ τῆς σελήνης· δύνουσα γὰρ ἢ ἀποκεκλικυῖα τῶν κέντρων*

T 519–574 (§ 1–6) Heph. II 24,1–9

S 520–574 (c. 8) Dor. G p. 396–401 apud Heph. III 30,1–71 (adde Ep. IV 107 et Dor. A V 21–22). Val. I 20,2. 13.27. II 29–30. IV 15. Firm. math. VI 32,49. Heph. II 24 (adde Ep. IV 31). Apom. Myst. II 24 CCAG XII (1936) p. 103,4–12, cf. XI 1 (1932), p. 71 ‖ **522** *σελήνης* Maneth. II(I) 486–488. III(II) 120–122. IV 87–90. Firm. math. III 13,8 (~ Rhet. C p. 166,7–12, cf. 163,19–21). Heph. III 30,7. Paul. Alex. 24 p. 64,8 (adde Olymp. 23 p. 71,1) | *δύνουσα* Dor. G p. 397,19 apud Heph. III 30,11 | *ἀποκεκλικυῖα* Val. IV 7,5. Dor. G p. 397,20 apud Heph. III 30,11. Paul. Alex. 24 p. 55,9–11. 63,5–10 (adde Olymp. 23 p. 64,21–23)

516 *ὅταν*] *ὅτε* **Mc** ‖ **517** *συμφώνως* **Yβc** Heph. *συμφωνῶσι* **V** (fort. recte recepit Robbins) *συμφωνήσεως* **G** *συμφώνους* **γ** ‖ **517** *τῆς γενήσεως τόποις* **YMS** Heph. (Ep. IV 29,2, lacunosus cod. **P**) *τόποις τῆς γενέσεως* **VDγ** edd. ‖ **518** *ἐναντίως* **V** Heph. *ἐναντίους* **Yβγ** | *ποιῶνται* **VDγ** Heph. Ep. IV 29,2 *ποιοῦνται* **YMS** Heph. cod. **P** | *συσχηματισμούς* **VβBC** Heph. Ep. IV 29,2 *σχηματισμούς* **YA** Heph. cod. **P** ‖ **519** *περὶ ξενιτείας* **VYDMγ** Heph. (*περὶ ἀποδημίας* var. l.) *ἐπίσκεψις περὶ ξενιτείας* **S**[2] in margine ‖ **522** *δύνουσα*] *δύνοτ* **Y** Heph. | *ἀποκεκλικυῖα* **VMSBC** *ἀποκεκληκότ* **Y** (i. *ἀποκεκλικότα* ut Heph.) *ἀποκεκληκεῖα* **D** *ἀποκεκλυῖα* **A**

ξενιτείας καὶ τόπων μεταβολὰς ποιεῖ. δύναται δὲ τὸ παραπλήσιον ἐνίοτε καὶ ὁ τοῦ Ἄρεως ἤτοι δύνων καὶ αὐτὸς ἢ ἀποκεκλικὼς τοῦ κατὰ κορυφήν, ὅταν τοῖς φωσὶ διάμετρον 525
2 *ἢ τετράγωνον ἔχῃ στάσιν. ἐὰν δὲ καὶ ὁ κλῆρος τῆς τύχης ἐν τοῖς ποιοῦσι τὴν ἀποδημίαν ζῳδίοις ἐκπέσῃ, καὶ τοὺς βίους ὅλους καὶ τὰς ἀναστροφὰς καὶ τὰς πράξεις ἐπὶ τῆς ξένης ἔχοντες διατελοῦσιν. ἀγαθοποιῶν μὲν οὖν ἐπιθεωρούντων τοὺς εἰρημένους τόπους ἢ ἐπιφερομένων αὐτοῖς* 530 *ἐνδόξους ἕξουσι καὶ ἐπικερδεῖς τὰς ἐπὶ τῆς ξένης πράξεις καὶ τὰς ἐπανόδους ταχείας καὶ ἀνεμποδίστους, κακοποιῶν* c 51 *δὲ ἐπιπόνους καὶ ἐπιβλαβεῖς καὶ ἐπικινδύνους καὶ δυσανα-* m 196 *κομίστους, τῆς συγκρατικῆς ἐπισκέψεως πανταχῇ συμπαραλαμβανομένης κατ' ἐπικράτησιν τῶν τοῖς αὐτοῖς τόποις* 535 *συσχηματιζομένων, καθάπερ ἐν τοῖς πρώτοις* [III 4,6–8. IV 4,11] *διωρισάμεθα.*

3 *ὡς ἐπίπαν δὲ ἐν μὲν τοῖς τῶν ἑῴων τεταρτημορίων ἀποκλίμασιν ἐκπεσόντων τῶν φώτων, εἰς τὰ πρὸς ἀνατολὰς καὶ μεσημβρίαν μέρη τῶν οἰκήσεων τὰς ἀποδημίας γίνε-* 540 *σθαι συμβαίνει, ἐν δὲ τοῖς τῶν λιβυκῶν ἢ καὶ ἐν αὐτῷ τῷ*

S **524** *Ἄρεως* Maneth. IV 467–470. Val. II 14,5. 17,26. 29,4 || **538–546** (§ 3) Horosc. Const. 15,1

523 *μεταβολὰς*] *μεταλλαγὰς* **Y** || **524** *καὶ αὐτὸς ἢ* **MSγc** *ἢ καὶ αὐτὸς* **V** (maluit Robbins) *εἴη καὶ αὐτὸς καὶ* **Y** *καὶ αὐτὸς καὶ* **D** || **527** *ποιοῦσι* **VDγ** *ποιήσασι* **Y** Heph. (quos secutus est Robbins) *ποιήμασι* **MS** | *ἐκπέσῃ* **VYDSγ** Heph. Procl. *ἐμπέσῃ* **Mc** || **528** *τῆς* om. **VA** Heph. || **529** *διατελῶσιν* **V** || **531** *ἕξουσι* **VYDγ** Heph. *ἔχουσι* **MS** | *ἐπὶ* **YMS** Heph. *ἀπὸ* **VDγ**, cf. 1,254 | *τῆς* om. **Yγ** Heph. || **533** *ἐπιβλαβεῖς* **Vβγ** Heph. *βλαβερὰς* **Y** || **534** *συγκρατικῆς*] *ἐγκρατικῆς* **Y** || **536** *ἐπισυσχηματιζομένων* **Y** || **538** *τετάρτων μορίων* **Y** || **539** *τὰ* **VYMSγ** *τὰς* **D** || **540** *οἰκήσεων* **β** *οἰκείσεων* **V** *οἰκειώσεων* **Yγ**

δύνοντι εἰς τὰ πρὸς ἄρκτους καὶ δυσμάς. κἂν μὲν μονοειδῆ τύχῃ τὰ τὴν ξενιτείαν ποιήσαντα ζῴδια ἤτοι αὐτὰ ἢ οἱ οἰκοδεσποτήσαντες αὐτῶν ἀστέρες, διὰ μακροῦ καὶ 545 *κατὰ καιροὺς ποιήσονται τὰς ἀποδημίας, ἐὰν δὲ δίσωμα ἢ δίμορφα, συνεχῶς καὶ ἐπὶ πλεῖστον χρόνον.*

4 *Ζεὺς μὲν οὖν καὶ Ἀφροδίτη κύριοι γενόμενοι τῶν τὴν ξενιτείαν ποιούντων τόπων καὶ φώτων, οὐ μόνον ἀκινδύνους ἀλλὰ καὶ θυμήρεις ποιοῦσι τὰς ὁδοιπορίας (ἤτοι γὰρ* 550 *ὑπὸ τῶν προεστώτων ἐν ταῖς χώραις ἢ διὰ φίλων ἀφορμὰς παραπέμπονται, συνεργούσης αὐτοῖς τῆς τε τῶν καταστημάτων εὐαερίας καὶ τῆς τῶν ἐπιτηδείων ἀφθονίας), προσγενομένου δὲ αὐτοῖς καὶ τοῦ τοῦ Ἑρμοῦ πολλάκις καὶ δι' αὐτῆς τῆς εἰρημένης συντυχίας ὠφέλειαι καὶ προκοπαὶ καὶ* 555 *δωρεαὶ καὶ τιμαὶ προσγίνονται.* **5** *Κρόνος δὲ καὶ Ἄρης*

S **542–545** *μονοειδῆ ... δίσωμα* Ap. III 6,2 (ubi plura). Heph. III 30,24–33 ‖ **546** *συνεχῶς* Horosc. L 1373 apud Pingree, The Astrological School p. 194,⟨12⟩ | *ἐπὶ πλεῖστον* Max. 25–34 (de Sagittario) ‖ **553** *Ἑρμοῦ* Dor. G p. 396,16 apud Heph. III 30,4 (cf. Dor. A V 22,21). Maneth. VI(III) 444–448. Steph. philos. p. 278,18–20 ‖ **555** *Κρόνος ... Ἄρης* Dor. G p. 396,23 apud Heph. III 30,6 (sim. Dor. A V 21,7), cf. Apom. Myst. II 3 CCAG V 1 (1904) p. 144,1–145,14

542 *τὰ* **Vβγ** Heph. (cod. **C**) *τὰς* **Yc** Heph. (cod. **P**) | *δυσμάς* **VYDγ** Heph. *ἐν δυσμαῖς* **MSc** ‖ **543** *ἤτοι αὐτὰ* **Yβγ** Heph. (cod. **P**) *ἢ τοιαῦτα* **V** Heph. (cod. **C**) ‖ **544** *οἱ* om. **VDM** | *οἰκοδεσποτήσαντες* **YBC** Heph. *οἰκοδεσποτεύσαντες* **βA** *οἰκοδεσποτεύοντες* **V** ‖ **546** *διάμορφα* **V** ‖ **547** *οὖν* om. **D** ‖ **549** *ὁδοιπορίας* **Vβγ** Procl. *ἀποδημίας* **Yc** *ξενιτείας* Heph. ‖ **550** *ὑπὸ*] *ἀπὸ* **Y**, cf. 2,734 | *ἀφορμὰς* **VYγ** (*ἐνεργείας* suprascripsit **B**) *ἐνεργείας* **βc** ‖ **551** *περιπέμπονται* **V** | *κατασχημάτων* **Y** ‖ **555** *καὶ τιμαὶ* **VYDγ** Procl. (cf. *καὶ τιμῶν* Heph.) *καὶ* **M** om. **Sc** | *δὲ* **VYS** Heph. *μὲν* **DMγ**

ἐπιλαβόντες τὰ φῶτα, καὶ μάλιστα ἂν διαμηκίσωσιν ἀλλή- m 197
λοις, τὰ περιγενόμενα ποιοῦσιν ἄχρηστα καὶ κινδύνοις πε-
ρικυλίουσι μεγάλοις· ἐν μὲν τοῖς καθύγροις τυχόντες ζῳ-
δίοις διὰ δυσπλοιῶν καὶ ναυαγίων ἢ πάλιν δυσοδιῶν καὶ
ἐρήμων τόπων, ἐν δὲ τοῖς στερεοῖς διὰ κρημνισμῶν καὶ ἐμ- 560
βολῶν πνευμάτων, ἐν δὲ τοῖς τροπικοῖς καὶ ἰσημερινοῖς δι'
ἔνδειαν τῶν ἐπιτηδείων καὶ νοσώδεις καταστάσεις, ἐν δὲ
τοῖς ἀνθρωποειδέσι διὰ λῃστήρια καὶ ἐπιβουλὰς καὶ συλή-

S 558–567 (§ 5 fin. – 6 in.) Ap. IV 9,10–13. Val. II 17,59 ‖ **558–564** *καθύγροις … χερσαίοις* Ap. III 13,17 (ubi plura) ‖ **559** *δυσπλοιῶν* Ap. II 9,16 (ubi plura) | *ναυαγίων* Ap. IV 9,11. Val. II 17,59. 41,36. Firm. math. III 4,20. VIII 15,2, cf. ad Ap. II 9,7.12 | *δυσοδιῶν* cf. Lib. Herm. 36,38 ‖ **560** *ἐρήμων* Critod. apud Rhet. C p. 200,6. Lib. Herm. 36,3 ‖ **560–561** *στερεοῖς … ἰσημερινοῖς* Ap. I 12 (ubi plura) ‖ **560** *κρημνισμῶν* Ap. III 13,13 (ubi plura) ‖ **563** *ἀνθρωποειδέσι* Ap. II 8,6 (ubi plura). Dor. G p. 416,8 apud Heph. III 47,19 (sim. Dor. A V 22,20) | *λῃστήρια* Ap. IV 9,12. Maneth. III(II) 258. Critod. apud Rhet. C p. 200,11. Val. I 1,21. II 10,5. 17,59. 37,9. 41,28.30.33. Rhet. C p. 155,26. 184,6. Lib. Herm. 36,3, cf. Ap. II 9,16 | *ἐπιβουλὰς* Ap. II 3,31 (ubi plura)

556 *ἐπιλαμβάνοντες* **D** *ἐπιβλέψαντες* Heph. (*ἐπιβλέποντες* cod. **C**) | *καὶ μάλιστα ἂν* **βγ** (cf. *μάλιστα ἐὰν* Heph.) *κἂν μάλιστα* **VY** | *διαμηκίσωσιν* **DMγ** Heph. (Pingree, *διαμηκήσωσι* cod. **P**, *διαμετρήσωσι* cod. **C**) *διαμηκίζωσι* **Y** edd. *διαμηκίζουσιν* **V** *διαμηκοίσωσιν* **S** ‖ **557** *περιγινόμενα* **V** | *ποιοῦσιν* **VYDγ** *ποιήσουσιν* **MS** ‖ **559** *δυπλοίων* **V** | *ναυαγιῶν* Boer non necessario ut Pingree Val. II 41,36 | *δυσοδιῶν* **Dγ** *δυσωδιῶν* **VYMS** om. Heph. ‖ **560** *κρημνισμῶν* **βγ** Heph. (cod. **C**, *κριμνησμῶν* cod. **P**) *κριμνισμῶν* **V** *κροισμνησμῶν* **Y** ‖ **561** *πνευμάτων* **YMS** *καὶ πνευμάτων* **VDγ** (item Heph. omittens *ἐμβολῶν*) ‖ **563** *συλήσεις* **VDγ** *συλλείσης* **Y** *συλλήσεις* **G** *τυραννήσεις* **MSc**

σεις, ἐν δὲ τοῖς χερσαίοις διὰ θηρίων ἐφόδους ἢ σεισμούς,
565 *Ἑρμοῦ δὲ συμπροσόντος διὰ μετέωρα καὶ κατηγορίας* **6**
ἐπισφαλεῖς, ἔτι δὲ καὶ διὰ τὰς τῶν ἑρπετῶν καὶ τῶν ἄλ-
λων ἰοβόλων πληγάς – παρατηρουμένης ἔτι τῆς μὲν τῶν
συμπτωμάτων (ἐάν τε ὠφέλιμα ἐάν τε βλαβερὰ ᾖ) ἰδιοτρο-
πίας ἐκ τῆς περὶ τὸ αἴτιον διαφορᾶς καὶ ἐκ τῆς τῶν αἰ-
570 *τιατικῶν τόπων πράξεως ἢ κτήσεως ἢ σώματος ἢ ἀξιώμα-*
τος κατὰ τὴν ἐξ ἀρχῆς διάθεσιν κυρίας, τῶν δὲ τὰς ἐπιση-

S 564 *διὰ θηρίων* Ap. IV 9,10. Teucr. III p. 185,11. Dor. G p. 416,9 apud Heph. III 47,19 (sim. Dor. A V 36,32). Dor. A II 16,5. IV 1,151.174. Maneth. III(II) 260. IV 614–616. V(VI) 193–196. Critod. apud Rhet. C p. 200,1.11. Ant. CCAG VII (1908) p. 115,2 (~ Lib. Herm. 36,45, cf. Rhet. C p. 139,10). Val. II 17,59. 37,12.16. 41,28.30.35.36.37.39 Euseb. praep. evang. VI 10,32. Firm. math. III 4,20 (aliter Rhet. C p. 128,23. 150,7. 155,25). VI 15,21 (~ CCAG II [1900] p. 167,32). VII 23,22 (~ Lib. Herm. 36,34). VIII 8,2. 9,4. 10,5 (cf. Manil. V 184). 17,2.5.6. 21,12–13. 29,13. Rhet. C p. 183,11. 184,5. 201,24 (~ Lib. Herm. 34,44). 212,21 (~ 217,23: v. app. cr.). Herm. CCAG VII (1908) p. 229,22–24. 230,20. Steph. philos. CCAG II (1900) p. 191,26. Anon. De stellis fixis II 2,13. Lib. Herm. 26,58 || **565** *κατηγορίας* Firm. math. III 4,20. Lib. Herm. 36,40 || **566** *ἑρπετῶν* Ap. II 9,6. IV 9,10. Val. II 41,30.31.35.39. Firm. math. VI 15,21. VIII 19,9. 21,13. Herm. CCAG VII (1908) p. 229,23. 230,20 || **567** *ἰοβόλων* Ap. IV 9,10. Firm. math. VIII 15,1. 17,7

567 *ἔτι τῆς μὲν* **βγ** *ἐπὶ μὲν τῆς* **V** *ἐπὶ μὲν* **Y** || **568** *ὠφέλιμα* **VYDγ** *ὠφέλιμος* **MSc** || **569** *ἐκ* (prius) **βγc** *τουτέστι(ν)* **VY** (recepit Robbins haud scio an recte) | *αἴτιον* **MSγ** *αἴτιον ἔσται* **VYD** || **570** *κτήσεως*] *κτίσεως* **V**, cf. 1,230 || **571** *ἐξ ἀρχῆς*] *ἑξῆς* **V** | *κυρίας* **VYD** *κυρείαν* **MS** *καὶ κυρείαν* **γc** (*καὶ κυρίαν* **m**)

μασίας μάλιστα ποιησόντων καιρῶν ἐκ τῆς τῶν κατὰ χρόνους ἐπεμβάσεων ποιότητος. καὶ ταῦτα μὲν ἡμῖν μέχρι τοσούτου ὑποτετυπώσθω.

θʹ. Περὶ θανάτου ποιότητος

575 c 5

1 Καταλειπομένης δὲ ἐπὶ πᾶσι τῆς περὶ τὸ ποῖον τῶν θανάτων ἐπισκέψεως προδιαληψόμεθα διὰ τῶν ἐν τοῖς περὶ τῶν χρόνων τῆς ζωῆς [III 11] ἐφωδευμένων, πότερον κατὰ ἄφεσιν ἀκτῖνος ἡ ἀναίρεσις ἀποτελεσθήσεται ἢ κατὰ τὴν ἐπὶ τὸ δυτικὸν τοῦ ἐπικρατήτορος καταφοράν· εἰ μὲν γὰρ κατὰ ἄφεσιν καὶ ὑπάντησιν ἡ ἀναίρεσις γίνεται, τὸν τῆς ὑπαντήσεως τόπον εἰς τὴν τοῦ θανάτου ποιότητα προσήκει παρατηρεῖν, εἰ δὲ κατὰ τὴν ἐπὶ τὸ δῦνον καταφοράν, αὐ-

m 198

580

T **575–682** (§ 1–15) Heph. II 25,2–14

S **573** *ἐπεμβάσεων* Ap. III 11,33 (ubi plura) ‖ **576–682** (c. 9) Dor. A IV 1,143–148 (cf. V 36,30–37). Critod. apud Rhet. C p. 199,15–201,10. Val. II 41. Firm. math. VII 23. VIII 6–17 passim. Heph. II 25 (adde Ep. IV 32). Rhet. C p. 201,11–202,10. Lib. Herm. 36

572 *τῶν* **Yβγc** Heph. *τῶν ε̄ πλανωμένων* **V** Procl. (receperunt Robbins Boer, qui rectius supplevissent *τῶν* ⟨*τῶν*⟩) ‖ **573** *ἐπιβάσεων* **V** ‖ **575** *περὶ θανάτου ποιότητος* **VYDγ** *περὶ ποιότητος θανάτου* **Mc** *ἐπίσκεψις περὶ τοῦ τέλους τῆς ζωῆς περὶ τοῦ θανάτου* **S**[2] in margine ‖ **576** *πᾶσι* **VYγ** *τὸ πᾶσι* **β** ‖ **577** *ἐπισκέψεως … τῶν ἐν* om. **Y** ‖ **579** *ἄφεσιν*] *ἔφασιν* **V**, cf. l. 581 | *τὴν ἐπὶ* om. **MSc** ‖ **580** *ἐπικρατήτορος* **YA** (vix liquet ut **C**) *ἐπικρατῆρος* **VDB** *κρατήτορος* **MSc** Co le p. 164,1 | *καταφοράν* **VYDSγ** Heph. *δι' ἀφοράν* **G** *καταφορά* **Mc** ‖ **581** *ἄφεσιν*] *ἔφεσιν* **V**, cf. l. 579 | *γίνεται* **V** Heph. *γένοιτο* **Yβγ** *γίνοιτο* Robbins tacite ‖ **583** *δῦνον* **Vβγ** Heph. *δυτικὸν* **Y**

τὸν τὸν δυτικὸν τόπον. ὁποῖοι γὰρ ἂν ὦσιν ἤτοι οἱ ἐπόντες **2**
585 τοῖς εἰρημένοις τόποις ἤ, ἐὰν μὴ ἐπῶσιν, οἱ πρῶτοι τῶν
ἄλλων αὐτοῖς ἐπιφερόμενοι, τοιούτους καὶ τοὺς θανάτους
ἔσεσθαι διαληπτέον, συλλαμβανομένων ταῖς φύσεσιν αὐτῶν
πρὸς τὸ ποικίλον τῶν συμπτωμάτων τῶν τε συσχηματιζομένων ἀστέρων καὶ τῆς αὐτῶν τῶν εἰρημένων ἀναιρετικῶν
590 τόπων ἰδιοτροπίας ζῳδιακῶς τε καὶ κατὰ τὴν τῶν ὁρίων
φύσιν.

ὁ μὲν οὖν τοῦ Κρόνου τὴν κυρίαν τοῦ θανάτου λαβὼν **3**
ποιεῖ τὰ τέλη διὰ νόσων πολυχρονίων καὶ φθίσεων καὶ
ῥευματισμῶν καὶ συντήξεων καὶ ῥιγοπυρέτων καὶ σπληνι-
595 κῶν καὶ ὑδρωπικῶν καὶ κοιλιακῶν καὶ ὑστερικῶν διαθέσεων καὶ ὅσαι κατὰ πλεονασμὸν τοῦ ψυχροῦ συνίστανται.
ὁ δὲ τοῦ Διὸς ποιεῖ τοὺς θανάτους ἀπὸ συνάγχης καὶ πε- **4**

T 592–596 (§ 3) Apom. Rev. nat. App. 2 p. 247,10–13 ‖ **597–599** Val. App. I 107 ‖ **597–600** (§ 4) Apom. Rev. nat. App. 2 p. 251,19–21

S 588 *ποικίλον* Ap. II 9,19 (ubi plura) ‖ **590** *ζῳδιακῶς* Val. I 4,39. al. Firm. math. II 14,1. al. ‖ **592–596** et **600–603** Horosc. Const. 17,3 ‖ **594** *ῥευματισμῶν* Ap. II 9,5 (ubi plura) ‖ **595** *ὑδρωπικῶν* Val. II 34,16. Firm. math. III 5,30. Rhet. B p. 210,19

584 *τόπον* om. **MS** | *γὰρ* om. **V** ‖ **585** *ἐπῶσιν*] *ἔποσιν* **VY** ‖ **587** *συλλαμβανομένων* **VY** Heph. *συμβαλλομένων* **βγ** | *φύσεσιν*] *πτώσεσι* Heph. ‖ **594** *καὶ συντήξεων* om. **Mc** ‖ **595** *ὑδροπικῶν* **A** | *κοιλιακῶν* **VG** Heph. (cod. **C**) Procl. *κυληακῶν* **Y** *κοιλικῶν* **D** *κωλυκῶν* **MS** (cf. *κολυκῶν* Heph. cod. **P**) *κωλικῶν* **γc**, cf. Apom. Rev. nat. App. 2 p. 247,11 | *καὶ* (ante *ὑστερικῶν*) **VDγ** *ἢ* **YMSc** | *ὑστερικῶν*] *ὑστέρων* **Y** ‖ **596** *ὅσαι* **VDγ** *ὅσα* **Y** Heph. *ὅσοι* **MS** | *ψυχροῦ*] *ὑγροῦ* Heph.

ριπνευμονίας καὶ ἀποπληξίας καὶ σπασμῶν καὶ κεφαλαλγίας καὶ τῶν καρδιακῶν διαθέσεων καὶ ὅσαι κατὰ πνεύ-
5 *ματος ἀμετρίαν ἢ δυσωδίαν ἐπισυμπίπτουσιν. ὁ δὲ τοῦ* 600
Ἄρεως ἀπὸ πυρετῶν συνεχῶν καὶ ἡμιτριταϊκῶν καὶ αἰφνι- m 199
δίων πληγῶν καὶ νεφριτικῶν καὶ αἱμοπτυϊκῶν διαθέσεων καὶ αἱμορραγιῶν καὶ ἐκτρωσμῶν [καὶ] τοκετῶν καὶ ἐρυσιπελάτων καὶ ὀλέθρων καὶ ὅσα τῶν νοσημάτων κατ' ἐκπύ-
6 *ρωσιν καὶ ἀμετρίαν τοῦ θερμοῦ τοὺς θανάτους ἐπιφέρει. ὁ* 605
δὲ τῆς Ἀφροδίτης διὰ στομαχικῶν καὶ ἡπατικῶν καὶ λειχήνων καὶ δυσεντερικῶν διαθέσεων ποιεῖ τοὺς θανά-

T **600–605** (§ 5) Apom. rev. nat. App. 2 p. 256,19–23 || **605–610** (§ 6) Val. App. I 195. Apom. Rev. nat. App. 2 p. 262,11–13

S **598** *ἀποπληξίας* cf. Val. II 41,29 (adde App. I 156). Firm. math. III 6,16 (~ Rhet. C p. 165,7) | *σπασμῶν* Ap. III 13,13 (ubi plura) || **599–600** *κατὰ πνεύματος* Rhet. CCAG VII (1908) p. 216,4 = Apom. Rev. nat. App. 2 p. 249,24 || **601–602** *πυρετῶν ... νεφριτικῶν καὶ αἱμοπτυϊκῶν* Val. App. I 156 || **603** *αἱμορραγιῶν* Val. II 34,16 (adde App. I 156). Firm. math. VII 23,10 (~ Lib. Herm. 36,11). Rhet. C p. 155,27 | *ἐκτρωσμῶν* Ap. III 5,9 (ubi plura). Val. App. I 156 || **603–604** *ἐρυσιπελάτων* Val. App. I 156 || **606** *στομαχικῶν* Critod. Ap. 10,1 (cf. Kam. 1410). Val. App. I 195 | *ἡπατικῶν* Ap. III 13,5, aliter Rhet. C p. 186,21 || **607** *λειχήνων* Ap. III 13,14 (ubi plura) || **607–608** *δυσεντερικῶν ... νομῶν καὶ συρίγγων* Ap. III 13,15 (ubi plura)

599 *ὅσαι* **Vγ** *ὅσα* **Y** Heph. (cf. *ὅσα ... συνίσταται* Apom. Rev. nat. App. 2 p. 247,12) *ὅσοι* **β** || **600** *ἐπισυμπίπτουσιν* **βγc** *ἐπισυνάπτουσιν* **VY** (recepit Robbins) om. Heph. || **602** *αἱμοπτυϊκῶν* **VMS** Heph. *αἱμοπτωηκῶν* **Y** *αἱμοπτοϊκῶν* **Dγ** || **603** *αἱμορραγιῶν* **VDγ** Procl. *αἱμορηγιῶν* **Y** *αἱμογγιῶν* **G** *αἱμορροϊκῶν* **MSc** *αἱμοραγίας* Heph. (cod. **P**) | *καὶ* ante *τοκετῶν* delevi coll. Val. II 41,31.33 || **606** *ὑπατικῶν* **Y**

τους, ἔτι δὲ καὶ διὰ νομῶν καὶ συρίγγων καὶ φαρμάκων
δόσεων καὶ ὅσα τοῦ ὑγροῦ πλεονάσαντος ἢ φθαρέντος
610 *ἀποτελεῖται συμπτώματα. ὁ δὲ τοῦ Ἑρμοῦ διὰ μανιῶν* 7
καὶ ἐκστάσεων καὶ μελαγχολιῶν καὶ πτωματισμῶν καὶ
ἐπιλήψεων καὶ βηχικῶν καὶ ἀναφορικῶν νοσημάτων καὶ
ὅσα τοῦ ξηροῦ πλεονάσαντος ἢ φθαρέντος συνίσταται.
c 52 *ἰδίοις μὲν οὖν τελευτῶσι θανάτοις οἱ κατὰ τὸν εἰρημέ-* 8
615 *νον τρόπον μεταστάντες τοῦ ζῆν, ὅταν οἱ τὴν κυρίαν τοῦ*
θανάτου λαβόντες ἐπὶ τῆς ἰδίας ἢ τῆς οἰκείας φυσικῆς
ἰδιοτροπίας τύχωσιν ὄντες ὑπὸ μηδενὸς καθυπερτερηθέντες
τῶν κακῶσαι καὶ ἐπισφαλέστερον ποιῆσαι τὸ τέλος δυνα-
μένων· βιαίοις δὲ καὶ ἐπισήμοις, ὅταν ἀμφότεροι κυριεύ- 9
620 *σωσιν οἱ κακοποιοὶ τῶν ἀναιρετικῶν τόπων ἤτοι συνόντες*
ἢ τετραγωνίζοντες ἢ διαμηκίζοντες, ἢ ὁπότερος αὐτῶν ἢ
m 200 *καὶ ἀμφότεροι τὸν ἥλιον ἢ καὶ τὴν σελήνην ἢ καὶ ἀμφό-*

T 610–613 (§ 7) Apom. Rev. nat. App. 2 p. 266,17–20

S 608 *φαρμάκων* Ap. IV 5,8 (ubi plura) || **611** *ἐκστάσεων* Ap. III 15,5 (ubi plura) || **612** *ἐπιλήψεων* Ap. III 13,17 (ubi plura) || **614–627** (§ 8–9) Horosc. Const. 17,2 || **619** *βιαίοις* Dor. A II 16,26. 19,23. 23,10. Maneth. I(V) 253.315. IV 487. VI(III) 607. Val. I 1,5. II 10,6. 13,2. 17,58. 41,28–40. Pap. It. 158,11. Firm. math. III 3,22.23 (~ Rhet. C p. 162,7–9.20). 4,35. VII 23. Paul. Alex. 22 p. 46,23. 24 p. 60,5. 66,10. Rhet. A p. 161,6. Rhet. C p. 135,1. 183,22. al. Lib. Herm. 36

609 *δόσεων* **VDγ** *δόσεως* **YMS** || **611** *ἐκτάσεων* **V** | *μελαγχολικῶν* **Bc** | postea *καὶ* om. **BSc** || **614** *τελευτήσωσι* **V** || **615** *τρόπον*] *τόπον* **Y** Heph. (cf. II 26,18 p. 195,2 Pingree), v. 3,93 || **616** *λαβόντες*] *λαχόντες* Heph. || **618** *ἐπισφαλέστερον* **VDγ** *ἐπιφάνερον* **Y** *ἐπιφανέστερον* **MS** Heph. || **619** *ὅταν* **VY** Heph. *ὅταν ἢ* **βγ** | *ἀμφότεροι* **VYS** *ἀμφότερα* **DMγ** Heph.

τερα τὰ φῶτα καταλάβωσι – τῆς μὲν τοῦ θανάτου κακώσεως ἀπὸ τῆς αὐτῶν συνελεύσεως συνισταμένης, τοῦ δὲ μεγέθους ἀπὸ τῆς τῶν φώτων ἐπιμαρτυρήσεως, τῆς δὲ 625 *ποιότητος πάλιν ἀπὸ τῆς τῶν λοιπῶν ἀστέρων συνεπιθεωρήσεως καὶ τῶν τοὺς κακοποιοὺς περιεχόντων ζῳδίων.*

10 *ὁ μὲν γὰρ τοῦ Κρόνου τὸν ἥλιον παρὰ τὴν αἵρεσιν τετραγωνίσας ἢ διαμηκίσας ἐν μὲν τοῖς στερεοῖς ποιεῖ τοὺς κατὰ θλίψιν ὄχλων ἢ ἀγχόναις ἢ στραγγαλιαῖς ἀπολλυμένους* 630 *(ὁμοίως δέ, κἂν δύνῃ τῆς σελήνης ἐπιφερομένης), ἐν δὲ τοῖς θηριώδεσι τόποις ἢ ζῳδίοις ὑπὸ θηρίων διαφθειρο-*

S **628–663** (§ 10–13) Ap. IV 8,5. Dor. A IV 1,144.174. Maneth. III(II) 255–263. Critod. apud Rhet. C p. 199,20–200,13. Val. II 17,59 (cf. Sen. dial. 1,6,9). 41,28–39. Firm. math. III 4,23. Apom. Rev. nat. V 2 p. 214,18–215,1 || **629–643** *στερεοῖς ... τροπικοῖς* Ap. I 12,4 (ubi plura) || **630** *κατὰ θλίψιν* Maneth. VI(III) 612. Val. II 17,26 | *ἀγχόναις* Dor. G p. 415,20 apud Heph. III 47,8. p. 416,27 apud eundem III 47,26. Maneth. I(V) 254.317. II(I) 459. IV 489. V(VI) 199. Val. I 1,15. II 34,16. 37,8. 41,30.35 (adde App. I 9). Firm. math. VII 23,10. VIII 16,2. Ps.Ptol. Karp. 76 || **632–649** *θηριώδεσι ... ἀνθρωποειδέσι* Ap. II 8,6–7 (ubi plura) || **632** *ὑπὸ θηρίων* Ap. IV 8,5 (ubi plura)

623 *καταλάβωσι* **VA** (*γρ. κακώσωσι* supra lineam) **B** (*γρ. κακωθῶσιν* in margine) Heph. *λάβωσι* **Y** *κακοθῶσι* **βc** *κακώσωσι* **C** | *μὲν*] *μέντοι* **γ** || **624** *ἐλεύσεως* **V** in paginarum transitu || **626** *συνεπιθεωρήσεως* **VYDγ** *ἐπιθεωρήσεως* **MS** Heph. || **627** *περιεχόντων* **Vβγc** Heph. Procl. *ὑπερεχώντων* **Y** *ὑπερεχόντων* **G** || **630** *κατὰ θλίψιν* **VGDγ** *κατὰ θλύψιν* **Y** *κατάληψιν* **MS** (inde *διὰ κατάληψιν* **c**) *καταθλίψει* Heph. | *ἀγχόναις* **YDγ** Heph. *ἄχονες* **V** *ἀγχόνης* **MS** | *στραγγαλιαῖς* **MS** *στραγγαλίαις* **VYD** *στραγγουρίαις* **γ** (cf. *στραγγουργίαις* Heph.) || **632** *τόποις ἢ* om. **MS**, cf. 4,400

μένους (κἂν ὁ τοῦ Διὸς ἐπιμαρτυρήσῃ κεκακωμένος καὶ αὐτός, ἐν δημοσίοις τόποις ἢ ἐπισήμοις ἡμέραις θηριομα-
635 *χοῦντας), ἀνθρωροσκοπήσας δὲ ὁποτέρῳ τῶν φώτων ἐν εἱρκ-ταῖς ἀπολλυμένους, τῷ δὲ τοῦ Ἑρμοῦ συσχηματισθείς (καὶ μάλιστα περὶ τοὺς ἐν τῇ σφαίρᾳ ὄφεις ἢ τὰ χερσαῖα τῶν ζῳδίων) ἀπὸ δακετῶν ἰοβόλων ἀποθνῄσκοντας, Ἀφροδίτης δὲ αὐτοῖς προσγενομένης ὑπὸ φαρμακειῶν καὶ* **11**
640 *γυναικείων ἐπιβουλῶν, ἐν Παρθένῳ δὲ καὶ Ἰχθύσιν ἢ τοῖς καθύγροις ζῳδίοις τῆς σελήνης συσχηματισθείσης ὑποβρυ-*

S **634–635** *θηριομαχοῦντας* Horosc. L 91 apud Val. II 41,89. Horosc. L 115,XII ibid. II 41,72. Critod. apud Rhet. C p. 200, 13. Firm. math. III 4,23 (aliter Rhet. C p. 162,8). VII 8,7. 26,2. VIII 7,5. 10,5. 23,4. 24,7. Steph. philos. CCAG II (1900) p. 191,25 ‖ **635** *ἀνθωροσκοπήσας* Ap. IV 9,13. Paul. Alex. 24 p. 59,9 (quo spectat Olymp. 23 p. 63,2. 67,25). Anon. ed. D. Pingree, Viator 7 (1976) p. 194,80 ‖ **635–636** *ἐν εἱρκταῖς* Teucr. II apud Anon. De stellis fixis I 1,4.6. Firm. math. IV 8,3. 14,2. V 5,2. VIII 14,2. Max. 544–566. Anon. De stellis fixis II 1,7 ‖ **637–641** *χερσαῖα … καθύγροις* Ap. II 8,6–9 (ubi plura). Rhet. C p. 162,1–3 ‖ **638** *δακετῶν* Val. II 34,16 | *ἰοβόλων* Ap. IV 8,6 (ubi plura) ‖ **639** *φαρμακειῶν* Dor. A IV 1,153. Maneth. III(II) 71. IV 52. Val. II 34,16. 41,30.31.34.39, cf. Ap. IV 5,8 (ubi plura) ‖ **640** *γυναικείων ἐπιβουλῶν* Dor. A IV 1, 153.184. Val. II 41,32.38. Rhet. C p. 162,10, cf. etiam Ap. II 3,31 (ubi plura) ‖ **641** *καθύγροις* Firm. math. VII 23,10 ‖ **641–642** *ὑποβρυχίους* Val. VII 6,159 (adde App. I 9). Firm. math. VIII 6,9

633 *ἐπιμαρτυρῇ* **V** ‖ **634** *ἡμέραις* **VYSγ** Heph. Procl. *ἡμέρας* **DMc** ‖ **635** *ὁποτέρῳ*] *ἀμφότερον* **Y** ‖ **637** *περὶ* **βγ** Heph. om. **VY** ‖ **638** *ζῳδίων* **VY** Procl. *ζῴων* **βγc** | *ἀπὸ* **VDMγ** *ὑπὸ* **MS** Heph., cf. 2,734 | *δακέστων* **MS** ‖ **639** *Ἀφροδίτη* **V** | *προσγενομένης* **Yβ** Heph. *προσγενομένη* **V** *προσγενομένου* **γ** ‖ **640** *Παρθένῳ*] ♑ **γ** propter siglorum similitudinem, cf. 1,948 ‖ **641** *τῇ σελήνῃ συσχηματισθείσῃ* **V**

χίους καὶ ἐν ὕδασιν ἀποπνιγομένους, περὶ δὲ τὴν Ἀργὼ καὶ ναυαγίοις περιπίπτοντας, ἐν δὲ τοῖς τροπικοῖς ἢ τετραπόδοις ἡλίῳ συνὼν ἢ διαμηκίσας ἢ ἀντὶ τοῦ ἡλίου τῷ τοῦ Ἄρεως ὑπὸ συμπτώσεων καταλαμβανομένους, ἐὰν δὲ 645 *καὶ μεσουρανῶσιν ἢ ἀντιμεσουρανῶσιν, ἀπὸ ὕψους κατα-* m 201 *κρημνιζομένους.*

12 *ὁ δὲ τοῦ Ἄρεως τῷ ἡλίῳ παρ' αἵρεσιν ἢ τῇ σελήνῃ τετράγωνος ἢ διάμετρος σταθεὶς ἐν μὲν τοῖς ἀνθρωποειδέσι ζῳδίοις ἐν στάσεσιν ἐμφυλίοις ἢ ὑπὸ πολεμίων ποιεῖ σφα-* 650

T 648–666 *βασιλέων* (§ 12–14 in.) ⟨"Pal."⟩ CCAG VIII 1 (1929) p. 248,11–21

S 642 *ἐν ὕδασιν* Dor. A IV 1,86.147.174. Maneth. I(V) 255. III(II) 254–257. Critod. apud Rhet. C p. 199,22–200,5. Val. I 1,15. II 41,31.32.39. Firm. math. VII 23,10 (~ Lib. Herm. 36,10). 23,22 (~ Lib. Herm. 36,35). 23,29 (cf. Lib. Herm. 36,44). VIII 10,7. 15,2. Ps.Ptol. Karp. 76 | *ἀποπνιγομένους* Val. II 41,49 | *Ἀργὼ* Firm. math. VIII 6,9 ‖ **643** *ναυαγίοις* Ap. II 9,7 (ubi plura). IV 8,5 ‖ **644** *τετραπόδοις* Ap. II 8,6 (ubi plura) ‖ **645–647** *συμπτώσεων … κατακρημνιζομένους* Ap. III 13,13 (ubi plura) ‖ **650** *στάσεσιν* Manil. V 120–124 (~ Firm. math. VIII 6,13). Critod. apud Rhet. C p. 200,12. Val. II 2,25 | *πολεμίων* Dor. G p. 416,11 apud Heph. III 47,19. Critod. apud Rhet. C p. 200,11. Val. II 2,25. 17,79. 37,9. 41,30.33. Firm. math. VII 23,3 (~ Lib. Herm. 36,3)

642 *Ἀργὼ* **Yβγ** Heph. *ἀργὴν* **V** ‖ **643** *τροπικοῖς*] *τρεπτικοῖς* **V**, vice versa 2,970 | *ἢ τετραπόδοις* **V** Procl. *τετραπόδοις* **Y** om. **βγc** | *τετραπόδοις* contra l. 662 *τετράποσιν* mutare nolui coll. Ant. CCAG VII (1908) p. 113,6 (*τετραπόδων* trad.). Anub. CCAG II (1900) p. 165,22. 182,19. Anon. CCAG VII (1908) p. 165,2 ‖ **644** *ἡλίῳ* **VDM** Heph. *ἥλιος* (♂) **YSγc** ‖ **645** *καταλαμβανομένας* **V** ‖ **646** *μεσουρανῶσιν* **VDγ** *μεσουρανήσωσιν* **YMSc** Heph. | *ἢ ἀντιμεσουρανῶσιν* **VDBC** *ἢ ἀντιμεσουρανήσωσιν* **YMS** Heph. om. **Ac** ‖ **648** *τῷ τοῦ ἡλίου* **MS** ‖ **650** *ἢ* om. **V** | *ὑπὸ* **VYS** *ἀπὸ* **DMγ** Heph., cf. 2,734

ζομένους ἢ αὐτόχειρας ἑαυτῶν γινομένους (διὰ γυναῖκας δὲ ἢ καὶ γυναικῶν φονέας, ἐπὰν καὶ ὁ τῆς Ἀφροδίτης αὐτοῖς μαρτυρήσῃ), κἂν ὁ τοῦ Ἑρμοῦ δὲ τούτοις συσχηματισθῇ, ὑπὸ πειρατῶν ἢ ληστηρίων ἢ κακούργων ἀπολλυμέ-
655 *νους, ἐπὶ δὲ τῶν μελοκοπουμένων καὶ ἀτελῶν ζῳδίων ἢ*
c 52v *κατὰ τὸ Γοργόνιον τοῦ Περσέως ἀποκεφαλιζομένους ἢ με-*

S 651 *αὐτόχειρας* Dor. G p. 415,19 apud Heph. III 47,8. p. 416,16 ibid. III 47,21. Maneth. V(VI) 184–188. Val. I 19,18. II 41,28 (aliter 34). Firm. math. III 4,35.36. 5,21. VII 23,21. VIII 6,5. 30,7 | *διὰ γυναῖκας* Ap. IV 9,11 (ubi plura) || **652** *γυναικῶν φονέας* Dor. G p. 342,22 apud Heph. II 21,33. Maneth. I(V) 260–261. Firm. math. III 2,4. 4,36 (~ Rhet. C p. 128,1). VII 17,1–3. VIII 28,9. Anon. De stellis fixis II 11,5 || **654** *πειρατῶν ἢ ληστηρίων* Val. II 41,35. Mich. Pap. 148 col. I 10–16. Firm. math. III 4,23 (aliter Rhet. C p. 141,6) | *πειρατῶν* Nech. et Petos. CCAG VII (1908) p. 147,6–7. Teucr. III p. 183,25. Val. VII 6,160 | *ληστηρίων* Ap. IV 8,5 (ubi plura) || **655** *μελοκοπουμένων* Ap. III 13,11 (ubi plura) || **656** *Γοργόνιον* Synt. VII 5 p. 62,19. Teucr. II apud Anon. De stellis fixis I 1,4 (versio latina, cf. Anon. De stellis fixis II 1,1). Ps.Ptol. De XXX stellis p. 77,4. Ps.Ptol. Karp. 73. Rhet. B p. 195,7. Rhet. C p. 177,30

651 *ἑαυτῶν*] *αὐτῶν* **V**, an *αὑτῶν* scribendum? cf. 1,744 || **652** *ἢ καὶ* **V** Heph. (quos secutus est Robbins) *ἢ* **Yβ** (praetulit Boer) *ἢ ὑπὸ* **γ** | *φονέας* **VGβ** Heph. Procl. *φωνέας* **Y** *φονευομένους* **γc** | *αὐτοῖς* **Vγ** *αὐτῆς* **Y** *αὐτὸν* **βc** *καὶ αὐτῷ* Heph. || **653** *τούτοις* **VYγ** Procl. *τούτῳ* **D** *αὐτῷ* **MSc** om. Heph. || **654** *ὑπὸ πειρατῶν*] *ἢ ἀπὸ πύρας* (i. *πυρᾶς*) **Y** || **655** *μελοκοπουμένων* Robbins *μελεοκοπουμένων* **ω** ut Serap. CCAG V 3 (1910) p. 97,20. Val. I 2,78 (at recte I 2,8. 3,30). Rhet. B p. 196,18 (var. l. ut p. 201,7. 211,5. at recte p. 194,19. 208,17). Rhet. C p. 202,5 (var. l.). Anon. C p. 166,9. Anon. S l. 17.20.47.53 (at recte l. 35), recte etiam Anon. L p. 109,3, cf. l. 657 || **656** *τὸ*] *τὸν* **Y** | *απο ἀποκεφαλιζομένους* **M** in paginarum transitu | *μελεοκοπουμένους* **ω** ut l. 655

λοκοπουμένους, ἐν δὲ Σκορπίῳ καὶ Ταύρῳ καύσεσιν ἢ τομαῖς ἢ ἀποτομαῖς ἰατρῶν καὶ σπασμοῖς ἀποθνήσκοντας, **13** *ἐπὶ δὲ τοῦ μεσουρανήματος ἢ ἀντιμεσουρανήματος σταυροῖς ἀνορθουμένους, καὶ μάλιστα περὶ τὸν Κηφέα καὶ τὴν* 660 *Ἀνδρομέδαν, ἐπὶ δὲ τοῦ δύνοντος ἢ ἀνθωροσκοποῦντος*

(**S**) (~ Anon. De stellis fixis VII 2,1) | *ἀποκεφαλιζομένους* Maneth. IV 50–51. Critod. apud Rhet. C p. 200,13. Horosc. L 86,XII apud Val. II 41,61. Horosc. L 87,VII ibid. II 41,59. Firm. math. VIII 26,6. Ps.Ptol. Karp. 73. Rhet. C p. 201,4.9. Lib. Herm. 26,77 ‖ **656–657** *μελοκοπουμένους* Dor. A II 16,26. IV 1,113.151. Maneth. V(VI) 221. Val. II 37,8.9.11.16. 41,35. Firm. math. III 5,30. VI 31,36. VIII 30,11. Anon. De stellis fixis V 2,5. Lib. Herm. 26,77

S 657 *Ταύρῳ* Dor. A IV 1,113. Horosc. L 113,IV apud Heph. II 18,66. Val. II 37,8. Anon. De stellis fixis II 2,16 ‖ **657–658** *καύσεσιν ἢ τομαῖς* Ap. III 5,7 (ubi plura) ‖ **657–658** *τομαῖς* Dor. A II 19,23. Maneth. I(V) 174. Val. II 34, 16. 37,9. 41,35. Lib. Herm. 36,14 ‖ **658** *σπασμοῖς* Ap. III 13,13 (ubi plura) ‖ **659** *μεσουρανήματος ἢ ἀντιμεσουρανήματος* Martyrium Petri (= Acta apostolorum apocrypha I) 8 sq. ‖ **659–660** *σταυροῖς ἀνορθουμένους* Dor. G p. 362,11. p. 416,28 apud Heph. III 47,26 (inde Ep. IV 126,26). Dor. A IV 1,151. Maneth. IV 198–199. V(VI) 219–220. Critod. apud Rhet. C p. 200,13. Firm. math. VI 31,58.59.73. VIII 6,11. 17,2 (aliter Manil. V 628). 22,3. 25,6. Herm. Myst. p. 176,16. Ps.Ptol. Karp. 73. Rhet. C p. 193,1. 201,22. Theoph. Edess. CCAG XI 1 (1932) p. 259,7. Anon. De stellis fixis II 1,7. Lib. Herm. 26,77 ‖ **661** *Ἀνδρομέδαν* Firm. math. VI 31,59. Anon. De stellis fixis II 1,7 | *ἀνθωροσκοποῦντες* Ap. IV 9,10 (ubi plura)

657 *καὶ ταύρῳ* **VY** (cf. *ἢ ταύρῳ* Heph.)   *ἢ κενταύρῳ* **βγc** ("fortasse recte" Feraboli perperam) ‖ **659** *ἢ ἀντιμεσουρανήματος* om. **A** Heph. ‖ **660** *ἀνορθουμένους* **V** Heph.   *ἀναρτουμένους* **Y**   *ἀνορθωμένους* **γ**   *ἀνωρθωμένους* **β** | *τὴν* om. **VD**

ζῶντας καιομένους, ἐν δὲ τοῖς τετράποσιν ἀπὸ συμπτώσεων καὶ συνθραύσεων καὶ συρμάτων ἀποθνήσκοντας. τοῦ **14** δὲ τοῦ Διὸς καὶ τούτῳ μαρτυρήσαντος καὶ συγκακωθέντος
665 ἐπισήμοις πάλιν ἀπόλλυνται κατακρίσεσι καὶ χόλοις ἡγεμόνων ἢ βασιλέων.

συγγενόμενοι δὲ ἀλλήλοις οἱ κακοποιοὶ καὶ οὕτως διαμηκίσαντες ἐπί τινος τῶν εἰρημένων αἰτιατικῶν διαθέσεων συνεργοῦσιν ἔτι μᾶλλον πρὸς τὴν τοῦ θανάτου κάκωσιν
670 τῆς κατὰ τὸ ποῖον κυρίας περὶ τὸν αὐτοῦ τοῦ ἀναιρετικοῦ τόπου τυχόντα γινομένης ἢ καὶ πολλῶν τῶν θανατικῶν συμπτωμάτων ἢ δισσῶν ἤτοι κατὰ τὸ ποῖον ἢ κατὰ τὸ πό-

T 671–673 *ἢ καὶ … ἀποτελουμένων* Procl. non vertit

S 662 *καιομένους* Dor. G p. 362,11. Maneth. I(V) 255. V (VI) 191. Val. II 17,59. 34,16. 41,33.37. Euseb. praep. evang. VI 10,33. Firm. math. III 7,27. VII 23,4 (~ Lib. Herm. 36,3). VIII 15,3. 17,4.8. Theoph. Edess. CCAG XI 1 (1932) p. 259,9. Lib. Herm. 26,77. Anon. De stellis fixis II 2,9. 8,6 | *τετράποσιν* Ap. II 8,6 (ubi plura) ‖ **662–663** *συμπτώσεων* Ap. III 13,13 (ubi plura) ‖ **663** *συνθραύσεων* Val. II 41,33 ‖ **665–666** *χόλοις ἡγεμόνων* Dor. A IV 1,151.154. Maneth. I(V) 41. Val. II 14,5 (~ Rhet. C p. 145,9). 41,33.37. Firm. math. VII 9,2. VIII 20,9 (= 31,3). 20,10. 30,4 (= 31,10)

662 *τετράποσι(ν)* **Yβγ** Heph. *τετραπόδοις* **V**, cf. l. 644 ‖ **663** *καὶ συνθραύσεων* om. **MS** | *καὶ συρμάτων* Heph. *καὶ συμπτωμάτων* **VY** (recepit Robbins) *ἢ συρμάτων* **βγc** (recepit Boer) | *τοῦ δὲ*] *τῷ δὲ* **V** ‖ **665** *ἐπισήμοις* **VY** Heph. *ἐπισήμως* **βγ** | **665** *καὶ … ἢ*] *ἢ … καὶ* **V** ‖ **667** *συγγενώμενοι* **V** ‖ **668** *εἰρημένων* om. **Y** | *αἰτιακῶν* **VY** Heph. ‖ **670** *τὸν* **VYDγ** Heph. *τὸν τυγχάνοντα* **MSc** (cf. Heph. infra) ‖ **671** *τόπου* **MΣγ** Heph. *τόπον* **VYD** | *τυχόντα*] *τυγχάνοντα* Heph. | *πολλῶν* **βγ** *διὰ τῶν* **VY** *διπλοῖς* Heph. (inde *διπλῶν* Pingree) ‖ **672** *ἢ* ante *δισσῶν* om. **VY**

σον ἀποτελουμένων, ὅταν ἀμφότεροι λόγον ἔχωσι πρὸς
15 *τοὺς ἀναιρετικοὺς τόπους. οἱ τοιοῦτοι δὲ καὶ ταφῆς ἄμοι-*
ροι καταλείπονται, δαπανῶνται δὲ ὑπὸ θηρίων ἢ οἰωνῶν, 675
ὅταν περὶ τὰ ὁμοειδῆ τῶν ζῳδίων οἱ κακοποιοὶ τύχωσι, μη-
δενὸς τῶν ἀγαθοποιῶν τῷ ὑπὸ γῆν ἢ τοῖς ἀναιρετικοῖς τό-
ποις μαρτυρήσαντος. ἐπὶ ξένης δὲ οἱ θάνατοι γίνονται τῶν
τοὺς ἀναιρετικοὺς τόπους κατασχόντων ἀστέρων ἐν τοῖς
ἀποκλίμασιν ἐκπεσόντων, μάλισθ' ὅταν καὶ ἡ σελήνη παρ- 680
οῦσα ἢ τετραγωνίζουσα ἢ διαμηκίζουσα τύχῃ τοὺς εἰρημέ-
νους τόπους.

ι'. Περὶ χρόνων διαιρέσεως

1 *Ἐφωδευμένου δὲ ἡμῖν κεφαλαιωδῶς τοῦ τύπου τῆς καθ' ἕκα-*
στον εἶδος ἐπισκέψεως μέχρι μόνον αὐτῶν (ὥσπερ ἐν ἀρχῇ 685
προεθέμεθα [III 4,4]) *τῶν καθ' ὅλα μέρη λαμβανομένων*

T **683–896** (§ 1–26) Heph. II 26,1–22

S **674–675** *ταφῆς ἄμοιροι* Val. II 17,58. Firm. math. VIII 11,2. 29,13 ‖ **675** *δαπανῶνται δὲ ὑπὸ θηρίων* Dor. G p. 362,11. Val. II 17,59. Firm. math. VIII 11,2 | *οἰωνῶν* Maneth. IV 200. V(VI) 220. Firm. math. VIII 11,2. Rhet. C p. 201,23 ‖ **684–904** (c. 10) Heph. II 26

676 *ὡμοειδῆ* **S** ‖ **677** *τῷ*] *τινα* **Y** *ἢ τῷ* **S** post correcturam *τῶν* Heph. | *γῆν* **VYγ** Heph. *τῇ* sequente lacuna septem fere littarum **M** *γῆν ἡμισφαιρίῳ* **S** (add. e correctura *ὄντος*; inde *ἐν τῷ ὑπὲρ γῆν ἡμισφαιρίῳ ὄντος* **m**) om. **D** lacuna septem fere litterarum patente ‖ **678** *ξένοις* **Y** ‖ **680** *ἀποκλίμασιν* **VDS** Heph. Procl. *ἀποκλήμασιν* **Y** *ἀποτελέσμασιν* **Mγc** ‖ **681** *ἢ τετραγωνίζουσα* **VY** Heph. *ἢ καὶ τετραγωνίζουσα* **βγ** ‖ **684** *ἐφωδευμένου* **VBC** *ἐφωδευομένου* **YA** *ἐφοδευομένου* **β** ‖ **685** *μόνον* **VYA** *μόνων* **βBC** fort. recte, cf. 2,188

πραγματειῶν, λοιπὸν ἂν εἴη προσθεῖναι κατὰ τὸν αὐτὸν
τρόπον ὅσα καὶ περὶ τὰς τῶν χρόνων διαιρέσεις ὀφείλει
θεωρηθῆναι φυσικῶς καὶ ἀκολούθως ταῖς ἐπὶ μέρους ἐκτε-
690 θειμέναις πραγματείαις. ὥσπερ τοίνυν καὶ ἐπὶ πάντων **2**
ἁπλῶς τῶν γενεθλιαλογικῶν τόπων προϋφέστηκέ τις τῶν
ἐπὶ μέρους εἱμαρμένη μείζων, ἡ τῆς τῶν χωρῶν αὐτῶν, ᾗ
m 203 τὰ καθ' ἕκαστον ὁλοσχερῶς θεωρούμενα περὶ τὰς γενέσεις
ὑποπίπτειν πέφυκεν (ὡς τά τε περὶ τὰς τῶν σωμάτων
695 μορφὰς καὶ τὰς τῶν ψυχῶν ἰδιοτροπίας καὶ τὰς τῶν ἐθῶν
καὶ νομίμων ἐναλλαγάς), καὶ δεῖ τὸν φυσικῶς ἐπισκεπ- **3**
τόμενον ἀεὶ τῆς πρώτης καὶ κυριωτέρας αἰτίας κρατεῖν,
c 53 ὅπως μὴ κατὰ τὸ τῶν γενέσεων παρόμοιον λάθῃ ποτὲ τὸν
μὲν ἐν Αἰθιοπίᾳ γεννώμενον φέρε εἰπεῖν λευκόχρουν ἢ τε-
700 τανὸν τὰς τρίχας εἰπών, τὸν δὲ Γερμανὸν ἢ τὸν Γαλάτην
μελάγχροα ἢ οὐλοκέφαλον, ἢ τούτους μὲν ἡμέρους τοῖς
ἤθεσιν καὶ φιλολόγους ἢ φιλοθεωρούς, τοὺς δὲ ἐν τῇ Ἑλ-
λάδι τὰς ψυχὰς ἀγρίους καὶ τὸν λόγον ἀπαιδεύτους, ἢ πάλιν κατὰ τὸ τῶν ἐθῶν καὶ νομίμων ἴδιον ἐπὶ τῶν συμβιώ-

S 699 *Αἰθιοπίᾳ ... λευκόχρουν* Sext. Emp. V 102 ‖ **699–700** *τετανὸν τὰς τρίχας* Ap. III 12,4 (ubi plura) ‖ **702** *φιλολόγους* Ap. III 14,20 (ubi plura)

694 *ὡς τά τε περὶ τὰς* **βγ** *ὡς τά τε* **V** *ὥσπερ τὰς* **Y** ‖ **695** *τὰς* (ante *τῶν ψυχῶν*)] *ταῖς* **V** | *ἐθῶν*] *ἐθνῶν* **Y** ut l. 704 ‖ **696** *τὸν*] *τῶν* **V** ‖ **697** *κυριωτέρας* **VβBC** Heph. *κυριωτάτας* **Y** *κυριώσεως* **A** ‖ **698** *μὴ*] *δεῖ* **Y** | *παρόμοιον* **VS** *παρίμειον* **Y** *προοίμιον* **DMγ** | *λάθῃ* **VYDSγ** *λάθοι* **M** *πάθῃ* **c** ‖ **699** *γεννώμενον* **V** *γενόμενον* **Yβγ** (quos secutus est Robbins) ‖ **701** *μελάγχροα* **V** *μελάγχρουν* **Dγ** *μελίχρουν* **MSc** *μελανόχρουν* Procl. hic om. **Y**, cf. 3,885 | *ἡμέρους* **βγ** *ἡμέρως* **V** *ἡμέρους μελίχρους* **Y** (v. supra) ‖ **702** *καὶ* **VY** *ἢ* **βγ** ‖ **704** *κατὰ* **VYDM** *τὰ* **S** *μετὰ* **γ** | *ἐθῶν*] *ἐθνῶν* **Y** ut l. 695

σεων λόγου χάριν τῷ μὲν Ἰταλῷ τὸ γένος ἀδελφικὸν 705
γάμον προθέμενος, δέον τῷ Αἰγυπτίῳ, τούτῳ δὲ μητρικόν,
δέον τῷ Πέρσῃ, καὶ ὅλως προδιαλαμβάνειν τὰς καθόλου
τῆς εἱμαρμένης περιστάσεις, εἶτα τὰς κατὰ μέρος πρὸς τὸ
4 *μᾶλλον ἢ ἧττον ἐφαρμόζειν – τὸν αὐτὸν τρόπον καὶ ἐπὶ*
τῶν χρονικῶν διαιρέσεων τὰς τῶν ἡλικιῶν διαφορὰς καὶ 710
ἐπιτηδειότητας πρὸς ἕκαστα τῶν ἀποτελεσμάτων ἀναγ-
καῖον προϋποτίθεσθαι καὶ σκοπεῖν, ὅπως μὴ κατὰ τὸ
κοινὸν καὶ ἁπλοῦν τῶν πρὸς τὴν ἐπίσκεψιν θεωρουμένων
συμβατικῶν λάθωμεν αὐτούς ποτε τῷ μὲν βρέφει πρᾶξιν ἢ
γάμον ἤ τι τῶν τελειοτέρων εἰπόντες, τῷ δὲ πάνυ γέροντι 715 m
τεκνοποιίαν ἤ τι τῶν νεανικωτέρων, ἀλλὰ καθάπαξ τὰ διὰ
τῶν ἐφόδων τῶν χρονικῶν θεωρούμενα κατὰ τὸ παρόμοιον
καὶ ἐνδεχόμενον τῶν ταῖς ἡλικίαις συμφύλων ἐφαρμόζω-
5 *μεν. ἔστι γὰρ ἐπιβολὴ μία καὶ ἡ αὐτὴ πάντων ἐπὶ τῶν*
χρονικῶν διαφορῶν τῆς καθόλου φύσεως τῶν ἀνθρώπων 720
ἐχομένη καθ' ὁμοιότητα καὶ παραβολὴν τῆς τάξεως τῶν
ἑπτὰ πλανωμένων, ἀρχομένη μὲν ἀπὸ τῆς πρώτης ἡλικίας

S 712–719 (§ 4 fin.) Ap. III 11,1–2. Ps.Ptol. Karp. 17

706 *μὴ προθέμενος* **VY** | *δέον* **βγ** *οὓς δέον* **VY** | *Αἰγυπτίῳ*] *πέρσῃ πτίω* **S** ‖ **707** *τῷ Πέρσῃ καὶ ὅλως* **Vβγ** *τῶν περσικὰ ὅλ-λως* **Y** ‖ **710** *χρονικῶν* om. **V** | *ἡλικιῶν* **VYDγ** *χρονικῶν ἡλι-κιῶν* **MS** (cf. Heph.) ‖ **712** *τὸ*] *τὸν* **V** ‖ **714** *συμβατικῶν* **VDγ** *συμβαντικῶν* **Y** (ut vid.) **Γ** *συμβαματικῶν* **MSc** | *αὐτούς* **Y** (ut vid.) **BCc** (quos sequitur Robbins) *αὑτούς* **VβA** Boer om. Heph., cf. 1,744 ‖ **715** *ἤ τι*] *ἢ ἤτοι* **D** ‖ **716** *ἤ τι* **YMSγ** Heph. *ἤ τοι* **V** *ἤ τι* **D** ‖ **718** *ἐφαρμόζωμεν* **γc** *ἐφαρμόζειν* **V** *ἐφαρ-μώζομεν* **Y** *ἐφαρμόζομεν* **β** *ἐφαρμόσωμεν* Heph. ‖ **719** *γάρ τις* **Y** | *ἡ αὐτὴ* **MSγ** (cf. Heph.) *αὐτὴ* **Y** *αὐτῶν* **VD** ‖ **720** *δια-φορῶν* om. **MS** ‖ **722** *ἑπτὰ πλανωμένων*] *ἐπιπλανωμένων* **Y**

καὶ τῆς πρώτης ἀφ᾽ ἡμῶν σφαίρας (τουτέστι τῆς σεληνιακῆς), λήγουσα δὲ ἐπὶ τὴν πυμάτην τῶν ἡλικιῶν καὶ τῶν
725 *πλανωμένων σφαιρῶν τὴν ὑστάτην (Κρόνου δὲ προσαγορευομένην), καὶ συμβέβηκεν ὡς ἀληθῶς ἑκάστῃ τῶν ἡλικιῶν τὰ οἰκεῖα τῇ φύσει τοῦ παραβεβλημένου τῶν πλανωμένων, ἃ δεήσει παρατηρεῖν, ὅπως τὰ μὲν καθόλου τῶν χρονικῶν ἐντεῦθεν σκοπῶμεν, τὰς δὲ τῶν κατὰ μέρος*
730 *διαφορὰς ἀπὸ τῶν ἐν ταῖς γενέσεσιν εὑρισκομένων ἰδιωμάτων.*

μέχρι μὲν γὰρ τῶν πρώτων σχεδόν που τεσσάρων ἐτῶν **6** *κατὰ τὸν οἰκεῖον ἀριθμὸν τῆς τετραετηρίδος τὴν τοῦ βρέφους ἡλικίαν ἡ σελήνη λαχοῦσα τήν τε ὑγρότητα καὶ*
735 *ἀπηξίαν τοῦ σώματος καὶ τὸ τῆς αὐξήσεως ὀξὺ καὶ τὸ τῶν τροφῶν ὡς ἐπίπαν ὑδατῶδες καὶ τὸ τῆς ἕξεως εὐμετάβο-*
m 205 *λον καὶ τὸ τῆς ψυχῆς ἀτελὲς καὶ ἀδιάρθρωτον ἀπειργάσατο τοῖς περὶ τὸ ποιητικὸν αὐτῆς συμβεβηκόσιν οἰκείως.*

S 732–785 (§ 6–12) Sudines p. 81,10–13. Dor. A V 35,112–115 (~ Heph. III 45,12). Cens. nat. 14. Isid. orig. XI 2,1–8. Apom. Rev. nat. I 7 (~ Hermipp. I 103–110), cf. Val. IV 4, 16–19. 10,6. Firm. math. II 27,1. Heph. II 29,2 ‖ **735** *τὸ τῆς αὐξήσεως ὀξὺ* Poim. 25 p. 336,11 ‖ **736** *ὑδατῶδες* Ap. I 4,2 (ubi plura), cf. I 10,2

723 *ἀφ᾽ ἡμῶν*] *ἐφήβων* **Y** ‖ **724** *ἡλικιῶν* **YMS** Heph. *ἡλιακῶν* **VDγ** (cf. l. 763) ‖ **725** *δὲ*] *μὲν* **V** ‖ **728** *καθόλου*] *μὴ καθόλου* **Y** ‖ **729** *δὲ* om. **V** ‖ **730** *ἀπὸ*] *ὑπὸ* **Y**, cf. 2,734 ‖ **734** *ἡλικείαν* **V** | *λαχοῦσα* **VYDγ** Heph. *λαβοῦσα* **S** *παραλαβοῦσα* **Mc** (ut suo iure l. 748) ‖ **736** *ὡς* om. **MS** | *ὑδατώδεσει* **V** | *καὶ εὐμετάβολον* **V** ‖ **737** *ἀδιάρθρωτον* **YSγ** *ἄρθρωτον* (sic) **V** *τὸ ἀδιάρθρωτον* **DM** *τὸ ἀδιόθωρτον* **c** (corr. *τὸ ἀδιόρθωτον* **m**, cf. *διόρθωτον* Heph.) ‖ **738** *τοῖς* **YSBC** Heph. *τῆς* **VDMA** | *αὐτῆς* scripsi *αὐτῆς* **VYγ** edd. *ἑαυτοῖς* **β** (**S** correxit in *ἑαυτῆς*, ita Heph.), cf. 1,744

7 *ἐπὶ δὲ τὴν ἑξῆς δεκαετίαν τὴν παιδικὴν ἡλικίαν δεύτερος καὶ δευτέραν λαχὼν ὁ τοῦ Ἑρμοῦ ἀστὴρ τοῦ καθ'* 740 *ἥμισυ μέρους τοῦ τῆς εἰκοσαετηρίδος ἀριθμοῦ, τό τε διανοητικὸν καὶ λογικὸν τῆς ψυχῆς ἄρχεται διαρθροῦν ὥσπερ* c 53ᵛ *καὶ διαπλάττειν καὶ μαθημάτων ἐντιθέναι σπέρματά τινα καὶ στοιχεῖα, τῶν τε ἠθῶν καὶ τῶν ἐπιτηδειοτήτων ἐμφαίνειν τὰς ἰδιοτροπίας, διδασκαλίαις ἤδη καὶ παιδαγωγίαις* 745 *καὶ τοῖς πρώτοις γυμνασίοις ἐγείρων τὰς ψυχάς.*

8 *ὁ δὲ τῆς Ἀφροδίτης τὴν μειρακιώδη καὶ τρίτην ἡλικίαν παραλαβὼν ἐπὶ τὴν ἑξῆς ὀκταετίαν κατὰ τὸν ἴσον*

S 741 *εἰκοσαετηρίδος* Val. IV 4,17. 10,6. al. Firm. math. II 25,8. 27,1. VI 33,8. al. Isid. orig. III 66,2. nat. 23,4 ‖ **742** *λογικὸν* Ap. II 3,19 (ubi plura) ‖ **745** *διδασκαλίαις* Ap. III 14,27 (ubi plura) | *παιδαγωγίαις* Val. I 3,26 (adde App. I 188). Anon. De stellis fixis II 11,3 ‖ **748** *ὀκταετίαν* Val. IV 4,17. 10,6. al. Firm. math. II 25,7. 27,1. VI 33,7. al. Heph. II 36,31. Abū M. Abbrev. 7,2, cf. Ap. III 11,13. Eudoxum frg. 129–269 Lasserre, aliter Isid. orig. III 66,2. nat. 23,4

739 *δεκαετίαν* **Vβγ** (cf. *δεκατίαν* Heph.) *δωδεκαετίαν* **Y** ‖ **740** *τοῦ καθ' ἥμισυ μέρους* **VY** *τὸ καθ' ἥμισυ μέρος* **βγ** *τὴν καθ' ἥμισυ μέρος* **c** *κατὰ τὸ ἥμισυ μέρος* Heph. fort. recte ‖ **741** *εἰκοσαπενταετηρίδος* **S** | *τό τε*] *τότε* Boer lapsu calami, ut videtur, cf. 3,417 ‖ **742** *διαρθροῦν ὥσπερ* **Vβγ** Heph. *διαρθρῶν* **Y** ‖ **743** *καὶ* (ante *μαθημάτων*) **VY** Heph. *τῶν* **DM** *καὶ τῶν* **Sγ** ‖ **744** *ἐπιτηδειοτήτων* **VDγ** Heph. Procl. *ἐπιτηδειοτάτων* **G** (**Y** in margine dextra vix perspicuum) *ἐπιτηδευμάτων* **MSc** | *ἐμφαίνειν* **Yβγ** (recepit Robbins; cf. *ἐμφᾶναι* Heph.) *ἐμφαίνει* **V** (praetulit Boer, cf. *ἐμφανίζει* Procl.) *ἐκφαίνειν* **c** ‖ **746** *τοῖς πρώτοις γυμνασίοις* **V** (post corr.) **Y** Heph. Procl. *τῆς πρώτης γυμνασίοις* **V** ante corr. *τοῖς πρώτοις γενεσίοις* **G** *ταῖς πρώταις γυμνασίαις* **βγc** ‖ **747** *Ἀφροδίτης* om. **V** ‖ **748** *ὀκταετίαν* **VYDSγ** Heph. Procl. *ὀκταετησίας* **G** *ὀκτωετίαν* **Mc**

ἀριθμὸν τῆς ἰδίας περιόδου, κίνησιν εἰκότως τῶν σπερμα-
750 τικῶν πόρων ἐμποιεῖν ἄρχεται κατὰ τὴν πλήρωσιν αὐτῶν
καὶ ὁρμὴν ἐπὶ τὴν τῶν ἀφροδισίων συνέλευσιν, ὅτε μάλιστα λύσσα τις ἐγγίνεται ταῖς ψυχαῖς καὶ ἀκρασία καὶ
πρὸς τὰ τυχόντα τῶν ἀφροδισίων ἔρως καὶ φλεγμονὴ καὶ
ἀπάτη καὶ τοῦ προπετοῦς ἀβλεψία.
755 τὴν δὲ τετάρτην καὶ τάξει μέσην ἡλικίαν τὴν νεανικὴν 9
λαβὼν ὁ τῆς μέσης σφαίρας κύριος ἥλιος ἐπὶ τὰ τῆς ἐν-

S 749–750 *κίνησιν ... πόρων* Aet. (= Ps.Plut.) Plac. V 23. Ps.Galen. Hist. philos. 127. Val. I 1,24, cf. Philonem Leg. alleg. I 4 p. 63,18–20 ‖ **753–754** *φλεγμονὴ καὶ ἀπάτη καὶ τοῦ προπετοῦς ἀβλεψία* Poim. 25 p. 336,13–15 ‖ **756** *μέσης σφαίρας* Synt. IX 1 p. 207,17. Alex. Ephes. apud Theonem Smyrn. p. 140,7 (cf. Theonem ipsum p. 138,16–18). Cic. rep. VI 17 (quo spectat Macr. somn. I 12). Plin. nat. II 12. Clem. Alex. Strom. V 6,34,9. Iulian. Laodic. CCAG I (1898) p. 135,31. Iulian. Or. 4,18 p. 141[D]. Macr. somn. I 19,1. Mart. Cap. 1,28. Procl. Hymn. 1,5. In Remp. II 200,7. Mart. Cap. II 186. al., cf. Durim Samium apud Athen. VI 62 p. 253[DE] = FGrHist. 76 F13 = Powell, Coll. Alex. p. 174 ‖ **756–757** *ἐννεακαιδεκαετηρίδος* Arat. 752–753 (cum scholiis). Val. IV 4,17. 10,6. al. Firm. math. II 25,6 (ubi fort. *XVIIII* scribendum). 27,1. VI 33,6. al. Heph. II 36,31. Isid. orig. III 66,2. nat. 23,4

749 *τῆς*] *τὰς* **V** ‖ **750** *πόρων* **YDγ** Heph. (cf. Val. I 1,24 necnon Ps.Galen. Hist. philos. 127. Ps.Plut. Plac. V 23 [var. l.] et Boll, Lebensalter 123[3]) *σπόρων* **VMS** | *κατὰ τὴν* **YDγ** *κατὰ τὸν* **V** *καὶ τὴν* **MSc** ‖ **751** *καὶ* om. **VY** ‖ **752** *λήσσα* **V** | *ἐγγίνεται ταῖς ψυχαῖς* **VYDγ** (sim. Heph.) *γίνεται* **MSc** ‖ **753** *φλεγμονὴ καὶ ἀπάτη* **Yβγc** (cf. *φλογμὸς καὶ ἀπάτη* Heph.) *φλεγμονῆς ἀπάτη* **V** (fort. recte recepit Boer) ‖ **754** *προπετοῦς* **VGDγ** (cf. *τὸ προπετὲς* Procl.) *πρωπετοῦς* **Y** *πρέποντος* **MS** *βλέποντος* **c** ‖ **756** *ὁ ἥλιος* **Y** (cf. Heph.) | *ἐννεακαιδεκαετηρίδος*] *ἐνάτης καὶ δεκάτης ἐτηρίδος* **V**

νεακαιδεκαετηρίδος ἔτη τὸ οἰκοδεσποτικὸν ἤδη καὶ αὐθεντικὸν τῶν πράξεων ἐμποιεῖ τῇ ψυχῇ, βίου τε καὶ δόξης καὶ καταστάσεως ἐπιθυμίαν καὶ μετάβασιν ἀπὸ τῶν παι- m 206 *γνιωδῶν καὶ ἀνεπιστάτων ἁμαρτημάτων ἐπὶ τὸ προσεκτι-* 760 *κὸν καὶ αἰδημονικὸν καὶ φιλότιμον.*

10 *μετὰ δὲ τὸν ἥλιον ὁ τοῦ* Ἄρεως *πέμπτος ἐπιλαβὼν τὸ τῆς ἡλικίας ἀνδρῶδες ἐπὶ τὰ ἴσα τῆς ἰδίας περιόδου πεντεκαίδεκα ἔτη τὸ αὐστηρὸν καὶ κακόπαθον εἰσάγει τοῦ βίου, μερίμνας τε καὶ σκυλμοὺς ἐμποιεῖ τῇ ψυχῇ καὶ τῷ* 765 *σώματι, καθάπερ αἴσθησίν τινα ἤδη καὶ ἔννοιαν ἐνδιδοὺς τῆς παρακμῆς καὶ ἐπιστρέφων πρὸς τὸ πρὶν ἐγγὺς ἐλθεῖν τοῦ τέλους ἀνύσαι τι λόγου ἄξιον μετὰ πόνου τῶν μεταχειριζομένων.*

S 761 *φιλότιμον* Ap. III 14,3 (ubi plura) ‖ **763–764** *πεντεκαίδεκα* Val. IV 4,17. 10,6. al. Firm. math. II 25,5. 27,1. VI 33,5. al. Heph. II 36,31–32. Isid. orig. III 66,2. nat. 23,4

757 *ἔτη* **VY** (cf. *ἔτι* Heph.) *ἐν ἧ* **β** om. **γ** | *οἰκοδεσποτικὸν* **VDSγ** Heph. *δεσποτικὸν* **YM** (quos secutus est Robbins) ‖ **758** *τῇ* om. **MS** ‖ **759** *παιγνιωδῶν* **YMS** Heph. *παιγωωδῶν* **V** *παιδικῶν ἀταξιῶν* **Dγ** ‖ **760** *ἀνεπιστάτων* **D** Heph. *ἀνεπιπλάστων* **VYγ** (recepit Robbins) *ἀνεπιστάτων πλαστῶν* **MS** *ἀκαταστάτων πλαστῶν* **c** *ἀκαταστάτων καὶ πλαστῶν* **m** | *προσεκτικὸν* **VYDγ** *προσεκδικὸν* **MS** ‖ **761** *αἰδημονικὸν* **VYDγ** (cf. *αἰδημονικῶν* Heph.) *αἴδιμον* **MS** ‖ **762** *πέμπτος* **βγ** Heph. *πέμπτην* (sc. *ἡλικίαν*) **Y** om. **V** | *ἐπιλαβὼν* **VYβ** Heph. *λαχὼν* **γ** (cf. l. 734) | *τὸ τῆς ἡλικίας* **VDM** Heph. *τὸ* (suprascriptum) *τὴν ἡλικίαν* **Y** *τὸ τῆς ἡλιακῆς* **S** (cf. l. 724) ‖ **763** *ἰδίας*] *ἡλικίας* **M** ‖ **764** *κακόπαθον* **YMS** *κόπαθον* **V** in linearum transitu *δυσπαθὲς* **Dγ** *κακοπαθὲς* Heph. ‖ **765** *σκυλμοὺς* **βA** (post corr.) **BC** *κυλμοὺς* **V** *σκυλμοῦς* **Y** *κυλμοὺς* **A** (ante corr.) *κλυσμοὺς* Heph. ‖ **768** *τῶν μεταχειριζομένων* **Yβ** (cf. *τῶν χειριζομένων* Heph.) *τῷ μεταχειριζομένῳ* **Vγ**

770 ἕκτος δὲ ὁ τοῦ Διὸς τὴν πρεσβυτικὴν ἡλικίαν λαχὼν ἐπὶ **11** τὴν τῆς ἰδίας περιόδου πάλιν δωδεκαετίαν τὸ μὲν αὐτουργὸν καὶ ἐπίπονον καὶ ταραχῶδες καὶ παρακεκινδυνευμένον τῶν πράξεων ἀποστρέφεσθαι ποιεῖ, τὸ δὲ εὔσχημον καὶ προνοητικὸν καὶ ἀνακεχωρηκός, ἔτι δὲ ἐπιλογιστικὸν 775 πάντων καὶ νουθετικὸν καὶ παραμυθητικὸν ἀντεισάγει, τιμῆς τότε μάλιστα καὶ ἐπαίνου καὶ ἐλευθεριότητος ἀντιποιεῖσθαι παρασκευάζων μετ' αἰδοῦς καὶ σεμνοπρεπείας.

τελευταῖος δὲ ὁ τοῦ Κρόνου τὴν ἐσχάτην καὶ γεροντι- **12** κὴν ἡλικίαν ἐκληρώθη μέχρι τῶν ἐπιλοίπων τῆς ζωῆς χρό- 207 780 νων, καταψυχομένων ἤδη καὶ ἐμποδιζομένων τῶν τε σωματικῶν καὶ τῶν ψυχικῶν κινήσεων ἐν ταῖς ὁρμαῖς καὶ ἀπολαύσεσι καὶ ἐπιθυμίαις ταχείαις, τῆς ἐπὶ τὴν φύσιν παρακμῆς ἐπιγινομένης τῷ βίῳ κατεσκληκότι καὶ ἀθύμῳ

S 771 δωδεκαετίαν Val. IV 4,17. 10,6. al. Firm. math. II 25,4. 27,1. VI 33,4. al. Heph. II 36,31. Isid. orig. III 66,2. nat. 23,4. Abū M. Abbrev. 7,2, cf. Philol. A 14 p. 402,29. 403,6 D.-K. necnon Ap. III 11,13

770 ἕκτος **βγ** Heph. ἐκτὸς **V** ἕκτην **Y** | ἡλικίαν λαχὼν **V** λαχὼν ἡλικίαν **Yβγ** λαβὼν ἡλικίαν Heph. || **774** ἐπιλογιστικῶν **V** || **775** πάντων καὶ νουθετικὸν **YMS** Heph. Procl. om. **VDγ** || **776** τότε] τε Heph. || **777** μετ' αἰδοῦς] μετὰ ἰδοὺς **V** | σεμνοπρεπείας **VYDSγ** Heph. σεμνοτρεπείας **G** σεμνοτροπίας **Mc** || **778** τὴν γεροντικὴν ἡλικίαν καὶ ἐσχάτην **C** || **779** ἐκληρώθη **VY** ἀπεκληρώθη **βγ** Heph. | χρόνων **MSγ** Heph. (postea interpunxit Robbins) χρόνων τῶν **VYD** || **780** τῶν om. **MS** || **781** ταῖς **VY** Heph. τε **βγ** || **782** ταχείαις scripsi καὶ ταχείαις **VY** Heph. (recepit Robbins postea interpungens) ταχείας **β** καὶ ταχείας **γ** (receperunt Boer nusquam, Pingree antea interpungens) | τῆς ἐπὶ τὴν φύσιν **V** ταῖς ἐπὶ τὴν φύσιν **Y** τῇ φύσει **βγc** || **783** τῷ] ἐν **V** Heph. haud scio an recte

καὶ ἀσθενικῷ καὶ εὐπροσκόπῳ καὶ πρὸς πάντα δυσαρέστῳ κατὰ τὸ οἰκεῖον τῆς τῶν κινήσεων νωχελίας. 785

13 *αἱ μὲν οὖν κατὰ τὸ κοινὸν καὶ καθόλου τῆς φύσεως θεωρούμεναι τῶν χρόνων ἰδιοτροπίαι τοῦτον τὸν τρόπον* c 54 *προϋποτετυπώσθωσαν, τῶν δὲ ἐπὶ μέρους κατὰ τὸ τῶν γενέσεων ἴδιον ὀφειλουσῶν λαμβάνεσθαι, τὰς μὲν κατὰ τὸ προϋποτιθέμενον πάλιν καὶ ὁλοσχερέστερον ἀπὸ τῶν κυ-* 790 *ριωτάτων ἀφέσεων ποιησόμεθα (πασῶν μέντοι καὶ οὐκ* **14** *ἀπὸ μιᾶς, ὥσπερ ἐπὶ τῶν τῆς ζωῆς χρόνων), ἀλλὰ τὴν μὲν ἀπὸ τοῦ ὡροσκόπου πρὸς τὰ σωματικὰ τῶν συμπτωμάτων καὶ τὰς ξενιτείας, τὴν δὲ ἀπὸ τοῦ κλήρου τῆς τύχης πρὸς τὰ τῆς κτήσεως, τὴν δὲ ἀπὸ τῆς σελήνης πρὸς τὰ τῆς ψυ-* 795 *χῆς πάθη καὶ τὰς συμβιώσεις, τὴν δὲ ἀπὸ τοῦ ἡλίου πρὸς τὰ κατ' ἀξίαν καὶ δόξαν, τὴν δὲ ἀπὸ τοῦ μεσουρανήματος πρὸς τὰς λοιπὰς καὶ κατὰ μέρος τοῦ βιοῦ διαγωγάς, οἷον* **15** *πράξεις, φιλίας, τεκνοποιίας. οὕτω γὰρ ἐν τοῖς αὐτοῖς καιροῖς οὐχ εἷς ἔσται ἤτοι ἀγαθοποιὸς ἢ κακοποιὸς κύριος* 800 *αὐτῶν, πολλῶν ὡς ἐπὶ τὸ πολὺ συμβαινόντων ὑπὸ τοὺς αὐτοὺς χρόνους ἐναντίων συμπτωμάτων· ὡς ὅταν τις ἀποβα-*

S 792 *ζωῆς χρόνων* Ap. III 11,3–31

784 *πάντα* **VDγ** (-*α* prolungata **AC**, corr. ex *πάντας* **A**) *ἅπαντα* **Y** Heph. *πάντας* **MSc** | *δυσαρέτῳ* **V** ‖ 785 *κατὰ* **VYDγ** *καὶ κατὰ* **MS** ‖ 788 *τὸ* om. **VYD** ‖ **790** *ἀπὸ* **βγ** *ἀπό τε* **VY** Heph. ‖ 792 *τὸν … χρόνον* **VD** | *τὴν*] *τῆς* **V** ‖ 795 *κτήσεως*] *κτίσεως* **V**, cf. 1,230 ‖ 797 post *πρὸς τὰ* **deficit V** media in pagina ‖ 799 *γὰρ* **Y** (cf. Heph. Procl.) *γὰρ ἂν* **βγc** (recepit Boer, respuit Robbins) ‖ **800** *εἷς* om. **Y** | *ἤτοι* om. **Γγ** (cf. Heph.) ‖ **801** *ὑπὸ τοῖς αὐτοῖς χρόνοις* **Y** ‖ **802** *ὡς* om. **Y** | *ἀποβάλλων* **Y**

m 208 λῶν πρόσωπον οἰκεῖον λάβῃ κληρονομίαν ἢ νόσῳ καταληφθεὶς κατὰ τὸ αὐτὸ καὶ τύχῃ τινὸς ἀξίας καὶ προκοπῆς
805 ἢ ἐν ἀπραγίᾳ τυγχάνων τέκνων γένηται πατήρ, καὶ ὅσα τοιαῦτα συμβαίνειν εἴωθεν. οὐ γὰρ τὸ αὐτὸ σώματος καὶ **16** ψυχῆς καὶ κτήματος καὶ ἀξιώματος καὶ τῶν συμβαινόντων ἀγαθῶν ἢ κακῶν (ὡς ἐξ ἀνάγκης ἐν ἅπασι τούτοις εὐτυχεῖν τινα ἢ πάλιν ἀτυχεῖν), ἀλλὰ συμβαίνοι μὲν ἂν ἴσως
810 καὶ τὸ τοιοῦτον ἐπὶ τῶν τέλεον εὐδαιμονιζομένων ἢ ταλανιζομένων καιρῶν, ὅταν ἐν ἁπάσαις ἢ ταῖς πλείσταις ἀφέσεσι συνδράμωσιν αἱ ὑπαντήσεις ἀγαθοποιῶν πάντων ἢ πάλιν κακοποιῶν, σπανίως δὲ διὰ τὸ τῆς ἀνθρωπίνης φύσεως· ἀτελὲς μὲν πρὸς ἑκατέραν τῶν ἀκροτήτων, εὐκατά-
815 φορον δὲ πρὸς τὴν ἐκ τῆς ἐναλλαγῆς τῶν ἀγαθῶν καὶ κακῶν συμμετρίαν.

τοὺς μὲν οὖν ἀφετικοὺς τόπους κατὰ τὸν εἰρημένον τρόπον διακρινοῦμεν, τοὺς δὲ ἐν ταῖς ἀφέσεσιν ὑπαντῶντας **17**

S **803** *κληρονομίαν* Ap. IV 2,3 (ubi plura)

803 *λαμβάνῃ* **Y** | *καταληφθεὶς* **Y** (cf. *καταλειφθεὶς* Heph.) *κατακλίθῃ* (i. *-κλιθῇ*) **Γβγ** (quos secutus est Robbins) || **804** *κατὰ τὸ αὐτὸ καὶ*] *καὶ κατὰ τὸ αὐτὸ* Heph. || **805** *ἀπραγίᾳ*] *εὐπραγίαις* **Y** | *γένηται* **Y** Heph. *γενήσεται* **βγ** || **806** *τὸ αὐτὸ*] *τοῦ αὐτοῦ* **Y** || **807** *κτήματος*] *κτίσεως* (i. *κτήσεως* sicut Heph.) **Y** | *συμβαινόντων* **Y** Heph. (cf. *συμβαίνει* Procl.) *συμβιούντων* **βγc** (quos secutus est Robbins) || **808** *ὡς* om. **Y** || **809** *συμβαίνοι* Robbins tacite *συμβαίνειν* **YDγ** (quos secutus est Boer) *συμβαίνει* **MS** (cf. Heph. qui om. *ἂν*) || **810** *ἢ ταλανιζομένων* **ΓYMS** om. **Dγ** Heph. || **812** *αἱ* **Y** om. **βγ** (non recepit Boer) || **813** *πάλιν* om. **Y** || **814** ante *ἀτελὲς* non interpunxit Robbins | *ἀκροτήτων* **YDSγ** Heph. (cf. *ἀκρότητα* Procl.) *ἀκριτήτων* **G** (nisi etiam **Y**) *ἀκρωτάτων* **Mm** *ἀκροτάτων* **c** || **817** *ἐφετικοὺς* **Y** | *τρόπον*] *τύπον* **Y** || **818** *ἐν* om. **Y** Heph. | *ἐφέσεσιν* **Y**

οὐ μόνον πάλιν τοὺς ἀναιρέτας (ὥσπερ ἐπὶ τῶν τῆς ζωῆς χρόνων), ἀλλὰ πάντας ἁπλῶς παραληπτέον, καὶ ὁμοίως οὐ 820 *τοὺς σωματικῶς μόνον ἢ κατὰ διάμετρον ἢ τετράγωνον στάσιν συναντῶντας, ἀλλὰ καὶ τοὺς κατὰ τρίγωνον καὶ* **18** *ἑξάγωνον σχηματισμόν. καὶ πρῶτον μὲν δοτέον τοὺς χρόνους καθ' ἑκάστην ἄφεσιν τῷ κατ' αὐτῆς τῆς ἀφετικῆς μοίρας τυχόντι ἢ συσχηματισθέντι, ἐὰν δὲ μὴ οὕτως ἔχῃ,* 825 *τῷ τὴν ἔγγιστα προήγησιν ἐπιλαβόντι μέχρι τοῦ τὴν ἑξῆς* m 209 *εἰς τὰ ἑπόμενα μοῖραν ἐπιθεωρήσαντος, εἶτα τούτῳ μέχρι τοῦ ἑξῆς καὶ ἐπὶ τῶν ἄλλων ὁμοίως, παραλαμβανομένων εἰς οἰκοδεσποτείαν καὶ τῶν τὰ ὅρια ἐπεχόντων ἀστέρων.* **19** *δοτέον δὲ πάλιν ταῖς τῶν διαστάσεων μοίραις ἔτη κατὰ* 830 *μὲν τὴν τοῦ ὡροσκόπου ἄφεσιν ἰσάριθμα τοῖς τοῦ οἰκείου κλίματος χρόνοις ἀναφορικοῖς, κατὰ δὲ τὴν ἀπὸ τοῦ μεσ-* c 54v *ουρανήματος ἰσάριθμα τοῖς χρόνοις τῶν μεσουρανήσεων, κατὰ δὲ τὰς ἀπὸ τῶν λοιπῶν ἀνάλογον τῷ πρὸς τὰ κέντρα*

S 823–904 (§ 18–27) Dor. G p. 369–370 apud Heph. II 26,25–34 (adde Ep. IV 33) ~ Dor. A III 2,2,18

819 *ἀναιρέτας* **YβBC** Heph. *ἀναιρετικούς* **A** ‖ **821** *σωματικούς* **Y** Heph. ‖ **823** *συσχηματισμόν* **Y** ‖ **827** *ἐπιθεωρήσαντος* **ΓYSγ** Heph. *ἐπιθεωρήσαντες* **DM** | *εἶτα τούτῳ*] *εἶτα τούτων* **Y** Heph. an *τῷ δὲ* scribendum? ‖ **829** *εἰς* **YS** Heph. *εἰς τὴν* **DMγ** | *οἰκοδεσποτείαν*] *ἤγουν τήν τε ἀφετικὴν μοῖραν καὶ τὴν ἐποχὴν τοῦ διαδεχομένου τὴν χρονοκρατορίαν* **C** in margine ‖ **831** *τοῦ* (prius) **Yγ** Heph. *ἀπὸ τοῦ* **βc** (quos fort. recte secutus est Robbins, cf. l. 832.834) ‖ **832** *χρόνοις ἀναφορικοῖς* **Y** Heph. *ἀναφορικοῖς χρόνοις* **Γγ** *χρονικοῖς τοῖς ἀναφορικοῖς* **DM** *χρόνοις τοῖς ἀναφορικοῖς* **S** ‖ **833** *ἰσάριθμα* **Γγ** *ἰσάριθμον* **Yβ** Heph. | *μεσουρανημάτων* **γ** ‖ **834** *τῶν* **ω** Heph. neglexit Boer | *ἀναλόγως* **γ** | *τῷ πρὸς* **βγ** (cf. *τὸ πρὸς* Heph.) *ἢ κατὰ τὸν πρὸς* **Y** (recepit Robbins)

835 συνεγγισμῷ τῶν ἀναφορῶν ἢ καταφορῶν ἢ συμμεσουρανήσεων, καθάπερ καὶ ἐπὶ τῶν τῆς ζωῆς χρόνων διωρισάμεθα.
τοὺς μὲν οὖν καθολικοὺς χρονοκράτορας ληψόμεθα τὸν **20**
εἰρημένον τρόπον, τοὺς δ' ἐνιαυσίους ἐκβάλλοντες τὸ πλῆ-
840 θος τῶν ἀπὸ τῆς γενέσεως ἐτῶν ἀφ' ἑκάστου τῶν ἀφετικῶν
τόπων εἰς τὰ ἑπόμενα κατὰ ζῴδιον ἓν καὶ τοῦ συντελειου-
μένου ζῳδίου τὸν οἰκοδεσπότην συμπαραλαμβάνοντες, τὸ δ'
αὐτὸ καὶ ἐπὶ τῶν μηνῶν ποιήσομεν ἐκβάλλοντες πάλιν καὶ
τούτων τὸ ἀπὸ τοῦ γενεθλιακοῦ μηνὸς πλῆθος ἀπὸ τῶν τὴν
845 κυρίαν τοῦ ἔτους λαβόντων τόπων, κατὰ ζῴδιον μέντοι
ἡμέρας εἴκοσι ὀκτώ, ὁμοίως δὲ καὶ ἐπὶ τῶν ἡμε-

S **838–848** (§ 20) Manil. III 510–524, cf. Val. VI 6,28 ‖ **839** *ἐνιαυσίους* Ap. IV 10,24. Val. IV 16,10. al. Heph. II 27, 1–10. Paul. Alex. 31 p. 82,12–83,1 (adde Olymp. 29–30). Apom. Rev. nat. II 3 ‖ **843** *μηνῶν* Ap. IV 10,24. Dor. A IV 1,46–54. Val. VI 6,6.20. VII 5,1. al. Firm. math. II 27,1. Heph. II 28,1–3. Paul. Alex. 31 p. 83,1–5 (adde Olymp. 31) ‖ **846–847** *ἡμερῶν* Dor. A IV 1,55–64. Critod. apud Val. III 5,23 (del. Pingree). Val. VI 6,6. al. Firm. math. II 28,3. Heph. II 28, 4. Paul. Alex. 31 p. 83,5–12 (adde Olymp. 32)

835 *συνεγγισμῷ* **βγc** Heph. *συνεγγισμῶν* **Y** (inde *συνεγγισμὸν* Robbins) *συνεγγὺς* **G** ‖ **836** *τῆς* om. **A** ‖ **838** *τοὺς μὲν … ληψόμεθα* om. **Y** ‖ **839** *ἐκβάλλοντες* **Yβγ** (cf. *ἐκβαλέντες* Heph. cod. **P**, *ἐκβαλοῦμεν* Procl.) *ἐκβαλλόντων* **G**, cf. ad l. 842 ‖ **840** *ἐτῶν*] *τῶν* **Y** | *ἀφ'* **βγ** *ἐφ'* **Y** Heph. om. **G** | *ἀφετικῶν* **Y** *ἐφελκῶν* **G** ‖ **841** *ἓν* om. **Y** Procl. (non agnovit Robbins) | *συντελειουμένου*] *ἤγουν τοῦ συνεισφερομένου εἰς τὸν ἀριθμὸν ἑκάστῳ ἔτει* **C** in margine ‖ **842** *συμπαραλαμβάνοντες* **βγ** *συμπαραλαβόντες* **Y** Heph. fort. recte, si l. 839 legendum est *ἐκβαλόντες* ‖ **843** *τῶν* om. **A** | *ἐκβάλλοντες* **βγc** Heph. (cf. *ἐκβαλοῦμεν* Procl.) *ἐκβάλοντες* **Y** *ἐκβαλλόντες* **G** ‖ **844** *τὸ* **Γγ** Heph. *τὰ* **βc** om. **Y**

ρῶν· τὰς γὰρ ἀπὸ τῆς γενεθλιακῆς ἡμέρας ἐκβαλοῦμεν ἀπὸ τῶν μηνιαίων τόπων κατὰ ζῴδιον ἡμέρας δύο τρίτον. m 210

21 *προσεκτέον δὲ καὶ ταῖς ἐπεμβάσεσι ταῖς πρὸς τοὺς τῶν χρόνων τόπους γινομέναις ὡς οὐ τὰ τυχόντα καὶ αὐταῖς* 850 *συλλαμβανομέναις πρὸς τὰ τῶν καιρῶν ἀποτελέσματα, καὶ μάλιστα ταῖς μὲν τοῦ Κρόνου πρὸς τοὺς καθολικοὺς τῶν χρόνων τόπους, ταῖς δὲ τοῦ Διὸς πρὸς τοὺς τῶν ἐνιαυσιαίων, ταῖς δὲ τοῦ ἡλίου καὶ ταῖς τοῦ Ἄρεως καὶ Ἀφροδίτης καὶ Ἑρμοῦ πρὸς τοὺς τῶν μηνιαίων, ταῖς δὲ τῆς σελή-* 855 **22** *νης παρόδοις πρὸς τοὺς τῶν ἡμερησίων, ὡς τῶν μὲν καθολικῶν χρονοκρατόρων κυριωτέρων ὄντων πρὸς τὴν τοῦ ἀποτελέσματος τελείωσιν, τῶν δὲ ἐπὶ μέρους συνεργούντων ἢ ἀποσυνεργούντων κατὰ τὸ οἰκεῖον ἢ ἀνοίκειον τῶν φύσεων, τῶν δὲ ἐπεμβάσεων τὰς ἐπιτάσεις καὶ τὰς ἀνέσεις* 860 *τῶν συμπτωμάτων ἀπεργαζομένων.*

23 *τὸ μὲν γὰρ καθόλου τῆς ποιότητος ἴδιον καὶ τὴν τοῦ χρόνου παράτασιν ὅ τε τῆς ἀφέσεως τόπος καὶ ὁ τῶν καθολικῶν χρόνων κύριος μετὰ τοῦ τῶν ὁρίων διασημαίνει*

S **849** *ἐπεμβάσεσι* Ap. III 11,33 (ubi plura)

847 *ἐκβαλοῦμεν* **β** (cf. *ἐκβαλλοῦμεν* **γ** Heph.) *ἐκβαλλομένας* **Y** ‖ **848** *δύο τρίτον*] *β̄ γ′* **MS** (cf. Heph.) *δύο τρο͂* (π supra) **Y** *β καὶ ἥμισυ* **Γ** *δύο καὶ Γ̀* **D** Procl. *β καὶ* L″ **γ** *β′ ἥμισυ* **c** ‖ **849** *ταῖς πρὸς* **ΓSγ** Heph. *ταῖς* **Y** *πρὸς* **DM** | *τῶν χρόνων* **YS** Heph. Procl. *χρόνων* **G** *καθολικοὺς μάλιστα* **ΓDMγc**, cf. l. 852 ‖ **850** *τὸ τυχῶν* **Y** *οὕτω τυχών* **G** ‖ **851** *τῶν* om. **A** ‖ **853** *τοὺς* **Yγ** Heph. om. **β** ‖ **854** *καὶ* (ante *ταῖς*) **Yβ** Heph. om. **Γγ** | *ταῖς* praeterea om. **Dγ** Heph. | *καὶ* (ante *τῆς* ♀) om. **A** | *καὶ τῆς* ♀ **AC** om. **B** ‖ **855** *καὶ* (ante *Ἑρμοῦ*) om. **Γ** | *τοῦ Ἑρμοῦ* (vel ☿) **Γγ** ‖ **856** *ὡς* Heph. *καὶ ὡς* **ω** edd. ‖ **859** *ἢ ἀποσυνεργούντων* om. **Y** | *ἢ ἀνοίκειον* om. **D** | *τῆς φύσεως* **S**

865 *διὰ τὸ συνοικειοῦσθαι τῶν ἀστέρων ἕκαστον ἐπ' αὐτοῖς τοῖς τῆς γενέσεως τόποις, ὧν ἀπ' ἀρχῆς ἔτυχον λαβόντες τὴν οἰκοδεσποτείαν· τὸ δὲ πότερον ἀγαθὸν ἢ τοὐναντίον ἔσται τὸ σύμπτωμα, καταλαμβάνεται διὰ τῆς τῶν χρονοκρατόρων φυσικῆς τε καὶ συγκρατικῆς ἰδιοτροπίας εὐποιη-*
870 *τικῆς ἢ κακωτικῆς καὶ τῆς ἀπ' ἀρχῆς πρὸς τὸν ἐπικρατούμενον τόπον συνοικειώσεως ἢ ἀντιπαθείας· τὸ δὲ ἐν* 24 *ποίοις χρόνοις μᾶλλον ἐπισημανθήσεται τὸ ἀποτέλεσμα, δείκνυται διὰ τῶν τῶν ἐνιαυσίων καὶ μηνιαίων ζῳδίων πρὸς τοὺς αἰτιατικοὺς τόπους συσχηματισμῶν καὶ τῶν*
875 *κατὰ τὰς ἐπεμβάσεις τῶν ἀστέρων καὶ τὰς φάσεις ἡλίου καὶ σελήνης πρὸς τὰ ἐνιαύσια καὶ μηνιαῖα τῶν ζῳδίων· οἱ* 25 *μὲν γὰρ συμφώνως ἔχοντες πρὸς τοὺς διατιθεμένους τόπους ἀπὸ τῆς ἐν τῇ γενέσει καταρχῆς καὶ κατὰ τὰς*
c 55 *ἐπεμβάσεις συμφώνως αὐτοῖς συσχηματισθέντες ἀγαθῶν*
880 *εἰσι περὶ τὸ ὑποκείμενον εἶδος ἀπεργαστικοί (καθάπερ, ἐὰν ἐναντιωθῶσι, φαύλων), οἱ δὲ ἀσυμφώνως καὶ παρ' αἵρεσιν διαμηκίσαντες μὲν ἢ τετραγωνίσαντες ταῖς παρόδοις*

S **876** *ἐνιαύσια καὶ μηνιαῖα* Ap. IV 10,20 (ubi plura)

865 *ἐπ'* **Γβγ** *ἀπ'* **Y** Heph. | *αὐτοῖς τοῖς τῆς γενέσεως* **D** *αὐτοῖς τῆς γενέσεως* **YMS** *αὐτῆς τῆς γενέσεως* **ΓG** *αὐτοῦ τῆς γενέσεως* Heph. ‖ **866** *τόποις* **D** *τοῖς τόποις* **ΓYMS** Heph. | *ὧν* **Y** Heph. (item Robbins) *ὧν ἂν* **βγ** (praetulit Boer) | *ἔτυχον*] *ἔτι* **Y** ‖ **867** *πότερον* hic legunt **YS** Heph., post *τοὐναντίον* **ΓDMγ** ‖ **869** *συγκρατικῆς* **Yγ** Heph. *συγκρατητικῆς* **β** ‖ **871** *συνοικειώσεως* **βγ** Heph. *οἰκειώσεως* **Y** ‖ **872** *τὸ δὲ* **Y** ‖ **874** *πρὸς* om. **Y** | *συσχηματισμῶν* **βγ** *σχηματισμῶν* **Y** (cf. *σχηματισμὸν* Heph.) ‖ **875** *φάσεις*] *ἀφέσεις* **Y** ‖ **880** *εἰσι* **ΓYγ** *εἰς τὸ* **βc** | *περὶ* om. **Γ**

κακῶν εἴσιν παραίτιοι, κατὰ δὲ τοὺς ἄλλους σχηματισμοὺς οὐκέτι.

26 *κἂν μὲν οἱ αὐτοὶ καὶ τῶν χρόνων καὶ τῶν ἐπεμβάσεων* 885 *κυριεύσωσιν ἀστέρες, ὑπερβάλλουσα καὶ ἄκρατος γίνεται ἡ τοῦ ἀποτελέσματος φύσις (ἐάν τε ἐπὶ τὸ ἀγαθὸν ἐάν τε ἐπὶ τὸ φαῦλον ῥέπῃ), πολὺ δὲ πλεῖον, ἐὰν μὴ μόνον διὰ τὸ χρονοκράτορας εἶναι κυριεύσωσι τοῦ τῆς αἰτίας εἴδους, ἀλλὰ καὶ διὰ τὸ κατ' αὐτὴν τὴν ἀρχὴν τῆς γενέσεως τὴν* 890 *οἰκοδεσποτείαν αὐτοῦ τετυχηκέναι. κατὰ πάντα δὲ ὁμοῦ δυστυχοῦσιν ἢ εὐτυχοῦσιν, ὅταν ἤτοι τόπος εἷς καὶ ὁ αὐ-* m 212 *τὸς ὑπὸ πασῶν ἢ τῶν πλείστων ἀφέσεων τύχῃ καταληφθείς, ἢ τούτων διαφόρων οὐσῶν οἱ αὐτοὶ χρόνοι πάσας ἢ τὰς πλείστας ὑπαντήσεις ὁμοίως ἀγαθοποιοὺς ἢ κακο-* 895 *ποιοὺς τύχωσιν ἐσχηκότες.*

27 *ὁ μὲν οὖν τύπος τῆς τῶν καιρῶν ἐπισκέψεως τοιοῦτός τις ἂν εἴη, τὰ δὲ εἴδη τῶν ἀποτελεσμάτων τῶν συμβαινόν-*

T 885–887 Dor. G p. 382,28–29. Steph. philos. CCAG II (1900) p. 198,16–17

883 *παραίτιοι* **YS** Heph. *αἴτιοι* **ΓDMγ** | *σχηματισμοὺς* **YS** Heph. Procl. *συσχηματισμοὺς* **DMγ** ‖ **885** *μὲν* **Y** Heph. Co le p. 175,–6 om. **Γβγ** | *ἐπεμβάσεων* **MSγ** Heph. *ἐπιβάσεων* **YD** ‖ **888** *ῥέπῃ* **βγc** *ῥέπει* **Γ** om. **Ym** Heph. | *πολὺ δὲ πλέον* **ΓMγc** Heph. *καὶ ἐπὶ πολλὺ πλέον* **Y** *καὶ ἐπὶ πολὺ πλέον* **G** *ὡς ἐπὶ πολὺ δὲ πλέον* **Sm** | *ἐὰν μὴ μόνον* **Y** Heph. *εἰ μὲν οὐ μόνον* **m** om. **Γβγc** | *τὸν χρονοκράτορα* **G** ‖ **889** *κυριεύσωσι* **Yβ** Heph. *κυριεύσουσι* **Γγ** ‖ **890** *τὸ*] *τὰ* **Y** *καὶ* **G** ‖ **897** *τύπος*] *τόπος* **c**, cf. 3,234 | *τῆς* **βAB** *τοῖς* **Y** om. **C** | *τοιοῦτος* **Y** (recepit Robbins) *τοσοῦτος* **βγc** (praetulit Boer) ‖ **898** post *ἂν* **desinit M**[1] (supplevit **M**[2]), post *εἴη* **desinit S** | *εἴη*] *γένοιτο* **Y** | *τὰ* – **904** *συγκράσεως* **ΓDM²γ** Procl.; alteram conclusionem exhibent **YGΦ**: v. infra

των κατὰ χρόνους συνάπτειν ἐνταῦθα κατὰ διέξοδον παρα-
900 λείψομεν, δι' ὃν ἔφην σκοπὸν ἐξ ἀρχῆς [I 1,10], ὅτι τῶν
ἀστέρων ἡ ποιητικὴ δύναμις, ἣν ἔχουσιν ἐπὶ τοὺς καθόλου
ὁμοίως καὶ ἐν τοῖς μερικοῖς, κατὰ τὸ ἀκόλουθον ἐφαρμό-
ζεσθαι δύναται, συναπτομένων εὐστόχως τῆς τε αἰτίας τοῦ
μαθηματικοῦ καὶ τῆς αἰτίας τῆς ἐκ τῆς συγκράσεως.

S 900–904 (§ 27 fin.) Ap. III 2,6

899 *παραλήψομεν* **Γ** ‖ **900** *ὅτι*] *ὅτε* **c** ‖ **901** *τοὺς*] *τοῖς* Procl. **c**

altera operis conclusio secundum stirpem **α** (§ 27):
ὁ μὲν οὖν τύπος τῆς τῶν καιρῶν ἐπισκέψεως τοιοῦτος ἂν εἴη
κατὰ τὸν ἁρμόζοντα ταῖς φυσικαῖς χρηματείαις τρόπον· τὰς δὲ
κατὰ μέρος ἐπιβολὰς τῆς ποιότητος τῶν χρονικῶν ἀποτελεσμάτων
πολύχους καὶ δυσερμηνεύτως ἐχούσας ἐνθάδε μάλιστα ⟨κατὰ⟩
5 τὸ διεξοδικὸν τῶν ἀποβησομένων ὑποληπτέον διὰ τὴν ἐξ ἀρχῆς
ἡμῶν πρόθεσιν ⟨κατὰ⟩ τὴν τοῦ μαθηματικοῦ πρὸς τὸ συγκρατικὸν εἶδος εὐστοχίαν, τὸ τῆς καθόλου φύσεως τῶν ἀστέρων ποιητικόν (ἔτι καὶ τῆς ἐπὶ μέρους ὁμοίως) κατὰ τὸ ἀκόλουθον ἐφαρ-
μόζεσθαι δύναται. διωδευμένου δὲ καὶ τοῦ γενεθλιαλογικοῦ τόπου
10 κεφαλαιωδῶς ⟨καλῶς⟩ ἂν ἔχοι καὶ τῇδε τῇ πραγματείᾳ τὸ προσῆκον ἐπιθεῖναι τέλος.

2 *ἁρμόζοντα* **Φ** *ἁρμώζοντα* **Y** *ἀρμόζοντα* **G** | *φυσικαῖς* Robbins *δυσικαῖς* **YG**, cf. 1,464 | *χριμαντείας* **Y** *χρωματίαις* **GΦ** | *τρόπον*] *τύπον* legit Robbins ‖ **2** *ἐπιβολλὰς* **Y** *ἐπιβουλὰς* **GΦ** ‖ **4** *πολύχους* scripsi coll. Val. I 2,53 *πολύχρουν* **Y** *πολύχροαν* **GΦ** *πολυχόως* Robbins | *δυσερμηνήτως* **Y** (cf. CCAG I [1898] p. 114,26) | *κατὰ* suppl. Robbins (coll. l. 899 necnon 3,95 *κατὰ τὴν διέξοδον*) ‖ **5** *τὸ διεξωδικὸν* **Y** *τῶν διεξοδικῶν* **GΦ** | *ἀποβησωμένων* **Y** | *ὑποληπτέον* **GΦ** *ὑπολυπτεόν* **Y** *ὑπολειπτέον* Robbins (referens ad l. 7 *εὐστοχίᾳ*) ‖ **6** *κατὰ* supplevi exempli gratia | *τὴν* **Y** *τῇ* **G** Robbins ‖ **7** *εὐστοχίαν* **YGΦ** *εὐστοχίᾳ* Robbins | *καθ' ὄλλου* **Y** ‖ **8** *τῆς* **GΦ** *τοῖς* **Y**

Robbins | *ἀκόλλουθον* **Y** || **8** *ἐφαρμόζεσθαι δύναται* scripsi coll. l. 902 *ἐφαρμώζεν δυναμένου* **Y** *ἐφαρμόζειν δυναμένου* **GΦ** nisi mavis *τοῦ ... ποιητικοῦ ... ἐφαρμόζεσθαι δυναμένου* || **9** *διωδευμένου* scripsi (coll. 4,684 *ἐφωδευμένου*) *διὸ δυομένου* **Y** *διοδευομένου* **GΦ** Robbins | *γενεθληαλογικοῦ* **Y** || **10** *κεφαλαιωδῶς* **G** *κεφαλαιοδὸ* **Y** *κεφαλαιοδῶς* **Φ** | *καλῶς* supplevit Robbins | *ἂν ἔχοι* Robbins *ἀνέχη* **Y** *ἀνέχει* **GΦ** | *τῇδε τῇ* **GΦ** *τι δὲ τῇ* **Y** | *πραγμ(ατείᾳ)* **Y** *πραγματίᾳ* **GΦ** | *προσεῖκον* **Y** || **11** *ἐπιθεῖναι* Robbins *ἐπιθῆναι* **YGΦ**

subscriptiones: *τέλος τοῦ Πτωλεμαίου* **Y** (*ὧδε πεπλίροται ἡ τετράβιβλος Πτωλεμαίου. τέλος τοῦ τετάρτου βίβλου* add. **Y**[2]) *τέλος τῶν δ̄ βιβλίων τοῦ Πτολεμαίου* **GΦ** *τέλος τοῦ τετάρτου* [ut γ] / *τέλος τῆς τοῦ Πτολεμαίου τετραβίβλου* **D** *τέλος τοῦ δʹ* **A** *τέλος τοῦ δʹ βιλβίου καὶ τῆς καθόλου πραγματείας τῶν πρὸς Σύρον συμπερασματικῶν* **BC**

INDICES

I. INDEX VERBORVM

(verba potiora, uncis inclusa in apparatu critico invenientur, C indicat conclusionem alteram, p. 359 sq.)

ἀβέβαιος 3,1184
ἀβλεψία 4,754
ἁβροδίαιτος (2,273). 2,289. 344
ἀγαθοδαίμων (3,568)
ἀγαθοποιέω 3,244. 1213
ἀγαθοποιία 1,899. 4,472
ἀγαθοποιός 1,10. 431. 438. 903. 1157. 2,818. 3,259. (265). 363. 464. 476. 504. 526. 534. 536. 539. (568). 633. 656. 675. 1125. 1134. 1493. 1494. (1494). 1499. 4,84. 91. 213. 237. 277. 281. 404. 406. 454. 529. 677. 800. 812. 895
ἀγαθός (1,10). 1,237. 478. (903). 2,678. 717. 3,568. 1137. 1214. 1239. 1331. 1396. (4,91. 237). 4,238. 385. (454). 509. 808. 815. 867. 879. 887
ἀγαθόφρων 3,1342
ἄγαμος 4,232
ἀγανακτέω 1,220
ἀγανακτητής 3,1272
ἀγαπάω 1,354
ἀγαπητός 1,213
ἀγένητος 1,315
ἀγνοέω 1,311
ἄγνοια 1,284
ἀγνώμων 3,1320. 4,245
ἀγνωσία 1,305
ἄγονος 3,1045
ἄγριος 2,73. 86. 218. 258. 3,466. 1111. (1122). 4,703
ἀγχίνους 2,100. 3,1426
ἀγχίφρων 3,1289
ἀγχόνη 4,630
ἀγωγή 3,797. 1497
ἀδελφή 2,439. 4,304. 319. 322. → *ἀδελφός*
ἀδελφικός 4,705
ἀδελφός (masc. vel utrumque genus) 2,399. 3,8. 170. 352. 354. 363. 364. 382. 383. 384. 393. 4,302. 305. (319). 320. 323. (324). → *ἀδελφή*
ἀδεξίαστος 3,1417
ἄδηκτος 3,1253
ἀδιάγνωστος 1,1134
ἀδιάκριτος (3,1369)
ἀδιάλυτος 4,444
ἀδιάπτωτος 1,376
ἀδιάρθρωτος 4,737
ἀδιάσωστος (1,1134)
ἀδιαφορία 3,1309
ἀδιάφορος 1,199. 3,1233.

1250. 1274. 1314. 1356. 1372. 1402. 1432
ἀδικέω 3,994. 1216
ἄδικος 3,1208. 1256. 1433
ἀδοξία 3,255
ἄδοξος 3,931. 1232. 4,216
ἀδορυφόρητος 3,254
ἀδρανής 3,222. 1246
ἀδρανία 2,687
ἀδυναμέω 3,275
ἀδυναμία 1,154
ἀδύναμος 1,1265
ἀδυνατέω (3,275)
ἀδύνατος 1,148. 332. (1265). 2,808
Ἄδωνις 2,358
Ἀετός 1,631. 2,634
Ἀζανία 2,426. 455. 496
ἄζηλος 2,208
ἀηδής 3,1266. 4,279
ἀήθης 1,342
ἀήρ 1,68. 2,76. 89. 95. 632. 643. 656. (688). 714. 739. 754. 774. 931. 1128
ἀθέμιτος 3,1279
ἀθεμιτοφάγος 3,1262
ἄθεος 2,311. 3,1261. 1362. 1390
ἀθετέω (1,210). 3,575
ἄθετος (3,1261)
ἀθεώρητος 3,1191
ἀθήλυντος 2,381
ἀθλητής 4,144
ἆθλον (2,843)
ἄθυμος 4,783
Αἰγαῖον πέλαγος 2,161
Αἰγόκερως 1,579. 750. 754. 886. 896. 944. 949. 954. 1006. 1007. 1010. 1032. 1038. 1099. 1164. 2,143. 232. 253. 262. 293. 365. 490. 637. 912. 981. 3,754. 957. 1047. 1058. 1073. 1116. (1484). 4,202. (204). 302. 316. 331. (396. 640)
αἰγόπους (-πούς) (3,919)
αἰγωπός 3,919
Αἰγυπτιακός 1,1021. 1023. (1072). 1119
Αἰγύπτιος 1,358. 1046. 1072. 1120. 2,898. 4,706
Αἴγυπτος 1,1057. 2,425. 446. 477. 649
αἰδημονικός 4,761
αἰδήμων 3,1271. 1564
ἀΐδιος 1,66
αἰδώς 3,1306. 4,777
αἰθερώδης 1,66
αἰθήρ 1,69
Αἰθιοπία 2,168. 173. 426. 456. 497. 4,699
Αἰθίοψ 2,75
αἰθρία 2,775. 1109
αἰκία 3,1507
αἴλουρος 3,468
αἷμα 2,750
αἱμαγμός 4,184
αἱμοπτυϊκός 3,1094. 4,602
αἱμορραγία 4,603
αἱμορροϊκός (4,603)
αἱμορροΐς 3,1097
αἴνιγμα (2,963)
αἰνιγματώδης 3,460. 473. 478
αἴξ 3,469
αἵρεσις 1,475. 484. 930. 941. 958. 964. 970. 975. 1229. 1232. 2,190. 604. 820. 825. 3,158. (217). 245.

258. 260. 326. 613. 616. 1196. 1211. 4,33. 47. 49. 60. 91. 407. 410. 417. 628. 648. 881
αἱρετός 1,40
αἴσθησις 4,766
αἰσθητικός 3,1150
αἰσθητός 1,177. 3,494. 667. (1150)
αἰσχήμων (3,1329)
αἰσχροκερδής 3,1260
αἰσχροποιέω 3,1422
αἰσχροποιός 3,1274
αἰσχρός 2,211. 3,1532. 1546. 4,347. 365
αἰτέω 1,214
αἰτία 1,52. 183. 201. 225. 261. 263. 267. 274. 319. 370. 477. 782. 821. 1206. 2,33. 518. (579). 614. 1057. 3,27. 39. 131. 195. 547. 868. 997. 4,28. 697. 889. 903. 904
αἰτιατικός 4,569. 668. 874
αἰτιολογία (1,879)
αἴτιος 1,116. 280. 341. 806. 2,574. 579. 668. 685. 706. 736. 745. 787. 834. 3,320. 349. 532. 995. 1011. 1036. 1126. 1131. 4,52. 221. 376. 569. (883). → *παραίτιος*
αἰφνίδιος 2,630. 749. 756. 3,288. 309. 314. 4,601
αἰχμαλωσία 2,361. 747
αἰών 1,266
ἀκαθαίρετος 4,48
ἀκάθαρτος 2,296. 3,1275. 1561
ἀκαθυπερτέρητος 3,1214. 4,404
ἄκακος 3,1326
ἄκανθα 1,596
ἀκαταγώνιστος 3,1258
ἀκατάληπτος 1,176
ἀκαταληψία 1,57
ἀκαταστασία 2,1122. 3,1504. (4,453)
ἀκατάστατος (4,760)
ἀκατασχεσία (3,1504)
ἀκαταφρόνητος 3,1256. 1380
ἀκίνδυνος 3,1209. 4,548
ἀκινησία 1,362
ἀκίς 1,570. 3,1027
ἀκμάζω (2,647)
ἀκμαῖος (1,692). 2,751
ἀκμαιότης 1,692
ἀκοή 3,999. 1002
ἀκολάκευτος 3,1172
ἀκόλαστος (3,1531)
ἀκολουθέω 1,284. 313. 1029. 1054. 2,88. 3,1455. 4,383
ἀκολουθία 1,1024. 1041. 1090. 2,22. 1136. 3,115
ἀκόλουθος 1,78. 105. 381. 470. (508). 736. 788. 886. 891. 908. 945. (1090). 1147. 1196. 1220. 2,264. 315. 441. 467. 513. 1038. 3,134. 326. 337. 837. 4,689. 902. C 8
ἀκοντισμός 2,1120
ἀκοντιστής (2,1120)
ἀκόρεστος 3,1531
ἀκούω (1,21). 1,298. (840. 842. 848. 865). 3,647
ἀκρασία 4,752

ἄκρατος 1,727. (3,1471). 4,886
ἀκριβής 1,123. 175. 3,139. 149. 356. 4,1289
ἀκριβόω 1,126. 150. 3,95
ἀκρίς 2,725
ἀκριτικός (3,1245)
ἄκριτος 3,1245. 1304. 1320
ἀκρόνυκτος 1,499. 500. 2,578. 581
ἀκρόνυχος (1,499. 500)
ἄκρος 1,525. 549. 556. 558. 768. 3,1122. 1471
ἀκρότης 4,814
ἀκτινοβολία 3,620
ἀκτίς (1,1242). 1,1248. 2,1073. 1076. 1081. 3,528. 530. 533. 645. 657. 4,579
ἀλαζονικός 3,1350
ἀλαζών (3,1350)
ἀλγηδών 3,1014
ἀλέα 1,881
ἁλεία 4,199
ἀλήθεια 1,1056. 3,128. 1421
ἀληθεύω 1,151
ἀληθής (1,342). 1,1068. 2,212. 3,478. 4,726
ἀλλογνώμων (4,245)
ἀλλοίωσις 1,266. 2,45. (792)
ἀλλοπρόσαλλος 2,307. 3,1415
ἀλλότριος 2,59. 3,222. 448. 491. 1374. 4,46. 131. 175. 417
ἀλλοτριόω (1,1209). 1,1232. 4,506
ἀλλόφυλος 4,358. 369
ἄλογος 1,115. 1195. 2,623. 711. 736. 760. 3,478. 1150
ἄλυτος 1,261
ἀλφός 3,1084
ἅλως 2,843. 1079. 1092. 1100
Ἀμαζόνες 2,376
ἁμάρτημα 3,1434. 4,760
ἁμαρτία 1,342. 1367
ἁμαρτωλός 3,1432
ἀμαυρός 2,1109. 3,1204
ἄμαχος 1,280
ἀμβλύς 3,1186. 1444
ἄμβλωσις (3,1099)
ἀμετάθετος 3,1175. 1257
ἀμετάπτωτος 1,265
ἀμετατρεψία 1,362
ἀμέτοχος 1,868
ἀμετρία 1,341. 3,1473. 4,605
ἀμιγής 1,743
Ἄμμων 2,422
ἄμοιρος 4,674
ἄμορφος 2,296
ἄμπελος 2,647
ἄμπωτις 2,721. 1051
ἀμφημερινός (2,788)
ἀμφίβολος 3,1185
ἀμφιλαγχάνω 4,160
ἀμωρόκακος (3,1245)
ἀνάβασις 2,650. 742. 777. 899
ἀνάβρασις (3,317)
ἀνάβρωσις 3,317. 1099
ἀναγκάζω 1,1208
ἀναγκαῖος 1,102. 117. (281). 2,36. 134. 724. 832. 3,68. 132. 4,711
ἀνάγκη 1,254. 263. 281. 285. 289. 3,87. 344. 4,808
ἄναγνος 3,1275
ἀναγραφή 1,1091. 1121. 1132. 1136
ἀνάγω 4,46

ἀναγωγή 1,328. 2,638
ἀναδεικνύω 3,869. 1538. (4,333)
ἀναθεωρέω 3,97
ἀναθυμίασις 1,395. 402. 423
ἀναθυμιάω 3,582
ἀναιδής 3,1235. (4,279)
ἀναίρεσις 3,672
ἀναιρέω 1,210. 297. 3,288. 631. 643. (650). 653. 655. 664. 668. 673. 678
ἀναιρέτης 4,819
ἀναιρετικός 3,560. 626. 840. 4,589. 620. 670. 677. (819)
ἀναισχυντέω 3,1551
ἀναίσχυντος (3,1551)
ἀναιτιολόγητος 3,197
ἀνάκλησις (2,795)
Ἀνάκτορες 3,435
ἀνακύκλησις 2,795
ἀνακύκλωσις (2,795)
ἀναλαμβάνω 3,535. 541
ἀναλογία (1,732). 1,1040. 3,806
ἀνάλογος 1,732. 739. 2,627. 805. 3,641. 720. 802. 925. 4,834
ἀναλύω 3,675
ἀνάμνησις 4,282
ἄνανδρος 2,212. (3,1366)
ἀναξήρανσις 2,758
ἀνάπαυσις (1,681)
ἀναπαυστικός 1,470
ἀναπατικός (1,425)
ἀναπίνω 1,713. 2,84
ἀναπληρόω 3,90
ἀναποδιστικός 3,223
ἀνάποσις 1,681
ἀναπωτικός 1,425
ἀναστασία 4,219
ἀναστροφή 4,132. 134. 185. 528
ἀνατέλλω 1,791. 860. 1264. 2,579. 1067. 1071. 1079. 3,133. 151. 155. 283. 578. (592). 753. 797. 808. 976. 4,264
ἀνατίθημι 1,988
ἀνατολή 1,85. 461. 491. 497. 701. 957. 2,56. 108. 159. 278. (281). 285. (337). 577. 659. 801. (1045). 3,539. 572. 640. 682. 1048. 1441. 4,539
ἀνατολικός (1,461). 1,1256. 1263. 2,118. (281). 327. 337. 364. 375. 3,218. 251. 308. 315. (592). 670. 681. (682). 691. 695. 719. 871. 884. 893. 900. 913. (976). 977. 1011. 1031. 1134. 1176. 1461. 1479. 1556. 4,211. 312. 376. 391. 411. 415
ἀνατροφή (4,132)
ἀναφαλαντιαῖος 3,898
ἀναφανδόν 2,274. 3,1536
ἀναφέρομαι 1,845. 1059. 1061. 3,701. 785. (980)
ἀναφορά 1,1055. 3,136. 152. 155. 221. (232. 577). 697. 703. 728. 739. 764. 809. (4,132). 4,835
ἀναφορικός 1,1051. 2,788. 3,679. 692. (728). 1092. 4,612. 832
ἀναχωρέω 3,1234. 4,774
ἀνδραποδισμός 2,747

ἀνδριαντοποιός 4,169
Ἀνδρομέδα 1,636. 4,661
ἀνδροφόνος 3,1262. 1393
ἀνδρώδης 4,763
ἀνεκτικός 3,1242
ἀνελεήμων 3,1251. 1360
ἄνεμος (1,698). 1,700. 705. 710. 714. 720. 938. 2,172. 917. 931. 932. 1022. 1024. 1041. 1054. 1077. 1088. 1096. 1106. 1118. 1121
ἀνεμπόδιστος 1,347. 3,1209. 4,532
ἀνεμώδης 2,940
ἀνεξαπάτητος 3,1182
ἀνεξίκακος 3,1248
ἀνεξίλαστος 3,1317
ἀνεπηρέαστος 4,445
ἀνεπίπλαστος (4,760)
ἀνεπισκότητος 2,1071
ἀνεπίστατος 4,760
ἀνεπίτευκτος 3,1212
ἀνεπιφανής 3,1446
ἀνεπίφαντος 3,1204. 1304. 1402. 1490. 4,80. 418. 507
ἀνεπίψογος (3,1402)
ἄνεσις 2,45. 573. 582. 1009. 1029. (1043). 1050. 4,501. 860
ἀνεύρεσις (2,450)
ἀνεύφραντος 3,1236. 1292
ἀνέφελος 2,1071
ἀνέχω (C 10)
ἀνήκω 2,7. 459
ἀνήμερος 2,346. 625. 3,465
ἀνήρ 2,368. 373. 377. 398. 399 (bis). 440. 3,1045. 1056. 1525. 1529. 1535. 1541. 1547. 4,225. 226. 229. 255. 272. 303. 321. (324). 339
ἀνθινός 2,288
ἄνθος 4,137
ἀνθρώπειος 1,663. (3,53)
ἀνθρώπινος 1,195. 214. 239. 2,718. 737. 760. 783. 3,53. 75. 78. 105. 469. 1135. 4,193. 813
ἀνθρωποειδής 3,470. 948. 4,563. 649
ἀνθρωπόμορφος 2,620. 4,191
ἄνθρωπος 1,139. 178. 191. 225. 260. 270. 291. 312. 2,30. 317. 621. 626. 635. 658. 706. 713. 728. 730. 746. 767. 831. 3,21. 42. 75. 463. 999. 4,183. 720
ἀνθωροσκοπέω 4,635. 661
ἀνίατος 3,1127. 1490. 1500
ἄνικμος 1,705. (2,963. 973)
ἄνισος 1,872. 3,715. 716
ἀνόητος 3,1350
ἀνοίκειος 1,479. 3,223. 1202. 1450. 1462. 4,460. 859
ἀνομβρία 2,756
ἀνόμοιος 1,168. 179. 1234
ἀνομοιότης (3,689)
ἀνομόλογος 1,1126
ἀνορθόω 4,660
Ἀντάρης 1,564
ἀντεισάγω 4,775
ἀντίγραφον 1,1127
ἀντιγώνιος 2,180
ἀντιδικία 4,436
ἀντίθεσις 1,800. 838. 955. 1009
ἀντιτίθημι 4,266

ἄντικρυς 1,395. 1046. 3,847. 1537. 1551
ἀντιλαμβάνω 1,770
ἀντιληπτικός 4,346
ἀντιμεσουρανέω 1,719. (800). 4,646
ἀντιμεσουράνημα 4,659
ἀντιμεσουράνησις 1,462
Ἀντίοχος (1,2)
ἀντιπάθεια 1,277. 4,450
ἀντιπαθέω 1,282. 305. 310. 312. 345. 374. 512. 871
ἀντιποιέω 4,776
ἀντιπράττω 1,264. 280. 290. 364
ἀντίπτωμα 3,303
ἀντλητής 4,153
ἀνύποιστος 3,1255
ἀνυπότακτος 2,202. 237. 421. 3,1312. 1356. 4,241. 257
ἀνυτικός 3,1313. 1449
ἀνύω 4,768
ἄνω 1,894. 3,959. 4,43
ἄνωθεν 1,129. 260. 268. 1070
ἀνωμαλία 3,132. 261
ἀνώμαλος 3,1322
ἀξιοπιστία 1,1070
ἀξιόπιστος 1,1118
ἀξία 4,55. 94. 797. 804
ἄξιος 1,352. 1199. 4,768
ἀξιόω 1,1121
ἀξίωμα 1,231. 3,1135. 4,72. 77. 86. 92. 570. 807
ἀξιωματικός 3,184. 895. 1347. 4,5. 19. 21. 54. 490
ἀπαίδευτος 4,703
ἀπαλλοτριόω 1,862. 1209. 4,273
ἀπαλλοτρίωσις 3,1504
ἁπαλός 1,691. 2,113
ἀπαντάω (3,629)
ἀπάντησις (3,652. 693. 1067)
ἀπαραδειγμάτιστος 3,1491. (1495)
ἀπαρακάλυπτος 3,1178
ἀπαράλλακτος 1,174
ἀπαραπόδιστος 3,1197
ἀπαρτίζω 1,178
ἀπάτη 4,754
ἀπειρία 1,123
ἀπειρόκαλος 3,1243
ἄπειρος 2,808. 915. 3,95
ἀπελάτης 4,173
ἀπεργάζομαι 1,93. 504. 2,337. 741. 808. 820. 3,312. 345. 485. 717. 1179. (1378). 4,344. 378. 737. 861
ἀπεργαστικός 4,880
ἀπερίκτητος 4,216
ἀπέχω 1,401. 2,417. 3,725. 731. 735. 737. 754. 756. 776. 779. 781. 782. 788. 790. 794. 830. (1202). 1548. (4,371). 4,444
ἀπηλιώτης (ἀφ-) 1,705. (796). 953. (2,426)
ἀπηλιωτικός (ἀφ-) 1,463. 796. 968. 2,146. 149. 163. 565. 3,306. 380. 410. 621. 1494. 1499. 4,227. 247. 262. 332
ἀπηξία 4,735
ἄπικρος (3,1240)
ἀπιστία 1,344
ἄπιστος 3,1245. 1283. 1320. 1433. 4,463
ἀπλανής 1,14. 87. 121. 322. 329. 507. 508. 2,499. 501.

589. 606. 621. 695. 701. 930. 939. 1044. 1100. 1103. 3,878
ἁπλοδίαιτος 2,273
ἁπλόθριξ 3,889
ἀποβαίνω 1,108. 254. 263. 281. 349. 2,213. (235). 528. 585. 866. C 5
ἀποβάλλω 3,817. 4,802
ἀποβλέπω 3,974
ἀποβολή 4,408
ἀπογλαύκωσις 3,1040
ἀπογυμνόω 2,380
ἀπογύμνωσις (2,380)
ἀποδείκνυμι 2,702. 4,333
ἀποδεικτικός 1,42
ἀπόδειξις 1,1133
ἀποδέχομαι 1,259
ἀποδημία 4,527. 540. 545. (549)
ἀποδίδωμι 2,359. 3,883. 4,474
ἀποδοκιμάζω 1,211
ἀποδοτικός (4,474)
ἀπόθεσις 2,649. 764
ἀποθνήσκω 2,434. 4,638. 658. 663
ἀποικτικός (3,1294)
ἀποκατάστασις 2,878. 4,453
ἀποκεφαλίζω 4,656
ἀποκληρόω (4,779)
ἀπόκλιμα 4,538. 680
ἀποκλίνω 1,709. 3,224. 280. 302. 450. 581. 624. 4,212. 522. 525
ἀποκνέω 1,50
ἀποκοπή 2,378
ἀπόκοπος 3,1056. 4,337
ἀποκόπτω (2,378). 4,281
ἀποκρημνισμός 3,1078
ἀπόκροτος 3,1175
ἀποκρουστικός 3,310. 316. 1030. 1054
ἀπόκρυφος 3,313. 1191. 1287. 1549
ἀποκύησις 3,55
ἀποκυΐσκω 3,443
ἀπολαμβάνω (1,691)
ἀπόλαυσις 4,142. 782
ἀπολαυστικός 3,1298. 1324. 1366. 1406. 4,188
ἀπόλλυμι 4,630. 636. 654. 665
Ἀπόλλων 1,531
ἀπολογητικός (3,1168)
ἀπολύω 3,554
ἀπομερίζω 3,342
ἀπομηκύνω 2,1076
ἀπονέμω 1,481. 777. 884. 890. 963. 1151
ἀπόνηρος 3,1337
ἀποπέμπω 2,1073. (3,196)
ἀποπληξία 4,598
ἀποπνίγω 4,642
ἀπορέω 2,885
ἀπορία 1,204. 2,709. 3,122
ἄπορος (2,808)
ἀπορρέω 1,1239
ἀπόρρητος 3,1287
ἀπόρροια 1,30. 81. 1236. 1244. 2,596. (709). 1020. 3,525. 580. 923. 1152. 1201
ἀποσιώπησις (4,451)
ἀπόστασις 3,159. 689. 716. 804
ἀπόστημα 3,1110
ἀποστρέφω 1,870. 4,773
ἀποσυνεργέω 4,859
ἀποτέλεσμα 2,12. 675. 677. 689. 731. 783. 809. (816).

865. 3,111. 210. 225. 4,221. (680). 711. 851. 858. 872. 887. 898. C 3
ἀποτελεσματικός 1,2. 5. (1265). (2,1. 2. 857). (3,1). (4,1)
ἀποτελεστικός 1,1003. 2,789. 798. 857. 3,553. 1181
ἀποτελέω 1,38. 266. 347. 788. 857. 1234. 2,10. 34. 266. 530. 547. 552. 562. 582. 622. 644. 731. 767. 803. 807. 851. 875. 898. 1043. 1053. 1131. 3,22. 47. 337. 348. 552. 1020. 1223. 1516. (1535). 1552. 4,160. 233. 579. 610. 673
ἀποτέμνω (2,379)
ἀποτευκτικός 3,1294
ἀποτίκτω 3,545
ἀποτομή 1,519. 4,658
ἀποτροπιασμός 1,359
Ἀπουλία 2,199. 219. 485
ἀποφαίνω 2,235. 3,405
ἀποφθέγγομαι 3,483. 4,205
ἀποχή 3,761. 833
ἀπόχυσις (3,1040)
ἀποχώρησις 3,641
ἀπραγία 4,805
ἄπρακτος 4,119
ἀπρόκοπος 3,1205. 4,81
ἀπροσδόκητος 1,255. 2,631. 3,444
ἀπροφάσιστος (1,56)
ἄπταιστος 1,351. 4,92. 215. 444
ἀπώλεια 2,363. 724. 728. 739
Ἀρ(ρ)αβία 2,299. 314. 425. 455. 495
Ἀραβικός 2,161
ἀργός (3,578. 4,642)
ἀργυροκόπος 4,179
Ἀργώ 1,661. 2,640. 4,642
Ἄρης 3,258. 307. 437. 441. 4,241. 485. 490. 494. 496. 555. Ἄρεως 1,408. 441. 454. 482. 515. 518. 522. 524. 525. 531. 535. 537. 539. 542. 544. 550. 555. 557. 560. 562. 565. 567. 568. 571. 573. 574. 581. 583. 599. 604. 608. 612. 622. 623. 628. 629. 631. 633. 634. 644. 652. 654. 659. 667. 904. 910. 929. 931. 938. 940. 961. 974. 980. 1007. 1031. 1034. 1086. 1097. 1102. 1116. 1152. 1160. 1187. 2,142. 153. 197. 206. 218. (222). 237. 303. 310. 354. 358. 363. 366. 383. 395. 409. 415. 524. 744. (766. 774). 847. 858. 3,277. 287. 299. 372. 517. 520. 644. 900. 1002. 1029. 1036. 1044. 1048. 1050. 1065. 1079. 1094. 1108. 1249. 1310. 1353. 1480. 1483. 1487. 1509. 1523. 1528. 1537. 1550. 1557. 4,38. 100. 123. 147. (157). 168. 177. 217. 245. 257. 261. 291. 295. 300. 310. 336. 339. 359. 368. (388). 524. 601. 645. 648. 762. 854. Ἄρει (2,315). 4,365. Ἄρη 4,388. Ἄρεα 1,414
Ἀριανή 2,258. 294. 492

ἀριθμέω 3,596. 726
ἀριθμός 1,1043. 1046. 1048. 1085. 1125. 1131. 3,155. 157. 161. 197. 219. 356. 427. 499. 530. 588. (590). 636. 676. 801. 4,733. 741. 749
ἀριστερός 1,587
ἄρκτος 1,716. 938. 2,80. 92. 630. 4,542
Ἄρκτος μεγάλη 1,604
Ἄρκτος μικρά 1,602
Ἀρκτοῦρος 1,611
ἁρματοπώλης (4,140)
Ἀρμενία 2,322. 339. 471
ἁρμογή (4,223)
ἁρμόζω 1,45. 2,876. 3,325. 393. 578. 4,173. C 2
ἁρπαγή 2,361. 403. 753
ἅρπαξ 3,1260. 1318. 1360
ἁρποκρατιακός (3,481)
ἁρποκρατικός 3,481
ἀρρενικός (ἀρσεν-) 1,11. 19. 446. 454. 776. 778. 785. 790. 795. 798. 837. 884. 928. 960. 2,110. 3,9. 176. 392. 396. 1525. 4,57. 68. 83. 356. (397). 402. → *ἄρρην*
ἀρρενογονία 3,404. 429
ἀρρενολογία (3,404)
ἀρρενοποιέω 2,377
ἀρρενόομαι 1,456. 459. 463. 468. 2,107. 207. 375. 3,379. 403. 405. 410. 412. 1054. 1529. 1536. 4,373. 377. 397
ἀρρενωπός (2,377)
ἄρρην 1,451. 781. 783. 792. 2,209. 276. 442. 3,378. 434. 438. 440. 1369. 1519. 4,318. 322. 351. 356. 398. → *ἀρρενικός*
ἄρρυθμος 3,955. 965
ἀρτάω 3,558
ἀρτηρία 3,1001
ἀρχαῖος 3,92. 550
ἀρχή 1,226. 261. (330). 685. 686. 694. 781. 792. 793. 1195. 1200. 1205. 1206. 2,882. 887. 889. 892. 902. 910. 3,32. 43. 47. 53. 60. 68. 71. 113. 231. 344. 347. 407. 749. 750. 752. 753. 754. 755. 756. 759. 767. 768. 770. 775. 776. 777. 779. 781. 788. 791. 795. 815. 817. 862. 4,31. 571. 685. 890. 866. 870. 900. C 5
ἀρχικός 2,201. 376. 3,1313. 1355
ἄρχομαι 1,677. (678). 685. 713. 764. 989. (1193). 2,894. 896. 3,396. (713). 4,742. 750
ἄρχω 1,783. 2,400. 509
ἄρωμα 2,317. 4,138
ἀρωματοπώλης 4,140
ἀσεβής 3,1263. 1282
ἀσελγαίνω 3,1378
ἀσέλγεια 4,376
ἀσελγής 3,1274. 1561. 4,329
ἄσεμνος (3,1451)
ἄσημος 1,98. 3,1451
ἀσθένεια 1,166. 3,303
ἀσθενής 1,48. 730. 1258. 2,35. 3,931. 954. 960. (962). 1184. (4,260)

ἀσθενικός 3,280. 1091. 4,784
Ἀσία 2,168. 171. 228. 246. 257. 321. 480
ἀσινής 3,1060
ἀσκέω 2,252
ἀσκητής 3,1326
Ἀσσυρία 2,259. 291. 484
ἀσπάζομαι 1,212. 355
ἄστατος 3,1319. 1382. 1432. 4,245. 310
ἀστερικός (3,316)
ἀστήρ 1,9. 14. 24. 36. 87. 98. 110. 121. 124. 127. 329. 384. 385. (446). 452. 457. (465). 507. 508. 519. 526. 533. 579. (585). 673. 726. 742. (810). 875. 889. 914. 951. (1019). 1042. 1052. 1143. 1196. 1213. 1251. 2,5. 51. 60. 104. 120. 130. 187. 202. 270. 293. 307. 398. 461. 500. 520. 577. 588. 592. 615. 617. 621. 669. 681. 686. 693. 698. 701. 704. 793. 816. 818. 923. 929. 939. (994). 1010. 1021. 1040. 1060. 1065. 1099. 1112. 1120. 3,27. 41. 59. 86. 93. 101. (109). 142. 205. 211. 238. 248. 334. 346. 365. 373. 390. 399. 402. 409. 421. 424. 427. 428. 477. 544. 560. 581. 630. 669. 846. 878. 880. 884. 978. 990. 997. 1102. 1105. 1121. 1149. 1153. 1159. 1161. 1162. 1223. 1226. 1353. 1424. 1458. 1460. 1466. 4,57. 63. (66). 71. 75. 95. 110. 122. 123. 210. 221. 233. 236. 252. 277. 291. 294. 321. 350. 372. 429. 467. 472. 477. 478. 479. 483. 508. 514. 544. 589. 626. 679. 740. 829. 865. 875. 886. 901. C 7
ἄστοργος 3,1236. 1261. (1267). 4,257
ἀστραπή 2,798. 948. 1124
ἀστρολάβος 3,123
ἀστρολογία (3,1168)
ἀστρολογικός 3,1168. 1193
ἀστρολόγος 4,128. 205
ἄστρον 2,899
ἀστρονομία 1,7. 32. 63. 222. 358. 368. 2,27
ἄστροφος (3,180)
ἀσύμμετρος 1,145. 3,930. 965
ἀσυμπαθής 3,1293
ἀσυμπερίφορος 3,1268
ἀσύμφωνος 1,837. 899. 908. 3,264. 4,280. 881
ἀσυνδεξίαστος (3,1417)
ἀσύνδετος 1,23. 861. 862. 3,386. 450. 459. 578. 977. 1460. 1479. 4,275. 421. 426. 445
ἀσύνθετος 3,1417
ἀσύντακτος (4,275)
ἀσφαλής 1,328. 4,462
ἀσχολέω 4,166
ἀσωτία 3,1305
ἄσωτος 3,1321. 1335. 1377
ἄτακτος 2,757. 795. 950. 953. 3,1376
ἀταξία (4,759)

ἀτεθέω (1,210)
ἀτεκνία 4,389. 404
ἀτελείωτος 3,1205
ἀτελής 3,544. 4,655. 737. 814
ἄτιμος 3,1281
ἀτιμώρητος 3,1212
ἄτοκος 3,1058
ἄτολμος 3,1401
ἄτοπος (3,1376)
ἄτρεπτος 1,347. 3,1182. 1257
ἄτρητος 3,1052. 4,336
ἄτροφος 3,12. 178. 180. 487. 489. 497
ἄτρωγλος 3,1051
ἀτυχέω 4,809
αὐγή 2,581. 3,671. 4,231. 369
αὐθάδης 2,218. 3,1177. 1357
αὐθέκαστος 3,1198
αὐθεντέω 3,1227
αὐθεντικός (3,1198). 4,91. 212. 470. 517. 757
αὐλικός 4,336
αὐλίσκος (4,336)
αὐξάνω 1,1013. (1224). → *αὔξω*
αὔξησις 1,492. 998. 2,730. 733. 735. 904. 3,64. 1442. 4,219. 735
αὐξομείωσις 4,86
αὔξω 1,341. 434. 990. 994. 995. 1004. 1224. → *αὐξάνω*
αὐστηρόπρακτος 3,1251
αὐστηρός 2,346. 3,1229. 1247. 1267. 1452. 4,240. 764
αὐτάρκης 1,1089
αὐτοδίδακτος 3,1409
αὐτόνομος 2,238
αὐτοτελής 1,44. 3,32
αὐτουργός 4,771
αὐτόχειρ 4,651
αὐχμός 2,1117
ἀφαίρεσις (3,529). 3,636
ἀφαιρέτης 4,391
ἀφαιρετικός 1,1258. 3,302
ἀφαιρέω 1,1168. (3,590). 3,630. 634. 823. 829. 834
ἀφανής 2,1110. 1114
ἀφανίζω 2,434. 3,514. 582. 628
ἀφελής 3,1364
ἀφερέπονος 3,1185
ἄφεσις 2,755. 3,108. 529. 559. 563. 618. 627. 643. 652. 681. 4,478. 579. 581. 791. 811. 818. 824. 831. 863. (875). 893
ἀφέτης 3,585. (600). 618. 622. 625. 631. 654. (690). 695
ἀφετικός 3,558. (561). 562. 601. 613. (614. 618). 632. 648. 677. 691. 765. (770). 772. 797. 4,817. 824. 840
ἀφέτις 3,673
ἀφή 3,1001
ἀφηλιώτης, -τικός → *ἀπηλ-*
ἀφημερινός 2,788
ἀφθονία 4,552
ἀφίημι 1,247. (3,612). 3,651. 662
ἀφιλόκαλος (3,1432)
ἄφιλος 3,1245
ἀφιλότιμος 3,1246. 1267
ἀφίστημι (1,401). 1,426. 683. 854. 914. 2,81. 94. (3,794. 4,380)
ἀφόμοιος 3,952

ἀφοράω 1,236. 251. 4,226. 246. 290
ἀφορία 2,46
ἀφορίζω 2,883
ἀφορμή 1,56. 158. 4,498. 550
Ἀφρική 2,391. 410. 472
ἀφροδισιακός 3,1367
ἀφροδισιαστικός (3,1367)
ἀφροδίσιος 2,209. 271. 334. 3,1329. 1412. 1532. 1547. 4,260. 338. 342. 362. 751. 753
Ἀφροδίτη 3,437. 440. 441. 4,241. 243. 487. 491. 494. 498. 547. *Ἀφροδίτης* 1,418. 438. 452. 471. 518. 520. 528. 546. 547. 552. 555. 566. 577. 580. 582. 597. 603. 606. 613. 616. 626. 630. 636. 641. 650. 656. 657. 664. 665. 668. 910. 947. 950. 977. 982. 1011. 1030. 1086. 1096. 1101. 1116. 1158. 1163. 1187. 1217. 2,233. 241. 244. 247. 263. 266. 273. 282. 286. 342. 354. 356. 364. 365. 396. 407. 444. 453. 765. 847. 3,239. 250. 256. 270. 296. 297. 300. 360. 467. 479. 660. 908. 1005. 1041. 1053. 1138. 1188. 1264. 1322. 1362. 1394. 1493. 1498. 1511. 1523. 1528. 1536. 1543. 1557. 4,39. 99. 124. 136. 157. 177. 258. 259. 287. 290. 294. 299. 307. 315. 340. 345. 347. 357. 360. 366. 370. 606. 639. 652. 747. 854. *Ἀφροδίτῃ* 1,945. *Ἀφροδίτην* (3,263). 3,312. 4,387
ἄφρων 3,1432
ἀφύλακτος 1,294. 348
ἄφωνος (3,272)
ἀφώτιστος 2,1087
Ἀχαΐα 2,227. 249. 488
ἀχάριστος (4,462)
ἀχλυώδης 2,958. 1096. 3,583
ἄχρηστος 1,59. 249. 333. 3,266. 4,557
ἄχρονος 3,514. 546
ἄψυχος 1,82

Βαβυλῶν (2,291)
Βαβυλωνία 2,259. 291. 483
βαθυκάρδιος (3,1229)
βαθυπόνηρος 3,1255. 1417
βαθύφρων 3,1229
Βακτριανή 2,322. 341. 482
βασιλεύς 2,404. 658. 663. 4,62. 666
βασιλεύω 2,399. 509. 734
βασιλικός 2,790
Βασιλίσκος 1,544
βάσκανος 3,1234
Βασταρνία 2,199. 216. 473
βαφεύς 4,140. 178
βαφή 4,137
βέβαιος 3,1172. 1181. 1442
βεβαιότης 1,47
βεβαιόω 2,1058
βέλος 1,570. 3,108
βηχικός 2,788. 3,1092. 4,612
βία 2,752

βιαιοθανασία 2,751
βίαιος 3,1231. 4,619
βιβλίον 1,3. 4. 1137. (1265). 2,1. 2. (1135). 3,1. 2. (1565). 4,1. 2
Βιθυνία 2,349. 371. 475
βιοθανασία (2,751)
βίος 1,200. 2,458. 3,261. (385). 4,79. 528. 758. 765. 783. 798
βιώσιμος 3,553
βιωφελής 4,244. 258
βλαβερός 4,310. 507. (533). 568
βλάβη 3,849
βλακεία 3,1308
βλακώδης 3,1186
βλαπτικός 2,625. 823. 3,1386. 1463
βλάπτω 2,826. 3,511. 516
βλαστός 2,646
βλασφημία 3,1505
βλέπω 1,22. 851. 858. 865. 3,287. 289. 300. 307. 312. 314. 647
βοήθεια 1,297. 3,672. 1135
βοηθέω 3,664. 668. (675). 842
βοήθημα 1,371
βολή 3,510
βορέας 1,720. 2,1114
βορεινός (4,335)
βόρειος 1,553. 596. 597. 600. 601. 613. 879. 935. 1002. 1004. 2,67. 79. 141. 150. 160. 170. 320. 941. 949. 953. 959. 963. 968. 972. 976. 980. 984. 989. 993. 1113. 3,1437. 4,335
βορρᾶ (2,164)
βορραπηλιώτης 2,169. 323. 426
βορραπηλιωτικός 1,669. 2,148. 325. 428
βορρολιβυκός 1,939. 2,140. (164. 178). 195. 301
βορρόλιψ 2,165. 178. 194. 300
βοτανικός 4,198
βοῦς 2,628. 3,469
Βοώτης 1,610
βραδύγαμος 4,230. 250
βραδύς 1,1170. 2,870. 3,232
βραχύς 1,59. 234. 274
Βρεττανία 2,198. 216. 470
βρέφος 2,378. 3,76. 524. 4,714. 733
βροντή 2,796. 1123
βροντώδης 2,937. 966. 974
βροῦχος 2,762

Γαιτουλία 2,392. 414. 484
Γαλάτης 4,700
Γαλατία 2,198. 216. 471
Γαλλία 2,199. 220. 483
γαμέω 2,403
γαμικός 3,185
γάμος 2,402. 4,186. (223). 383. 706. 715
Γαραμαντική 2,391. 418. 493
γαστήρ 3,77
Γεδρουσία 2,258. 295. 493
γελοῖος 3,551
γενεθλιακός 2,1135
γενεθλιαλογία 1,184. 3,6. 23. 164
γενεθλιαλογικός (1,184). 2,31. (1135). (3,6. 23. 164). 3,166. 4,844. 847. C 9

γενεθλιαλόγος 1,298. 4,691
γένεσις 1,192. 1123. 1130. 2,506. 510. 557. 831. 896. 1003. 3,9. (53). 75. 169. 170. 171. 173. 175. 178. 202. 216. 219. 224. 262. 321. 328. 391. (392). 395. 435. 454. 488. 549. 686. 851. 1076. 4,14. 15. 269. 430. 438. 468. 477. 478. 479. 514. 517. 693. 698. 730. 788. 840. 866. 878. 890
γενικός 2,28. 527. 584
γενναῖος 2,237. 283. 332. 3,1354
γεννάω 1,197. 3,416. 460. 463. 506. 535. 545. 595. 983. 1425. 4,27. 62 (77. 136. 286). 699
γεννητικός 2,269. 443
γένος 1,188. 194. 218. 447. 455. 2,11. 528. 583. 585. 618. 626. 641. 654. 666. 865. 3,414. 427. 1519. 4,164. 705
Γερμανία 2,199. 216. 472
Γερμανός 4,700
γεροντικός 4,778
γέρων 4,715
γεῦσις 3,1007
γεωμέτρης 3,1341
γεωμετρικός (4,196)
γεωργία 4,37. 485
γεωργικός 4,196
γεωργός 1,106. 4,150. 180
γῆ 1,37. 70. 73. 81. 90. 175. 402. 423. 462. (699). 800. 1249. 1263. 2,434. 545. 630. 645. 662. 723. 759. 761. 778. 3,141. 568. 572. 575. 580. 582. 727. 730. 743. 745. 755. 760. 768. 777. 791. 815. 1187. 4,64. 66. 677
γινώσκω 1,58. 312. (2,521. 550). 3,56. 67
γλαυκόφθαλμος 3,901
γλαύκωσις (3,1040)
γλῶττα 3,1006. 1061. 1066
γνήσιος 1,163
γνώμων 3,129
γνῶσις 1,7. 63. 177. 371
γόης 3,1392. 4,142
γονεύς 3,7. 169. 233. 237. 241. 246. 253. 255. 264. 266. 328. 353. 539. 541. 4,420. 423
γονή 1,74. (231)
γόνιμος 1,416. 433. 902. 911. 937. 1002. 2,441. 776
Γοργόνιον 4,656
γράμμα 4,129. (497). 499
γραμματεύς 4,126
γραμματικός (4,127)
γραμμή 1,1060
γράφω 1,787. 2,502. 888. 3,709
γυμνασία (3,1505. 4,746)
γυμνάσιον 3,1039. 4,746
γυμνητεία 3,1505
γυναικεῖος 2,406. 3,1412. 4,40. 164. 640
γυναικικός (3,1412)
γυναικόθυμος 3,1333
γυναικονοήμων 3,1336
γυναικοπρεπώδης 3,910
γυναικώδης 3,1401

γυνή 2,208. 275. 367. 374. 398. 400. 402. 405. 441. 3,1045. 1058. 1093. 1098. 1273. (1333). 1375. 1418. 1526. 1533. 1538. 1540. 1544. 1549. 4,186. 225. 238. 239. 246. (255). 272. 305. 323. 360. 374. 651. 652
γωνία (1,15). 1,16. (672). 698. 699. 725. 814. 816. (818. 820). 871. 1253. 2,64. 1078. 1121. 3,351

δαιμονιόπληκτος 3,1484
δαιμονιοπληξία 3,1506. 1513
δαίμων 3,580. 4,204. *ἀγαθὸς δαίμων* 3,568. 4,385. *κακὸς δαίμων* 3,579
δακετόν 4,638
δαπανάω 4,675
δαπανηρός (3,1333)
δάπανος 3,1333. 1359. 1370. 1387
δασύς 2,71. 3,902. 940
δασύστερνος 3,886
δαψίλεια 2,737. 742. 779. 3,364
δαψιλής 2,82. 776
δείκνυμι (-νύω) 1,1060. 2,138. 689. 872. 921. 3,299. 4,873
δειλία 3,1306
δειλοκαταφρόνητος 2,306
δειλός 2,437. 3,1185. 1234. (1380)
δεινός (2,437). 3,1380. 4,175
δεισιδαιμονία 3,1305
δεισιδαίμων 2,432. 3,1235. 1243
δεκαετία 4,739
δέλτα (1,637) → *Τρίγωνον*
Δελφίς 1,632. 2,637
δενδρικός 2,646
δεξιός 2,110. 111. 379. 3,1000. 1004. 4,66
δεσπόζω (3,421)
δέσποινα 4,359
δεσποτεία 1,1090. 3,349. (4,30)
δεσπότης 4,370 (fem.). 511
δεσποτικός (4,757)
δέχομαι (3,996)
δῆλος 1,233. 502
δηλόω 2,860. 879. 933. 1095. 1129. 3,994. 996
δηλωτικός 2,1072. 1082. 1086. 1091. 1111. 3,85. 255. 368. 4,404
δημηγορικός 3,1342
Δημήτηρ 3,440
δημοκρατικός 2,238
δημόσιος (3,1555). 4,166. 334. 634
δημοσίωσις (3,1555)
δημοτικός 3,1164
διαβάλλω 1,1092
διαβεβαιωτικός 1,168
διαβόητος 4,380
διαβολή 1,55. 149
διαβολικός 3,1284
διάβολος 3,1318. 1416
διαγινώσκω 1,207. (2,527). 2,550
διαγωγή 1,200. 2,318. 455. 4,798

διαδίδωμι 1,65. 80
διάδοσις 1,92. 3,62. (4,489)
διαδοχή 2,401
διαδρομή 2,1120
διαδρομικός (2,1120)
διάθεσις 1,27. 346. 1019. (2,77). 2,611. 667. 3,34. 400. 431. 452. 1238. 1249. 1265. 1285. 1297. 1302. 1310. 1323. 1340. (1347). 1354. 1363. (1371). 1379. 1395. 1404. 1425. 1448. 4,56. 222. 300. 338. 430. 433. 504. 571. 595. 599. 602. 607. 668
διαίρεσις 1,873. 1094. 1100. 2,3. 18. 3,6. 51. 164. 4,12. 683. 688. 710
διαιρέω 1,798. 872. 925. 2,26. 64. 155. 3,166
δίαιτα 2,240. 330. 770
διαιτητικός 4,1497
διακάθαρτος (3,1561)
διακαίω 2,70
διακατέχω 4,402
διάκρασις (3,1464)
διακρατέω 4,480
διακρίνω 1,436. 723. 3,405. 561. 618. 838. 1469. 4,122. 290. 502. 818
διάκρισις 2,813. 3,1464
διακριτικός 3,1369
διαλαμβάνω 1,129. 135. 235. 253. 278. 1190. (2,38). 2,584. 1010. 1056. 3,451. 475. 489. (736). 1520. 4,18. 587
διάληψις 1,722. 2,533. 3,559. 974
διάλυσις 4,285. 481
διαλύω 1,696. 4,273
διαμαρτάνω 1,180. 209
διαμένω 3,1060. 4,268. 425
διαμετρέω 2,672. 3,301. 513. 700. 785. 1044. 1051. 4,446
διαμέτρησις 2,837. 3,518. 522. 4,515
διάμετρον (maxime subst.) 1,822. 838. 867. 898. 1000. 3,368. 512. 982. 986. 1033. 1070
διάμετρος (adi.) 1,813. (837). 895. 992. 2,835. 3,228. 279. (513). 569. 646. 658. 4,275. 386. 426. 525. 649. 821
διαμηκίζω 3,503. 1077. 1462. 4,556. 621. 629. 644. 681. 882
διαμονή 4,278. 401
διαμορφόω 1,103. 3,83
διαμορφωτικός 3,876
διαναγκάζω 1,1065
διανοητικός 2,448. 3,1408. 1474. 1492. 4,741
διάνοια 3,1006. 1434
διπίπτω 1,372. 1208
διαπλάττω 1,103. 4,743
διαπύρωσις 2,77
διαρθρόω 4,742
διασημαίνω (2,567). 2,817. 1107. 3,247. 262. 843. 4,864
διασήπω 1,396
διασκέπτομαι 2,910. 3,60. 112. 139
διασκευαστής 3,1366

διασκοπέω (2,910)
διαστάζω (3,852)
διάστασις 1,821. 843. 903. 909. 913. 916. 1218. (3,159). 3,351. 677. 699. 703. 761. 771. 812. 836. 4,25. 830
διάστημα 1,467. 856. 1210. 1240. 3,515
διαστροφή 3,129
διασυρτικός 3,1283
διάσυρτος 3,1372
διασύρω 1,59
διασώζω 1,1138. 1215
διατάκτης 2,684
διατακτικός (2,684)
διάταξις 1,1040. 2,192
διατάττω (1,689)
διατείνω 3,1014
διατελέω 1,377. 2,413. 3,1217. 4,65. 529
διατίθημι 1,72. 90. 101. 392. 395. 559. 586. 2,9. 11. 211. 213. 531. 557. 583. 618. 671. (714). 819. 824. 1003. 3,148. 215. 240. 249. 347. 374. 988. 1014. 1202. 1279. 1378. 1421. 1534. 1538. 1545. 1549. 4,227. 248. 327. 354. 373. 374. 427. 877
διατύπωσις 1,191. 808. 3,864. 878. 934
διαφανής 2,1088
διαφέρω 1,197. 2,95. 3,492. 799. 801
διαφθείρω 1,273. (437). 1128. 1134. 2,714. 4,632
διαφθορά 3,1420
διαφθορεύς 3,1374. 1418
διαφορά 1,116. 187. 503. 746. (1100). 3,1159. 4,569. 710. 720. 730
διαφορέω (3,247)
διάφορος 1,196. 2,889. 3,62. 131. 332. 340. 706. (1233. 1250). 4,894
διαφυλάττω 4,49
διάχυσις 1,678
διαψεύδομαι 3,127
διδασκαλία 4,745
διδασκαλικός 3,1351
διδάσκαλος 4,127. 167
διδυμόγονος 3,10. 177. 415
Δίδυμοι 1,526. 771. 920. 959. 965. 1096. 2,147. 325. 339. 428. 447. 469. 950. 3,750. 752. 755. 759. 768. 771. 777. 781. 791. 795. 817. 961. 1119
δίδυμος 3,433
διεκβάλλω (3,593). 3,597
διεκδρομή (2,1120)
διέλευσις 3,714
διεξέρχομαι 2,811
διεξοδικός C 5
διέξοδος 3,95. 4,899
διερευνητικός 1,162. 2,105. 3,1190
διέρχομαι 1,743. 3,687. 773
διευθηνέω (4,496)
διευθύνω 4,496
διικνέομαι 1,65
διίστημι 1,719. (2,81). (3,163). 3,341
δίκαιος 1,247. 2,331. 3,74. 1172. 1214. 1299. 1448
δικαιοσύνη 3,1217
δίκη 4,497

δικολόγος 4,165
διμηνιαῖος (2,924)
δίμοιρος 1,820
δίμορφος 4,546
διοδεύω C 9
διοικητικός 3,1288. 1311
Διόνυσος (4,441)
διόπτευσις 3,124
διορίζω 2,608. 3,1013. 1197. 4,31. 836
Διόσκουροι 3,439
διπλοῦς (-ός) 1,1169. 3,1170. (4,672)
δισσός 1,1020. (4,394). 4,396. 672
διστάζω 3,852
δίσωμος 1,17. 735. 747. 762. 770. 2,658. 3,367. 420. 422. 423. 436. 1169. 4,44. 234. 252. 394. 545
διυγραίνω (1,714)
δίυγρος 1,470. 2,774. 952. 964. 965. 979
διχότομος 1,97. 492. 493. 495 (bis). 2,1032. 1085. 4,266
δοκέω 1,104. 156. 786. 2,117. 905. 3,79
δοκίς 2,856
δόλιος 3,1253. 1382
δολοπλόκος 3,1373
δόξα 1,57. 152. 243. 292. 363. 2,731. 768. 4,758. 797
δορυφορέω 3,247. 257. 263. 4,56. 60. 62. 66. 70. 75. 79. 84. 95
δορυφόρησις 4,90
δορυφόρητος (3,254)
δορυφορία 3,243. 267. 4,89. (90). 97
δόσις 4,129. 429. 489. 609
δοτήρ 4,393. 415
δούλη 4,358
δουλοπλόκος (3,1373)
δοῦλος 4,369. 511
δουλόψυχος 2,306. 360
Δράκων 1,607
δράστης 3,1255. (1357). 1358. 1380
δραστικός 1,468. 2,1044. 3,216. 231. 1527
δρόμος 3,224. 4,201
δυναμικός 1,1261. 4,64
δύναμις 1,9. 13. 14. 30. 34. (55). 65. 94. 113. 131. 202. 226. 236. 306. 317. 345. 357. 366. 384. 386. 403. 412. 448. 486. 490. 505. 507. 516. (672). 673. 698. 726. 745. 784. 952. 1005. 1013. 1203. 1209. 1224. 1233. 1237. 1255. 2,280. 879. 3,23. 54. 74. 87. 102. 108. 189. 193. 214. 273. 298. 335. 492. 496. 532. 571. 666. 668. 857. 879. 1129. 4,30. 33. 211. 472. 901
δυναστεία 4,98
δυνατός 1,60. 62. 146. 213. 222. 295. 320. 336. 351. 2,23. 35. 3,91. 167. 355. 807. 4,411
δύνω 2,581. 1067. 1072. 1079. 3,775. 782. 798. 811. 931. 1500. 4,264. 522. 524. 631. *τὸ δῦνον* (maxime pro subst.) 1,800. 3,286. 570. 574. 784. 816. 976.

1042. (4,44). 4,542. 583. 661
δυσαερία 2,716
δυσανακόμιστος 4,533
δυσάρεστος 4,784
δυσδιάγωγος 3,1453
δυσδιέξοδος 3,99
δυσείκαστος 1,48
δυσελεγκτικός (3,1368)
δυσεντερικός 3,1092. 4,607
δυσέντευκτος 3,1247
δυσεξέλεγκτος 3,1368
δυσερμηνευτητικός (C 4)
δυσερμήνευτος C 4
δυσέφικτος 1,53
δυσήμερος 2,90
δυσθεώρητος 1,57
δυσικός (1,464. C 2)
δύσις 1,85. 462. 501. 2,577. 800. (1043). 3,541. 543. (642). 800. 1184. 1188
δυσκατάληπτος 3,1169
δυσκατόρθωτος 3,1453
δυσκίνητος 3,1186
δύσκολος 1,342
δυσμή (ubique plur.) 1,711. 941. 2,664. 3,642. 780. 4,542
δύσμηνις 3,1253
δυσμηνίτης (3,1253)
δυσοδία 4,559
δυσπαθής (4,764)
δυσπλοία 2,720. 786. 4,559
δύσπνοια (2,786)
δυσπροαίρετος (3,1247)
δυσπρόσιτος 3,1247
δυστυχέω 4,892
δυσφύλακτος 1,58. 272. 2,836
δυσχερής 1,182
δύσχρηστος 3,98
δυσωδία (4,559). 4,600
δυτικός 1,1257. 2,1045. 3,223. 307. (308). 623. 670. 699. 719. 888. 896. 903. 916. (976). 1012. 1064. 1558. 4,212. 313. 321. 357. 392. 417. 580. (583). 584
δωδεκαετία (4,739). 4,771
δωδεκατημόριον 1,20. 686. 737. 744. 756. 761. 777. 785. 791. 803. 811. 814. 816. 818. 820. 836. 870. 897. (901). 906. 913. 916. 919. 965. 1005. 1058. 1140. 1192 (bis). 1200. 1213. 1226. 1252. 2,51. 60. (121). 131. 461. 465. 541. 544. 574. 590. 922. 932. 936. 943. 950. 955. 960. 965. 969. 973. 977. 981. 986. 990. 1013. 3,150. 152. 212. 319. 358. 383. 408. 564. 578. (592). 649. 660. 786. 1121. 4,29. 441. 448. 516
δωρεά 2,734. 4,40. 99. 555

ἔαρ 1,675. 676. 688. 691. 1012. 2,910
ἐαρινός 1,685. 755. 2,645. 893. 3,935. 945. 1084
ἐάω 1,305
ἐγγίζω 1,391. 1055
ἐγγίνομαι 1,449
ἔγγιστα 2,595. 907. 999. 1015.

1020. 3,137. 708. 711. 752. 764. 4,107. 469. 826
ἐγγύς 1,780. 3,152. 154. 157. 508. 530. 4,767
ἐγγύτης 1,410. 420. 680. 2,129. 794
ἐγείρω 4,746
ἐγκάτοχος 3,1336
ἐγκέφαλος 3,1004
ἔγκλημα 4,286
ἔγκλισις 1,708. 717
ἐγκρατής 3,1173. 1272. 4,346
ἐγκρατικός (4,534)
ἐγχρονίζω 1,768
ἐγχωρέω 1,337
ἐγχώριος 2,357
ἕδρα 3,1007
ἐθέλω 3,95
ἐθίζω 1,257. (2,655)
ἔθιμος 2,791
ἐθισμός 2,656
ἐθνικός 2,63
ἔθνος 2,28. 58. (62). 198. 200. 338. 346. 462. 466. (4,695. 704)
ἔθος 1,198. 2,435. 4,695. 704
εἰδικός 2,30. 529. (3,46)
εἶδος 2,680. 812. 865. (885). 1135. 3,24. 93. 100. 110. 200. 202. 234. 318. 325. 329. 491. 655. (855). 877. 973. 997. 1154. 1161. 1516. 1552. 4,88. 95. 190. 208. 209. 456. 460. 685. 880. 889. 898. C 7
εἰκαστικός 1,167
εἰκοσαετηρίς 4,741
εἰκοσαπενταετηρίς (4,741)
εἱμαρμένη 1,265. 267. 310. 315. 365. 4,692. 708
εἰρήνη 1,258
εἰρηνικός 2,732
εἱρκτή 4,635
εἱρμός 1,314
εἰσάγω 4,764
εἰσαγωγικός 1,380
εἴσοδος (3,603)
ἑκάτερος 2,1112
ἐκβαίνω 3,599. 855
ἐκβάλλω 4,25. 839. 843. 847
ἔκβασις 3,349. (845)
ἐκβιβαστικός 3,1174
ἐκδέχομαι 1,236
ἐκδοχεύς 4,139
ἐκδρομή (2,1120)
ἐκθειάζω 3,467
ἔκθεσις (1,1072). 1,1172. (1173). 2,7. 459. 3,407
ἐκλειπτικός 2,54. 518. 534. 536. 556. 564. 606. 611. 669. 835. 837. 855. 909
ἔκλειψις (ἔλλ-) 2,8. 13. 512. 522. 540. 544. 545. 551. 559. 560. 567. 587. 590. 591. 594. 599. 602. 613. 616. 660. 667. 670. 839. 842. 1007. 3,40. 1520 (ἔλλ-)
ἐκπίπτω 2,510. 566. (3,657). 4,527. 539. 680
ἔκπυρος 2,959
ἐκπύρωσις 4,604
ἐκρήγνυμι 2,1096
ἔκστασις 3,1503. 4,611
ἐκστατικός 1,255. 1320
ἔκτεξις 3,70. 79. 124

ἐκτίθημι 1,509. 866. 1254. 2,464. 498. 3,104. 193. 236. 535. 812. 926. 988. 1237. 1539. 1562. 4,689
ἐκτίκτω (3,535)
ἐκτίναξις 2,763
ἔκτρομος (3,310)
ἐκτροπή (3,1). 3,4. (18). 52. 55. 68. 85. 113. 122. 137. 141. 150. 154. 401. 457 (bis)
ἐκτρωσμός 3,310. 1045. 1099. 4,603
ἐκφαίνω 2,108
ἐκφανής 1,96. 466
ἐλεγκτικός (3,1219). 3,1313. (1326)
ἐλεήμων 3,1300. 1399
ἐλεητικός 3,1219. 1326
ἐλευθερία (2,413)
ἐλευθέριος 3,1177. 1299. 1339
ἐλευθεριότης 3,1308. 4,776
ἐλεύθερος 2,318. 331. 387. 419. (3,1299)
ἔλευσις (4,624)
ἐλεφαντίασις 3,1118. 1123
ἐλεφαντιάω 3,1093
ἕλκος 1,302. 307
ἑλκύω 1,310
ἕλκω 1,304
ἑλκώδης 3,1109
ἕλκωσις 3,1098
Ἑλλάς 2,227. 249. 487. 4,702
ἐλλείπω 3,1471
ἔλλειψις → ἔκλ-
ἐλλόγιμος (3,1396)
ἔμβασις (3,845)
ἐμβολή 1,1139. 4,560
ἐμβρυοτοκία (3,1099)
ἐμβρυοτομία 3,1046. 1099
ἔμμονος 2,523
ἐμπάθεια (2,890)
ἐμπαθής 3,1185. 1335
ἐμπάτακτος 3,1321. 1389
ἔμπειρος 3,1427
ἐμπεριέχω 1,39. 3,1462
ἐμπεριποιέω 1,1209
ἐμπίπτω 2,23. 1015. 3,657. (4,527)
ἐμποδίζω 3,1061. 4,780
ἐμπόδιον 3,1067
ἐμποιέω 1,303. 344. 2,574. 668. 711. 738. 747. 779. 834. 3,1131. 4,750. 765
ἐμπορεύομαι 4,165
ἐμπορία 4,40. 489
ἐμπορικός 2,304. 387. 412. 4,194
ἔμπορος 4,127. (139). 142
ἔμπρακτος 3,1183. (1389). 4,259
ἔμπρησις 2,752
ἐμπρηστής 3,1390
ἐμπρόσθιος 2,207. 3,959. 961. 4,329
ἐμφαίνω 4,17. 744
ἐμφανίζω 1,52. 1125. 1202. 2,77
ἐμφανισμός 1,511
ἐμφανιστικός 1,806
ἐμφιλόσοφος 3,1242. 1271. 1346. 1404
ἐμφύλιος 2,747. 4,650
ἔμψυχος 1,82. (195). 687
ἐναλλαγή (2,804). 3,1113. 4,696. 815
ἐναλλάξ 4,271

ἐναλλάσσω (-ττ-) 1,1048. 3,1043. 4,441
ἐναλλοίωσις (2,45). 2,792. 804. 919. 1033. 1038. 4,89
ἐναντιόομαι 3,368. (1088). 4,217. 881
ἐναντιότης 1,894
ἐναντίωσις 3,370. 4,446. 476. 502
ἐναπολαμβάνω 2,1102
ἐναργής 1,51. 71. 162. 390. (3,214)
Ἐν γόνασι 1,615
ἔνδεια 2,721. 723. 4,562
ἐνδείκνυμι 2,368
ἐνδέχομαι 1,50. 164. 209. 3,196. 4,718
ἐνδίδωμι 4,766
ἐνδόμυχος 3,1245
ἔνδοξος 3,375. 1228. 1238. 1249. 1265. 1285. 1297. 1310. 1323. 1340. 1354. 1363. 1379. 1395. 1404. 1425. 1448. 4,416. 531
ἐνεδρευτής 3,1253. 1293. 1376. 1384
ἐνεθίζω 1,118
ἐνέργεια 1,534. 641. 728. 1224. 1258. 2,686. 1059. 3,1204. (4,550)
ἐνεργετικός (1,509)
ἐνεργέω 1,340. 580
ἐνέργημα 2,806
ἐνεργής 3,214
ἐνεργητικός (1,509)
ἐνέχω 2,890
ἐνθεαστικός 3,1270
ἐνθουσιασμός 3,1506. 4,132
ἐνθουσιαστής 4,184
ἐνθουσιαστικός 3,1348
ἐνιαυσιαῖος (2,44. 874). 4,853
ἐνιαύσιος 2,874. 906. 928. 4,839. 873
ἐνιαυτός 2,561. 3,496. 690. (4,12)
ἔνικμος 1,952. 2,963. 973. 977
ἐνίστημι 1,376
ἐννεακαιδεκαετηρίς 4,756
ἔννοια 4,766
ἐνόνειρος (3,1398)
ἐνοχλέω 3,1096
ἐνταφιαστής 4,183
ἐντευκτικός (3,1198)
ἔντευξις 3,1266
ἐντίθημι 4,743
ἐντρεχής 3,1288
ἔνυγρος (1,712)
ἔνυδρος 2,636
ἐνυπάρχω 2,134. 896
ἐξαγορεία (-ία) 3,1142. 1507. 1512
ἐξαγόρευσις (3,1142)
ἐξαγορευτής 3,1244
ἐξαγωνίζω 3,273
ἐξαγώνιος (3,1142)
ἑξάγωνον 1,828. 832. 868. (2,119). 3,647
ἑξάγωνος 1,819. 835. 912. 1218. 2,1037. 3,298. 567. (648). 650. 4,270. 449. 823
ἐξαίρετος 2,293. 891. 3,444. 516. 1018. 1107. 1456. 1472. 1518
ἐξαίρω (3,1472)
ἐξακολουθέω 2,122
ἐξαπατάω 1,156

ἐξαπατητής 3,1383. 1416
ἐξαπατητικός (3,1385. 1416)
ἔξαρμα 2,557
ἐξεργασία 3,325
ἐξετάζω 1,249. 2,559. 3,355
ἕξις (3,53). 4,736
ἔξοδος 3,84
ἐξοιστικός 1,256
ἐξομοιόω 3,65
ἐξορκιστής (4,207)
ἐπαγγελία 1,166
ἐπάγγελμα 1,212
ἔπαινος 4,776
ἐπαίτιος 3,1072
ἐπακολουθέω 1,269
ἐπαλλοτρίωσις (3,1504)
ἐπανάμνησις (4,282)
ἐπανάστασις 2,748. (4,87)
ἐπαναφέρομαι 1,1260. 1262. 3,258. 278. 281. 300. 361. 377. 509. 513. 566. 980. 986. 1055. (1070). 4,50. 413. (385). → *ἐπιφέρομαι*
ἐπαναφορά 3,220. 230. 232. 284. 286. 306. 511. 515. 517. 573. 577. 4,53. 469
ἐπαναφορία (3,511)
ἔπανδρος 2,214. 375. 407. 3,1314. 1366. 1527. 1558
ἐπάνοδος 4,282. 532
ἐπάνω (3,258)
ἐπαφροδισία 2,767. 773
ἐπαφρόδιτος 3,1327. 1400. 4,215. 420
ἐπαχθής 3,1127
ἔπειμι 3,872. 4,584
ἐπέμβασις 3,844. 845. 4,455. 515. 573. 849. 860. 875. 879. 885
ἐπεξεργάζομαι 3,321
ἐπεξεργασία (3,325)
ἐπεξέρχομαι 3,1224
ἐπεργάζομαι (3,321)
ἐπέρχομαι 1,259. 2,136. 514. 667. 3,724. (3,1224). 4,479. 484
ἐπέχω 3,149. 616. 1202. 4,45. (105). 201. 235. 236. 371. 829
ἐπήρεια 4,284
ἐπιβάλλω (1,1092). 3,813. (1556)
ἐπίβασις (4,573. 885)
ἐπιβλαβής 3,266. 1206. 4,422. 533
ἐπιβληματικός (3,100)
ἐπιβλητικός 3,100
ἐπιβολή 1,1139. 2,813. 3,96. 829. 1017. (4,409). 4,719. C 3
ἐπίβολος (3,1544)
ἐπιβουλευτικός 2,306. 311. 384. 3,387. 1236. 1261. 1275. 1417. 4,427
ἐπιβουλή (3,1017). 4,486. 563. 640. (C 3)
ἐπίγειος 1,266. 2,741
ἐπιγίνομαι 2,1129. (3,394). 4,783
ἐπιγινώσκω 1,241
ἐπιδείκνυμι (2,381). (3,329. 869). 3,996
ἐπίδειξις 2,381
ἐπιδέχομαι 1,295. (3,996)
ἐπίδοξος (3,375). 3,1209. 4,214

ἐπιδοτήρ 4,391
ἐπιδρομή 2,58
ἐπιεικής 3,1314
ἐπιζάω 3,528
ἐπίζευξις 1,41
ἐπίζηλος 4,311
ἐπιζήμιος 4,279
ἐπιζητέω 1,216. 2,1002. 3,175. 333. 356. (528). 747
ἐπίθεσις 2,786
ἐπιθέτης 3,1390. 1414
ἐπιθετικός (2,786). 3,1382
ἐπιθεωρέω 2,1039. (3,287). 4,277. 508. 513. 529. 827
ἐπιθεώρησις 4,467. 471. (626)
ἐπιθυμητής 3,1269. 1282. (1374)
ἐπιθυμητικός 3,1166. (1269). 1369. 4,346
ἐπιθυμία 3,1352. 1374. 4,759
ἐπικάμπιον (3,1071)
ἐπικάμπτιον (3,1436)
ἐπίκεντρος 2,603. 3,231. 251. 281. 304. 522. (566). 1030. 1032. 1069. 1480. 4,58. 63. 68. 71. 75. 76. 211. 412
ἐπικέρδεια 2,777
ἐπικερδής 4,214. 531
ἐπικίνδυνος (4,314). 4,533
ἐπικλητικός (3,100)
ἐπίκοινος 1,472. 1161. 4,301. 314. 390
ἐπικουρία 3,1137. 1143. 1498
ἐπικερδής (2,777)
ἐπικρατέω 3,339. 559. 1080. 1199. (1205). 4,870
ἐπικράτησις 2,1024. 3,107. 336. 413. 555. 571. 665. 1058. 1489. 4,115. 535
ἐπικρατήτωρ 4,580
ἐπικυλίω (3,1046)
ἐπιλαμβάνω 4,503. 556. 762. 826
ἐπιληπτικός 3,1015. 1477
ἐπιλήσμων 4,1430
ἐπιληψία 3,1501. 1511
ἐπίληψις 3,1120. 4,612
ἐπιλογίζομαι 3,340. 854
ἐπιλογισμός 3,91. 396
ἐπιλογιστικός 3,1180. 1272. 1428. 4,774
ἐπίλοιπος 4,779
ἐπιμαρτυρέω 4,633
ἐπιμαρτύρησις 4,625
ἐπιμέλεια 2,248. 4,102
ἐπιμελής 3,127
ἐπίμεμπτος 3,1219
ἐπιμέμφομαι 1,250
ἐπιμερίζομαι 1,1044
ἐπιμοιχία 4,287
ἐπιμονή 2,866. 3,515.
ἐπίμονος 3,1172. 1180. (1381)
ἐπιμόριον 1,826. 829
ἐπίμοχθος 3,1190. 1230. 1291
ἐπίμωμος 3,1335
ἐπινοέω 2,881
ἐπίνοια 2,814
ἐπίνοσος 3,285. 292
ἐπίορκος 3,1262. 1376. 1390. 1416
ἐπιπλανάομαι (4,722)
ἐπιπλοκή 4,303. 312
ἐπιπολάζω 2,653
ἐπιπολυπραγμονέω (3,388)
ἐπίπονος 2,384. 3,1250. 1381. 1451. 4,239. 533. 772
ἐπιπορεύομαι 2,1048

ἐπιπόρευσις 2,923. 1035
ἐπισημαίνω 1,110. 2,521. 655. (860). 869. 900. 1101. 3,1457. 4,872
ἐπισημαντικός 2,944. (1089)
ἐπισημασία 1,88. 119. 322. 329. 2,53. 525. 526. 549. 644. 708. 750. 788. 937. 997. 1028. 1033. 1063. 3,45. 4,506. 571
ἐπίσημος 3,40. 4,619. 634. 665
ἐπισινής 3,282. 284. 304. 306. 4,406
ἐπισκεπτικός 3,1520
ἐπισκέπτομαι 1,39. 61. 1251. 2,536. 550. (615). 3,41. 97. 199. 243. 683. 736. 859. (1016). 4,340. 360. 696
ἐπίσκεψις 1,50. 181. 234. 2,3. 9. 16. 18. 20. 39. 50. 135. 516. 532. 875. 906. 924. 995. 1132. 3,192. 234. 328. 492. 501. 973. 1147. 1155. 1221. 4,85. 431. 436. 534. 577. 685. 713. 897
ἐπισκήπτω 2,829. 863. (3,41). 3,1016
ἐπισκίασμα 2,559
ἐπισκοπέω 2,1014. 1018. 3,328. 454
ἐπισκότησις 2,554. 667
ἐπίστασις (3,1104)
ἐπιστατικός 4,470
ἐπιστήμη 1,153. 4,493
ἐπιστημονικός 3,30. 124. 1183. 1404. 4,192
ἐπιστρέφω 1,752. 767
ἐπισυμβαίνω 2,791. 860. (900). 1058
ἐπισυμπίπτω 3,129. 870. 4,600
ἐπισυνάγω 1,1043. 1053
ἐπισυναγωγή (1,1045)
ἐπισυνάπτω (4,600)
ἐπισυνεργέω 3,880
ἐπισύνθεσις 1,1186
ἐπισυσχηματίζω (4,536)
ἐπισφαλής 2,836. 3,848. 4,94. 216. 495. (505). 566. 618
ἐπίσχω 4,200. 239
ἐπιτακτικός 3,1230. (1321)
ἐπίτασις 1,1198. 2,45. 563. 568. 573. 580. 3,1009. 1029. 1043. 1050. 1104. 1469. 4,501. 860
ἐπιτάττω (1,766. 4,93)
ἐπίτεγος (4,377)
ἐπιτελεστικός 2,451
ἐπιτελέω (2,1043). 3,1535. (1552)
ἐπιτέμνω 3,103
ἐπιτευκτικός 3,1198. 1259. 1290. 1316. (1321). 1344. 1367. 1385. 1400. 1429
ἐπιτήδειος 2,732. 759. 4,552. 562. (744)
ἐπιτηδειότης 1,226. 243. 271. 2,111. 868. 4,515. 711. 744
ἐπιτήδευμα (4,744)
ἐπιτήδευσις 4,119
ἐπιτηδευτής 3,1350
ἐπιτίθημι 1,428. (2,612). C 11
ἐπιτολή 2,115. 899

ἐπιτρέχω 1,509. 3,395
ἐπίτριτος 1,830. 832
ἐπιτροπεία 4,38
ἐπιτροπικός 3,1343. 4,73
ἐπιτυγχάνω 1,282. 2,802
ἐπιτυχία 2,776
ἐπιφάνεια 2,855. 3,445
ἐπιφανής 1,109. 3,246. 1500. 4,77. 416. 505. (618)
ἐπιφέρω 3,39. 528. 645. 4,605. *ἐπιφέρομαι* (1,1260). 3,632. 654. 1031. 1055. 1070. 4,385. (413. 479). 482. 530. 586. 631. → *ἐπαναφέρομαι*
ἐπιφορά 2,726. (3,1399)
ἐπιχαρής (3,1139. 1363, cf. 1410)
ἐπιχάριτος (ἐπίχαρις) 3,909. 1139. 1338. 1363. 1410. 4,242
ἐπιχειρέω 1,1050. 1063
ἐπίψογος 3,1402. 1419. (4,377 bis)
ἕπομαι 1,459. 531. 568. 763. 771. 1238. 1239. 2,594. 612. 941. 947. 953. 958. 963. 967. 972. 976. 979. 984. 988. 992. 1005. 1057. 3,229. 535. 590. 619. 623. 643. 648. 659. 685. 704. 721. (724). 734. 738. 742. 750. 762. 792. 809. 971. (977). 4,827. 841. (*ἕπω* 3,871)
ἐπομβρία 2,776
ἐπονείδιστος 3,1132. 1403. 1561
ἐπονειδιστικός (3,1561)
ἐποχή 3,131
ἑπτακαιδεκάκις 3,780
ἐράσμιος 3,1410
ἐραστής 4,378
ἐργάζομαι (3,485). 4,110. 148
ἐργατικός 2,369
ἔργον 1,150. 3,1535. 1549
ἔρημος 4,560
ἔριον 2,1125
ἐριστικός 3,1174. 1317
ἑρμαφρόδιτος 3,480. 1051
ἑρμηνεία 4,129
ἑρμηνεύς 4,187
ἑρμηνεύτης (4,195)
ἑρμηνευτικός 4,194
Ἑρμῆς 4,242. 488. 493. 497. 498. *Ἑρμοῦ* 1,424. 443. 455. 473. 516. 527. 530. 534. 536. 543. 547. 550. 552. 554. 556. 559. 567. 575. 583. 586. 588. 592. 594. 595. 599. 610. 614. 615. 616. 622. 624. 635. 637. 641. 644. 648. 653. 659. 664. 669. 671. 915. 962. 965. 1015. 1032. 1035. 1038. 1086. 1097. 1101. 1105. 1107. 1117. 1161. 1187. 2,190. 233. 243. 251. 290. 304. 340. 355. 430. 448. 780. 848. 858. 3,438. 468. 482. 484. 634. 913. 1006. 1038. 1049. 1062. 1064. 1104. 1137. 1143. 1149. 1157. 1188. 1200. 1227. 1284. 1339. 1378. 1403. 1424. 1458. 1478. 1510. 1522. 1564.

4,40. 101. 124. 125. 157. 168. 202. 244. 258. 262. 285. 301. 309. (361). 363. 380. 389. 553. 565. 610. 636. 653. 740. 855
ἑρπετόν 2,718. 4,566
ἑρπυστικός 2,623
ἐρυθρός 2,1073. 1087. 3,904
ἐρυσίπελας 3,1110. 4,603
ἔρχομαι (2,667. 3,490. 1485)
ἔρως 4,495. 753
ἐρωτικός 3,1170. 1333. 1365. 1401
ἐσθής 2,335
ἑσπέρα 2,112
ἑσπέριος 1,459. 474. 801. 1219. 2,172. 197. 205. 244. 396. 432. 434. 444. 669. 673. 869. 1045. 3,226. 229. 231. 248. 343. 413. 1035. 1089. 1187. 1188. 1559. 4,61. 222. 350. 353
ἐστοχασμένως 1,214
ἐσχάρα 3,1110
ἔσχατος 1,646. 696. 1145. 2,572. 3,1120. 4,335. 778
ἑταίρα 4,371
ἑταιρία 4,490
ἑταῖρος (4,508)
ἑτερόδοξος (3,1209)
ἑτερόμορφος 3,950
ἐτηρίς (4,756)
ἐτήσιος 1,74. 115. 2,44. (648)
ἑτοῖμος 2,333
ἔτος 1,15. 672. 675. 2,14. 871. 876. 892. 3,553. 630. 639. 676. 747. (825). 845. 4,732. 757. 764. 830. 840. 845
εὖ 1,253
εὐάγωγος 2,330. 771
εὐαδίκητος 3,1220
εὐαερία 2,775. 4,552
εὐαίσθητος 1,389. 770. 2,535
εὐανάστροφος 3,1258
εὐανάτρεπτος 1,283
εὐαπάλλακτος 3,1133
εὐαπόδεικτος 1,1044
εὐαρέστησις 1,238. 2,769
εὐάρμοστος 2,317. 3,1410
εὐγαμία 2,768
εὐγνώμων 3,1328
εὐδαιμονία 2,736. 3,251. 4,55
εὐδαιμονίζω 4,810
εὐδαίμων 2,299. 315. 496. 4,65
εὐδία 2,1127
εὐδιάβλητος 1,53. 1126
εὐδιαβοητός 3,1558
εὐδιάγωγος 3,1338. 1363
εὐδ(ι)εινός 2,956. 1072. 1086. 1094
εὐείκαστος 3,1168
εὐέκτης 3,901. 937. 939
εὐεκτία (3,885)
εὐεκτικός 3,885. 922. 959. 962. (1381). 1398
εὐέμπτωτος 3,1295. 1376
εὐέντρεπτος 3,1270
εὐεξία 1,144. 2,733. 772
εὐεπίβολος 2,104. 448. 465. (3,1344. 1408)
εὐεπίβουλος (2,104. 448. 465). 3,1314. 1344. 1408

εὐεπιτευκτικός (3,1367)
εὐεργεσία 2,734
εὐεργετικός 2,215. 221. 3,1301. 1325. 1343. (1381). 1399. 1428
εὐετηρία 2,627. 731. 768
εὐήθεια 3,1307
εὐήθης 3,1248. 1325. 1347
εὐθηνία 2,130. 413. 732
εὔθρυπτος 3,1542
εὐθύς 1,824. 3,454
εὔκαιρος 3,321
εὐκατανόητος 1,723
εὐκαταστασία (2,1122)
εὐκατάφορος 3,1366. 4,814
εὐκαταφρόνητος 3,1219. 1348
εὐκίνητος 2,340. 796. 3,1167. 1380. 1440. 1565. 4,345
εὐκρασία 2,95. 774. 951
εὔκρατος 1,327. 412. 419. 439. 484. (768). 900. 910. 2,98. 125. 739. (774). 940. 949. 952. 958. 962. 968. 969. 971. 975. 979. 984. 988. 992
εὐλαβής 2,373. 3,1272. 1445. 4,260. 344. 364
εὐλαβητικός 3,1247
εὔλογος 1,1201. 2,498. 3,84
εὐμεγέθης 3,894. 901. 936
εὐμετάβολος 2,796. 3,1169. 1431. 1439. 4,736
εὐμετάθετος 3,1170. 1184
εὐμήχανος 2,101. 784
εὔμορφος 3,909. 1139. 4,242. 258
εὔνοια 2,368
εὐνοῦχος 3,1051
εὐοδμία (2,768)
εὐόνειρος 3,1398
εὐόφθαλμος 3,937. (940). 943
εὐπαίδευτος 3,1346
εὐπαραδειγμάτιστος 3,1495
εὐπαρηγόρητος 3,1133. 1140
εὐπερίστολος 3,1368
εὐπλοία 2,741. 776
εὐποιητικός 3,1387. 4,869
εὐποιΐα 3,1216
εὐπορέω 1,283. 314
εὐπόριστος 3,1171
εὐπραγία 1,238. (4,805)
εὐπρεπής 3,912
εὐπροαίρετος 3,1241. (1338)
εὐπρόκοπος (3,1566)
εὐπρόσιτος 3,1338
εὐπρόσκοπος 3,1566. 4,784
εὐπρόσωπος (3,1566)
εὐπροφάσιστος 1,56. 147
εὐπροχώρητος 3,1208
εὔπταιστος 4,380
εὕρεσις 2,450
εὑρετικός 3,1168. (1301). 1381. 1426
εὑρίσκω 1,1040. 1049. 1131. 1155. 1246. 2,132. 265. 508. 541. 560. 599. 603. 3,133. 136. 148. 152. 166. 336. 451. 462. (599). 814. 829. 4,117. 156. 411. 730
εὔρυθμος 3,914. 949. 954. 964. 1365
Εὐρώπη 2,166. 178. 193
εὐσεβής 3,1330. 1345. 1407
εὐστάθεια 1,258

εὐσταθής 2,1071. (3,1271). 4,308
εὔστιχος (3,1427)
εὔστομος 3,1410
εὐστοχία C 7
εὔστοχος 1,134. 3,111. 340. 1428. 4,903
εὐστραφής (2,85)
εὐσύλληπτος 2,440
εὐσυνάλλακτος 3,1399
εὐσυνδεξίαστος 3,1386
εὐσύνθετος 3,1385
εὐσύνοπτος 1,1250
εὐσχήμων 3,374. 480. (910). 1132. 1329. 1398. 1563. 4,379. 773
εὐτιμώρητος (3,1212)
εὔτολμος (3,1401)
εὐτονία 2,112
εὔτονος 2,107. 3,930
εὐτραφής 2,85
εὔτρεπτος (3,1270)
εὐτυχέω 4,808. 892
εὐφημέω 3,1215
εὐφορία 2,46. 454. 779
εὔφορος 2,316
εὐφροσύνη 2,768
εὐφρόσυνος 3,1364. 1396. 1406
εὐφυής 3,485. 1167. 1178. 1189. 1342. 1405. 1427. 1442
εὐχρηματιστος 3,1345
εὔχρηστος (1,249). 2,711. 778. 799
εὔχρους 3,894. 897. 917. 936
εὔχυμος 3,910
εὔψυχος 2,438
εὐώνυμος 2,117. 3,1002. 1008
ἐφάμιλλος 2,603
ἐφαπτίς 1,574
ἐφαρμόζω 1,170. 383. 804. 2,184. 3,109. 552. 4,709. 718. 902. C 8
ἔφεσις (4,581. 818)
ἐφετικός (4,817. 840)
ἔφηβος (4,723)
ἐφημερόβιος 3,1288
ἐφίστημι (3,327)
ἐφοδεύω 2,21. 1136. 3,19. 861. 4,578. 684
ἐφοδιάζω 1,215
ἐφοδικός 3,90
ἔφοδος 2,8. 511. 514. 785. 872. 996. 1012. 3,330. 718. 1039. 4,564. 717
ἐφοράω (4,226. 246)
ἐφορκιστής 4,207
ἐφύβριστος 3,1391
ἔχθρα 4,435. 446. 456. 461. 462. 471. 474. 480. 497
ἐχθροποιέω 4,422
ἐχθρός 3,1386. 4,9. 432
ἑῷος 1,458. 474. 497. 798. 1219. 2,168. 264. 275. 278. 670. 672. 868. 1044. 3,226. 228. 230. 247. 343. 412. 928. 1034. 1089. 1179. 1189. 1556. 4,61. 107. (117). 221. 251. 253. 351. 355. 538
ἕως 2,107

ζάω 2,417. 458. 3,536. 4,188. 615. 662
ζεύγνυμι 4,250

Ζεύς (1,1002). 3,436. 439. 4,240. 483. 490. 491. 493. 547. *Διός* 1,411. 437. 454. 472. 544. 559. 565. 573. 575. 576. 584. 590. 593. 596. 598. (608). 609. 612. 620. 631. 645. 647. 651. 662. 665. 900. 905. 929. 932. 970. 1002. 1010. 1031. 1034. 1086. 1095. 1103. 1115. 1138. 1170. 1187. 2,141. 150. 197. 205. 223. 239. 303. 315. 327. 337. 386. 419. 421. 430. (456). 524. 729. 766. 846. 3,270. 295. 467. 479. 660. 892. 909. 1001. 1135. 1237. 1296. 1493. 1496. 1510. 1563. 4,37. 42. 44. 98. 133. 144. 174. 185. 243. 256. 305. 341. 345. 348. 361. (363). 368. 378. 597. 633. 664. 770. 853. *Διί* 1,930. *Δία* 2,328. 4,387

ζέφυρος 1,715

ζηλότυπος 2,210. 3,1273. 1370. 1414

ζηλωτής 3,1409

ζηλωτικός (3,1286). 3,1428

ζητέω 3,146. (175). 202. 344. 490. (747)

ζητητικός 1,158. 3,1167. 1191. 1286

ζόφος 2,716

Ζυγός 1,993. 1030. (2,143. 231). 2,325. 342. 428. 453. 481. 4,206. 316. → *Χηλαί*

ζωγράφος 4,140. 152. 162

ζῳδιακός (1,152). 1,600. 601. 638. 639. 684. 687. (688). 737. 812. 876. 924. 1210. 2,51. 81. 103. 137. 501. 505. 536. 695. 702. 861. 3,134. 201. 714. 722. 732. 949. 1025. 4,264

ζῳδιακῶς 4,590

ζῴδιον 1,17. 19. 21. 735. 776. 793. 841. 879. 889. 895. 911. 928. (931). 960. 976. 999. 1039. 1047. 1094. 1100. 1113. 1143. 1147. 1149. 1156. 1166. 1194. 1228. 1235. 2,7. 15. 65. (111). 365. 366. 460. 586. 616. 620. 621. 804. 882. 917. 926. 928. 934. 1023. 3,245. 361. 366. 420. 462. 474. 591. (603). 620 (bis). 627. 643. 989. 993. 1072. 1113. 1117. 1157. 1164. 1525. 1540. 4,44. 58. (68). 83. 106. 124. 189. 232. 235. 251. 275. 296. 302. 314. 326. 354. 356. 395. 397. 400. 403. 405. 408. 414. 469. 513. (514). 527. 543. 558. 627. 632. 638. 641. 650. 655. 676. 842. 844. 848. 873. 876

ζωή 3,13. 179. 190. 490. 493. 507. 516. 548. 550. 629. 861. 4,28. 69. 578. 779. 792. 819. 836

ζώνη 1,895

ζῷον 1,71. 75. 86. 115. 288. 687. 689. 2,77. 90. 111.

623. 625. 711. 737. 760. 4,182
ζῳοπλάστης 4,170

ἡγεμονεύω 2,539. 772
ἡγεμονία 2,438. 4,39
ἡγεμονικός 1,805. 2,204. 221. 236. 279. 3,1301. 1345. 1358. 4,74 (195)
ἡγεμών 2,684. 748. 4,69. 665
ἡγέομαι 1,213. 336. 355. 798. 807. 2,31. 211. 3,24. 85. 375. 549. 562. 655. (977)
ἡδονή 4,349. 458
ἡδύβιος 3,1332. 1364
ἡδύς 4,277. 308
ἠθικός 2,59. (3,1150). 3,1221. (1449)
ἦθος 2,72. 87. 99. 122. 331. 420. (435). 3,1411. 1471. (1565). 4,702. 744
ἡλιακός 1,410. 887. 930. 2,109. 280. 553. 560. 661. 673. 3,128. 204. 495. 690. 4,439. (724. 763)
ἡλικία 1,690. 725. 2,661. 663. 665. 710. 4,250. 357. 710. 718. 722. 724. 726. 734. 739. 747. 755. 763 (adde app.). 770. 779
ἥλιος 1,70. 116. 387. 752. 759. 932. 985. 2,506. 684. 915. 3,237. 591. 922. 1003. 1053. 1446. 4,68. 321. 756. *ἡλίου* 1,94. 110. 127. 132. 384. 397. 401. 426. 679. 703. 707. 712. 718. (719). 766. 855. 915. 916. 929. 997. 1150. 2,54. 81. 93. (280). 518. 535. 878. 907. 1030. 3,27. 589. 651. 1031. 1509. 1521. 4,25. 61. 106. 147. 149. 263. (369. 388). 644. 796. 854. 875. *ἡλίῳ* 1,539. 574. 885. 930. 2,220. (280). 312. 3,259. 428. 1034. 1063. 1089. 4,254. 273. 644. 648. *ἥλιον* 1,13. 121. 404. 410. 420. 430. 443. 453. 458. 472. 486. 488. 683. 741. 849. 890. 958. 992. 1216. 1219. 1253. 2,65. 69. 314. 329. 794. 805. 868. 1035. 1046. 1065. 1066. 3,226. 247. 263. 273. 277. 287. 292. 323. 350. 369. 412. 517. 519. 586. 595. 601. 607. 1024. 1161. 4,108. 246. 388. 398. 622. 628. 762
Ἥλιος 2,267
ἡμέρα 1,76. 467. 481. 713. 760. 780. 849. 856. 932. 946. 963. 976. 1106. 1114. 1117. 2,894. 898. 904. 1034. 1043. 1083. (1084). 3,322. 359. 497. 531. 589. 600. 638. 751. 1188. 1480. 1483. 4,176. 634. 846 (bis)
ἡμερήσιος 3,730. 744. 4,856
ἡμερινός 1,12. 465. 472. 474. 778. 786. 970. 2,110. (558. 560)
ἥμερος 2,99. 129. 254. 626. 4,701

ἡμιθανής 3,523. 544
ἡμικύκλιον 1,847. 887. 888. 986. 3,709. 733
ἡμιόλιος 1,830. 831
ἥμισυς 1,826. 1193. 2,672. 3,827. 828. 4,741
ἡμισφαίριον (1,600. 4,676)
ἡμιτριταϊκός 4,601
Ἡνίοχος 1,623
ἧπαρ 3,1005
ἡπατικός 4,606
Ἡράκλειος 2,158
Ἡρακλῆς 1,532

θάλασσα 1,84. 2,129. 157. 719. 756
θαλάσσιος 2,637. 638
θανατικός 3,1502. 4,671
θάνατος 2,710. 749. 3,188. 289. 292. 308. 310. 312. 315. 319. 372. 847. 4,11. 70. 575. 576. 582. 586. 592. 597. 605. 607. 614. 616. 623. 669. 678
θαυμάζω 1,318
θαυματοποιός 3,1193
θεατροκόπος 3,1393
θεῖος 1,212. 240. 262. 265. 2,101. 330. 450
θέλω 1,1059. 3,117. 594
θεμέλιος 2,657. 661. 4,37
θεόληπτος 4,207
θεοπρόσπλοκος 1,433. 3,1166. 1270. 1348
θεοπρόσπολος (1,433. 2,433. 3,1166. 1348)
θεός 2,356. 655. 790. 3,1138. 1140. 1282. 1498. locus IX: 3,569
θεοσέβεια 3,1305
θεοσεβής 3,1298. 1450
θεοφορία 3,1511
θεοφορησία (3,1511)
θεραπεία 1,308. 360. 376. 3,1496. 4,181
θεραπευτής 4,182
θεραπευτικός 1,353
θεραπεύω 1,314
θερινός 1,748. 847. 934. 947. 966. 978. 2,69. 92. 648. 897. (956). 3,936. 938. 1084
θερμαίνω 1,77. 132. 326. 388. 397. 415. 419. (693)
θερμαντικός 1,416. 499. 729. 731. 990
θερμασία 1,401. 426. 678. (728). 881
θερμός 1,138. 341. 433. 440. 468. 481. 679. 693. 706. 710. 728. 894. 952. 994. 996. 2,72. 84. 124. 271. 401. 453. 754. 856. 867. 896. 903. 916. 938. 941. 1312. 4,261. 605
θερμότης 1,494. 718. 765. 2,81
θέρος 1,325. 675. 678. 693. 754. 2,911
θέσις 2,126. 164. 176. 181. 259. 300. 351. 392. 660. 3,129. 707. 711. 716. 720. 725. 737. 768. 770. 782. 791. 794. 799. 1019. (1485)
θεωρέω 1,100. 112. 318. 745. 2,58. 137. 530. 564. 614. 696. 1007. 1029. 1090. 1110. 1133. 3,48. (97).

105. 113. 144. 173. 204. (391). 397. 494. 554. 636. (845). 879. 1149. 1225. 1465. 1518. 4,15. 96. 437. 689. 693. 713. 717. 786
θεωρητικός 3,25. 1427
θεωρία 1,40. 151. 167. 2,688. 3,20. 119. 166. 199
Θηβαΐς 2,425. 452. 487
θηλυγονία 3,404. 430
θηλυκός 1,11. 19. 446. 449. 452. 776. 778. 790. 801. 836. 885. 944. 976. 2,117. 378. 3,9. 176. 392. 396. 1276. (1370). 1540. 1559. 4,68. 145. 326. 354. 395. 405. 491. 500
θηλύμορφος 3,910
θηλύνω 1,457. 460. 464. 469. 941. 2,112. 207. 282. 442. 3,379. 404. 405. 411. 412. 438. 1401. 1542. 1543. 1551. 4,371. 376. 398
θῆλυς 1,448. 450. 781. 3,379. 437. 439. 440. 1370. 1519. 1535. 4,320. 323. 351. 398
θηλύψυχος 3,1332
θηριομαχέω 4,634
Θηρίον 1,666
θηρίον 4,564. 632. 675
θηριοτρόφος 4,153
θηριώδης 2,219. 296. 347. 415. 458. 625. 3,462. 1281. 4,632
θησαυριστικός 3,1231
θίξις 2,837
θλῖψις 4,630
θολόω 3,581
θόρυβος 1,255
Θρᾴκη 2,226. 253. 495
θρασύδειλος 3,1186. 1250
θρασύς (θαρσ-) 2,310. 344. (442). 3,1377. (1548). 4,241
θρεπτικός 2,83. 740. 774
θρῆνος 2,359. 4,184
θρηνῳδός 4,183
θρησκεία 2,436. 655. 790. 4,492
θρησκευτής 3,1269
θρησκεύω 2,422
θρίξ 2,70. 85. 4,700
θρόνος (1,1211. 1220). 1,1221
θυγάτηρ 4,320. 322. (324)
θυμελικός 4,161
θυμήρης 4,549
Θυμιατήριον 1,668
θυμικός 3,1315. 1355. 4,245
θυσιουργός 4,155
θύτης 4,128. 203
θώραξ 3,1107

ἰάσιμος 3,1495
ἰατρεία 3,1140
ἰατρικός 1,359. 374. 3,1496. (1497)
ἰατρομαθηματικός 1,367
ἰατρός 1,216. 295. 302. 3,1137. 4,170. 180. 658
ἰδιάζω 2,125
ἰδικός (3,46. 1221)
ἰδιοθρονέω (1,1226)
ἰδιοπράγμων 3,1300
ἰδιοπροσωπέω 1,1214. 3,251
ἰδιοπροσωπία (1,1211). 3,1177

ἰδιοπρόσωπος (1,1211. 1213)
ἴδιος 1,40. 85. 135. 185. 188. 271. 340. 422. 505. 509. 999. 1004. 1220. 1251. 1256. 2,105. 644. 694. 721. 730. 745. 767. 782. 802. 809. 821. 831. 1108. 3,22. 77. 217. 342. 480. 495. (866). 911. 951. 1101. 1115. 1195. 1508. 4,16. 41. (308). 416. 511. 614. 616. 704. 749. 763. 771. 789. 862
ἰδιοσυγκρασία (1,140. 275. 335. 3,866)
ἰδιοσύγκρασις (3,866)
ἰδιοσυγκρισία 1,140. 275. 335. 3,866
ἰδιότης 1,742. 2,939. 1008. 1021. (3,65). 3,473. 850. 926
ἰδιοτροπία 1,38. 137. 187. 217. 300. 381. 510. 738. 775. 892. 1252. 2,59. 586. 618. 691. 807. (917. 1021). 1038. 3,65. 320. 881. 968. 1223. 1464. 1466. 4,95. 123. 190. 509. 568. 590. 617. 695. 745. 787. 869
ἰδιότροπος 2,122. 680. 917. 3,101. 1163
ἰδιόχρονος (2,1129)
ἰδιόχροος 2,1129
ἰδίωμα (1,26). 1,334. (983). 2,4. 62. 63. 463. 850. 853. 859. 928. 3,48. 58. 118. 119. 426. 1103. 1160. 1198. 1438. 1455. 1468. 4,730
ἰδιώτης 1,114. 156
Ἰδουμαία 2,298. 309. 476
ἱερατεία 4,38
ἱερατικός 2,789. (790). 4,74. 197
ἱερογλύφος 4,170
ἱερόπλοκος (4,185)
ἱεροποιός 3,1269
ἱεροπρόσπλοκος (3,1270). 4,185
ἱεροπρόσπολος (4,185)
ἱερός 2,654. 663. 3,1112. 1283. 1336. 4,131. 182. 492
ἱερόσυλος 3,1263
ἱεροφοιτάω (irr. *ἱεροφοιτοῦντας*) 3,1244
ἱεροφόνος (4,186)
ἱεροφόρος 4,186
ἱκανός 1,133. 2,102. 451. 3,998
ἰκτερικός 3,1092
ἱλαρός 4,241
Ἰλλυρία (Ἰλλυρίς) 2,227. 253. 497
ἱμάτιον (1,556). 1,587
ἱματιοπώλης 4,141
Ἰνδική 2,258. 294. 491
ἰοβόλος 4,567. 638
Ἰουδαία 2,299. 309. 479
ἵππειος (1,665)
ἱππικός 2,127
Ἵππος 1,634
ἵππος 1,192. 665. 2,628
ἶρις 2,1126
ἰσάριθμος 2,156. 3,151. 4,831. 833
ἰσημερία 1,685. 756. 2,646. 651. 3,935. 939. 941. 945
ἰσημερινός 1,17. 734. 747.

755. 763. 772. 786. 844. 925. 933. 948. 966. 979. 1201. 1205. 2,68. 558. 560. 642. 654. 883. 884. 893. 900. 937. 1000. 1016. 3,684. 687. 694. 734. 737. 753. 756. 769. 778. (780). 792. 1083. 4,195. 561
Ἶσις 2,267
ἰσοδυναμέω 1,22. 851. 853. 866
ἰσοδυναμία 3,647
ἰσόπλευρος 1,923. 926
ἰσόρροπος 3,338
ἰσοσκελία (-εια) 3,504. 508. 523
ἰσόσταθμος 2,1034
ἴσος (1,778. 814)
ἰσότης 3,857
ἰσόχρονος 1,857
Ἰσπανία (ἱσπ-) (2,200. 493). → *Σπανία*
Ἰσσικός 2,158
ἱστορία 1,130. 2,101
ἰσχνός 3,918. 924. 942. 962
ἰσχυρογνώμων 3,1229
ἰσχυροποιέω 2,1059
ἰσχυρός 1,275. 728. 787. 1257. 2,33. 517. (3,962). 3,930. 954. 1178. 1206
ἰσχύς 1,285. 769. 2,112. 687
ἰσχύω 1,727. 3,652. 689. 857
Ἰταλία 2,199. 219. 482
Ἰταλός 4,705
ἰχθυακός 3,1117
ἰχθυϊκός (3,1117)
ἰχθυοφάγος 2,457
Ἰχθῦς (Νότιος ἰ.) 1,640
Ἰχθύες 1,591. 771. 902. 973. 979. 1012. 1014. 1018. 2,151. 353. 367. 386. 394. 419. (447). 490. 639. 990. 3,957. 964. 1116. 1484. 1488. 4,203. 302. 396. 640
ἰχθῦς 1,592. 596. 2,636. 654. 720
ἰώδης 3,1246

καθαίρεσις 3,849. 4,51
καθάριος 2,204. 240. 248. 290. 330. 335. 420. 770. 3,1323. 1352. 1396. 4,258. 341. 362
καθαρός (2,204. 290. 330. 335. 421). 2,1070. 1085. 1093. 1111. (3,1323)
κάθεξις (2,837)
καθιερόω 2,68
καθίστημι 3,163. 1205. 1239. 4,81. 255
καθοράω (3,421)
κάθυγρος 2,980. 982. 985. 987. 992. 4,197. 558. 641
καθυπερτερέω 2,819. 821. 825. 827. 3,277. 367. 376. 537. 538. 545. 1044. 1050. 1077. 1129. 1131. 1206. (1214). 1461. 4,32. 50. 213. 398. 617
καθυπερτέρησις 3,518. 4,467. 468
καιρικός 2,43. 552. 3,711. 725. 731. 735. 740. 744. 757. 779. 789. 819. 822. 825. 830
καίριος (3,616)
καιρός 1,136. 142. 227. 232. 2,53. 509. 523. 526. 548.

653. 792. 855. 919. 1116. 1126. 1129. 3,49. 56. 342. 1531. 1545. 4,52. 119. 451. 545. 572. 799. 811. 851. 897
καίω 1,339. 408. 4,662
κακογνώμων 3,1233. 1415. (4,245)
κακογύναιος (3,1333)
κακοδαιμονέω 4,512
κακοδαίμων 3,453. 4,81
κακόζηλος 3,1397
κακολόγος 3,1234. 1278
κακοπαθής 3,1260
κακόπαθος 4,764
κακοποιέω (2,787). 3,846. (1131). 1485
κακοποιός 1,10. 31. (441). 1144. 1145. 1151. 1159. 2,444. 787. 3,265. 367. 378. 452. 463. 475. 503. 506. 509. 510. 523. 530. 533. 537. 540. 545. 634. 644. 674. 987. 1011. 1055. 1069. 1071. 1075. 1088. 1126. 1131. 1207. 1489. 4,93. 215. 238. 279. 284. 399. 401. 452. 532. 620. 627. 667. 676. 800. 813. 895
κακοπράγμων 4,171
κακός (3,256). 3,291. 1210. 4,509. 808. 815. 883.
  κακὸς δαίμων 3,579
κακόστομος 3,1415
κακότεχνος 3,1383
κακότροπος 3,1384
κακοῦργος 3,1039. 1262. (1278). 1361. 4,654
κακουχία 3,932
κακόφημος 3,1419
κακόψογος (3,1419)
κακόω 2,718. 3,580. 650. 656. 841. 844. 991. (1129). 1469. 4,618. (623). 633
κάκωσις 1,145. 480. 2,722. 3,500. 514. 532. 537. 1459. 4,623. 669
κακώτης 3,1256
κακωτικός 3,466. 978. 4,870
καλέω 1,523. 530. 611. 705. 710. 715. 720. 746. 755. 761. 791. (806). 835. 847. 862. 877. 984. 1000. 2,29. 31. 74. 90. 105. 166. 169. 173. 389. 856. 876. (1074). 1075. 1113. 3,23. 481. 569. 579. 620. 1534. 4,24. 434
καλλωπιστής 3,1335. 1418
καλογνώμων 3,1240
καλόζηλος 3,1397
καλός 2,334. 3,248. 256. 259. 263. 374. 1331. 1409. 4,401. C 10
καλοσύμβουλος 3,1342
κάλπη (3,1029)
κάλπις 3,1029. 4,330
κάμνω 1,217
κάμπη 2,725
καμπία (3,1436)
κάμπιον 3,1072. (1436)
κάμπτιος (3,1071)
κανονικός (2,459)
Καππαδοκία 2,350. 382. 489
καρδία 1,543. (2,240). 2,279. 3,1004
καρδιακός 4,599

Καρκίνος 1,533. 749. 754. 882. 885. 888. 896. 972. 977. 1003. 1010. 1034. 1149. 1152. 2,151. 353. 372. 394. 411. 469. 637. 911. 955. 3,776. 957. 1026. 1047. 1073. 1115. 1484. 4,202. 396
καρπός 2,647. (648). 661. 723. 742. 761. 778. 901
καρποφορέω 2,648
καρποφορία 1,75
Καρχηδονία 2,391. 410. 471
Κασπειρία 2,322. 341. 483
Κασσιέπεια 1,618
κασσιτεροποιός 4,179
καταβάλλω 2,902
καταγίνομαι 4,193
καταγινώσκω 1,159. 247. 332
καταγύναιος 3,1333
καταδουλόω 2,362
καταδύνω 1,860
κατάδυσις 3,631. (818). 839
κατάθεσις 1,107
κατακαλύπτω 2,288
κατάκαυμα 3,1037
κατακλίνω (4,803)
κατακλυσμός 1,273. 2,42. 725
κατακολουθέω 1,1064. 3,58. 158. 856
κατακορής 2,210
κατακρατέω 1,93. 190. 504. 3,20
κατακρημνίζω 4,646
κατάκρισις 4,665
κατακρύβδην (2,274)
καταλαμβάνω 1,37. 387. 425. 869. 973. 1223. 1232. 2,682. (812). 1039. 1055. 3,470. 496. 506. (721). 1148. 4,419. 520. 623. 645. 803. 868. 893
καταλείπω 2,812. 3,111. 4,576. 675
καταληπτός 1,7. 63
κατάληψις 1,46. 54. 146. 176. 241. 250. (722). 3,167. 196. (4,630). 4,483
καταμαρτυρία (4,237)
καταμηκύνω (2,1076)
κατανέμω (2,295)
κατανοέω 1,124. 149
καταντάω 3,642
καταξιοπιστεύομαι 1,155
καταξιόω 4,145
κατάποσις 3,1007
καταριθμέω 1,807
καταρριψοκινδυνία 4,218
καταρτίζω (1,178)
καταρχή 1,330. 2,505. 563. 566. 868. 3,72. 4,878
κατάρχομαι 2,1032
κατασκέλλω 4,783
κατασκευάζω (1,32). 1,1063. 3,293. 950. 1140
κατασταλτικός 3,1559
κατάστασις 1,195. 406. 724. 727. 2,695. 714. 732. 739. 754. 775. 914. 1046. 1066. 1070. 1072. 1086. 1094. 3,1436. 4,87. 562. 759
κατάστημα 1,767. 774. 2,15. 16. 76. 643. 860. 925. 928. 994. 1011. 1026. 1050. 3,83. 4,551
καταστοχάζομαι 3,106. 274.

331. 414. 969. 4,87. 209. 428
κατάσχημα (4,551)
κατατάττω 1,1122. 1137
καταφαίνω 1,161. 352. 3,1518
καταφανής 3,354
καταφερής 2,271. 402. 439. 3,1277. 1334. 1372. 1402. 1530. 1544. 4,261. 327. 353. 367. 373
καταφέρω 1,845. 3,700. 784
κατάφλεξις 2,762
καταφορά 3,704. 811. 4,580. 583. 835
καταφορικός (3,1211)
κατάφορος 3,1211. 1434
καταφρονέω 2,443
καταφρονητής (3,1251)
καταφρονητικός 2,208. 416. 3,1251. 1282. 1357
καταχράομαι (3,156). 3,162
καταχρηστικός (2,627)
καταψεύδομαι 1,1066
καταψηφοκινδυνία (4,217)
κατάψυξις 4,217
κατάψυχρος 4,344
καταψύχω 2,82. (4,488). 4,780
κατεργάζομαι 1,307
κατέχω 2,343. 3,520. 1486. 4,679
κατηγορία 4,565
κατήγορος 4,171
κάτισχνος 3,1091
κατοικέω 2,234
κατοίχομαι 2,665
κατοπτεύω 3,1481
κατορθωτικός 3,1408. 4,474
κατορθόω (4,474)
κάτω 2,446. 478. 3,959
καῦμα 1,335. 338. 681. 2,46. 73. 97. 762. (3,1037)
καυματώδης 1,89. 2,941. 961
καῦσις 3,290. 311. 1096. 4,657
καύστης 4,149
καυστικός 1,414. (468). 1008. (2,960)
καυσώδης 1,1007. 2,859. 941. 955. 960. 976. 983. 989. 992
καύσων 2,754. (762. 859)
καυχηματίας 3,1256
Κελτική 2,200. 222. 492
Κελτογαλατία 2,166
κενοδοξέω 1,176
κενόδοξος 1,1198
κενοδρομέω 3,253
κενός 1,292
Κένταυρος 1,663. (4,657)
κέντρον (1,500). 1,567. 1248. 2,507. 557. 564. 590. 595. 600. 613. 833. 1003. 1005. 1018. 1048. 3,158. 163. 219. 224. 230. 280. 281. 282. 283. 306. 370. 432. 451. 475. 787. 803. 814. 816. 820. 824. 826. 830. 975. 978. 1022. 1027. 1042. 1063. 1114. 1162. 1228. 1459. 4,43. 53. 64. 66. 71. 76. 80. 213. 221. 332. 505. 522. 834
κεντρόω 3,462. 502. 985. 988. 1127. 1495. 1499. 4,83. 331
κέντρωσις 2,608. 1053

κεράννυμι 1,515. 730. 2,235
κέρας 1,525. 580
κεραυνός 2,755. 757. 948
κεραυνώδης (2,948)
κέρδος 1,355
κεφάλαιον 1,4. 232. 2,20. 548. 584. 677. 3,202
κεφαλαιώδης 1,378. 2,135. 463. 514. 692. 1134. 3,191. 1224. 4,684. C 10
κεφαλαλγία 4,598
κεφαλή 1,514. 522. 529. 540. 548. 591
κηροπλάστης 4,162
Κῆτος 1,642
Κηφεύς 1,609. 4,660
Κιλικία 2,350. 385. 496
κίνδυνος 3,1078. 1502. 4,557
κινέω 2,454. 3,1311. 1413. 4,364
κίνησις 1,35. 69. 101. 127. 183. 206. 265. 413. 891. 1171. 1256. 2,104. 630. 3,28. 1106. 1163. 4,477. 749. 781. 785
κινητικός 2,796. 859. 949. 964. 984. 1011. 1022. 4,204
κλέπτης 3,1261. 1293. 1389
κληρονομέω 4,46. 420
κληρονομία 4,42. 485. 803
κλῆρος 3,197. 598. 4,34. 505. *κλῆρος (τῆς) τύχης* 3,262. 385. 587. 588. 593. 609. 611. 4,24. 419. 440. 463. 526. 794
κληρόω 4,779
κλίμα 1,1051. 2,4. 52. 62. 131. (117). 1002. 3,750. 4,832
κλιμακτήρ 3,848
κλιμακτηρικός 3,840
κλοπή 2,785
κλυσμός (4,765)
Κοιλὴ Συρία 2,298. 308. 475
κοιλία 1,583. (2,308). 3,1008
κοιλιακός 4,595
κοιλόφθαλμος (3,918)
κοιλόω (2,1074)
κοινόβιος 3,385
κοινός 1,443. 455. 705. 710. 714. 720. 1023. 1054. 2,74. 166. 190. 389. 405. 642. 719. (3,1396). 4,713. 786
κοινόφθαλμος (3,918)
κοινωνέω 1,396. 527. 773. 1230. 2,431. 701. 806. 3,347
κοινωνία (4,293). 4,489
κοινωνικός 2,214. 221. 241. 255. 387. 412
κοινωνός (3,385)
κολαστικός 3,1183. 1230
κολικός (2,834)
κόλλησις (3,845). 4,236
κόλπος 2,158. 161
Κολχική 2,349. 372
Κολχίς (2,350). 2,477
κόμη 2,863
κομήτης 2,13. 839. 855. 1117
Κομμαγηνή 2,350. 382. 488
κονδύλωμα 3,1097
Κόραξ 1,659
Κόρη 3,441
κορυφή 1,79. 391. 679. 683.

880. 2,69. 80. 93. 102. 4,384. 525
κοσμικός 3,215. 217. 222. 374. 379. 1228
κόσμιος 4,138
κοσμοκράτωρ 4,65
κόσμος 2,281. 406. 3,350. 409. (4,138). 4,142. 165
κοῦφος 3,1169. 1319. 1431
κρᾶσις 1,478. 483. 520. 739. 1235. 2,693. 696. (699). 823. 828. 930. 944. 3,14. 339. (419). 860. 887. 891. 895. 902. 906. 915. 919. 925. 927. 934. 968. 969. 1447. (4,104)
κρατέω 3,1205. 1208. 1210. 1217. 4,697
Κρατήρ 1,657
κρατήτωρ (4,580)
κραυγαστής 3,1360
κραυγαστικός (3,1360)
κρεωφάγος 2,416. 457
κρημνισμός 4,560. → *ἀποκρ-*
κρημνός (3,1078)
Κρήτη 2,227. 250. 489
κρίνω 3,151
Κριός 1,514. 686. 756. 781. 907. 927. 933. 985. 988. 994. 997. 1031. 1093. 2,139. (147). 195. 217. 302. 309. 469. 910. 936. (947). 3,749. 754. 756. 765. 767. 773. 775. 779. 785. 813. 816. 958. 1057. 1072. 4,206. 330
κριτικός 3,1182. 1240. 1315. 1329. 1411
Κρόνος 3,259. 436. 439. 4,239. 483. 485. 486. 488. 555. *Κρόνου* 1,399. 440. 454. 481. 516. 517. 521. 524. 529. 536. 541. 542. 554. 560. 563. 566. 576. 578. 581. 584. 586. 589. 593. 595. 598. 603. 607. 609. 610. 618. 621. 625. 627. 632. 642. 645. 647. 648. 655. 660. 661. 666. 670. 893. 900. 953. 956. 962. 964. 969. 970. 991. 1029. 1036. 1085. 1097. 1101. 1105. 1106. 1114. 1153. 1160. 1170. 1186. 2,233. (237). 254. 263. 267. 274. (280). 284. 294. 327. 336. 346. (394). 429. 456. 524. 704. 845. 3,237. 250. 256. 271. 272. 277. 278. 289. 291. 301. 314. 371. 518. 519. 644. 884. 999. 1030. 1039. 1043. 1050. 1062. 1081. 1090. 1105. 1141. 1226. 1480. 1482. 1487. 1512. 1560. 4,36. 41. 96. 130. 141. 152. 163. 172. 182. 216. 231. 243. 254. 259. 291. 297. 315. 341. 343. 348. 361. 374. (388). 592. 628. 725. 778. 852. *Κρόνον* 1,414. (2,326). 4,389
κροῦσμα 3,1037
κρύβδην 2,274
κρύος 2,87
κρυπτός 3,1096
κρύπτω 2,114. 434. 3,1136
κρυσταλλώδης 2,942

κρυφιμαῖος (2,450)
κρύφιος 2,450
κρύψις 1,99. 496. 3,1444
κτῆμα 4,807
κτῆσις 1,230. (2,508). 2,770. 3,242. 267. 4,23. 48. 570. 795. (807)
κτητικός 3,183. 4,4. 20. 22. 41
κτίσις (1,230). 2,505. 508. 538. (4,48. 570. 795. 807)
κυβερνητικός 1,210
κυΐσκω 3,425. 434
κυκητής 3,1416
Κυκλάδες 2,228. 245. 475
κυκλικός 2,887
κύκλος 1,512. 685. 786. (793). 872. 924. 933. 948. 978. 2,65. 502. 505. 620. 880. 1073. 1088. (4,71)
κυκλόω 2,1074
κύλλωσις 3,1074
Κύπρος 2,229. 246. 477
Κυρηναϊκή 2,424. 445. 475
κυρ(ε)ία 1,229. 1022. 1194. 2,597. 617. 688. 729. 816. 823. 3,333. 563. 576. 853. 1196. 1223. 4,90. 97. 105. 168. 571. 592. 615. 670. 845
κυριεύω (3,213). 3,350. 383. 1483. 4,414. 516. 619. 886. 889
κύριος 1,33. 250. 883. 1026. 1095. 1098. 1104. 1146. 1156. 2,19. 26. 197. 600. 602. 633. 681. 765. 3,121. 207. 424. 555. 585. 614. 616. 628. 846. 998. 999. 1130. 4,50. 70. 118. 438. 503. 547. 697. 756. 790. 800. 857. 864
κυρίωσις (4,697)
κύρτωσις 3,1074
κύστις 3,1000
κύω (3,425)
Κύων 1,650. 2,899
κύων 3,467
κωλικός 3,1093. (4,595)
κωλύω 1,126. 310. 3,852
κωφός 3,485

λαβή 1,572. 621
λάγνος 3,1274. 1333. 1371. 1533. 1544. 4,348. 367
λαγχάνω (2,69. 704. 729). 4,734. 740. (762). 770
Λαγωός 1,648
λάθρᾳ 3,1536
λαμβάνω 1,824. 830. 839. (869). 931. 938. (1028). 1094. 1106. 2,29. 40. 69. 176. 198. 516. 528. 555. (584). 586. 588. 591. 598. 617. 619. 688. 705. 729. 744. 780. 806. 816. 823. 882. 905. 1004. (3,5). 3,38. 48. (76). 137. (496). 556. 563. 678. 681. 689. 693. 721. 733. 736. 746. 813. 827. 837. 850. 853. 862. 872. 1158. 1227. 1297. 1354. 1395. 1425. 1490. 4,23. 29. 34. 52. 105. 112. 121. 157. 169. 178. (190). 237. 255. 388. 513. 592. 616. (623). 686. (734). 756. 789. 803. 838. 845. 866

λαμπαδία (1,523)
Λαμπαύρας 1,523
λαμπήνη 1,29. 1211. 1220
λαμπρός 1,522. 529. 530. 543. 545. 551. 553. 562. 564. 599. 602. 607. 611. 623. 634. 640. 644. 646. 651. 653. 655. 661. 665. 666. 670. 2,607. 1044. 1100. 1104. 3,246
λαμπρόψυχος 3,1327
λανθάνω 1,129. 3,1550. 4,698. 714
λαοξόος 4,151
λατόμος 4,151
λατρευτικός 3,1278
λαχανεία 2,652
λέγω 1,218. (568. 611). 804. 817. 842. 858. 1096. 1105. 1118. 1214. 1221. (1226). 2,79. 193. 832. 874. (1075). 3,50. 71. (200). 221. 228. (401). 624. 748. (838. 842). 862. 980. 985. 1034. 1063. (1101). 1213. 1468. 1471. 1478. 4,110. 126. 262. 266. 294. 414. (469). 509. 530. 585. 589. 614. 668. 681. 700. 715. 817. 839
λείπω 1,1110. 3,70
λειχήν 3,1085. 1111. 1118. 4,607
λειψυδρία 2,758
λεκανόμαντις 4,203
λέξις 1,1132
λεπίς 3,1118
λεπρά 3,1085. (1118)
λεπτομερής 1,1190. 2,874. 1028
λεπτός 2,1085. 1087. 3,125
λευκέρυθρος 3,901
λευκός 2,84. 846. 3,893. 896. 917
λευκόχρους 4,699
Λέων 1,540. 764. 882. 884. 886. 896. 928. 934. 1059. 1093. 1149. 1152. 2,139. 196. 220. 302. 312. 481. 960. 3,956. 958. 1028. 1057. 4,206. 331. 400
λήγω 4,724
ληρώδης 3,1291. 1321. 1347
ληστεία 2,753
ληστήριον 2,785. 3,1079. 1081. 4,563. 654
ληστής 3,1260. 4,173
ληστρικός (2,785). 3,1391
λῆψις (3,1120). 4,129. 489
λιβόνοτος 2,172. 351. 393
Λιβύη 2,173. 390
λιβυκός 1,464. 980. 2,142. 153. 163. 571. 3,381. 411. 1493. 4,230. 249. 266. 335. 541
λιθοξόος 4,151
λίθος 1,287. 304
λιθουργός 4,151
λίμνη 2,162
λιμός 2,42. 727
λίνον 1,595. 597
λίψ 1,939. 2,116. (164)
λογίζομαι 3,640
λογικός 2,251. 3,1148. (1396). 1427. 4,742
λόγιος 3,1396
λογισμός 3,112
λογιστήριον 4,166
λογιστής 4,127

λογιστικός (3,1427)
λόγος 1,44. 303. 365. 379. 823. 863. 961. 971. 974. 984. 1038. 1045. 1051. 1162. 1198. 1218. 2,32. 57. 242. 544. 556. (558). 593. 596. 789. 890. 3,114. 134. 142. 157. 169. 171. 176. (187). 195. 203. 205 (adde app.). 237. 390. 393. 394. 399. 449. 489. 490. 550. 591. 599. 602. 607. 617. 749. 788. 812. 861. 955. 972. 1006. 1024. 1160. 1410. 1456. 4,20. 40. 224. 407. 493. 511. 673. 703. 705. 768
λοιδορία 3,1554
λοίδορος 3,1334
λοιμικός 2,715. 755. 941. 962. 973
λοιμός 1,273. 2,42. (727)
λοξός (4,151)
λοξόφθαλμος 3,918
λόξωσις 2,1024
Λυδία 2,350. 385. 495
Λυκία (2,350)
λύπη 4,458. 465
Λύρα 1,616
λύσσα 4,752
λύω 3,1066
λώβησις 3,1073. 1123
λωποδύτης 4,173

μάγειρος 4,148. 154
μαγευτικός 2,408. 450. 3,1350
μαγικός (2,450). 3,1192. 1293
μαγνῆτις 1,304. 308
μάγος 2,331. 3,1392. 4,205
μάθημα 1,163. 2,106. 451. 915. 4,743
μαθηματικός (1,2). 2,291. 813. 3,1341. 1429. 4,904. C 6
Μαιῶτις (λίμνη) 2,162
Μακεδονία 2,227. 253. 496
μακρός 1,173. 894. 1133. 1229. 1240. 2,707. 1076. 4,544
μαλακός 2,212. 3,1548
μανθάνω 1,822. 3,819
μανία 3,1111. 1503. 1509. 4,610
μανιώδης 3,1243. 1361. 1481
μαντεία 4,132
μαντευτής (4,203)
μαντικός (1,711). 3,1168
μάντις 4,128. 203
μανωτικός (1,711)
Μαρμαρική 2,424. 446. 476
μαρτυρέω 3,464. 466. 479. 482. 629. 4,36. 71. 130. 141. 152. 163. 172. 182. 281. 341. 406. 410. 653. 664. 678
μαρτυρία 4,47. 237
μαρτυροποιία (4,237)
μαστός 2,379
Ματιανή 2,322. 339. 472
Μαυριτανία 2,392. 414. 483
μάχαιρα 1,621
μάχη 4,485
μάχιμος 2,415. 3,1311. 4,279. 421
μεγαλειότης 2,735

Μεγάλη Ἀσία 2,168. 171. 257. 321
μεγαλοποιέω 3,929
μεγαλοπρεπής 3,922. 1299
μεγαλόφθαλμος (3,886). 3,894. 940
μεγαλοφροσύνη 3,1308
μεγαλόφρων 2,283. 336. 438. 3,1181. 1299. 1412
μεγαλοψυχία 2,735. 3,1304. 4,99
μεγαλόψυχος 2,204. 3,1241. 1297. 1314. (1332). 4,256
μέγας 2,332. (1078). → *Ἄρκτος μεγάλη. Μεγάλη Ἀσία*
μέγεθος 2,98. 3,904
μεθοδευτής 3,1382
μεθοδευτικός (3,1382)
μέθοδος 3,808
μέθυσος 3,1278. 1360
μείγνυμι 1,479. 2,806. 953
μειόω 1,995. 996
μειρακιώδης 4,747
μείωσις 2,904. 3,1443
μελαγχολία 4,611
μελαγχολικός 3,1095. (4,611)
μελάγχλωρος 3,918
μελάγχρους (3,885. 918). 4,701
μελανόθριξ 3,885
μελανόφθαλμος (3,894. 940)
μελανόχλωρος (3,918)
μελανόχρους 3,945
μέλας 2,70. 844. 1078. 1081. 1090. 1097. 3,889. 1111
μελεοκοπέω (4,655. 656). → *μελοκοπ-*
μελέτη 1,257
μελητικός (3,1247)
μελίχρους 3,885. 913. (918). 942. (945. 4,701)
μέλλω 1,375. 2,268. 916. 3,147. 345. 563. 856
μελοκοπέω 4,655. 656
μελῳδία 4,158
μέμφομαι 1,218
μεμψίμοιρος 3,1321
μερίζω (1,1044). 3,728. (1423)
μερικός 1,362. 2,15. 34. 925. 3,83. 4,480. 902
μέριμνα 4,765
μερισμός (3,1143)
μεσημβρία 1,706. 709. 2,631. 3,789. 795. 4,540
μεσημβρινός (1,734). 2,94. (569). 3,688. 696. 708. 710. 714. 719. 725. 732. 735. 757. 773. 779. 781. 4,333
μεσόθριξ 894. 902. 915. 943
μεσοίκειος (3,1361)
Μεσοποταμία 2,259. 291. 482
μεσότης 3,1472
μεσουρανέω 1,799. 800. 1260. 1263. (2,612). 3,162. (203). 284. 358. 704. 722. 726. 754. 767. 770. 772. 775. 789. 798. (800). 810. 816. (833). 4,106. 317. 646
μεσουράνημα 1,1260. 2,510. 570. 662. 3,161. 203. 432. 568. 572. 573. 574. 621. 625. 739. 743. 755. 757. 760. (767). 769. 777. 792. 815. 833. 1076. 4,108. 113. 118. 659. 797. 832

μεσουράνησις 1,461. 707. 718. 2,540. 3,221. 704. 800. (818). 1180. 1187. 4,833
μεσουράνισμα (3,161)
μεσοφάλακρος 3,898
μεσοφάλανδος (3,898)
μεσόφθαλμος 3,886
μεσόχρους 3,939
μεταβαίνω 3,763
μεταβάλλω 2,1050
μετάβασις 1,986. 4,759
μεταβλητικός (2,970)
μετάβλητος 1,67
μεταβολή 1,39. 74. 93. 390. 429. 2,657. 4,523
μεταβολικός 2,970. 981. 4,196
Μεταγωνῖτις 2,392. 413. 482
μεταδοτικός 3,1241. 1328
μεταλαμβάνω 2,82. 95
μεταλλαγή (4,523)
μεταλλάττω (4,160)
μεταλλευτής 4,149
μεταλλικός 1,303. 4,194
μεταμελημματικός (3,1431)
μεταμελητικός 3,1171. 1246. 1319. 1388. 1431. 1445
μεταπίπτω 1,297
μετάπτωτος 1,267
μετασχηματίζω 3,950
μετατροπή 1,76. 294
μεταχειρίζω 1,153
μετεωρολογικός 3,1192
μετέωρος 1,206. 2,17. 1062. 1116. 4,565
μετοπωρινός 1,757. 2,650. 900. 3,938. 941. 1085
μετόπωρον 1,676. 680. 695. 1017. 2,912
μέτοχος 3,1287
μετρητικός 4,196
μετρικός (4,196)
μέτριος 1,316. 2,98. (3,260). 3,898. 904. 1133. 1467
μετριότης 3,260. 4,78
μετρολογικός (3,1192)
μέτρον 1,60
μέτωπον 1,561. (587)
Μηδία 2,258. 287. 471
μῆκος 1,426. 2,161
μήλ⟨ε⟩ιος (3,1291)
μήν 2,562. 1026. 3,497. 531. 4,843. 844
μηνιαῖος 2,924. 1012. 4,848. 855. 873. 876
μηρός 1,528. 546. 588
μήτηρ 2,277. 3,295. 299. 305. 361. 433. 4,319.
  μήτηρ θεῶν 2,356
μήτρα 3,1008
μητρικός 3,239. 309. 326. 358. 4,706
μητρόπολις 2,504
μητρυιά 4,319
μηχανικός 3,1193
μιαιφόνος 3,1262. 1391
Μίθρας 2,267
Μικρὰ Ἀσία 2,228. 246. 479
μικροκέφαλος (3,905)
μικρολογία 4,452
μικρολόγος 2,437. 3,1233
μικρός 1,185. 193. 276. 1055. (2,43). 2,479. 3,868. 889. → *Ἄρκτος μικρά. Μικρὰ Ἀσία*
μικρόφθαλμος 3,905. 915
μικρόψυχος 3,1233
μικτός 1,1234

μιμητικός 3,1365
μιμνήσκω 3,331
μίξις 1,733. 939. 953. 969. 981. 2,700. 3,1282
μισάνθρωπος 3,1257
μισθοφορικός (2,361)
μισθοφόρος 2,361
μισογύναιος 3,1265
μισοΐδιος 3,1292
μισοίκειος 3,1361
μισόκαλος 3,1267. 1277
μισοπολίτης 3,1254
μισοπόνηρος 2,332. 3,1397
μισοσώματος 3,1237
μισότεκνος 3,1244
μισότεχνος (3,1244)
μνημονευτικός (3,1180. 1190)
μνημονικός 3,1180. 1190. 1351
μνησίκακος 3,1173. 1254. 1291
μογγιλάλος 3,1062
μοῖρα 1,28. 815. 817. 818. 820. 1086. 1110. 1111. (1112). 1113. 1114. (1116). 1122. 1159. 1160. 1161. 1167. 1186. 1189. 1191. 1193. 1195. 3,5. 120. 133. 139. 149. 156. 159. 162. 530. 565. 566. 567. (589. 590. 592). 626. 638. 659. 660. 677. 680. 700. 723. 727. 729. 738. 742. (778). 790. 809. 980. 1055. 1121. 4,443. 825. 827. 830
μοιρικός 2,837. 3,154. (239). 504
μοιρογαφία 1,1130
μοιροθεσία 3,637
μοιχάς 3,1544. 4,371
μοιχεία (4,287). 4,495
μοιχικός 3,1372. 1531. 4,171
μοιχός 3,1334. (4,171)
μοιχώδης 4,261
μολυβδουργός 4,179
μοναχός 1,1169. 4,394
μονόγαμος 4,233. 252
μονογνώμων 3,1230. (1233). 1268. 1452
μονοειδής 3,332. 366. 397. 4,232. 251. 542
μονοπληξία (3,1506)
μονόπονος (3,1318)
μονότονος 3,1318. 1357
μονότροπος (3,1318)
μόριον 1,825. 826. 1066. (1193). 2,269. 443. (3,203). 3,121. (673). 1003. 1056. (4,538)
μορφή 2,71. 3,14. 180. 860. 863. 884. 888. 893. 900. 904. 913. 916. 4,695
μόρφωμα 1,191. 639. 2,628. 632
μόρφωσις 1,513. (600). 601. (638. 639). 804. 2,587. 616. 865. 3,474. (863). 951. 968. 4,328
μοῦσα 4,158. 499
μουσικός (4,158)
μυρεψός 4,178
μύρον 4,137
μυροπώλης 4,139
μυστηριακός 3,1192. 1337. 1429
μυστήριον 2,243. 358. 450. 3,1269. 1283. 4,184. 489
μυστικός 3,1286

μωμητικός 3,1277
μωρόκακος 3,1245. 1431
μωρόκαλος (3,1245)

Νασαμονῖτις 2,391. 418. 492
ναυαγία (4,559)
ναυάγιον 2,720. 757. 3,1081. 4,559. 643
ναυκληρία 4,37
ναυπηγικός 4,198
ναυπηγός 4,150
ναυτικός 2,128. 4,152
ναυτίλλομαι 1,118
νεανικός 4,716. 755
νεαρός 1,715
Νεῖλος 2,650. 899
νεκρόμαντις 4,204
νεκρός 3,523
νεκυόμαντις (4,204)
νέμω 2,295
νεόγαμος 4,228. 249
νεομηνία 2,14. 871. 876
νέος 2,661. 892. 3,1369. 4,229. 249. 313
νεῦρον 3,1004
νεφέλιον 3,1026
νεφελοειδής 1,536. 568. 2,1108. 3,1025. (1047)
νέφος 2,1075. 1076. 1081. 1124
νεφριτικός 4,602
νεφρός 3,1003
νηκτός 2,636
νηλεής 3,1291
νήπτης 3,1289
νῆσος (2,228). 2,476
νίκη 4,100
νικητικός 3,1314
νιφετός 2,716. 1097
νιφετώδης 1,90. 2,975. 989
νοέομαι 2,811. 998
νοερός 3,1148
νοήμων 3,1426
νοθεία 4,495
νοθευτής 2,408. 3,1260. 1418
νομάς 2,457
νομεύς 1,106
νομή 1,302. 307. 3,316. 1098. 1117. 4,608
νομίζω 1,260. 290. 2,892. 3,33
νόμιμος 2,122. 255. 435. 664. 791. 3,1286. 1537. 4,293. 696. 704
νομογράφος 4,133
νομοθετέω 1,262
νομοθετικός 2,239
νόμος (2,255. 3,316). 4,225
νόσημα 1,288. 3,1492. 1501. 4,604. 612
νοσηματικός 3,1515
νοσηματώδης 3,1473. 4,355
νοσοποιός 2,713
νόσος 1,217. 2,707. 749. (751). 787. (3,316). 3,1112. 4,593. 803
νοσφίζω 1,422
νοσώδης 4,562
νοταπηλιώτης 2,167. 180. 229. 260
νοταπηλιωτικός 1,955. 2,144. 230. 261
νότιος 1,549. 591. 594. 638. 639. 950. 987. 1008. 2,67. 145. 154. 160. 168. 256. 942. 949. 954. 959. 964. 968. 972. 977. 980.

985. 989. 993. 1114. 3,1437
νοτολιβυκός 1,981. 2,152. 352. 394
νότος (ventus) 1,710. 2,1115. (regio) 2,100
νουθετικός 4,775
νουμηνία (2,14. cf. 924)
Νουμιδία 2,390. 410. 470
νουνεχής 3,1368
νυκτερινός 1,12. 465. 470. 474. 779. 2,117. 1067
νυκτίρεμβος 3,1292
νύξ 1,469. 482. 703. 759. 780. 849. 856. 932. 946. 964. 976. 1107. 1115. 1117. 2,894. 3,360. 589. 595. 606. 639. 730. 745. 1189. 1480. 1482. 4,27
νωδός 3,484
νωθρία 3,849
νῶτος 1,575
νωχελής 3,1444. 4,259
νωχελία 4,785

ξανθόθριξ 3,905
ξανθός 2,847
ξενιτεία 3,187. 4,10. 519. 520. 523. 543. 548. 794
ξένος 4,529. 531. 678
ξηραίνω 1,77. 388. 400. 408. 704
ξηραντικός 1,424. 500. 705. 904. 3,1109
ξηρασία 2,745
ξηρός 1,436. 456. 482. 680. 695. 702. 731. 1017. 2,787. 794. 954. 3,891. 903. 907. 920. 941. 944. 4,613
ξηρότης 1,443. 495. 765
ξηρόφθαλμος (3,918)
ξυλοσχίστης 4,151

οἶδα 1,369
οἰηματίας 3,1318
οἴησις 3,1306
οἰκέω (ubique *οἰκουμένη*) 1,708. 717. 2,66. 156. 165. 170. 175. 177. 179. 189. 194. 226. 260. 298. 324. 349. 393. 424
οἰκεῖος 1,104. 191. 242. 374. 409. 484. 490. 726. 857. 889. 937. 1013. 1044. 1106. 1153. 1233. 2,53. 104. 186. 279. 284. 333. 696. 792. 802. 827. 890. 905. 1101. 1107. 1130. 3,63. 81. 148. 198. 217. 252. 342. 612. 669. 727. 863. 951. 953. 1195. 1203. 1236. 1373. 1459. 1504. 4,36. 292. 351. (460). 616. 727. 733. 738. 785. 803. 831. 859
οἰκειότης 1,1226. 4,31
οἰκειόω 1,478. 812. 957. 3,201. 4,459
οἰκείωσις 1,742. 864. (1226). 2,186. (188. 815. 931). 3,1208. (1443). 4,21. 57. (540. 871)
οἴκησις 2,74. 88. 99. 188. 552. 556. (558). 4,540
οἰκοδεσπόζω (3,421)
οἰκοδεσποτεία 1,931. 950. 981.

(982). 1022. 1039. 1143. 1148. 1191. 2,187. 431. 588. 591. 598. 605. 686. 704. 744. 780. 826. 3,143. 159. 206. 208. 602. 608. 617. 872. 880. 1226. 1296. 1353. 1394. 1424. 4,30. 34. 47. 116. 121. 158. 178. 829. 867. 891
οἰκοδεσποτεύω (4,544)
οἰκοδεσποτέω 1,945. 963. 2,140. 144. 148. 152. 196. (202). 262. 265. 326. 395. 680. 687. 1009. 1060. 3,147. 211. 402. 421. 456. 521. 587. 875. (884). 892. 1447. 4,210. 544
οἰκοδεσπότης 1,1163. (2,431). 2,1003. 1019. 3,505. 613. 615. 4,47. 842
οἰκοδεσποτίζω (3,421)
οἰκοδεσποτικός 3,142. 604. 4,757
οἰκοδόμημα 2,657
οἰκοδομικός 4,194
οἰκονομία 4,102. 490
οἰκονομικός 4,240
οἰκονόμος 4,131
οἶκος 1,24. 875. 877. 878. 884. 919. 929. 938. 954. 962. 974. 993. 1021. 1026. 1028. 1037. 1142. 1146. 1150. 1217. 1220. 2,597. 3,144. 4,299
οἰκουρός 2,369
οἰνέμπορος 4,139
οἶνος 4,137
οἴομαι 1,205. (3,346)
οἰστικός 3,932
Ὀϊστός 1,629
οἰωνιστής 4,186
οἰωνός 4,675
οἰωνοσκοπικός 3,1194
ὀκνηρός 4,344. 364
ὀκταετησία (4,748)
ὀκταετία 4,748
ὀκτωετία (4,748)
ὄλεθρος 4,604
ὀλίγος 1,72. 354
ὀλιγοστός 4,481
ὀλιγοτεκνία 4,389
ὀλιγχρονέω (-ίζω) (3,650)
ὀλιγοχρόνιος 3,282. 304. 305. 378. 650. 839. 4,407
ὀλιγοχρονιότης 1,228. 3,268. 275
ὁλοπάγκακος (3,1264)
ὁλοσχέρεια 3,1225
ὁλοσχερής 1,51. 109. 318. 738. 2,38. 563. 568. 918. 998. 1132. 3,101. 109. 160. 329. 400. 501. 4,431. 693. 790
ὁμαλός 1,1054. 3,687
ὄμβριος 2,726
ὄμβρος (2,726). 2,984. 1091
ὀμβρώδης 2,940
ὁμῆλιξ 4,311
ὁμιλία 3,1533
ὁμιχλώδης 2,715. 946
ὁμογενής 1,835. 838
ὁμοειδής 4,676
ὁμοιοσχημονέω 4,311
ὁμοιοσχήμων 3,1019. (4,311)
ὁμοιότης 1,1231. 3,689. 4,721
ὁμοιότροπος 1,79
ὁμοιότυπος 3,82

ὁμοίωσις (3,82)
ὁμολογέω 1,323. 1046
ὁμομήτριος 2,398. 3,357
ὁμοφυής (1,1226)
ὁμόφυλος 1,1226
ὀνειροκρίτης 4,131. 207
ὀνειροκριτικός 3,1194
ὄνησις 2,779
ὀνησιφόρος 3,1216. 4,278
ὄνομα 1,155. 2,357
ὀνομάζω 1,757. 1191. 2,267. 358. 3,74
ὀνομασία 1,751. 2,880
Ὄνος 1,538. 2,113
ὀξύθυμος 3,1370
ὀξυκινησία 1,430
ὀξύς 2,751. 784. 796. 3,1178. 1357. 1374. 1440. 4,243. 735
ὀξύφρων 3,1383
ὀπίσθιος 1,517. 2,207. 3,960. 962. 4,329. 330
ὁπλουργός 4,170
ὁπλοχρηστής 4,180
ὅρασις 3,1003. (1020. 1447)
ὁράω 1,186. 286. 1204. 2,75. 111. 1105. 3,141
ὀργανικός 3,1192
ὄργανον 4,158
ὀργανοποιός 4,161
ὀργίλος 3,1358
ὀρεινός 2,159
ὀρεκτικός 4,364
ὀρθός 1,152. 814. 816. 818. 820. 826. 829. 3,727. 739. 810. 1411
ὁρίζω 1,925. *ὁ ὁρίζων* 1,189. 460. (698). 699. 860. 1259. 1262. 2,565. 571. 3,565. (592). 628. 681. 687. 691. 695. 699. 708. 710. 713. 871. 975. 989. 994. 1461. 1479
ὅριον 1,27. 878. 1019. 1020. 1024. 1041. 1065. 1072. 1110. 1118. 1122. 1136. 1151. 1155. 1165. 1172. (1173). 1197. 1200. 2,598. (1124. 1125). 3,145. 657. 4,590. 829. 864
ὁρμή 1,85. 3,84. 1154. 1210. 4,751. 781
ὁρμηματία (3,1430)
ὁρμητής 3,1430
ὁρμητικός (3,1430)
ὄρνεον (2,634). 2,653
Ὄρνις 1,617. 2,633
ὄρνις 3,469
ὅρος 3,702. 1213
Ὀρχηνία 2,299. 489
Ὀρχήνιος 2,312
ὀρχηστής 4,162
ὀρχηστικός 2,272. 3,1322
ὅσιος 2,334
ὀσμή 4,137
ὀστέον 3,1001
ὄσφρησις 3,1005
ὀσφύς 1,545
οὐλόθριξ 3,940
οὐλοκέφαλος 3,885. 4,701
οὖλος 2,71
οὐρά 1,518. 545. 577. 584. 594. 605
οὐράνιος 1,184. 264. 381. 3,30. 34
οὐρανός 1,174
οὐσία (1,131). 1,361. 387.

476. (690). 2,83. 4,421. 423
ὀφείλω 1,372. 2,927. 3,133. 362. 678. 770. 837. 853. 4,18. 688. 789
ὀφθαλμός (1,533). 3,911. 1021. 1035. (1047)
Ὀφιοῦχος 1,625
Ὄφις 1,627
ὄφις 2,624. 4,637
ὀχεία 1,106. 330
ὀχευτικός 2,271
ὀχληρός 3,1250
ὄχλησις 2,708. 3,293. 1107. 1506. 1513
ὀχλικός (3,1080). 3,1165
ὀχλοκόπος 3,1253
ὄχλος (2,748). 4,167. 630
ὄψιος 3,289. 309. 393. 452. 1020. 1060. 1524

πάγκακος 3,1264
παγώδης 2,715
παθεινός 3,943
πάθημα 1,296
παθητικός 1,435. 784. 2,213. 3,1018. 1475. 1417. 1549
πάθος 1,228. 288. 302. 373. 375. 2,830. 866. 3,15. 17. 181. 182. 293. 313. 315. 319. 970. 972. 983. 990. 995. 1012. 1015. 1086. 1103. 1115. 1117. 1122. 1128. 1133. 1136. 1140. 1144. 1422. 1454. 1456. 1463. 1467. 1471. (1491). 1495. 1565. 4,334. (352). 379. 796
παιγνιώδης 3,1364. 4,759
παιδαγωγία 4,745
παιδεία 4,102
παιδικός 3,1413. 4,355. 739. (759)
παιδοποιία 4,45
παῖς 3,1418. 4,167. 262
παλαιός 1,169. 382. 439. 674. 1127. 1132. 2,665
παλαιστής 4,170
Παλαιστίνη 2,477
παλαίστρα 3,1038
παλίρροια 2,722. 1051
πάλλω 3,1111
παμπληθής 1,503. 4,87
Παμφυλία 2,350. 385. 497
πάμψογος 3,1277
πάναισχρος 3,1553
πανδοκεύς 4,155
πανοῦργος 2,305. 3,485. 1381. 1430
πανσεληνιάζω 3,1023. 1487
πανσεληνιακός 2,908. 1002. 1004. 1031. 3,456. 611
πανσέληνος 1,494. 2,923. 1001. 1014. 1018. (1031). 1084. 3,138. 140. 609. 4,265
παντελής 1,55. 868. 1265. 2,915. 3,932. 4,333
παντοδαπής (4,338)
παντοῖος 2,435. 436. 1123. (3,1284)
παντοποιός 3,1284
παντοπράκτης (3,1420)
παντόπρακτος (3,1420)
παντόπραξος 3,1410
παραβαίνω 1,1208
παραβάλλω 1,47. 4,727
παραβολή 4,721

παράβολος 2,408. 3,1312. 1356. 1375. 1398
παραγίνομαι (1,445). 3,686. 696
παράδειγμα 1,179. 1028
παραδειγματικός 1,1123
παραδειγματισμός 3,1141. 1507
παραδέχομαι 1,1246
παραδίδωμι 1,452. 471. 738. 1242
παράδοσις 1,1070. 3,97. 679
παράθεσις 2,127. 466
παραιτέομαι 3,98
παραίτιος 4,883
παρακινδυνεύω 4,772
παρακινέω 3,1322. 1389
παρακμή 1,694. 4,767. 783
παρακολουθέω 1,225. 261. 301. 306. 3,418. 1019. 4,92
παρακολουθηκός (3,102)
παρακολουθητικός 3,102
παραλαμβάνω 1,439. 821. 1141. 1165. 1240. 2,50. 615. 918. 3,264. (369). 578. 585. 614. 619. 671. 1522. 4,118. (388). 422. (734). 748. 820. 828. (899)
παραλείπω 1,1199. 4,899
Παράλια 2,228. 246. 478
παραλλαγή 1,193. 2,96. 3,1515
παράλληλος 1,846. 1057. 2,63. 68. 79
παραλογιστής 3,1288
παράλυσις 3,1075
παραλύω 1,480. 1233
παραμένω 2,561
παραμυθητικός 4,775
παρανατέλλω (2,576)
παρανομία 2,752
παράνομος 3,1281. 1532. 1547
παραπέμπω 3,196. 4,551
παραποδίζω 3,656
παραπορεύομαι 4,125
παρασημασία 2,917
παράσημος 3,443
παρασκευάζω 1,32. 258. 326. (3,293). 4,777
παράστασις (2,122. 872)
παρασχιστής 4,154
παράταξις 2,380
παράτασις 2,526. 549. 554. 569. 867. 4,863
παρατείνω 2,558. 1068
παρατηρέω 1,172. 1244. 2,815. 907. 1029. (1066). 1092. 1104. 3,125. 322. 401. 417. 871. 978. 1457. 4,437. 466. 567. 583. 728
παρατηρηματικός (3,57)
παρατήρησις 1,118. 383. 404. 674. 2,1065. 3,30. 1017. 1156. 1476
παρατηρητικός 1,105. 111. 2,292. 3,57. 858
παρατίθημι 1,1168
παρατρίβω 1,309
παρατυγχάνω 3,1065. 1121
παραφυλάττω 1,328
πάρειμι 1,258. 361. 4,680
παρέχω 1,57. 158. 205. 348. 484. 4,126. 136. 156. 189
παρηγορέω 3,1136
παρήλιος 2,1075. 1081
Παρθένος 1,548. 771. 920. 944. 948. 1015. 1016. 1057.

1062. 1064. 1099. 2,143. 231. 250. 262. 290. 481. 633. 965. 3,956. 963. 1047. 1484. 4,204. 400. 640
παρθένος 3,1375
Παρθία 2,258. 287. 470
παρίημι 1,1198
παρίστημι 2,57
παροδεύω 2,507. 3,40. 149. 220. 4,453
παροδικός 3,841. 850
πάροδος 1,88. 753. 1246. 2,55. 94. 519. 576. (791). 1084. 3,30. 154. 717. 846. 4,856. 882
παροίχομαι 1,677. 681. 2,608. 1016
παρόμοιος 1,172. 4,698. 717
παρρησία 3,1551
παρρησιαστής 3,1312
παρρησιαστικός 3,1250. (1312). 1443
πάσχω 3,421. 1015. 1503
πατήρ 3,204. 270. 274. 281. 288. 4,323. 805
πατρικός 3,238. 292. 326
πατρῷος 4,324
παχύνω 2,1110
παχύς 2,1090. 1097
πεδινός 2,128
πειρατής 4,654
πειρατικός 2,785
πειράω 1,59. 3,35
πέλαγος 2,161
πεπαίνω 1,396
πέρα 3,355
πέρας (3,471. 480). 3,1437
περιάγω 3,712
περιβάλλω (2,363. 3,290). 3,1554
περιβοησία 3,1502. 4,218. 286. 301. 497
περιβόητος 3,1564
περίγειος 1,66. 80. (266). 427
περιγειότης 1,394
περιγίνομαι 3,1144. 4,557
περιδιαλαμβάνω (2,38)
περιδρομή (2,58)
περιεργάζομαι 3,117
περίεργος 3,194
περιέχω 1,52. 68. 69. 73. 89. 104. 137. 141. 143. 181. 189. 195. 201. 203. 224. 272. 276. 299. 361. 370. 406. 422. 503. 814. 815. 818. 819. 871. 1128. 1225. 1228. 1235. 1252. 2,76. 88. 123. 176. 227. 321. 390. 793. 997. 1040. 3,30. 38. 44. 61. 81. 104. 244. 359. 420. 814. 993. 1114. 1508
περίζωμα 1,551
περιζώννυμι 2,406
περίκακος 2,359
περικλείω (3,290. 303)
περικυλίω 3,290. 303. 1046. 1099. 1503. 4,286. 557
περίμετρος 1,873
περιοδευτικός 2,106
περιοδεύω 1,43
περιοδικός 1,98. 120. 2,41
περίοδος 1,77. 124. 173. 3,495. 4,749. 763. 771
περιουσιαστικός 3,1231
περίπατος (3,845)
περιπέμπω (3,196)
περιπετής (3,1319)

περίπικρος 3,1289
περιπίπτω 2,363. 4,643
περιπνευμονία 4,597
περιποιέω (1,1209). 4,43. 239
περιποιητικός 1,246
περιρρήγνυμι (2,1096)
περισσός 1,252. 807. 1133. 1247
περίστασις 1,269. 361. 2,41. 48. 61. 122. 515. (563. 568). 841. 856. 872. 3,31. 1150. 4,708
περιστροφέω (3,489)
περιστροφή 2,878
περιτυγχάνω 1,1127
περιφορά (3,1339)
περιχύτης (4,154)
Περσεύς 1,620. 4,656
Πέρσης 4,707
Περσικός (4,707)
Περσίς 2,259. 287. 472
πηγαῖος 2,640
πηγή 2,758
πηδητής 2,272
πηρόω (3,1047)
πήρωσις 3,1020. 1037
πιθανολογέω 1,1050
πιθανός 1,1089. 1197. 3,194
πίθηκος 3,468
πίθος 2,857
πίλωσις (3,1110)
πινακικός 2,19. 3,406
πίναξ (1,2)
πίπτω 3,452. 1524
πιστεύω (1,155). 1,320. 1046
πίστις 4,37
πιστός 2,214. 387. 3,1271. 1337. (1338)
πλανάομαι (ubique *πλανώμενοι*, maxime pro subst.) 1,9. 88. 124. 169. 383. 385. 489. 496. 511. 984. 2,55. 103. 522. (577). 589. 592. 690. 699. 1021. 1099. 3,27. 873. 4,60. (572). 722. 725. 727
πλάνης (1,9. 385. 876). 2,431
πλανήτης 1,437. 876. 2,703. 921. 930. 1037
πλάστης (4,162. 170)
πλαστογράφος 3,1294. 1392. 4,172
πλαστός (4,760)
πλάτος 1,753. 1244. 2,157. 1024. 1054. 3,662
Πλειάς 1,521. 2,946. 3,1026
πλειστογονέω 3,542
πλειστογόνος 3,177
πλεονάζω 3,1472. 4,609. 613
πλεονασμός 4,596
πλεονεκτέω 1,1152
πλεονέκτημα 3,335
πλεονέκτης 3,1254. 1318. 1388. 1433
πλεονεκτικός 3,1175
πληγή 3,1036. 4,567. 602
πλῆθος 1,273. 2,317. 717. 1103. 3,365. 426. 514. 639. 665. 667. 728. 742. 747. 4,839. 844
πλήκτης 3,1360
πλήρης 2,777
πληροφορέω 3,434
πληροφόρησις 1,103
πληρόω 1,1004

πλήρωσις 1,331. (3,1020). 4,750
πληρωτικός 1,711. 2,801
Πλόκαμος 1,605
πλόκαμος 3,1028
πλούσιος 2,329. 343
πλοῦτος 1,243. 3,1135
Πλούτων (3,441)
πνεῦμα 1,107. 115. 119. 417. 940. 952. 956. 1003. 2,46. 754. 757. 763. 774. 795. 1027. 1052. 1112. 1122. 4,561. 599
πνευματικός 1,901. (3,1095)
πνευματόω 1,429
πνευματώδης 1,89. 937. 2,740. 946. 954. 959. 968. 972. 978. 980. 988. 991. 993
πνευμονικός 3,1095
πνεύμων 3,1001
πνέω 1,700. 704. 710. 720. 2,1114
πνιγώδης 2,957. 961. 962
ποδάγρα 3,1124
ποίημα 4,159. (527)
ποιητικός 1,132. 293. 381. 387. 412. 417. 419. 433. 441. 456. 492. 509. 514. 549. 571. 726. 783. 940. 952. 956. 2,576. 679. 681. 691. 693. 730. 786. 799. 949. 951. (1011). 3,25. 59. 86. 88. 102. 108. 193. 333. 1341. 1405. 1464. 1514. 4,738. 901. C 7
ποικίλος 1,93. 2,357. 808. 847. 1072. 3,1156. 1169. 1422. 1463. 4,191. 588
ποιότης 1,49. 95. 104. 108. (132). 135. 140. 369. 399. 503. 527. 603. 727. 733. 808. 908. 2,12. 530. 676. 678. 689. 697. 914. 1010. 1042. 3,16. 65. 182. 184. 188. 1115. 1145. 1147. (1454). 4,6. 11. 104. 573. 575. 582. 626. 862. C 3
πόκος 2,1124
πολεμικός 3,1252
πολέμιος 4,650
πόλεμος 2,746. 859
πόλις 2,516. 521. 538. 541. 817. 873
πολιτικός 2,656. 3,1165. 1343. 4,78
πολλαπλασιάζω 3,758. (780). 793. → *πολυπ-*
πόλος 2,502. 557
πολύανδρος 2,439
πολύγαμος 4,235. 253
πολυγράμματος 3,1340
πολυγύναιος 2,438
πολυθρύλλητος 3,1419. 1500
πολυΐστωρ 3,1351. 1426
πολύκοινος 3,1553
πολυκτήματος (2,386)
πολυκτημοσύνη 4,97
πολυκτήμων 4,35
πολυμερής 1,151. 2,811. 3,173. 500. 556
πολυμήχανος 3,1407. 1414. 1439
πολύμορφος 4,234. 252
πολυπλασιάζω 3,741. (793). → *πολλαπ-*
πολυπλήθεια 2,737
πολυπράγματος (3,1340)

πολυπραγμονεύω 3,388
πολυπράγμων 3,1257. 1384
πολύσπερμος (1,805). 4,395. 405
πολύσπορος 1,805. 2,440
πολυτεκνία 2,769
πολύτροπος 3,1153. 1170. 1355. 1381. 1438. 1565
πολυτρόφος (vel *πολύ-*) (3,1355)
πολυφλέγματος 3,1090
πολυφλεγματώδης (3,1090)
πολύχους 3,94. 4,898. C 4
πολυχρονέω 3,649
πολυχρονίζω (3,649)
πολυχρόνιος 3,299. 4,434. 447. 593
πολυχρονιότης 3,268. 274
πολύχρους (C 4)
πολύχρυσος 2,329
πολύψογος 3,1553
πονηρός 1,161. (2,332. 341. 360). 2,384. 3,1208
πονικός 2,360. 370
πόνος 4,768
Πόντος 2,162
πόρευσις (2,1055)
πορθμεύς 4,155
πορθμός 2,158
πορίζω 1,154. 4,144. 176. 350
πορισμός 3,1143
ποριστικός 3,484
πορνικός 3,1553
πόρος 4,750
ποσότης 1,1025. 1041. 1047. 1053. 1065. 1091. 1107. 1109. 1129. 1155. 2,527. 549. 3,156. 836. (4,104)
ποτάμιος 2,639. 723. (759)
Ποταμός 1,646
ποταμός 1,83. 2,719. 722. 741. 758. 777. 800
πότιμος 2,759
πούς 1,517. 527. 533. 556. 576. 582
πρᾶγμα 3,852. 1165. 1288. 4,102. 497
πραγματεία 1,1054. 2,24. 319. 1135. 3,99. 136. 152. 192. 862. 4,687. 690. C 10
πραγματευτικός 4,127
πραγματικός (3,329. 4,127)
πρακτικός 2,242. 784. 3,329. 1258. 1313. 1440. 4,200. (213)
πρᾶξις 1,226. (2,380). 3,184. 203. 4,6. 80. 104. 105. 121. 122. 138. 156. 159. 169. 178. 191. 208. 212. 528. 531. 570. 714. 758. 773. 799
πρᾷος 3,1218. 1242
πράσσω (-ττ-) 4,125. 136. 189
πρέσβυς 3,1239. 1281. 4,230. 250. 297. 313
πρεσβυτικός 4,770
πρέπω (4,754)
πρηστήρ 2,755. 797
προάγω 1,357. 4,334
προαγωγή 4,78
προαγωγικός 3,1336
προαγωγός 4,143
προαίρεσις 1,1135. 2,283. 4,456. 461. 486. 494
προαιρέω 2,37
προανατέλλω 3,579

προαναφέρω 3,565. 987. 1032
προαποδείκνυμι 1,1204
προβαίνω 2,710
πρόβατον 2,628
προβιβάζω 4,146
προγενής 1,171
προγίνομαι (1,1130). 2,907. 1013. 3,137. 455. 459. 603. 608. 610
προγινώσκω 1,112. 157. (159). 256. 296. 314. 323. 336. 2,521. 527. 1027. 3,35. 71
πρόγλωσσος 3,1382
πρόγνωσις (1,8). 1,61. 209. 239. 252. 292. 320. 343. 365. 2,916. 1064. 1135. 3,92. 4,206
προγνωστικός 1,32. 223. 345. 350. 358. 2,27. 3,22. 28
πρόδηλος 1,337. 3,252
προδηλόω 2,1130
προδηλωτικός 2,1125
προδιαλαμβάνω 2,38. 877. 3,722. 4,577. 707
προδότης 3,1293
προδύνω (προδῦνον) 3,977. → *δύνω*
προεκτίθημι 1,736. 809. 1222. 2,19. 56. (513). 691. 927. 996. 3,165. 4,116
προεπισκέπτομαι 2,513
προηγέομαι 1,459. 530. 935. 950. 968. 980. 1238. 2,47. 140. 145. 149. 152. 886. 888. 939. 945. 952. 957. 962. 966. 971. 975. 978. 983. 987. 991. 1056. 3,20. 45. 227. 234. 527. 574. 597. 623. 627. 686. 692. 701. 705. 720. 723. 724. 729. 736. 741. 749. 763. 777. 788. 795. 809. 820. 930. 4,19. 263
προήγησις 2,582. 3,1183. 4,826
πρόθεσις 3,89. C 6
προθεσπίζω 2,268
προίστημι 4,166. 167. 186. 550
προκαταλαμβάνω 3,1465
προκαταλέγω 1,863. 2,467
προκαταρκτικός 1,688
προκαταστοχάζομαι (3,106)
προκαταψύχω 1,339
προκέφαλος (3,1485)
προκοπή 4,554. 804
προκρίνω 2,602. 605. 3,570. 600
Προκύων 1,653
προλέγω 1,156. 159. 291. 858. 1130. 2,49. 920. 1078. 3,206. 401. 477. 733. 838. 842. 1022. 1041. 1101. 1113. 1489. 4,164. 274. 317. 459
πρόληψις 4,79
προνοητικός 4,774
πρόνοια 1,324
προοίμιον 1,6. 31. 3,3. 18. 4,3. 13. (698)
προπαραδίδωμι 3,132
προπαρασκευάζω 1,326
προπετής 3,1320. 1360. 1430. 4,754
πρόρρησις 1,179. 2,20. 23. 3,92
προσαγορεύω 2,357. 924. 4,725

προσαγωγή (4,78)
προσαγωγός (4,143)
προσανέχω 3,68
προσγίνομαι 1,445. (2,1013. 3,1560. 4,309). 4,368. 552. 555. 639
προσδίδωμι 1,1165
προσδρομή 3,313
πρόσειμι 3,1141. 4,300. 309. 337. 385
προσεκτικός 4,760
προσεπισυγκρίνω 3,64
προσέρχομαι 1,163. 292. (3,1141)
προσέχω (3,68). 3,127. 4,476. 849
προσηγορία 1,803. 2,316. 698
προσημαίνω 1,1012. 1017. 2,1070. 1118. 1127
προσηνής 3,1395. 4,278. 283
πρόσθεσις 3,636
προσθετικός 1,1256. 3,218. 304. (4,200)
πρόσκαιρος 4,435. 475
προσκορής 3,1374
προσκύνησις 2,278
προσλαμβάνω 1,953. 2,230. 301. 352. 427. 3,76
προσμαρτυρέω 3,477
προσνέμω 1,474. 4,471
πρόσνευσις 1,99. 2,184. 502. 853. 863. 1055. 1089. 4,53
προσνεύω 2,1024
πρόσοδος 2,791
προσπαραλαμβάνω 3,318
προσποιέω 1,49. 161. (2,503)
προσποίησις (3,1349)
προσποιησίσοφος 3,1349
προσποίητος (3,1349)
πρόσταγμα 1,262
προστάσσω 1,21. 840. 842. 847. 864
προστίθημι 1,1168. 2,499. 3,630. 633. 636. (684). 823. 828. 833. (884). 4,687
προσφιλής 3,384. 4,420
πρόσφορος 1,144. 145. 242
προσχρηστέον (προσχράομαι) 4,110. 114
πρόσωπον 1,29. 573. 1211. 3,238. 429. 1276. 4,134. 145. 295. 298. (326). 331. 352. 487. 491. 500. 803
προτάσσω 1,743. 1110. 1143. 1148
προτέλεσις 1,172. 808. 1207. 2,8. 511. 514. 520. 3,208
προτέλεσμα 2,576. 816. 824
προτίθημι 1,54. 199. 233. 448. 901. 1067. 2,174. 200. 206. 269. 307. (467. 513). 542. 601. 3,435. 448. 498. 684. 703. 819. 824. 892. 1087. 1161. (1207. 1489). 1491. 1521. 1552. 4,85. 325. 375. 686. 706
προτιμάω (3,865)
Προτρυγητήρ 1,553
προτυπόω 1,379. 3,865
προϋποτίθημι 3,106. 135. (824). 4,712. 790
προϋποτυπόομαι 4,788
προϋφίστημι 4,691
προφανής 3,1197. 1442
πρόφασις 3,1138. 4,132
προφυλακή 1,375
προφυλάττομαι 1,321

πρόχειρος 3,1531. 4,328
προχωρέω 1,244
πρωτεῖον 1,1026. 1105. 1109. 4,114
πρωτεύω 1,783. 3,879
πρωτοτόκος 3,371
πρωτότροφος 3,372
πρώτως (1,383)
πταῖσμα 1,150
πταίω 1,164. 211
πτέρυξ 1,549. 551. 553. (574)
πτερωτός 2,632
πτηνός 2,634
πτίλωσις 3,1110
πτοέω 4,262
Πτολεμαῖος (1,1140. 1173)
πτωματισμός 3,1120. 4,611
πτωσματικός (3,1120)
πυκνωτικός 1,721
πύματος 4,724
πῦρ 1,68. 3,1080. 4,148
πυρά (4,654)
πυρεκτικός 2,750. 3,312
πυρετός 4,601
Πυρόεις (1,408. 414. 482. 518. 3,287). → *Ἄρης*
πυρώδης 1,409. 707. 2,948. 964. 974. 980. 3,1098
πύρωμα (3,1097)
πύρωσις 1,272. (3,1037)

ῥάβδος 2,843
ῥᾴδιος 1,1092
ῥᾳδιουργός 3,1294. 1392. 4,174
ῥᾴθυμος (3,1170). 3,1171. 1335. 1401. 4,349. 367
ῥάχις 2,159
ῥέπω (3,648). 4,888
ῥεῦμα 1,84
ῥευματισμός 2,708. 3,1106. 1123. 4,594
ῥευματικός (3,1106)
ῥευματώδης 3,1091
ῥήτωρ 4,133
ῥήγνυμι (2,1096). 2,1097
ῥιγοπύρετος 3,290. 316. 4,594
ῥιψοκινδυνευσία (4,218)
ῥιψοκινδυνία (4,217)
ῥιψοκίνδυνος 2,409. 416. 3,1252. 1356. 4,188
ῥιψόφθαλμος 3,1371. 1533
ῥυθμίζω 1,257
ῥυθμός 4,159
ῥυπαρός 3,1233
ῥύσις 1,75. 589. 2,632. 3,130
ῥωμαλέος 3,1182

σαθρός 2,442. 3,1277. 1548
σάλπιγξ 2,857
σάρκωμα 3,544
σάρξ 3,1006
σατραπία (2,319)
Σαυροματική 2,323. 344. 491
σεβάσμιος 2,771
σέβω 2,266. 314. 328. 355
σεισμοποιός 2,954. 958
σεισμός 2,42. 797. 4,564
σεισμώδης 2,946. 976
σελήνη 1,80. 393. 421. 489. 491. 976. 997. 2,506. 684. 3,239. 437. 439. 592. 923. 1007. 1022. (1047). 1048. 1067. 4,68. 200. 272. 318. 680. 734. *σελήνης* 1,36. 96. 110. 121. 127. 133. 322. 331. 384. 428. (917). 941.

946. 981. 1150. 1164. 2,54. 115. 374. 519. 535. 908. 1024. 1030. 1051. 1054. 3,28. 458. 595. 651. 673. 1054. 1071. 1083. 1152. 1201. 1227. 1436. 1478. 1512. 1522. 4,45. 61. 109. 265. 522. 631. 641. 795. 855. 876. *σελήνῃ* 1,521. 538. 569. 572. 606. 885. 945. 2,373. 411. 3,259. 296. 429. 540. 1035. 1065. 1089. 4,113. 303. 648. *σελήνην* 1,67. 404. 438. 451. 471. 741. 890. 1216. 1219. 2,1065. 1068. 1083. 3,248. 263. 297. 300. 301. 307. (311). 314. 324. 360. 517. 519. 586. 589. 601. 607. 608. 874. 1158. 1458. 1486. 4,25. 226. 387. 622
σεληνιακός 1,793. 888. 2,114. (553). 562. 671. 673. 3,593. 4,439. 723
σεμνοπρέπεια 4,777
σεμνός 2,334. 3,1270. 1300. 1327. 1449. 4,240. 256. 342
σεμνότης 3,1306
σεμνοτροπία (4,777)
σημαίνω 2,567. 662. (900). 1094. 1114. 3,35. (67)
σημαντικός 2,844. 1077. 1089. (3,330)
σημασία (2,917. 1000)
σηματώδης (4,355)
σημεῖον punctum: 1,844. 854. 1201. 2,883. 920. 1000. 1016. 3,1083. 4,264. signum: 2,1064. 1078
σημειόω 1,296
σημείωσις 2,17. 1062. 3,1555
Σηρική 2,322. 342. 484
σῆψις 1,304. 307
σθεναρός 3,1355
σίδηρος 1,303. 308. 3,1037. 4,150
Σικελία 2,199. 220. 484
σικχός 3,1399
σίνος 3,15. 181. 288. 290. 309. 318. 970. 971. 982. 990. 995. 1010. 1013. 1082. 1122. 1127. 1132. 1136. 1139. 1144
σινόω 3,1056
σινωτικός 3,1018
σκέπτομαι 1,112. 3,268. 664. 724. 4,226
σκέψις 3,448
σκληρός 3,1173
σκοπέω 1,254. 2,37. 700. (1018). 3,106. 201. 211. 214. (328). 684. 4,28. 55. 107. 384. 712. 729
σκοπός 1,46. 1068. 4,900
σκόπος (3,448)
σκόροδον 1,309
Σκορπίος 1,558. 561. 764. 907. 973. 975. 978. 1001. 1060. 2,151. 353. 382. 394. 414. 481. 973. 3,786. 961. 964. 1028. 1057. 1073. 4,205. 396. 657
σκοτισμός 3,313
Σκύθης 2,91
Σκυθία 2,170

σκυλμός 4,765
σοβαρός 3,1255
σοφίζομαι 1,1050
σοφιστής 3,1381. 4,134
σοφός 2,330. 449. (3,1349)
Σουγδιανή 2,323. 345. 493
σπάδων 4,335
σπαναδελφέω 3,373
σπαναδελφία 3,368
Σπανία 2,200. 222. 493
σπάνιος 1,345. 4,813
σπάνις (σπανία) 2,712. 724. 761
σπασμός 3,1082. 4,598. 658
σπέρμα 1,102. 107. 187. 190. 194. 3,61. 75. 1002. 4,743
σπερμαποιός (3,61)
σπερματικός 2,270. 4,749
σπινός 3,918
σπινώδης 3,889. 942
σπλήν 3,1000
σπληνικός 4,594
σπονδή 4,453
σπόνδυλος 1,565
σπορά (3,1). 3,4. (18.) 52. 54. 56. 118. 400
σπόρος 2,651. 902. (4,750)
σπουδαῖος (1,237). 3,1411
σπουδή 1,352. (4,453)
στασιαστής 3,1317. 1390
στασιαστικός (3,1320)
στάσις 1,814. 815. 819. 839. 992. 2,523. 747. 1036. 3,386. 1087. 4,274. 280. 521. 526. 650
στασιώδης 3,1174
σταυρός 4,659
Στάχυς 1,554
στεῖρος 3,1059. 4,336
στειρώδης 4,399. 403
στεμματηφορικός 4,73
στεμματοφόρος (4,73)
στερεός 1,17. 734. 747. 762. 767. 771. 772. 2,657. 3,1172. 4,560. 629
στερητικός 2,800
στεφανηφόρος (4,73). 4,145
στεφανοπλόκος 4,139
στέφανος 1,613. 670
στῆθος 1,536. 2,278. 289
στηριγμός 1,497. 498. 500. 2,56. 577. 3,1179. 1187
στηρίζω 2,580. 3,929. 931
στιγμή 1,1168
στοιχεῖον 1,68. (3,16). 4,744
στολή 2,281. 288
στόλος 2,638. 720. 741. 756. 776
στόμα 1,516. (560). 581. (593). 640. 651
στομαχικός 4,606
στόμαχος 3,1008. 1108
στοχάζομαι 1,108. 214. (3,331. 4,209). 4,343. → *ἐστοχασμένως*
στοχασμός 3,103. 365
στραγγαλιά 4,630
στραγγαλία (4,630)
στραγγουρία (4,630)
στρατεία 2,361. 4,39
στρατηγικός 3,1311. 1379
στρατηλασία 4,100
στρατιά (2,361)
στρατιώτης (4,153). 4,154
στρατιωτικός 2,379
στρατοπεδαρχικός 4,73

συγγένεια 4,293 (alterum in app.; 489)
συγγενής 4,303. 304. 306. (325)
συγγενικός 4,316. 325. 487
συγγεννάω 3,866
συγγίνομαι 3,547. 4,667
συγγινώσκω 1,356
συγγραφεύς 1,1120. 1124. 1202. 3,594
συγκακόω 4,664
συγκατάδυσις 3,818
συγκατασχηματίζω 2,234
σύγκαυσις 2,764
συγκεράννυμι 1,100
συγκινητικός 2,783
συγκίρναμαι 1,92. 169. 502. 733. 2,781. 803
συγκομιδή 2,649. 901
συγκραματικός (3,330)
σύγκρασις (1,135. 143. 185. 243). 1,299. 334. 340. (369). 722. 2,682. 699. 793. 806. 809. 3,109. (118). 419. 877. 1225. 4,904
συγκρατητικός (4,869)
συγκρατικός 2,688. 3,93. 330. 4,209. 534. 869. C 6
σύγκριμα 3,43. 4,16
συγκρίνω (1,92). 1,434. 2,718. 3,823
σύγκρισις 1,135. 143. 185. 243. (340). 369. (2,693). 3,48. 118. 743. (866)
συγκριτικός (3,93. 4,209)
συγχράομαι 1,1207. 1208. 3,810
συγχρηματίζω 2,607
συζεύγνυμι 1,365. 780
συζυγία 2,54. 519. 534. 574. 908. 920. (1001. 1003). 3,138. 455. 460. 610. (4,223)
συκῇ 2,647
σύλησις 4,563
συλλαμβάνω 2,1128. (3,431). 3,666. 4,190. 379. 587. 851
συμβαίνω 1,107. 126. 268. 286. 291. 311. 369. 751. 758. 1144. 1242. 2,64. 368. 765. 3,45. 50. 55. 67. 335. 346. 442. 482. 508. 708. 1087. 1124. 4,18. 44. 271. 541. 726. 738. 801. 806. 807. 809. 898
συμβάλλω 1,125. 199. 1249. 3,80. 81. 1159. 1435. 1446. 1556. (4,190). 4,229. 249. (587)
συμβατικός 3,330. 4,714
συμβίβασις (4,225)
συμβιόω (4,807)
συμβίωσις 1,231. 3,185. 1271. 4,225. 268. 282. 292. 308. 488. 498. 704. 796
συμμαρτυρέω (3,477)
συμμειόω 1,83. 87
συμμερίζω (3,1423)
συμμεσουρανέω 2,612
συμμεσουράνησις (3,704). 3,818. 4,835
συμμετρία 1,301. 483. 3,952. 4,816
σύμμετρος 1,144. 373. 2,742.

3,886. 914. 924. 939. 945. 949. 964. 1329
συμπάθεια 1,1230. 2,57. 503. 540. 890. 4,434. 444. 449. 512
συμπαθέω 1,81. 374. 2,504
συμπαραλαμβάνω 1,183. 2,185. 601. 606. 3,369. 4,534. 842
συμπάρειμι 4,303
συμπεραίνω 1,41
συμπερασματικός (1,2. 4. 2,2. 3,1. 4,1)
συμπεριλαμβάνω 3,431
συμπίπτω 2,201. 208. 277. 293. 316. 383. 396. 575. 3,426. 1011. 1464
συμπληρόω 1,86. 1113
συμπλήρωσις 1,1161
συμπλοκή 1,230
συμπρακτικός 1,1225
συμπροσγίνομαι 3,1560. 4,309. 318
συμπρόσειμι 4,565
συμπροσλαμβάνω (3,431)
σύμπτωμα 1,51. 142. 182. 224. 279. (282). 370. 2,518. 529. 543. 566. 580. 585. 614. 635. 706. 746. (765). 817. 834. 864. 867. 1130. 3,20. 26. 105. 168. 342. 419. 445. 549. 855. 998. 1020. (1081). 1146. 4,437. 568. 588. 610. (663). 672. 793. 802. 861. 868
συμπτωματικός 3,56
σύμπτωσις 3,1079. 1081. 4,645. 662
συμφέρω 1,248. (3,1216)
συμφιλοκαλέω 1,215
συμφορά 3,1339
συμφορέω 3,966
σύμφορος 1,236
σύμφυλος 4,718
συμφωνέω 1,1121. 3,556. 855. (4,517)
συμφώνησις (4,517)
συμφωνία 1,825. 912
σύμφωνος 1,835. 903. (908). 923. 1129. 1131. 2,164. 1039. 3,261. 272. 279. 297. 382. 4,270. 276. 418. 424. 517. 877. 879
συνάγχη 4,597
συνάγω 1,1049. 1085. 1113. 3,110. 340. 588. 631. 967. 4,460
συναγωγή 1,1045. 1120. 1131. 3,823. 4,97
συναίτιος 1,186. 203
συνακμάζω 2,647. 4,295
συναλλαγή 2,318. 388
συναλλακτικός 2,305
συναναστροφή 4,493
συνανατέλλω 2,611. 3,877
συναντάω 4,822
συνάντησις 1,824. 3,1067
συναποκατάστασις 1,175
συναποτελέω (2,552)
συνάπτω 1,344. 358. 736. 1238. 2,21. 3,179. 972. 1025. (1047). 1048. 4,20. 233. 252. 899. 903
συναρμογή 2,364. 398. 770. 3,187. 4,7. 223. 224. 289
συναρμόζω 2,439. (4,460)
συναστρία 4,435. 476. 502
συναυξάνω 1,83

συναύξησις 2,770
συναφή 1,30. 1236. 1243. 2,595. 1020. 3,540. 1152. 1202. 4,45. 109. 235. 236. 239
σύνδεσμος 1,598. 3,1071. 1440
συνδιαλαμβάνω 1,201
συνδιατίθημι 2,714
συνεγγίζω 1,880. 2,102
συνεγγισμός 4,835
σύνεγγυς 1,917. 2,1103. 3,135
συνεικάζω 3,389. 427
σύνειμι 3,503. 674. (4,230). 4,366. 644. → *συνέρχομαι*
συνέλευσις 3,1279. 4,316. 624. 751
συνεμπίπτω 2,830
συνεπιθεώρησις 4,626
συνεπικίρνημι 3,967
συνεπικρίνω (3,967)
συνεπιπλοκή 3,186. 4,187. 487. 495
συνεπισκέπτομαι 2,615
συνεπισχύω 3,1109
συνεπιφέρω 3,658
συνέπομαι (2,201. 293)
συνεργέω 1,95. 244. 3,116. 921. 934. 1103. 1438. 1510. 1562. 4,192. 551. 669. 858
συνεργητικός 2,627
συνεργισμός (4,835)
συνέρχομαι 1,91. 2,404. 4,230. 304. 319. 358. 369
σύνεσις 4,101
συνετός 2,448. 3,1172. 1181. 1242. 1407. 1426. 4,242
συνεφοδιάζω 1,1136
συνεφοράω 3,966
συνέχεια 2,74. 87. 3,1502
συνεχής 1,97. 130. 2,99. (707). 1111. 3,1015. 1096. 1106. 4,546. 601
συνήθης 2,1105. (3,1347)
σύνθεσις (1,1186)
συνθεωρέω 3,391
σύνθραυσις 4,663
συνίστημι 1,187. 193. 939. 954. 967. 980. 1055. 2,854. 1100. 1126. 3,973. 4,28. 91. 475. 596. 613. 624
συννέφεια 2,716. 1079
συνοδεύω 1,997. 3,1023. 1487
συνοδικός 2,908. 1001. 1004. 1031. 3,455. 610
σύνοδος 1,97. (491. 496). 2,116. 923. 1000. 1013. 1015. 1017. 1084. 3,138. 139. 603. 4,201. 265
συνοικειόω 1,876. 982. 1222. 2,60. 183. 194. 217. 247. 261. (262). 286. 310. 324. 339. 372. 393. 411. 447. 466. 500. 537. 781. 818. 821. 824. 3,107. 189. 213. 238. 344. (934). 1105. 1238. 1249. 1264. 1285. 1310. 1323. 1339. 1362. 1379. 1403. 1446. 1466. 1492. 4,41. 80. 114. 302. 363. 375. 865
συνοικείωσις 1,922. 1203. 1213. 1228. 2,6. 52. 120. 132. 230. 301. 352. 427. 461. 542. 601. 703. 773.

815. 931. 1041. 3,852. 1214. 1524. 4,871
συνοικοδεσποτεία (1,931). 1,936. 982
συνοικοδεσποτέω 2,141. 146. 150. 153. 202. 232. 3,153
συνοικοδεσπότης (1,1163. 2,232). 2,303. 353. (3,153)
συνορατικός 1,240
συνοράω 1,141. 147. 1104. 3,100. 474. 1470. (4,57)
συνουσία 2,210. 275. 377. 402. 3,1267. 1275. 1530. 1549
συνοχή 2,709. 3,932
σύνταξις (1,2). 1,42. (43). 367. 1124. 2,609. 3,91. 407. 926
συντελειόω 4,841
συντελεστικός 2,243
συντηκτικός 2,755
συντήκω 2,72
σύντηξις 2,707. 4,594
συντηρέω 2,213. 400. 3,806. 4,278. 283
συντίθημι 1,835. 928. 944. 960
συντρέπω 1,70. 82. 84. 406. 444. 3,674
συντρέχω 4,812
συντυχία 4,554
Συρία 2,309. 350. 381. 475. 487
σῦριγξ 3,1097. 1118. 4,608
σύρμα 1,556. 4,663
Σύρος 1,2. 5. 33. (2,2)
σῦς 3,469
συσπάω 2,71
σύστασις 1,141. (839). 2,864. 1109. 1119. 4,16. 484. 499
σύστημα 2,843
συστροφή 1,537. 568. 573. 605. 2,1108. 1117. 3,1025
συσχηματίζω 1,20. 506. 810. 813. 1264. 2,575. 578. 672. 1061. 3,270. (291). 295. 364. 424. 436. 505. 527. 536. 543. 635. 921. 992. 1034. 1038. 1043. 1049. 1053. 1064. 1088. 1102. 1126. 1128. 1153. 1201. 4,32. 42. 64. 66. 76. (147). 231. 253. 254. 269. 345. 361. 366. 386. 390. 424. (426). 448. 466. 536. 588. 636. 641. 653. 825. 879. → *σχηματίζω*
συσχηματισμός 1,91. 109. 121. (128). 170. 488. 834. 866. 899. 904. (1215). 1247. 1254. 2,205. 270. 307. 337. 596. 787. 804. (811). 921. 1031. 1037. (1069). (3,60). 3,145. 269. (272). 598. 1114. (1539). 4,276. (452. 454. 468). 518. (823). 874. (883). → *σχηματισμός*
σφάζω 4,650
σφαῖρα 1,410. 416. 428. 891. 900. 906. 3,697. 728. 739. 811. 4,637. 723. 725. 756
σφαλερός 3,1433
σφάλλω 1,126. 3,1348
σφόνδυλος (1,565)
σχέσις 1,137. (284). 2,66. 282. 565. 669. 868. 1049. 3,410
σχῆμα 1,474. (487). 923.

2,137. 264. 285. 327. 375. 396. 435. 862. (994). 1069. 1075. 3,685. 950. 1018. 1024. 1130. 1481. 1483. 1490. 1508. (1516). 1554. 4,317. 372. 375

σχηματίζω 1,844. 890. 1052. 2,175. 226. 298. 424. 670. (672). (3,270). 3,291. (295). 382. (436. 505). 635. (921). 979. 1463. (4,42. 66). 4,147. (253. 448). → *συσχηματίζω*

σχηματισμός 1,13. 35. 38. 79. (91. 109. 121). 128. (170). 323. 331. 404. 458. 462. 487. (810. 834). 873. (904). 1216. 1242. (1246. 1254). (2,205). 2,244. (264. 270). 275. (341). 444. 610. (787. 804). 811. (921). 1069. 3,35. 60. 78. 81. 86. 198. (269). 272. 591. (598). 933. (1114). 1161. 1176. 1516. 1539. 1556. (4,276). 4,325. 398. 452. 454. (518). 823. (874). 883. → *συσχηματισμός*

σχηματογραφία 3,878

σώζω 1,1024. 1067. 3,653

σῶμα 1,75. 141. 197. 227. 230. 240. 372. 395. (432). 561. 563. 593. 596. 664. 1243. 2,70. 85. 235. 248. 252. 848. 3,58. 108. 180. 661. 685. 864. 865. 879. 929. 950. 952. 969. 995. 1074. 1102. 4,21. 570. 694. 735. 766. 806

σωματέμπορος 4,161

σωματικός 1,1241. 2,59. 281. 712. 733. 772. 3,14. 15. 181. 443. 645. 860. 863. 970. 971. 981. 983. 1146. 4,780. 793. 821

σωματοποίησις 3,63

σωματώδης 3,78. 1151

σῷος 3,264

σωφροσύνη (3,1308)

σωφρονητικός (3,1342)

σωφρονικός 3,1342

σώφρων 4,362

ταλανίζω 4,810

τάξις 1,34. (55). 113. 779. 789. 797. 1025. 1027. (1040). 1091. 1103. 1106. 1109. 1126. 1129. 1140. 1147. 1151. 1153. 1195. 1196. 2,126. 3,114. 165. 190. 236. 840. 863. 4,721. 755

ταπεινός 1,987. 2,437. 3,376. 453. 1185. 1303. 1451. 4,81. 215. 358. 369. 418

ταπεινότης 1,127. 3,254

ταπεινόω 1,1018

ταπείνωμα 1,991. 994. 1001. 1006. 1010. 1014

ταπείνωσις 4,220

ταράσσω 3,1361

ταραχώδης 4,772

ταριχεία 4,199

τάσσω 1,78. 95. 1145

Ταῦρος 1,519. 763. 912. 943. 947. 1000. 1099. 1163. 2,143. 231. 246. 262. 286.

469. 943. 3,765. 774. 785. 790. 958. 965. 1027. 1073. 4,202. 657
ταυτολογέω 3,200
ταφή 4,199. 674
τάχος 2,795
ταχυμαθής 3,1408
ταχυμετάβολος 3,1319
ταχύς 1,428. 794. 2,869. 4,487. 532. 782
ταχυφιλομαθής (3,1408)
τέγος 4,377 (bis)
τέκνον (2,277). 3,362. 4,8. 382. 383. 388. 394. 408. 415. 417. 424. 805
τεκνοποιία 3,186. 4,716. 799
τεκνοποιός 4,408
τεκνόω 2,277
τεκτονικός 4,195
τέκτων 4,150
τέλε(ι)ος 1,57. 206. 315. 346. 3,40. 73. 465. 478. 640. 4,81. 219. 232. 274. 281. 404. 715. 810
τελείωσις 3,82. 4,858
τελεσφορέω 3,442
τελετή 3,1269
τελευταῖος 1,1097. 1102. 2,529. 3,172. 188. 606. 610. 4,778
τελευτάω 4,614
τέλος 1,32. 41. 58. 235. 773. 915. 1137. 3,507. 4,593. 618. 768. C 11
τελώνης 4,155
τέξις 3,53
τέρας 3,11. 177. 447. 449. 472. 480
τερατουργός 3,1287
τερατώδης (3,449). 3,454
τετανόθριξ 3,897. 917. 946
τετανός 2,85. 3,906. 4,699
τεταρταϊκός 2,708
τεταρτημόριον 1,464. 801. 1157. 1167. 2,67. 156. 163. 174. 177. 180. 182. 193. 225. 229. 256. 297. 301. 320. 348. 351. (353). 389. 423. 427. 998. 1008. 1017. 3,228. 803. 821. 936. 4,228. 247. 263. 538
τετράβιβλος (1,2)
τετραγωνίζω 1,817. 3,300. 4,621. 628. 681. 882
τετραγωνικός 3,981
τετράγωνον (1,826). 1,827. 829. 831. 833. 868. 909. 4,450
τετράγωνος 1,837. (838). 3,279. (301). 568. 646. 648. 658. 4,275. 526. 648. 821
τετραετηρίς 4,733
τετράμηνος 2,567. 570. 572
τετράπλευρος 1,577
τετράποδος 4,644. (662)
τετράπους 1,805. 2,62. 3,461. 1079. 4,193. 662
τέχνη 1,155. 357. 4,499
τηρέω 1,510. 912. 2,841. 854. 999. 1015. 1065. 1083
τίκτω (3,425). 3,524. 529
τιμάω 3,479
τιμή 1,231. 2,768. 4,99. 145. 555. 775
τιμητικός 2,771. 3,1298. 1449. 4,425

τμῆμα 1,842. 862. 1190. 3,698. 732. 735. 820
τοιχωρύχος 3,1391
τοκετός 4,603
τολμηρός 3,1388
τομή 3,290. 311. 710. 713. 1096. 4,657
τόξον 1,572
Τοξότης 1,570. 771. 902. 928. 934. 1093. 2,139. 196. 222. 302. 315. 490. 633. 977. 3,956. 960. 963. 1027. 1119. 1488. 4,203
τοξότης 3,111. (4,38)
τοπικός 2,520. 533. (1052). 3,520. 689
τόπος 1,28. 123. 128. 393. 680. 683. 699. 706. 711. 716. 881. 1189. 1191. 1192. 1223. 1264. 2,80. 103. 125. 504. 536. 564. 565. 574. 575. 588. 593. 600. 607. 613. 633. 669. 681. 683. 696. 702. 832. 838. 849. 863. 1005. 1019. 1021. 1107. (3,93). 3,104. 107. 146. 198. 201. 205. 213. 217. 223. (234. 235. 330). 334. 345. 353. 359. 362. 402. 417. 420. 424. 436. 444. (457). 458. 460. 477. 506. 509. 555. 558. 560. 562. 586. 598. 601. (604). 613. 614. 616. (619). 621. 622. 625. 632. 648. 651. 654. 655. 669. 673. 677. 685. 692. 695. 701. 704. 706. 720. 721. 749. 763. 765. (770). 773. 797. 826. 845. 846. 851. (861). 875. 881. (884). 892. 933. 980. 989. 1043. 1095. 1196. 1199. 1203. 1466. 1509. 4,50. 160. 200. 326. 334. 372. 383. 384. (400). 402. 416. 418. 438. 442. 459. 466. 479. 484. 503. 504. 509. 511. 514. 518. 520. 523. 530. 535. 548. 560. 570. 582. 584. 585. 590. (615). 620. 632. 634. 671. 674. 677. 679. 682. 691. 817. 841. 845. 848. 850. 853. 866. 871. 878. 892. C 9
τραπεζίτης 4,127
τραυλός 3,1061
τραῦμα 1,288. 3,1080
τράχηλος 1,542
τραχύς 3,1252. 1311
τρεπτικός 2,970. (4,643)
τρέπω 1,68. 300. 505. 725. 751. 795. 2,33. 426. 1046
τρέφω 3,507
τριακοντάμοιρον 1,749
τριβάς 3,1534. 4,337
τριγωνίζω 3,273
τριγωνικός 1,902. 2,137. 365. 366. 4,296. 298
Τρίγωνον 1,637
τρίγωνον 1,25. 829. 832. 867. 877. 921. 922. 923. 926. 935. 943. 949. 959. 968. 972. 979. 999. 1022. 1027. 1031. 1036. 1037. 1090. 1093. 1095. 1096. 1098. 1099. 1103. 1104. 1141. 1146. 1164. 2,5. 119. (137). 164. 183. 187. 195.

197. 201. 206. 231. 259. 302. 325. 394. 537. 597. 3,144. 4,448
τρίγωνος 1,815. 834. (837). 2,1036. 3,298. 569. 651. 658. 4,270. (296). 822
τριταϊκός 2,750
τριτημόριον 2,568. 571. 572
τροπή 1,272. 748. 750. 2,648. 652. 1052. 3,29. (85)
τροπικός 1,17. 734. 746. 748. 763. 772. 793. 854. 925. 1200. 1205. 2,69. 92. 642. 656. 883. 884. 897. 903. (970). 1000. 1016. (3,520). 3,1083. 1164. 4,195. 561. 643
τρόπος 1,45. 235. 352. 380. 382. 723. 1020. 1071. 1088. 1119. 1139. 1156. 1222. 1231. 1255. 2,25. 464. 467. 516. 550. 610. 810. 997. 1006. 1014. 3,93. 100. (104). 133. 143. 207. 235. 249. 288. 308. 330. (394. 402). 406. (417). 430. 489. 542. 557. 604. (613). 619. 683. 715. 775. 807. 836. 843. 859. 874. 883. 936. 938. 942. 944. 985. 1139. (1146). 1197. (1199). 1221. 1238. 1489. 1521. 4,29. 31. 105. 116. 289. 328. 371. 436. (442). 615. 688. 709. 787. 817. 839. C 2
τροφή 1,198. 219. 2,635. 4,736
τρυφεροδίαιτος 3,1406
τρυφερός 2,282. 3,911. (1406)
τρυφητής 2,248. 3,1332. 1396
Τρωγλοδυτική 2,425. 452. 489
τυγχάνω 1,185. 276. 308. 312. 338. 355. 449. 467. 484. 674. 780. 865. 882. 898. 922. 954. 1029. 1108. 1119. 1199. 1223. 1265. 2,60. 73. 100. 114. 219. 236. 251. 272. 406. 412. 449. 507. 587. 617. 683. 698. 825. 833. 836. 1023. 1061. 3,131. 214. 218. 230. 240. 250. 254. 333. 366. 374. 382. 386. 403. 423. 459. 475. 521. 526. 678. 979. 985. 1018. 1023. 1200. 1220. 1302. 1437. 1475. 4,36. 44. 48. 85. 124. 149. 228. 233. 237. 247. 251. 269. 273. 275. 307. 326. 343. 348. 390. 400. 405. 415. 441. 447. 543. 558. 617. (670). 671. 676. 681. 753. 804. 805. 825. 850. 866. 891. 893. 896
τυμβαύλης 4,183
τυμβωρύχος 3,1263. (1391)
τύπος 1,1139. 3,234. 1146. 1475. 4,85. 684. (817). 897
τυπόω (1,1135)
τυπωδῶς 4,126
τυράννησις (4,561)
τυραννικός 3,1254. 1357
Τυρρηνία 2,199. 222. 491

τυφλός 1,55
τύχη 1,152. 232. 3,183. 242. (598). 4,4. 5. 19. 22. 41. 54. 82. → *κλῆρος*

Ὑάς 1,523. 2,948. 4,330
ὑβρίζω 3,1423
ὕβρις 2,752. 3,1555. 4,284
ὑβριστής 3,1261. 1316. 1359. 1372
ὑγιεινός 2,740
ὑγραίνω 1,77. 133. 394. 415. 421. 704. 714
ὑγραντικός 1,427. 498. 715. 729. 731. 1011. 2,947
ὑγρασία 1,690
ὑγροκέφαλος 3,1485
ὑγρός 1,138. 395. 402. 423. 425. 434. 440. 449. 453. 456. 482. 677. 681. 687. (690). 712. 729. 1012. 2,83. 708. 740. 895. 3,293. 583. 888. 896. 899. 925. 937. 947. 1107. 1506. 1513. 4,198. 609
ὑγρότης 1,492. 765. 4,734
ὑδατώδης 2,968. 972. 986. 993. 4,736
ὑδρολόγιον 3,130
Ὕδρος 1,655
Ὑδροχόος 1,585. 764. 887. 897. 960. 967. 1035. 2,326. 345. 428. 456. 490. 639. 985. 3,1029. 1058
ὑδρωπικός 4,595
ὕδωρ 1,70. 75. 589. 2,723. 726. 759. 775. 800. 1110. 3,131. 4,642
ὑετός 2,1082
υἱός 4,320. 323
ὕλη 1,167. 3,64
ὑλικός 1,49. 3,866
ὑπαίτιος (3,1072)
ὑπακούω 1,21. 840. 842. 848. 865
ὕπανδρος 4,359
ὑπαντάω 3,629. 645. 662. 4,818
ὑπάντησις 3,652. 839. 842. 844. 854. 4,581. 582. 812. 895
ὑπαντητικός (3,851)
ὑπαντικός 3,851
ὑπάρχω 1,33. 721. 2,190. (406). 796. 3,53. 276. 896. 903. 916. 1012. 1540. 4,51. 412
ὑπεξέρχομαι 4,175
ὑπεραποθνήσκω 2,333
ὑπερβάλλω 3,1526. 1541. 4,886
ὑπερβολή 1,688. 3,499. 1470. 1519
ὑπερέχω 4,359. 370. (409)
ὑπερεχθαίρω 2,276
ὑπερμετρία 2,722
ὑπεροχή 1,1055. 3,746. 762. 771. 783. 802. 823. 825. 832. 4,409
ὑπερπαθής 4,352
ὑπερτερέω (3,1206). → *καθυπ-*
ὑπέρυθρος 3,919
ὑπηρέτης 4,155
ὑπηρετικός 2,370
ὑπὸ cum acc. (= sub forma) 3,435. 437. 439. 440
ὑποβάλλω 2,668. 3,125
ὑπόβασις 1,1108

ὑποβολή 3,538
ὑποβρύχιος 4,641
ὑπόγειος 3,286
ὑποδείκνυμι (1,1135). 2,1005. 3,329
ὑποδρομή (2,58)
ὑπόθερμος 2,944
ὑπόθεσις (3,191)
ὑποκινέω 2,1088. 3,1350
ὑπόκιρρος 1,523. 564. 611. 2,846. 1076. 1095
ὑποκρίνομαι 3,1421
ὑποκριτής 4,161
ὑποκριτικός 3,1246. 1383
ὑπολαμβάνω 2,109. 694. C 5
ὑπόλοιπος 2,934
ὑπομάλακος 3,1334. 1419
ὑπομαραίνομαι 2,1093
ὑπομνηματίζω 2,809. 874. 1134
ὑπόμνησις 2,692
ὑπομονητικός 2,437. 3,1173
ὑπονοέω 2,543. 561. 3,242. 252. 261. 460. 847. 983
ὑπονοθευτής 3,1278. 1373
ὑπονομευτής 4,153
ὑπόξηρος 1,1015
ὑπόπικρος 3,1349
ὑποπίπτω 1,274. 2,34. 3,119. 4,694
ὑποπόνηρος 2,341. 360. 408
ὑποπρακτικός (4,213)
ὕποπτος 1,1125. 3,1244
ὑπόπυρρος 2,1073
ὑπορήγνυμι (2,1096)
ὑπόρρυθμος 3,890. 946
ὑποσιώπησις 4,451
ὑπόστασις (3,159). 3,553. (689)
ὑποταγή 2,436. 3,538
ὑποτακτικός 2,374. 4,213
ὑποτάσσω 2,370. 4,93. 101
ὑποτίθημι 1,131. 179. 189. 194. 199. 220. 301. 410. 416. 686. 887. 1070. 1192. 1206. 2,666. 784. 889. 1057. 3,28. 34. 37. 110. 205. 390. 406. 748. 765. 787. 815. 825. 833. 1207. 4,880
ὑποτυπόω 1,1135. 2,463. 4,574
ὑπουργός 4,152
ὑποφαίνω 3,990
ὑποχαροπός 3,912
ὑπόχλωρος 2,844. 1079. 1081. (1097)
ὑπόχυσις 3,1040
ὑποψία 3,1273
ὑπόψιλος 3,890. 905. 946
ὑπόψυχρος 2,86. 942
ὕπωχρος (2,1081). 2,1097
Ὑρκανία 2,321. 338. 470
ὕστατος 4,725
ὑστερικός 3,316. 1094. 4,595
ὕστερος 3,343. 381. 869. (4,595)
ὑφαιρέω 3,641
ὑφάντης 4,140. 162
ὑφηγέομαι 3,91
ὑφήγησις 1,60. 2,25. 3,191
ὑφίστημι 2,880. 3,327
ὑψηλός 1,986
ὕψος 2,127. 4,646
ὑψόω 1,1018. 2,366. 367
ὕψωμα 1,26. 878. 983. 984. 988. 993. 996. 1000. 1005. 1009. 1014. 1028. 1033.

1141. 1146. 2,497. 3,144. 4,297
ὕψωσις 1,999

Φαζανία 2,391. 418. 491
φαίνομαι 1,72. 137. 249. 407. 809. 1042. 1063. 2,181. 503. 546. 595. 610. 611. 844. 850. 862. 869. 1085. 3,256. 584
φακός 3,1086
φανερός 1,278. 823. 3,748
φαντασία 2,116. 1106. 1129. 3,867. 1302
φαρμακεία 3,1137. 1497. 4,287. 639
φαρμακευτής 3,1263. 1294
φάρμακον 4,181. 498. 608
φαρμακοποιός 4,180
φαρμακοπώλης 4,139. (180)
φαρμακός 3,1284. 1393. 4,143
φάρυγξ 3,1108
φάσις 1,99. 998. 2,578. 805. 1020. 1044. (1052). 3,145. 928. 1486. 4,107. 112. 117. 875
Φάτνη 1,537. 2,957. 1108. 1113
φαῦλος 3,1104. 4,881. 888
φέρω 3,590. 705. 721.
φέρομαι 1,714. 1020. 1023. 1065. 1069. 1249. (3,258). 3,534. 784
φεύγω 2,376
φημί 3,115. (591). → *λέγω*
φθάνω 1,223. 2,727. 3,498
φθαρτικός 1,435. 476. 479. 908. 2,942. 952. (959). 967. 983. 985
φθείρω (1,1134). 3,500. 4,609. 613
φθίνω 1,437
φθίσις 1,694. 2,707. 789. 4,593
φθονερός 3,387. 1232. 1267
φθορά 2,705. 712. 721. 738. 745. 759. 761. 799
φθοροποιός 2,717
φιλαγωνιστής 2,240. 3,1326
φιλάδελφος 4,425
φίλαθλος 3,1411
φίλαιμος 3,1359
φιλαλήθης 1,45
φίλανδρος (3,1266). 4,244
φιλανθρωπέω 3,848
φιλανθρωπία 3,1306
φιλάνθρωπος 2,313. 3,516. 1218. 1299
φιλάρχαιος 3,1266
φίλαρχος (3,1266)
φιλαστρόλογος 2,313
φιλελεύθερος 2,203. 223. 238
φιλεργός 2,420
φιλέρημος 3,1235. 1266
φίλερις 3,1254
φιλέταιρος 3,1363
φίλεχθρος 3,386. 4,426
φιληδονία 3,1307
φιλητικός 3,1327
φιλία 4,451. 456. 460. 462. 471. 473. 480. 484. 491. 799
φιλίατρος 3,1286
φιλικός 4,39. 433
φιλοβάσ(κ)ανος 3,1292
φιλογεωμέτρης (3,1341)

φιλογράμματος 2,242. 3,1328. (1340)
φιλοδίκαιος 2,241. 3,1330
φιλόδοξος 3,1166. 3,1330
φιλόδωρος 3,1344
φιλόθεος 2,432. (3,1324). 3,1326. 1345. 1397
φιλοθέωρος 3,1324. 4,702
φιλοθόρυβος 3,1252. 1359
φιλόθρηνος 2,433. 3,1235
φιλοίκειος 2,215. 3,1330. 1346
φιλοκαθάριος (2,224. 240. 248)
φιλοκάθαρος 2,224. (240. 248)
φιλοκαλία 3,1307
φιλοκαλλωπιστής 2,405
φιλόκαλος 3,1324. 1405
φιλόκοσμος 2,272. 3,1334. 1377
φιλοκτήματος 2,254
φιλοκτημοσύνη (4,97)
φιλοκτήμων 3,1240
φιλόκωμος (3,1330)
φιλόλογος 3,1300. 1341. 4,702
φιλομαθής 2,239. 251. (1408)
φιλομάλακος (3,1334)
φιλόμαχος (4,174)
φιλομόναχος (4,174)
φιλομονομάχος 4,174
φιλόμουσος 2,239. 343. 3,1170. 1325. 1405
φιλόμοχθος 3,1236
φιλόμωμος (3,1335)
φιλόμωρος (3,1335)
φιλόνεικος 3,1313. (1330)
φιλόνικος (3,1330)
φιλόξενος 2,241
φιλοπεύστης 3,1282
φίλοπλος 2,203. 377. 3,1355. 4,174
φιλόπλουτος (3,1355)
φιλοπόνηρος 3,1384
φιλόπονος 2,203. 3,1173. 1190. (1290). (4,174). 4,256
φιλοπράγμων 4,175
φιλόπρακτος 3,1290. (1340)
φιλορχηστής 3,1365. 1396
φίλος 3,187. 1387. 4,9. (39). 432. 550
φιλοσοφία 1,45. 160. 244
φιλόσοφος 3,1193. (1300. 1407). 4,494
φιλόστοργος (2,313). 2,332. 369. 3,1301. 1346. 1398. 4,283
φιλοσώματος 3,1229
φιλότεκνος 3,1324. 1365. 1397. (1404). 4,244
φιλότεχνος (3,1324. 1365. 1397). 3,1404
φιλότιμος 3,1174. (1246). 1315. 4,761
φιλότροφος 3,1325
φιλόφιλος 3,1407
φιλόφρων 3,1290
φίλοχλος 3,1344
φιλοχρήματος 3,1231
φλέγμα 3,1000
φλεγμονή 4,753
φλέψ 3,1003
φλήναφος 3,1349
φλυαρέω 3,194
φοβερός 2,715. (3,1256)
φόβος 2,710. 4,101
φοιβαστικός 3,1268
Φοινίκη 2,299. 487

Φοῖνιξ 2,311
φονεύς 4,173. 652
φονεύω (4,652)
φόνος (2,710)
φορά 1,788. 2,1110
φορτικός 3,1256
φρενοβλαβής 3,1376
φρενήρης 3,1189
φρόνιμος (3,1189). 3,1327
φροντίζω 1,324
Φρυγία 2,349. 371. 476
φυγαδεία 2,709
φυλακή 1,324
φυλακτήριον 1,360
φυλακτικός 1,353. 3,1413. 1563
φυλάσσω (-ττ-) (1,321). 1,337. 1154. (4,49). 4,346. 365
φυσικός 1,38. 111. 134. 229. 267. 271. 275. 286. 310. 315. 382. 738. 774. 1128. 1197. 1252. 2,24. 57. 61. 122. 131. (691). 890. 905. 1041. 3,64. 96. 103. 134. 357. 394. 683. 4,342. 515. 616. 689. 696. 869. C 2
φυσιολογικός (3,1427)
φυσιολόγος 3,1427
φυσιουργός (4,155)
φύσις 1,54. 66. 130. 157. 159. 284. 306. 313. 327. 347. 364. 409. 441. 444. 447. 508. 511. 684. (698). 729. 768. 778. 879. 892. 893. 905. 907. 990. 1007. 1011. 1203. 1207. 1234. 2,15. 35. 72. 86. 98. 109. 132. (176). 264. 270. 381. 454. 694. 697. 701. 718. 782. 802. 807. 821. 845. 858. 887. 895. 918. 926. 935. 1010. 1038. 1047. (1052). 1060. 1102. 3,22. 29. 54. 78. 82. 87. 110. 115. 167. 195. 212. 238. 337. 340. 408. 466. 557. 584. 865. 876. (951). 990. 997. 1103. 1163. 1204. 1223. 1280. 1281. 1474. 1515. 1520. 1526. 1527. 1530. 1533. 1541. 1542. 1545. 1548. 4,587. 591. 720. 727. 782. 786. 813. 859. 887. C 7
φυτεία 1,330
φυτόν 1,71. 75. 85. 287. 2,77. 89. 799
φύω 1,256. 289. 2,34. 645. 761. 3,1562. 4,694
φῶς 1,331. 422. 998. 3,81. 577. *τὰ φῶτα* (i. luminaria): 1,83. 884. 895. 903. 909. 918. 1150. 1218. 2,838. 842. 849. 1048. 1053. 3,140. 243. 254. 398. 418. 432. 450. 457. 461. 464. 470. 475. 502. 505. 509. 511. 520. 522. 526. 534. 612. 614. 984. 987. 1033. 1053. 1069. 1070. 1075. 1077. 1127. 1151. 1441. 1444. (1485). 1525. 1539. 4,35. 56. 58. 69. 74. 82. 88. 269. 274. 276. 281. 292. 461. 505. 521. 525. 539. 548. 556. 623. 625. 635
φωσφορέω 2,832
φωσφορία 2,539

φωτισμός 1,398. 3,925

χάζομαι (4,343)
χαίρω 1,1227. 3,1215
χάλαζα 2,726
χαλαζώδης 2,937
Χαλδαία 2,488
Χαλδαϊκή 2,299
Χαλδαϊκός 1,1022. 1088. 1197
Χαλδαῖος 2,312
χαλκεύς 4,149
χαρά 1,238. 255
χάρις 2,379. 4,99. 705
Χάριτες 3,437
χαριστικός 2,335. 3,1298
χάσμα 2,797
χειμερινός 1,750. 848. 898. 934. 949. 967. 978. 2,652. 903. 3,942. 944. 1086
χειμών 1,119. 326. 335. 676. 682. 697. 754. 2,45. 89. 719. 913. 1081. 1090. 1095. 1123. 1126. 1127
χείρ 1,572. 587
χειράγρα 3,1124
χειροήθης 2,627
χειρότεχνος (3,1404)
χειρουργός 4,171
χερσαῖος 1,805. 2,622. 629. 3,1116. 4,197. 564. 637
Χηλαί 1,535. (556). 558. 757. 785. 911. 959. 966. 987. 990. 1058. 1062. 2,147. (342. 481). 912. 969. 3,786. 963. → *Ζυγός*
χλωρός 2,1090
χοιράς 3,1118
χολή 3,1007. 1111
χολικός 3,1080
χόλος 2,748. 4,665
χονδροστρόφος (4,162)
χορδοστρόφος 4,162
χορτικός 2,651
χράομαι 1,46. 790. 797. 1067. 2,288. 436. 713. 886. 888. 906. 1017. 3,156. 808. (810). 4,181. 428
χρεία 2,379. 725. 3,469. 4,193. 343. 457. 464
χρῆμα 4,98
χρηματ(ε)ία C 2
χρηματιστικός 2,604
χρήσιμος 1,61. 234. 236. 321. 366. 722. 809. 1121. 1244. 2,135. 1063. 4,255
χρῆσις 2,334. (379). 465. 737. 760. 3,1555
χρησμός 3,1139. 1498. 4,492
χρηστικός 2,626
χρηστοήθης 3,1344. 1406
χρόα 3,896
χροιά 2,850
χρονικός 1,1044. 2,525. 548. 3,53. 836. 844. 4,710 (adde app.). 717. 720. 729. (832). C 3
χρονοκράτωρ 4,838. 857. 868. 889
χρόνος 1,123. 129. 178. 466. 845. 1052. 1058. 1061. 2,10. 508. 547. 551. 554. 567. 569. (607). 2,660. 866. 3,13. 50. 63. 73. 118. (213). 141. 150. 179. 189. 225. 348. 490. 493. 494. 495. 499. 548. 550. 554. 637. 680. 684. 687. 690. 692. 694. 704. 715. 717.

721. 729. 734. 738. 742. 753. 756. 758. 761 (bis). 762. 764. 769. 772. 778. 781. 783. 792. 793. 795. 798. 799. 800. 804. 805. 813. 817. 825. 828. 829. 832. 834. (845). 861. 870. 4,12. 27. 219. 475. 478. 481. 546. 572. 578. 683. 688. 779. 787. 802. 820. 823. 832. 833. 837. 850. 853. 863. 864. 872. 885. 894. 899

χρυσοχόος 4,179

χρῶμα 1,409. 2,13. 84. 97. 839. 842. 1101. 1104. 3,583. 4,137

χρωματοκρασία 4,217

χρωματοκρατησία (4,217)

χύμα 1,432. (587)

χύσις (2,632)

χώλωσις 3,1074

χωνευτής 4,148

χώρα 1,196. 219. 364. 1056. 2,5. 7. 9. 28. (40). 48. 119. 126. 128. 130. 216. 234. 295. 316. 328. 343. 355. 431. 441. 446. 459. 478. 498. 515. 521. 531. 537. 541. 817. 827. 851. 873. 4,550. 692

χωρευτής (4,162)

χωρέω 1,297

χωρίζω 2,159. 162. 3,491. 4,341

ψευδής 1,1053

ψεύστης 3,1373. 1389. 1416. 1432

ψῆφος 3,209. 336. 338. 4,115

ψιλός 2,466. 3,192. (890)

ψίλωσις (3,1110)

ψοφοδεής 3,1243

ψοφοειδής (3,1243)

ψυκτικός 1,414. 481. 502. 893

ψυλλία 4,199

ψῦξις 1,400. 442. 3,1040

ψυχή 1,142. 197. 227. 231. 237. 257. (357). 2,107. 113. 214. 236. 252. 283. 331. 407. 442. 3,16. 58. 182. 865. 867. 1145. 1160. 1165. 1179. 1226. 1291. 1296. 1303. 1354. 1395. 1425. (1438. 1454). 1455. 1468. 1474. 1492. 1514. 1527. 1542. 4,21. (82). 695. 703. 737. 742. 746. 752. 758. 765. 795. 807

ψυχικός 2,104. 733. 3,17. 182 (adde app.). 1147. 1154. (1160). 1163. 1196. 1204. 1438. 1447. 1454. 1463. 4,781

ψῦχος 1,677. 2,97. 715

ψυχραίνω (1,133)

ψυχροκοίλιος 3,1090

ψυχρός 1,436. 682. 696. 716. 720. 731. 897. 995. 2,124. 947. 986. 990. 3,888. 891. 944. 947. 1105. 4,596

ψυχρότης 1,496. 766

ψύχω 1,78. 325. 400

ψωριάω 3,1095

ᾠδικός 3,1325

ὠμοειδής (4,676)

ὦμος 1,585. 643
ὠμός 3,1317. 1359. 1388. 1451
ὠμοτοκία 3,1046
Ὠξιανή 2,323. 345. 492
ὥρα 1,15. 74. 115. 328. 390. 672. 675. 689. 725. 740. 765. 857. 2,44. 552. 556. 558. 560. 611. 644. 875. 895. 914. (931. 1001). 1049. (3,5). 3,122. 125. 135. (149). 497. 531. 712. 725. 731. 735. 740. 744. 751. 757. 778. 789. 793. 802. 804. 820. 822. (824). 826. 827. 830. 831. 833. (4,284). 4,419
ὡριαῖος 3,637. 729. 742. 752. 759
ὡριμαία 3,624
Ὠρίων 1,643
ὡροσκοπεῖον (-σκόπιον) 3,123. 126
ὡροσκοπέω 1,792. 795. 2,507. 3,5. 120. 371. (592). 766. 4,317. 443
ὡροσκοπία 2,538. (3,123). 3,1176
ὡροσκοπικός 3,390. 4,440
ὡροσκόπιος 3,160. 4,430
ὡροσκόπος 1,799. 3,227. 327. 398. 418. 429. 432. 450. 458. 521. 564. 586. 590. 592. 593. 596. 604. 606. 611. 622. 4,26. (418). 464. 793. 831
ὠφέλεια 4,554
ὠφελέω 2,822
ὠφέλιμος 1,8. 221. 366. 479. 2,821. 4,309. 473. 507. 568
ὠχρός (2,1090). → *ὕπωχρος*

II. TABELLAE ET FIGVRAE

pagina

1. tria quadrata 46
2. duae sexangulae figurae 49
3. signa imperantia et oboedientia 54
4. signa se invicem aspicientia 55
5. planetarum duplex septizonium 60
6. regiones triangulorum tabellatim 61
7. regiones triangulorum figurate 63
8. Aegyptiorum fines (in textu) 72
9. Chaldaeorum fines: gradus 73
10. Chaldaeorum fines: triangula 75
11. Ptolemaei fines (in textu) 80
12. planetarum quadrantes 99
13. triangulorum planetae 104
14. signorum geographia (in textu) 121
15. duodecim locorum figura quadrata 204